AF600013

LIBROS DEL
RESCATE

Portada: En un universo oscuro se adivinan luminarias a las que hemos llamado estrellas, sueltas o abigarradas en barrios para los que también tenemos nombres distinguidos: galaxias, constelaciones, cúmulos, nebulosas, cuásares, púlsares.
Y Einstein atisba. Es lo suyo. Pero la mirilla es de Hubble.
[Mount Wilson Observatory, San Gabriel Mountains, California, enero de 1931.]

Impresión y encuadernación: Huella Digital
info@huelladigital.net

Distribución a librerías: Ícaro (Zona Libros)
icaro@icaro.es

Venta por correo: stiediciones@gmail.com

Libros del Rescate: C/ Tomás Bretón, 14, local 6. 50005 Zaragoza
librosdelrescate@gmail.com

Depósito Legal: Z / 93 – 2025

ISBN: 978-84-126635-9-4

CINCAMONTERDEEDITOR

Javier Turrión Berges

EINSTEIN
ATISBOS COSMOLÓGICOS

SITUÉMONOS

> «Einstein consideraba la Cosmología un término medio entre la ciencia y la mitología por ser susceptible de variar radicalmente en función del estado de nuestros conocimientos». [Carl Seelig. «*Albert Einstein. Leben und Werk eines Genies unsere Zeit.*» Europa Verlag A. G., 1960. (A.E. Vida y obra de un genio de nuestro tiempo) Versión castellana de Espasa-Calpe. Madrid, 2005, p. 106.]

Este *epitafio* tiene unos antecedentes que se rastrean aquí con meticulosa obsesión cronológica como método insoslayable y con liviandad analítica próxima a la cartelería de las pinacotecas. La nitidez de las telas expuestas se asigna a su expresión española y se deja a merced del paseante.

Parece evidente que la expulsión del Paraíso llevaba inherente el coste principal de tenérselas que ventilar *motu proprio*. Hubo entonces que buscar en sentido estricto la cruda ayuda del cielo sin otros recursos que el escrutinio de los ojos bajo el tenebroso desamparo de un logos siempre inseguro. Los mejor dotados debieron mirar al cielo estrellado y especular. Indicios hay de que las civilizaciones mesopotámica y egipcia lo hicieron. Tuvo que llegar, luego, Pitágoras para atreverse a llamar *kosmos* al universo. Había pues un orden en las cosas. Lucrecio quería un universo infinito lleno de estrellas. Zenón en cambio tenía sus razones para considerar el universo finito en materia pero espacialmente infinito. A Newton le gustará más tarde el universo infinito, con un reparto de materia homogéneo y cuasi-estático.

En mayo de este año (2024), la sonda Euclides ha abierto nuevas ventanas al universo, lo que contribuirá sin duda a reafirmar la sospecha de Einstein haciendo a golpes más empírica a la Cosmología aunque no menos dependiente de las contingentes y provisionales lucubraciones de los expulsados.

Una visión sucinta

Sobrevolar un territorio tiene, como todo y como siempre, ventajas e inconvenientes. Se escapan muchos detalles –no es viable un ajuste fino– pero se vislumbra mejor que el radio de demarcación del territorio que se inspecciona crece con la altura y no se ciñe en exclusiva a la concreción puntual, al horizonte más restringido –pero más intenso– del peatón. A este no le quedará más remedio que recorrer con parsimonia el calendario: las cosas surgen en un momento dado y no en otro y tienen una expresión verbal y formal y no otra. A eso habrá que estar atento.

El diccionario de la Real Academia de la Lengua Española señala como sinónimos o afines de ***atisbo***:

> sospecha, conjetura, barrunto, señal, indicio, índice, suposición, presunción, vislumbre, destello

un surtido que se acomoda espléndidamente a la vocación de este libro, *demostrando* que el título, unido a Einstein, no podía ser otro.

Naturalmente, Einstein no inaugura el mundo, pero quizá sí un modo de contemplar el universo, aunque sigamos sin saber a ciencia cierta a qué queremos referirnos. En febrero de 1917 presenta en sociedad a un neonato llamado «Kosmologische Betrachtungen zur allgemeinen Relativitätstheorie», que viene cargado con los genes de los principios de relatividad, de equivalencia y de Mach (si bien este último no lo explicita hasta 1918) y que va a significar el arranque de la Cosmología contemporánea.

Sin ánimo de exhaustividad, Einstein es especialmente claro en estas bases en su artículo:

> Albert Einstein. «**Prinzipielles zur allgemeinen Relativitätstheorie**». Annalen der Physik, Vierte Folge, Band 55, **1918** (Eingegangen 6. März 1918). Pp. 241-244.

Dice Einstein:

> La teoría (TRG), tal como yo la concibo hoy, se basa en tres puntos de vista principales que, por supuesto, en modo alguno son independientes entre sí.
>
> *a) Principio de relatividad*: Las leyes de la Naturaleza son sólo afirmaciones sobre coincidencias espacio-temporales; encuentran por ello su única expresión natural en ecuaciones covariantes generales.
>
> *b) Principio de equivalencia*: La inercia y la gravedad son idénticas. De ello y de los resultados de la teoría de la relatividad especial se sigue necesariamente que el "tensor fundamental" simétrico ($g_{\mu\nu}$) determina las propiedades métricas del espacio y el comportamiento de la inercia de los cuerpos en él, así como los efectos gravitacionales. Al estado espacial descrito mediante el tensor fundamental lo llamaremos "campo *G*".
>
> *c) Principio de Mach*[1]: el campo *G* está *enteramente* determinado por las masas de los cuerpos. Como masa y energía son lo mismo, según los resultados de la teoría de la relatividad especial, y la energía se describe formalmente mediante el tensor de energía simétrico ($T_{\mu\nu}$), eso significa que el campo *G* está condicionado y determinado por el tensor de energía de la materia.

Y aclara especialmente su coincidencia con la "pretensión" de Ernst Mach:

> [1]) Hasta ahora no he distinguido entre los principios a) y c), lo que ha resultado desconcertante. He elegido el nombre "principio de Mach" porque este principio representa

una generalización de la pretensión de Mach: que la inercia debe atribuirse a la interacción de los cuerpos.

Esta explicitación nos retrotrae forzosamente a 1912. Es sabido que, a su vuelta a la ETH de Zürich tras su breve estancia en Praga, Einstein se ve *formalmente* abocado a interesarse por las geometrías no euclídeas (la de Riemann, en particular) ["Grossmann: échame una mano o me voy a volver loco"]. El chispazo físico estriba en que el espacio-tiempo debe de ser función de su contenido material. La materia *curva* el espacio-tiempo. La gravitación estructura el universo. El desarrollo de la relatividad general induce pues por sus pasos el diseño cosmológico, si bien ese diseño tiene antecedentes en la TRE y, por supuesto, en la genial invención –el espacio-tiempo– de Minkowski. Las llamadas ecuaciones de campo de la relatividad general

$$G_{\mu\nu} = -\kappa\, T_{\mu\nu}$$

son la expresión formal de ese chispazo. $G_{\mu\nu}$ representa la geometría y $T_{\mu\nu}$ el contenido material. Recordemos la escueta y brillante respuesta de Einstein a un periodista del Boston Globe (1921): "El tiempo, el espacio y la gravitación no tienen existencia separada de la materia". La teoría de la relatividad general afronta el *cosmológico* problema de la estructura del universo con sus propias herramientas formales. El universo pasa a ser la solución de un conjunto de ecuaciones, abriéndose la veda de la diversidad. Esta vocación cosmológica original de la TRG inaugura una perspectiva inédita de la cosmología, ratificando así de nuevo Einstein su reivindicada [ante Alexander Moszkowski, por ejemplo (1920)] condición de inventor, que no de descubridor. El *Kosmologische Betrachtungen*, sobre la base de la TRG, viene a inventar una cosmología impensable sin ella 15 meses después de su definitiva elaboración conceptual y formal.

No ha pasado un mes desde la conclusión de la TRG y Karl Schwarzschild sorprende a Einstein con la solución rigurosa (die strenge *Lösung*) de las ecuaciones en el caso estático de simetría esférica. Su trabajo traerá mucha *cola*. En buena medida puede considerarse a Schwarzschild artífice del nuevo cosmos. Einstein se queda estupefacto y le promete presentar su trabajo («Über das Gravitationsfeld eines Massenpunktes nach der Einsteinschen Theorie») en la Academia de forma inmediata. Y nos sitúa, como es su costumbre, en sus coordenadas filosóficas:

> A pequeña escala, una masa puntual suficientemente alejada de otras masas se mueve en todas partes en línea recta y uniformemente. Según mi teoría, la inercia es, en última instancia, una interacción de masas, no un efecto en el que, aparte de la masa en cuestión, intervenga el "espacio" como tal. La esencia de mi teoría es precisamente que el espacio como tal no tiene ninguna propiedad independiente.
>
> Se puede expresar en broma así. Si dejo que todas las cosas desaparezcan del mundo, entonces según Newton el espacio inercial galileano permanece, pero según mi punto de vista no queda nada. (*Carta de Einstein a Karl Schwarzschild*. Berlín, 9 de enero de 1916)

El esquema que plantea Einstein es sencillo:

1. La materia está uniformemente distribuida
2. El universo es cerrado
3. El universo es estático

hipótesis todas ellas de naturaleza arbitraria, en particular la tercera. Un universo *ad libitum*.

[Hagamos un inciso. En junio de 1916, Einstein pone en circulación las ondas gravitatorias «*Näherungsweise Integration der Feldgleichungen der Gravitation*», que 100 años después van a considerarse una sonda endoscópica prospectiva inigualable de las digestiones del universo.]

De alguna manera, el *Kosmologische* arranca con ese vicio estructural, que Einstein mantiene modificando las ecuaciones de campo del 15-N (1915) mediante la adición de un "término cosmológico" (λ). Aunque la posterior aparición inequívoca de soluciones dinámicas le hace renunciar a la constante cosmológica, este concepto sigue manteniendo en la actualidad una vigencia-saco.

El panorama históricamente inmediato a la aparición del *Kosmologische* lo cubre con empeño Willem de Sitter, director del Observatorio de Leiden. Cabría entender que, como astrónomo, de Sitter pudiese tener una posición más empírica y, por tanto, menos filosófica que Einstein. Sin embargo, de entrada, de Sitter propone soluciones gravitacionales que describen un universo vacío de materia, pero con curvatura, rompiendo la coherencia interna de la postulación einsteiniana (el campo $g_{\mu\nu}$ está determinado por la materia). Einstein considerará físicamente inviable semejante universo. Al margen de su cierta nutrida correspondencia con Einstein, de Sitter presenta el cuerpo de su *cosmovisión* este mismo año (1917) en tres artículos «On the relativity of Inertia. Remarks concerning Einstein's Latest Hypothesis», «On the Curvature of Space», y «On Einstein's Theory of Gravitation and Its Astronomical Consequences».

Un poco más tarde (1922) el panorama empieza a complicarse o, mejor, empieza a mostrar complejidades hasta entonces ocultas a la vista. No hay que esperar a nuevos datos empíricos. Alexander Friedman demuestra en su artículo «Über die Krümmung des Raumes» la existencia de soluciones cosmológicas dinámicas de las ecuaciones gravitacionales que hacen innecesaria la presencia de la constante cosmológica. La métrica del espacio-tiempo varía con el tiempo. La misma expresión del elemento de línea define, para Friedman, la expansión del universo mientras que, para Einstein, acredita que el radio del universo es constante.

El trabajo de campo de los astrónomos puros no cesa, no obstante, y, en 1923, Hubble descubre una cefeida en la nebulosa de Andrómeda [«NGC 6822, a Remote Stellar System» (publicado en 1925)] que confirma el carácter extragaláctico de ciertos objetos astronómicos permitiendo ajustar mejor las medidas de las distancias en el cosmos.

El cura Georges Lemaître publica en 1927 una nueva solución dinámica de las ecuaciones gravitacionales: «*Un univers homogène de masse constante et de rayon croissant, rendant compte de la vitesse radiale des nébuleuses extra-galactiques*».

Hubble publica en 1929 el artículo «A Relation between Distance and Radial Velocity among Extragalactic Nebulae». El propio título revela el contenido: existe una relación lineal entre distancia y velocidad de expansión de las nebulosas extragalácticas. La cosmología relativista va adquiriendo solidez observacional.

1931. Las evidencias empíricas empiezan a ser incontestables. Einstein está en Pasadena en enero con la plana mayor de Mount Wilson.

> «Según nuevas observaciones de Hubble y Humason relativas al corrimiento al rojo de la luz de nebulosas distantes permiten suponer que la estructura del universo no es estática.»

A su regreso de Estados Unidos publica el artículo: «*Zum kosmologischen Problem der allgemeinen Relativitätstheorie*», en el que renuncia a introducir la constante cosmológica en las ecuaciones de campo.

1932. Einstein y de Sitter publican en América: «*SOBRE LA RELACIÓN ENTRE LA EXPANSIÓN Y LA DENSIDAD MEDIA DEL UNIVERSO*».

1933. Maurice Solovine publica en francés (*Sur la structure cosmologique de l'espace*) la traducción del artículo «Über das sogenannte Kosmologische Problem» que Einstein ha redactado en septiembre de 1932.

> «El descubrimiento de la expansión de las nebulosas extragalácticas justifica el paso de la teoría a soluciones dinámicas de la estructura del espacio, un camino que antes no habría parecido más que una salida necesaria por la insuficiencia de la teoría.»

La solución de Einstein de las ecuaciones de campo es euclídea, sin curvatura y sin constante cosmológica. Hace explícito que, en su opinión, la empíricamente contrastada existencia de una densidad de materia distinta de cero tiene relación con la expansión (asimismo ahora contrastada empíricamente) y no con la curvatura espacial, de la que por el momento no hay indicio de su existencia, lo que no quiere decir que no exista.

1939. El asunto del radio de Schwarzschild o de la singularidad de Schwarzschild es obsesivo en cosmología desde la aparición del cuasi-póstumo artículo de diciembre de 1915. Según se refiere en *Oeuvres Choisies* (L-3, R-II), el cosmólogo Howard P. Robertson demuestra en 1938 que, aunque una partícula liberada sin velocidad en el exterior del radio de Schwarzschild tarde un tiempo infinito en alcanzar la superficie de Schwarzschild, bastaba un intervalo finito de tiempo propio para que atravesase la frontera y alcanzase el origen de coordenadas, lo que hacía viable que una partícula pudiera atravesar la barrera del radio de Schwarzschild. Robertson comunica su hallazgo a Einstein, quien se marca de inmediato la tarea de investigar el significado físico del radio de Schwarzschild, es decir de comprobar teóricamente si es posible que un cuerpo pueda atravesar su propio radio de Schwarzschild. Su búsqueda culmina en el artículo

> «On a Stationary System with Spherical Symmetry consisting of Many Gravitating Masses.» *Annals of Mathematics*, vol. XL, 1939, pp. 922-936.] (Received MAY 10, 1939) [pp. 922-936]

en el que Einstein y sus socios demuestran que es imposible comprimir un sistema de partículas que se desplaza bajo el efecto del campo gravitacional estático generado, por debajo del radio de Schwarzschild del sistema. Llegan sin embargo a una conclusión falsa: que es imposible construir una "singularidad de Schwarzschild" a partir del movimiento de un sistema de partículas. Einstein insiste aquí de nuevo en su *veterana* hipótesis de que el campo es estático. El trabajo concluye con estas palabras:

> «El resultado esencial de esta investigación es haber aclarado nuestra comprensión de por qué las «singularidades de Schwarzschild» no existen en la realidad física. Aunque la teoría expuesta aquí no trate más que de cúmulos cuyas partículas se desplazan a lo largo de trayectorias circulares, no parece que quepa la duda razonable de que situaciones más generales conduzcan a resultados análogos. Si no aparece la «singularidad de Schwarzschild» es porque la materia no puede concentrarse de forma arbitraria. Y esto se debe al hecho de que, en caso contrario, las partículas constituyentes alcanzarían la velocidad de la luz.
>
> La investigación ha surgido de las discusiones que ha mantenido el autor con el profesor H. P. Robertson y con los doctores V. Bargmann y P. Bergmann respecto al significado físico y matemático de la singularidad de Schwarzschild. El problema lleva de forma natural a la cuestión, a la que aquí se ha respondido que NO, de saber si existen modelos físicos capaces de representar singularidades de este tipo.»

El gozo en un pozo, como suele suceder en ciencia con alguna frecuencia. Poco después de publicarse el artículo anterior, J. Robert Oppenheimer y Hartland Snyder demuestran

> J. R. Oppenheimer, H. Snyder. «On Continued Gravitational Contraction». *Physical Review*, vol LVI, 1939, pp. 455-459.

que una nube de polvo que presente simetría esférica pasa a través del radio de Schwarzschild cuando colapsa bajo el efecto de su propia atracción gravitacional. Tras la acuñación en 1967 por John Archibald Wheeler del concepto de agujero negro, el tema *agujeros negros* ha invadido desde entonces el ámbito incluso de las conversaciones ordinarias.

1945. Se recopilan con algunos añadidos las cuatro conferencias que Einstein dio en la Universidad de Princeton en mayo de 1921. En el apéndice aparece el texto: «*Zum kosmologischen Problem*». Novedades: Si se considera globalmente el universo, la suposición de que es galileo-euclídeo no se sostiene:

> Si cierta parte de una superficie es prácticamente plana, no se sigue de ahí que toda la superficie tenga forma plana; la superficie podría ser perfectamente bien la de una esfera de radio suficientemente grande.

redefiniendo en algún sentido su concepción de la inercia:

> -la inercia de un cuerpo aumenta si se reúnen masas a su alrededor
> -si se aceleran masas cerca de un cuerpo de prueba, este último se ve sometido a una aceleración inducida
> -una cavidad de masa en rotación produce un campo de Coriolis que induce un campo centrífugo radial y desvía los cuerpos en movimiento en el sentido de la rotación

efectos que, aunque la teoría considera, no son observables dada la pequeñez de la constante de la gravitación.

1954. A la hora de valorar la evolución del pensamiento de Einstein con respecto a la inercia y, en general, con respecto a las posiciones de Ernst Mach o al propio enunciado (invención) de Einstein del "principio de Mach", es habitual entre los estudiosos citar la carta de Einstein a Felix Pirani del 2 de febrero de 1954:

> «A mi entender, ya no debemos hablar nunca más del principio de Mach. Eso proviene de la época en que se pensaba que los "cuerpos ponderables" eran la única realidad física y que todos [...] los elementos que no podían ser totalmente determinados por ellos debían evitarse en la teoría. De sobra sé que, durante mucho tiempo, también yo he estado influido por esta idea fija.»

Dejémoslo ahí también como testimonio momentáneo y último (Einstein fallecerá el 18 de abril de 1955), ya que, como es sabido, la muerte no da opción al sujeto a nuevas conjeturas.

Los peldaños del tiempo

La cosmología es un cono cuyo vértice-origen sitúo, arbitrariamente, en cuanto a Einstein concierne, en las experiencias de Michelson para ir al ensancharse engullendo sucesivamente la relatividad especial, la formulación minkowskiana, el desarrollo relativista general y el estallido del *kosmologische*, a partir del cual se acelera sin cuento hasta nuestros días, sin que ninguna idea racional o cotejo empírico atisbe cómo poner brida al desenfreno. Lo que sigue es un modesto rastreo de lo que algunos de los protagonistas del tiempo han ido poniendo a nuestra disposición. Naturalmente, Einstein es el motivo y el final de una búsqueda que, obviamente, no puede extenderse más allá de su muerte.

1881

Las experiencias de detección de un movimiento de la Tierra con relación al éter constituyen la moda del momento. Las realizadas por Michelson en 1881, y luego por Michelson y Morley en 1887, son paradigmáticas y debían poner a prueba la supuesta diferencia de velocidad de propagación de la luz en los dos brazos perpendiculares de un interferómetro.

> AMERICAN JOURNAL OF SCIENCE. ART. XXI.- «The relative motion of the Earth and the Luminiferous ether».pp. 120-129. (1881). By ALBERT MICHELSON. Master, U. S. Navy

Conclusion de Michelson:

> La interpretación de estos resultados es que no hay desplazamiento de las bandas de interferencia. Se prueba pues que el resultado de la hipótesis de un éter estacionario es incorrecto y la conclusión necesaria que se sigue es que la hipótesis es errónea.
>
> Esta conclusión contradice directamente la explicación del fenómeno de la aberración que, hasta ahora, ha sido aceptada generalmente y que presupone que la Tierra se mueve a través del éter, permaneciendo éste en reposo.

Pero hay más, naturalmente.

Nos abrimos paso, paulatinamente, a otro abandono, relativo al menos: el de la pérdida de peso de la concepción mecanicista de la Naturaleza, dominante desde Newton, y su progresiva sustitución por otra convicción cada vez menos tambaleante: la concepción electromagnética. De este año data ya el estudio de J.J. Thomson [J. J. Thomson, «On the Electric and Magnetic Effects Produced by the Motion of Electrified Bodies», *Philosophical Magazine*, vol. 11, 1881, pp. 229-249 (Sobre los efectos eléctricos y magnéticos producidos por el movimiento de cuerpos cargados eléctricamente)], en el que considera que la inercia (propiedad mecánica donde las haya) del electrón (que todavía no ha descubierto él mismo experimentalmente) cabe atribuirse a su propio campo. Consciente o no está subyacente la convicción de la unidad de la Naturaleza. Andamos buscando, por tanto, a qué ultima instancia pueden referirse todos los fenómenos. En este final de siglo todo parece indicar que, *por fin*, es el electro-magnetismo el reducto definitivo. La tentación, como se ve, va teniendo años. Merodea el viejo Thales.

1883

De este año data la primera edición del libro de E. **Mach** «*Die Mechanik in ihrer Entwicklung historisch-kritisch dargestellt*» (Exposición histórico-crítica del desarrollo de la mecánica) que supone, posiblemente, el primer cuestionamiento –parcial, naturalmente– de la axiomática newtoniana. Si, en consonancia con su credo positivista, la ciencia no puede ser sino expresión abstracta de hechos observables, hay que abandonar cualquier vestigio antropomórfico.

> Nadie está en condiciones de hacer predicciones relativas al espacio absoluto y al movimiento absoluto; estos conceptos son puros asuntos del pensamiento, puras construcciones mentales que no pueden ser revelados por la experiencia. Nuestros principios de mecánica no son sino un conocimiento experimental que se refiere a las posiciones y a los movimientos relativos de los cuerpos.

Además, para **Mach**, las leyes físicas tienen siempre menos contenido que los propios hechos, pues no los reproducen como totalidad, sino sólo en aquellos aspectos relevantes para nosotros, y el resto se omite bien intencionadamente o bien por necesidad.

Como sabemos, un poco más tarde [*Autobiographisches*, 1946], Einstein criticará a su vez la posición de **Mach**:

> No debe extrañarnos que prácticamente todos los físicos del siglo pasado vieran en la mecánica clásica una base firme y definitiva de la física entera e inclusive de toda la ciencia natural, ni tampoco que intentaran una y otra vez basar también en la mecánica la teoría de Maxwell del electromagnetismo, que poco a poco iba imponiéndose. Incluso Maxwell y H. Hertz, que en retrospectiva son justamente reconocidos como aquellos que quebrantaron la fe en la mecánica como base definitiva de todo el pensamiento físico, se atuvieron en el plano del pensamiento consciente a la mecánica como fundamento seguro de la física. Fue **Ernst Mach** quien, en su *Historia de la Mecánica*, conmovió esta fe dogmática; y precisamente en este contexto ejerció sobre mí honda influencia este libro durante mi época de estudiante. La verdadera grandeza de Mach la veo yo en su incorruptible escepticismo e independencia; pero de joven también me impresionó mucho su postura epistemológica, que hoy me parece esencialmente insostenible. Pues Mach no colocó en su justa perspectiva la naturaleza esencialmente constructiva y especulativa de todo pensamiento y, en especial, del pensamiento científico, condenando en consecuencia la teoría precisamente en aquellos lugares donde aflora inconfundiblemente el carácter constructivo-especulativo, *verbi gracia*, en la teoría cinética de los átomos.

reconociéndose deudor, como no podía ser menos. La cita es oportuna por su alcance.

1886

OCTUBRE

Inicio de las experiencias que conducen al descubrimiento de las ondas eléctricas por Heinrich Hertz en la Politécnica de Karlsruhe y que se prolongarán hasta 1889.

Este es otro año también *definitivo* de la historia de la ciencia por iniciarse en él las experiencias de Hertz en las que produce y detecta las ondas electromagnéticas previstas por la teoría de Maxwell, aunque sus resultados los publica algo más tarde: [H. Hertz, «*Untersuchungen über die Ausbreitung der elektrischen Kraft*», Leipzig, J. A. Barth, **1892** (Investigaciones sobre la propagación de la fuerza eléctrica)].

Poincaré nos advierte sobre el alcance del descubrimiento:

> Al cabo de veinte años, las ideas de Maxwell recibieron la confirmación de la experiencia. Herz llegó a producir sistemas de oscilaciones eléctricas que reproducen todas las propiedades de la luz y que no difieren de ella más que por la longitud de onda, es decir, como el violeta difiere del rojo. En cierto modo, hizo la síntesis de la luz. De allí, como todos saben, ha surgido la telegrafía sin hilos.
>
> Se podría decir que Hertz no ha demostrado directamente la idea fundamental de Maxwell: la acción de la corriente de desplazamiento sobre el galvanómetro. Esto es verdad, en cierto sentido; lo que él ha mostrado directamente es, en suma, que la inducción electro-

magnética no se propaga instantáneamente como se creía, sino con la velocidad de la luz. [Henri Poincaré. *Ciencia e Hipótesis*.]

1887

Michelson y Morley repiten este año el experimento del primero:

> THE AMERICAN JOURNAL OF SCIENCE. [THIRD SERIES]. ART. XXXVI.- «*On the Relative Motion of the Earth and the Luminiferous Ether*». By ALBERT A. MICHELSON and EDWARD W. MORLEY. [pp.333-345] (*El movimiento relativo de la Tierra y el éter lumínifero*)

llegando a la misma conclusión que Michelson en 1881:

> En lo que precede sólo se ha considerado el movimiento orbital de la Tierra. Si se combina esto con el movimiento del sistema solar, respecto a lo que poco se sabe con seguridad, habría que modificar el resultado; y es perfectamente posible que la velocidad resultante en el momento de las observaciones fuese pequeña, aunque es altamente improbable. Por tanto, si el experimento se repite a intervalos de tres meses, se evitará cualquier incertidumbre.
>
> De cuanto precede, parece razonablemente seguro que de existir cualquier movimiento relativo entre la Tierra y el éter lumínifero, tiene que ser pequeño; lo suficientemente pequeño como para refutar por completo la explicación de la aberración dada por Fresnel. Stokes dio una teoría de la aberración que supone que el éter en la superficie de la Tierra está en reposo respecto a ésta y sólo exige, además, que la velocidad relativa tenga un potencial; pero Lorentz ha puesto de manifiesto que esas condiciones son incompatibles. Lorentz propone pues una modificación que combine algunas ideas de Stokes y Fresnel, y supone la existencia de un potencial junto con el coeficiente de Fresnel. Si fuese ahora legítimo concluir del presente trabajo que el éter está en reposo respecto a la superficie de la Tierra, según Lorentz no podría existir un potencial de velocidad, fallando también su propia teoría.
>
> *Suplemento*
>
> Resulta obvio de todo el desarrollo anterior que no cabría ninguna esperanza en pretender resolver la cuestión del movimiento del sistema solar mediante observaciones de fenómenos ópticos *en la superficie de la Tierra*. Pero no es imposible que, incluso a distancias moderadas por encima del nivel del mar, en la cumbre de un monte aislado, por ejemplo, pudiese ser perceptible el movimiento relativo en un aparato similar al utilizado en estos experimentos.

En definitiva, el chasco fundamental estriba en la isotropía del espacio: la velocidad de la luz no depende de la dirección en que se mida ni de la eventual velocidad de la fuente. El esmero en probar nuestras convicciones obtiene el resultado contrario. Larga será la cola de esta experiencia.

1902

Dada la fecha de la última carta a Mileva de 1901, hay que situar en los comienzos de 1902 la lectura del trabajo de Lorentz de 1895 [H. A. Lorentz, *Versuch einer Theorie der elektrischen und optischen Erscheinungen in bewegten Körper*, Leyden, E. J. Brill, 1895 (*Esbozo de una teoría de los fenómenos ópticos y eléctricos en cuerpos que se mueven*)]:

> Tuve ocasión de leer la monografía de Lorentz de 1895. Él analizó y resolvió por completo el problema de la electrodinámica en el primer orden de aproximación, es decir,

despreciando términos de orden superior a v/c, siendo v la velocidad del cuerpo que se mueve y c la velocidad de la luz. Traté entonces de analizar el experimento de Fizeau, suponiendo que las ecuaciones de Lorentz de los electrones tendrían validez tanto en el sistema de referencia del cuerpo que se mueve como en el sistema de referencia del vacío, tal como originalmente fue estudiado por Lorentz. En aquella época yo estaba firmemente convencido de que las ecuaciones electrodinámicas de Lorentz eran correctas. Es más, la suposición de que estas ecuaciones deberían ser válidas en el sistema de referencia del cuerpo que se mueve lleva al concepto de invariancia de la velocidad de la luz que, sin embargo, contradice la regla de adición de velocidades utilizada en mecánica.

¿Por qué se contradicen mutuamente estos dos conceptos? Fui consciente de que esta dificultad era realmente dura de pelar. Empleé en vano casi un año tratando de modificar la idea de Lorentz con la esperanza de resolver este problema.

Por suerte, un amigo mío de Berna (Michele Besso) me ayudó. Era un hermoso día el que le visité con este problema. Empecé con él la conversación del siguiente modo: "He estado trabajando últimamente en un problema difícil. Vengo hoy aquí a debatirlo contigo." Estuvimos analizando todos los aspectos de este problema. Entonces, súbitamente, entendí dónde estaba la clave del mismo. Al día siguiente volví de nuevo y le dije, sin saludarlo siquiera: "Gracias. He resuelto el problema por completo." Mi solución consistió en analizar el concepto de tiempo. El tiempo no puede definirse en términos absolutos, habiendo una relación inseparable entre tiempo y velocidad de la señal. Con este nuevo concepto pude, por primera vez, resolver por completo todas las dificultades. [Conferencia de Kyoto. Diciembre de **1922**. Transcripción de J. Ishiwara. Albert Einstein. «How I created the theory of relativity». *Physics Today*. August **1982**, pp. 45-47]

En la génesis de las ideas, habrá que conceder alguna mayor credibilidad al propio testimonio del protagonista principal que a posibles interpretaciones ajenas basadas en especulaciones o cotejos más o menos tambaleantes. En todo caso, el hecho objetivo innegable es que, entre la promesa de un artículo *capital* (carta a Mileva del 17 de Diciembre de 1901) sobre la electrodinámica de cuerpos en movimiento y el advenimiento del mismo («Zur Elektrodynamik bewegter Körper»), median tres años y medio, tiempo en que las ocupaciones parecen cambiar de objeto.

—

Como es sabido, Maurice Solovine y Konrad Habicht formaron, con Einstein, en Berna lo que ellos mismos denominaron «Academia Olimpia», un foro de discusión intelectual uno de cuyos ingredientes básicos era la juventud de los académicos. Su inteligencia y su disposición no necesitan ser enfatizadas. El periodo de las actividades duró tres años, 1902-1905, de por sí gloriosos en la trayectoria de Einstein. Solovine nos describe someramente los *títulos* de sus intereses.

Albert Einstein. «Lettres à Maurice Solovine». Reproduites en facsimilé et traduites en français. Avec une Introduction et trois photographies. Paris. Gauthier-Villars, Éditeur-Imprimeur-Libraire. 55, Quai des Grandes-Augustins. **1956**. [Cartas a Maurice Solovine. Reproducidas en facsímil y traducidas al francés. Con una Introducción y tres fotografías.] Edición consultada: Éditions Jacques Gabay, **2005**. [Fragmento de la *Introducción* de Maurice Solovine. Páginas VII y VIII.]

Cuando yo conocí a Einstein él era becario de la Oficina de Patentes y esperaba con impaciencia su nombramiento definitivo. Para poder vivir se veía obligado a dar clases particulares, que ni eran fáciles de encontrar ni estaban bien pagadas. Hablando un día de los medios de ganarse la vida me dijo que lo más fácil sería tocar el violín por las terrazas de la calle.

Le contesté que si verdaderamente estaba decidido a hacerlo, me pondría a aprender a tocar la guitarra para acompañarlo.

Nuestra respectiva situación material era ciertamente poco envidiable, pero nos animaba un empeño poco ordinario por estudiar y dilucidar los problemas más elevados de la Ciencia y la Filosofía. Después de haber leído juntos a Pearson (*Gramática de la ciencia*), leímos el *Análisis de las sensaciones* y la *Mecánica* de Mach, obra que ya con anterioridad había respigado Einstein. La *Lógica* de Mill, el *Tratado sobre la naturaleza humana* de Hume, la *Ética* de Spinoza, algunas *Memorias* y *Conferencias* de Helmholtz, algunos capítulos del *Ensayo sobre la Filosofía de las ciencias* de André-Marie Ampère, *Sobre las hipótesis que sirven de base a la geometría* de Riemann, algunos capítulos de la *Crítica de la experiencia pura* de Avenarius, *Sobre la naturaleza de las cosas en sí mismas* de Clifford, *Qué son los números y para qué sirven* de Dedekind, *La Ciencia y la hipótesis* de Poincaré, un libro que nos impresionó profundamente y nos mantuvo en vilo durante semanas, y otras muchas obras. También leímos obras literarias, como *Antígona* de Sófocles, *Andrómaco* de Racine, *Cuentos de Navidad* de Dickens, una buena parte de *Don Quijote*, etc. Lo que hacía aún más hermosas nuestras reuniones eran las interpretaciones que de vez en cuando hacía Einstein al violín de algunas piezas musicales.

El final del siglo XIX y el principio del XX fue la época heroica de las investigaciones sobre los fundamentos y los principios de las ciencias, que constituían nuestra constante preocupación. Discutimos durante semanas sobre la crítica singularmente sagaz de Hume de las nociones de sustancia y causalidad. También el Libro III de la *Lógica* de Mill, que trata de la inducción*, atrajo nuestra atención durante mucho tiempo.

[* Inducción como método de investigación opuesto a la deducción.]

Este programa de atletismo de elite de la Academia Olimpia, sobrepuesto a ejercicios gimnásticos anteriores, configuró el estilo de Einstein y, a posteriori, se constituye en verdadera relación de orden que permite hacer más transparente su universo intelectual, metodológico y hasta psicológico.

1905

JUNIO

Vamos con un tema que adelanta la modernidad.

Encuentro en Internet un pdf

http://web.archive.org/web/20050127151248/http://home.tiscali.nl/physis/HistoricPaper/Poincare/Poincare1905.pdf

que se tiene por el documento inaugural del concepto «onda gravitatoria». Es verdad que Poincaré habla de la *onde gravifique* que sale de un cuerpo y llega a otro y supone que la gravitación se propaga a la velocidad de la luz. Pero no hay propiamente una definición de onda gravitatoria ni un estudio del problema de la gravitación. Estos temas han debido de ser forzosamente tratados con anterioridad a la aparición del artículo del que extraigo aquí una muestra.

ACADEMIA DE CIENCIAS

Sesión del 5 de junio de 1905

ELECTRICIDAD - *Sobre la dinámica del electrón.*
Nota de M. H. Poincaré

[p. 1504 - 1508]

[p.1504]

Parece a primera vista que la aberración de la luz y los fenómenos ópticos ligados a ella nos proporcionarán un medio de determinar el movimiento absoluto de la Tierra, o más bien su movimiento, no con relación a los otros astros, sino con relación al éter. No es ese el caso, Los experimentos en los que sólo se tiene en cuenta la primera potencia de la aberración fracasaron de entrada, cosa cuya explicación se descubrió fácilmente; pero Michelson, tras haber ideado una experiencia en la que se podían hacer manifiestos los términos que dependen del cuadrado de la aberración, no fue más afortunado. Parece que esta imposibilidad de demostrar el movimiento absoluto es una ley general de la naturaleza.

Lorentz propuso una explicación que introducía la hipótesis de una contracción de todos los cuerpos en el sentido del movimiento terrestre; esta contracción explicaría la experiencia de Michelson y todas las que se han realizado hasta ahora, dando lugar a otros experimentos, aún más delicados, y más fáciles de concebir que de ejecutar **[p.1505]** que podrían hacer manifiesto el movimiento absoluto de la Tierra. Pero si consideramos altamente probable la imposibilidad de tal hallazgo, podemos predecir que estos experimentos, si alguna vez se llevan a cabo, seguirán dando un resultado negativo. Lorentz trató de completar y modificar su hipótesis de manera que se ajustase al postulado de la imposibilidad *total* de determinar el movimiento absoluto. Esto es lo que consiguió hacer en su artículo titulado *Electromagnetic phenomena in a system moving with any velocity smaller than that of light* (Fenómenos electromagnéticos en un sistema que se mueve con cualquier velocidad menor que la de la luz) (*Actas* de la Academia de Amsterdam, 27 de mayo de 1904).

[p.1507]

Lorentz, en la obra citada, consideró necesario completar su hipótesis suponiendo que todas las fuerzas, cualquiera que sea su origen, se ven afectadas por la traslación de la misma manera que las fuerzas electromagnéticas, y que, por consiguiente, el efecto producido sobre sus componentes por la transformación de Lorentz sigue estando definido por las ecuaciones (4).

Era importante examinar más detenidamente esta hipótesis y, en particular, investigar qué modificaciones nos obligaría a introducir en las leyes de la gravitación. Esto es lo que yo he tratado de determinar. De entrada me he visto impelido a suponer que la propagación de la gravitación no es instantánea, sino que tiene lugar con la velocidad de la luz. Esto parece contradecir un resultado obtenido por Laplace, según el cual esta propagación es, si no instantánea, al menos mucho más rápida que la de la luz. Pero, en realidad, la pregunta que se hacía Laplace difiere considerablemente de la que aquí nos ocupa. Para Laplace, la introducción de una velocidad de propagación finita era la *única* modificación que aportaba a la ley de Newton. Aquí, en cambio, esta modificación va acompañada de otras varias; es posible, pues, y de hecho ocurre, que haya una compensación parcial entre ellas.

Así que cuando hablemos de la posición o de la velocidad del cuerpo que atrae, se tratará de la posición o de la velocidad en el instante en que la *onda gravitatoria* sale de este cuerpo; cuando hablemos de la posición o de la velocidad del cuerpo atraído, nos referiremos a la posición o a la velocidad en el instante en que este cuerpo atraído ha sido alcanzado por la onda gravitatoria que emana del otro cuerpo; es evidente que el primer instante es anterior al segundo.

—

Albert Einstein nos prepara una gran campanada: la simultaneidad, el tiempo y la longitud son relativos. La relatividad especial sale, en parte, a escena.

Albert Einstein. «**Zur Elektrodynamik bewegter Körper**». ANNALEN DER PHYSIK. IV. Folge. 17. Band. Páginas: 891-921. Registro de entrada: 30 de junio de 1905.

En septiembre habrá más sorpresas.

En cuantiosas ocasiones, Einstein nos explica el alcance de sus razonamientos:

> De acuerdo con las reglas utilizadas en la física clásica para conectar las coordenadas espaciales y el tiempo de sucesos al pasar de un sistema inercial a otro, los dos supuestos
> 1) constancia de la velocidad de la luz
> 2) independencia de las leyes (y en especial, por tanto, también de la ley de la constancia de la velocidad de la luz) con respecto a la elección del sistema inercial (principio de relatividad especial)
> son mutuamente incompatibles (pese a que ambos, por separado, vienen apoyados por la experiencia).
>
> La idea en que se basa la teoría de la relatividad especial es ésta: los supuestos 1) y 2) son mutuamente compatibles si se postulan relaciones de un nuevo tipo («transformación de Lorentz») para la conversión de coordenadas y tiempos de los sucesos.
>
> El principio general de la teoría de la relatividad especial se contiene en el postulado: las leyes de la física son invariantes con respecto a las transformaciones de Lorentz (para el paso de un sistema inercial a otro sistema inercial cualquiera). Es un principio restrictivo para las leyes naturales, comparable al principio restrictivo en que se basa la termodinámica: el de la no existencia del *perpetuum mobile*. (*Autobiographisches*, **1946**)

—

Oigamos el discurso de junio del propio Einstein:

Albert Einstein. «**Zur Elektrodynamik bewegter Körper**». ANNALEN DER PHYSIK. IV. Folge. 17. Band. Páginas: 891-921. Registro de entrada: 30 de junio de 1905.

[p. 891]

3. **Electrodinámica de cuerpos en movimiento**

Es sabido que la electrodinámica de Maxwell –tal como suele comprenderse actualmente– conduce a asimetrías en su aplicación a cuerpos en movimiento que no parecen adherirse a los fenómenos. Piénsese por ejemplo en la interacción electrodinámica entre un imán y un conductor. El fenómeno observable sólo depende aquí del movimiento relativo de conductor e imán, mientras que en la concepción habitual, ambos casos, sea uno u otro de los cuerpos el que se mueve, se disocian rigurosamente uno de otro. Concretamente si se mueve el imán y permanece en reposo el conductor aparece en torno al imán un campo eléctrico de cierto valor de energía que genera una corriente en los lugares en los que se encuentran partes del conductor. Sin embargo, si se mantiene en reposo el imán y se mueve el conductor, en torno al imán no surge campo eléctrico alguno y sí en cambio en el conductor una fuerza electromotriz a la cual no corresponde ninguna energía intrínseca pero que –presuponiendo la igualdad del movimiento relativo en ambos casos considerados– da lugar a corrientes eléctricas de la misma intensidad y dependencia temporal que las de las fuerzas eléctricas del primer caso.

Ejemplos similares, así como los intentos no coronados por el éxito de constatar un movimiento de la Tierra en relación con un "medio luminífero" llevan a la suposición de que no sólo con el concepto de reposo absoluto no se corresponde ninguna de las propiedades de los fenómenos acaecidos, no sólo en la mecánica sino tampoco en la electrodinámica, sino asimismo que en todos los sistemas de coordenadas en los que son válidas las ecuaciones mecánicas son válidas también las leyes electrodinámicas y ópticas como ya se ha demostrado para las magnitudes de primer orden. Tomaremos esta hipótesis, cuyo contenido llamaremos en lo sucesivo "principio de relatividad", como condición previa e introduciremos también el supuesto previo, que sólo de manera aparente está en contradicción con él,

[p. 892]

de que la luz se desplaza en el vacío siempre con una velocidad fija *V*, independiente del estado de movimiento del cuerpo emisor. Estas dos condiciones previas bastan para lograr una electrodinámica de cuerpos en movimiento sencilla y sin contradicciones, tomando como base la teoría de Maxwell de cuerpos en reposo. La introducción de un "éter lumínico" resultará ser superflua porque, tras la interpretación que se va a desarrollar, ni se va a introducir un "espacio en reposo absoluto" con propiedades particulares ni tampoco se va a atribuir un vector velocidad a un punto del espacio vacío en el cual se producen procesos electromagnéticos.

La teoría que se va a desarrollar se basa –como cualquier otra electrodinámica– en la cinemática del cuerpo rígido, ya que los enunciados de toda teoría se refieren a las relaciones entre cuerpos rígidos (sistemas de coordenadas), relojes y procesos electromagnéticos. No tener suficientemente en cuenta esta situación es la base de las dificultades con las que se enfrenta actualmente la electrodinámica de cuerpos en movimiento.

I. Parte cinemática

§ 1. Definición de simultaneidad

Supongamos un sistema de coordenadas en el que sean válidas las ecuaciones mecánicas de Newton. Llamaremos a este sistema de coordenadas para distinguirlo lingüísticamente de sistemas de coordenadas que se introduzcan más adelante y para la precisión plástica de la idea "sistema en reposo".

Si un punto material está en reposo respecto a este sistema de coordenadas, su posición respecto a éste puede determinarse mediante reglas rígidas utilizando los métodos de la geometría euclídea y puede expresarse en coordenadas cartesianas.

Si queremos describir el *movimiento* de un punto material damos el valor de sus coordenadas en función del tiempo. No hemos de perder de vista que una descripción matemática semejante sólo tiene un sentido físico si está previamente claro lo que se entiende por "tiempo".

[p. 893]

Hay que tener en cuenta que todos nuestros criterios en los que juega un papel el tiempo son siempre criterios sobre *sucesos simultáneos.* Por ejemplo si digo "el tren llega aquí las 7", esto quiere decir algo como "el que la aguja pequeña de mi reloj marque las 7 y la llegada del tren son sucesos simultáneos".[1]

Podría parecer que todas las dificultades referentes a la definición de "tiempo" pudieran vencerse si en vez de "tiempo" pongo "posición de la aguja pequeña de mi reloj". Tal definición basta realmente si se trata de definir un tiempo exclusivamente para el lugar en el que se encuentra el reloj en ese momento. Pero la definición ya no es suficiente en cuanto se trate de combinar temporalmente series de sucesos que se producen en lugares diferentes o, lo que es lo mismo, de valorar temporalmente sucesos que tienen lugar en lugares alejados del reloj.

Cierto es que podríamos darnos por satisfechos con valorar temporalmente los sucesos de tal modo que un observador que se encontrase junto con el reloj en el origen de coordenadas atribuyese a cada uno de los sucesos que hay que valorar, de los que dan testimonio las señales luminosas que le llegan a través del espacio vacío, la correspondiente posición de las agujas del reloj. Pero tal atribución trae consigo el defecto de que no es independiente del punto en el que se encuentra el observador con el reloj, como sabemos por experiencia. Llegamos a una determinación mucho más práctica con la siguiente observación.

Si en el punto A del espacio se encuentra un reloj, un observador que se encuentre en A puede valorar temporalmente los sucesos en el entorno inmediato de A consultando la posición de las agujas del reloj en el momento en que se produce el suceso. Si también en el punto B del espacio hay un reloj –añadamos, un reloj de exactamente las mismas características que el ubicado en A– también es posible una valoración temporal de los sucesos en el entorno inmediato de

(1) No comentaremos aquí la inexactitud que se contiene en el concepto de simultaneidad de dos sucesos en (casi) el mismo lugar y que asimismo hay que obviar mediante una abstracción.

[p. 894]

B por un observador que se encuentre en B. Sin embargo no es posible, sin otra determinación, comparar temporalmente un suceso en A con un suceso en B; hasta ahora sólo hemos definido un "tiempo A" y un "tiempo B", pero no hemos definido un "tiempo" común para A y B. Este último tiempo sólo puede definirse estableciendo *por definición* que el "tiempo" que precisa la luz para ir de A a B es igual al "tiempo" que requiere para ir de B a A. Supongamos que un rayo luminoso parte en el instante t_A de "tiempo A" de A hacia B y en el instante t_B de "tiempo B" se refleja en B con dirección a A y vuelve a A en el instante t'_A de "tiempo A". Ambos relojes funcionan por definición de manera síncrona si

$$t_B - t_A = t'_A - t_B$$

Supongamos que sea posible de modo incontrovertido esta definición del sincronismo para tantos puntos como se desee, de forma que de modo general sean válidas las relaciones:

1. Si el reloj en B funciona de modo síncrono con el reloj en A también el reloj en A funciona de modo síncrono con el reloj en B.

2. Si el reloj en A funciona de modo síncrono tanto con el reloj en B como con el reloj en C, también los relojes en B y C funcionan relativamente entre sí de modo síncrono.

Hemos establecido así, recurriendo a ciertas experiencias físicas (imaginarias), lo que hay que entender por relojes en reposo que funcionan de modo síncrono y se encuentran en lugares diferentes y con ello hemos obtenido, evidentemente, una definición de "simultaneidad" y de "tiempo". El "tiempo" de un suceso es la indicación –simultánea con el suceso– de un reloj que se encuentra en reposo en el lugar del suceso y que, para todas las determinaciones de tiempo, funciona de modo síncrono con un reloj en reposo determinado.

Prescribimos asimismo, de acuerdo con la experiencia, que la magnitud

$$\frac{2\overline{AB}}{t'_A - t_A} = V$$

es una constante universal (la velocidad de la luz en el vacío).

Lo esencial es haber definido el tiempo mediante

[p. 895]

relojes en reposo en el sistema en reposo; a este tiempo que acabamos de definir lo llamaremos, por su pertenencia al sistema en reposo, "tiempo del sistema en reposo".

§ 2. Relatividad de longitudes y tiempos

Las siguientes consideraciones se basan en el principio de relatividad y en el principio de constancia de la velocidad de la luz, principios ambos que definimos del siguiente modo:

1. Las leyes según las cuales cambian los estados de los sistemas físicos son independientes de a cuál de dos sistemas de coordenadas que se encuentran uno respecto al otro en movimiento de traslación uniforme se refieran dichos cambios de estado.

2. Todo rayo de luz se mueve en el sistema de coordenadas "en reposo" con la velocidad fija V, con independencia de si este rayo es emitido por un cuerpo en reposo o en movimiento. Por lo tanto:

$$\text{Velocidad} = \frac{\text{trayectoria de la luz}}{\text{duración temporal}},$$

donde "duración temporal" ha de entenderse en el sentido de la definición del § 1.

Considérese una barra rígida en reposo que, medida con una regla asimismo en reposo, tenga la longitud l. Supongamos ahora que el eje de la barra está situado en el eje X del sistema de coordenadas en reposo y que, acto seguido, se imprime a la barra un movimiento uniforme (de velocidad v) de traslación paralela a lo largo del eje X en el sentido de las x crecientes. Nos preguntamos ahora por la longitud de la barra *en movimiento* que, presumimos, es posible averiguar por medio de las dos siguientes operaciones:

a) El observador se mueve junto con la regla que hemos mencionado antes y con la barra que va a medir y mide la longitud de la barra superponiendo directamente la regla, como si la barra, la regla y el observador se encontrasen en reposo.

b) El observador halla por medio de relojes en reposo instalados en el sistema en reposo, sincrónicos según el § 1, en qué puntos del sistema en reposo se encuentran, en un determinado instante t, el comienzo y el final de la barra que hay que medir.

[p. 896]

La distancia entre esos dos puntos, medida con la regla –en reposo en este caso ya utilizada, es asimismo una longitud que puede llamarse "longitud de la barra".

Según el principio de relatividad, la longitud encontrada en la operación *a)*, a la que llamaremos "longitud de la barra en el sistema en movimiento", debe ser igual a la longitud l de la barra en reposo.

La longitud encontrada en la operación *b)*, a la que llamaremos "longitud de la barra (en movimiento) en el sistema en reposo", la determinaremos basándonos en nuestros dos principios y encontraremos que es diferente de *l*.

La cinemática utilizada generalmente supone de forma tácita que las longitudes determinadas por las dos operaciones mencionadas son exactamente iguales, o, en otras palabras, que un cuerpo rígido que se mueva en el instante *t* es completamente sustituible –en lo que atañe a la geometría– por el *mismo* cuerpo cuando está *en reposo* en posición determinada.

Supongamos además que se han colocado, en los dos extremos (*A* y *B*) de la barra, dos relojes síncronos con los del sistema en reposo, es decir, que sus indicaciones corresponden al "tiempo del sistema en reposo" en el lugar en el que justamente se encuentran; estos relojes son pues "síncronos en el sistema en reposo".

Imaginemos, además, que al lado de cada reloj se encuentra un observador que se mueve con él, y que dichos observadores aplican a ambos relojes el criterio expuesto en el § 1 sobre la marcha sincrónica de dos relojes. Supongamos que en el tiempo[1] t_A sale de *A* un rayo de luz que se refleja en *B* en el tiempo t_B y vuelve a *A* en el tiempo t'_A. Teniendo en cuenta el principio de la constancia de la velocidad de la luz, hallaremos:

$$t_B - t_A = \frac{r_{AB}}{V - v}$$

1) "Tiempo" quiere decir en este caso "tiempo del sistema en reposo" y a la vez "posición de las agujas del reloj en movimiento que se encuentra en el lugar del que hablamos".

[p. 897]

y

$$t'_A - t_B = \frac{r_{AB}}{V + v},$$

donde r_{AB} representa la longitud la barra en movimiento –medida en el sistema en reposo. Los observadores en movimiento con la barra en movimiento encontrarían pues que los dos relojes no funcionan de forma sincrónica, mientras que los observadores situados en el sistema en reposo sostendrían que los relojes están sincronizados.

Vemos pues que no podemos atribuir ningún significado *absoluto* al concepto de simultaneidad, sino que dos sucesos que, considerados desde un sistema de coordenadas, son simultáneos, considerados desde un sistema que se mueva con relación a ese sistema, ya no pueden considerarse sucesos simultáneos.

§ 3. Teoría de la transformación de las coordenadas y del tiempo del sistema en reposo a otro que, con relación a éste, se encuentre en movimiento de traslación uniforme.

Supongamos dos sistemas de coordenadas en el espacio "en reposo", es decir, dos sistemas constituidos cada uno por tres líneas materiales rígidas perpendiculares entre sí que salen del mismo punto. Se puede suponer que los ejes *X* de ambos sistemas coinciden y que los ejes *Y* y *Z* son respectivamente paralelos. A cada sistema se le asigna una regla rígida y una serie de relojes y ambas reglas, así como todos los relojes de los dos sistemas, son exactamente iguales.

Supongamos ahora que, al origen de uno de los dos sistemas (*k*), se le da una velocidad *v* (constante) en el sentido de las *x* crecientes del otro sistema, en reposo *(K)*, velocidad que puede comunicarse también a los ejes de coordenadas, a la regla correspondiente y a los relojes. A cada tiempo *t* del sistema en reposo *K* le corresponde entonces una posición determinada de los ejes del sistema en movimiento y por razones de simetría podemos suponer que, en el tiempo

t, el movimiento de k puede ser tal que los ejes del sistema en movimiento sean paralelos a los ejes del sistema en reposo (Con "t" se designa siempre un tiempo del sistema en reposo).

Imaginemos ahora que se mide el espacio tanto desde el sistema en reposo K, por medio de la regla en reposo, como desde

[p. 898]

el sistema en movimiento k, por medio de la regla que se mueve con él, hallando así las coordenadas x, y, z y ξ, η, ζ. Además, mediante los relojes que se encuentran en reposo en el sistema en reposo y por medio de señales luminosas –del modo señalado en § 1–, se determina el tiempo t del sistema en reposo para todos los puntos de éste en los que haya ubicados relojes. Asimismo, se determina el tiempo τ del sistema en movimiento para todos los puntos de éste en los que hay relojes, en reposo respecto a él, utilizando el método descrito en § 1 de señales luminosas entre los puntos en los que se encuentran estos relojes.

A cada sistema de valores x, y, z, t, que determina por completo el lugar y el tiempo de un suceso en el sistema en reposo, le corresponde un sistema de valores ξ, η, ζ, τ que fija cada suceso respecto al sistema k, teniendo ahora que resolver el problema de encontrar el sistema de ecuaciones que liga a estas magnitudes.

Está claro, de entrada, que las ecuaciones tienen que ser *lineales* debido a las propiedades de homogeneidad que atribuimos al espacio y al tiempo.

Si ponemos $x' = x - vt$, está claro que a un punto en reposo en el sistema k le corresponde un sistema concreto de valores x', y, z independiente del tiempo. Determinaremos primero τ como función de x', y, z y t. Con este fin tendremos que expresar en ecuaciones que τ no es más que la esencia de las indicaciones de los relojes en reposo en el sistema k que, según la regla dada en § 1, se han hecho síncronos.

Supongamos que, en el tiempo τ_0, se envía un rayo de luz a lo largo del eje X desde el origen del sistema k hacia x' y que, desde allí, se refleja, en el tiempo τ_1, hacia el origen de coordenadas, adonde llega en el tiempo τ_2; tendrá que ser en tal caso:

$$\frac{1}{2}(\tau_0 + \tau_2) = \tau_1$$

o, añadiendo los argumentos de la función τ y aplicando el principio de constancia de la velocidad de la luz en el sistema en reposo:

$$\frac{1}{2}\left[\tau(0,0,0,t) + \tau(0,0,0,\left\{t + \frac{x'}{V-v} + \frac{x'}{V+v}\right\})\right] = \tau(x',0,0,t + \frac{x'}{V-v}).$$

[p. 899]

De lo que se deduce, si se elige x' infinitamente pequeña:

$$\frac{1}{2}\left(\frac{1}{V-v} + \frac{1}{V+v}\right)\frac{\partial \tau}{\partial t} = \frac{\partial \tau}{\partial x'} + \frac{1}{V-v} \cdot \frac{\partial \tau}{\partial t},$$

o

$$\frac{\partial \tau}{\partial x'} + \frac{v}{V^2 - v^2} \cdot \frac{\partial \tau}{\partial t} = 0.$$

Nótese que en vez del origen de las coordenadas podríamos haber elegido cualquier otro punto como punto de partida del rayo de luz, y por eso, la ecuación obtenida es válida para todos los valores de *x'*, *y*, *z*.

Una reflexión similar –aplicada a los ejes *H* y *Z*–, si se repara en que la luz, considerada desde el sistema en reposo, se propaga a lo largo de estos ejes siempre con la velocidad $\sqrt{V^2 - v^2}$, proporciona:

$$\frac{\partial \tau}{\partial y} = 0$$

$$\frac{\partial \tau}{\partial z} = 0.$$

De estas ecuaciones se deduce, puesto que τ es una función *lineal*:

$$\tau = a\left(t - \frac{v}{V^2 - v^2}x'\right),$$

donde *a* es una función $\varphi(v)$ por ahora desconocida y, para abreviar, se ha supuesto que, en el origen de *k*, es $\tau = 0$ para $t = 0$.

Con la ayuda de este resultado es fácil hallar las magnitudes ξ, η, ζ expresando mediante ecuaciones que la luz (como exige el principio de constancia de la velocidad de la luz junto con el principio de relatividad), medida en el sistema en movimiento, se propaga también con la velocidad *V*. Para un rayo de luz emitido en el tiempo $\tau = 0$ en el sentido de las ξ crecientes, rige:

$$\xi = V\tau,$$

o

$$\xi = aV\left(t - \frac{v}{V^2 - v^2}x'\right).$$

Ahora bien, el rayo de luz se mueve, con relación al origen

[p. 900]

de *k*, medido en el sistema en reposo, con la velocidad $V - v$, de modo que se cumple:

$$\frac{x'}{V - v} = t$$

Si introducimos este valor de *t* en la ecuación de ξ, obtendremos:

$$\xi = a\frac{V^2}{V^2 - v^2}x'$$

De forma similar hallamos, considerando los rayos de luz que se mueven a lo largo de los otros dos ejes:

$$\eta = Vt = aV\left(t - \frac{v}{V^2 - v^2}x'\right)$$

donde

$$\frac{y}{\sqrt{V^2 - v^2}} = t; \quad x' = 0;$$

por tanto,

$$\eta = a\frac{V}{\sqrt{V^2 - v^2}}y$$

y

$$\varsigma = a\frac{V}{\sqrt{V^2 - v^2}}z$$

Si sustituimos *x'* por su valor, obtendremos:

$$\tau = \varphi(v)\beta\left(t - \frac{v}{V^2}x\right),$$
$$\xi = \varphi(v)\beta(x - vt),$$
$$\eta = \varphi(v)y,$$
$$\varsigma = \varphi(v)z,$$

donde

$$\beta = \frac{1}{\sqrt{1 - \left(\frac{v}{V}\right)^2}}$$

y φ es una función de *v* por el momento desconocida. Si no se hace ninguna suposición sobre la posición inicial del sistema en movimiento o sobre el punto cero de τ, hay que añadir una constante aditiva a los segundos miembros de estas ecuaciones.

Tenemos ahora que demostrar que cualquier rayo de luz, medido en el sistema en movimiento, se propaga con la velocidad *V*, siempre que sea este el caso, como hemos supuesto, en el sistema en reposo,

[p. 901]

ya que todavía no hemos aportado la prueba de que el principio de constancia de la velocidad de la luz sea compatible con el principio de relatividad.

Supongamos que en el tiempo $t = \tau = 0$ se emite una onda esférica desde el origen común –en ese instante– de los dos sistemas de coordenadas, que se propaga en el sistema *K* con la velocidad *V*. Si *(x, y, z)* es un punto alcanzado por esta onda, es pues

$$x^2 + y^2 + z^2 = V^2 t^2.$$

Si, con ayuda de nuestras ecuaciones de transformación, transformamos esta ecuación, obtendremos, tras un sencillo cálculo:

$$\xi^2 + \eta^2 + \varsigma^2 = V^2 \tau^2.$$

Por lo tanto la onda considerada es también, considerada en el sistema en movimiento, una onda esférica de velocidad de propagación *V*. Queda así probado que nuestros dos principios básicos son compatibles.

En las ecuaciones de transformación desarrolladas aparece aún una función desconocida φ de *v*, que pretendemos determinar ahora.

Con este fin introducimos un tercer sistema de coordenadas *K'*, que supondremos en movimiento de traslación –respecto al sistema *k*– paralela al eje Ξ, de modo que su origen de coordenadas se mueva sobre el eje Ξ con la velocidad $-v$. Supongamos que, en el tiempo $t = 0$, coinciden los tres orígenes de coordenadas y que, para $t = x = y = z = 0$, el tiempo t' del sistema K' es igual a cero. Si llamamos x', y', z' a las coordenadas, medidas en el sistema K', obtendremos, aplicando dos veces nuestras ecuaciones de transformación:

$$
\begin{aligned}
t' &= \varphi(-v)\beta(-v)\left\{\tau + \frac{v}{V^2}\xi\right\} = \varphi(v)\varphi(-v)t, \\
x' &= \varphi(-v)\beta(-v)\{\xi + v\tau\} = \varphi(v)\varphi(-v)x, \\
y' &= \varphi(-v)\eta = \varphi(v)\varphi(-v)y, \\
z' &= \varphi(-v)\varsigma = \varphi(v)\phi(-v)z.
\end{aligned}
$$

Como las relaciones entre x', y', z' y x, y, z no contienen el tiempo t, los sistemas K y K' están en reposo uno respecto al otro

[p. 902]

y está claro que la transformación de K en K' tiene que ser la transformación idéntica. Por lo tanto, es:

$$\varphi(v)\varphi(-v) = 1.$$

Nos preguntamos ahora por el significado de $\varphi(v)$. Consideremos el trozo del eje H del sistema k que está situada entre $\xi = 0$, $\eta = 0$, $\zeta = 0$ y $\xi = 0$, $\eta = l$, $\zeta = 0$. Este trozo del eje H es una barra que se mueve perpendicularmente a su eje con velocidad v respecto al sistema K y cuyos extremos tienen, en K, las coordenadas:

$$x_1 = vt, \quad y_1 = \frac{l}{\varphi(v)}, \quad z_1 = 0$$

y

$$x_2 = vt, \quad y_2 = 0, \quad z_2 = 0.$$

La longitud de la barra, medida en K, es pues $l/\varphi(v)$; se otorga así significado a la función φ. Ahora bien, por razones de simetría, es obvio que la longitud de una barra concreta –medida en el sistema en reposo– que se mueva perpendicularmente a su eje, sólo puede depender de la velocidad, pero no de la dirección y del sentido del movimiento. Por lo tanto, la longitud de la varilla en movimiento –medida en el sistema en reposo– no cambia si se sustituye v por $-v$. Se sigue de aquí que:

$$\frac{l}{\varphi(v)} = \frac{l}{\varphi(-v)},$$

o

$$\varphi(v) = \varphi(-v)$$

De ésta y de la relación encontrada antes se deduce que tiene que ser $\varphi(v) = 1$, de modo que las ecuaciones de transformación halladas se convierten en:

$$\tau = \beta\left(t - \frac{v}{V^2}x\right)$$
$$\xi' = \beta(x - vt),$$
$$\eta = y,$$
$$\varsigma = z,$$

donde

$$\beta = \frac{1}{\sqrt{1 - \left(\frac{v}{V}\right)^2}}.$$

[p. 903]

§ 4. Significado físico de las ecuaciones obtenidas en lo referente a cuerpos rígidos en movimiento y a relojes en movimiento

Consideremos una esfera rígida[1] de radio R, en reposo respecto al sistema en movimiento k y cuyo centro se encuentra en el origen de coordenadas de k. La ecuación de la superficie de esta esfera que se mueve con velocidad v respecto al sistema K es:

$$\xi^2 + \eta^2 + \varsigma^2 = R^2.$$

La ecuación de esta superficie, para el tiempo $t = 0$, se expresa, en función de x, y, z:

$$\frac{x^2}{\left(\sqrt{1 - \left(\frac{v}{V}\right)^2}\right)^2} + y^2 + z^2 = R^2.$$

Un cuerpo rígido que, medido en estado de reposo, tiene la forma de una esfera, tiene, por tanto, en estado de movimiento –considerado desde el sistema en reposo–, la forma de un elipsoide de revolución de ejes:

$$R\sqrt{1 - \left(\frac{v}{V}\right)^2}, R, R.$$

Por tanto, mientras las dimensiones Y y Z de la esfera (o de cualquier otro cuerpo rígido de cualquier forma) parecen no modificarse por el movimiento, la dimensión X parece reducirse en la proporción $1 : \sqrt{1 - (v/V)^2}$, es decir, tanto más cuanto mayor sea v. Para $v = V$, todos los objetos en movimiento –considerados desde el sistema "en reposo"– se reducen a figuras planas. Nuestras reflexiones dejan de tener sentido para velocidades superiores a la de la luz; veremos además en las consideraciones que siguen que, en nuestra teoría, la velocidad de la luz desempeña físicamente el papel de las velocidades infinitamente grandes.

Está claro que tienen validez los mismos resultados de cuerpos en reposo en el sistema "en reposo" que considerados desde un sistema que se mueve con movimiento uniforme.

Supongamos además que uno de los relojes habilitados para indicar el tiempo t en reposo respecto al sistema en reposo

---

1) Es decir un cuerpo que, observado en reposo, tiene forma de esfera.

[p. 904]

y el tiempo τ en reposo respecto al sistema en movimiento, está situado en el origen de coordenadas de *k* y ajustado de modo que indica el tiempo τ. ¿Con qué ritmo marcha este reloj considerado desde el sistema en reposo?

Entre las magnitudes *x*, *t* y τ, que se refieren al lugar en el que está este reloj, rigen obviamente las ecuaciones:

$$\tau = \frac{1}{\sqrt{1-\left(\frac{v}{V}\right)^2}} \cdot \left(t - \frac{v}{V^2}x\right)$$

y

$$x = vt.$$

Es pues:

$$\tau = t\sqrt{1-\left(\frac{v}{V}\right)^2} = t - \left(1 - \sqrt{1-\left(\frac{v}{V}\right)^2}\right)t,$$

de lo que se deduce que la indicación del reloj (considerado en el sistema en reposo) atrasa en $\left(1-\sqrt{1-(v/V)^2}\right)$ segundos por segundo, o en $\frac{1}{2}(v/V)^2$ segundos -exceptuando magnitudes de cuarto orden o superior.

Se deriva de aquí la siguiente consecuencia singular. Si en los puntos *A* y *B* de *K* hay dos relojes en reposo, que, considerados en el sistema en reposo, marchan de forma síncrona, y movemos el reloj de *A* a una velocidad *v* sobre la línea de unión con *B*, entonces, tras la llegada de este reloj a B, dichos relojes ya no estarán sincronizados, sino que el reloj que se mueve de *A* a *B* retrasará en $\frac{1}{2}tv^2/V^2$ segundos (exceptuando magnitudes de cuarto orden o superior) respecto al reloj situado en *B* desde el principio, si *t* es el tiempo que necesita el reloj para llegar de *A* a *B*.

Se ve inmediatamente que este resultado sigue siendo válido si el reloj se mueve de *A* a *B* en una línea poligonal cualquiera e incluso si los puntos *A* y *B* coinciden.

Si se acepta que el resultado demostrado para una línea poligonal sea también válido para una curva de curvatura continua, se obtiene la siguiente proposición: si se encuentran en *A* dos relojes que funcionan de forma sincrónica y se mueve uno de ellos sobre una curva cerrada con velocidad constante hasta que regresa de nuevo a *A*, lo que puede durar *t* segundos, este reloj, a su llegada a *A*

[p. 905]

retrasará $\frac{1}{2}t(v/V)^2$ segundos respecto al reloj que ha permanecido inmóvil. Se concluye de aquí que un reloj de volante que se encuentre en el ecuador terrestre debe andar ligerísimamente más despacio que un reloj idéntico, sometido por lo demás a las mismas condiciones y situado en uno de los polos.

§ 5. Teorema de adición de las velocidades

Supongamos que, en el sistema k –que se mueve con velocidad v a lo largo del eje X del sistema K–, se mueve un punto según las ecuaciones:

$$\xi = \omega_\xi \tau,$$
$$\eta = \omega_\eta \tau,$$
$$\varsigma = 0,$$

donde ω_ξ y ω_η representan constantes.

Se quiere hallar el movimiento del punto respecto al sistema K. Si, en las ecuaciones del movimiento del punto, se introducen las magnitudes x, y, z, t con ayuda de las ecuaciones de transformación desarrolladas en § 3, se obtiene:

$$x = \frac{\omega_\xi + v}{1 + \frac{v\omega_\xi}{V^2}} t,$$

$$y = \frac{\sqrt{1 - \left(\frac{v}{V}\right)^2}}{1 + \frac{v\omega_\xi}{V^2}} \omega_\eta t,$$

$$z = 0.$$

Según nuestra teoría, la ley del paralelogramo de velocidades sólo es válida en primera aproximación. Pongamos:

$$U^2 = \left(\frac{dx}{dt}\right)^2 + \left(\frac{dy}{dt}\right)^2,$$
$$\omega^2 = \omega_\xi^{\ 2} + \omega_\eta^{\ 2}$$

y

$$\alpha = \operatorname{arctg} \frac{\omega_y}{\omega_x};$$

[p. 906]

en tal caso hay que considerar α como el ángulo que forman las velocidades v y ω. Tras un sencillo cálculo obtenemos:

$$U = \frac{\sqrt{(v^2 + \omega^2 + 2v\omega\cos\alpha) - \left(\frac{v\omega sin\alpha}{V}\right)^2}}{1 + \frac{v\omega\cos\alpha}{V^2}}.$$

Es digno de mención el hecho de que v y ω intervienen de modo simétrico en la expresión de la velocidad resultante. Si ω también tiene la dirección del eje X (eje Ξ), obtenemos:

$$U = \frac{v + \omega}{1 + \frac{v\omega}{V^2}}.$$

De esta ecuación se deduce que de la composición de dos velocidades menores que V resulta siempre una velocidad menor que V. Es decir, si ponemos $v = V - \kappa$, $\omega = V - \lambda$, donde κ y λ son positivas y menores que V, será:

$$U = V \frac{2V - \kappa - \lambda}{2V - \kappa - \lambda + \frac{\kappa\lambda}{V}} < V.$$

Se sigue además que la velocidad de la luz V no se puede modificar al componerla con una velocidad "subluminal". Para este caso se obtiene:

$$U = \frac{V + \omega}{1 + \frac{\omega}{V}} = V.$$

Podríamos haber obtenido también la fórmula de U, en el caso en que v y ω tengan la misma dirección, componiendo dos transformaciones de acuerdo con § 3. Si, además de los sistemas K y k de § 3, introducimos un hipotético tercer sistema de coordenadas k', que se mueve en paralelo a k, cuyo origen se mueve sobre el eje Ξ con velocidad ω, se obtendrán entonces, entre las magnitudes x, y, z, t y las magnitudes correspondientes de k', unas ecuaciones que sólo se diferencian de las halladas en § 3 en que, en lugar de "v", se pone la magnitud:

$$\frac{v + \omega}{1 + \frac{v\omega}{V^2}};$$

[p. 907]

se ve así que tales transformaciones paralelas forman grupo –como debe ser.

Ahora que hemos deducido las proposiciones de cinemática que necesitábamos, correspondientes a nuestros dos principios, pasaremos a mostrar su uso en electrodinámica.

II. Parte electrodinámica.

§ 6. Transformación de las ecuaciones de Maxwell-Hertz del espacio vacío. Sobre la naturaleza de las fuerzas electromotrices que aparecen en un campo magnético con el movimiento

Supongamos que las ecuaciones de Maxwell-Hertz del espacio vacío son válidas para el sistema en reposo K, de modo que pueda valer:

$$\frac{1}{V}\cdot\frac{\partial X}{\partial t}=\frac{\partial N}{\partial y}-\frac{\partial M}{\partial z},\qquad \frac{1}{V}\cdot\frac{\partial L}{\partial t}=\frac{\partial Y}{\partial z}-\frac{\partial Z}{\partial y},$$
$$\frac{1}{V}\cdot\frac{\partial Y}{\partial t}=\frac{\partial L}{\partial z}-\frac{\partial N}{\partial x},\qquad \frac{1}{V}\cdot\frac{\partial M}{\partial t}=\frac{\partial Z}{\partial x}-\frac{\partial X}{\partial z},$$
$$\frac{1}{V}\cdot\frac{\partial Z}{\partial t}=\frac{\partial M}{\partial x}-\frac{\partial L}{\partial y},\qquad \frac{1}{V}\cdot\frac{\partial N}{\partial t}=\frac{\partial X}{\partial y}-\frac{\partial Y}{\partial x},$$

donde (X, Y, Z) representa el vector de la fuerza eléctrica y (L, M, N) el de la fuerza magnética.

Si aplicamos a estas ecuaciones la transformación desarrollada en § 3, refiriendo los fenómenos electromagnéticos al sistema de coordenadas que se mueve con velocidad v allí introducido, obtenemos las ecuaciones:

$$\frac{1}{V}\cdot\frac{\partial X}{\partial \tau}=\frac{\partial\beta\left(N-\frac{v}{V}Y\right)}{\partial\eta}-\frac{\partial\beta\left(M+\frac{v}{V}Z\right)}{\partial\zeta},$$
$$\frac{1}{V}\cdot\frac{\partial\beta\left(Y-\frac{v}{V}N\right)}{\partial\tau}=\frac{\partial L}{\partial\zeta}-\frac{\partial\beta\left(N-\frac{v}{V}Y\right)}{\partial\xi},$$
$$\frac{1}{V}\cdot\frac{\partial\beta\left(Z+\frac{v}{V}M\right)}{\partial\tau}=\frac{\partial\beta\left(M+\frac{v}{V}Z\right)}{\partial\xi}-\frac{\partial L}{\partial\eta},$$
$$\frac{1}{V}\cdot\frac{\partial L}{\partial \tau}=\frac{\partial\beta\left(Y-\frac{v}{V}N\right)}{\partial\zeta}-\frac{\partial\beta\left(Z+\frac{v}{V}M\right)}{\partial\eta},$$

[p. 908]

$$\frac{1}{V}\cdot\frac{\partial\beta\left(M+\frac{v}{V}Z\right)}{\partial\tau}=\frac{\partial\beta\left(Z+\frac{v}{V}M\right)}{\partial\xi}-\frac{\partial X}{\partial\zeta},$$
$$\frac{1}{V}\cdot\frac{\partial\beta\left(N-\frac{v}{V}Y\right)}{\partial\tau}=\frac{\partial X}{\partial\eta}-\frac{\partial\beta\left(Y-\frac{v}{V}N\right)}{\partial\xi},$$

donde

$$\beta=\frac{1}{\sqrt{1-\left(\frac{v}{V}\right)^2}}.$$

Ahora bien, el principio de relatividad exige que las ecuaciones de Maxwell-Hertz del espacio vacío sean también válidas en el sistema k cuando son válidas para el sistema K, es decir, que para los vectores –definidos en el sistema en movimiento k por sus efectos ponderomotores sobre masas eléctricas o magnéticas– de la fuerza eléctrica y magnética [(X', Y', Z') y (L', M', N')] del sistema en movimiento k rijan las ecuaciones:

$$\frac{1}{V}\cdot\frac{\partial X'}{\partial \tau}=\frac{\partial N'}{\partial \eta}-\frac{\partial M'}{\partial \zeta} \qquad \frac{1}{V}\cdot\frac{\partial L'}{\partial \tau}=\frac{\partial Y'}{\partial \zeta}-\frac{\partial Z'}{\partial \eta}$$

$$\frac{1}{V}\cdot\frac{\partial Y'}{\partial \tau}=\frac{\partial L'}{\partial \zeta}-\frac{\partial N'}{\partial \xi} \qquad \frac{1}{V}\cdot\frac{\partial M'}{\partial \tau}=\frac{\partial Z'}{\partial \xi}-\frac{\partial X'}{\partial \zeta}$$

$$\frac{1}{V}\cdot\frac{\partial Z'}{\partial \tau}=\frac{\partial M'}{\partial \xi}-\frac{\partial L'}{\partial \eta} \qquad \frac{1}{V}\cdot\frac{\partial N'}{\partial \tau}=\frac{\partial X'}{\partial \eta}-\frac{\partial Y'}{\partial \xi}$$

Obviamente, los dos sistemas de ecuaciones hallados para el sistema *k* tienen que expresar exactamente lo mismo, pues ambos sistemas de ecuaciones son equivalentes a las ecuaciones de Maxwell-Hertz para el sistema *K*. Además, como las ecuaciones de ambos sistemas coinciden salvo en los símbolos que representan a los vectores, se sigue que las funciones que aparecen en los sistemas de ecuaciones en los lugares correspondientes tienen que coincidir salvo un factor $\psi(v)$, común a todas las funciones de uno de los sistemas de ecuaciones, independiente de ξ,η,ζ y τ y eventualmente dependiente de *v*. Son válidas pues las relaciones:

$$X'=\psi(v)X, \qquad L'=\psi(v)L,$$

$$Y'=\psi(v)\beta\left(Y-\frac{v}{V}N\right), \qquad M'=\psi(v)\beta\left(M+\frac{v}{V}Z\right),$$

$$Z'=\psi(v)\beta\left(Z+\frac{v}{V}M\right), \qquad N'=\psi(v)\beta\left(N-\frac{v}{V}Y\right).$$

[p. 909]

Si invertimos este sistema de ecuaciones, resolviendo primero las ecuaciones que acabamos de obtener y aplicando luego las ecuaciones a la transformación inversa (de *k* a *K),* caracterizada por la velocidad –*v*, se sigue, teniendo en cuenta que los dos sistemas de ecuaciones así hallados tienen que ser idénticos, que:

$$\varphi(v)\cdot\varphi(-v)=1.$$

Además, por razones de simetría[1]

$$\varphi(v)=\varphi(-v)$$

y, por tanto, es

$$\varphi(v)=1$$

y nuestras ecuaciones toman la forma:

$$X'=X, \qquad L'=L,$$

$$Y'=\beta\left(Y-\frac{v}{V}N\right), \qquad M'=\beta\left(M+\frac{v}{V}Z\right),$$

$$Z'=\beta\left(Z+\frac{v}{V}M\right), \qquad N'=\beta\left(N-\frac{v}{V}Y\right).$$

Para interpretar estas ecuaciones, observemos lo siguiente. Supongamos que exista una cantidad de electricidad puntual que, medida en el sistema en reposo *K*, es de magnitud "uno", es decir, que en reposo en el sistema en reposo ejerce una fuerza de 1 dina sobre una cantidad de electricidad idéntica situada a 1 centímetro de distancia. Según el principio de relatividad, esta masa eléctrica, medida en el sistema en movimiento, es también de magnitud "uno". Si esta cantidad de electricidad está en reposo respecto al sistema en reposo, el vector (*X, Y, Z*) será, por definición, igual a la fuerza que actúa sobre ella. Si la cantidad de electricidad está en reposo respecto al sistema en movimiento (al menos en el instante en cuestión), la fuerza que actúa sobre ella, medida en el sistema en movimiento, será igual al vector (X', Y', Z'). Por lo tanto, las tres primeras ecuaciones de arriba pueden expresarse con palabras de las dos siguientes maneras:

1. Si un polo eléctrico puntual unidad se mueve en un campo electromagnético, actúa sobre él, además

---

1) Si, por ejemplo, $X = Y = Z = L = M = 0$ y $N \neq 0$, está claro, por razones de simetría, que en un cambio de signo de v sin alteración del valor numérico, tiene también que cambiar el signo de Y' sin cambiar su valor numérico.

[p. 910]

de la fuerza eléctrica, una "fuerza electromotriz" que, despreciando los términos multiplicados por la segunda potencia de v/V o superiores, es igual al producto vectorial de la velocidad del movimiento del polo unidad por la fuerza magnética, dividido por la velocidad de la luz (Antigua forma de expresión.)

2. Si un polo eléctrico puntual unidad se mueve en un campo electromagnético, la fuerza que actúa sobre él es igual a la fuerza eléctrica existente en el lugar del polo unidad, que se obtiene por transformación del campo en un sistema de coordenadas en reposo respecto al polo eléctrico unidad. (Nueva forma de expresión.)

Algo parecido puede decirse sobre las "fuerzas magnetomotrices". Es evidente que la fuerza electromotriz sólo juega en esta teoría el papel de concepto auxiliar, que debe su introducción a la circunstancia de que las fuerzas eléctricas y magnéticas no tienen existencia independiente del estado de movimiento del sistema de coordenadas.

Está claro además que la asimetría mencionada en la introducción, al considerar las corrientes generadas por el movimiento relativo de un imán y un conductor, desaparece. Tampoco tienen razón de ser las preguntas sobre la "sede" de las fuerzas electromotrices electrodinámicas (máquinas unipolares).

§ 7. Teoría del principio de Doppler y de la aberración.

Supongamos que en el sistema K se encuentra una fuente de ondas electrodinámicas muy alejada del origen de coordenadas que, en una parte del espacio que contiene al origen de coordenadas, se representan con suficiente aproximación mediante las ecuaciones:

$$
\begin{aligned}
X &= X_0 sin\phi, & L &= L_0 sin\phi, & & \\
Y &= Y_0 sin\phi, & M &= M_0 sin\phi, & \phi &= \omega\left(t - \frac{ax+by+cz}{V}\right). \\
Z &= Z_0 sin\phi, & N &= N_0 sin\phi, & &
\end{aligned}
$$

En este caso, (X_0, Y_0, Z_0) y (L_0, M_0, N_0) son los vectores que determinan la amplitud del tren de ondas, y a, b, c, los cosenos directores de las normales de ondas.

Nos preguntamos sobre la naturaleza de estas ondas cuando son examinadas por un observador en reposo en el sistema en movimiento k.

[p. 911]

Aplicando las ecuaciones de transformación halladas en § 6 para las fuerzas eléctricas y magnéticas, y las ecuaciones de transformación halladas en § 3 para las coordenadas y el tiempo, obtenemos inmediatamente:

$$X' = X_0 \sin\phi', \qquad L' = L_0 \sin\phi',$$

$$Y' = \beta\left(Y_0 - \frac{v}{V}N_0\right)\sin\phi', \qquad M' = \beta\left(M_0 + \frac{v}{V}Z_0\right)\sin\phi',$$

$$Z' = \beta\left(Z_0 + \frac{v}{V}M_0\right)\sin\phi', \qquad N' = \beta\left(N_0 - \frac{v}{V}Y_0\right)\sin\phi',$$

$$\phi' = \omega'\left(\tau - \frac{a'\xi + b'\eta + c'\zeta}{V}\right),$$

siendo

$$\omega' = \omega\beta\left(1 - a\frac{v}{V}\right)$$

$$a' = \frac{a - \frac{v}{V}}{1 - a\frac{v}{V}}$$

$$b' = \frac{b}{\beta\left(1 - a\frac{v}{V}\right)}$$

$$c' = \frac{c}{\beta\left(1 - a\frac{v}{V}\right)}$$

De la ecuación de ω' se deduce: si un observador se mueve con velocidad v respecto a una fuente de luz de frecuencia ν infinitamente lejana de modo que la línea de unión "fuente de luz-observador" forma el ángulo φ con la velocidad del observador referida a un sistema de coordenadas en reposo respecto a la fuente de luz, la frecuencia ν' de la luz percibida por el observador vendrá dada por la ecuación:

$$\nu' = \nu \frac{1 - \cos\varphi \frac{v}{V}}{\sqrt{1 - \left(\frac{v}{V}\right)^2}}$$

Este es el principio de Doppler para cualquier velocidad.

[p. 912]

Para $\varphi = 0$, la ecuación toma la sumaria forma:

$$\nu' = \nu \sqrt{\frac{1 - \frac{v}{V}}{1 + \frac{v}{V}}}.$$

Es evidente que – contrariamente al criterio habitual– para $v = -\infty$, es $\nu = \infty$.

Si llamamos φ' al ángulo entre la normal de ondas (dirección del rayo) en el sistema en movimiento y la línea de unión "fuente de luz-observador", la ecuación de *a'* toma la forma:

$$\cos\varphi' = \frac{\cos\varphi - \frac{v}{V}}{1 - \frac{v}{V}\cos\varphi}.$$

Esta ecuación expresa la ley de la aberración en su forma general. Si $\varphi = \pi/2$, la ecuación adquiere la sencilla forma:

$$\cos\varphi' = -\frac{v}{V}.$$

Tenemos que hallar todavía la amplitud de las ondas, tal como aparece en el sistema en movimiento. Si llamamos respectivamente *A* y *A'* a las amplitudes de las fuerzas eléctrica y magnética, medidas respectivamente en el sistema en reposo y en el sistema en movimiento, obtendremos:

$$A'^2 = A^2 \frac{\left(1 - \frac{v}{V}\cos\varphi\right)^2}{1 - \left(\frac{v}{V}\right)^2}$$

ecuación que, para $\varphi = 0$, se convierte en la más sencilla:

$$A'^2 = A^2 \frac{1 - \frac{v}{V}}{1 + \frac{v}{V}}$$

De las ecuaciones desarrolladas se deduce que a un observador que se aproximase a una fuente de luz con velocidad *V*, esta fuente de luz tendría que parecerle infinitamente intensa.

[p. 913]

§ 8. Transformación de la energía de los rayos luminosos. Teoría de la presión de radiación ejercida sobre espejos perfectos

Como $A^2/8\pi$ es igual a la energía de la luz por unidad de volumen, tendremos que considerar, según el principio de relatividad, $A'^2/8\pi$ como la energía de la luz en el sistema en movimiento. Por ello, A'^2/A^2 sería la relación entre la energía de un complejo luminoso determinado "medida en movimiento" y "medida en reposo", si el volumen de un complejo luminoso fuese el mismo medido en *K* y medido en *k*. Sin embargo, no es este el caso. Si *a*, *b*, *c* son los cosenos directores de la normal de ondas de la luz en el sistema en reposo, no pasa ninguna energía por los elementos de superficie de la superficie esférica

$$(x - Vat)^2 + (y - Vbt)^2 + (z - Vct)^2 = R^2$$

que se mueve con la velocidad de la luz; podemos decir pues que esta superficie encierra permanentemente el mismo complejo luminoso. Nos preguntamos ahora sobre la cantidad de energía que contiene esta superficie, considerada en el sistema *k*, es decir, sobre la energía del complejo luminoso respecto al sistema *k*.

La superficie esférica es –considerada en el sistema en movimiento– una superficie elipsoidal que, en el tiempo $t = 0$, tiene la ecuación:

$$\left(\beta\xi - a\beta\frac{v}{V}\xi\right)^2 + \left(\eta - b\beta\frac{v}{V}\xi\right)^2 + \left(\zeta - c\beta\frac{v}{V}\xi\right)^2 = R^2.$$

Si llamamos S al volumen de la esfera y S' al del elipsoide, resulta, como muestra un simple cálculo:

$$\frac{S'}{S} = \frac{\sqrt{1-\left(\frac{v}{V}\right)^2}}{1-\frac{v}{V}\cos\varphi}.$$

Por lo tanto, si llamamos E a la energía –medida en el sistema en reposo– y E' a la energía –medida en el sistema en movimiento– contenida en la superficie considerada, obtendremos:

$$\frac{E'}{E} = \frac{\frac{A'^2}{8\pi}S'}{\frac{A^2}{8\pi}S} = \frac{1-\frac{v}{V}\cos\varphi}{\sqrt{1-\left(\frac{v}{V}\right)^2}},$$

[p. 914]

fórmula que, para $\varphi = 0$, se convierte en la más sencilla:

$$\frac{E'}{E} = \sqrt{\frac{1-\frac{v}{V}}{1+\frac{v}{V}}}.$$

Merece destacarse que la energía y la frecuencia de un complejo lumínico cambian, según la misma ley, con el estado de movimiento del observador.

Supongamos ahora que el plano de coordenadas $\xi = 0$ es una superficie perfectamente reflectante en la que se reflejan las ondas planas consideradas en el último párrafo. Nos preguntamos sobre la presión luminosa ejercida sobre la superficie reflectante y sobre la dirección, frecuencia e intensidad de la luz después de la reflexión.

Supongamos que la luz incidente se define por las magnitudes A, $\cos\varphi$, ν (referidas al sistema *K*). Las correspondientes magnitudes, consideradas desde *k*, serán:

$$A' = A\frac{1-\frac{v}{V}\cos\varphi}{\sqrt{1-\left(\frac{v}{V}\right)^2}},$$

$$\cos\varphi' = \frac{\cos\varphi - \frac{v}{V}}{1-\frac{v}{V}\cos\varphi},$$

$$\nu' = \nu\frac{1-\frac{v}{V}\cos\varphi}{\sqrt{1-\left(\frac{v}{V}\right)^2}}.$$

Para la luz reflejada obtendremos, si referimos el suceso al sistema k:

$$A'' = A',$$
$$\cos\varphi'' = -\cos\varphi',$$
$$\nu'' = \nu'.$$

Por fin, mediante transformación inversa al sistema en reposo K se obtiene, para la luz reflejada:

[p. 915]

$$A''' = A''\frac{1+\frac{v}{V}\cos\varphi''}{\sqrt{1-\left(\frac{v}{V}\right)^2}} = A\frac{1-2\frac{v}{V}\cos\varphi+\left(\frac{v}{V}\right)^2}{1-\left(\frac{v}{V}\right)^2},$$

$$\cos\varphi''' = \frac{\cos\varphi''+\frac{v}{V}}{1+\frac{v}{V}\cos\varphi''} = -\frac{\left(1+\left(\frac{v}{V}\right)^2\right)\cos\varphi - 2\frac{v}{V}}{1-2\frac{v}{V}\cos\varphi+\left(\frac{v}{V}\right)^2},$$

$$\nu''' = \nu''\frac{1+\frac{v}{V}\cos\varphi''}{\sqrt{1-\left(\frac{v}{V}\right)^2}} = \nu\frac{1-2\frac{v}{V}\cos\varphi+\left(\frac{v}{V}\right)^2}{\left(1-\frac{v}{V}\right)^2}.$$

La energía que incide sobre la unidad de superficie del espejo por unidad de tiempo (medida en el sistema en reposo) es obviamente $A^2/8\pi(V\cos\varphi - v)$. La energía que se aleja de la unidad de superficie del espejo en la unidad de tiempo es $A'''^2/8\pi(-V\cos\varphi'''+v)$. La diferencia entre estas dos expresiones es, según el principio de la energía, el trabajo efectuado por la presión de la luz en la unidad de tiempo. Si se iguala éste al producto $P \cdot v$, siendo P la presión luminosa, se obtiene:

$$P = 2\frac{A^2}{8\pi} \cdot \frac{\left(\cos\varphi - \frac{v}{V}\right)^2}{1-\left(\frac{v}{V}\right)^2}.$$

En primera aproximación se obtiene, de acuerdo con la experiencia y con otras teorías:

$$P = 2\frac{A^2}{8\pi}\cos^2\varphi .$$

Según el método aquí empleado se pueden solucionar todos los problemas de la óptica de los cuerpos en movimiento. Lo esencial es que las fuerzas eléctrica y magnética de la luz, en la que influye un cuerpo en movimiento, se transforman en un sistema de coordenadas en reposo respecto el cuerpo. De ahí que cualquier problema de óptica de cuerpos en movimiento se reduzca a una serie de problemas de óptica de cuerpos en reposo.

[p. 916]

§ 9. Transformación de las ecuaciones de Maxwell-Hertz teniendo en cuenta las corrientes de convección

Partimos de las ecuaciones:

$$\frac{1}{V}\left\{u_x\rho + \frac{\partial X}{\partial t}\right\} = \frac{\partial N}{\partial y} - \frac{\partial M}{\partial z}, \qquad \frac{1}{V}\frac{\partial L}{\partial t} = \frac{\partial Y}{\partial z} - \frac{\partial Z}{\partial y},$$

$$\frac{1}{V}\left\{u_y\rho + \frac{\partial Y}{\partial t}\right\} = \frac{\partial L}{\partial z} - \frac{\partial N}{\partial x}, \qquad \frac{1}{V}\frac{\partial M}{\partial t} = \frac{\partial Z}{\partial x} - \frac{\partial X}{\partial z},$$

$$\frac{1}{v}\left\{u_z\rho + \frac{\partial Z}{\partial t}\right\} = \frac{\partial M}{\partial x} - \frac{\partial L}{\partial y}, \qquad \frac{1}{V}\frac{\partial N}{\partial t} = \frac{\partial X}{\partial y} - \frac{\partial Y}{\partial x},$$

donde

$$\rho = \frac{\partial X}{\partial x} + \frac{\partial Y}{\partial y} + \frac{\partial Z}{\partial z}$$

representa la densidad de electricidad –multiplicada por 4π – y (u_x, u_y, u_z) el vector velocidad de la electricidad. Si se suponen las masas eléctricas ligadas siempre a cuerpos rígidos pequeños (iones, electrones), estas ecuaciones constituyen el fundamento electromagnético de la electrodinámica y la óptica de los cuerpos en movimiento de Lorentz.

Si se transforman estas ecuaciones, que se suponen válidas en el sistema K, con ayuda de las ecuaciones de transformación de § 3 y § 6 al sistema k, se obtienen las ecuaciones:

$$\frac{1}{V}\left\{u_\xi \rho' + \frac{\partial X'}{\partial \tau}\right\} = \frac{\partial N'}{\partial \eta} - \frac{\partial M'}{\partial \zeta}, \qquad \frac{\partial L'}{\partial \tau} = \frac{\partial Y'}{\partial \zeta} - \frac{\partial Z'}{\partial \eta},$$

$$\frac{1}{V}\left\{u_\eta \rho' + \frac{\partial Y'}{\partial \tau}\right\} = \frac{\partial L'}{\partial \zeta} - \frac{\partial N'}{\partial \xi}, \qquad \frac{\partial M'}{\partial \tau} = \frac{\partial Z'}{\partial \xi} - \frac{\partial X'}{\partial \zeta},$$

$$\frac{1}{V}\left\{u_\zeta \rho' + \frac{\partial Z'}{\partial \tau}\right\} = \frac{\partial M'}{\partial \xi} - \frac{\partial L'}{\partial \eta}, \qquad \frac{\partial N'}{\partial \tau} = \frac{\partial X'}{\partial \eta} - \frac{\partial Y'}{\partial \xi},$$

donde

$$\frac{u_x - v}{1 - \frac{u_x v}{V^2}} = u_\xi,$$

$$\frac{u_y}{\beta\left(1 - \frac{u_x v}{V^2}\right)} = u_\eta, \qquad \rho' = \frac{\partial X'}{\partial \xi} + \frac{\partial Y'}{\partial \eta} + \frac{\partial Z'}{\partial \zeta} = \beta\left(1 - \frac{v u_x}{V^2}\right)\rho.$$

$$\frac{u_z}{\beta\left(1 - \frac{u_x v}{V^2}\right)} = u_\zeta.$$

[p. 917]

Puesto que –como se deduce del teorema de adición de las velocidades (§ 5)– el vector (u_ξ, u_η, u_ζ) no es más que la velocidad de las masas eléctricas medida en el sistema *k*, queda así demostrado que, basándonos en nuestros principios cinemáticos, el fundamento electrodinámico de la teoría de Lorentz de la electrodinámica de cuerpos en movimiento satisface el principio de relatividad.

Cabría todavía señalar sucintamente que de las ecuaciones desarrolladas puede deducirse con facilidad el siguiente importante enunciado: si un cuerpo cargado eléctricamente se mueve de cualquier manera en el espacio sin cambiar por ello su carga, considerada desde un sistema de coordenadas que se mueve con el cuerpo, su carga permanecerá también constante – considerada desde el sistema "en reposo" *K*.

§ 10. Dinámica del electrón (acelerado paulatinamente)

Consideremos una partícula puntual provista con una carga eléctrica ε (en lo sucesivo llamada "electrón") que se mueve en un campo electromagnético y sobre cuya ley de movimiento podamos únicamente suponer lo siguiente:

Si el electrón está en reposo en un instante concreto, el movimiento del electrón en la fracción de tiempo inmediata tiene lugar según las ecuaciones:

$$\mu \frac{d^2 x}{dt^2} = \varepsilon X$$

$$\mu \frac{d^2 y}{dt^2} = \varepsilon Y$$

$$\mu \frac{d^2 z}{dt^2} = \varepsilon Z,$$

donde x, y, z representan a las coordenadas del electrón y μ su masa, siempre que éste se mueva despacio.

Supongamos ahora, en segundo lugar, que el electrón en cierto instante tiene una velocidad v. Buscamos la ley según la cual se mueve el electrón en la fracción de tiempo inmediatamente siguiente.

Sin que esto afecte a la generalidad de nuestras observaciones, podemos suponer y supondremos que el electrón, en el momento en que lo consideramos, se encuentra en el origen de coordenadas

[p. 918]

y se mueve a lo largo del eje X del sistema K con la velocidad v. Es evidente pues que, en dicho momento ($t = 0$), el electrón está en reposo respecto a un sistema de coordenadas k que se mueve, con velocidad constante v, paralelamente al eje X.

De la hipótesis que acabamos de hacer, junto con el principio de relatividad, está claro que el electrón se mueve en el tiempo inmediatamente siguiente (para valores pequeños de t), considerado desde el sistema k, según las ecuaciones:

$$\mu\frac{d^2\xi}{d\tau^2} = \varepsilon X',$$
$$\mu\frac{d^2\eta}{d\tau^2} = \varepsilon Y',$$
$$\mu\frac{d^2\zeta}{d\tau^2} = \varepsilon Z',$$

donde los símbolos ξ, η, ζ, τ, X', Y', Z' se refieren al sistema k. Si establecemos además que para $t = x = y = z = 0$ debe ser $\tau = \xi = \eta = \zeta = 0$, serán válidas las ecuaciones de transformación de los §§ 3 y 6, como lo serán también:

$$\begin{aligned} \tau &= \beta\left(t - \frac{v}{V^2}x\right), & X' &= X, \\ \xi &= \beta(x - vt), & Y' &= \beta\left(Y - \frac{v}{V}N\right), \\ \eta &= y, & & \\ \zeta &= z, & Z' &= \beta\left(Z + \frac{v}{V}M\right). \end{aligned}$$

Con ayuda de estas ecuaciones transformamos las anteriores ecuaciones del movimiento del sistema k al sistema K y obtenemos:

$$\text{(A)} \qquad \left\{ \begin{aligned} \frac{d^2x}{dt^2} &= \frac{\varepsilon}{\mu}\cdot\frac{1}{\beta^3}X, \\ \frac{d^2y}{dt^2} &= \frac{\varepsilon}{\mu}\cdot\frac{1}{\beta}\left(Y - \frac{v}{V}N\right), \\ \frac{d^2z}{dt^2} &= \frac{\varepsilon}{\mu}\cdot\frac{1}{\beta}\left(Z + \frac{v}{V}M\right). \end{aligned} \right.$$

Nos preguntamos ahora, siguiendo los modos habituales de proceder, sobre las masas "longitudinales" y "transversales"

[p. 919]

del electrón en movimiento. Escribamos las ecuaciones (A) en la forma:

$$\mu\beta^3 \frac{d^2x}{dt^2} = \varepsilon X = \varepsilon X'$$

$$\mu\beta^2 \frac{d^2y}{dt^2} = \varepsilon\beta\left(Y - \frac{v}{V}N\right) = \varepsilon Y'$$

$$\mu\beta^2 \frac{d^2z}{dt^2} = \varepsilon\beta\left(Z + \frac{v}{V}M\right) = \varepsilon Z'$$

y observemos de entrada que $\varepsilon X'$, $\varepsilon Y'$, $\varepsilon Z'$ son las componentes de la fuerza ponderomotriz que actúa sobre el electrón, considerado en un sistema que se mueve en ese momento con el electrón con la misma velocidad que éste. (Esta fuerza podría medirse, por ejemplo, con una balanza de muelle ubicada, en reposo, en este último sistema.) Si llamamos a esta fuerza simplemente "la fuerza que actúa sobre el electrón" y mantenemos la ecuación:

valor numérico de la masa × valor numérico de la aceleración = valor numérico de la fuerza

y si establecemos además que las aceleraciones deben medirse en el sistema en reposo K, obtendremos, a partir de las ecuaciones anteriores:

$$\text{masa longitudinal} = \frac{\mu}{\left(\sqrt{1-\left(\frac{v}{V}\right)^2}\right)^3},$$

$$\text{masa transversal} = \frac{\mu}{1-\left(\frac{v}{V}\right)^2}.$$

Naturalmente, con otra definición de fuerza y de aceleración, se obtendrían otros valores numéricos para las masas; de ello se infiere que hay que proceder con mucha cautela al comparar teorías diferentes del movimiento del electrón.

Recalcamos que estos resultados sobre la masa son también válidos para los puntos materiales ponderables, porque un punto material ponderable puede transformarse en un electrón (en nuestro sentido) añadiéndole una carga eléctrica *tan pequeña como se quiera.*

Determinaremos ahora la energía cinética del electrón. Si un electrón se mueve permanentemente sobre el eje X desde el origen de coordenadas del sistema K con velocidad inicial 0

[p. 920]

bajo la acción de una fuerza electrostática X, está claro que la energía sustraída al campo electrostático tiene el valor $\int \varepsilon X dx$. Como el electrón debe acelerarse poco a poco y, en consecuencia, se supone que no desprende ninguna energía en forma de radiación, la energía sustraída al campo electrostático tiene que igualarse a la energía W del movimiento del electrón. De ahí que se obtenga, teniendo en cuenta que durante todo el proceso de movimiento considerado es válida la primera ecuación de (A):

$$W = \int \varepsilon X dx = \int_0^v \beta^3 v dv = \mu V^2 \left\{ \frac{1}{\sqrt{1-\left(\frac{v}{V}\right)^2}} - 1 \right\}.$$

Por tanto, para $v = V$, W se hará infinitamente grande. Velocidades superiores a la de la luz no tienen –como en nuestros anteriores resultados– ninguna posibilidad de existir.

Esta expresión de la energía cinética tiene que ser válida también para masas ponderables, según el argumento aducido arriba.

Enumeraremos ahora las propiedades del movimiento del electrón, resultantes del sistema de ecuaciones (A), accesibles a la experiencia.

1. De la segunda ecuación del sistema (A) se sigue que una fuerza eléctrica Y y una fuerza magnética N actúan con igual fuerza deflectora sobre un electrón que se mueve con velocidad v, si $Y = N \cdot v/V$. Se ve pues que, según nuestra teoría, es posible hallar la velocidad del electrón a partir de la relación entre la desviación magnética A_m y la desviación eléctrica A_e, para velocidades cualesquiera, aplicando la ley:

$$\frac{A_m}{A_e} = \frac{v}{V}.$$

Esta relación es susceptible de comprobación experimental, puesto que la velocidad del electrón puede medirse también directamente, por ejemplo, por medio de campos magnético y eléctrico rápidamente oscilantes.

2. De la deducción de la energía cinética del electrón se sigue que entre la diferencia de potencial atravesada

[p. 921]

y la velocidad v alcanzada por el electrón tiene que ser válida la relación:

$$P = \int X dx = \frac{\mu}{\varepsilon} V^2 \left\{ \frac{1}{\sqrt{1-\left(\frac{v}{V}\right)^2}} - 1 \right\}.$$

3. Calcularemos ahora el radio de curvatura R de la trayectoria cuando haya presente (como única fuerza deflectora) una fuerza magnética N que actúa perpendicularmente a la velocidad del electrón. De la segunda de las ecuaciones de (A) obtenemos:

$$-\frac{d^2 y}{dt^2} = \frac{v^2}{R} = \frac{\varepsilon}{\mu} \cdot \frac{v}{V} \cdot \sqrt{1-\left(\frac{v}{V}\right)^2}$$

o

$$R = V^2 \frac{\mu}{\varepsilon} \cdot \frac{\frac{v}{V}}{\sqrt{1-\left(\frac{v}{V}\right)^2}} \cdot \frac{1}{N}.$$

Estas tres relaciones constituyen una expresión completa de las leyes según las cuales se mueve el electrón en virtud de la presente teoría.

Señalo por último que, mientras trabajaba en los problemas aquí tratados, me apoyó lealmente mi amigo y colega M. Besso, a quien tengo que agradecer alguna valiosa sugerencia.

Berna, junio de 1905

(Registro de entrada: 30 de junio de 1905)

SEPTIEMBRE

Y ahora la culiminación del mes de septiembre

Albert Einstein. *«Ist die Trägheit eines Körpers von seinem Energieinhalt abhängig?»* ANNALEN DER PHYSIK. Bd. 322. 1905. Registro de entrada: 27 de septiembre de 1905. Páginas: 639-641.

[p. 639]

¿Depende la inercia de un cuerpo de su contenido en energía?

Los resultados de un estudio electrodinámico[1] que hace muy poco publiqué en estos Anales llevan a una conclusión muy interesante que voy a deducir aquí.

Me basé allí en las ecuaciones de Maxwell-Hertz para el espacio vacío, junto con la expresión de Maxwell para la energía electromagnética del espacio, y además en el principio:

Las leyes según las cuales se modifican los estados de los sistemas físicos son independientes de a cuál de dos sistemas de coordenadas –que se mueven uno respecto al otro con movimiento uniforme de traslación paralela– se refieran dichas modificaciones de estado (Principio de relatividad).

Apoyándome en estos fundamentos[2] deduje entre otros el siguiente resultado (1. c. § 8):

Supongamos que un sistema de ondas luminosas planas posee, referido a un sistema de coordenadas (*x, y, z*), la energía l y que la dirección del rayo (normal de ondas) forma el ángulo φ con el eje x del sistema. Si se introduce un nuevo sistema de coordenadas (ξ, η, ζ) –en movimiento uniforme de traslación paralela respecto al sistema (*x, y, z*)– cuyo origen se mueve con velocidad v a lo largo del eje x, la mencionada cantidad de luz tendrá, medida en el nuevo sistema, la energía:

$$l^* = l \frac{1 - \frac{v}{V}\cos\varphi}{\sqrt{1-\left(\frac{v}{V}\right)^2}},$$

donde V es la velocidad de la luz. De este resultado nos serviremos adelante.

(1) A. Einstein, Ann. d. Phys.17. p. 891. 1905.
(2) El principio de la constancia velocidad de la luz allí utilizado está naturalmente contenido en las ecuaciones de Maxwell.

[p. 640]

Supongamos ahora que en el sistema (*x, y, z*) se encuentra en reposo un cuerpo cuya energía, referida al sistema (*x, y, z*), es E_0. Sea H_0 la energía del cuerpo con relación al sistema (ξ, η, ζ) que, como hemos dicho, se mueve con la velocidad *v*.

Supongamos que este cuerpo envía, en una dirección que forma con el eje *x* el ángulo φ, ondas luminosas planas de energía *L*/2 (medida con relación al sistema (*x, y, z*)) y al mismo tiempo una cantidad de luz de la misma magnitud en sentido opuesto, permaneciendo el cuerpo en reposo con relación al sistema (*x, y, z*). Para este proceso tiene que ser válido el principio de la energía (según el principio de relatividad) respecto a ambos sistemas de coordenadas. Si llamamos E_1 y H_1 a la energía del cuerpo después de la emisión de luz, medida respectivamente respecto a los sistemas (*x, y, z*) y (ξ, η, ζ), obtendremos, utilizando la relación expuesta antes:

$$E_0 = E_1 + \left[\frac{L}{2} + \frac{L}{2}\right],$$

$$H_0 = H_1 + \left[\frac{L}{2}\frac{1-\frac{v}{V}\cos\varphi}{\sqrt{1-\left(\frac{v}{V}\right)^2}} + \frac{L}{2}\frac{1+\frac{v}{V}\cos\varphi}{\sqrt{1-\left(\frac{v}{V}\right)^2}}\right] =$$

$$= H_1 + \frac{L}{\sqrt{1-\left(\frac{v}{V}\right)^2}}$$

De estas ecuaciones se obtiene, por sustracción:

$$\left(H_0 - E_0\right) - \left(H_1 - E_1\right) = L\left\{\frac{1}{\sqrt{1-\left(\frac{v}{V}\right)^2}} - 1\right\}$$

Las dos diferencias de la forma *H-E* que aparecen en esta expresión tienen significados físicos simples. *H* y *E* son valores de energía del mismo cuerpo referidos a dos sistemas de coordenadas que se mueven uno con relación al otro, permaneciendo en reposo el cuerpo en uno de los sistemas (el sistema (*x, y, z*)). Está claro pues que la diferencia *H-E* sólo puede diferenciarse de la energía cinética *K* del cuerpo respecto al otro sistema (el sistema (ξ, η, ζ)) en una constante aditiva *C* que depende de la elección de las constantes

[p. 641]

aditivas arbitrarias de las energías H y E. Podemos poner pues

$$H_0 - E_0 = K_0 + C,$$
$$H_1 - E_1 = K_1 + C,$$

ya que C no se modifica en el transcurso de la emisión de luz. Así pues, obtenemos:

$$K_0 - K_1 = L\left\{\frac{1}{\sqrt{1-\left(\frac{v}{V}\right)^2}} - 1\right\}$$

La energía cinética del cuerpo con relación al sistema (ξ, η, ζ) disminuye como consecuencia de la emisión de luz en una cantidad independiente de las cualidades del cuerpo. La diferencia $K_0 - K_1$ depende además de la velocidad así como de la energía cinética del electrón (1. c.§ 10).

Despreciando magnitudes de cuarto orden y mayores podemos poner

$$K_0 - K_1 = \frac{L}{V^2}\frac{v^2}{2}$$

De esta ecuación se desprende directamente:

Si un cuerpo emite la energía L en forma de radiación, su masa disminuye en L/V^2. En este proceso es claramente no fundamental que la energía sustraída al cuerpo se convierta precisamente en energía de radiación, con lo que llegamos a la siguiente conclusión más general:

La masa de un cuerpo es una medida de su contenido en energía; si la energía se modifica en L, se modifica también la masa en el mismo sentido en $L/9 \cdot 10^{20}$, si se mide la energía en ergios y la masa en gramos.

No está excluido que pueda conseguirse comprobar la teoría en cuerpos cuyo contenido en energía es altamente modificable (por ejemplo, las sales de Radio).

Si la teoría se corresponde con los hechos, la radiación transfiere inercia entre los cuerpos que emiten y los cuerpos que absorben.

Berna, septiembre de 1905.

(Presentado el 27 de septiembre de 1905)

Einstein da cuenta somera a su amigo Habicht del resultado final de su artículo, que constituye lo que en toda la nomenclatura posterior va a llamarse inercia de la energía:

Mi tiempo no vale gran cosa estos días; no siempre tengo a mano temas en que pensar o, al menos, temas realmente atractivos. Sigue estando ahí, desde luego, el de las rayas espectrales, pero no creo que exista en absoluto una relación sencilla entre estos fenómenos y los ya investigados, de modo que, por el momento, el asunto no me parece prometedor. Me ha pasado por la cabeza una consecuencia del trabajo sobre electrodinámica. El principio de relatividad, junto con las ecuaciones fundamentales de Maxwell, exige que la masa sea una medida directa de la energía contenida en un cuerpo; así que la luz transporta masa. En el caso del radio, tendría que tener lugar una considerable reducción de masa. El asunto es divertido y seductor. Aunque no sé por qué me da que el Todopoderoso se está riendo de todo este rollo y me anda arrastrando de las narices... [Carta de Einstein a Konrad Habicht. Berna, viernes (entre el 30 de Junio y el 22 de Septiembre de 1905)] [Recogido en *The Collected Papers*, Vol. 5, pp. 20-21 y en *Oeuvres Choisies*, Vol. 2, pp. 59.]

hallazgo que quedará registrado para la historia con la excepcional fórmula $E = mc^2$.

1907

DICIEMBRE

Johannes Stark ha encargado a Einstein una profundización sobre su artículo de 1905 «Zur Elektrodynamik bewegter Körper». Einstein se aplica. Hasta el punto de que el nuevo artículo

Albert Einstein. «Über das Relativitätsprinzip und die aus demselben gezogenen Folgerungen». *JAHRBUCH DER RADIOAKTIVITÄT UND ELEKTRONIK*, 4, 1907. Páginas: 411-462. (Principio de relatividad y consecuencias que se deducen del mismo.) Registro de entrada: 4 de Diciembre de 1907.

va a significar el arranque de la relatividad general. Reflejo aquí en exclusiva el inicio del apartado V.

V. Principio de relatividad y gravitación

§ 17. Sistema de referencia acelerado y campo gravitatorio

Hasta ahora hemos aplicado el principio de relatividad, es decir, la suposición de la independencia de las leyes de la Naturaleza del estado de movimiento del sistema de referencia, sólo a sistemas de referencia *no acelerados*. ¿Se puede pensar que el principio de relatividad valga también para sistemas acelerados unos con relación a otros?

Cierto que no es este lugar para el tratamiento escrupuloso de esta cuestión. Pero como esto tiene que importunar a quien haya seguido de cerca las aplicaciones vistas hasta ahora del principio de relatividad, no eludiré tomar aquí posición ante el asunto.

Consideremos dos sistemas de referencia Σ_1 y Σ_2. Supongamos que Σ_1 esté acelerado en la dirección de su eje X y sea γ el módulo (temporalmente constante) de esa aceleración. Supongamos que Σ_2 está en reposo, pero se encuentra en un campo gravitatorio homogéneo que confiere a todos los objetos la aceleración $-\gamma$ en la dirección del eje X.

Por lo que sabemos, las leyes físicas referidas a Σ_1 no se diferencian de las referidas a Σ_2; la razón es que, en el campo gravitatorio, todos los cuerpos están igualmente acelerados. No tenemos pues, en el estado actual de nuestra experiencia, ningún motivo para suponer que los sistemas Σ_1 y Σ_2 se diferencian uno de otro respecto a algo; de ahí que aceptemos en lo sucesivo la absoluta equivalencia física de campo gravitatorio y aceleración correspondiente del sistema de referencia.

Esta suposición extiende el principio de relatividad al caso del movimiento de traslación uniformemente acelerado del sistema de referencia. El valor heurístico de la suposición estriba en que permite sustituir un campo gravitacional homogéneo por un sistema de referencia uniformemente acelerado, caso éste hasta cierto punto accesible al tratamiento teórico.

De la génesis de esta idea de partida, considerada por Einstein como la más feliz de su vida, nos habla el propio Einstein en el llamado Manuscrito Morgan, de 1920 (pp. 20-21 del mismo) {«Grundgedanken und Methoden der Relativitätstheorie, in ihrer Entwicklung dargestellt»} y a él remito al lector.([1]) Como es sabido, esa idea será bautizada en 1911 por Einstein con el nombre de *hipótesis de equivalencia* en su artículo «*Über den Einfluß der Schwerkraft auf die Ausbreitung des Lichtes*», del 21 de junio, y a él remito asimismo al lector. ([2])

En otro orden de cosas, sin perjuicio de que Einstein tuviese ya *la mosca tras la oreja* respecto a la extensión de la relatividad (especial), no deja de resultar peculiar, una vez más, que, en definitiva, la idea rectora surgiese como consecuencia –o en el transcurso– de un encargo.

Es relevante resaltar, una vez más, la vocación unificadora de Einstein que el artículo refleja a lo largo de su desarrollo: la verdadera validez de las postulaciones vendrá no de restringirlas a ámbitos muy específicos, sino de la posibilidad de extender su dominio a otros fenómenos.

[1] [Versión en español: «Ideas fundamentales y métodos de la teoría de la relatividad expuestas en su desarrollo». Javier Turrión: "Einstein I. Diálogo Galileano". Editorial Unaluna, Zaragoza, 2002 & "Einstein. Vestigios. El nombre de las cosas". Cinca Monterde Editor. Zaragoza, febrero de 2022].

[2] [Versión en español: «Influencia de la fuerza gravitatoria en la propagación de la luz». Javier Turrión: "Einstein II. Einstein. El tiempo propio". Editorial Unaluna. Zaragoza, 2002 & "Einstein. Vestigios. El nombre de las cosas". Cinca Monterde Editor, Zaragoza, febrero de 2022]

1908

SEPTIEMBRE

El mundo se mueve. Aquí viene Minkowski con su *Raum und Zeit*. Dejemos, sin más preámbulos, que el propio Einstein se encargue de las presentaciones.

Antes de nada, una observación acerca de la relación de la teoría con el «espacio cuadridimensional». Es un error muy difundido creer que la teoría de la relatividad especial descubrió o reintrodujo en cierto modo la cuadridimensionalidad del continuo físico. Naturalmente, no es ese el caso. También la mecánica clásica se basa en el continuo cuadridimensional de espacio y tiempo, sólo que en el continuo cuadridimensional de la física clásica las «secciones» de valor temporal constante tienen una realidad absoluta, es decir, independiente de la elección del sistema de referencia. Con ello el continuo cuadridimensional se descompone naturalmente en uno tridimensional y en otro unidimensional (tiempo), de manera que la visión cuadridimensional no se impone con carácter *necesario*. La teoría de la relatividad especial, por el contrario, crea una dependencia formal entre el modo y manera en que tienen que entrar en las leyes de la Naturaleza las coordenadas espaciales, por un lado, y la coordenada temporal, por otro.

La importante contribución de Minkowski a la teoría reside en lo siguiente: antes de la investigación de Minkowski era preciso aplicar una transformación de Lorentz a una ley para comprobar su invariancia frente a tales transformaciones, mientras que él consiguió introducir un formalismo que hace que la propia forma matemática de la ley garantice su invariancia frente a transformaciones de Lorentz. Mediante la creación de un cálculo tensorial cuadridimensional consiguió para el espacio de cuatro dimensiones lo mismo que logra el cálculo vectorial usual para las tres dimensiones espaciales. Y demostró también que la transformación de Lorentz (prescindiendo de un signo algebraico diferente, debido al carácter especial del tiempo) no es otra cosa que una rotación del sistema de coordenadas en el espacio cuadridimensional). [Autobiographisches]

Por lo demás, como puede comprobarse, la digestión de la oferta minkowskiana no es sencilla y exige tener el estómago hecho a engrudos.

Hermann Minkowski. El nacimiento del espacio-tiempo

Hermann Minkowski. **«Raum und Zeit»**. Conferencia pronunciada ante la Asamblea de Naturistas y Médicos alemanes en Colonia, el 21 de septiembre de 1908.

[Recogida en el libro de monografías: FORTSCHRITTE DER MATHEMATISCHEN WISSENSCHAFTEN, recopiladas por Otto Blumenthal. Cuaderno 2 (Título genérico: *Das Relativitätsprinzip*). Editorial e imprenta de B. G. Teubner. Leipzig. Berlín. 1920; Páginas: 54-66 y 67-71]

54

Raum und Zeit

Por H. MINKOWSKI.[1]

Espacio y tiempo

Señores: las ideas sobre el espacio y el tiempo que me gustaría desarrollar ante ustedes tienen su origen en fundamentos físicos experimentales. Ahí reside su fuerza. Su tendencia es radical. Desde este momento, el espacio en sí mismo y el tiempo en sí mismo deberán sumergirse por entero en las sombras y sólo deberá conservar su autonomía una especie de unión entre ambos.

I.

Me gustaría explicar en primer lugar cómo se podrían llegar a cambiar las ideas sobre espacio y tiempo partiendo de la mecánica vigente actualmente y pasando por una reflexión puramente matemática. Las ecuaciones de la mecánica de Newton muestran una invariancia doble. Por un lado, conservan su forma si el sistema de coordenadas espaciales tomado por base se somete a un *cambio* cualquiera *de posición* y, por otro lado, si se altera su estado de movimiento, es decir, si se le imprime cualquier *traslación uniforme*; tampoco el origen del tiempo desempeña ningún papel. Es habitual suponer zanjados los axiomas de la geometría si nos consideramos lo suficientemente preparados para los axiomas de la mecánica y, por ello, muy raramente esas dos invariancias se designan de una sola vez. Cada una de ellas representa un cierto grupo de transformaciones en sí para las ecuaciones diferenciales de la mecánica. La existencia del primer grupo se considera un carácter fundamental del espacio. En cambio, el segundo grupo se menosprecia para correr un tupido velo sobre el hecho de que a partir de los fenómenos físicos no es posible decidir si el espacio supuesto en reposo no se encuentra, después de todo, en una traslación uniforme. De este modo, ambos grupos llevan una existencia completamente independiente. Su carácter completamente heterogéneo ha disuadido a los que han intentado componerlos. Pero precisamente un grupo totalmente compuesto nos da qué pensar.

Trataremos de ilustrar gráficamente las relaciones. Supongamos que x, y, z son coordenadas rectangulares para el espacio, y t designa

---

1) Conferencia pronunciada ante la Asamblea de Naturistas y Médicos alemanes en Colonia, el 21 de Septiembre de 1908.

55

el tiempo. Espacio y tiempo están siempre estrechamente ligados en nuestras percepciones. Jamás se ha mencionado un lugar sin vincularlo a un tiempo. Jamás se ha citado un tiempo sin ligarlo a un espacio. Sin embargo, todavía respeto el dogma de que espacio y tiempo tienen cada uno un significado independiente. Llamaremos *punto-Universo* a un punto espacial en relación con un punto temporal, es decir, a un sistema de valores x, y, z, t. A la variedad de todos los posibles sistemas de valores x, y, z, t se le llamará *universo*. Podría esbozar en la pizarra, con atrevida tiza, cuatro ejes universales. Ya *un* eje dibujado se compone de moléculas altamente oscilantes y toma parte además en el viaje de la Tierra en el Universo, plantea por tanto ya suficiente para abstraer; la abstracción algo más grande ligada al número 4 no le duele al matemático. Para impedir que exista un vacío absoluto, supondremos que en todos los lugares y en todos los momentos hay presente siempre algo perceptible. Para no denominar materia o electricidad a este algo, utilizaré la palabra sustancia. Dirigiremos nuestra atención al punto sustancial existente en el punto-Universo x, y, z, t y nos imaginaremos que estamos en condiciones de reconocer este punto sustancial para cualquier otro tiempo. Si a un elemento de tiempo dt le pueden corresponder los cambios dx, dy, dz de las coordenadas espaciales de este punto sustancial, entonces obtendremos como imagen, por así decirlo, para el eterno currículo del punto sustancial una curva en el universo, una *línea-Universo*, cuyos puntos se pueden referir inequívocamente al parámetro t desde $-\infty$ hasta $+\infty$. Todo el universo parece estar desmembrado en tales líneas universales y me gustaría anticipar inmediatamente que, en mi opinión, las leyes físicas podrían encontrar su más perfecta expresión como correlaciones bajo estas líneas universales.

Mediante los conceptos "espacio" y "tiempo" se desmorona la variedad $x, y, z, t = 0$ y sus dos partes $t > 0$ y $t < 0$. Si nos atenemos a la simplicidad respecto al origen de espacio y tiempo, el mencionado primer grupo de la mecánica implica que podemos someter a los ejes x, y, z de $t = 0$ a una rotación cualquiera alrededor del origen, de acuerdo con las transformaciones lineales homogéneas de la expresión

$$x^2 + y^2 + z^2.$$

Sin embargo el segundo grupo implica que, también sin cambiar la expresión de las leyes mecánicas, podemos sustituir

$$x, y, z, t \text{ por } x - \alpha t\,,\ y - \beta t\,,\ z - \gamma t\,,\ t$$

con constantes cualesquiera α, β, γ. Del eje de tiempo se puede dar, según esto, una dirección completamente arbitraria hacia la mitad superior del universo $t > 0$. ¿Qué tiene que ver la exigencia de ortogonalidad en el espacio con esta completa libertad del eje de tiempo hacia arriba?

56

Para establecer la conexión, tomamos un parámetro positivo c y consideramos el complejo

$$c^2t^2 - x^2 - y^2 - z^2 = 1\,.$$

Consta de dos capas separadas por $t = 0$, por analogía con un hiperboloide de dos capas. Consideremos la capa en el dominio $t > 0$ e interpretemos ahora aquellas transformaciones lineales homogéneas de x, y, z, t en cuatro nuevas variables x', y', z', t', *donde la expresión de esta capa será la correspondiente en las nuevas variables*. A estas transformaciones pertenecen obviamente las rotaciones del espacio alrededor del origen (punto cero?). A continuación, obtendremos una comprensión completa de las demás transformaciones si, entre ellas, consideramos una tal en la que y y z se mantengan invariables. Dibujamos (fig. 1) el corte de esa capa con el plano

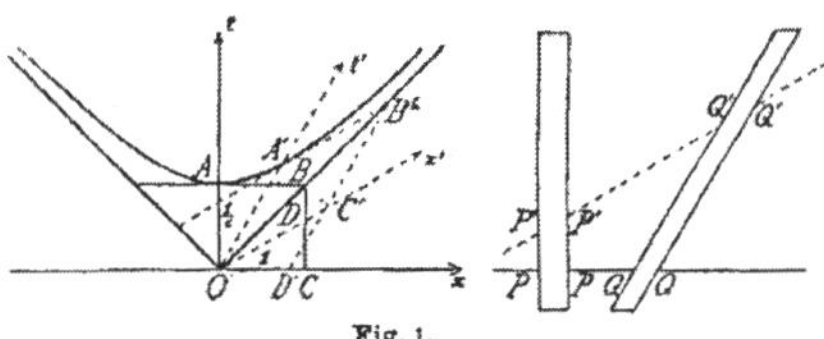

Fig. 1.

del eje x y del eje t, la rama superior de la hipérbola $c^2t^2 - x^2 = 1$ con sus asíntotas. Se traza, además, un radiovector cualquiera OA' de esta rama de hipérbola desde el origen O; la tangente en A' se coloca a la derecha junto a la hipérbola hasta el corte B' con la asíntota; $OA'B'$ se completa hasta formar el paralelogramo $OA'B'C'$; y, finalmente, se traza $B'C'$ hasta el corte D' con el eje x. Tomamos ahora OC' y OA' como ejes para las coordenadas paralelas x', t' con las escalas $OC' = 1$, $OA' = 1/c$, de modo que cada rama de hipérbola obtenga de nuevo la expresión $c^2t'^2 - x'^2 = 1$, $t' > 0$, y la transición de x, y, z, t a x', y', z', t' sea una de las transformaciones en cuestión. Añadimos ahora a las transformaciones caracterizadas los cambios de posición cualesquiera del origen del espacio y del tiempo y constituimos así un grupo de transformaciones – obviamente, todavía dependientes del parámetro c – que designo con G_c.

Si dejamos ahora que c crezca hacia el infinito, y por tanto que $1/c$ converja hacia cero, resulta evidente en la figura descrita que la rama de la hipérbola se aproxima cada vez más al eje x, el ángulo asintótico se ensancha hacia uno llano, cada transformación especial se convierte en el límite en una en la que el eje t' puede tener una dirección cualquiera hacia arriba y x' se aproxima siempre más exactamente a x. Teniendo esto en cuenta, está claro que, del grupo G_c en el límite para $c = \infty$, y por tanto como grupo G_∞, se obtiene el grupo completo perteneciente a la mecánica de Newton. En estas circunstancias, y como G_c es matemáticamente más comprensible que G_∞, un matemático en libre fantasía podría perfectamente haber dado en la idea de que, al final, los fenómenos naturales tienen realmente una invariancia, no en el grupo G_∞, sino más bien en un grupo G_c con determinada c, finita y *sumamente grande*, sólo en las unidades de medida ordinarias.

57

Tal barrunto habría sido un extraordinario triunfo de la matemática pura. Ahora bien, como la matemática sólo revela aquí una majadería, le queda la satisfacción de que, gracias a sus afortunados antecedentes con sus sentidos agudos en libre panorámica, es capaz de captar sobre el terreno las profundas consecuencias de una modificación semejante de nuestra concepción de la Naturaleza.

Señalaré inmediatamente de qué valor de c se trata a fin de cuentas. Aboga por ser c la *velocidad de propagación de la luz en el espacio vacío*. Para no hablar ni del espacio ni del vacío, podemos caracterizar esta magnitud como la relación entre la unidad electromagnética y electrostática de cantidad de electricidad.

La existencia de la invariancia de las leyes de la Naturaleza para el grupo de referencia G_c habrá que entenderla ahora así:

Se puede deducir, a partir de la totalidad de los fenómenos naturales por aproximaciones en crecimiento sucesivo cada vez con mayor exactitud, un sistema de referencia x, y, z, y t, espacio y tiempo, mediante el cual se representen entonces estos fenómenos según determinadas leyes. Sin embargo, este sistema de referencia de ningún modo está fijado inequívocamente por los fenómenos. *Se puede cambiar arbitrariamente el sistema de referencia de acuerdo con las transformaciones del llamado grupo* G_c *sin que la expresión de las leyes de la Naturaleza se modifique por ello.*

Se puede, por ejemplo, llamar también t' al tiempo, con arreglo a la figura descrita, pero en tal caso, dentro de este contexto habremos de definir necesariamente el espacio mediante la variedad de los tres parámetros x', y, z, donde las leyes físicas se expresarían ahora por medio de x', y, z, t' del mismo modo que mediante x, y, z, t. Según esto, en el universo no tendríamos *el* espacio, sino una infinidad de espacios, de forma análoga a como en el espacio tridimensional hay infinitos planos. La geometría tridimensional es un capítulo de la física cuadridimensional. Comprenderán Vds. ahora por qué decía yo al principio que espacio y tiempo se sumergirían en las sombras y formarían únicamente un universo.

II.

Consideremos ahora las preguntas siguientes: ¿qué circunstancias nos imponen la interpretación modificada de espacio y tiempo?, ¿ésta nunca contradice realmente los fenómenos? y finalmente, ¿ofrece ventajas para la descripción de los fenómenos?

Antes de entrar en estas cuestiones, anticipemos una importante observación. Si hemos individualizado espacio y tiempo de algún modo, entonces una recta paralela al eje t equivale a un punto sustancial en reposo como línea-Universo;

58

una recta inclinada respecto al eje t equivale a un punto sustancial con movimiento uniforme; y una línea-Universo torcida de cualquier modo equivale a un punto sustancial en movimiento no uniforme. Si consideramos en un punto-Universo cualquiera x, y, z, t la línea-Universo que lo cruza y hallamos que ésta es paralela a un radiovector OA' cualquiera de la antes mencionada capa hiperbolóidica, podremos introducir OA' como nuevo eje de tiempo, y en los nuevos conceptos de espacio y tiempo dados así, la sustancia aparecerá en reposo en el correspondiente punto-Universo. Introduciremos ahora este axioma fundamental:

La sustancia presente en un punto-Universo cualquiera puede considerarse siempre en reposo mediante una adecuada determinación de espacio y tiempo.

El axioma significa que, en cada punto-Universo, la expresión

$$c^2dt^2 - dx^2 - dy^2 - dz^2$$

resulta siempre positiva o, lo que es igualmente importante, que toda velocidad v resulta siempre más pequeña que c. De acuerdo con esta afirmación, c sería el límite superior máximo para todas las velocidades sustanciales, y en ello reside el profundo significado de la magnitud c. En esta otra versión, el axioma tiene algo desagradable a primera vista. Sin embargo, hay que tener presente que se cimentará una mecánica modificada en la que desaparecerá la raíz cuadrada de cada relación diferencial de segundo grado, de modo que los casos con velocidad superluminal ya no desempeñarán ningún papel, aproximadamente como ocurre en la geometría con las figuras con coordenadas imaginarias.

El *impulso* y el verdadero motivo *para la adopción del grupo* G_c vino de que dicho grupo G_c posee la ecuación diferencial para la propagación de ondas de luz en el espacio vacío[1]. Por otra parte, el concepto de cuerpo rígido sólo tiene sentido en una mecánica con el grupo G_∞. Si ahora adoptásemos una óptica con G_c y hubiera por otra parte cuerpos rígidos, entonces podríamos apreciar fácilmente que mediante las dos ramas hiperbólicas pertenecientes a G_c y a G_∞ se marcaría una dirección t y esto tendría además la consecuencia de que deberíamos poder observar en el laboratorio, con los instrumentos ópticos rígidos adecuados, un cambio de los fenómenos en diferente orientación con respecto a la dirección de traslación de la Tierra. Todos los esfuerzos dirigidos a este fin, en especial un famoso experimento interferencial de Michelson, tuvieron sin embargo un resultado negativo. Para conseguir una clarificación de esto, H. A. Lorentz elaboró una hipótesis cuyo éxito reside justamente en la invariancia de la óptica para el grupo G_c. Según Lorentz, cualquier cuerpo que tenga un movimiento

---

1) Una explicación esencial de este hecho figura ya en W. Voigt, Göttinger Nachr. 1887, pág. 41.

59

tiene que experimentar un acortamiento en la dirección del movimiento y con una velocidad v en la relación

$$1:\sqrt{1-\frac{v^2}{c^2}}\,.$$

Esta hipótesis suena en extremo fantástica, pues no hay que pensar en la contracción como, digamos, consecuencia de la resistencia en el éter, sino simplemente como una bendición del cielo, como circunstancia suplementaria al hecho del movimiento.

Mostraré ahora en nuestra figura que la hipótesis de Lorentz es completamente equivalente a la nueva concepción de espacio y tiempo, por lo que será mucho más inteligible. Si nos abstraemos de y y z debido a su facilidad, y pensamos en un universo espacialmente unidimensional, entonces habrá dos rayas paralelas: una recta como el eje t y otra inclinada respecto al eje t (véase la fig. 1), que serán imágenes del curso de un cuerpo en reposo con relación a un cuerpo en movimiento uniforme que siempre conserva una extensión (dimensión?) espacial constante. Si OA' es paralela a la segunda raya, podemos introducir t' como tiempo y x' como coordenada espacial, y aparecerá entonces el segundo cuerpo en reposo y el primero en movimiento uniforme. Supongamos ahora que el primer cuerpo, considerado en reposo, tiene la longitud l, es decir, que el corte transversal PP de la primera raya sobre el eje x es igual a $l\cdot OC$, siendo OC la escala patrón sobre el eje x. Supongamos también que el segundo cuerpo, *considerado en reposo*, tiene igualmente la longitud l. Esto significa que el corte transversal de la segunda raya, medido *paralelo al eje x'*, es $Q'Q' = l\cdot OC'$. Tenemos ahora en estos dos cuerpos dibujos de dos electrones de Lorentz idénticos: uno en reposo y otro en movimiento uniforme. Sin embargo, si nos aferramos a las antiguas coordenadas x y t, habrá que referir como extensión del segundo electrón del corte transversal QQ su raya correspondiente *paralela al eje x*. Es evidente ahora que, como $Q'Q' = l \cdot OC'$, será $QQ = l \cdot OD'$. Un sencillo cálculo da, si $dx/dt = v$ para la segunda raya, $OD' = OC \cdot \sqrt{1 - \frac{v^2}{c^2}}$, y por tanto también $PP : QQ = 1 : \sqrt{1 - \frac{v^2}{c^2}}$. Este es pues el sentido de la hipótesis de Lorentz de la contracción de los electrones a causa del movimiento. Por otra parte, si consideramos el segundo electrón en reposo y adoptamos por tanto el sistema de referencia *x'*, *t'*, tendremos que designar como longitud del primero el corte transversal *P'P'* de su raya paralelo a *OC'* y encontraremos acortado el primer electrón con relación al segundo exactamente en la misma proporción; así pues, en la figura será

$$P'P' : Q'Q' = OD : OC' = OD' : OC = QQ : PP.$$

Lorentz llamó a la unión *t'* de *x* y *t* *Ortszeit* [tiempo local] del electrón en movimiento uniforme y utilizó una construcción física de este concepto para la mejor comprensión de la hipótesis de la contracción. Sin embargo,

60

haber detectado perspicazmente que el tiempo de un electrón es igual de correcto que el del otro, es decir, que *t* y *t'* se deben tratar igual, es mérito, en primer lugar, de A. Einstein[1]. Así pues, se dejó de tomar el tiempo como un concepto determinado unívocamente por los fenómenos. No obstante, ni Einstein ni Lorentz consiguieron que el concepto del espacio se estremeciera, quizá porque en el caso de la citada transformación especial, donde el plano *x'*, *t'* se superpone sobre el plano *x*, *t*, es posible una explicación de que el eje *x* del espacio se mantenga en su posición. El hecho de proceder del modo respectivo sobre el concepto de espacio hay que evaluarlo únicamente como audacia de la cultura matemática. Sin embargo, tras este paso hacia delante, indispensable para llegar al encuentro de la verdadera compresión del grupo G_c, la expresión *postulado de relatividad* me resulta muy opaca para la exigencia de una invariancia en el grupo G_c. Puesto que el sentido del postulado es que mediante los fenómenos sólo está dado el mundo cuadridimensional en espacio y tiempo, pero que la proyección en espacio y tiempo todavía se puede efectuar con cierta libertad, preferiría dar a esta afirmación el nombre *postulado del universo absoluto* (o, para abreviar, postulado del universo).

III.

Mediante el postulado del universo será posible un tratamiento similar de los cuatro parámetros de determinación *x*, *y*, *z*, *t*. Ganan así en inteligibilidad, como voy a explicar a continuación, las formas bajo las cuales las leyes físicas tienen lugar. Sobre todo, el concepto de *aceleración* consigue un marchamo notoriamente distinguido.

Me serviré de una forma de expresión geométrica que se presenta inmediatamente, haciendo abstracción implícitamente de *z* en el trío *x*, *y*, *z*.

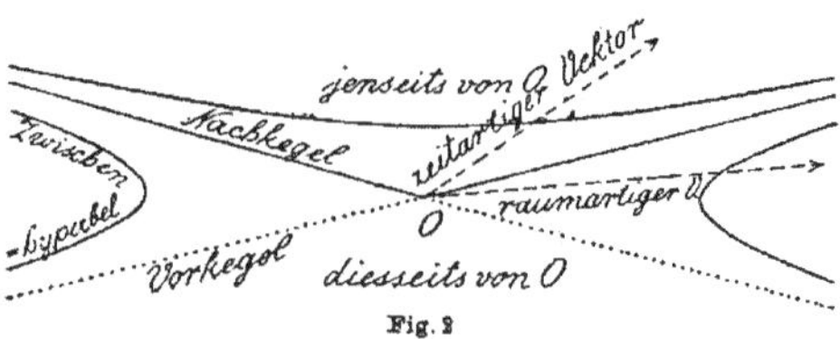

Fig. 2

Supongo hecho un punto-Universo cualquiera para el punto cero de espacio y tiempo. El *cono*

$$c^2t^2 - x^2 - y^2 - z^2 = 0$$

con O como vértice (fig. 2) consta de dos partes, una con valores $t < 0$ y otra con valores $t > 0$. La primera, el *antecono de O*, consta, digamos, de todos los puntos universales que "envían luz a O"; la segunda, el *trascono de O*, de todos los puntos universales que "reciben luz de O". Llamaremos al sector limitado únicamente por el antecono *de esta parte de O*, y al

---

1) A. Einstein, Ann. d. Phys. 17 (1905) pág. 891; Jahrb. d. Radioaktivität und Elektronik 4 (1907) pág. 411.

61

sector limitado únicamente por el trascono, *al otro lado de O*. Al otro lado de O cae la ya considerada capa hiperbólica

$$F = c^2t^2 - x^2 - y^2 - z^2 = 1, \quad t > 0.$$

El sector *entre los conos* se llenará de las figuras hiperbólicas de una capa

$$-F = x^2 + y^2 + z^2 - c^2t^2 = k^2$$

para todos los valores positivos constantes k^2. Son importantes para nosotros las hipérbolas con O como centro que se encuentran en las últimas figuras. Las únicas ramas de estas hipérbolas se pueden llamar abreviadamente *interhipérbolas con respecto al centro O*. Una rama hiperbólica tal, considerada como línea-Universo de un punto sustancial, representaría un movimiento que, para $t = -\infty$ y $t = +\infty$, crece asintóticamente sobre la velocidad de la luz c.

Llamaremos ahora, por analogía con el concepto de vector en el espacio, a un segmento orientado en la variedad de los x, y, z, t, un *vector*, por lo que tendremos que distinguir entre los vectores de *tipo temporal* con direcciones de O hacia la capa $+F = 1$, t > 0 y los de *tipo espacial*, con direcciones de O hacia $-F = 1$. El eje de tiempo puede transcurrir paralelo a cada vector del primer tipo. Un punto-Universo cualquiera entre el antecono y el trascono de O se puede ajustar mediante el sistema de referencia como *simultáneo* a O, pero igualmente también como *anterior* a O o como *posterior* a O. Cada punto-Universo de este lado de O es necesariamente siempre anterior, y cualquier punto-Universo del otro lado de O, necesariamente siempre posterior a O. A la transición límite a $c = \infty$ corresponderá un colapso completo del corte cuneiforme entre los conos en la variedad plana $t = 0$. En las figuras mostradas, este corte está colocado deliberadamente con diferente anchura.

Descompongamos un vector cualquiera, que va de O a x, y, z, t, en las cuatro *componentes* x, y, z, t. Si las direcciones de dos vectores, respectivamente, de un radiovector OR de O en una de las superficies $\mp F = 1$ y de una tangente RS en el punto R de la referida superficie, entonces los vectores deberán denominarse *normales* entre sí. Según eso,

$$c^2tt_1 - xx_1 - yy_1 - zz_1 = 0$$

es la condición de que los vectores, con las componentes x, y, z, t y x_1, y_1, z_1, t_1 sean normales entre sí.

Para los *valores* de los vectores de las diversas direcciones deberán fijarse las *escalas patrones* de modo que se atribuya siempre a un vector de tipo espacial de O a $-F=1$ el valor 1, y a un vector de tipo temporal de O a $+F=1$, $t>0$ siempre el valor $1/c$.

Si contemplamos ahora en un punto-Universo P (x, y, z, t) la línea-Universo de un punto sustancial que pasa por allí,

62

entonces el elemento de vector de tipo temporal dx, dy, dz, dt en la continuación de la línea corresponde al valor

$$d\tau = \frac{1}{c}\sqrt{c^2dt^2 - dx^2 - dy^2 - dz^2}\,.$$

Llamaremos *tiempo propio* del punto sustancial en P a la integral $\int d\tau = \tau$ de este valor, llevada sobre la línea-Universo desde cualquier punto de salida P_0 fijado hasta el punto final P variable. En la línea-Universo, consideremos x, y, z, t, es decir, las componentes del vector OP, como funciones del tiempo propio τ, cuyos primeros cocientes diferenciales respecto a τ simbolizaremos con $\dot{x}, \dot{y}, \dot{z}, \dot{t}$, y cuyos segundos cocientes diferenciales respecto a τ simbolizaremos con $\ddot{x}, \ddot{y}, \ddot{z}, \ddot{t}$, y a los vectores correspondientes los llamaremos como sigue: a la derivada del vector OP respecto a τ, *vector de movimiento en P*, y a la derivada de este vector de movimiento respecto a τ, *vector de aceleración en P*. Rige así

$$c^2\dot{t}^2 - \dot{x}^2 - \dot{y}^2 - \dot{z}^2 = c^2,$$
$$c^2\dot{t}\ddot{t} - \dot{x}\ddot{x} - \dot{y}\ddot{y} - \dot{z}\ddot{z} = 0,$$

es decir, el vector de movimiento es el vector de tipo temporal en la dirección de la línea-Universo en P de valor 1, y el vector de aceleración en P es normal al vector de movimiento en P y, por tanto, en cualquier caso, un vector de tipo espacial.

Hay pues, como se ve fácilmente, una rama de hipérbola determinada que tiene en común tres puntos infinitamente próximos con la línea-Universo en P y cuyas asíntotas son generadoras de un antecono y de un trascono (según fig. 3). Esta rama de hipérbola se llama hipérbola de curvatura en P. Si M es el centro de esta hipérbola, entonces en este caso se trata de una interhipérbola de centro M. Si ρ es el valor del vector MP, *conoceremos el vector de aceleración en P como el vector en la dirección MP de valor* c^2/ρ.

Si $\ddot{x}, \ddot{y}, \ddot{z}, \ddot{t}$ son todos nulos, la hipérbola de curvatura se reduce a la recta tangente a la línea-Universo en P, y hay que establecer $\rho = \infty$.

IV.

Para probar que la aceptación del grupo G_c no conduce de ningún modo a una contradicción para las leyes físicas, es indispensable efectuar una revisión de toda la física basándose en la hipótesis de este grupo. Esta revisión ya ha tenido éxito, con cierta amplitud, para cuestiones de termodinámica y radiación térmica[1], para fenómenos electromagnéticos y finalmente para la mecánica si se mantiene el concepto de masa[2].

---

1) M. Planck, Zur Dynamik bewegter Systeme, Berliner Ber. 1907 pág. 542 (también Ann. d. Phys. 26 (1908) pág. 1).
2) H. Minkowski, Die Grundgleichungen für die elektromagnetischen Vorgänge in bewegten Körpern, Göttinger Nachr. 1908, pág. 53.

63

Para este último campo hay que plantear ante todo la siguiente pregunta: Si una fuerza con las componentes X, Y, Z actúa contra los ejes espaciales en un punto-Universo P (x, y, z, t) en el que el vector de movimiento es $\dot{x}, \dot{y}, \dot{z}, \dot{t}$, ¿como qué tipo de fuerza hay que considerar esta fuerza si se produce un cambio cualquiera del sistema de referencia? Existen ahora ciertos planteamientos probados sobre la fuerza ponderomotriz en el campo electromagnético en los casos en que hay que admitir indudablemente el grupo G_c. Estos planteamientos conducen a una sencilla regla: *Si se modifica el sistema de referencia, hay que señalar la supuesta fuerza como fuerza en las nuevas coordenadas espaciales de tal modo que se mantenga invariable el vector correspondiente con las componentes*

$$\dot{t}X, \dot{t}Y, \dot{t}Z, \dot{t}T$$

(donde

$$T = \frac{1}{c^2}\left(\frac{\dot{x}}{\dot{t}}X + \frac{\dot{y}}{\dot{t}}Y + \frac{\dot{z}}{\dot{t}}Z\right)$$

es el trabajo realizado por la fuerza dividido por c^2 en el punto-Universo). Este vector es siempre normal al vector de movimiento en P. Llamaremos *vector de fuerza en movimiento* en P a los vectores de fuerza de tales características correspondientes a una fuerza en P.

Se describe ahora la línea-Universo que pasa por P de un punto sustancial con *masa mecánica* m constante. El vector de movimiento en P multiplicado por m se llama *vector* de *impulso* en P, y el vector de aceleración en P multiplicado por m, *vector de fuerza del movimiento* en P. Según estas definiciones, la ley explica cómo tiene lugar el movimiento de un punto masivo para un vector de fuerza en movimiento dado[1]:

El vector de fuerza del movimiento es igual al vector de fuerza en movimiento.

Este enunciado reúne cuatro ecuaciones para las componentes hacia los cuatro ejes, donde la cuarta, debido a que desde un principio ambos vectores citados son normales al vector de movimiento, se puede considerar como una consecuencia de las tres primeras. Según el anterior significado de T, la cuarta representa, sin duda, el teorema de la energía. Hay que definir pues como *energía cinética* del punto masivo *el producto por c^2 de la componente del vector de impulso hacia el eje t*. La expresión correspondiente es:

$$mc^2 \frac{dt}{d\tau} = mc^2 \Big/ \sqrt{1 - \frac{v^2}{c^2}},$$

es decir, previa deducción de la constante aditiva mc^2 de la expresión $\frac{1}{2}mv^2$ de la mecánica de Newton hasta magnitudes de orden $1/c^2$. Se plasma así muy plásticamente la *dependencia de la energía del sistema de referencia*. Ahora bien, como el eje t se puede trazar en la dirección de cualquier vector temporal, el teorema de la energía, constituido para cada sistema de referencia posible, contiene ya todo el sistema de ecuaciones del movimiento.

H. Minkowski, en la obra citada, p. 107.- Véase también M. Planck, Verh. D. Physik. Ges. 4 (1906) p. 136.

64

Este hecho también conserva su significado en la discutida transición límite a $c = \infty$ para la estructura axiomática de la mecánica de Newton, y en tal sentido fue ya constatado por el Sr. I. R. Schütz[1].

Se puede establecer a priori la relación entre unidad de longitud y unidad de tiempo de modo que el límite natural de velocidad sea $c = 1$. Si se introduce $\sqrt{-1} \cdot t = s$ en vez de *t*, la expresión diferencial cuadrática será:

$$d\tau^2 = -dx^2 - dy^2 - dz^2 - ds^2 ,$$

y será, por tanto, completamente simétrica en *x*, *y*, *z*, *s*, y esta simetría se traduce en una ley que no contradice el postulado universal. Se puede expresar así la esencia de este postulado, en forma matemática muy sucinta, con la fórmula mística:

$$3 \cdot 10^5 \text{ km} = \sqrt{-1} \text{ seg.}$$

V.

Las ventajas obtenidas mediante el postulado universal tal vez se demuestren de forma igualmente contundente por medio de nada que por medio de la indicación de las repercusiones derivadas de una *carga puntual cualquiera en movimiento* de acuerdo con la teoría de Maxwell-Lorentz.

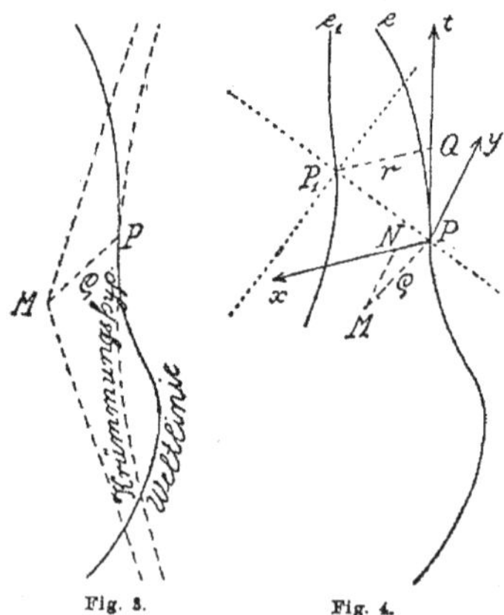

Fig. 3. Fig. 4.

Imaginemos la línea-Universo de un electrón puntual semejante con la carga *e*, e introduzcamos en ella el tiempo propio τ a partir de un origen cualquiera. Para obtener el campo originado por el electrón en un punto-Universo P_1 cualquiera, construiremos el antecono correspondiente a P_1 (fig. 4). Éste alcanza la línea-Universo ilimitada del electrón (porque sus direcciones son, en todas partes, las de los vectores de tipo temporal) en un punto único *P*. Ponemos la tangente en

P junto a la línea-Universo y construimos por P_1 la normal P_1Q en esta tangente. El valor de P_1Q es r. Según la definición de un antecono hay que calcular r/c como el valor de PQ.

1) I. R. Schütz, Das Prinzip der absoluten Erhaltung der Energie, Göttinger Nachr. 1897 p. 110.

65

El vector en dirección PQ del valor e/r representa, en sus componentes hacia los ejes x, y, z, el potencial de vector multiplicado por c; y en la componente hacia el eje t, el potencial escalar del campo originado por e para el punto-Universo P_1. En esto se basan las leyes elementales establecidas por A. Liénard y por E. Wiechert.

En la descripción del propio campo originado por el electrón destaca el hecho de que la separación del campo en fuerza eléctrica y magnética es algo relativo, teniendo en cuenta el eje de tiempo tomado por base; lo más sinóptico es describir ambas fuerzas juntas en una cierta, si tampoco completa analogía con un tornillo de fuerza de la mecánica.

Describiré ahora la *acción ponderomotriz ejercida por una carga puntual cualquiera en movimiento sobre otra carga puntual cualquiera en movimiento.* Supongamos que por el punto-Universo P_1 pasa la línea-Universo de un segundo electrón puntual de carga e_1. Determinamos como antes P, Q, r, construimos acto seguido (fig. 4) el centro M de la hipérbola de curvatura en P_1 y por fin la normal MN desde M a una recta supuesta paralela, por P, a QP_1. Fijamos ahora, con P como origen, un sistema de referencia del siguiente modo: el eje t en la dirección PQ, el eje x en la dirección QP_1, el eje y en la dirección MN, con lo que, en definitiva, la dirección del eje z también está determinada como normal a los ejes t, x, y. El vector de aceleración en P es $\ddot{x}, \ddot{y}, \ddot{z}, \ddot{t}$ y el vector de movimiento en P_1, $\dot{x}_1, \dot{y}_1, \dot{z}_1, \dot{t}_1$. *Ahora, el vector de fuerza en movimiento ejercido por el primer electrón cualquiera en movimiento e sobre el segundo electrón cualquiera en movimiento* e_1 *en* P_1 *es:*

$$-ee_1\left(\dot{t}_1 - \frac{\dot{x}_1}{c}\right)\mathfrak{R},$$

donde existen, para las componentes $\mathfrak{R}_x, \mathfrak{R}_y, \mathfrak{R}_z, \mathfrak{R}_t$ *del vector* $\mathfrak{R}$, *las tres relaciones siguientes:*

$$c\mathfrak{R}_t - \mathfrak{R}_x = \frac{1}{r^2}, \qquad \mathfrak{R}_y = \frac{\ddot{y}}{c^2 r}, \qquad \mathfrak{R}_z = 0$$

y, además, este vector $\mathfrak{R}$ *es normal al vector de movimiento en* P_1 *y, por tanto, debido a este único hecho, depende del último vector de movimiento.*

Si comparamos con este enunciado las formulaciones[2] realizadas hasta ahora de la misma ley elemental sobre la acción ponderomotriz recíproca de las cargas puntuales en movimiento, no podremos menos que admitir que las relaciones que vienen al caso aquí revelan su esencia interna con plena sencillez

1) A. Liénard, Champ électrique et magnétique produit par une charge concentrée en un point et animé d'un mouvemente quelconque, L'Éclairage électrique 16 (1898) p. 5, 53, 106; E. Wiechert, Elektrodynamische Elementargesetze, Arch. Néerl. (2) 5 (1900) p. 549.

2) K. Schwarzschild, Göttinger Nachr. 1903. 1903 p. 132; H. A. Lorentz, Enzykl. D. math. Wissensch. V, Art. 14, p. 199.

sólo en cuatro dimensiones, sobre un espacio tridimensional forzado a priori, pero sólo proyectan una proyección muy enmarañada.

En la mecánica reformada de acuerdo con el postulado universal desaparecen por sí mismas las disonancias existentes entre la mecánica de Newton y la electrodinámica moderna. Aludiré también a la posición de la ley de atracción newtoniana respecto a este postulado. Supondré que, si dos puntos masivos m, m_1 describen sus líneas universales, actuará desde m sobre m_1 un vector de fuerza en movimiento exactamente con la expresión dada ahora mismo en el caso de electrones, sólo que en vez de $-ee_1$ debe colocarse ahora $+mm_1$. Consideraremos ahora detenidamente el caso siguiente: el vector de aceleración de m es constantemente cero, por lo que podemos introducir entonces t de modo que m se considere en reposo, y se lleve a cabo el movimiento de m_1 únicamente con cada vector de fuerza en movimiento proveniente de m. Si modificamos ahora este vector referido añadiendo el factor $t^{-1} = \sqrt{1 - \frac{v^2}{c^2}}$, que da como resultado 1 hasta magnitudes del orden $1/c^2$, entonces se pondrá de manifiesto[1] que, para los lugares x_1, y_1, z_1 de m_1 y su evolución temporal resultarían de nuevo exactamente las leyes de Kepler sólo que, además, en vez de los tiempos t_1 se aplicarían los tiempos propios τ_1 de m_1. Basándonos en esta sencilla observación se puede comprender, pues, que la ley de atracción presentada combinada con la nueva mecánica no es menos apropiada para explicar las observaciones astronómicas que la ley de atracción newtoniana combinada con la mecánica de Newton.

También las ecuaciones fundamentales para los fenómenos electromagnéticos en los cuerpos ponderables se acomodan enteramente al postulado. Tampoco es necesario desechar la deducción promulgada por Lorentz de estas ecuaciones sobre la base de los conceptos de la teoría de los electrones, como demostraré en otro trabajo.

La validez sin excepción del postulado universal es, así querría creerlo, el verdadero núcleo de una concepción electromagnética, hallada por Lorentz, perfeccionada por Einstein y disponible hoy día totalmente desarrollada. En el perfeccionamiento de las consecuencias matemáticas concurren suficientes datos sobre verificaciones experimentales del postulado como para reconciliar también a aquellos a los que les resulta desagradable o doloroso dejar atrás un planteamiento anticuado porque se aferran a una armonía preestablecida entre la matemática pura y la física.

---

1) H. Minkowski, en la obra citada, p. 110.

***

En la obra en la que el propio Minkowski se cita [H. Minkowski. *Die Grundgleichungen für die elektromagnetischen Vorgänge in bewegten Körpern*. Königliche Gesellschaft der Wissenschaften zu Göttingen. Mathematische-physikalische Klasse. Nachrichten, **1908**, pp. 53-111 (*Ecuaciones fundamentales de los procesos electromagnéticos en cuerpos en movimiento*)] en este artículo, profundiza Minkowski su investigación en una formulación de la electrodinámica de cuerpos en movimiento en términos de tetravectores, probando que la densidad de energía, la densidad de cantidad de movimiento y el tensor de las tensiones de Maxwell se pueden unificar en un único tensor de cuatro dimensiones, el llamado tensor de energía-tensión.

Conviene señalar que, a estas alturas, Einstein no ha interiorizado todavía el formalismo de Minkowski como lo prueba el hecho de que escribe con Laub dos artículos:

«Elektromagnetische Grundgleichungen für bewegte Körper» [mit JJ Laub]. *Annalen der Physik*, 4. Folge, Band 26, S. 532-540 und Band 27, S. 232 (Berichtigungen) (Ecuaciones electromagnéticas fundamentales de cuerpos en movimiento)

«Die im elektromagnetischen Felde auf ruhende Körper ausgeübten ponderomotorischen Kräfte» [mit JJ Laub]. *Annalen der Physik*, 4. Folge, Band 26, S. 541-550. (Fuerzas ponderomotrices ejercidas en el campo electromagnético sobre cuerpos en reposo)

en los que intenta, en términos de espacio y tiempo, una nueva transcripción de cálculos de Laub. Y aún hará más precisiones en otro artículo en 1909.

1908 – 1911

Sobre sus cavilaciones de estos años, nos habla más tarde el propio Einstein:

Albert Einstein. «Einiges über die Entstehung der allgemeinen Relativitätstheorie». [*Mein Weltbild*. Ullstein Taschenbuchverlag, 27. Auflage, pp.150-154.] *GLASGOW. The George A. Gibson Foundation Lecture*. (Conferencia pronunciada el 20 de junio de **1933**.) (Algunas observaciones sobre la génesis de la teoría de la relatividad general)

Cuando en 1905, con la teoría de la relatividad restringida, se obtuvo la equivalencia, para la formulación de las leyes de la Naturaleza, de todos los llamados sistemas inerciales, se impuso una cuestión de forma más que evidente, la de saber si no existiría una equivalencia más profunda de los sistemas de coordenadas. O por decirlo de otro modo: si no se puede asignar al concepto de velocidad más que un significado relativo, ¿se tiene que seguir considerando, a pesar de ello, a la aceleración como un concepto absoluto?

Desde un punto de vista puramente cinemático, la relatividad de cualesquiera movimientos no planteaba desde luego ninguna duda; pero desde el punto de vista físico, el sistema inercial parecía disfrutar de una significación privilegiada, lo que hacía parecer artificiales a los sistemas de coordenadas que se moviesen con otro tipo de movimiento.

Es cierto que yo había tenido conocimiento de la concepción de Mach, según la cual parecía concebible que la resistencia inercial se opusiera no a una aceleración en sí, sino a una aceleración con relación a las masas de los demás cuerpos del universo. Esta idea tenía para mí algo de fascinante, pero no se la podía utilizar para basar en ella una nueva teoría.

Me aproximé por primera vez a la solución del problema el día en que intenté tratar la ley de la gravitación en el marco de la teoría de la relatividad restringida. Como la mayor parte de los autores de la época, intenté establecer una ley del campo para la gravitación; efectivamente, en razón de la supresión del concepto de simultaneidad absoluta, ya no era posible (o al menos ya no era posible de forma natural) introducir una acción a distancia e inmediata.

Lo más sencillo era, naturalmente, conservar el potencial escalar de Laplace y completar de forma natural la ecuación de Poisson por un término derivado con relación al tiempo, a fin de satisfacer la teoría de la relatividad restringida. Había que adaptar igualmente a la teoría de la relatividad restringida la ley del movimiento de una masa puntual en un campo gravitacional. Ahí, el camino a seguir estaba trazado con menos claridad, porque la masa inerte de un cuerpo podía depender del potencial –cabía incluso esperarse en razón del principio de la inercia de la energía.

Estas pesquisas me condujeron no obstante a un resultado que me hizo profundamente desconfiado. En efecto, según la mecánica clásica, la aceleración vertical de un cuerpo en un campo gravitacional vertical no depende de la componente horizontal de la velocidad. A eso hay que unir el hecho de que la aceleración vertical de un sistema mecánico, o de su centro de gravedad, en un campo gravitatorio de este tipo resulta ser independiente de la energía cinética interna del cuerpo. Ahora bien, en mi intento de teoría, no había independencia de la aceleración de caída con relación a la velocidad horizontal, o con relación a la energía cinética interna.

Este hecho no concordaba con la experiencia secular según la cual todos los cuerpos experimentan la misma aceleración en un campo gravitacional. Este principio, del que el principio de identidad de la masa inerte y la masa pesante es otra formulación posible, me apareció entonces en su significación profunda. Estaba extrañado al máximo por su existencia y sospechaba que debía encerrar la llave de una comprensión más profunda de la inercia y de la gravitación. No he dudado nunca seriamente de su rigurosa validez, incluso cuando ignoraba los resultados de la magnífica experiencia de Eötvös, de la que –si son buenos mis recuerdos– no tuve conocimiento hasta más tarde. Rechacé entonces por inadecuado el intento mencionado antes de tratamiento del problema de la gravitación en el marco de la relatividad restringida. Este intento no daba cuenta, visiblemente, de las propiedades fundamentales de la gravitación. El principio de la identidad de la masa inerte y de la masa pesante podía ahora formularse de forma muy intuitiva del siguiente modo: en un campo gravitacional homogéneo, todos los movimientos se desarrollan como lo hacen en ausencia de campo, con relación a un sistema de coordenadas uniformemente acelerado. Si este principio valía para cualquier proceso («principio de equivalencia»), había que ver en ello indicación de que, si se quería llegar a una teoría natural del campo gravitacional, había que extender el principio de relatividad a sistemas de coordenadas en movimiento no uniforme unos con relación a otros. Tales son las reflexiones que me ocuparon de 1908 a 1911 y me esforcé en extraer de ellas diversas consecuencias particulares de las que no hablaré aquí. El único punto que acreditó ser importante era haber comprendido que no cabía esperar una teoría satisfactoria de la gravitación más que de una extensión del principio de relatividad.

JUNIO (1911)

Einstein en Praga. Ha llegado el momento de consolidar «der glücklichste Gedanke meines Lebens», esto es, la hipótesis de equivalencia susurrada en 1907.

Albert Einstein. «Über den Einfluß der Schwerkraft auf die Ausbreitung des Lichtes». ANNALEN DER PHYSIK. Vierte Folge. Band 35. Heft 1. Páginas: 898-908. Registro de entrada: 21 de junio de 1911. Leipzig.

[p.898]

4. Influencia de la fuerza gravitatoria en la propagación de la luz

En un trabajo aparecido hace ya 3 años[1] he tratado de dar respuesta a la cuestión de si la gravedad influye en la propagación de la luz. Vuelvo sobre este tema de nuevo porque mi exposición del asunto de entonces no me satisface y, más aún, porque me doy cuenta ahora posteriormente de que una de las consecuencias más importantes de aquel análisis es accesible mediante comprobación experimental. En efecto, se revela que los rayos de luz que pasan junto al sol experimentan –según formula la teoría–, debido al campo gravitatorio del mismo, una desviación, de modo que se produce un aumento aparente de la distancia angular de una estrella fija que aparezca en las proximidades del sol a éste, que asciende a casi un segundo de arco.

Si se llevan a término los análisis todavía se producen resultados suplementarios referentes a la gravitación. Pero como sería bastante difícil abarcar la exposición de la totalidad del examen, sólo se hará en lo sucesivo alguna reflexión completamente elemental que permita orientarse fácilmente sobre los supuestos y el orden de ideas de la teoría. Las relaciones desarrolladas aquí, incluso si atañen al fundamento teórico, sólo son válidas en primera aproximación.

§ 1. Hipótesis sobre la naturaleza física del campo gravitatorio.

Supongamos que en un campo gravitatorio homogéneo (aceleración gravitatoria) se encuentra un sistema de coordenadas *K* en reposo, que está orientado de modo que las líneas de fuerza del campo

1) A. Einstein, Jahrb. f. Radioakt. u. Elektronik IV. 4. [Se trata del *Über das Relativitätsprinzip und die aus demselben gezogenen Folgerungen*, de Diciembre de 1907]

[p.899]

se extienden en el sentido negativo del eje *z*. Y supongamos que en un espacio libre de campos gravitatorios se encuentra un segundo sistema de coordenadas *K'* que efectúa un movimiento uniformemente acelerado (aceleración γ) en el sentido positivo de su eje *z*. Para no complicar inútilmente la reflexión prescindiremos además provisionalmente de la teoría de la relatividad y consideraremos por tanto los dos sistemas según la cinemática habitual y en los mismos movimientos que tienen lugar según la mecánica ordinaria.

Aquellos puntos materiales que no estén sujetos a la acción de otro punto material se moverán, tanto con relación a *K* como con relación a *K'*, según las ecuaciones

$$\frac{d^2 x_\nu}{dt^2} = 0, \qquad \frac{d^2 y_\nu}{dt^2} = 0, \qquad \frac{d^2 z_\nu}{dt^2} = -\gamma .$$

Esto se deduce, para el sistema acelerado *K'*, directamente del principio de Galileo, pero, para el sistema *K* en reposo en un campo gravitatorio homogéneo, de la experiencia de que en tal campo todos los cuerpos se aceleran uniformemente y con igual intensidad. Esta experiencia de la caída igual de todos los cuerpos en el campo gravitatorio es una de las más generales que la observación de la naturaleza nos ha suministrado; pero a pesar de ello, esta ley no consigue hacerse sitio en los fundamentos de nuestra concepción física del mundo.

Se logra sin embargo una interpretación muy satisfactoria del principio empírico si se acepta que los sistemas *K* y *K'* son, físicamente, exactamente equivalentes, es decir, si admitimos que se puede igualmente suponer que el sistema *K* está situado en un espacio libre de campo gravitatorio; pero para ello habrá que considerar que *K* está uniformemente acelerado. Ante esta interpretación puede hablarse tan poco de la *aceleración absoluta* del sistema de referencia como, según la teoría de la relatividad ordinaria, puede hablarse de la *velocidad absoluta* de un sistema.[1]

1) Naturalmente un campo gravitatorio *cualquiera* no puede sustituirse por un estado de movimiento del sistema sin campo gravitacional, como tampoco se pueden transformar en reposo, mediante una transformación relativista, todos los puntos de un medio cualquiera en movimiento.

[p.900]

Con esta interpretación, la caída igual de todos los cuerpos en un campo gravitacional es evidente.

Mientras nos limitemos a fenómenos puramente mecánicos en el ámbito de validez de la mecánica de Newton estaremos seguros de la equivalencia de los sistemas *K* y *K'*. Sin embargo nuestra interpretación sólo tendrá significado profundo si los sistemas *K* y *K'* son equivalentes en todos los fenómenos físicos, es decir, si las leyes de la naturaleza referidas a *K* coinciden por completo con las referidas a *K'*. Si se supone esto, se obtiene un principio que, de ser verdaderamente cierto, posee un gran significado heurístico. Mediante examen teórico de los fenómenos que tienen lugar con relación a un sistema de referencia uniformemente acelerado se obtiene pues información sobre el curso de los acontecimientos en un campo gravitacional homogéneo.[1] Por de pronto habrá que ver en lo sucesivo en qué medida es verosímil nuestra hipótesis desde el punto de vista de la teoría de la relatividad ordinaria.

1) En un trabajo posterior se verá que el campo gravitatorio considerado aquí sólo es homogéneo en primera aproximación.

1912

En lo que atañe al horizonte empírico, a principios del siglo XX predomina la convicción de que la mayor parte de las nebulosas cuya observación está a nuestro alcance están fuera de la Vía Láctea. No hay más remedio, como siempre en ciencia, que hacer órdagos teóricos que expliquen "lo que se ve" y aventuren conjeturas que, a modo de sondas, permitan el tránsito intelectual a los dominios cósmicos y hagan quizá aflorar nuevas incertidumbres. El desarrollo durante el XIX de las geometrías no euclídeas (Gauss, Lobatchevski, Bolyai, Riemann) va a suministrar un escenario matemático en el que los físicos muevan sus papeles. El «problema cosmológico» va a salir de nuevo a escena con otra fuerza. Einstein está en Praga, pero tiene próximo el horizonte del regreso a Zürich, esta vez a la ETH. Está embalado en la generalización relativista. Dos artículos consecutivos, cuyos títulos orientan:

«Lichtgeschwindigkeit und Statik des Gravitationsfeldes». [*Annalen der Physik*, Vierte Folge, Band 38, Heft 1. Nº 6, **1912**. p. 355-369. Registro de entrada: 26 de febrero de **1912**] (Velocidad de la luz y estática del campo gravitatorio)

«Zur Theorie des statischen Gravitationsfeldes». [*Annalen der Physik*, Vierte Folge, Band 38, Heft 1, p. 443-458. Registro de entrada: 23 de marzo de **1912**.] (Teoría del campo gravitatorio estático.)

El propio Einstein formula más tarde con palabras llanas el fondo de sus inquietudes del momento (1912):

Si todos los sistemas acelerados son equivalentes, no pueden en tal caso describirse todos mediante la geometría euclídea. Renunciar a la geometría y conservar las leyes físicas es lo mismo que describir pensamientos sin utilizar palabras. Antes de poder expresar un pensamiento hay que encontrar las palabras. ¿Qué debemos buscar aquí? Tuve que esperar a 1912 para darme cuenta súbitamente de que la llave del misterio se encontraba en la teoría de superficies de Gauss. Sin embargo, ignoraba entonces que Riemann había estudiado los fundamentos de la geometría de un modo más exhaustivo. Me acordé de pronto de que la teoría de Gauss figuraba en el curso dado por Geiser cuando yo era estudiante... Comprendí que los fundamentos de la geometría tenían una significación física. Cuando volví de Praga a Zürich, me encontré de nuevo con mi querido amigo el matemático Grossmann. Fue él quien me hizo conocer a Ricci y más tarde a Riemann. Le pregunté entonces si se podía resolver mi problema mediante la teoría de Riemann, es decir, si los invariantes del elemento de distancia podían determinar completamente las magnitudes que buscaba. (J. Ishiwara, *Einstein Köen-Roku*, Tokyo-Tosho, 1977) [Texto de la conferencia de Kyoto de Diciembre de 1922. Recogido por A. Pais. *Albert Einstein. La vie et l'oeuvre*. InterÉditions. Paris, 1993. p. 209-210]

A estas alturas parece, pues, que lo que Einstein le está *sotto voce* planteando a Grossmann es que el espacio-tiempo (Minkowski, 1908) es función del contenido y distribución de la materia. El espacio-tiempo no es un contenedor sino un todo con la materia y la gravedad y que es esa interacción de variables *inseparables* la que propicia su curvatura. El universo es *curvo*. Materia –y gravitación, por tanto– *fuerzan* la geometría –la estructura– del universo. Ese es el arranque de la nueva cosmología. Bye, bye, Newton. Sigue vigente **Mach** y surgen Gauss y Riemann. Y se admiten apuestas sobre los universos posibles.

JULIO

Como sabemos, el juego del paralelismo es el *trade mark* de la casa. Sólo que no es un juego, sino una convicción. Gravitación y electromagnetismo, obsesión unitaria que aflora a cada instante. Einstein está convencido de la posibilidad del tránsito del caso de un campo estático a uno dinámico, al modo del electromagnetismo, considerando efectos de inducción. La coherencia einsteiniana continúa ahora el esfuerzo anterior en el artículo siguiente, cuyo título, como es habitual en él, es ya significativo. Como lo es, sin duda, su referencia a Mach, en la cita de la página 39, tras haber llegado a análogas conclusiones:

El resultado es en sí mismo de gran interés. Pone de manifiesto que la presencia de la envoltura inerte K incrementa la masa inerte del punto material P que se encuentra dentro. Sugiere la conjetura de que la inercia total de una masa puntual es un efecto de todas las demás masas presentes basada en un tipo de interacción entre éstas[1]. Se verá hasta qué punto es legítima esta interpretación cuando estemos en feliz posesión de una apropiada dinámica de la gravitación.

situación que se hará evidente en el futuro que perseguimos, «cuando estemos en feliz posesión de una apropiada dinámica de la gravitación». Vamos dando pasos.

VIERTELJAHRSSCHRIFT FÜR GERICHTLICHE MEDIZIN. Vol. XLIV (**1912**), pp. 37-40. «*Gibt es eine Gravitationswirkung, die der elektrodynamischen Induktionswirkung analog ist?*» Albert Einstein (Prag) [REVISTA TRIMESTRAL DE MEDICINA FORENSE. «¿Existe un efecto gravitacional similar al de la inducción electrodinámica?»]

[p.37]

¿Existe un efecto gravitacional similar al de la inducción electrodinámica?

La cuestión suscitada en el título se puede formular, siguiendo el ejemplo de un caso particular de comprensión sencilla, del siguiente modo. Considérese un sistema de masas ponderables formado por la corteza esférica K de masa M distribuida

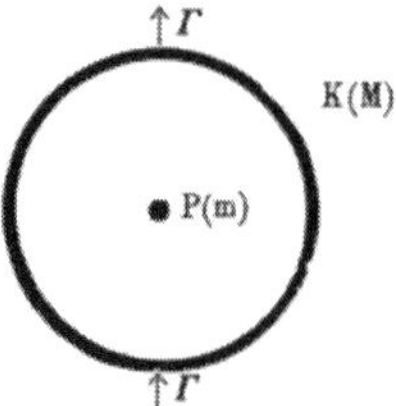

homogéneamente sobre la superficie de la esfera y el punto material P, de masa m, colocado en el centro de esta esfera. ¿Actúa sobre el punto material fijo P una fuerza si se confiere a la esfera una aceleración Γ? Las siguientes reflexiones nos llevan a considerar semejante efecto de fuerza como realmente existente y nos dan la magnitud del mismo en primera aproximación.

1. Según la teoría de la relatividad, la masa inerte de un sistema físico cerrado depende de tal modo de su contenido en energía que un incremento de la energía del sistema en E aumenta la masa en $\frac{E}{c^2}$, si c representa la velocidad de la luz en el vacío. Por tanto, si llamamos M a la masa inerte de K en ausencia de P, y m a la masa inerte de P en ausencia de K, o, en otras palabras, $m + M$ a la masa inerte del sistema constituido conjuntamente por P y K en el caso en que m se encuentre infinitamente alejada de K, se sigue que la masa inerte del sistema formado por K y m, para el caso en que m se encuentre en el centro de K, tiene el valor

$$M + m - \frac{kMm}{Rc^2} \quad . \ . \ . \ . \ (1)$$

[p.38]

siendo k la constante de la gravitación y R el radio de K. Así pues, al menos en primera aproximación, $\frac{kMm}{R}$ es la energía que se tiene que emplear para llevar P a distancia infinita del centro de K.

2. En un trabajo que aparecerá próximamente en los Annalen der Physik, he deducido, basándome en cierta hipótesis sobre la naturaleza del campo gravitacional estático, que un punto material se mueve en un campo gravitatorio estático según la siguiente ecuación

$$\frac{d}{dt}\left\{\frac{\frac{\dot{x}}{c}}{\sqrt{1 - \frac{q^2}{c^2}}}\right\} = \frac{-\frac{dc}{dx}}{\sqrt{1 - \frac{q^2}{c^2}}} + \frac{Rx}{m} \quad \text{etc.}$$

Se ha puesto aquí $\dot{x} = \frac{dx}{dt}$, y q representa la velocidad del punto material, m su masa, R_x la fuerza actuante sobre él y c la velocidad de la luz, que hay que considerar función de las coordenadas x, y, z. De estas ecuaciones se deduce, entre otras cosas, que hay que considerar $\frac{mc}{\sqrt{1-\frac{q^2}{c^2}}}$ como la energía del punto material y, en primera aproximación, $\frac{m}{2}\frac{q^2}{c}$ como la energía cinética del mismo. Para obtener la energía cinética en la unidad habitual hay que multiplicar esta expresión por la constante c_0, que es igual a la velocidad de la luz en el infinito; hay que hacer esta última igual a la velocidad de la luz existente, en nuestro potencial gravitacional, en el centro. La energía cinética L es por tanto, en unidades ordinarias

$$L = \frac{m}{2} q^2 \frac{c_0}{c}$$

Para que sea conocida la expresión de L para un lugar cualquiera, tenemos todavía que averiguar c en función de x, y, z. Según la ecuación de movimiento referida, tiene validez, para un punto que se mueve suficientemente despacio sobre el que, salvo el campo gravitacional, no actúan fuerzas:

$$\ddot{x} = -c\frac{dc}{dx} \quad \text{etc.}$$

o, definiendo el potencial gravitacional ϕ de forma similar:

$$\frac{d\phi}{dx} = c\frac{dc}{dx} \quad \text{etc.}$$

[p.39]

Se sigue de aquí, por integración, si se designa por ϕ_0 al potencial gravitacional imperante en el infinito, con suficiente aproximación

$$\phi_0 - \phi = c_0(c_0 - c) = c_0^2\left(1 - \frac{c}{c_0}\right)$$

o

$$\frac{c}{c_0} = 1 - \frac{\phi_0 - \phi}{c_0^2}$$

Para el punto material que se encuentra en el interior de K es $\phi_0 - \phi$ igual a $\frac{kM}{R}$, por lo que se obtiene para él, aproximadamente

$$L_P = \frac{m}{2} q^2\left(1 + \frac{kM}{Rc_0^2}\right),$$

y por tanto, para una masa inerte m' influida por K

$$m' = m + \frac{kmM}{Rc_0^2} \quad . \; . \; . \; . \; (2)$$

El resultado es en sí mismo de gran interés. Pone de manifiesto que la presencia de la envoltura inerte K incrementa la masa inerte del punto material P que se encuentra dentro. Sugiere la conjetura de que la inercia total de una masa puntual es un efecto de todas las demás masas presentes basada en un tipo de interacción entre éstas[1]. Se verá hasta qué punto es legítima esta interpretación cuando estemos en feliz posesión de una apropiada dinámica de la gravitación.

Está claro que, de la misma manera, la masa inerte de K se incrementa debido a la presencia de P. Por una consideración por completo análoga a la efectuada ahora mismo, se obtiene, para la masa inerte M' de K influida por la presencia de P

$$M' = M + \frac{kmM}{Rc_0^{\,2}} \quad . \; . \; . \; . \; (3)$$

3. Preguntamos ahora por las fuerzas F y f necesarias para conferir las aceleraciones Γ y γ a las masas M y m en una determinada dirección. Si A, a y α representan coeficientes por el momento desconocidos, habrá que poner en todo caso

1) Éste es exactamente el punto de vista que hizo valer E. **Mach** en sus agudas investigaciones sobre el asunto. (E. Mach, Die Entwicklung der Prinzipien der Dynamik. Zweites Kapitel. Newtons Ansichten über Zeit, Raum und Bewegung. [El desarrollo de los principios de la dinámica. Capítulo segundo. Opiniones de Newton sobre tiempo, espacio y movimiento.])

[p.40]

$$\left.\begin{array}{l} F = A + \alpha\gamma \\ f = a\gamma + \alpha\Gamma \end{array}\right\} \quad . \; . \; . \; . \; (4)$$

Los coeficientes de los segundos términos (α) están elegidos iguales, pues la reacción de K sobre P, si únicamente K está acelerada, tiene que ser evidentemente igual de grande que la reacción de P sobre K, si sólo P está acelerado.

Los coeficientes A, a y α resultan de considerar los tres casos especiales a los que se refieren las ecuaciones (1), (2) y (3).

En el primer caso, K y P están ambos igualmente acelerados. Supongamos que la aceleración común es γ. De (4) y (1) se obtiene

$$F + f = (A + a + 2\alpha)\gamma = \left(M + m - \frac{kMm}{Rc^2} \right)\gamma$$

o

$$A + a + 2\alpha = M + m - \frac{Mkm}{Rc^2} \quad . \; . \; . \; . \; (1a)$$

En el segundo caso, en el que únicamente P está acelerado, se tiene, según la segunda de las ecuaciones (4) y según (2)

$$f = a\gamma = \left(m + \frac{kmM}{Rc^2} \right)\gamma$$

o

$$a = m + \frac{kmM}{Rc^2} \quad . \; . \; . \; . \; (2a)$$

El tercer caso proporciona análogamente

$$A = M + \frac{kmM}{Rc^2} \quad . \; . \; . \; . \; (3b)$$

De las ecuaciones (1a), (2a) y (3a) se sigue

$$\alpha = -\frac{3}{2}\frac{kMm}{Rc^2}$$

Para el caso en que sólo K esté acelerado, pero P sea fijo, la segunda de las ecuaciones (4), haciendo uso del valor encontrado ahora para α, se transforma en

$$(-k) = \frac{3}{2}\frac{kmM}{Rc^2}\Gamma$$

siendo aquí k la fuerza que se tiene que ejercer sobre el punto material para que permanezca en reposo y, por tanto, $(-k)$ la fuerza (inducida) ejercida sobre P por la corteza esférica afectada de la aceleración Γ. Esta fuerza tiene el mismo signo que la aceleración –en contraposición a la correspondiente interacción entre masas eléctricas de igual valor.

—

El envío del artículo anterior representa el último episodio *académico* de su estancia en Praga. La tartana familiar pone de nuevo rumbo a Zürich, pero, esta vez, a la ETH. La definitiva familiarización con el cálculo tensorial y con la extensión de la geometría a la de Riemann le vino gracias a las clases particulares de Marcel Grossmann. No obstante, antes de estas clases extra, Einstein tenía este año bastante situado el problema:

> Ernst **Mach** fue una persona que insistió en la idea de que los sistemas que tienen aceleración, uno respecto a otro, son equivalentes. Esta idea contradice la geometría euclídea, pues en el sistema de referencia con aceleración, la geometría euclídea no puede aplicarse. Describir las leyes físicas sin referencia a la geometría es similar a describir nuestro pensamiento sin palabras. Necesitamos palabras para expresarnos. ¿Qué buscaríamos para describir nuestro problema? Este problema estuvo irresuelto hasta 1912, en que se me ocurrió la idea de que la teoría de superficies de Karl Friedrich Gauss pudiera ser la clave de este misterio. Descubrí que las coordenadas de superficie de Gauss eran muy adecuadas para entender este problema. Hasta entonces no sabía que Bernhard Riemann [que fue alumno de Gauss] había analizado profundamente el fundamento de la geometría. Me acordé entonces de la conferencia sobre geometría dada por Carl Friedrich Geiser, en mis años de estudiante universitario [en Zürich], que trató de la teoría de Gauss. Y encontré que los fundamentos de la geometría tenían un profundo significado físico en este problema. [Conferencia de Kyoto de **1922**]

y lo que necesitaba trabajar con el profesor particular:

> Cuando regresé a Zürich desde Praga me estaba esperando mi amigo, el matemático Marcel Grossmann. Me había ayudado con anterioridad proporcionándome literatura matemática cuando yo trabajaba en la Oficina de Patentes de Berna y tenía algunas dificultades para conseguir artículos matemáticos. Me instruyó primero en la obra de Curbastro Gregorio Ricci y después en la obra de Riemann. Analicé con él si el problema podía resolverse utilizando la teoría de Riemann; en otras palabras, utilizando el concepto de invariancia de los elementos de línea. Escribimos un artículo sobre este asunto en 1913, aunque no pudimos conseguir las

ecuaciones correctas de la gravedad. Continué estudiando las ecuaciones de Riemann sólo para encontrar las razones por las que los resultados deseados no podían alcanzarse por este procedimiento.

Lo que nos sitúa frente al año que se avecina.

1913

Parece procedente fijar aquí las breves reflexiones einsteinianas sobre la evolución de su pensamiento, en relación con el desarrollo relativista, desde 1907 (fecha del artículo que le encarga Johannes Stark) hasta la plasmación *definitiva* de 1915. La geografía ambulante de Einstein pasa, como es sabido, de Berna a Zürich (Universidad), Praga, nuevamente Zürich (Politécnico) y, finalmente, a Berlín. Evidentemente, este esbozo está redactado, por el propio testimonio de Einstein, muy poco antes de 1956, fecha de la edición, muerto ya Einstein.

Extracto de: Albert Einstein. «*Autobiographische Skizze*». Helle Zeit – Dunkle Zeit. In Memoriam Albert Einstein. Herausgegeben von Carl Seelig. Europa Verlag, Zürich **1956**. Páginas 9-17. [Esbozo autobiográfico. Tiempo luminoso – Tiempo oscuro. Editado por Carl Seelig.]

De las experiencias de carácter científico que me aportaron aquellos felices años de Berna, mencionaré sólo una, que resultó ser la idea más fructífera de mi vida. La teoría especial de la relatividad tenía ya varios años. ¿Se limitaba el principio de relatividad a los sistemas inerciales, es decir, a los sistemas de coordenadas que se mueven uniformemente unos respecto a otros (transformaciones lineales de coordenadas)? El instinto formal dice: "¡Probablemente no!". Sin embargo, el fundamento de toda la mecánica anterior –el principio de inercia– parecía descartar cualquier extensión del principio de relatividad. Si se introduce un sistema de coordenadas acelerado (respecto a un sistema inercial), una masa puntual "aislada" ya no se mueve en línea recta y uniformemente respecto a él. Una mente libre de hábitos de pensamiento inhibidores se habría preguntado ahora: ¿Me proporciona este comportamiento un medio de distinguir un sistema inercial de un sistema no inercial? Entonces habría tenido que llegar a la conclusión (al menos en el caso de aceleración rectilínea y uniforme) de que no es así, porque el comportamiento mecánico de los cuerpos respecto a un sistema de coordenadas acelerado de este modo también podría interpretarse como efecto de un campo gravitatorio; esto es posible gracias al hecho empírico de que la aceleración de los cuerpos en un campo gravitatorio es siempre la misma independientemente de su naturaleza. Esta constatación (principio de equivalencia) no sólo hacía probable que las leyes de la Naturaleza debían ser invariantes respecto a un grupo de transformación general como el grupo de la transformación de Lorentz (extensión del principio de relatividad), sino también que esta extensión condujese a una teoría más profunda del campo gravitatorio. Que esta idea era en principio correcta no lo dudé lo más mínimo. Pero las dificultades de su realización parecían casi insuperables.

De entrada, reflexiones elementales revelaron que el paso a otro grupo de transformación era incompatible con una interpretación física directa de las coordenadas espacio-temporales, que había allanado el camino a la teoría especial de la relatividad. Además, al principio no estaba claro cómo debía elegirse el grupo de transformación ampliado [**p.14**]. En realidad, llegué a este principio de equivalencia de una manera indirecta, cuya descripción no procede aquí.

De 1909 a 1912, mientras enseñaba física teórica en las universidades de Zürich y Praga, reflexioné incesantemente sobre el problema. En 1912, cuando fui destinado al Politécnico de Zürich, ya me había acercado considerablemente a la solución del problema. El análisis de Hermann Minkowski de los fundamentos formales de la teoría especial de la relatividad reveló ser importante en este caso. Se puede condensar en la siguiente frase: El espacio de cuatro dimensiones tiene una métrica (invariante) pseudo-euclídea; esto determina las propiedades métricas experimentalmente observables del espacio, así como el principio de inercia y, además, la forma de los sistemas de ecuaciones invariantes de Lorentz. En este espacio existen sistemas de coordenadas privilegiados, esto es, cuasi-cartesianos, que son aquí los únicos "naturales" (sistemas inerciales).

El principio de equivalencia nos lleva a introducir transformaciones de coordenadas no lineales en dicho espacio, es decir, coordenadas no cartesianas ("curvilíneas"). La métrica pseudo-euclídea adopta la forma general

$$ds^2 = \Sigma\, g_{ik}\, dx_i\, dx_k$$

sumado sobre los índices i y k (de 1 a 4). Estas g_{ik} son entonces funciones de las cuatro coordenadas que, según el principio de equivalencia, describen, además de la métrica, también el "campo gravitatorio". Este último es, por supuesto, de un tipo muy especial, pues, mediante transformación, puede ponerse en la forma especial

$$-dx_1^2 - dx_2^2 - dx_3^2 + dx_4^2$$

es decir, en una forma en la que las g_{ik} son independientes de las coordenadas. En este caso, el campo gravitatorio descrito por las g_{ik} se puede "transformar". En esta última forma especial, el comportamiento inercial [**p.15**] de los cuerpos aislados se expresa mediante una línea recta (de tipo temporal). En la forma general, corresponde a la "línea geodésica".

Esta formulación seguía refiriéndose al caso del espacio pseudoeuclídeo. Sin embargo, mostraba claramente cómo podía lograrse la transición a campos gravitatorios de carácter general. También en este caso, hay que describir el campo gravitatorio mediante un tipo de métrica, es decir, mediante un campo tensorial simétrico g_{ik}. La generalización consiste simplemente en abandonar el supuesto de que este campo puede transformarse en un campo pseudoeuclídeo mediante una mera transformación de coordenadas.

El problema de la gravitación quedaba así reducido a un problema puramente matemático. ¿Existen ecuaciones diferenciales para los g_{ik} que sean invariantes ante transformaciones de coordenadas no lineales? Tales ecuaciones diferenciales y sólo tales ecuaciones cabía considerarlas como ecuaciones de campo del campo gravitatorio: La ley del movimiento de los puntos materiales venía dada entonces por la ecuación de la línea geodésica.

Con esta tarea in mente, fui en 1912 a ver a mi viejo amigo de la universidad, Marcel Großmann, que se había convertido entretanto en profesor de matemáticas en el Politécnico Confederal.

Se entusiasmó inmediatamente, aunque, como verdadero matemático, tenía una actitud algo escéptica hacia la física.

Así pues, aunque estaba dispuesto a colaborar en el problema, lo hizo con la condición de que no se responsabilizaría de ninguna [**p.16**] afirmación o interpretación de carácter físico. Estudió la bibliografía y pronto descubrió que el problema matemático ya había sido resuelto, en particular por Riemann, Ricci y Levi-Cività. Todo este desarrollo se produjo a partir de la teoría gaussiana de la curvatura de superficies, en la que por primera vez se utilizaron sistemáticamente coordenadas generalizadas. El logro mayor fue el de Riemann. Demostró cómo se pueden formar tensores del segundo nivel de diferenciación a partir del campo de los g_{ik}. A partir aquí quedaba claro cuáles debían ser las ecuaciones de campo de la gravitación –si se exige invariancia respecto al grupo de todas las transformaciones continuas de coordenadas. Sin embargo, no fue tan fácil ver que este requisito estuviera justificado, sobre todo porque yo creía haber encontrado razones en contra. Estas preocupaciones, por erróneas que fueran, hicieron que la teoría no apareciera en su forma definitiva hasta 1916.

Han transcurrido cuarenta años desde que se concluyó la teoría de la gravitación. Años que se han dedicado casi exclusivamente al esfuerzo por obtener, mediante generalización, una teoría de campos –a partir de la teoría del campo gravitatorio– que pudiera constituir una base para toda la física. Muchos trabajaban con el mismo objetivo. Posteriormente descarté varios enfoques que parecían prometedores. Los últimos diez años, sin embargo, han conducido finalmente a una teoría que me parece natural y esperanzadora. El hecho de que no pueda convencerme de si yo mismo debo considerar esta teoría físicamente valiosa o no, se debe a dificultades matemáticas por el momento insuperables, [**p.17**] dificultades que, por cierto, brinda al aplicarla cualquier teoría de campos no lineal. Además, parece muy dudoso que una teoría de campos pueda dar cuenta de la estructura atómica de la materia y de la radiación, así como de los fenómenos cuánticos. La mayoría de los físicos responderán sin vacilar con un convencido "no", ya que consideran que el problema cuántico se ha resuelto en principio de otra manera. Sea como fuere, nos queda el reconfortante aserto de Lessing de que la búsqueda de la verdad es más gratificante que su posesión segura.

MAYO

Vamos al obsesivo tema de la inercia en Einstein con un breve apunte temprano.

Tras su vuelta de Praga, Einstein se instala en el Politécnico de Zürich, esta vez como profesor. Retoma así el contacto directo con Marcel Grossmann, que a la sazón es ya profesor del centro. Juntos *esbozan* la generalización de la teoría de la relatividad (especial), tema en el que viene buceando Einstein desde 1907. La introducción del campo gravitatorio tiene efectos *demoledores*, cargándose uno de los supuestos básicos de la *spezielle Relativitätstheorie*: la constancia de la velocidad de la luz. Así pues, Einstein, en Zürich, y **Mach**, en el «Entwurf»:

Albert Einstein und Marcel Grossmann. «*Entwurf einer verallgemeinerten Relativitätstheorie und einer Theorie der Gravitation*». ZEITSCHRIFT FÜR MATHEMATIK UND PHYSIK. 62. Band. 1913. Heft. 3. Páginas: 225-244 [Physikalischer Teil (Einstein)] y 244-261 [Mathematischer Teil (Grossmann)] («Esbozo de una teoría de la relatividad generalizada y de una teoría de la gravitación») [Parte física: Einstein; parte matemática, Grossmann] (Presentado el 28 de mayo y publicado en junio)

En trabajos anteriores puse de manifiesto que la hipótesis de equivalencia llevaba a la conclusión de que, en un campo gravitacional estático, la velocidad de la luz c depende del potencial gravitacional. Llegué así a la convicción de que la teoría de la relatividad ordinaria sólo daba una aproximación a la realidad; debía tener validez en el caso límite en que, en el dominio espacio-temporal considerado, no se produzcan diferencias demasiado grandes del potencial gravitacional. Además, hallé de nuevo, como ecuaciones del movimiento de un punto material en un campo gravitacional estático, las ecuaciones (1) y (1a), en las que, no obstante, no hay que interpretar c como una constante, sino como una función de las coordenadas espaciales que representa una medida del potencial gravitacional.

...

Para una velocidad dada, el impulso y la energía cinética son pues inversamente proporcionales a la magnitud c; dicho de otra forma: la masa inerte, tal como forma parte del impulso y la energía, es m/c, donde m representa una constante característica de la masa puntual, independiente del potencial gravitacional. Esto concuerda con la audaz idea de **Mach** de que la inercia tiene su origen en una interacción entre la masa puntual considerada y todas las demás, puesto que si acumulamos masas en el entorno de la masa puntual considerada, reduciremos el potencial gravitacional *c* y aumentaremos, por tanto, la magnitud *m/c,* determinante de la inercia. [p.228].

[Recogido en *TCPAE*. Volume 4: The Swiss Years: Writings 1912-1914. Doc. 13, Page 307]

JUNIO

Informar a Mach (tras la conclusión del *Entwurf*, en este caso) es, posiblemente, además de propensión comunicativa, muy einsteiniana, un ejercicio de confirmación en ruta y de búsqueda de apoyos solventes. Mach, una referencia ineludible.

Carta de Einstein a Ernst Mach

Zürich, 25 de junio de 1913

Señor,

Quizá haya recibido usted estos días mi nuevo trabajo [el *Entwurf*] sobre la relatividad y la gravitación, por fin acabado, con el coste de una pena infinita y de una duda torturante. El próximo año, con ocasión del eclipse de Sol, sabremos si los rayos luminosos son curvados por el Sol, es decir, si la hipótesis fundamental sobre la que me apoyo –la equivalencia entre aceleración del sistema de referencia y campo gravitatorio– es realmente acertada.

Si es este el caso, los geniales análisis suyos sobre los fundamentos de la mecánica recibirán –a pesar de la crítica injustificada de Planck– una brillante confir-mación, ya que se sigue necesariamente que la *inercia* tiene su origen en una especie de *interacción* de los cuerpos, exactamente en el sentido de las reflexiones de usted sobre la experiencia del cubo de Newton.

Encontrará usted en la parte superior de la página 6 de mi trabajo una primera consecuencia que va en este sentido. Aparece además el resultado siguiente:

1. Si se acelera un cascarón esférico inerte *S*, cualquier cuerpo situado en su interior estará sometido, según la teoría, a una fuerza de aceleración.
2. Si el cascarón efectúa una rotación alrededor de un eje que lo atraviesa por su centro (con relación al sistema de las estrellas fijas –el «sistema residual»), aparece en el interior del cascarón un campo de Coriolis, es decir que el plano del péndulo de Foucault es arrastrado con el cascarón (a una velocidad ínfima, no obstante, prácticamente no medible).

Me alegra enormemente poderle comunicar estos resultados, ya que la crítica de Planck respecto a usted me pareció siempre perfectamente injustificada.

[Recogida en *The Collected Papers of Albert Einstein*. Volume 5: The Swiss Years: Correspondence, 1902-1914. Doc. 448. Page 531]

«La *inercia* tiene su origen en una especie de *interacción* de los cuerpos». Así que Einstein pone al corriente a Mach del «Principio de Mach».

AGOSTO

El camino hacia una relatividad general satisfactoria no está, ni mucho menos, allanado. La *corazonada*, es que las ecuaciones gravitacionales deberían ser covariantes generales y, por ahora, sólo son covariantes respecto a transformaciones lineales. La carta a Lorentz es muy expresiva.

Carta de Einstein a Lorentz

Zürich, 14 de Agosto de 1913

Voy al tema de la gravitación. Me alegra que apoye usted tan calurosamente nuestra investigación. Pero, desgraciadamente, hay aún tantas dificultades serias en la cosa que mi confianza en la admisibilidad de la teoría es todavía insegura. El "Entwurf" es satisfactorio sólo en la medida en que se refiere al efecto del campo gravitacional sobre otros procesos físicos, ya que el cálculo diferencial absoluto permite el establecimiento de ecuaciones que son covariantes respecto a sustituciones arbitrarias. El campo gravitacional ($g_{\mu\nu}$) parece ser el esqueleto, por así decir, del que cuelga todo. *Pero, lamentablemente, las propias ecuaciones gravitacionales no poseen la propiedad de la covariancia general.* Sólo es segura su covariancia respecto a transformaciones lineales. Pero toda nuestra confianza en la teoría descansa en la convicción de que una aceleración del sistema de referencia es equivalente a un campo gravitacional. De ahí que, si todos los sistemas de ecuaciones de la teoría, y por tanto también las ecuaciones (18), no permiten más que transformaciones lineales, la teoría entonces refuta su propio punto de partida; en tal caso no tiene ningún fundamento.

Sin embargo, no hemos sido capaces de especificar ninguna sustitución no lineal respecto a las cuales las ecuaciones (18) fuesen covariantes. Hay dos posibilidades de un tipo fundamentalmente diferente:

(1) Transformaciones que son independientes del campo $g_{\mu\nu}$ presente y que Ehrenfest llamó "transformaciones independientes"; que yo sepa, la teoría de grupos se ha ocupado sólo de tales transformaciones.

(2) Transformaciones en las que la p tendría que determinarse primero mediante ecuaciones diferenciales de los $g_{\mu\nu}$ que consideramos, es decir, que tienen que ser adaptadas al campo $g_{\mu\nu}$ presente. Que yo sepa, esas transformaciones no han sido todavía estudiadas de forma sistemática. ("transformaciones no independientes")

La existencia de transformaciones "independientes" no lineales es la posibilidad más sencilla; pero no me parece que se puedan obtener, aunque no sabría cómo probarlo. Pero la existencia de transformaciones "no independientes" no lineales basta para que no haya conflicto con la hipótesis de equivalencia.

En principio, el asunto es sencillo. Cabe preguntar: ¿Qué condiciones tiene que satisfacer la p_{ik} de una transformación para que, bajo la transformación

$$\Gamma_{\mu\nu} = \Delta_{\mu\nu}(\gamma) - \kappa\vartheta_{\mu\nu}$$

se transforme como un tensor? De este modo se obtienen ecuaciones diferenciales parciales para la p_{ik}. La cuestión es, ¿tienen estas últimas soluciones que sean compatibles con las condiciones de integrabilidad? – Pero cuando intento realizar el cálculo, fallo, porque las ecuaciones son muy complicadas. Si resultase que las transformaciones no lineales no existen en absoluto, la teoría perdería toda credibilidad.

Por otra parte, es muy interesante que las ecuaciones proporcionen la relatividad de la masa inerte. Es decir, aparecen las siguientes cosas:

1. La existencia de una capa esférica inercial en reposo incrementa la inercial de la masa m que encierra.

2. La aceleración de K induce una fuerza aceleradora que actúa sobre m en la misma dirección.

3. Si K rota, aparece entonces un campo de Coriolis dentro de K, de modo que si se coloca un péndulo dentro de K se ve influido de modo que su plano de oscilación es arrastrado.

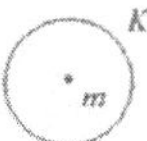

Debido a su pequeñez, ninguno de estos efectos es susceptible de comprobación, pero son plausibles en sí mismos, como mostró Mach tan sutilmente en su crítica a los *Principia* de Newton en su *Mecánica*.

SEPTIEMBRE

La breve nota que sigue resume a la perfección el estado de la cuestión (la evolución relativista) hasta ese momento, lo que pone de manifiesto otra vez la capacidad sincrética de Einstein. Los distintos profesores intervinientes en estas conferencias de la Schweizerische Naturforschende Gesellschaft (Sociedad Suiza de Naturalistas) contribuyeron con un resumen escrito de los contenidos que desarrollaron con más amplitud en su turno. Marcel Grossmann, entre otros. La cita está bien traída aquí por la mención, una vez más, de Mach y su interpretación de la inercia, con la que por el momento coincide Einstein. Esta NOTA es un resumen del texto einsteiniano de la conferencia de Frauenfeld (mucho más largo y de mayor complejidad formal), cuyo último párrafo cito abajo.

Albert Einstein. **«Gravitationstheorie».** Schweizerische Naturforschende Gesellschaft. Vorhandlungen. 96, parte 2 (1913), pp. 137-138. 9 de septiembre de 1913

Teoría de la Gravitación

Una de las leyes de la Naturaleza más curiosas y comprobadas con la mayor exactitud es la de la identidad de las masas *inerte* y *gravitatoria* de los cuerpos; la misma se pone de manifiesto en que la aceleración de caída en un campo gravitatorio es independiente del cuerpo que cae. Esta ley sugiere la interpretación de que en un sistema de referencia acelerado todo sucede como en un campo gravitacional. Mediante esta interpretación (hipótesis de equivalencia) se obtiene un medio para deducir propiedades del campo gravitatorio por procedimientos teóricos. Como resultado capital se obtiene así una curvatura de los rayos luminosos en el campo gravitacional que, para un rayo de luz que pase próximo al Sol asciende a 0,84'', por lo que debe caer en el dominio de lo observable.

Este resultado no es compatible con la actual teoría de la relatividad ya que conduce a una dependencia de la velocidad de la luz en el vacío del potencial gravitacional. Sin embargo, he probado, junto con el Sr. Grossmann, que se puede generalizar la teoría de la relatividad de modo que se mantenga en consonancia con la hipótesis de equivalencia.

Según esta teoría, el campo gravitacional se define mediante un tensor simétrico $g_{\mu\nu}$ con 10 componentes. En vez del elemento de línea

$$dx^2 + dy^2 + dz^2 - c^2dt^2$$

de la teoría de la relatividad ordinaria, aparece el más general

$$\sum_{\mu\nu} g_{\mu\nu} dx_\mu dx_\nu ,$$

como invariante fundamental.

Las relaciones del cálculo vectorial tetradimensional se convierten en las del cálculo diferencial absoluto. Todo sistema de ecuaciones físicas incluye, según esta generalización, la influencia que ejerce el campo gravitacional sobre el grupo de fenómenos correspondiente al sistema de ecuaciones.

Estas ecuaciones generalizadas son covariantes generales. Por el contrario, se evidencia como lógicamente imposible establecer ecuaciones para la determinación del campo gravitacional (es decir, de las $g_{\mu\nu}$) que sean covariantes respecto a sustituciones cualesquiera. Partiendo de los teoremas de conservación del impulso y la energía llegamos así a elegir el sistema de referencia (al que están referidas las «coordenadas» espacio-temporales x, y, z, t) de tal modo que, *sólo* sustituciones lineales, aunque, en oposición a la teoría de la relatividad ordinaria, *cualesquiera* sustituciones lineales dejen covariantes a las ecuaciones. Con esta restricción del sistema de referencia se llega a ecuaciones de la gravitación completamente determinadas que satisfacen todas las condiciones que podamos poner a las ecuaciones gravitacionales.

De las ecuaciones se obtiene, en particular, la interpretación de que la inercia de los cuerpos no es únicamente una propiedad de los cuerpos acelerados sueltos, sino una interacción, es decir, una resistencia frente a una aceleración relativa de los cuerpos respecto a los demás cuerpos –interpretación que ya fue defendida por ***Mach*** y otros con fundamentos epistemológicos.

—

Albert Einstein. «**Physikalische Grundlagen einer Gravitationstheorie**». Naturforschende Gesellschaft in Zürich. Vierteljahrsschrift 58, (1913); pp. 284-290. [Conferencia pronunciada el 9 de Septiembre de 1913 ante la Asamblea anual de la Sociedad suiza de Naturalistas en Frauenfeld.] (Fundamentos físicos de una teoría de la gravitación)

Mediante la teoría esbozada se elimina una insuficiencia epistemológica adherida no sólo a la teoría de la relatividad original, sino también a la mecánica de Galileo y que fue especialmente acentuada por E. **Mach**. Es evidente que al concepto de aceleración de un punto material tampoco se le puede atribuir un significado absoluto como al de velocidad. La aceleración sólo puede definirse como aceleración relativa de un punto respecto a otros cuerpos. Esta circunstancia hace parecer sin sentido atribuir pura y simplemente a un cuerpo una resistencia frente a la aceleración (resistencia inerte de los cuerpos en el sentido de la mecánica clásica); se tiene que exigir más bien que la aparición de una resistencia inerte esté ligada a la aceleración relativa del cuerpo considerado respecto a otros cuerpos. Hay que exigir que la resistencia inerte de un cuerpo pueda incrementarse a causa de que en el entorno del cuerpo haya dispuestas masas inertes no aceleradas; y esta elevación de la resistencia inerte tiene que quedar suprimida de nuevo si esas masas participan de la aceleración del cuerpo. Se ha hecho patente que este comportamiento de la resistencia inerte deriva realmente de las ecuaciones (5), comportamiento que podemos llamar relatividad de la inercia. Este hecho constituye uno de los soportes más importantes de la teoría esbozada.

DICIEMBRE

Einstein, en Viena.

Albert Einstein (Zürich). «*Zum gegenwärtigen Stande des Gravitationsproblems*». Physikalische Zeitschrift. No. 25; 14. Jahrgang. 15. Dezember 1913. Páginas: 1249-1266. Vorträge und Diskussionen von der Naturforscher Versammlung zu Wien. [Conferencias y Debates de la Asamblea de Investigadores de la Naturaleza. Viena.]. Aus der gemeinsamen der Abteilungen für Physik, Mathematik und Astronomie. [Sesión conjunta de las secciones de Física, Matemáticas y Astronomía] (Estado actual del problema de la gravitación)

La energía de una masa puntual en reposo disminuye al aumentar la masa en su entorno y este mismo aumento produce un incremento de la inercia de la masa puntual considerada. Este resultado es de alto interés teórico. Pues si la inercia de un cuerpo se puede incrementar aumentando la masa en su entorno, no podremos por menos que considerar la inercia de un punto condicionada por la existencia de las demás masas. La inercia se revela así condicionada por un tipo de interacción entre la masa puntual que se va a acelerar y todas las demás masas puntuales.

Este resultado parece muy satisfactorio si se considera lo siguiente. Hablar del movimiento en sí, y por tanto, también de la aceleración de un cuerpo *A*, no tiene sentido. Sólo se puede hablar del movimiento –y de la aceleración– de un cuerpo *A* con relación a otros cuerpos *B*, *C*, etc. Lo que rige para la aceleración, a efectos cinemáticos, debería regir también para la resistencia inercial, a la que los cuerpos oponen una aceleración; hay que esperar a priori, aunque no es estrictamente necesario[2], que la resistencia inercial no sea otra cosa que una resistencia del cuerpo *A* considerado respecto a la aceleración relativa con relación al conjunto de todos los demás cuerpos *B*, *C*, etc. Es bien sabido que fue E. **Mach**, en su Historia de la Mecánica, el primero en sostener, con toda agudeza y claridad, este punto de vista, por lo que puedo remitirme fácilmente aquí a sus explicaciones.

Llamaré a la suposición esbozada "hipótesis de la relatividad de la inercia".

Para evitar equívocos, dicho sea de nuevo, no creo, como tampoco **Mach**, que la relatividad de la inercia responda a una necesidad lógica. Sin embargo una teoría en la que se defiende la relatividad de la inercia es más satisfactoria que la teoría que nos es hoy familiar, pues en esta última se introduce el sistema inercial, cuyo estado de movimiento, por una parte, no está condicionado por los estados de los objetos observables, y por tanto no está causado por nada accesible a la observación y sin embargo, por otra parte, debe ser determinante del comportamiento de los puntos materiales.

—

Los últimos esfuerzos desde 1912 hasta 1915 los resumirá Einstein mucho más tarde así:

Albert Einstein. «Einiges über die Entstehung der allgemeinen Relativitätstheorie». [*Mein Weltbild*. Ullstein Taschenbuchverlag, 27. Auflage, pp.150-154.] *GLASGOW. The George A. Gibson Foundation Lecture*. (Conferencia pronunciada el 20 de junio de **1933**.) (Algunas observaciones sobre la génesis de la teoría de la relatividad general)

Se trataba pues de elaborar una teoría cuyas ecuaciones conservasen su forma mediante una transformación no lineal de las coordenadas. Saber si eso tenía que ser cierto para cualesquiera transformaciones de coordenadas (aunque, continuas) o bien sólo para ciertas transformaciones, lo ignoraba por el momento.

Me di pronto cuenta de que con la concepción de las transformaciones no lineales requerida por el principio de equivalencia se libraba uno de la interpretación física directa de las coordenadas; dicho de otro modo: ya no se podía exigir que las diferencias entre coordenadas representasen los resultados inmediatos de medidas efectuadas con ayuda de reglas o de relojes. Esta constatación me inquietó mucho pues permanecí incapaz durante mucho tiempo de comprender lo que, después de todo, deben representar pues las coordenadas en física. No acerté a salir de este dilema más que hacia 1912, gracias a la siguiente reflexión.

Había que encontrar pues una nueva formulación de la ley de inercia que, en ausencia de verdadero campo gravitatorio, y utilizando un sistema inercial como sistema de coordenadas, se identifica con la formulación galileana del principio de inercia. Formulación que dice que un punto material sobre el que no actúa ninguna fuerza se representa en el espacio de cuatro dimensiones por una línea recta, es decir, por la línea más corta, o más exactamente, por una curva extremal. Este concepto presupone el de longitud de un elemento de curva, es decir, una métrica. En la teoría de la relatividad restringida esta métrica es –como mostró Minkowski– casi euclidiana, es decir, que el cuadrado de la «longitud» *ds* de un elemento de curva es una función cuadrática bien determinada de los elementos diferenciales de las coordenadas.

Si se introducen ahora otras coordenadas gracias a una transformación no lineal, ds^2 queda como función homogénea de los elementos diferenciales de las coordenadas, pero los coeficientes de esta función (las $g_{\mu\nu}$) ya no son constantes –son ciertas funciones de las coordenadas. En términos matemáticos se dirá que el espacio físico (de cuatro dimensiones) está provisto de una métrica riemanniana. Las curvas extremales del género tiempo de esta métrica dan la ley del movimiento de un punto material sobre el que no actúa ninguna fuerza, salvo fuerzas gravitacionales. Los coeficientes ($g_{\mu\nu}$) de esta métrica describen también el campo gravitacional con relación al sistema de coordenadas elegido. Se dispone así de una formulación natural del principio de equivalencia, cuya extensión a campos gravitacionales cualesquiera representa una hipótesis completamente natural.

La solución del dilema invocado antes era pues la siguiente: no son los elementos diferenciales de las coordenadas a los que hay que atribuir significación física, sino sólo a la métrica de Riemann asociada a ellos. Se establecen así las bases de una teoría de la relatividad general. Pero todavía quedan dos problemas por resolver:

1. Dada una ley del campo expresada en los términos de la teoría de la relatividad restringida, ¿cómo hacer para trasponerla al caso de una métrica de Riemann?
2. ¿Qué forma tienen las leyes diferenciales que determinan la propia métrica de Riemann (es decir, las $g_{\mu\nu}$)?

Trabajé en responder a estas cuestiones de 1912 a 1914 con la colaboración de mi amigo Marcel Grossmann. Nos dimos cuenta de que los métodos matemáticos necesarios para la solución del problema 1 se encontraban ya dispuestos en el cálculo diferencial de Ricci y Levi-Civita.

En cuanto al problema 2, su solución exigía visiblemente expresiones diferenciales de segundo orden construidas a partir de las $g_{\mu\nu}$. Nos percatamos rápidamente de que éstas habían sido ya elaboradas por Riemann (tensor de curvatura). Ya dos años antes de la publicación de la teoría de la relatividad general habíamos afrontado las ecuaciones gravitacionales de campo adecuadas, pero fuimos incapaces de ver cuál podía ser su utilidad física. Por el contrario, yo creía saber que no podían dar cuenta de la experiencia. Además creía incluso poder mostrar, basándome en un argumento general, que una ley de la gravitación que fuera invariante ante cualquier transformación de las coordenadas era incompatible con el principio de causalidad. Estos errores de pensamiento me costaron dos años de trabajo de extremada dureza, hasta que a finales de 1915 los reconocí como tales; encontré entonces cómo integrar los datos experimentales de la astronomía después de haber efectuado un retorno avergonzado a la curvatura de Riemann.

A la luz de los conocimientos adquiridos parece casi evidente todo aquello a lo que hemos tenido la suerte de llegar: un estudiante inteligente es capaz de comprenderlo sin gran esfuerzo. Pero las angustias de un trabajo a ciegas, prolongado durante varios años, con sus esperanzas y sus impaciencias, sus alternancias de confianza y desánimo hasta la penetración final en dirección de la verdad, todo eso, sólo el que lo ha vivido puede conocerlo.

1915

Antes de la eclosión definitiva de la relatividad general, Einstein expone en el libro de Teubner los puntos principales de la construcción relativista

Albert Einstein. «**Die Relativitätstheorie**». Enciclopedia: Kultur der Gegenwand. Volumen 1 de la tercera parte («Physik»). Ed. E. Lechner, Leipzig, Teubner, 1915, pp. 703-713

[El libro lleva fecha de edición de 1915 y el prólogo está firmado por E. Warburg en Charlottenburg el 16 de julio de 1914. Cabe pues suponer que los artículos que figuran en él fuesen escritos con anterioridad a esa fecha.]

los puntos principales de la construcción relativista. Importante referir aquí el obsesivo asunto de la inercia de la energía.

Algunas contribuciones de la teoría de la relatividad

Enumeremos brevemente qué resultados específicos hay que agradecer hasta la fecha a la teoría de la relatividad. Proporciona una teoría sencilla del principio de Doppler, de la aberración y de la experiencia de Fizeau. Prueba la procedencia de las ecuaciones de campo de Maxwell-Lorentz también en la electrodinámica de cuerpos que se mueven. La ley de desviación de los rayos catódicos rápidos y de sus idénticos rayos β de las sustancias radiactivas y, de forma general, la ley del movimiento de puntos materiales rápidos, se pueden establecer, con ayuda de la teoría de la relatividad, sin el lastre de hipótesis particulares.

Inercia de la energía

Sin embargo, el resultado más importante que ha dado la teoría de la relatividad hasta ahora es una relación entre la masa inerte de los sistemas físicos y su contenido en energía. Supongamos que un cuerpo posee, en cierto estado, la masa inerte M. Si, por cualquier procedimiento, se le suministra la cantidad de energía E, su masa aumentará, según la teoría de la relatividad, en $M+\frac{E}{c^2}$, donde c representa la velocidad de la luz. La ley de conservación de la masa mantenida hasta ahora se modificará así fundiéndose en una con el principio de la energía. Este resultado sugiere concebir la masa inerte M de un cuerpo como un contenido energético de magnitud Mc^2. Hasta ahora no poseemos una confirmación experimental directa de este importante resultado; pero conocemos numerosos casos especiales para los que se puede deducir la validez del "teorema de la inercia de la energía" incluso sin la teoría de la relatividad.

NOVIEMBRE

La *TRG* a escena. Einstein expone en cuatro ponencias en la Academia Prusiana de Ciencias el desarrollo final de la teoría de la relatividad general.

Primera ponencia (4 de noviembre)

Autor: Albert Einstein. Título: «*Zur allgemeinen Relativitätstheorie*». Fecha: Sesión conjunta de la Sociedad Alemana de Física y de la Academia Prusiana de Ciencias del 4 de noviembre de 1915. [Edición distribuída en la sesión del 11-Nov.-1915] Revista: Sitzungsberichte der Königlich Preussischen Akademie der Wissenschaften. Páginas: 778-786. (*Sobre la teoría de la relatividad general*)

[p. 778]

Zur allgemeinen Relativitätstheorie
Sobre la teoría de la relatividad general

En los últimos años he intentado basar una teoría de la relatividad general en el supuesto de la relatividad de movimientos también no uniformes. En efecto, creía haber encontrado la única ley de la gravitación que corresponde al, mutatis mutandis, formulado postulado de relatividad general, y buscaba precisamente demostrar la necesidad de esta solución en un trabajo aparecido el año pasado en estas Actas.

Una crítica reiterada me mostraba que no se puede probar en absoluto esa necesidad por el camino seguido allí; que este pareciera con todo ser el caso, se basaba en un error. El postulado de relatividad, tal como lo he exigido allí, se cumple siempre, si se toma por base el principio de Hamilton; pero verdaderamente no proporciona ningún motivo para establecer la función H de Hamilton del campo gravitacional. En efecto, la elección de la restrictiva ecuación (77) a. a. O. de H no expresa sino que H debe ser invariante con relación a transformaciones lineales, exigencia que no tiene nada que ver con la relatividad de la aceleración. Además, la aludida elección –mediante la ecuación (78) a. a. O.–, de ningún modo está obligada por la ecuación (77).

Por estas razones perdí por completo la confianza en las ecuaciones de campo planteadas por mí y busqué un camino que redujese las posibilidades de modo natural. Volví así a la exigencia de una covariancia general de las ecuaciones de campo, a la que hace tres años, trabajando con mi amigo Grossmann, bien a mi pesar, renuncié. Efectivamente, nos habíamos aproximado ya bastante a la solución del problema que se da a continuación.

Como la teoría de la relatividad especial se basa en el postulado de que sus ecuaciones deben ser covariantes con relación a transformaciones lineales ortogonales,

---

1) Die formale Grundlage der allgemeinen Relativitätstheorie. Sitzungsberichte XLI, 1914, S. 1066-1077. (*El fundamento formal de la teoría de la relatividad general.*) En lo que sigue citaremos las ecuaciones de esos trabajos mediante la notación adicional «a. a. O.» para diferenciarlas de las del presente trabajo.

[p. 779]

la teoría que se expone aquí descansa en el postulado de la covariancia de todos los sistemas de coordenadas con relación a transformaciones de determinante de sustitución 1.

Apenas podrá sustraerse nadie que la haya captado de verdad al encanto de esta teoría; representa un verdadero triunfo del método de cálculo diferencial general establecido por GAUSS, RIEMANN, CHRISTOFFEL, RICCI y LEVI-CIVITA.

§ 1. Leyes de formación de covariantes

Como en mi trabajo del año pasado he dado una detallada exposición del cálculo diferencial absoluto, me puedo permitir abreviar la exposición de las leyes de formación de covariantes que se van a utilizar aquí; sólo necesitamos investigar qué se modifica en la teoría de covariantes de modo que sólo se permitan sustituciones de determinante 1.

La ecuación válida para sustituciones cualesquiera

$$d\tau' = \frac{\partial(x_1' \ldots x_4')}{\partial(x_1 \ldots x_4)} d\tau$$

se convierte, en virtud de la premisa de nuestra teoría

$$\frac{\partial(x_1' \ldots x_4')}{\partial(x_1' \ldots x_4')} = 1 \qquad (1)$$

en

$$d\tau' = d\tau ; \qquad (2)$$

el elemento de volumen cuatridimensional es pues invariante. Como además (ecuación (17) a. a. O.) $\sqrt{-g}d\tau$ es invariante con relación a sustituciones cualesquiera, para los grupos que nos interesan es también

$$\sqrt{-g'} = \sqrt{-g} \qquad (3)$$

El determinante de los $g_{\mu\nu}$ es por tanto invariante. En virtud del carácter escalar de $\sqrt{-g}$, las fórmulas básicas de la formación de covariantes permiten, frente a las que rigen en covariancia general, una simplificación que, dicho brevemente, radica en que, en las fórmulas fundamentales, los factores $\sqrt{-g}$ y $\frac{1}{\sqrt{-g}}$ ya no aparecen y la diferencia entre tensores y *V*-tensores no tiene lugar. En particular se obtiene lo siguiente:

[p. 780]

1. En vez de los tensores $G_{iklm} = \sqrt{-g}\delta_{iklm}$

y $G^{iklm} = \frac{1}{\sqrt{-g}}\delta_{iklm}$

((19) y (21a) a. a. O.) se ponen los tensores, de construcción más sencilla,

$$G_{iklm} = G^{iklm} = \delta_{iklm} \qquad (4)$$

2. Las fórmulas básicas (29) a. a. O. y (30) a. a. O. de la extensión de tensores no se pueden sustituir, basándonos en nuestra premisa, por otras más sencillas, a pesar de que la ecuación de definición de la divergencia consiste en la combinación de las ecuaciones (30) a. a. O. y (31) a. a. O. Esta se puede escribir así

$$A^{\alpha_1..\alpha_l}=\sum_s \frac{\partial A^{\alpha_1..\alpha_l s}}{\partial x_s}+\sum_{s\tau}\left[\begin{Bmatrix} s\tau \\ \alpha_1 \end{Bmatrix} A^{\tau\alpha_2..\alpha_l s}+.....\begin{Bmatrix} s\tau \\ \alpha_l \end{Bmatrix} A^{\alpha_1..\alpha_{l-1}\tau s}\right]+\sum_{s\tau}\begin{Bmatrix} s\tau \\ s \end{Bmatrix} A^{\alpha_1..\alpha_l\tau}. \quad (5)$$

Pero, según (24) a. a. O. y (24a) a. a. O., es ahora

$$\sum_\sigma \begin{Bmatrix} s\tau \\ s \end{Bmatrix}=\frac{1}{2}\sum_{\alpha s} g^{s\alpha}\left(\frac{\partial g_{s\alpha}}{\partial x_\tau}+\frac{\partial g_{\tau\alpha}}{\partial x_s}-\frac{\partial g_{s\tau}}{\partial x_\alpha}\right)=\frac{1}{2}\sum g^{s\alpha}\frac{\partial g_{s\alpha}}{\partial x_\tau}=\frac{\partial\left(\lg\sqrt{-g}\right)}{\partial x_\tau}. \quad (6)$$

En virtud de (3), esta magnitud tiene por tanto carácter vectorial. Así pues, el último término del segundo miembro de (5) es él mismo un tensor contravariante de rango *l*. Estamos por tanto legitimados para poner en vez de (5), la más sencilla definición de la divergencia

$$A^{\alpha_1..\alpha_l}=\sum \frac{\partial A^{\alpha_1..\alpha_l s}}{\partial x_s}+\sum_{\sigma\tau}\left[\begin{Bmatrix} s\tau \\ \alpha_1 \end{Bmatrix} A^{\tau\alpha_2..\alpha_l s}+....\begin{Bmatrix} s\tau \\ \alpha_l \end{Bmatrix} A^{\alpha_1-\alpha_{l-1}\tau s}\right] \quad (5a)$$

lo que consecuentemente queremos hacer.

Así pues, habría que sustituir, por ejemplo, la definición (37) a.a. O.

$$\phi=\frac{1}{\sqrt{-g}}\sum_\mu \frac{\partial}{\partial x_\mu}\left(\sqrt{-g}A^\mu\right)$$

por la definición más sencilla

$$\phi=\sum_\mu \frac{\partial A^\mu}{\partial x_\mu} \quad (7)$$

y la ecuación (40) a. a. O. de la divergencia del hexavector contravariante por la más sencilla

$$A^\mu=\sum_\nu \frac{\partial A^{\mu\nu}}{\partial x_\nu}. \quad (8)$$

En vez de (41a) a. a. O. se pone, como consecuencia de nuestra estipulación

$$A_\sigma=\sum_\nu \frac{\partial A_\sigma^\nu}{\partial x_\nu}-\frac{1}{2}\sum_{\mu\nu\tau} g^{\tau\mu}\frac{\partial g_{\mu\nu}}{\partial x_\sigma}A_\tau^\nu. \quad (9)$$

[p. 781]

Al cotejar con (41b) se ve que, en nuestra prescripción, la ley de la divergencia es la misma que, según el cálculo diferencial general, la ley de la divergencia del *V*-tensor. Que esta observación sea válida para cualesquiera divergencias de tensor, se puede deducir fácilmente de (5) y (5a).

3. La simplificación más profunda produce nuestra restricción sobre transformaciones de determinante 1 para esos covariantes, que únicamente se pueden formar a partir de los $g_{\mu\nu}$ y

sus derivaciones. Los matemáticos enseñan que estos covariantes se pueden deducir todos del tensor de RIEMANN-CHRISTOFFEL de cuarto rango, que (en su forma covariante) se escribe

$$\left.\begin{aligned}(ik,lm) = \frac{1}{2}\left(\frac{\partial^2 g_{im}}{\partial x_k \partial x_l} + \frac{\partial^2 g_{kl}}{\partial x_i \partial x_m} - \frac{\partial^2 g_{il}}{\partial x_k \partial x_m} - \frac{\partial^2 g_{mk}}{\partial x_l \partial x_i}\right) + \\ + \sum_{\rho\sigma} g^{\rho\sigma}\left(\begin{bmatrix} im \\ \rho \end{bmatrix}\begin{bmatrix} kl \\ \sigma \end{bmatrix} - \begin{bmatrix} il \\ \rho \end{bmatrix}\begin{bmatrix} km \\ \sigma \end{bmatrix}\right)\end{aligned}\right\} \tag{10}$$

El problema de la gravitación lleva consigo que nos interesemos en particular por los tensores de segundo rango, que se pueden formar, a partir de este tensor de cuarto rango y de los $g_{\mu\nu}$, por multiplicación interior. Debido a la, según (10), evidente propiedad de simetría del tensor de RIEMANN

$$\left.\begin{aligned}(ik,lm) &= (lm,ik) \\ (ik,lm) &= -(ki,lm)\end{aligned}\right\} \tag{11}$$

puede efectuarse semejante formación sólo de un modo; se obtiene el tensor

$$G_{im} = \sum_{kl} g^{kl}(ik,lm). \tag{12}$$

Deducimos este tensor, incluso más favorablemente para nuestro propósito, de un segundo, de la forma del tensor (10) dada por Christoffel, es decir, de [1]

$$\{ik,lm\} = \sum_{\rho} g^{k\rho}(i\rho,lm) = \frac{\partial \begin{Bmatrix} il \\ k \end{Bmatrix}}{\partial x_m} - \frac{\partial \begin{Bmatrix} im \\ k \end{Bmatrix}}{\partial x_l} + \sum_{\rho}\left[\begin{Bmatrix} il \\ \rho \end{Bmatrix}\begin{Bmatrix} \rho m \\ k \end{Bmatrix} - \begin{Bmatrix} im \\ \rho \end{Bmatrix}\begin{Bmatrix} \rho l \\ k \end{Bmatrix}\right]. \tag{13}$$

De éste se obtiene el tensor G_{im}, multiplicándolo por el tensor

$$\delta_k^l = \sum_{\alpha} g_{k\alpha} g^{\alpha l}$$

(multiplicación interior):

1) Se encuentra una prueba fácil del carácter tensorial de esta expresión en la página 1053 de mi trabajo reiteradamente citado.

[p. 782]

$$G_{im} = \{il,lm\} = R_{im} + S_{im} \tag{13}$$

$$R_{im} = -\frac{\partial \begin{Bmatrix} im \\ l \end{Bmatrix}}{\partial x_l} + \sum_{\rho}\begin{Bmatrix} il \\ \rho \end{Bmatrix}\begin{Bmatrix} \rho m \\ l \end{Bmatrix} \tag{13a}$$

$$S_{im} = \frac{\partial \begin{Bmatrix} il \\ l \end{Bmatrix}}{\partial x_m} - \begin{Bmatrix} im \\ \rho \end{Bmatrix} \begin{Bmatrix} \rho l \\ l \end{Bmatrix}. \qquad (13b)$$

Si nos limitamos a transformaciones de determinante 1, no sólo (G_{im}) es un tensor, sino que también (R_{im}) y (S_{im}) tienen carácter tensorial. En efecto, debido a (6) y a la circunstancia de ser $\sqrt{-g}$ un escalar, se sigue que $\begin{Bmatrix} il \\ l \end{Bmatrix}$ es un tetravector covariante. Sin embargo, según (29) a. a. O., (S_{im}) no es otra cosa que la extensión de este tetravector y, por tanto, también un tensor. Según (13), del carácter tensorial de (G_{im}) y (S_{im}) se sigue también el carácter tensorial de (R_{im}). Este último tensor es, para la teoría de la gravitación, de la mayor importancia.

§ 2. Observaciones sobre las leyes diferenciales de los fenómenos «materiales»

1. Teorema impulso-energía de la materia (inclusive de los fenómenos electromagnéticos en el vacío).

En vez de la ecuación (42 a) a. a. O. hay que poner, según las consideraciones generales del párrafo anterior, la ecuación

$$\sum_{\nu} \frac{\partial T_{\sigma}^{\nu}}{\partial x_{\nu}} = \frac{1}{2} \sum_{\mu\tau\nu} g^{\tau\mu} \frac{\partial g_{\mu\nu}}{\partial x_{\sigma}} T_{\tau}^{\nu} + K_{\nu}; \qquad (14)$$

al mismo tiempo, T_{σ}^{ν} es un tensor ordinario y K_{ν} un tetravector covariante ordinario (no *V*-tensor o *V*-vector). En esta ecuación tenemos que hacer, para lo que sigue, una observación esencial. Esta ecuación de conservación me indujo con anterioridad a considerar las magnitudes

$$\frac{1}{2} \sum_{\mu} g^{\tau\mu} \frac{\partial g_{\mu\nu}}{\partial x_{\sigma}}$$

como expresión natural de las componentes del campo gravitacional, aunque, considerando las fórmulas del cálculo diferencial absoluto, parece más lógico adoptar los símbolos de Christoffel

$$\begin{Bmatrix} \nu\rho \\ \tau \end{Bmatrix}$$

en vez de esas magnitudes. Fue éste un prejuicio funesto. Una preferencia del símbolo de Christoffel se justifica

[p. 783]

en especial debido a la simetría relativa al carácter covariante de sus dos índices (aquí ν y σ) y porque sucede lo mismo en las ecuaciones fundamentales de la línea geodésica (23b) a. a. O. que, consideradas desde el punto de vista físico, son las ecuaciones del movimiento del punto material en un campo gravitacional. Asimismo, la ecuación (14) no constituye ningún argumento en contra, pues el primer término de su segundo miembro se puede poner en la forma

$$\sum_{\nu\tau} \begin{Bmatrix} \sigma\nu \\ \tau \end{Bmatrix} T_\tau^\nu .$$

En lo sucesivo calificaremos pues de componentes del campo gravitacional a las magnitudes

$$\Gamma_{\mu\nu}^\sigma = -\begin{Bmatrix} \mu\nu \\ \sigma \end{Bmatrix} = -\sum_\alpha g^{\sigma\alpha} \begin{bmatrix} \mu\nu \\ \alpha \end{bmatrix} = -\frac{1}{2}\sum_\alpha g^{\sigma\alpha}\left(\frac{\partial g_{\mu\alpha}}{\partial x_\nu} + \frac{\partial g_{\nu\alpha}}{\partial x_\mu} - \frac{\partial g_{\mu\nu}}{\partial x_\alpha}\right). \tag{15}$$

Si llamamos T_σ^ν al tensor de energía del suceso «material» total, desaparece K_ν; el teorema de conservación (14) toma entonces la forma

$$\sum_\alpha \frac{\partial T_\tau^\alpha}{\partial x_\alpha} = -\sum_{\alpha\beta} \Gamma_{\sigma\beta}^\alpha T_\alpha^\beta . \tag{14a}$$

Observemos que las ecuaciones del movimiento (23b) a. a. O. del punto material en el campo gravitatorio adoptan la forma

$$\frac{d^2 x_\tau}{ds^2} = \sum_{\mu\nu} \Gamma_{\mu\nu}^\tau \frac{dx_\mu}{ds}\frac{dx_\nu}{ds} . \tag{15}$$

2. En las consideraciones de los párrafos 10 y 11 del citado trabajo no se cambia nada; sólo que las estructuras calificadas allí como *V*-escalares y *V*-tensores tienen el carácter de escalares o tensores ordinarios.

§ 3. Las ecuaciones de campo de la gravitación

De lo dicho hasta ahora es evidente, puestas las ecuaciones de campo de la gravitación, como ya sabemos, en la forma

$$R_{\mu\nu} = -\kappa T_{\mu\nu}, \tag{16}$$

que estas ecuaciones son covariantes frente a transformaciones cualesquiera de determinante 1. En efecto, estas ecuaciones satisfacen todas las condiciones que tenemos que imponer en ellas. Escritas por extenso, tienen, según (13 a) y (15), el aspecto

$$\sum_\alpha \frac{\partial \Gamma_{\mu\nu}^\alpha}{\partial x_\alpha} + \sum_{\alpha\beta} \Gamma_{\mu\beta}^\alpha \Gamma_{\nu\alpha}^\beta = -\kappa T_{\mu\nu} . \tag{16a}$$

[p. 784]

Mostraremos ahora que estas ecuaciones de campo pueden ponerse en la forma

$$\left.\begin{aligned} &\delta\left\{\int\left(L - \kappa\sum_{\mu\nu} g^{\mu\nu} T_{\mu\nu}\right)d\tau\right\} \\ &L = \sum_{\sigma\tau\alpha\beta} g^{\sigma\tau}\Gamma_{\sigma\beta}^\alpha \Gamma_{\tau\alpha}^\beta \end{aligned}\right\} \tag{17}$$

donde los $g^{\mu\nu}$ se comportan como variables y los $T_{\mu\nu}$ como constantes. Así pues, (17) es equivalente a las ecuaciones

$$\sum_\alpha \frac{\partial}{\partial x_\alpha}\left(\frac{\partial \mathsf{L}}{\partial g_\alpha^{\mu\nu}}\right) - \frac{\partial \mathsf{L}}{\partial g^{\mu\nu}} = -\kappa T_{\mu\nu} , \tag{18}$$

donde hay que suponer que L es función de los $g^{\mu\nu}$ y $\frac{\partial g^{\mu\nu}}{\partial x_\sigma}(=g^{\mu\nu}_\sigma)$. Por otra parte, realizando un cálculo más largo, pero sin dificultades, se obtienen las relaciones

$$\frac{\partial \mathsf{L}}{\partial g^{\mu\nu}}=-\sum_{\alpha\beta}\Gamma^\alpha_{\mu\beta}\Gamma^\beta_{\nu\alpha} \tag{19}$$

$$\frac{\partial \mathsf{L}}{\partial g^{\mu\nu}_\alpha}=\Gamma^\alpha_{\mu\nu}. \tag{19a}$$

que, junto con (18), dan las ecuaciones (16a).

Se puede ahora mostrar también con facilidad que el principio de conservación de la energía y del impulso se cumplen suficientemente. Si se multiplica (18) por $g^{\mu\nu}_\sigma$ y se suma sobre los índices μ y ν, se obtiene, según la transformación habitual

$$\sum_{\alpha\mu\nu}\frac{\partial}{\partial x_\alpha}\left(g^{\mu\nu}_\sigma\frac{\partial \mathsf{L}}{\partial g^{\mu\nu}_\alpha}\right)-\frac{\partial \mathsf{L}}{\partial x_\sigma}=-\kappa\sum_{\mu\nu}T_{\mu\nu}g^{\mu\nu}_\sigma .$$

Por otra parte, según (14), es, para el tensor total de energía de la materia

$$\sum_\lambda\frac{\partial T^\lambda_\sigma}{\partial x_\lambda}=-\frac{1}{2}\sum_{\mu\nu}\frac{\partial g^{\mu\nu}}{\partial x_\sigma}T_{\mu\nu} .$$

De las dos últimas ecuaciones, se sigue

$$\sum_\lambda\frac{\partial}{\partial x_\lambda}\left(T^\lambda_\sigma+t^\lambda_\sigma\right)=0, \tag{20}$$

donde

$$t^\lambda_\sigma=\frac{1}{2\kappa}\left(\mathsf{L}\delta^\lambda_\sigma-\sum_{\mu\nu}g^{\mu\nu}_\sigma\frac{\partial \mathsf{L}}{\partial g^{\mu\nu}_\lambda}\right) \tag{20a}$$

[p. 785]

designa el «tensor de energía» del campo gravitacional que, por otra parte, sólo tiene carácter tensorial frente a transformaciones lineales. De (20a) y (19a) se obtiene, según la transformación sencilla

$$t^\lambda_\alpha=\frac{1}{2}\delta^\lambda_\sigma\sum_{\mu\nu\alpha\beta}g^{\mu\nu}\Gamma^\alpha_{\mu\beta}\Gamma^\lambda_{\nu\alpha}-\sum_{\mu\nu\alpha}g^{\mu\nu}\Gamma^\alpha_{\mu\sigma}\Gamma^\lambda_{\nu\alpha} \tag{20b}$$

Finalmente, tiene interés deducir dos ecuaciones escalares que proceden de las ecuaciones de campo. Si multiplicamos (16a) por $g^{\mu\nu}$ y sumamos sobre μ y ν, obtenemos, según la transformación más sencilla

$$\sum_{\alpha\beta}\frac{\partial^2 g^{\alpha\beta}}{\partial x_\alpha\partial x_\beta}-\sum_{\sigma\tau\alpha\beta}g^{\sigma\tau}\Gamma^\alpha_{\sigma\beta}\Gamma^\beta_{\tau\alpha}+\sum_{\alpha\beta}\frac{\partial}{\partial x_\alpha}\left(g^{\alpha\beta}\frac{\partial \lg\sqrt{-g}}{\partial x_\beta}\right)=-\kappa\sum_\sigma T^\sigma_\sigma . \tag{21}$$

Por otra parte, multiplicando (16a) por $g^{\nu\lambda}$ y sumando sobre ν, se obtiene

$$\sum_{\alpha\nu}\frac{\partial}{\partial x_\alpha}\left(g^{\nu\lambda}\Gamma^\alpha_{\mu\nu}\right)-\sum_{\alpha\beta\nu}g^{\nu\beta}\Gamma^\alpha_{\nu\mu}\Gamma^\lambda_{\beta\alpha}=-\kappa T^\lambda_\mu ,$$

o, teniendo en cuenta (20b)

$$\sum_{\alpha\nu}\frac{\partial}{\partial x_\alpha}\left(g^{\nu\lambda}\Gamma^\alpha_{\mu\nu}\right)-\frac{1}{2}\delta^\lambda_\mu\sum_{\mu\nu\alpha\beta}g^{\mu\nu}\Gamma^\alpha_{\mu\beta}\Gamma^\beta_{\nu\alpha}=-\kappa\left(T^\lambda_\mu+t^\lambda_\mu\right).$$

De aquí se sigue, de nuevo teniendo en cuenta (20), según la transformación más sencilla, la ecuación

$$\frac{\partial}{\partial x_\mu}\left[\sum_{\alpha\beta}\frac{\partial^2 g^{\alpha\beta}}{\partial x_\alpha \partial x_\beta}-\sum_{\sigma\tau\alpha\beta}g^{\sigma\tau}\Gamma^\alpha_{\sigma\beta}\Gamma^\beta_{\tau\alpha}\right]=0\,. \tag{22}$$

Exigimos, sin embargo, avanzando un poco:

$$\sum_{\alpha\beta}\frac{\partial^2 g^{\alpha\beta}}{\partial x_\alpha \partial x_\beta}-\sum_{\sigma\tau\alpha\beta}g^{\sigma\tau}\Gamma^\alpha_{\sigma\beta}\Gamma^\beta_{\tau\alpha}=0\,, \tag{22a}$$

por lo que (21) se convierte en

$$\sum_{\alpha\beta}\frac{\partial}{\partial x_\alpha}\left(g^{\alpha\beta}\frac{\partial\, lg\sqrt{-g}}{\partial x_\beta}\right)=-\kappa\sum_\sigma T^\sigma_\sigma \tag{21a}$$

De la ecuación (21a) se deduce que es imposible elegir el sistema de coordenadas de modo que $\sqrt{-g}$ sea igual a 1; pues el escalar del tensor de energía no puede hacerse nulo.

La ecuación (22a) es una relación a la que únicamente están sujetos los $g_{\mu\nu}$ y que en un nuevo sistema de coordenadas que, mediante una transformación prohibida, proviniese del sistema de coordenadas utilizado inicialmente, ya no tendría validez. Esta ecuación expresa pues cómo se tiene que adaptar el sistema de coordenadas a la diversidad.

[p. 786]

§ 4. Algunas observaciones sobre las cualidades físicas de la teoría

Las ecuaciones (22a) dan, en primera aproximación

$$\sum_{\alpha\beta}\frac{\partial^2 g^{\alpha\beta}}{\partial x_\alpha \partial x_\beta}=0\,.$$

El sistema de coordenadas no está así todavía determinado, siendo necesarias para determinarlo 4 ecuaciones. Debemos por tanto prescribir arbitrariamente para la primera aproximación

$$\sum_\beta\frac{\partial g^{\alpha\beta}}{\partial x_\beta}=0\,. \tag{22}$$

Introduciremos, además, para simplificar la presentación, el tiempo imaginario como cuarta variable. Las ecuaciones de campo (16a) toman entonces la forma

$$\frac{1}{2}\sum_\alpha\frac{\partial^2 g_{\mu\nu}}{\partial x_\alpha^2}=\kappa T_{\mu\nu}\,, \tag{16b}$$

de la que se ve inmediatamente que contiene la ley de Newton como aproximación.

Del hecho de que, según la nueva teoría, se mantenga efectivamente la relatividad del movimiento se deduce que entre las transformaciones permitidas están aquellas que corresponden a un giro del nuevo sistema con relación al antiguo con velocidad angular variable cualquiera, así como aquellas transformaciones en las que el origen del nuevo sistema lleva a cabo en el nuevo cualquier movimiento prescrito.

En efecto, las sustituciones son

$$\begin{aligned} x' &= x\cos\tau + y\,\mathrm{sen}\,\tau \\ y' &= -x\,\mathrm{sen}\,\tau + y\cos\tau \\ z' &= z \\ t' &= t \end{aligned}$$

y

$$\begin{aligned} x' &= x - \tau_1 \\ y' &= y - \tau_2 \\ z' &= z - \tau_3 \\ t' &= t \end{aligned}$$

donde τ y τ_1, τ_2, τ_3 son funciones cualesquiera de *t*, sustituciones de determinante 1.

Ausgegeben am 11. November.
(Repartido el 11 de noviembre)

Berlin, gedruckt un der Reichsdruckerei.
(Impreso en la imprenta del Reich, Berlín)

Segunda ponencia (11 de noviembre)

Autor: Albert Einstein. Título: *Zur allgemeinen Relativitätstheorie* (Nachtrag) [*Sobre la teoría de la relatividad general* (Suplemento)]. Conferencia pronunciada en Berlín en la sesión conjunta de la Academia Alemana de Física y la Academia Prusiana de Ciencias, el 11 de noviembre de 1915. Editada y recogida en: Sitzungsberichte der Königlich Preussischen Akademie der Wissenschaften [Actas de sesiones de la Real Academia Prusiana de Ciencias] y repartida en la sesión siguiente del 18 de noviembre. Páginas: 799-801.

[p. 799]

Zur allgemeinen Relativitätstheorie (Nachtrag)

En un estudio[1] presentado el otro día he mostrado cómo puede basarse una teoría del campo gravitacional sobre la teoría de variedades covariantes multidimensionales de Riemann. Se deberá ahora probar aquí que introduciendo una hipótesis adicional, sin duda atrevida, sobre la estructura de la materia puede lograrse una construcción todavía más rigurosamente lógica de la teoría.

La hipótesis, cuya justificación habrá que considerar, atañe al siguiente asunto. El tensor energía de la «materia» T_μ^λ tiene un escalar $\sum_\mu T_\mu^\mu$. Es bien sabido que éste se anula para el campo electromagnético. Por el contrario, parece ser diferente de cero para la materia propiamente dicha. Si consideramos pues como caso especial más sencillo el fluido continuo «incoherente» (prescindiendo de la presión), solemos poner para él

$$T^{\mu\nu} = \sqrt{-g}\,\rho_0 \frac{dx_\mu}{ds}\frac{dx_\nu}{ds},$$

por lo que tenemos

$$\sum_\mu T_\mu^\mu = \sum_{\mu\nu} g_{\mu\nu} T^{\mu\nu} = \rho_0 \sqrt{-g}\,.$$

Aquí no se anula pues, según el planteamiento, el escalar del tensor de energía.

Por ello hay que recordar ahora que, según nuestros conocimientos, no hay que concebir la «materia» como una realidad primitiva de sencillez física. Y menos aún hay que esperar que la materia pueda reducirse meramente a fenómenos electromagnéticos lo que, sin duda, sucedería en una teoría completa con relación a la electrodinámica de Maxwell. Supongamos ahora que en una electrodinámica tan completa ¡se anulase asimismo el escalar del tensor de energía! ¿Demostraría entonces el resultado señalado ahora mismo que no podría construirse la materia con ayuda de esta teoría? Creo poder negar esta pregunta.

---

1) Estas Actas (Sitzungsberichte), p. 778

[p. 800]

Pues sería perfectamente posible que en la «materia», a la que se refiere precisamente la expresión indicada, los campos gravitacionales constituyan una parte esencial. Puede entonces ser $\sum T_\mu^\mu$ positivo en apariencia para la obra entera, mientras que en realidad sólo es positivo $\sum_\mu \left(T_\mu^\mu + t_\mu^\mu\right)$ y $\sum_\mu T_\mu^\mu$ se anula en todas partes. Supondremos en adelante que el requisito $\sum T_\mu^\mu = 0$ se satisface de hecho de forma general.

Quien no rechace a priori la hipótesis de que los campos gravitacionales moleculares constituyen una parte esencial de la materia verá en lo que sigue un poderoso respaldo a esta interpretación[1].

Deducción de las ecuaciones de campo

Nuestra hipótesis permite dar el último paso que puede hacer deseable la idea de la relatividad general. La hipótesis posibilita pues referir también las ecuaciones de campo de la gravitación en forma covariante general. En la conferencia anterior he mostrado (Ecuación (13)) que

$$G_{im} = \sum_l \{il, lm\} = R_{im} + S_{im} \tag{13}$$

es un tensor covariante con relación a sustituciones cualesquiera, siendo

$$R_{im} = -\sum_l \frac{\partial \begin{Bmatrix} im \\ l \end{Bmatrix}}{\partial x_l} + \sum_{\rho l} \begin{Bmatrix} il \\ \rho \end{Bmatrix} \begin{Bmatrix} \rho m \\ l \end{Bmatrix} \tag{13a}$$

$$S_{im} = \sum_l \frac{\partial \begin{Bmatrix} il \\ l \end{Bmatrix}}{\partial x_m} - \sum_{\rho l} \begin{Bmatrix} im \\ \rho \end{Bmatrix} \begin{Bmatrix} \rho l \\ l \end{Bmatrix} \tag{13b}$$

Este tensor G_{im} es el único tensor que figura disponible para establecer las ecuaciones covariantes generales de la gravitación.

Si prescribimos que las ecuaciones de campo de la gravitación deben cumplir

$$G_{\mu\nu} = -\kappa T_{\mu\nu}, \tag{16b}$$

habremos conseguido así ecuaciones de campo covariantes generales. Estas, junto con las leyes covariantes generales de los sucesos materiales proporcionadas por el cálculo diferencial absoluto, expresan la conexión causal en la Naturaleza de modo que no se utiliza tampoco en su formulación ninguna elección particular del sistema de coordenadas que lógicamente

---

1) Al redactar la conferencia anterior todavía no era consciente de la licitud, por principio, de la hipótesis $\sum T_{\mu}^{\mu}=0$.

[p. 801]

no tenga nada que ver con la legitimidad que hay que definir.

A partir de este sistema se puede recuperar fácilmente, mediante elección adicional de coordenadas, el sistema de legitimidad que he expuesto en mi última comunicación y a decir verdad sin cambiar de hecho nada en la ley. Está claro pues que podemos introducir un nuevo sistema de coordenadas de modo que, con relación a éste, sea siempre

$$\sqrt{-g}=1.$$

Se anula entonces S_{im}, por lo que se vuelve al sistema de ecuaciones

$$R_{\mu\nu}=-\kappa T_{\mu\nu} \tag{16}$$

de la última comunicación. Las fórmulas suministradas por el cálculo diferencial absoluto degeneran así exactamente en la forma indicada en la última comunicación. Además, nuestra elección de coordenadas permite ahora también solamente transformaciones –de determinante 1.

La diferencia entre el contenido de nuestras ecuaciones de campo obtenidas a partir de los covariantes generales y el contenido de las ecuaciones de nuestra última comunicación reside sólo en que en la última comunicación el valor de $\sqrt{-g}$ no se podía prescribir. Se determina éste más bien mediante la ecuación

$$\sum_{\alpha\beta}\frac{\partial}{\partial x_{\alpha}}\left(g^{\alpha\beta}\frac{\partial\, lg\sqrt{-g}}{\partial x_{\alpha}}\right)=-\kappa\sum_{\sigma}T_{\sigma}^{\sigma}. \tag{21 a}$$

Se ve a partir de esta ecuación que allí $\sqrt{-g}$ sólo puede pues ser constante si el escalar del tensor de energía se anula.

En nuestra deducción de hoy, en virtud de nuestra arbitraria elección de coordenadas, es $\sqrt{-g}=1$. En vez de la ecuación (21a), de nuestras ecuaciones de campo se deduce la anulación del escalar del tensor de energía de la «materia». Así pues, las ecuaciones de campo covariantes generales (16b) formadas de nuestro punto de partida únicamente no conducen a contradicción si la hipótesis expuesta al principio es cierta. Pero en tal caso tenemos derecho a añadir simultáneamente a nuestras primitivas ecuaciones de campo la condición restrictiva

$$\sqrt{-g}=1. \tag{21b}$$

Ausgegeben am 18. November.
(Repartido el 18 de noviembre)

Berlin, gedruckt in der Reichsdruckerei.
Berlín, impreso en la imprenta del Reich.

Tercera ponencia (18 de noviembre)

Autor: Albert Einstein. Título: «**Erklärung der Perihelbewegung des Merkur aus der allgemeinen Relativitätstheorie**.» Conferencia pronunciada en Berlín el 18 de noviembre de 1915 en la sesión conjunta de la Sociedad Alemana de Física y la Real Academia Prusiana de Ciencias. Publicación: Sitzungsberichte der Königlich Preussischen Akademie der Wissenschaften [Actas de la Real Academia Prusiana de Ciencias]. Páginas: 831-839

[p. 831]

Explicación del movimiento del perihelio de Mercurio a partir de la teoría de la relatividad general

En un trabajo aparecido recientemente en estas Actas he formulado ecuaciones de campo que son covariantes con relación a transformaciones cualesquiera de determinante 1. En un suplemento he mostrado que esas ecuaciones de campo corresponden a covariantes generales si el escalar del tensor de energía de la «materia» se anula y he probado que la introducción de esta hipótesis, mediante la que tiempo y espacio son privados del último vestigio de realidad objetiva, no se opone[1] a ninguna consideración de principio.

En el presente trabajo encuentro una importante confirmación de esta extrema teoría de la relatividad; a saber, se muestra que explica cualitativa y cuantitativamente la rotación secular de la órbita de Mercurio en el sentido del movimiento orbital descubierto por Leverrier, que totaliza 45'' por siglo, sin que haya que basarse en hipótesis especial alguna[2].

Se obtiene además que la teoría tiene como consecuencia una curvatura del rayo de luz por campos gravitacionales más acusada (el doble) que según mis primitivos estudios.

---

1) En una próxima comunicación se mostrará que esa hipótesis es superflua. Sólo es esencial que sea posible semejante elección del sistema de referencia y que el determinante $|g_{\mu\nu}|$ tome el valor -1. El estudio que sigue es independiente de esto.

2) Acerca de la imposibilidad de explicar satisfactoriamente la anomalía del movimiento de Mercurio sobre la base de la teoría de Newton, escribió recientemente E. Freundlich un notable artículo (Astr. Nachr. 4803, Bd. 201. Junio de 1915)

[p. 832]

§ 1. El campo gravitacional

De mis dos últimas comunicaciones se deduce que el campo gravitacional en el vacío, mediante adecuada elección del sistema de referencia, tiene que satisfacer las siguientes ecuaciones

$$\sum_{\alpha} \frac{\partial \Gamma^{\alpha}_{\mu\nu}}{\partial x_{\alpha}} + \sum_{\alpha\beta} \Gamma^{\alpha}_{\mu\beta} \Gamma^{\beta}_{\nu\alpha} = 0, \tag{1}$$

donde las $\Gamma^{\alpha}_{\mu\nu}$ están definidas por la ecuación

$$\Gamma^{\alpha}_{\mu\nu} = -\begin{Bmatrix} \mu\nu \\ \alpha \end{Bmatrix} = -\sum_{\beta} g^{\alpha\beta} \begin{bmatrix} \mu\nu \\ \beta \end{bmatrix} = -\frac{1}{2} \sum_{\beta} g^{\alpha\beta} \left(\frac{\partial g_{\mu\beta}}{\partial x_{\nu}} + \frac{\partial g_{\nu\beta}}{\partial x_{\mu}} - \frac{\partial g_{\mu\nu}}{\partial x_{\alpha}} \right). \tag{2}$$

Hacemos además la hipótesis, establecida en la última comunicación, de que el escalar del tensor de energía de la «materia» se anula siempre, por lo que a tal efecto se pone la ecuación del determinante

$$|g_{\mu\nu}| = -1. \tag{3}$$

Supongamos que en el origen del sistema de coordenadas se encuentra una masa puntual (el Sol). El campo gravitacional que esta masa genera puede calcularse a partir de estas ecuaciones por aproximación sucesiva.

Hay que pensar con todo que los $g_{\mu\nu}$, dada la masa del Sol, no están todavía completamente determinados, matemáticamente, por las ecuaciones (1) y (3). Se sigue de aquí que estas ecuaciones con el determinante 1 son covariantes con relación a transformaciones cualesquiera. Podría ser legítimo, no obstante, suponer que todas estas soluciones se pueden reducir una a otra por tales transformaciones y que se diferencian una de otra sólo formalmente (para condiciones límite dadas), pero no físicamente. Me doy por satisfecho por el momento con esta convicción a fin de deducir aquí una solución, sin aventurarme en cuestionar si es la única posible.

Avanzaremos ahora de ese modo. Supondremos que los $g_{\mu\nu}$ están dados, en «aproximación cero», mediante el siguiente esquema, correspondiente a la primitiva teoría de la relatividad

$$\left.\begin{array}{cccc} -1 & 0 & 0 & 0 \\ 0 & -1 & 0 & 0 \\ 0 & 0 & -1 & 0 \\ 0 & 0 & 0 & +1 \end{array}\right\}, \qquad (4)$$

o más brevemente

$$\left.\begin{array}{l} g_{\rho\sigma} = \delta_{\rho\sigma} \\ g_{\rho 4} = g_{4\rho} = 0 \\ g_{44} = 1 \end{array}\right\}. \qquad (4a)$$

En esta ocasión ρ y σ representan los índices 1, 2, 3; $\delta_{\rho\sigma}$ es igual a 1 o a 0 según que sea $\rho = \sigma$ o $\rho \neq \sigma$.

[p. 833]

Supondremos en adelante que los $g_{\mu\nu}$ sólo se diferencian de los valores señalados en (4a) para valores pequeños frente a la unidad. Estas desviaciones las trataremos como pequeñas magnitudes «de primer orden» y las funciones de grado *n* de estas desviaciones como «magnitudes de orden *n*». Las ecuaciones (1) y (3) nos ponen en condiciones, partiendo de (4a), de calcular exactamente, por aproximación sucesiva, el campo gravitacional hasta magnitudes de orden *n*. Hablamos en ese sentido de la «aproximación de orden *n*»; las ecuaciones (4a) forman la «aproximación de orden cero».

La solución dada en adelante tiene las siguientes propiedades establecidas para el sistema de coordenadas:

1. Todas las componentes son independientes de x_4.

2. La solución es (espacialmente) simétrica en el entorno del origen del sistema de coordenadas, en el sentido de que se topa de nuevo con la misma solución si se somete a una transformación (espacial) lineal ortogonal.

3. Las ecuaciones $g_{\rho 4} = g_{4\rho} = 0$ (para $\rho = 1$ hasta 3).

4. Los $g_{\mu\nu}$ poseen en el infinito los valores dados en (4a).

Primera aproximación

Es fácil comprobar que, en magnitudes de primer orden, las ecuaciones (1) y (3), así como las cuatro condiciones recién mencionadas, se satisfacen por el planteamiento adicional

$$\left.\begin{aligned} g_{\rho\sigma} &= -\delta_{\rho\sigma} + \alpha\left(\frac{\partial^2 r}{\partial x_\rho \partial x_\sigma} - \frac{\delta_{\rho\sigma}}{r}\right) = -\delta_{\rho\sigma} - \alpha\frac{x_\rho x_\sigma}{r^3} \\ g_{44} &= 1 - \frac{\alpha}{r} \end{aligned}\right\}. \tag{4b}$$

Además, los $g_{4\rho}$ y $g_{\rho 4}$ están fijados por la condición 3. r representa la magnitud $+\sqrt{x_1^2 + x_2^2 + x_3^2}$ y α una constante determinada por la masa del Sol.

Que (3) se cumple en términos de primer orden, se ve inmediatamente. Para reconocer de un modo sencillo que las ecuaciones de campo (1) se cumplen también en primera aproximación, sólo se necesita reparar en que si se prescinde de magnitudes de segundo orden y superior, el primer miembro de las ecuaciones (1) se puede cambiar sucesivamente por

$$\sum_\alpha \frac{\partial \Gamma_{\mu\nu}^\alpha}{\partial x_\alpha}$$

$$\sum_\alpha \frac{\partial}{\partial x_\alpha}\begin{bmatrix}\mu\nu \\ \alpha\end{bmatrix}$$

donde α sólo va de 1 a 3.

[p. 834]

Como se sabe por (4b), nuestra teoría lleva consigo que, en el caso de una masa en reposo, las componentes g_{11} a g_{33} son ya diferentes de cero en magnitudes de primer orden. Veremos más tarde que no surge así ninguna contradicción con relación a las leyes de Newton (en primera aproximación). Sin embargo se obtiene de aquí una influencia del campo gravitacional sobre un rayo de luz algo distinta de la de mi primitivo trabajo, pues la velocidad de la luz está determinada por la ecuación

$$\sum g_{\mu\nu} dx_\mu dx_\nu = 0\,. \tag{5}$$

Haciendo uso del principio de Huygens se encuentra, a partir de (5) y (4b), mediante un cálculo sencillo que un rayo de luz que pase cerca del Sol, a la distancia Δ, sufre una desviación angular de magnitud $\frac{2\alpha}{\Delta}$, mientras que en los primitivos cálculos, en los que no se tomaba como base la hipótesis $\sum T_\mu^\mu = 0$, se había obtenido el valor $\frac{\alpha}{\Delta}$. Un rayo de luz que pase cercano a la superficie del Sol debe experimentar una desviación de 1.7'' (en vez de 0.85''). Por el contrario, se mantiene el resultado referente al desplazamiento de las líneas espectrales por el campo gravitacional que, confirmado su orden de magnitud por el Sr. Freundlich en las estrellas fijas, subsiste inmodificado, ya que sólo depende de g_{44}.

Después de haber obtenido los $g_{\mu\nu}$ en primera aproximación, podemos calcular también las componentes $T_{\mu\nu}^\alpha$ del campo gravitacional en primera aproximación. De (2) y (4b) se obtiene

$$\Gamma^{\tau}_{\rho\sigma} = -\alpha\left(\delta_{\rho\sigma}\frac{x_{\tau}}{r^2} - \frac{3}{2}\frac{x_{\rho}x_{\sigma}x_{\tau}}{r^5}\right), \tag{6a}$$

donde ρ, σ, τ representan algunos de los índices 1, 2, 3, y

$$\Gamma^{\sigma}_{44} = \Gamma^{4}_{4\sigma} = -\frac{\alpha}{2}\frac{x_{\sigma}}{r^3}, \tag{6b}$$

donde σ representa el índice 1, 2 o 3. Aquellas componentes en las que el índice 4 aparece una o tres veces, se anulan.

Segunda aproximación

Se obtiene después que sólo necesitamos hallar exactamente las tres componentes Γ^{σ}_{44} en magnitudes de segundo orden para poder hallar las órbitas planetarias con el correspondiente grado de exactitud. Para ello nos basta la última ecuación de campo

[p. 835]

junto con las condiciones generales que hemos impuesto a nuestra solución. La última ecuación de campo

$$\sum_{\sigma}\frac{\partial \Gamma^{\sigma}_{44}}{\partial x_{\sigma}} + \sum_{\sigma\tau}\Gamma^{\sigma}_{4\tau}\Gamma^{\tau}_{4\sigma} = 0$$

se convierte, teniendo en cuenta (6b) y despreciando magnitudes de tercer orden y superior, en

$$\sum_{\alpha}\frac{\partial \Gamma^{\sigma}_{44}}{\partial x_{\sigma}} = \frac{\alpha^2}{2r^4}.$$

De aquí deducimos, teniendo en cuenta (6b) y las condiciones de simetría, nuestra solución

$$\Gamma^{\sigma}_{44} = -\frac{\alpha}{2}\frac{x_{\sigma}}{r^3}\left(1 - \frac{\alpha}{r}\right). \tag{6c}$$

§ 2. El movimiento de los planetas

Las ecuaciones del movimiento del punto material en el campo gravitatorio proporcionadas por la teoría de la relatividad se expresan

$$\frac{d^2 x_{\nu}}{ds^2} = \sum_{\sigma\tau}\Gamma^{\nu}_{\sigma\tau}\frac{dx_{\sigma}}{ds}\frac{dx_{\tau}}{ds}. \tag{7}$$

De estas ecuaciones deducimos en primer lugar que contienen las ecuaciones del movimiento de Newton como primera aproximación. Es decir, si el movimiento del punto material tiene lugar con velocidad pequeña frente a la velocidad de la luz, son dx_1, dx_2, dx_3 pequeños frente a dx_4. En consecuencia, obtenemos una primera aproximación si en los respectivos segundos miembros sólo tenemos en cuenta el término $\sigma = \tau = 4$. Se obtiene entonces, teniendo en cuenta (6b)

$$\left.\begin{aligned} \frac{d^2 x_{\nu}}{ds^2} &= \Gamma^{\nu}_{44} = -\frac{\alpha}{2}\frac{x_{\nu}}{r^3} (\nu = 1,2,3) \\ \frac{d^2 x_4}{ds^2} &= 0 \end{aligned}\right\}. \tag{7a}$$

Estas ecuaciones muestran que, para una primera aproximación, se puede poner $s = x_4$. Las tres primeras ecuaciones son entonces exactamente las de Newton. Si se introducen en el plano de la órbita ecuaciones polares r, ϕ, las ecuaciones

$$\left.\begin{aligned} \frac{1}{2}u^2 + \Phi &= A \\ r^2\frac{d\phi}{ds} &= B \end{aligned}\right\}, \tag{8}$$

proporcionan, como es sabido, el teorema de la energía y del área,

[p. 836]

siendo A y B las constantes de energía y superficie, poniéndose para abreviar

$$\left.\begin{aligned} \Phi &= -\frac{\alpha}{2r} \\ u^2 &= \frac{dr^2 + r^2 d\phi^2}{ds^2} \end{aligned}\right\}. \tag{8a}$$

Tenemos ahora que valorar más exactamente las ecuaciones (7) para un orden de magnitud. La última de las ecuaciones (7) suministra entonces, junto con (6b)

$$\frac{d^2x_4}{ds^2} = 2\sum_\sigma \Gamma^4_{\sigma 4}\frac{dx_\tau}{ds}\frac{dx_4}{ds} = -\frac{dg_{44}}{ds}\frac{dx_4}{ds}$$

o, en magnitudes de primer orden, exactamente

$$\frac{dx_4}{ds} = 1 + \frac{\alpha}{r}. \tag{9}$$

Volvamos ahora a las tres primeras ecuaciones (7). El segundo miembro proporciona

a) para la combinación de índice $\sigma = \tau = 4$

$$\Gamma^\nu_{44}\left(\frac{dx_4}{ds}\right)^2$$

o, teniendo en cuenta (6c) y (9), en magnitudes de segundo orden, exactamente

$$-\frac{\alpha}{2}\frac{x_\nu}{r^3}\left(1 + \frac{\alpha}{r}\right),$$

b) para las combinaciones de índice $\sigma \neq 4$ $\tau \neq 4$ (únicos que vienen al caso), teniendo en cuenta que los productos $\frac{dx_\sigma}{ds}\frac{dx_\tau}{ds}$ se consideran, según (8), como magnitudes de primer orden[1], asimismo en magnitudes de segundo orden, exactamente

$$-\frac{\alpha x_\nu}{r^3}\sum_{\sigma\tau}\left(\delta_{\sigma\tau} - \frac{3}{2}\frac{x_\sigma x_\tau}{r^2}\right)\frac{dx_\sigma}{ds}\frac{dx_\tau}{ds}.$$

La suma da

$$-\frac{\alpha x_\nu}{r^3}\left(u^2 - \frac{3}{2}\left(\frac{dr}{ds}\right)^2\right).$$

---

1) De acuerdo con esta circunstancia podemos darnos por satisfechos en las componentes de campo $\Gamma^{\nu}_{\sigma\tau}$ con la primera aproximación dada en la ecuación (6a).

[p. 837]

Teniendo en cuenta esto se obtiene, para las ecuaciones del movimiento, en magnitudes de segundo orden, la forma exacta

$$\frac{d^2 x_\nu}{ds^2} = -\frac{\alpha}{2}\frac{x_\nu}{r^3}\left(1 + \frac{\alpha}{r} + 2u^2 - 3\left(\frac{dr}{ds}\right)^2\right), \tag{7b}$$

que, junto con (9), determina el movimiento de la masa puntual. Para el caso del movimiento circular, dicho sea entre paréntesis, (7b) y (9) no dan como resultado ninguna desviación de la tercera ley de Kepler.

De (7b) se sigue por de pronto la validez exacta de la ecuación

$$r^2 \frac{d\phi}{ds} = B, \tag{10}$$

donde B representa una constante. El teorema del área tiene pues validez exacta en magnitudes de segundo orden si se utiliza el «tiempo propio» del planeta para medir el tiempo. Para hallar ahora, a partir de (7b), el giro secular de la elipse orbital, se sustituyen del modo más ventajoso los términos de primer orden de la sexta parte del paréntesis por medio de (10) y de la primera de las ecuaciones (8), forma de proceder que no cambia los términos de segundo orden del segundo miembro. El paréntesis adopta así la forma

$$\left(1 - 2A + \frac{3B^2}{r^2}\right).$$

Si se elige por fin $s = \sqrt{1-2A}$ como variable temporal y se llama a ésta de nuevo s, se tiene, con un significado algo cambiado de la constante B:

$$\left.\begin{aligned} \frac{d^2 x_\nu}{ds^2} &= -\frac{\partial \Phi}{\partial x_\nu} \\ \Phi &= -\frac{\alpha}{2}\left[1 + \frac{B^2}{r^2}\right] \end{aligned}\right\}. \tag{7c}$$

En la determinación de la forma de la órbita sucede ahora exactamente igual que en el caso de Newton. De (7c) se obtiene, de entrada

$$\frac{dr^2 + r^2 d\phi^2}{ds^2} = 2A - 2\Phi .$$

Si se elimina ds de esta ecuación, con ayuda de (10), se obtiene, llamando x a la magnitud $\frac{1}{r}$:

$$\left(\frac{dx}{d\phi}\right)^2 = \frac{2A}{B^2} + \frac{\alpha}{B^2}x - x^2 + \alpha x^3, \tag{11}$$

ecuación que sólo se diferencia de la correspondiente de la teoría de Newton por el último término del segundo miembro.

[p. 838]

El ángulo descrito por el radiovector entre el perihelio y el afelio se consigue por tanto mediante la integral elíptica

$$\phi = \int_{\alpha_1}^{\alpha_2} \frac{dx}{\sqrt{\frac{2A}{B^2} + \frac{\alpha}{B^2}x - x^2 + \alpha x^3}},$$

donde α_1 y α_2 representan aquellas raíces de la ecuación

$$\frac{2A}{B^2} + \frac{\alpha}{B^2}x - x^2 + \alpha x^3 = 0$$

a las que corresponden raíces muy próximas de la ecuación que deriva de ésta al cambiar el último término.

Se puede poner por eso, con la exactitud que requerimos

$$\phi = [1 + \alpha(\alpha_1 + \alpha_2)] \cdot \int_{\alpha_1}^{\alpha_2} \frac{dx}{\sqrt{-(x-\alpha_1)(x-\alpha_2)(1-\alpha x)}}$$

o, desarrollando $(1-\alpha x)^{-\frac{1}{2}}$

$$\phi = [1 + \alpha(\alpha_1 + \alpha_2)] \cdot \int_{\alpha_1}^{\alpha_2} \frac{\left(1 + \frac{\alpha}{2}x\right)dx}{\sqrt{-(x-\alpha_1)(x-\alpha_2)}}.$$

La integración proporciona

$$\phi = \pi\left[1 + \frac{3}{4}\alpha(\alpha_1 + \alpha_2)\right],$$

o, si se piensa que α_1 y α_2 representan los valores recíprocos de la distancia máxima y mínima al Sol,

$$\phi = \pi\left(1 + \frac{3}{2}\frac{\alpha}{a(1-e^2)}\right). \qquad (12)$$

En una revolución completa el perihelio avanza pues

$$\varepsilon = 3\pi \frac{\alpha}{a(1-e^2)} \qquad (13)$$

en el sentido del movimiento orbital, si llamamos a al valor del semieje y e a la excentricidad. Introduciendo el periodo de revolución T

[p. 839]

(en segundos), se obtiene, si c representa la velocidad de la luz en cm/seg. :

$$\varepsilon = 24\pi^3 \frac{a^2}{T^2c^2(1-e^2)}. \qquad (14)$$

El cálculo proporciona, para el planeta Mercurio, un avance del perihelio en torno a 43'' por siglo, mientras que los astrónomos indican 45'' ± 5'' como resto inexplicado entre las observaciones y la teoría de Newton. Lo que representa una completa concordancia.

Para la Tierra y Marte, los astrónomos señalan un avance de 11'' y 9'' en cien años, mientras que nuestras fórmulas dan sólo 4'' y 1''. Parece no obstante que estos datos sean en realidad, debido a la exigua excentricidad de la órbita de estos planetas, de un valor insignificante. Es decisivo para la seguridad de la comprobación del movimiento del perihelio su producto por la excentricidad $\left(e\frac{d\pi}{dt}\right)$. Si se consideran los valores indicados para esta magnitud por Newcomb

	$e\frac{d\pi}{dt}$
Mercurio	8.48'' $\pm$ 0.43
Venus	$-$0.05 $\pm$ 0.25
Tierra	0.10 $\pm$ 0.13
Marte	0.75 $\pm$ 0.35

que agradezco al Sr. Dr. Freundlich, se tiene la impresión de que, en realidad, el avance del perihelio sólo se ha probado efectivamente para Mercurio. Quiero sin embargo confiar gustosamente a los astrónomos profesionales un veredicto definitivo al respecto.

Cuarta ponencia (25 de noviembre)

Autor: Albert Einstein. Título: «**Die Feldgleichungen der Gravitation**». Sitzung der physikalisch-mathematischen Klasse vom 25. November 1915. Sitzungsberichte der Königlich Preussischen Akademie der Wissenschaften. Páginas 844-847

[p. 844]

Las ecuaciones de campo de la gravitación

En dos comunicaciones[1] presentadas hace poco he mostrado cómo se puede llegar a ecuaciones de campo de la gravitación que satisfagan el principio de relatividad, es decir, que, en su versión general, sean covariantes frente a sustituciones cualesquiera de las variables espacio-temporales.

El desarrollo a este respecto fue el siguiente. Encontré en primer lugar ecuaciones que contienen la teoría de Newton como aproximación y que eran covariantes respecto a sustituciones cualesquiera de determinante 1. Más tarde encontré que estas ecuaciones corresponden a covariantes generales siempre que el escalar del tensor de energía de la «materia» se anule.

Encuentro ahora recientemente que se puede uno manejar sin hipótesis sobre el tensor de energía de la materia si se pone éste en las ecuaciones de campo de modo algo distinto, como ha ocurrido en mis dos primeras comunicaciones. Las ecuaciones de campo para el vacío, en las que he basado la interpretación del movimiento del perihelio de Mercurio, no están afectadas por esta modificación. Hago aquí de nuevo la reflexión entera a fin de que el lector no se vea obligado a consultar continuamente las anteriores comunicaciones.

A partir de los conocidos covariantes de Riemann de cuarto rango se derivan los correspondientes covariantes de segundo rango:

$$G_{im} = R_{im} + S_{im} \tag{1}$$

$$R_{im} = -\sum_{l} \frac{\partial \begin{Bmatrix} im \\ l \end{Bmatrix}}{\partial x_l} + \sum_{l\rho} \begin{Bmatrix} il \\ \rho \end{Bmatrix} \begin{Bmatrix} m\rho \\ l \end{Bmatrix} \tag{1a}$$

$$S_{im} = \sum_{l} \frac{\partial \begin{Bmatrix} il \\ l \end{Bmatrix}}{\partial x_m} - \sum_{l\rho} \begin{Bmatrix} im \\ \rho \end{Bmatrix} \begin{Bmatrix} \rho l \\ l \end{Bmatrix} \tag{1b}$$

1) Sitzungsberichte. XLIV, pp. 778 y XLVI, pp. 799, 1915

[p. 845]

Obtenemos las diez ecuaciones covariantes generales del campo gravitacional en espacios en los que falta «materia» poniendo

$$G_{im} = 0 . \tag{2}$$

Estas ecuaciones se pueden formar más fácilmente si se elige el sistema de referencia de modo que sea $\sqrt{-g} = 1$. Se anula entonces S_{im}, debido a (1b), por lo que, en vez de (2) se obtiene

$$R_{im} = \sum_{l} \frac{\partial \Gamma^{l}_{im}}{\partial x_l} + \sum_{\rho l} \Gamma^{l}_{i\rho} \Gamma^{\rho}_{ml} = 0 \tag{3}$$

$$\sqrt{-g} = 1 . \tag{3a}$$

Se pone al tiempo

$$\Gamma^{l}_{im} = -\begin{Bmatrix} im \\ l \end{Bmatrix}, \tag{4}$$

magnitudes a las que llamaremos las «componentes» del campo gravitacional.

Si existe «materia» en el espacio considerado, aparece su tensor de energía en el segundo miembro de (2) y (3). Ponemos

$$G_{im} = -\kappa \left(T_{im} - \frac{1}{2} g_{im} T \right), \tag{2a}$$

donde

$$\sum_{\rho\sigma} g^{\rho\sigma} T_{\rho\sigma} = \sum_{\sigma} T^{\sigma}_{\sigma} = T \ ; \tag{5}$$

T es el escalar del tensor de energía de la «materia» y el segundo miembro de (2a), un tensor. Si especializamos de nuevo el sistema de coordenadas en la forma habitual, obtenemos, en vez de (2a), las ecuaciones equivalentes

$$R_{im} = \sum_{l} \frac{\partial \Gamma^{l}_{im}}{\partial x_l} + \sum_{\rho l} \Gamma^{l}_{i\rho} \Gamma^{\rho}_{ml} = -\left(T_{im} - \frac{1}{2} g_{im} T \right) \tag{6}$$

$$\sqrt{-g} = 1 . \tag{3 a}$$

Supondremos, como siempre, que la divergencia del tensor de energía de la materia, en el sentido del cálculo diferencial general, se anula (teorema del impulso-energía). Al especializar la elección de coordenadas resulta, según (3), que los T_{im} deben satisfacer las condiciones

$$\sum_{\lambda} \frac{\partial T_{\sigma}^{\lambda}}{\partial x_{\lambda}} = -\frac{1}{2} \sum_{\mu\nu} \frac{\partial g^{\mu\nu}}{\partial x_{\sigma}} T_{\mu\nu} \tag{7}$$

o

$$\sum_{\lambda} \frac{\partial T_{\sigma}^{\lambda}}{\partial x_{\lambda}} = -\sum_{\mu\nu} \Gamma_{\sigma\nu}^{\mu} T_{\mu}^{\nu} \,. \tag{7a}$$

[p. 846]

Si se multiplica (6) por $\frac{\partial g^{im}}{\partial x_{\sigma}}$ y se suma sobre i y m, se obtiene[1], teniendo en cuenta (7) y la relación siguiente

$$\frac{1}{2} \sum_{im} g_{im} \frac{\partial g^{im}}{\partial x_{\sigma}} = -\frac{\partial \lg \sqrt{-g}}{\partial x_{\sigma}} = 0 \,,$$

el teorema de conservación de materia y campo gravitacional conjuntamente, en la forma

$$\sum_{\lambda} \frac{\partial}{\partial x_{\lambda}} \left(T_{\sigma}^{\lambda} + t_{\sigma}^{\lambda} \right) = 0 \,, \tag{8}$$

donde t_{σ}^{λ} («tensor de energía» del campo gravitacional) está dado por

$$\kappa t_{\sigma}^{\lambda} = \frac{1}{2} \delta_{\sigma}^{\lambda} \sum_{\mu\nu\alpha\beta} g^{\mu\nu} \Gamma_{\mu\beta}^{\alpha} \Gamma_{\nu\alpha}^{\beta} - \sum g^{\mu\nu} \Gamma_{\mu\sigma}^{\alpha} \Gamma_{\nu\alpha}^{\lambda} \,. \tag{8a}$$

Las razones que me han inducido a introducir el segundo término del segundo miembro de (2a) y (6) derivan sólo de las siguientes reflexiones, que son completamente análogas a las dadas en los lugares ahora mismo mencionados (p. 785).

Si se multiplica (6) por g^{im} y se suma sobre los índices i y m, se obtiene mediante sencillo cálculo

$$\sum_{\alpha\beta} \frac{\partial^2 g^{\alpha\beta}}{\partial x_{\alpha} \partial x_{\beta}} - \kappa (T + t) = 0 \,, \tag{9}$$

donde, conforme a (5), se pone, para abreviar

$$\sum_{\rho\sigma} g^{\rho\sigma} t_{\rho\sigma} = \sum_{\sigma} t_{\sigma}^{\sigma} = t \,. \tag{8b}$$

Obsérvese que nuestro término temporal lleva consigo que, en (9), el tensor de energía del campo gravitacional no aparezca en la misma forma que el de la materia, lo que no es el caso en la ecuación (21) a. a. O.

Además, en vez de la ecuación (22) a. a. O. y por el procedimiento referido allí, se deducen, con ayuda de la ecuación de la energía, las relaciones:

$$\frac{\partial}{\partial x_{\mu}} \left[\sum_{\alpha\beta} \frac{\partial^2 g^{\alpha\beta}}{\partial x_{\alpha} \partial x_{\beta}} - \kappa (T + t) \right] = 0 \,. \tag{10}$$

Nuestro término temporal conlleva que estas ecuaciones no contengan ninguna nueva relación, frente a (9), por lo que sobre el tensor de energía

---

1) Acerca de la deducción, véase Sitzungsber. XLIV, 1915, pp. 784/785. Ruego al lector que, en lo sucesivo, recurra también para comparar, a los desarrollos dados allí en la página 785.

[p. 847]

de la materia no tiene que hacerse ninguna otra suposición como la que corresponde al teorema del impulso-energía.

Se cierra así por fin la teoría de la relatividad general como edificio lógico. El postulado de relatividad en su forma general, que convierte las coordenadas espacio-temporales en parámetros sin significado físico, conduce con imperiosa necesidad a una teoría de la gravitación enteramente determinada que explica el movimiento del perihelio de Mercurio. Por el contrario, el postulado de relatividad general no puede revelarnos nada sobre la esencia de los demás fenómenos de la Naturaleza que no haya ya enseñado la teoría de la relatividad especial. Mi opinión a este respecto, expresada recientemente en este lugar, era errónea. Cualquier teoría física conforme con la teoría de la relatividad especial puede incluirse, mediante el cálculo diferencial absoluto, en el sistema de la teoría de la relatividad general, sin que ésta proporcione ningún criterio para la licitud de esa teoría.

DICIEMBRE

Karl Schwarzschild, cuarentón ya en ese momento, está destinado en el frente ruso. Todo lo demás lo dice él mismo. Por la fecha de la carta a Einstein, no hace todavía un mes que Einstein ha culminado su exposición de la teoría de la relatividad general. Las alusiones de Schwarzschild al trabajo de Einstein se refieren a la tercera conferencia* (18 noviembre de 1915) de las cuatro que dio en sesión plenaria de la Academia de Ciencias de Berlín (los jueves: 4, 11, 18 y 25 de noviembre), en las que desarrolló y completó la teoría. [*«*Erklärung der Perihelbewegung des Merkur aus der allgemeinen Relativitätstheorie.*» (Explicación del movimiento del perihelio de Mercurio por la teoría de la relatividad general)]

Carta de Karl Schwarzschild a Einstein[1]

[en el frente ruso,] 22 de diciembre de 1915.

Estimado Sr. Einstein:

Con el fin de familiarizarme con su teoría de la gravitación, he estudiado detenidamente el problema que planteó en su trabajo sobre el perihelio de Mercurio [2] y que resolvió en primera aproximación [3]. Al principio, una circunstancia me confundió mucho. Para la primera aproximación de los coeficientes g_{uv}, además de su solución encontré la segunda siguiente: [4]

$$g_{\rho\sigma} = -\frac{\beta x_\rho x_\sigma}{r^5} + \delta_{\rho\sigma}\left[\frac{\beta}{3r^3}\right] \qquad g_{44} = 1$$

Entonces habría habido una segunda además de su α y el problema habría sido físicamente indeterminado. Intenté pues encontrar una solución completa por si acaso [5]. No demasiada aritmética dio el siguiente resultado: Sólo hay un elemento de línea que cumple sus condiciones 1) a 4) [6] junto con las ecuaciones de campo y determinante [7] y es singular en el punto cero y sólo en el punto cero.

Sean: $x_1 = r\cos\varphi\cos\vartheta \qquad x_2 = r\sin\varphi\cos\vartheta \qquad x_3 = r\sin\vartheta$

$$R = (r^3 + \alpha^3)^{1/3} = r\left(1 + \frac{1}{3}\frac{\alpha^3}{r^3} + ...\right)$$

entonces el elemento de línea es: [8]

$$ds^2 = \left(1 - \frac{\gamma}{R}\right)dt^2 - \frac{dR^2}{1 - \frac{\gamma}{R}} - R^2(d\vartheta^2 + \sin^2 \vartheta d\varphi^2)$$

R, ϑ, φ, no son coordenadas "permitidas" con las que se puedan formar las ecuaciones de campo porque no tienen el determinante 1, pero el elemento de línea se escribe de la forma más bella en ellas.

La ecuación de la curva orbital sigue siendo exactamente la que se obtuvo en la primera aproximación (11), [9] excepto que x debe entenderse no como $1/r$ sino como $1/R$, que es una diferencia de orden 10^{-12}, es decir, prácticamente absolutamente indiferente.

La dificultad con las dos constantes arbitrarias α y β, que daba la primera aproximación, se resuelve por el hecho de que β debe tener un cierto valor del orden α^4, [10] tal como se da α, pues de lo contrario la solución sería divergente si se continuaran las aproximaciones.

Así que la unicidad de su problema también está en perfecto orden. [11]

Es maravilloso que a partir de una idea tan abstracta la explicación de la anomalía de Mercurio sea tan convincente.

Como ve usted, la guerra ha sido amable conmigo al permitirme dar este paseo por el territorio de sus ideas a pesar de los intensos cañonazos a distancia por completo terrestre.

El monumental proyecto de los *Collected Papers* añade los siguientes comentarios:

Footnotes

ADft (GyGöU, Cod. Ms. K. Schwarzschild 2:2, 2-3). Schwarzschild 1992, pp. 36-39. [81 806]. La presentación aquí difiere de la del original, donde aparecen tanto las interlineaciones como las partes no suprimidas del texto que las interlineaciones han sustituido.

[1] Schwarzschild (1873-1916) era Director del Observatorio Astrofísico de Potsdam.

[2] Einstein (tercera conferencia).

[3] Los resultados recogidos en este documento se publicaron en *Schwarzschild 1916a*, que Einstein presentó a la Academia Prusiana el 13 de enero de 1916.

[4] La solución de primer orden para el campo de una masa puntual dada (Einstein, tercera conferencia, ec. (4b)) es

$$g_{\rho\sigma} = -\delta_{\rho\sigma} - \alpha \frac{x_\rho x_\sigma}{r^3}.$$

Los corchetes de la siguiente ecuación están en el original.

[5] Las partes del texto no suprimidas sino sustituidas que preceden a este punto y que no se han incorporado son estas:

"Para familiarizarme con su teoría de la gravitación, me propuse la tarea de resolver, quizá por completo, el problema que usted planteó y resolvió aproximadamente en su trabajo sobre el perihelio de Mercurio. Es fácil especificar el elemento lineal más general que tenga las propiedades de simetría necesarias. Partiendo de éstas, primero determiné la primera aproximación a su manera y encontré:

$$g_{\rho\sigma} = -\alpha \frac{x_\rho x_\sigma}{r^5} - \beta \frac{x_\rho x_\sigma}{r^5} + \delta_{\rho\sigma}\left[\frac{\beta}{3r^3}\right] \qquad g_{44} = 1$$

es decir, *dos* magnitudes arbitrarias α y β, lo cual era extraño. Luego pasé a la solución completa".

[6] Las condiciones son: (i) independencia temporal; (ii) simetría esférica; (iii) $g_{i4} = 0$ (i = 1, 2, 3); (iv) la métrica es minkowskiana en el infinito (tercera conferencia).

[7] Siguiendo a Einstein (tercera conferencia), Schwarzschild utiliza las ecuaciones de campo en coordenadas que satisfacen la condición $\sqrt{-g} = 1$.

[8] El elemento de línea dado aquí pasó a conocerse como la solución de Schwarzschild.

[9] La referencia es a la ec. (11) (de la tercera conferencia).

[10] α^4 debería ser α^3.

[11] Al derivar una solución aproximada para el campo del sol, Einstein había señalado que no tenía pruebas de que su solución fuera única (tercera conferencia).

[Recogido en *TCPAE*.Volume 8, Part A: The Berlin Years: Correspondence 1914-1917. DOC. 169. Pages 224-225.]

Einstein responde a Schwarzschild una semana después. Está seguro de su teoría, aunque todavía no se han probado experimentalmente sus previsiones *estrella* (curvatura de los rayos y corrimiento gravitacional al rojo). El movimiento del perihelio, precisado hacía tiempo por los astrónomos, lo *ratifica* la teoría.

Carta de Einstein a Karl Schwarzschild

[Berlin,] 29 de diciembre de 1915.

Estimado colega:

Su cálculo, que proporciona la prueba inequívoca del problema, es sumamente interesante. Espero que lo publique usted pronto. No hubiera pensado que el tratamiento estricto del problema puntual fuera tan sencillo.

Que su solución particular sea de tercer orden se reconoce enseguida por razones dimensionales. Esto se debe a que $\kappa m/r$ es un número sin dimensiones. Como su β tiene que depender de m, su expresión

$$g_{\rho\sigma} = -\beta \frac{x_\rho x_\sigma}{r^5} + \delta_{\rho\sigma} \frac{\beta}{3r^3},$$

en la que β/r^3 es un número (adimensional), exige que β tenga que ser igual a $(\kappa m/r)^3$ salvo un factor numérico.

La teoría me parece muy satisfactoria. Incluso el hecho de que proporcione la aproximación de Newton no es evidente; tanto mejor es que también proporcione el movimiento del perihelio y el todavía no suficientemente seguro corrimiento de líneas. Lo más importante ahora es la cuestión de la curvatura del rayo de luz.

Con mis mejores deseos para el Año Nuevo, suyo

Einstein

[Recogido en *The Collected Papers of Albert Einstein*. Volume 8, Part A: The Berlin Years: Correspondence 1914-1917 Pages 231-232. DOC. 176]

1916

ENERO

Carta de Einstein a Michele Besso

Berlín, 3 de enero de 1916

Estudiar a Minkowski no te ayudaría. Su trabajo es inútilmente complicado. A juicio de nuestros astrónomos locales, el movimiento de perihelio sólo está asegurado en el caso de Mercurio; disminuye muy rápidamente (como $\frac{1}{R^{\frac{5}{2}}}$) con el radio orbital. Si las órbitas de Venus y de la Tierra fueran más excéntricas, aún sería detectable un efecto para ellas. El fuerte aumento del efecto con respecto a nuestro cálculo se debe a que, según la nueva teoría, las $g_{11} - g_{33}$ aparecen también en magnitudes de primer orden y, por tanto, contribuyen al movimiento del perihelio. El valor se determina de forma muy fiable mediante los tránsitos solares. Los demás efectos apenas se tienen en cuenta (la rotación solar casi nada; las desviaciones de la ley de Newton, por interferencia, en absoluto.

En la consideración del agujero, era todo correcto excepto la última conclusión: No tiene contenido físico que existan dos soluciones diferentes $G(x)$ y $G'(x)$ con relación al mismo sistema de coordenadas K. No tiene sentido imaginar dos soluciones simultáneas en la misma variedad y por supuesto el sistema K no tiene realidad física. En vez del argumento del agujero procede la siguiente reflexión. Físicamente, nada es real sino la totalidad de las coincidencias espacio-temporales de los puntos. Si, por ejemplo, los acontecimientos físicos estuvieran constituidos únicamente por los movimientos de puntos materiales, entonces lo único que sería real, es decir, observable en principio, serían los encuentros de los puntos, es decir, las intersecciones de sus líneas-universo. Naturalmente, estas intersecciones siguen siendo las mismas en todas las transformaciones (y no se añaden otras nuevas) sólo si se mantienen ciertas condiciones de univocidad. Por tanto, lo más natural es exigir a las leyes que no determinen más que la totalidad de las coincidencias espacio-temporales. Según lo dicho, esto ya se consigue mediante las ecuaciones covariantes generales.

El primer artículo, incluido el apéndice, sigue adoleciendo de que, en el segundo miembro, falta el término $\frac{1}{2}\kappa g_{\mu\nu}T$; de ahí el postulado $T = 0$. Por supuesto, la cosa debe hacerse según el último trabajo, en donde ya no aparece ninguna condición sobre la estructura de la materia. La consideración dimensional, según la cual los electrones y los cuantos requieren una hipótesis h particular, independiente de la gravitación, se sigue con razón manteniendo.

[Recogido en *The Collected Papers of Albert Einstein*. Volume 8, Part A: The Berlin Years: Correspondence 1914-1917. Doc. 178. Pages 234-235]

Carta de Einstein a Karl Schwarzschild

Berlín, 9 de enero de 1916

Querido colega:

He examinado su trabajo* con el mayor interés. No habría esperado que se pudiera formular la solución estricta del problema de forma tan sencilla. Me gusta mucho el tratamiento matemático del tema. El próximo jueves entregaré el trabajo a la Academia con unas palabras explicativas.

Mientras tanto, ayer por la tarde recibí otra carta suya, a la que respondo inmediatamente.

1) La teoría está completamente desarrollada en lo que respecta a las ecuaciones fundamentales, de modo que no quedan más dificultades para el tratamiento de los problemas individuales que las computacionales, que, sin embargo, son inmensamente grandes. Sin embargo, en la reflexión que sigue se puede ver que el problema de la perturbación no sufre ninguna modificación notable.

Las modificaciones que proporciona la teoría son de un orden de magnitud relativo que viene determinado por $\kappa M/r$. Si M es la masa solar, entonces esta magnitud es justo lo suficiente para provocar algo accesible a la observación en los efectos seculares. Si por M se representan las masas planetarias, esta magnitud relativa sigue reduciéndose considerablemente. Pero las perturbaciones seculares, producidas por la interacción de los planetas, sólo alcanzan un máximo de 1000" en 100 años. Estas serían modificadas por la teoría en la ínfima fracción indicada. Por lo tanto, la modificación de la teoría del movimiento orbital mediante una formación más exacta del cálculo de la perturbación no puede aportar nada accesible a la observación.

2) La afirmación de que "el sistema de las estrellas fijas" no tiene rotación conserva probablemente un sentido relativo que viene determinado por un símil.

La superficie de la tierra es irregular siempre que se consideren partes muy pequeñas de ella. Pero se aproxima a la forma plana básica cuando miro partes más grandes, cuyas dimensiones siguen siendo pequeñas en comparación con la longitud del meridiano. Esta forma básica se convierte en una superficie curva cuando observo partes aún más grandes de la superficie terrestre.

Lo mismo ocurre con el campo gravitatorio. A pequeña escala, las masas individuales proporcionan campos gravitatorios que, incluso con la elección más simple posible del sistema de referencia, reflejan el carácter de la distribución bastante aleatoria de la materia a pequeña escala. Si miro a zonas más amplias, como las que nos ofrece la astronomía, el sistema de referencia galileano me proporciona el análogo a la forma básica plana de la superficie terrestre de la comparación anterior. Pero si considero áreas aún más grandes, probablemente no habrá ninguna continuación del sistema galileano que simplifique la descripción del mundo hasta tal punto como en una escala pequeña, es decir, en la que el punto de masa (*Massenpunkt*), que está suficientemente distante de otras masas, se mueve en todas partes en línea recta y uniformemente. Según mi teoría, la inercia es, en última instancia, una interacción de masas, no un efecto en el que, aparte de la masa en cuestión, intervenga el "espacio" como tal. La esencia de mi teoría es precisamente que el espacio como tal no tiene ninguna propiedad independiente.

Se puede expresar en broma así. Si dejo que todas las cosas desaparezcan del mundo, entonces según Newton el espacio inercial galileano permanece, pero según mi punto de vista no queda nada.

3) En lo que respecta a Júpiter, me doy cuenta de que es una tarea difícil la que se les plantea a los astrónomos, pero en mi opinión, la importancia del objeto sólo justifica un punto de vista, y es: ¡debe funcionar! Las lunas de Júpiter podrían servir para estudiar en detalle los errores sistemáticos de los que habla usted; pues el desplazamiento aparente de las lunas de Júpiter por la curvatura de la luz es totalmente despreciable debido a la pequeñez de la distancia Luna-Júpiter. El ángulo a observar es de 2 - 0,02", que es del orden de la precisión que se puede alcanzar hoy en día.

4) Nunca se me ocurrió pensar en una camarilla contra Freundlich. Lejos de mí pensar en esas cosas. La actitud de Struve me parece comprensible: es un hombre mayor y ya no tiene la elasticidad necesaria para sumergirse en nuevas cuestiones. Por eso adopta una actitud negativa en las cuestiones de hecho, y esta actitud negativa se traslada también a Freundlich, que es, en cierta medida, la encarnación de estas cosas ante sus ojos. Quiero creer que Freundlich, por su parte, tiene poco tacto y habilidad en el trato con los demás, y poca comprensión psicológica de su vecino, lo que hace la situación aún más desagradable.

No considero a Freundlich un gran talento, pero sí una persona de ardiente interés y de notable perseverancia. Fue el primer astrónomo que comprendió el significado de la teoría general de la relatividad y que se ocupó con celo de las cuestiones astronómicas relacionadas con ella. Sé por mi propia experiencia que se pueden adquirir los conocimientos técnicos necesarios si se combinan la comprensión necesaria y un gran interés. Sin embargo, si estas deficiencias se interponen en el camino de la empresa, la ayuda benévola de una parte experimentada podría conducir a la consecución de un resultado valioso.

Con mi saludo más cordial, suyo

A. Einstein.

[* Se refiere a: Karl Schwarzschild, «Über das Gravitationsfeld eines Massenpunktes nach der Einsteinschen Theorie», que publicará la Academia tras la presentación de Einstein, con la referencia: Preussische Akademie der Wissenschaften, Sitzungsberichte, 1916, p. 189-196. En este trabajo, Schwarzschild encuentra la solución de las ecuaciones gravitacionales en el caso estático de simetría esférica.]

[Recogido en *TCPAE*. Vol. 8A. Doc. 181. pp. 239/240/241]

Aquí el trabajo de Schwarzschild:

«Über das Gravitationsfeld eines Massenpunktes nach der EINSTEINschen Theorie». Von K. Schwarzschild. (Vorgelegt am 13. Januar 1916. *Preussische Akademie der Wissenschaften, Sitzungsberichte*, 1916, p. 189-196.) «Sobre el campo gravitacional de una masa puntual según la teoría de Einstein». Por K. Schwarzschild. (Presentado por Einstein en la Academia de Ciencias el 13 de enero de 1916)

Sobre el campo gravitacional de una masa puntual según la teoría de Einstein

§ 1. En su trabajo sobre el movimiento del perihelio de Mercurio (véanse los *Informes de Sesiones* del 18 de noviembre de 1915), el Sr. Einstein planteó el siguiente problema: Un punto se mueve según el requisito

$$\delta\int ds = 0, \tag{1}$$

donde

$$ds = \left(\sum g_{\mu\nu}\, dx_\mu\, dx_\nu\right)^{1/2}, \quad (\mu, \nu = 1, 2, 3, 4)$$

las $g_{\mu\nu}$ representan funciones de las variables x y, en la variación, hay que fijar las variables x al principio y al final del proceso de integración. En resumen, el punto se mueve por tanto sobre una línea geodésica en la variedad caracterizada por el elemento de línea ds.

La ejecución de la variación proporciona las ecuaciones de movimiento del punto

$$d^2x_\alpha/ds^2 = \sum_{\mu,\nu} \Gamma_{\mu\nu}^{\alpha}\, (dx_\mu/ds)\, (dx_\nu/ds), \quad \alpha, \beta = 1, 2, 3, 4 \tag{2}$$

donde

$$\Gamma_{\mu\nu}^{\alpha} = -\tfrac{1}{2} \sum_\beta g^{\alpha\beta}\, (\partial g_{\mu\beta}/\partial x_\nu + \partial g_{\nu\beta}/\partial x_\mu - \partial g_{\mu\nu}/\partial x_\beta) \tag{3}$$

y $g^{\alpha\beta}$ representa el subdeterminante coordinado y normalizado a $g_{\alpha\beta}$ en el determinante $|\, g_{\mu\nu}\, |$.

Este es pues, según la teoría de Einstein, el movimiento de un punto sin masa en el campo gravitacional de una masa ubicada en el punto $x_1 = x_2 = x_3 = 0$, si las «componentes del campo gravitacional» Γ corresponden, en todas partes salvo en el punto $x_1 = x_2 = x_3 = 0$, a las «ecuaciones de campo»

190

$$\sum_\alpha \partial\Gamma_{\mu\nu}^{\alpha}/\partial x_\alpha + \sum_{\alpha\beta} \Gamma_{\mu\beta}^{\alpha}\, \Gamma_{\nu\alpha}^{\beta} = 0 \tag{4}$$

y si, al mismo tiempo, se satisface la «ecuación del determinante»

$$|g_{\mu\nu}| = -1 \tag{5}$$

Las ecuaciones de campo en relación con la ecuación del determinante tienen la propiedad fundamental de que conservan su forma al sustituir cualesquiera otras variables en lugar de x_1, x_2, x_3, x_4, siempre que el determinante de sustitución sea igual a 1.

Si x_1, x_2, x_3 son coordenadas rectangulares y x_4 el tiempo, la masa en el punto cero será además temporalmente invariante y el movimiento en el infinito será rectilíneo y uniforme, por lo que según el listado del Sr. Einstein de la página 833 de la obra citada, se satisfarán también los siguientes requisitos:

1. Todas las componentes son independientes del tiempo x_4.
2. Las ecuaciones $g_{\rho 4} = g_{4\rho} = 0$ tienen validez exacta para $\rho = 1, 2, 3$.
3. La solución es espacialmente simétrica respecto al origen del sistema de coordenadas en el sentido de que se topa de nuevo con la misma solución si se somete a x_1, x_2, x_3 a una transformación ortogonal (rotación).
4. Los $g_{\mu\nu}$ se anulan en el infinito, con excepción de los cuatro siguientes valores límite diferentes de cero

$$g_{44} = 1, \quad g_{11} = g_{22} = g_{33} = -1.$$

El problema es *encontrar un elemento de línea con coeficientes tales que se satisfagan las ecuaciones de campo, la ecuación del determinante y estos cuatro requisitos.*

§ 2. El Sr. Einstein ha demostrado que este problema conduce en primera aproximación a la ley de Newton y que la segunda aproximación reproduce correctamente la conocida anomalía en el movimiento del perihelio de Mercurio. El cálculo siguiente proporciona la *solución* estricta del problema. Siempre es grato tener a disposición soluciones rigurosas de forma sencilla. Más importante es que el cálculo proporcione al mismo tiempo la certeza inequívoca de la solución, sobre la que el tratamiento del Sr. Einstein dejaba todavía dudas, y que, en la forma en que se presenta a continuación, difícilmente podría demostrase mediante un procedimiento de aproximación de este tipo. Las siguientes líneas permitirán, por tanto, que el resultado del Sr. Einstein brille con mayor pureza.

§ 3. Si se llama t al tiempo y x, y, z a las coordenadas rectangulares, el elemento de línea más general que satisface los requisitos 1 – 3 es entonces evidentemente el siguiente:

191

$$ds^2 = Fdt^2 - G\,(dx^2 + dy^2 + dz^2\,) - H\,(xdx + ydy + zdz)^2$$

donde F, G, H son funciones de $r = (x^2 + y^2 + z^2)^{1/2}$.

El requisito (4) exige: para $r = \infty$: $F = G = 1$, $H = 0$.

Si se pasa a coordenadas polares según $x = r \sin \vartheta \cos \phi$, $y = r \sin \vartheta \sin \phi$, $z = r \cos \vartheta$, el mismo elemento de línea se escribe:

$$\begin{aligned} ds^2 &= Fdt^2 - G(dr^2 + r^2\, d\vartheta^2 + r^2 \sin^2 \vartheta\, d\phi^2) - Hr^2\, dr^2 = \\ &= Fdt^2 - (G + Hr^2\,)\, dr^2 - Gr^2\,(d\vartheta^2 + \sin^2 \vartheta\, d\phi^2). \end{aligned} \qquad (6)$$

Mientras el elemento de volumen en coordenadas polares es igual a $r^2\sin \vartheta\, dr\, d\vartheta\, d\phi$, el determinante funcional de las coordenadas antiguas y de las nuevas $r^2 \sin \vartheta$ es distinto de 1: por tanto, las ecuaciones de campo no existirían en forma inalterada si se hicieran los cálculos con estas coordenadas polares, y habría que llevar a cabo una transformación engorrosa. Sin embargo, un sencillo truco permite evitar esta dificultad. Se pone

$$x_1 = r^3/3, \qquad x_2 = -\cos \vartheta, \qquad x_3 = \phi. \qquad (7)$$

Para el elemento de volumen vale entonces: $r^2dr \sin \vartheta\, d\vartheta\, d\phi = dx_1dx_2dx_3$. Las nuevas variables son, por tanto, *coordenadas polares del determinante* 1. Tienen las ventajas obvias de las coordenadas polares para el tratamiento del problema, y al mismo tiempo, si se añade $t = x_4$, las ecuaciones de campo y la ecuación del determinante mantienen inalterada su forma para ellas.

En las nuevas coordenadas polares, el elemento de línea se expresa:

$$ds^2 = Fdx_4^2 - (G/r^4 + H/r^2)\, dx_1^2 - Gr^2\,[dx_2^2/(1 - x_2^2) + dx_3^2\,(1 - x_2^2)], \qquad (8)$$

por lo que escribiremos:

$$ds^2 = f_4\, dx_4^2 - f_1dx_1^2 - f_2\, dx_2^2/(1 - x_2^2) - f_3\, dx_3^2\,(1 - x_2^2). \qquad (9)$$

Son entonces f_1, $f_2 = f_3$, f_4 tres funciones de x_1, que tienen que satisfacer las siguientes condiciones:

1. Para $x_1 = \infty$: $f_1 = 1/r^4 = (3x_1)^{-4/3}$, $f_2 = f_3 = r^2 = (3x_1)^{2/3}$, $x_4 = 1$
2. La ecuación del determinante: $f_1 \cdot f_2 \cdot f_3 \cdot f_4 = 1$.
3. Las ecuaciones de campo.
4. Las f son continuas, salvo para $x_1 = 0$.

§ 4. Para poder establecer las ecuaciones de campo, primero hay que formar las componentes del campo gravitacional correspondientes al elemento de línea (9). La forma más sencilla de hacerlo

192

es formar las ecuaciones diferenciales de la línea geodésica ejecutando directamente la variación y leyendo las componentes a partir de ellas. Las ecuaciones diferenciales de la línea geodésica para el elemento de línea (9) resultan directamente mediante la variación en la forma:

$$0 = f_1\,(d^2x_1/ds^2) + ½\,(\partial f_4/\partial x_1)\,(dx_4/ds)^2 + ½\,(\partial f_1/\partial x_1)\,(dx_1/ds)^2 -$$
$$- ½\,(\partial f_2/\partial x_1)\,[(1/\{1 - x_2^2\})\,(dx_2/ds)^2 + (1 - x_2^2)(dx_3/ds)^2]$$
$$0 = \{f_2/(1 - x_2^2)\}\,(d^2x_2/ds^2) + (\partial f_2/\partial x_1)\,\{1/(1 - x_2^2)\}\,(dx_1/ds)\,(dx_2/ds) +$$
$$+ \{f_2x_2/(1 - x_2^2)^2\}\,(dx_2/ds)^2 + f_2x_2\,(dx_3/ds)^2$$
$$0 = f_2\,(1 - x_2^2)\,(d^2x_3/ds^2) + (\partial f_2/\partial x_1)\,(1 - x_2^2)\,(dx_1/ds)\,(dx_3/ds) -$$
$$- 2f_2x_2\,(dx_2/ds)\,(dx_3/ds)$$
$$0 = f_4\,(d^2x_4/ds^2) + (\partial f_4/\partial x_1)\,(dx_1/ds)\,(dx_4/ds).$$

La comparación con (2) da las componentes del campo gravitacional:

$$\Gamma_{11}{}^1 = - ½\,(1/f_1)\,(\partial f_1/\partial x_1), \quad \Gamma_{22}{}^1 = + ½\,(1/f_1)\,(\partial f_2/\partial x_1)\,[1/(1 - x_2^2)],$$
$$\Gamma_{33}{}^1 = + ½\,(1/f_1)\,(\partial f_2/\partial x_1)\,(1 - x_2^2),$$
$$\Gamma_{44}{}^1 = - ½\,(1/f_1)\,(\partial f_4/\partial x_1),$$
$$\Gamma_{21}{}^2 = - ½\,(1/f_2)\,(\partial f_2/\partial x_1), \quad \Gamma_{22}{}^2 = - x_2/(1 - x_2^2), \quad \Gamma_{33}{}^2 = - x_2\,(1 - x_2^2),$$
$$\Gamma_{31}{}^3 = - ½\,(1/f_2)\,(\partial f_2/\partial x_1), \quad \Gamma_{32}{}^3 = + x_2/(1 - x_2^2),$$
$$\Gamma_{41}{}^4 = - ½\,(1/f_4)\,(\partial f_4/\partial x_1)$$

(los demás, nulos)

Con simetría rotacional alrededor del punto cero, basta con formar las ecuaciones de campo sólo para el ecuador ($x_2 = 0$), de modo que, como la diferenciación sólo se hace una vez, $1 - x_2^2$ puede establecerse igual a 1 en todas partes en las expresiones anteriores desde el principio. El cálculo de las ecuaciones de campo da así como resultado

a) $\partial/\partial x_1\,[(1/f_1)\,(\partial f_1/\partial x_1)] = ½\,[(1/f_1)\,(\partial f_1/\partial x_1)]^2 + [(1/f_2)\,(\partial f_2/\partial x_4)]^2 + ½\,[(1/f_4)\,(\partial f_4/\partial x_1)]^2$,

b) $\partial/\partial x_1\,[(1/f_1)\,(\partial f_2/\partial x_1)] = 2 + (1/f_1f_2)\,(\partial f_2/\partial x_1)^2$

c) $\partial/\partial x_1\,[(1/f_1)\,(\partial f_4/\partial x_1)] = (1/f_1f_4)\,(\partial f_4/\partial x_1)^2$

193

Además de estas tres ecuaciones, las funciones f_1, f_2, f_4 también tienen que satisfacer la ecuación del determinante

d) $f_1f_2^2f_4 = 1$ o: $(1/f_1)(\partial f/\partial x_1) + (2/f_2)(\partial f_2/\partial x_1) + (1/f_4)(\partial f_4/\partial x_1) = 0.$

De entrada, dejo de lado (b) y determino las tres funciones f_1, f_2, f_4 a partir de (a), (c) y (d). (c) puede ponerse en la forma

$$\text{c')}\quad \partial/\partial x_1\,[(1/f_4)(\partial f_4/\partial x_1)] = (1/f_1 f_4)\,(\partial f_1/\partial x_1)\,(\partial f_4/\partial x_1).$$

Esto se puede integrar inmediatamente y da

$$\text{c´´)}\quad (1/f_4)\,(\partial f_4/\partial x_1) = \alpha\, f_1. \qquad (\alpha,\ \text{constante de integración})$$

Sumados (a) y (c´), dan

$$\partial/\partial x_1\,[(1/f_1)(\partial f_1/\partial x_1) + (1/f_4)(\partial f_4/\partial x_1)] = [(1/f_2)(\partial f_2/\partial x_1)]^2 + \\ + \tfrac{1}{2}\,[(1/f_1)(\partial f_1/\partial x_1) + (1/f_4)(\partial f_4/\partial x_1)]^2.$$

Junto con (d), sigue

$$-\,2\ \partial/\partial x_1\,[(1/f_2)(\partial f_2/\partial x_1)] = 3[(1/f_2)(\partial f_2/\partial x_1)]^2.$$

Integrado

$$1/[(1/f_2)(\partial f_2/\partial x_1)] = (3/2)\,x_1 + \rho/2 \qquad (\rho\text{: constante de integración})$$

o

$$(1/f_2)\,(\partial f_2/\partial x_1) = 2/(3x_1 + \rho).$$

Integrado de nuevo

$$f_2 = \lambda\,(3x_1 + \rho)^{2/3}. \qquad (\lambda\text{: constante de integración})$$

La condición en el infinito exige: $\lambda = 1$. Por tanto

$$f_2 = (3x_1 + \rho)^{2/3}. \tag{10}$$

Así que, de (c´´) y (d) se obtiene además

$$\partial f_4/\partial x_1 = \alpha\, f_1 f_4 = \alpha/f_2^{\,2} = \alpha/(3x_1 + \rho)^{2/3}.$$

Integrada teniendo en cuenta la condición en el infinito

$$f_4 = 1 - \alpha\,(3x_1 + \rho)^{-1/3}. \tag{11}$$

Y ahora, de (d)

$$f_1 = \{(3x_1 + \rho)^{-4/3}\}/\{1 - \alpha\,(3x_1 + \rho)^{-1/3}\} \tag{12}$$

194

Con las expresiones halladas de f_1 y f_2, la ecuación (b), como se calcula de nuevo fácilmente, se satisface por sí misma.

Se satisfacen así todos los requisitos salvo la *condición de continuidad*. f_1 se hace discontinua si

$$1 = \alpha\,(3x_1 + \rho)^{-1/3}, \qquad 3x_1 = \alpha^3 - \rho.$$

Para que esta discontinuidad coincida con el punto cero, tiene que ser

$$\rho = \alpha^3. \tag{13}$$

La condición de continuidad vincula pues de esta forma a las dos constantes de integración ρ y α.

La solución completa de nuestra tarea se escribe así ahora:

$$f_1 = (1/R^4)[1/(1-\alpha/R)], \qquad f_2 = f_3 = R^2, \qquad f_4 = 1-\alpha/R,$$

donde se ha introducido la magnitud auxiliar

$$R = (x^2+\rho)^{1/3} = (r^3+\alpha^3)^{1/3}.$$

Si insertamos estos valores de las funciones f en la expresión (9) del elemento de línea y al mismo tiempo volvemos a las coordenadas polares ordinarias, obtenemos el elemento de línea *que constituye la solución estricta del problema de EINSTEIN*:

$$ds^2 = (1-\alpha/R)dt^2 - \{dR^2/(1-\alpha/R)\} - R^2\,(d\vartheta^2 + \sin^2\vartheta\, d\phi^2), \quad R = (r^3+\alpha^3)^{1/3}. \tag{14}$$

Este elemento de línea contiene la constante única α, que depende del tamaño de la masa situada en el punto cero.

§ 5. Merced al cálculo precedente, la claridad de la solución ha emergido por sí misma. Que partiendo de un método de aproximación del tipo del del Sr. Einstein sería difícil reconocer la claridad, se ve en lo que sigue: Ya había resultado arriba, antes incluso de que se aplicara la condición de continuidad:

$$f_1 = [(3x_1+\rho)^{-4/3}]/[1-\alpha(3x_1+\rho)^{-1/3}] = [(r^3+\rho)^{-4/3}]/[1-\alpha(r^3+\rho)^{-1/3}].$$

Si α y ρ son pequeñas, el desarrollo en serie hasta magnitudes de segundo orden proporciona:

$$f_1 = (1/r^4)\,[1+\alpha/r-(4/3)\,(\rho/r^3)].$$

Esta expresión, junto con las correspondientes expresiones desarrolladas de f_2, f_3, f_4, satisface con la misma precisión todos los requisitos del problema. El requisito de continuidad no añade nada nuevo en el seno de esta aproximación,

195

pues de suyo las discontinuidades sólo aparecen en el punto cero. Las dos constantes α y ρ parecen por tanto seguir siendo arbitrarias, lo que haría que el problema fuera físicamente indeterminado. La solución estricta enseña que, en realidad, al continuar las aproximaciones, la discontinuidad no se presenta en el punto cero, sino en el punto $r = (\alpha^3-\rho)^{1/3}$, y que hay que hacer $\rho = \alpha^3$ para que la discontinuidad se desplace al punto cero. Habría que controlar muy bien la ley de los coeficientes, cuando se aproxima por potencias de α y ρ, para reconocer la necesidad de este vínculo entre α y ρ.

§ 6. Finalmente hay que deducir todavía el movimiento de un punto en el campo gravitacional, la línea geodésica que pertenece al elemento de línea (14). De las tres circunstancias en que el elemento de línea es homogéneo en las diferenciales y sus coeficientes son independientes de t y de ρ, resultan inmediatamente tres integrales intermedias de la variación. Si nos restringimos justamente al movimiento en el plano ecuatorial ($\vartheta = 90$, $d\vartheta = 0$), estas integrales intermedias son las siguientes:

$$(1-\alpha/R)\,(dt/ds)^2 - [1/(1-\alpha/R)]\,(dR/ds)^2 - R^2(d\phi/ds)^2 = \text{const.} = h, \tag{15}$$

$$R^2\,(d\phi/ds) = \text{const.} = c, \tag{16}$$

$$(1-\alpha/R)\,(dt/ds) = \text{const.} = 1 \text{ (determinación de la unidad de tiempo).} \tag{17}$$

Se sigue de aquí

$$(dR/d\phi)^2 + R^2 (1 - \alpha/R) = R^4/c^2 [1 - h (1 - \alpha/R)]$$

o para $1/R = x$

$$(dx/d\phi)^2 = (1 - h)/c^2 + (h\alpha/c^2)\, x - x^2 + \alpha x^3. \qquad (18)$$

Si se introducen las notaciones: $c^2/h = B$, $(1 - h)/h = 2A$, esto es idéntico a la ecuación (11) del Sr. Einstein del lugar citado y da la anomalía observada del perihelio de Mercurio.

En resumidas cuentas, la aproximación del Sr. Einstein para la curva orbital se convierte en la solución estricta, si en lugar de r se introduce la magnitud

$$R = (r^3 + \alpha^3)^{1/3} = r\,(1 + \alpha^3/r^3)^{1/3}.$$

196

Como α/r es casi igual al doble del cuadrado de la velocidad planetaria (unidad la velocidad de la luz), el paréntesis en sí sólo difiere de 1 en magnitudes del orden de 10^{-12} para Mercurio. Por tanto, R es prácticamente idéntico a r y la aproximación del Sr. Einstein es suficiente para las más remotas exigencias de la praxis.

Por último, queda todavía por deducir la forma estricta de la tercera ley de KEPLER para órbitas circulares. Para la velocidad angular $n = d\phi/dt$, si se introduce $x = 1/R$, rige, según (16) y (17)

$$n = cx^2 (1 - \alpha x).$$

Para órbitas circulares, tanto $dx/d\phi$ como $d^2x/d\phi^2$ tienen que ser cero. Lo que, según (18), da

$$0 = (1 - h)/c^2 + (h\alpha/c^2)\, x - x^2 + \alpha x^3, \qquad 0 = (h\alpha/c^2) - 2x + 3\alpha x^2.$$

La eliminación de h de estas dos ecuaciones proporciona

$$\alpha = 2c^2x\,(1 - \alpha x)^2.$$

Por lo que se sigue

$$n^2 = (\alpha/2)\, x^3 = \alpha/2R^3 = \alpha/2(r^3 + \alpha^3).$$

Hasta la superficie del sol, la desviación de esta fórmula de la tercera ley de KEPLER es completamente imperceptible. Sin embargo, para una masa puntual ideal, resulta que la velocidad angular no aumenta indefinidamente, como en la ley de NEWTON, a medida que disminuye el radio orbital, sino que se aproxima a un cierto límite

$$n_0 = 1/\alpha\sqrt{2}$$

(Para un punto de masa solar, la frecuencia de corte se sitúa en torno a 10^4 por segundo). Si para las fuerzas moleculares rigen leyes similares, esta circunstancia podría ser de interés allí.

FEBRERO

Carta de Karl Schwarzschild a Einstein

[en el frente ruso,] 6 de febrero de 1916

Estimado Sr. Einstein:

Muchas gracias por su carta del 9 de enero. Sobre Júpiter le escribí a Hertzsprung, quien me advirtió enseguida que en los próximos años Júpiter va a estar demasiado hacia el sur para nosotros. Esta precisión extrema sólo se puede lograr entre el cenit y quizás 50° de latitud. Así que el asunto habrá que dejarlo en manos de observatorios más meridionales. El Sr. Freundlich podría hacer méritos seleccionando tránsitos y ocultaciones de estrellas. (Simplemente me parece que el Sr. Banachiewiz ya se ha ocupado de esto con otros fines). Por cierto, sobre Freundlich no nos pondremos de acuerdo fácilmente y me gustaría decir únicamente que estar hablando de él una y otra vez no sirve de nada. Sencillamente creo que ha estropeado ya tanto las cosas con Struve que sería mejor que usara usted su influencia para conseguirle otro trabajo.

En cuanto al sistema inercial, estamos de acuerdo. Dice usted que más allá del sistema de la Vía Láctea podrían darse condiciones en las que el sistema galileano ya no fuese el más simple. Yo sólo digo que tales condiciones no se dan dentro del sistema de la Vía Láctea. En lo que se refiere a los espacios muy grandes, su teoría tiene una posición muy parecida a la geometría de Riemann, y ciertamente usted no desconoce que, partiendo de su teoría, se logra sacar una geometría elíptica si se deja al universo entero bajo una presión uniforme (tensor de energía $-p, -p, -p, 0$).

No puedo negar que, del modo más afortunado, ha hecho usted uso de una libertad que rebasa el tema.

Entre tanto, para intimar con su tensor de energía, he tratado el problema del globo terráqueo fluido incompresible (tensor de energía $-p, -p, -p, +\rho_0$). No lo habría hecho si hubiera sabido que me iba a costar tantos problemas.

El elemento de línea en el interior se escribe:

$$ds^2 = \left(\frac{3\cos\sigma_0 - \cos\sigma}{2}\right)^2 dt^2 - \frac{3}{\kappa\rho_0}\left[d\sigma^2 + \sin^2\sigma(d\vartheta^2 + \sin^2\vartheta d\varphi^2)\right]$$

ϑ, φ son las coordenadas polares habituales. σ está relacionada con el radiovector según:

$$\left(\frac{\kappa\rho_0}{3}\right)^{\frac{3}{2}} r^3 = \frac{9}{4}\cos\sigma_0\left(\sigma - \frac{1}{2}\sin 2\sigma\right) - \frac{1}{2}\sin^3\sigma$$

donde σ_0 está determinado por el radio de la esfera r_0 de acuerdo con

$$\left(\frac{\kappa\rho_0}{3}\right)^{\frac{3}{2}} r_0^3 = \frac{9}{4}\cos\sigma_0\left(\sigma_0 - \frac{1}{2}\sin 2\sigma_0\right) - \frac{1}{2}\sin^3\sigma_0$$

Para la presión p rige:

$$(\rho_0 + p)\left(\frac{3\cos\sigma_0 - \cos\sigma}{2}\right) = const.$$

El elemento de línea en el exterior es el primitivo, por lo que sólo en

$$R^3 = r^3 + \rho$$

no es $\rho = \alpha^3$, sino que, en vez de eso, rige:

$$\alpha = m\frac{2}{3Z-1} \qquad \rho = \frac{3}{2}\frac{\alpha^3}{\sin^6\sigma_0}(1-Z) \qquad m = \frac{\kappa\rho_0}{3}r_0^3$$

$$Z = \frac{3}{2}\frac{\cos\sigma_0}{\sin^3\sigma_0}\left(\sigma_0 - \frac{1}{2}\sin 2\sigma_0\right)$$

Lo extraño es que, para una esfera finita con $\cos\sigma_0 = \frac{1}{3}$, la presión en el centro ($\sigma = 0$) se hace infinita, no son posibles esferas más pequeñas de una masa dada. El paso a un radio infinitamente pequeño, en el que entonces tiene que resultar $\rho = \alpha^3$, también tiene lugar mediante soluciones sin sentido físico –siempre pensé que había calculado mal antes de darme cuenta de ello. ¿Ve usted con claridad de dónde viene el límite $\cos\sigma_0 = \frac{1}{3}$?

¡El corchete es el elemento de línea de la geometría esférica! Por tanto, en el interior de la esfera manda la geometría esférica. El interior de la esfera no es todo el espacio esférico, sino sólo una esfera de radio σ_0 en este espacio. Sólo en el incremento de la velocidad de la luz se nota si se está más cerca del centro o más cerca de la superficie.

Es aún más notable aquí, que en el caso del campo exterior, que *r* no tenga ningún significado físico, sino que sea sólo una variable que hace que $|g_{\mu\nu}|$ sea igual a 1. Parece como si tuviera que poder encontrarse una condición distinta de la de $|g_{\mu\nu}| = 1$ que hiciera aún más sencillas las ecuaciones de campo.

[Recogido en *The Collected Papers of Albert Einstein*. Volume 8, Part A: The Berlin Years: Correspondence 1914-1917 Pages 258-259-260. DOC. 188]

Carta de Einstein a Karl Schwarzschild

[Berlín, 19 de febrero de 1916]

Estimado colega,

Desgraciadamente, debido a sobrecarga de trabajo, no he podido responder a su carta anterior. Además, los casos especiales que allí se analizan despertaron mi interés en menor medida. Pero su nueva comunicación me parece muy interesante. He visto confirmados sus cálculos. Mi comentario al respecto en el artículo del 4 de noviembre ya no es válido según la nueva determinación de $\sqrt{-g} = 1$, como ya sabía. La elección del sistema de coordenadas según la condición $\sum \frac{\partial g^{\mu\nu}}{\partial x_\nu} = 0$ no es compatible con $\sqrt{-g} = 1$. Desde entonces, he manejado el caso de Newton de manera diferente, por supuesto, de acuerdo con la teoría final. – Así pues no existen ondas gravitacionales análogas a las ondas luminosas. Esto probablemente también esté relacionado con la unilateralidad del signo del escalar *T*, dicho sea de paso. (Inexistencia del “dipolo”).

Saludos cordiales y muchas gracias por la interesante comunicación. Suyo,

A. Einstein

[Recogida en *The Collected Papers of Albert Einstein*. Volume 8, Part A: The Berlin Years: Correspondence 1914-1917. Doc. 194. Page 265]

En su carta del 6 de febrero ya nos adelanta tema Schwarzschild de un segundo artículo pionero que acabará presentando Einstein en la Academia el 24:

Karl Schwarzschild. «***Über das Gravitationsfeld einer Kugel aus inkompressibler Flüssigkeit nach der Einsteinschen Theorie***». *Preussische Akademie der Wissenschaften. Sitzungsberichte* (Februar 1916), pp. 424-434. (Vorgelegt am 24. Februar 1916, von A. Einstein). (Presentado por A. Einstein el 24 de febrero de 1916) [Sitzung der phys.-math. Klasse v. 23. März 1916.] [Sesión de la Sección de Física matemática del 23 de marzo de 1916] («*Campo gravitacional de una esfera de fluido incompresible según la teoría de Einstein*»)

424

Campo gravitacional de una esfera de fluido incompresible según la teoría de Einstein

§ 1. Como ejemplo adicional de la teoría de la gravitación de Einstein, he calculado el campo gravitatorio de una esfera homogénea de radio finito de fluido incompresible. El añadido «de fluido incompresible» es necesario porque en la teoría de la relatividad la gravitación depende no sólo de la cantidad de materia sino también de su energía y, por ejemplo, un cuerpo sólido de un cierto estado de tensión daría una gravitación diferente a la de un fluido.

El cálculo es una continuación directa de mi comunicación sobre el campo gravitacional de una masa puntual (estas Actas, 1916, página 189), que citaré brevemente como «masa puntual».

§ 2. Las ecuaciones de campo de la gravitación de Einstein (estas actas 1915, p. 845) se escriben generalmente así:

$$\sum_{\alpha} \frac{\partial \Gamma^{\alpha}_{\mu\nu}}{\partial x_{\alpha}} + \sum_{\alpha\beta} \Gamma^{\alpha}_{\mu\beta} \Gamma^{\beta}_{\nu\alpha} = G_{\mu\nu}. \qquad (1)$$

Las magnitudes $G_{\mu\nu}$ se anulan donde no hay presente materia. En el interior de un fluido incompresible se determinan de la siguiente manera: El «tensor mixto de energía» de un fluido incompresible en reposo, según el Sr. Einstein (estas Actas, 1914, p. 1062, la P de allí se anula debido a la incompresibilidad), es

$$T^1_1 = T^2_2 = T^3_3 = -p, \quad T^4_4 = \rho_0, \quad (\text{los demás } T^{\nu}_{\mu} = 0). \qquad (2)$$

p representa aquí la presión y ρ_0 la densidad constante del fluido.

El «tensor covariante de energía» pasa a ser:

$$T_{\mu\nu} = \sum_{\nu} T^{\nu}_{\sigma} g_{\nu\sigma}. \qquad (3)$$

425

Consideremos además

$$T=\sum_{\sigma} T_{\sigma}^{\sigma}=\rho_0-3p \tag{4}$$

y:

$$\kappa=8\pi k^2,$$

donde k^2 es la constante gravitacional de Gauss. Entonces, según el Sr. Einstein (estas Actas, 1915, p. 845, ec. 2a), los segundos miembros de las ecuaciones de campo se escriben:

$$G_{\mu\nu}=-\kappa(T_{\mu\nu}-\frac{1}{2}g_{\mu\nu}T). \tag{5}$$

Para que el fluido esté en equilibrio deben cumplirse las condiciones (ibid. Ec. 7a)

$$\sum_{\alpha}\frac{\partial T_{\sigma}^{\alpha}}{\partial x_{\alpha}}+\sum_{\mu\nu}\Gamma_{\sigma\nu}^{\mu}T_{\mu}^{\nu}=0. \tag{6}$$

§ 3. Al igual que para la masa puntual, las ecuaciones generales para la esfera deben también especializarse para el caso de simetría rotacional alrededor del origen (punto cero). Como allí, es aconsejable introducir las coordenadas polares del determinante 1:

$$x_1=r^3/2,\quad x_2=-\cos\vartheta,\quad x_3=\phi,\quad x_4=t. \tag{7}$$

El elemento de línea debe entonces, como allí, tener la forma

$$ds^2=f_4dx_4^2-f_1dx_1^2-f_2\frac{dx_2^2}{1-x_2^2}-f_2dx_3^2(1-x_2^2), \tag{8}$$

de modo que se tiene:

$$g_{11}=-f_1,\quad g_{22}=-\frac{f_2}{1-x_2^2},\quad g_{33}=-f_2(1-x_2^2),\quad g_{44}=f_4$$

(los demás $g_{\mu\nu}=0$).

Las f son funciones sólo de x_1.

Para el espacio exterior a la esfera se obtienen también las soluciones (10), (11, (12):

$$f_4=1-\alpha\,(3x_1+\rho)^{-1/3},\quad f_2=(3x_1+\rho)^{2/3},\quad f_1f_2^2f_4=1, \tag{9}$$

donde α y ρ son dos constantes inicialmente arbitrarias que deben determinarse a partir de la masa y el radio de nuestra esfera.

La tarea pendiente es establecer y resolver las ecuaciones de campo para el interior de la esfera utilizando la expresión (8) del elemento de línea. Para los segundos miembros se obtiene sucesivamente:

$$T_{11} = T_1^1 g_{11} = -pf_1, \qquad T_{22} = T_2^2 g_{22} = -\frac{pf_2}{1-x_2^2},$$

$$T_{33} = T_3^3 g_{33} = -pf_2(1-x_2^2), \qquad T_{44} = T_4^4 g_{44} = \rho_0 f_4.$$

$$G_{11} = \frac{\kappa f_1}{2}(p-\rho_0), \qquad G_{22} = \frac{\kappa f_2}{2}\frac{1}{1-x_2^2}(p-\rho_0),$$

$$G_{33} = \frac{\kappa f_2}{2}(1-x_2^2)(p-\rho_0), \qquad G_{44} = -\frac{\kappa f_4}{2}(\rho_0+3p).$$

Las expresiones de las componentes $\Gamma^{\alpha}_{\mu\nu}$ del campo gravitacional pueden asumirse sin cambios desde la masa puntual (§ 4) mediante la función f y los primeros miembros de las ecuaciones de campo. Si nos restringimos de nuevo al ecuador ($x_2 = 0$) se obtiene el siguiente sistema de ecuaciones:

En primer lugar, las tres ecuaciones de campo:

$$-\frac{1}{2}\frac{\partial}{\partial x_1}\left(\frac{1}{f_1}\frac{\partial f_1}{\partial x_1}\right)+\frac{1}{4}\frac{1}{f_1^2}\left(\frac{\partial f_1}{\partial x_1}\right)^2+\frac{1}{2}\frac{1}{f_2^2}\left(\frac{\partial f_2}{\partial x_1}\right)^2+\frac{1}{4}\frac{1}{f_4^2}\left(\frac{\partial f_4}{\partial x_1}\right)^2 = -\frac{x}{2}f_1(\rho_0-p) \qquad \text{(a)}$$

$$+\frac{1}{2}\frac{\partial}{\partial x_1}\left(\frac{1}{f_1}\frac{\partial f_2}{\partial x_1}\right)-1-\frac{1}{2}\frac{1}{f_1 f_2}\left(\frac{\partial f_2}{\partial x_1}\right)^2 = -\frac{\kappa}{2}f_2(\rho_0-p) \qquad \text{(b)}$$

$$-\frac{1}{2}\frac{\partial}{\partial x_1}\left(\frac{1}{f_1}\frac{\partial f_4}{\partial x_1}\right)+\frac{1}{2}\frac{1}{f_1 f_4}\left(\frac{\partial f_4}{\partial x_1}\right)^2 = -\frac{\kappa}{2}f_4(\rho_0+3p). \qquad \text{(c)}$$

Luego está la ecuación del determinante:

$$f_1 f_2^2 f_4 = 1. \qquad \text{(d)}$$

Las condiciones de equilibrio (6) proporcionan la ecuación:

$$-\frac{\partial p}{\partial x_1} = -\frac{p}{2}\left[\frac{1}{f_1}\frac{\partial f_1}{\partial x_1}+\frac{2}{f_2}\frac{\partial f_2}{\partial x_1}\right]+\frac{\rho_0}{2}\frac{1}{f_4}\frac{\partial f_4}{\partial x_1}. \qquad \text{(e)}$$

De las consideraciones generales del señor Einstein se desprende que las cinco ecuaciones anteriores con las cuatro incógnitas f_1, f_2, f_4, p son compatibles entre sí.

Tenemos que determinar una solución de estas 5 ecuaciones que esté libre de singularidades dentro de la esfera. En la superficie de la esfera tiene que ser $p = 0$, y las funciones f y sus primeras derivadas deben cambiar continuamente a los valores (9) fuera de la esfera.

A partir de ahora se omitirá, para simplificar, el índice 1 de x_1.

§ 4. Con ayuda de la ecuación del determinante, la condición de equilibrio (e) se transforma en:

$$-\frac{\partial p}{\partial x}=\frac{\rho_0+p}{2}\frac{1}{f_4}\frac{\partial f_4}{\partial x}.$$

427

Esto se puede integrar inmediatamente y da

$$(\rho_0+p)\sqrt{f_4}=konst.=\gamma\,. \qquad (10)$$

Multiplicando por los factores $(-\,2)$, $(+\,2f_1/f_2)$, $(-\,2f_1/f_4)$, las ecuaciones de campo (a) (b) (c) pueden convertirse en:

$$\frac{\partial}{\partial x}\left(\frac{1}{f_1}\frac{\partial f_1}{\partial x}\right)=\frac{1}{2f_1^2}\left(\frac{\partial f_1}{\partial x}\right)^2+\frac{1}{f_2^2}\left(\frac{\partial f_2}{\partial x}\right)^2+\frac{1}{2f_4^2}\left(\frac{\partial f_4}{\partial x}\right)^2+\kappa f_1(\rho_0-p) \qquad (a')$$

$$\frac{\partial}{\partial x}\left(\frac{1}{f_2}\frac{\partial f_2}{\partial x}\right)=2\frac{f_1}{f_2}+\frac{1}{f_1f_2}\frac{\partial f_1}{\partial x}\frac{\partial f_2}{\partial x}-\kappa f_1(\rho_0-p) \qquad (b')$$

$$\frac{\partial}{\partial x}\left(\frac{1}{f_4}\frac{\partial f_4}{\partial x}\right)=\frac{1}{f_1f_4}\frac{\partial f_1}{\partial x}\frac{\partial f_4}{\partial x}+\kappa f_1(\rho_0+3p) \qquad (c')$$

Si se forman las combinaciones $a'+2b'+c'$ y $a'+c'$ y se hace uso de la ecuación del determinante, se obtiene:

$$0=4\frac{f_1}{f_2}-\frac{1}{f_2^2}\left(\frac{\partial f_2}{\partial x}\right)^2-\frac{2}{f_2f_4}\frac{\partial f_2}{\partial x}\frac{\partial f_4}{\partial x}+4\kappa f_1 p \qquad (11)$$

$$0=2\frac{\partial}{\partial x}\left(\frac{1}{f_2}\frac{\partial f_2}{\partial x}\right)+\frac{3}{f_2^2}\left(\frac{\partial f_2}{\partial x}\right)^2+2\kappa f_1(\rho_0+p) \qquad (12)$$

Introduciremos aquí nuevas variables, sugeridas por el hecho de que se comportan, según la esfera, de forma muy sencilla, por lo que también tendrán que llevar a una forma sencilla las partes de las actuales ecuaciones que estén libres de ρ_0 y p.

Sean:

$$f_2=\eta^{2/3},\quad f_4=\zeta\eta^{-1/3},\quad f_1=1/\zeta\eta. \qquad (13)$$

Entonces, fuera de la esfera, según (9), es:

$$\eta=3x+\rho,\quad \zeta=\eta^{1/3}-\alpha, \qquad (14)$$

$$\partial\eta/\partial x=3,\quad \partial\zeta/\partial x=\eta^{-2/3}. \qquad (15)$$

Si se introducen estas nuevas variables y se sustituye ρ_0+p por $\gamma f_4^{-1/2}$ según (10), las ecuaciones (11) y (12) pasan a ser:

$$(\partial\eta/\partial x)\,(\partial\zeta/\partial x)=3\,\eta^{-2/3}+3\,\kappa\gamma\zeta^{-1/2}\,\eta^{1/6}-3\,\kappa\rho_0 \qquad (16)$$

$$2\,\zeta\,(\partial^2\eta/\partial x) = -\,3\,\kappa\gamma\zeta^{-1/2}\,\eta^{1/6}. \qquad (17)$$

428

La suma de estas dos ecuaciones da como resultado

$$2\zeta\frac{\partial^2\eta}{\partial x^2}+\frac{\partial\eta}{\partial x}\frac{\partial\zeta}{\partial x}=3\eta^{-2/3}-3\kappa\rho_0\,.$$

El factor integrador de esta ecuación es $\partial\eta/\partial x$. La integración proporciona:

$$\zeta(\partial\eta/\partial x)^2 = 9\eta^{1/3} - 3\kappa\rho_0\eta + 9\lambda \qquad (\lambda \text{ constante de integración}) \qquad (18)$$

Elevando a la potencia 3/2, se obtiene:

$$\zeta^{3/2}\,(\partial\eta/\partial x)^3 = (9\eta^{1/3} - 3\kappa\rho_0\eta + 9\lambda)^{3/2}.$$

Si se divide (17) por esta ecuación, ζ desaparece y queda la siguiente ecuación diferencial para η:

$$\frac{2\dfrac{\partial^2\eta}{\partial x^2}}{\left(\dfrac{\partial\eta}{\partial x}\right)^3}=-\frac{3\kappa\gamma\eta^{1/6}}{(9\eta^{1/3}-3\kappa\rho_0\eta+\lambda)^{3/2}}\,.$$

Aquí es de nuevo $\partial\eta/\partial x$ el factor integrador. La integración da:

$$\frac{2}{\left(\dfrac{\partial\eta}{\partial x}\right)}=3\kappa\gamma\int\frac{\eta^{1/6}d\eta}{(9\eta^{1/3}-3\kappa\rho_0\eta+\lambda)^{3/2}} \qquad (19)$$

y como es:

$$\frac{2}{\left(\dfrac{\delta\eta}{\delta x}\right)}=\frac{2\delta x}{\delta\eta},$$

resulta, integrando de nuevo:

$$x=\frac{\kappa\gamma}{18}\int d\eta\int\frac{\eta^{1/6}d\eta}{\left(\eta^{1/3}-\dfrac{\kappa\rho_0}{3}\eta+\lambda\right)^{3/2}}\,. \qquad (20)$$

De aquí resulta x como función de η y, por inversión, η como función de x. Además, de (18) y (19) se sigue ζ y, por tanto, según (13), las funciones f. Así pues, nuestro problema se reduce a cuadraturas.

§ 5. Hay que determinar ahora las constantes de integración de forma que el interior de la esfera permanezca libre de singularidades y la conexión continua con los valores exteriores de las funciones f y sus derivadas se lleve a cabo en la superficie de la esfera.

429

Sean, en la superficie de la esfera, $r = r_\alpha$, $x = x_\alpha$, $\eta = \eta_\alpha$, etc. La continuidad de η y ζ puede mantenerse siempre determinando posteriormente las constantes α y ρ en (14). Para que las derivadas también sigan siendo continuas y, según (15), sea $\left(\frac{d\eta}{dx}\right)_\alpha = 3$ y $\left(\frac{d\zeta}{dx}\right)_\alpha = \eta^{-2/3}$, tiene que ser, según (16) y (18):

$$\gamma = \rho_0\, \zeta_\alpha^{1/2}\, \eta_\alpha^{-1/6}, \quad \zeta_\alpha = \eta_\alpha^{1/3} - (\kappa\rho_0/3)\, \eta_\alpha + \lambda \tag{21}$$

De aquí se deduce

$$\zeta_\alpha \eta_\alpha^{-1/3} = (f_4)_\alpha = 1 - (\kappa\rho_0/3)\eta_\alpha^{2/3} + \lambda\eta_\alpha^{2/3} + \lambda\eta_\alpha^{-1/3}.$$

Por lo tanto

$$\gamma = \rho_0 \sqrt{(f_4)_\alpha}\,. \tag{22}$$

Comparando con (10) se ve que la condición $p = 0$ también se satisface en la superficie. El requisito $\left(\frac{d\eta}{dx}\right)_\alpha = 3$ proporciona la siguiente determinación para los límites de integración en (19):

$$\frac{3dx}{d\eta} = 1 - \frac{\kappa\gamma}{6} \int_{\eta}^{\eta_\alpha} \frac{\eta^{1/6}\, d\eta}{\left(\eta^{1/3} - \frac{\kappa\rho_0}{3}\eta + \lambda\right)^{3/2}} \tag{23}$$

y por tanto (20) sufre la siguiente determinación de los límites de integración:

$$3(x - x_\alpha) = \eta - \eta_\alpha + \frac{\kappa\gamma}{6} \int_{\eta}^{\eta_\alpha} d\eta \int_{\eta}^{\eta_\alpha} \frac{\eta^{1/6}\, d\eta}{\left(\eta^{1/3} - \frac{\kappa\rho_0}{3}\eta + \lambda\right)^{3/2}}\,. \tag{24}$$

Se cumplen, pues, todas las condiciones de superficie. Las dos constantes η_α y λ, que vienen determinadas por las condiciones de continuidad en el punto cero, están aún sin determinar.

En primer lugar tenemos que exigir que para $x = 0$ sea también $\eta = 0$. Si no fuera ese el caso, entonces f_2 sería una cantidad finita en el punto cero (origen), y un cambio de ángulo $d\phi = dx_3$ en el punto cero, que en realidad no significa movimiento alguno, haría una contribución al elemento de línea. La condición para fijar η_α se deduce, pues, de (24):

$$3x_\alpha = \eta_\alpha - \frac{\kappa\gamma}{6}\int_0^{\eta_\alpha} d\eta \int_\eta^{\eta_\alpha} \frac{\eta^{1/6}d\eta}{\left(\eta^{1/3} - \frac{\kappa\rho_0}{3}\eta + \lambda\right)^{3/2}} \qquad (25)$$

430

λ viene determinada finalmente por el requisito de que la presión en el centro de la esfera debe permanecer finita y positiva, de lo que, según (10), se sigue que f_4 debe permanecer allí finita y distinta de cero. Según (13), (18) y (23), se tiene:

$$f_4 = \zeta\eta^{-1/3} = \left(1 - \frac{\kappa\rho_0}{3}\eta^{2/3} + \lambda\eta^{-1/3}\right)\left[1 - \frac{\kappa\gamma}{6}\int_\eta^{\eta_0} \frac{\eta^{1/6}d\eta}{(\eta^{1/3} - \frac{\kappa\rho_0}{3}\eta + \lambda)^{3/2}}\right]^2 \qquad (26)$$

Se supone, de entrada, que λ > 0 o λ < 0. Luego, para η muy pequeño, se sigue:

$$f_4 = \frac{\lambda}{\eta^{1/3}}\left[K + \frac{\kappa\gamma}{7}\frac{\eta^{7/6}}{\lambda^{3/2}}\right]^2,$$

donde se ha puesto:

$$K = 1 - \frac{\kappa\gamma}{6}\int_0^{\eta_0} \frac{\eta^{1/6}d\eta}{\left(\eta^{1/3} - \frac{\kappa\rho_0}{3}\eta + \lambda\right)^{3/2}}. \qquad (27)$$

Por tanto, en el centro ($\eta = 0$), f_4 se hace infinito, excepto cuando $K = 0$. Pero si $K = 0$, f_4 se anula para $\eta = 0$. En ningún caso resulta una f_4 finita y distinta de cero para $\eta = 0$. Se ve por tanto que el supuesto λ > 0 o λ < 0 no conduce a soluciones físicamente útiles, y se deduce que tiene que ser λ = 0.

§ 6. Con la condición λ = 0, todas las constantes de integración quedan en lo sucesivo fijadas. Al mismo tiempo, las integraciones por realizar se vuelven muy sencillas. Si, en vez de η, se introduce una nueva variable χ mediante la definición:

$$\sin\chi = \sqrt{\frac{\kappa\rho_0}{3}}\cdot\eta^{1/3} \qquad \left(\sin\chi_\alpha = \sqrt{\frac{\kappa\rho_0}{3}}\cdot\eta_\alpha^{1/3}\right), \qquad (28)$$

las ecuaciones (13), (26), (10), (24), (25) se transforman, por cálculo elemental, en las siguientes:

$$f_2 = \frac{3}{\kappa\rho_0}\sin^2\chi\,, \quad f_4 = \left(\frac{3\cos\chi_\alpha - \cos\chi}{2}\right)^2, \quad f_1 f_2^2 f_4 = 1\,. \tag{29}$$

$$\rho_0 + p = \rho_0 \frac{2\cos\chi_\alpha}{3\cos\chi_\alpha - \cos\chi}\,. \tag{30}$$

$$3x = r^3 = \left(\frac{\kappa\rho_0}{3}\right)^{-3/2}\left[\frac{9}{4}\cos\chi_\alpha\left(\chi - \frac{1}{2}\sin 2\chi\right) - \frac{1}{2}\sin^3\chi\right]. \tag{31}$$

La constante χ_α se determina a partir de la densidad ρ_0 y el radio r_α de la esfera según la relación:

$$\left(\frac{\kappa\rho_0}{3}\right)^{3/2} r_\alpha^3 = \frac{9}{4}\cos\chi_\alpha\left(\chi_\alpha - \frac{1}{2}\sin 2\chi_\alpha\right) - \frac{1}{2}\sin^3\chi_\alpha\,. \tag{32}$$

431

Las constantes α y ρ de la solución para la región exterior se deducen de (14) como:

$$\rho = \eta_\alpha - 3x_\alpha \qquad \alpha = \eta_\alpha^{1/3} - \zeta_\alpha$$

y obtienen los valores:

$$\rho = \left(\frac{\kappa\rho_0}{3}\right)^{-3/2}\left[\frac{3}{2}\sin^3\chi_\alpha - \frac{9}{4}\cos\chi_\alpha\left(\chi_\alpha - \frac{1}{2}\sin 2\chi_\alpha\right)\right] \tag{33}$$

$$\alpha = \left(\frac{\kappa\rho_0}{3}\right)^{-1/2} \cdot \sin^3\chi_\alpha\,. \tag{34}$$

Si en vez de x_1, x_2, x_3 (ix) se utilizan las variables χ, ϑ, ϕ, *el elemento de línea en el interior de la esfera adopta la sencilla forma*:

$$ds^2 = \left(\frac{3\cos\chi_\alpha - \cos\chi}{2}\right)^2 dt^2 - \frac{3}{\kappa\rho_0}[d\chi^2 + \sin^2\chi d\vartheta^2 + \sin^2\chi\sin^2\vartheta d\phi^2]\,. \tag{35}$$

Fuera de la esfera, la forma del elemento de línea sigue siendo la misma que en el caso de la masa puntual:

$$ds^2 = \left(1 - \frac{\alpha}{R}\right)dt^2 - \frac{dR^2}{1 - \alpha/R} - R^2(d\vartheta^2 + \sin^2\vartheta d\phi^2) \tag{36}$$

siendo:

$$R^3 = r^3 + \rho.$$

Sólo ρ se determina según (33), mientras que para la masa puntual era $\rho = \alpha^3$.

§ 7. La solución completa de nuestro problema contenida en el párrafo anterior está ligada a las siguientes observaciones.

1. El elemento de línea *espacial* ($dt = 0$) en el interior de la esfera es:

$$-\,ds^2 = (3/\kappa\rho_0)\,[d\chi^2 + \sin^2\chi\, d\vartheta^2 + \sin^2\chi \sin^2\vartheta\, d\phi^2].$$

Es el conocido elemento de línea de la llamada geometría no euclídea del espacio esférico. *En el interior de nuestra esfera impera pues la geometría del espacio esférico.* El radio de curvatura del espacio esférico es $\sqrt{\dfrac{3}{\kappa\rho_0}}$. Nuestra esfera no constituye la totalidad del espacio esférico, sino sólo una parte, ya que χ no puede crecer hasta $\pi/2$, sino sólo hasta el límite χ_α. Para el Sol, el radio de curvatura del espacio esférico, que gobierna la geometría en su interior, sería unas 500 veces el radio del Sol (véanse las fórmulas (39) y (42)).

432

Un resultado interesante de la teoría de Einstein es que, dentro de las esferas que gravitan, exige realidad para la geometría del espacio esférico, que hasta ahora había que considerar como una mera posibilidad.

Dentro de la esfera son longitudes «medidas naturalmente» las magnitudes:

$$\sqrt{\frac{3}{\kappa\rho_0}}d\chi, \quad \sqrt{\frac{3}{\kappa\rho_0}}\sin\chi d\vartheta, \quad \sqrt{\frac{3}{\kappa\rho_0}}\sin\chi\sin\vartheta d\phi. \tag{37}$$

El radio «medido por dentro» desde el centro de la esfera hasta superficie será:

$$P_i = \sqrt{\frac{3}{\kappa\rho_0}}\chi_\alpha. \tag{38}$$

La circunferencia de la esfera, medida a lo largo de un meridiano (o de cualquier otro círculo mayor) y dividida por 2π, se denomina radio «medido exteriormente» P_α. Resulta:

$$P_\alpha = \sqrt{\frac{3}{\kappa\rho_0}}\sin\chi_\alpha. \tag{39}$$

Según la expresión (36) del elemento de línea fuera de la esfera, este P_α es evidentemente idéntico al valor $R_\alpha = (r_\alpha^3 + \rho)^{1/3}$ que toma la variable R en la superficie de la esfera.

Con el radio P_α se obtienen para α de (34) las sencillas relaciones:

$$\frac{\alpha}{P_\alpha} = \sin^2 \chi_\alpha, \quad \alpha = \frac{\kappa\rho_0}{3} P_\alpha^3. \tag{40}$$

El volumen de nuestra esfera pasa a ser:

$$V = \left(\sqrt{\frac{3}{\kappa\rho_0}}\right)^3 \int_0^{\chi_\alpha} d\chi \sin^2 \chi \int_0^{\pi} d\vartheta \sin\vartheta \int_0^{2\pi} d\phi = 2\pi \left(\sqrt{\frac{3}{\kappa\rho_0}}\right)^3 \left(\chi_\alpha - \frac{1}{2}\sin 2\chi_\alpha\right).$$

La masa M de nuestra esfera es por tanto ($\kappa = 8\pi k^2$)

$$M = \rho_0 V = \frac{3}{4k^2}\sqrt{\frac{3}{\kappa\rho_0}}\left(\chi_\alpha - \frac{1}{2}\sin 2\chi_\alpha\right). \tag{41}$$

2. De las ecuaciones de movimiento de un punto de masa infinitamente pequeña fuera de nuestra esfera, que conservan la misma forma que para la masa puntual (ecuaciones (15) – (17)), se extraen las siguientes observaciones:

433

A gran distancia, el movimiento del punto se produce según la ley de Newton, donde $\alpha/2k^2$ desempeña el papel de la masa de atracción. Por tanto, $\alpha/2k^2$ puede describirse como la «masa gravitatoria» de nuestra esfera.

Además, si se deja caer un punto desde el reposo en el infinito hasta la superficie de la esfera, la velocidad de caída «medida naturalmente» alcanza el valor

$$\upsilon_\alpha = \frac{1}{\sqrt{1-\alpha/R}}\frac{dR}{ds} = \sqrt{\frac{\alpha}{R_\alpha}}.$$

Por tanto, según (40), es:

$$\upsilon_\alpha = \sin \chi_\alpha. \tag{42}$$

Para el Sol, la velocidad de caída es aproximadamente 1/500 de la velocidad de la luz. Es fácil convencerse de que, dado el pequeño valor resultante de χ_α y χ ($<\chi_\alpha$), todas nuestras ecuaciones, excepto los conocidos efectos de segundo orden de Einstein, se funden en las de la teoría de Newton.

3. Para la relación entre la masa gravitatoria $\alpha/2k^2$ y la masa sustancial M, se encuentra

$$\frac{\alpha}{2k^2 M} = \frac{2}{3}\frac{\sin^3 \chi_\alpha}{\chi_\alpha - \frac{1}{2}\sin 2\chi_\alpha}. \tag{43}$$

Con el aumento de la velocidad de caída υ_α (= sin χ_α) y el aumento de la concentración de masa, la relación entre la masa gravitatoria y la masa sustancial disminuye. Esto se explica porque, por ejemplo, con masa constante y densidad creciente, el paso a un radio menor se produce con disipación de energía (reducción de la temperatura por radiación).

4. La velocidad de la luz en nuestra esfera pasa a ser

$$\upsilon = \frac{2}{3\cos\chi_\alpha - \cos\chi}, \tag{44}$$

y por tanto, aumenta de $1/\cos\chi_\alpha$ en la superficie a $2/(3\cos\chi_\alpha - 1)$ en el centro. Según (10) y (30), la magnitud de presión $\rho_0 + p$ crece proporcionalmente a la velocidad de la luz.

En el centro de la esfera ($\chi = 0$), la velocidad de la luz y la presión se hacen infinitas en cuanto $\cos\chi_\alpha = 1/3$ y la velocidad de caída se ha hecho igual a $\sqrt{8/9}$ de la velocidad (medida naturalmente) de la luz.

434

Existe por tanto un límite de concentración más allá del cual no puede existir una esfera de fluido incompresible. Si se aplicasen nuestras ecuaciones a valores $\cos\chi_\alpha < 1/3$, se obtendrían ya discontinuidades fuera del centro de la esfera. Sin embargo, para χ_α mayores, se pueden encontrar soluciones del problema que sean continuas al menos fuera del centro de la esfera si se pasa al caso $\lambda \gtrless 0$ y se satisface la condición $K = 0$ (Ec. 27). Mediante estas soluciones, que por supuesto carecen de sentido físico ya que dan como resultado una presión infinita en el centro, se puede pasar al caso límite de una masa concentrada en un punto y encontrar entonces de nuevo la relación $\rho = \alpha^3$ que, según la investigación anterior, rige para la masa puntual. Cabe todavía advertir aquí que sólo se puede hablar de una masa puntual en la medida en que se utilice la variable r, que por lo demás, sorprendentemente, no desempeña ningún papel en la geometría y el movimiento dentro de nuestro campo gravitacional. *Para un observador que mida por fuera se sigue, según (40), que una esfera de masa gravitatoria dada,* $\alpha/2k^2$, *no puede tener un radio, medido en el exterior, menor que*

$$P_\alpha = \alpha.$$

Para una esfera de fluido incompresible el límite es $9/8\ \alpha$. (Para el Sol, α es igual a 3 km, para una masa de 1 g es igual a $1{,}5 \cdot 10^{-28}$ cm.)

MARZO

Mach da un juego que será obsesivo de forma indefinida. Evitar la introducción de un espacio absoluto, exige suponer que las masas distantes juegan un papel relevante en la determinación del campo métrico. Separemos un fragmento [*Die Grundlage der allgemeinen Relativitätstheorie* (p. 772).].

> Una respuesta satisfactoria a la pregunta planteada anteriormente sólo puede ser la siguiente: El sistema físico formado por S_1 y S_2 no muestra ninguna causa concebible por sí

mismo a la que pueda atribuirse el diferente comportamiento de S_1 y S_2. Por lo tanto, la causa debe estar fuera de este sistema. Llegamos a la conclusión de que las leyes generales del movimiento, que determinan en particular las formas de S_1 y S_2, deben ser tales que el comportamiento mecánico de S_1 y S_2 debe ser causado esencialmente por masas distantes que no habíamos incluido en el sistema considerado. Estas masas lejanas (y sus movimientos relativos con respecto a los cuerpos considerados) deben considerarse entonces como portadoras de causas que en principio pueden observarse para el diferente comportamiento de nuestros cuerpos considerados; asumen el papel de la causa ficticia R_1. De todos los espacios concebibles R_1, R_2, etc., que pueden desplazarse entre sí a voluntad, ninguno puede considerarse a priori como preferido si no se quiere revivir la objeción epistemológica esbozada anteriormente. Las leyes de la física tienen que estar constituidas de modo que tengan validez con relación a cualquier sistema de referencia que se mueva. Llegamos así a una extensión del postulado de relatividad.

MAYO

De momento es la *extensión* del universo lo que preocupa. La *expansión*, de estar, está *sotto voce* en el inconsciente esperando turno.

Carta de Einstein a Michele Besso

Berlín, 14 de mayo de 1916

En la gravitación estoy buscando ahora las condiciones de contorno en el infinito; es interesante considerar hasta qué punto existe un universo *finito*, es decir, un universo de extensión finita medida naturalmente, en el que toda inercia es realmente relativa… Pronto podré enviarte el trabajo detallado sobre gravitación, en el que todo está explícitamente calculado.

… Y pequeñas confidencias entre amigos:

Hoy ha sido el funeral de Schwarzschild, director del observatorio de Potsdam. Seguramente ya te he hablado de él; es una lástima. Habría sido una perla si hubiera sido tan decente como inteligente.

El universo humano. Dejémoslo ahí.

[Recogida en *TCPAE*. Volume 8-A, Doc, 219. p. 286/287. Doc. 219]

JUNIO

En la carta a W. de Sitter que sigue, Einstein está de alguna forma haciendo referencia a su artículo «*Näherungsweise Integration der Feldgleichungen der Gravitation*» [véase abajo ↓] el propio día en que lo presenta en la Sesión de la Sección de física matemática de la Academia Prusiana de Ciencias. Estamos, pues, de estreno: las ondas gravitacionales salen a escena como protagonistas definitivas de una nueva época de conocimiento.

Carta de Einstein a Willem de Sitter

[Berlin,] 22 de junio de 1916

Estimado colega:

Su carta me ha alegrado y estimulado mucho. He descubierto que las ecuaciones gravitacionales se pueden resolver exactamente en primera aproximación mediante potenciales retardados si se renuncia a la condición $\sqrt{-g}=1$ para la elección de coordenadas. Su solución para la masa puntual sale entonces al particularizarla a este caso. Por supuesto, su solución difiere de la primitiva mía [4] sólo en la elección del sistema de coordenadas, pero no en contenido.

Ahora bien, se podría pensar que la elección de coordenadas $\sqrt{-g}=1$ no es nada natural. He encontrado sin embargo una justificación física muy interesante para esto último. Llamo *K* al sistema $\sqrt{-g}$ y *K*' al sistema generalizado de de Sitter. Preguntémonos ahora por las ondas gravitacionales planas.

En el sistema *K*' encuentro 3 tipos de ondas, de las cuales sólo una está ligada al transporte de energía. En el sistema *K*, por el contrario, sólo está presente el tipo portador de energía. ¿Qué quiere decir esto? Esto significa que los dos primeros tipos de ondas obtenidos con respecto a *K*' en realidad no existen, sino que son simulados por movimientos ondulatorios del sistema de coordenadas con respecto al espacio galileano. El sistema ($\sqrt{-g}=1$) excluye por tanto sistemas de referencia –que se muevan como ondas– que simulan ondas gravitacionales sin energía. Sin embargo, el sistema *K*' es útil para integrar las ecuaciones de campo en primera aproximación. Siento curiosidad por su artículo sobre la Luna y, en suma, me alegra mucho que le agrade tanto la relatividad general.

Mi saludo cordial, suyo afectísimo

A. Einstein

[Recogido en *The Collected Papers of Albert Einstein*. Volume 8, Part A: The Berlin Years: Correspondence 1914-1917. Pages 301-302. DOC. 227]

La existencia y propagación de ondas gravitacionales no es propiamente un tema estrictamente cosmológico (no atañe a la estructura del espacio, o del Universo), pero la inclusión aquí de lo que constituye su *descubrimiento* genuino, es tentadora. Siempre es complejo sondear el origen de las ideas, o de las corazonadas, pero parece haber acuerdo en que hay que atribuir a Pierre-Simon Laplace la sospecha de que los efectos gravitatorios se propagan. Estamos en 1805 y el concepto de campo no ha salido todavía a escena. Hay que esperar aún un siglo para que Lorentz hable (1900) de la propagación de los campos gravitatorios y Poincaré (hacia 1905) *registre* la expresión "ondes gravifiques". Estas ondas del gran merodeador no implicaban transporte de energía. Einstein viene una vez más a *inventar* este año unas ondas que se propagan a la velocidad de la luz y cuya emisión lleva implícita pérdida de energía. Desde el punto de vista de la relatividad general, estas ondas tienen existencia teórica, es decir, son concebibles y no sólo no contradicen el entramado teórico sino que son consecuencia del mismo. Allá, por tanto, los experimentales y su empirismo positivista. En septiembre de 2015, 99 años después de la predicción einsteiniana, son inequívocamente detectadas (GW150914, LIGO). No obstante, el propio Einstein llega a dudar de la existencia de las ondas gravitatorias. (Véase 1936)

Albert Einstein. «Näherungsweise Integration der Feldgleichungen der Gravitation». *Königlich Preußische Akademie der Wissenschaften* (Berlin). *Sitzungsberichte* (1916), Seiten 688-696.

Sitzung der physikalisch-mathematischen Klasse vom 22. Juni 1916. «Integración por aproximación de las ecuaciones de campo de la Gravitación». *Real Academia Prusiana de Ciencias. Actas* (1916). Sesión de la Sección de física matemática del 22 de junio de 1916. [Recogido en: *The Collected Papers of Albert Einstein*. Volume 6: The Berlin Years: Writings, 1914-1917. Doc. 32. Páginas 347-356]

[p.688]

Integración por aproximación de las ecuaciones gravitacionales de campo

Por A. EINSTEIN.

En el tratamiento de la mayoría de los problemas especiales (no de principio) en el dominio de la teoría de la gravitación, cabe contentarse con calcular las $g_{\mu\nu}$ en primera aproximación. Al hacerlo, es ventajoso utilizar la variable temporal imaginaria $x_4 = it$ por las mismas razones que en la teoría especial de la relatividad. Por «primera aproximación» se entiende aquí que las magnitudes $\gamma_{\mu\nu}$, definidas por la ecuación

$$g_{\mu\nu} = -\delta_{\mu\nu} + \gamma_{\mu\nu}, \tag{1}$$

que tienen carácter tensorial con respecto a transformaciones lineales ortogonales, pueden ser tratadas con relación a 1 como pequeñas cantidades, cuyos cuadrados y productos pueden despreciarse frente a las primeras potencias. Así que $\delta_{\mu\nu} = 1$ o $\delta_{\mu\nu} = 0$, según sea $\mu = \nu$ o $\mu \neq \nu$..

Mostraremos que estas $\gamma_{\mu\nu}$ pueden calcularse de forma análoga a los potenciales retardados de la electrodinámica. De ello se deduce de entrada que los campos gravitatorios se propagan con la velocidad de la luz. Tras esta solución general, examinaremos las ondas gravitacionales y su modo de origen. Se ha demostrado que la elección del sistema de referencia propuesto por mí según la condición $g = |g_{\mu\nu}| = -1$ no es ventajosa para el cálculo de los campos en la primera aproximación. Me llamó la atención una carta del astrónomo de SITTER, quien descubrió que mediante una elección diferente del sistema de referencia se puede llegar a una expresión más sencilla del campo gravitatorio de una masa puntual en reposo que la que yo había dado anteriormente 1). Por lo tanto, en lo que sigue me baso en las ecuaciones de campo invariantes generales.

1) Sitzungsber. XLVII, 1915, P. 833.

[p.689]

§ 1. Integración de las ecuaciones aproximadas del campo gravitacional

Las ecuaciones de campo en su forma covariante son

$$\left.\begin{aligned} R_{\mu\nu}+S_{\mu\nu} &= -\kappa\left(T_{\mu\nu}+\frac{1}{2}g_{\mu\nu}T\right) \\ R_{\mu\nu} &= -\sum_{\alpha}\frac{\partial}{\partial x_\alpha}\begin{Bmatrix}\mu\nu\\ \alpha\end{Bmatrix}+\sum_{\alpha\beta}\begin{Bmatrix}\mu\alpha\\ \beta\end{Bmatrix}\begin{Bmatrix}\nu\beta\\ \alpha\end{Bmatrix} \\ S_{\mu\nu} &= \frac{\partial^2\log\sqrt{g}}{\partial x_\alpha \partial x_\nu}-\sum_{\alpha}\begin{Bmatrix}\mu\nu\\ \alpha\end{Bmatrix}\frac{\partial\log\sqrt{g}}{\partial x_\alpha} \end{aligned}\right\} \quad (1)$$

Los corchetes representan aquí los conocidos símbolos de CHRISTOFFEL, $T_{\mu\nu}$ el tensor (covariante) de energía de la materia y T el escalar correspondiente. Las ecuaciones (1) proporcionan inmediatamente, desarrollándolas, en la aproximación que nos interesa, las siguientes ecuaciones

$$\sum_\alpha\frac{\partial^2\gamma_{\mu\alpha}}{\partial x_\nu\partial x_\alpha}+\sum_\alpha\frac{\partial^2\gamma_{\nu\alpha}}{\partial x_\mu\partial x_\alpha}-\sum_\alpha\frac{\partial^2\gamma_{\mu\nu}}{\partial x_\alpha^2}-\frac{\partial^2}{\partial x_\mu\partial x_\nu}\left(\sum_\alpha\gamma_{\alpha\alpha}\right)=-2\kappa\left(T_{\mu\nu}-\frac{1}{2}\delta_{\mu\nu}\sum T_{\alpha\alpha}\right). \quad (2)$$

El último término del miembro izquierdo proviene de la cantidad $S_{\mu\nu}$, que, con la elección de coordenadas preferida por mí, se anula. Las ecuaciones (2) pueden resolverse insertando

$$\gamma_{\mu\nu}=\gamma'_{\mu\nu}+\psi\delta_{\mu\nu}, \quad (3)$$

donde las $\gamma'_{\mu\nu}$ satisfacen la condición adicional

$$\sum_\nu\frac{\partial\gamma'_{\mu\nu}}{\partial x_\nu}=0. \quad (4)$$

Sustituyendo (3) en (2) se obtiene en lugar del miembro izquierdo

$$-\sum_\alpha\frac{\partial^2\gamma'_{\mu\nu}}{\partial x_\alpha^2}-\frac{\partial^2}{\partial x_\mu\partial x_\nu}\left(\sum_\alpha\gamma'_{\alpha\alpha}\right)+2\frac{\partial^2\psi}{\partial x_\mu\partial x_\nu}-\delta_{\mu\nu}\sum_\alpha\frac{\partial^2\psi}{\partial x_\alpha^2}-4\frac{\partial^2\psi}{\partial x_\mu\partial x_\nu}.$$

La contribución del segundo, tercer y quinto término se anula, si se elige ψ según la ecuación

$$\sum_\alpha\gamma'_{\alpha\alpha}+2\psi=0, \quad (5)$$

lo que prescribimos. Teniendo esto en cuenta, obtenemos en lugar de (2)

[p.690]

$$\sum_\alpha\frac{\partial^2}{\partial x_\alpha^2}\left(\gamma'_{\mu\nu}-\frac{1}{2}\delta_{\mu\nu}\sum_\alpha\gamma'_{\alpha\alpha}\right)=2\kappa\left(T_{\mu\nu}-\frac{1}{2}\delta_{\mu\nu}\sum_\alpha T_{\alpha\alpha}\right)$$

o

$$\sum_{\alpha} \frac{\partial^2}{\partial x_{\alpha}^2} \gamma'_{\mu\nu} = 2\kappa T_{\mu\nu} \ . \tag{6}$$

Cabe señalar que la ecuación (6) es coherente con la ecuación (4), pues, de entrada, es fácil mostrar que, con la precisión que pretendemos, el teorema del impulso-energía para la materia se ha expresado mediante la ecuación

$$\sum_{\nu} \frac{\partial T_{\mu\nu}}{\partial x_{\nu}} = 0 \ . \tag{7}$$

Si se lleva a cabo la operación $\sum_{\nu} \frac{\partial}{\partial x_{\nu}}$ en (6), no sólo se anula el miembro izquierdo en virtud de (4), sino que, como debe ser, también se anula el miembro derecho de (6) en virtud de (7). Advertimos que debido a (3) y (5) las ecuaciones

$$\gamma_{\mu\nu} = \gamma'_{\mu\nu} - \frac{1}{2} \delta_{\mu\nu} \sum_{\alpha} \gamma'_{\alpha\alpha} \tag{8}$$

$$\gamma'_{\mu\nu} = \gamma_{\mu\nu} - \frac{1}{2} \delta_{\mu\nu} \sum_{\alpha} \gamma_{\alpha\alpha} \tag{8a}$$

subsisten. Dado que las $\gamma'_{\mu\nu}$ se pueden calcular a la manera de los potenciales retardados, nuestra tarea queda así resuelta. Es

$$\gamma'_{\mu\nu} = -\frac{\kappa}{2\pi} \int \frac{T_{\mu\nu}(x_0, y_0, z_0, t-r)}{r} dV_0 \tag{9}$$

Con x, y, z, t se designan aquí las coordenadas reales $x_1, x_2, x_3, \frac{x_4}{i}$, que desde luego representan, sin índice, las coordenadas del punto receptor* y con el índice «0» las del elemento de integración. dV_0 es el elemento de volumen tridimensional del espacio de integración y r la distancia espacial $\sqrt{(x-x_0)^2 + (y-y_0)^2 + (z-z_0)^2}$.

Para lo que sigue, necesitamos también las componentes de energía del campo gravitacional. La forma más fácil de obtenerlas es directamente a partir de las ecuaciones (6). Multiplicando por $\frac{\partial \gamma'_{\mu\nu}}{\partial x_{\sigma}}$ y sumando sobre μ y ν, se obtiene en el miembro izquierdo, tras la habitual conversión

$$\sum_{\alpha} \frac{\partial}{\partial x_{\alpha}} \left[\sum_{\mu\nu} \frac{\partial \gamma'_{\mu\nu}}{\partial x_{\sigma}} \frac{\partial \gamma'_{\mu\nu}}{\partial x_{\alpha}} - \frac{1}{2} \delta_{\sigma\alpha} \sum_{\mu\nu\beta} \left(\frac{\partial \gamma'_{\mu\nu}}{\partial x_{\beta}} \right)^2 \right]. \tag{7}$$

[p.691]

Esta magnitud entre corchetes expresa obviamente las componentes de energía $t_{\sigma\alpha}$ salvo el factor de proporcionalidad; el factor se obtiene fácilmente calculando el miembro derecho. El teorema del impulso-energía de la materia es, sin simplificar términos

$$\sum_{\sigma} \frac{\partial \sqrt{-g} T_{\mu}^{\sigma}}{\partial x_{\sigma}} + \frac{1}{2} \sum_{\rho\sigma} \frac{\partial g^{\rho\sigma}}{\partial x_{\mu}} \sqrt{-g} T_{\rho\sigma} = 0 .$$

Con el grado de aproximación que deseamos, se puede poner a este respecto

$$\sum_{\sigma} \frac{\partial T_{\mu\sigma}}{\partial x_{\sigma}} + \frac{1}{2} \sum_{\rho\sigma} \frac{\partial g_{\rho\sigma}}{\partial x_{\mu}} T_{\rho\sigma} = 0 . \qquad (7a)$$

Esta es la formulación en un grado más exacta de la ecuación (7). De ello se deduce que el segundo miembro de (6), con la reformulación prevista, proporciona

$$-4\kappa \sum_{\nu} \frac{\partial T_{\mu\nu}}{\partial x_{\nu}} .$$

El teorema de conservación se escribe por tanto

$$\sum_{\nu} \frac{\partial (T_{\mu\nu} + t_{\mu\nu})}{\partial x_{\nu}} = 0 , \qquad (10)$$

donde

$$t_{\mu\nu} = \frac{1}{4\kappa} \left[\sum_{\alpha\beta} \frac{\partial \gamma'_{\alpha\beta}}{\partial x_{\mu}} \frac{\partial \gamma'_{\alpha\beta}}{\partial x_{\nu}} - \frac{1}{2} \delta_{\mu\nu} \sum_{\alpha\beta\tau} \left(\frac{\partial \gamma'_{\alpha\beta}}{\partial x_{\tau}} \right)^{2} \right] \qquad (11)$$

son las componentes de energía del campo gravitacional.

Como ejemplo de aplicación más sencillo, calculamos el campo gravitatorio de una masa puntual M en reposo en el origen de coordenadas. El tensor de energía de la materia viene dado por

$$T_{\mu\nu} = \rho \frac{dx_{\mu}}{ds} \frac{dx_{\nu}}{ds} \qquad (12)$$

si se desprecian las fuerzas superficiales y teniendo en cuenta que en primera aproximación se puede sustituir el tensor covariante de la energía por el contravariante. De (9) y (12) se obtiene que todas las $\gamma'_{\mu\nu}$, salvo γ'_{44}, se anulan, obteniéndose para esta última

$$\gamma'_{44} = \frac{\kappa}{2\pi} \frac{M}{r} \qquad (13)$$

[p.692]

De aquí, con la ayuda de (8) y (1), se obtienen para las $g_{\mu\nu}$ los valores

$$\left.\begin{array}{cccc} -1-\frac{\kappa}{4\pi}\frac{M}{r} & 0 & 0 & 0 \\ 0 & -1-\frac{\kappa}{4\pi}\frac{M}{r} & 0 & 0 \\ 0 & 0 & -1-\frac{\kappa}{4\pi}\frac{M}{r} & 0 \\ 0 & 0 & 0 & -1-\frac{\kappa}{4\pi}\frac{M}{r} \end{array}\right\} \quad (14)$$

Estos valores, que difieren de los que di anteriormente sólo por la elección del sistema de referencia, me fueron comunicados por carta por el Sr. DE SITTER. Me condujeron a la sencilla solución aproximada dada anteriormente. Sin embargo, hay que tener en cuenta que la elección de coordenadas utilizada aquí no se apoya en una correspondiente en el caso general, ya que las $\gamma_{\mu\nu}$ y $\gamma'_{\mu\nu}$ tienen carácter tensorial no frente a sustituciones ortogonales cualesquiera, sino sólo lineales.

§ 2. Ondas gravitacionales planas

De las ecuaciones (6) y (9) se deduce que los campos gravitacionales se propagan siempre con velocidad 1, es decir, con la velocidad de la luz. Las ondas gravitacionales planas que viajan a lo largo del eje x positivo hay que encontrarlas por tanto insertando

$$\gamma'_{\mu\nu} = \alpha_{\mu\nu} f(x_1 + ix_4) = \alpha_{\mu\nu} f(x-t). \quad (15)$$

Aquí las $\alpha_{\mu\nu}$ son constantes; f es una función del argumento $x-t$. Si el espacio considerado está libre de materia, es decir, si las $T_{\mu\nu}$ se anulan, entonces las ecuaciones (6) se satisfacen con esta inserción. Las ecuaciones (4) proporcionan entre las $\alpha_{\mu\nu}$ las relaciones

$$\left.\begin{array}{l} \alpha_{11} + i\alpha_{14} = 0 \\ \alpha_{12} + i\alpha_{24} = 0 \\ \alpha_{13} + i\alpha_{34} = 0 \\ \alpha_{14} + i\alpha_{44} = 0 \end{array}\right\} \quad (16)$$

Por tanto, de las 10 constantes A, sólo 6 son de libre elección. Podemos por tanto superponer la onda más general del tipo considerado a partir de las ondas de los 6 tipos siguientes

$$\left.\begin{array}{lll} a)\alpha_{11}+i\alpha_{14}=0 & b)\alpha_{12}+i\alpha_{24}=0 & d)\alpha_{22}\neq 0 \\ a)\alpha_{14}+i\alpha_{44}=0 & c)\alpha_{13}+i\alpha_{34}=0 & e)\alpha_{23}\neq 0 \\ & & f)\alpha_{33}\neq 0 \end{array}\right\} \tag{17}$$

[p.693]

Estas especificaciones hay que entenderlas de modo que, para cada tipo, las no llamadas explícitamente $\alpha_{\mu\nu}$ en sus condiciones se anulan; en el tipo a) sólo son por tanto diferentes de cero α_{11}, α_{14}, α_{44} y así sucesivamente. Según las propiedades de simetría, el tipo a) corresponde a una onda longitudinal y los tipos b) y c) a ondas transversales, mientras que los tipos d), e), f) corresponden a un nuevo tipo de carácter de simetría. Los tipos b) y c) no difieren en esencia, sino sólo en su orientación con respecto a los ejes *Y* y *Z* respectivos, al igual que los tipos d), e), f), por lo que, propiamente, existen tres tipos de ondas esencialmente diferentes.

Nos interesa principalmente la energía transportada por estas ondas, que se mide por el flujo de energía $\Im_x = \frac{1}{i} t_{41}$ F. Resulta de (11) para los tipos individuales:

$$\begin{aligned}
&\text{a) } \frac{1}{i} t_{41} = \frac{f'^2}{4x}(\alpha_{11}^2+\alpha_{14}^2+\alpha_{41}^2+\alpha_{44}^2)=0 \\
&\text{b) } \frac{1}{i} t_{41} = \frac{f'^2}{2x}(\alpha_{12}^2+\alpha_{24}^2)=0 \\
&\text{c) } \frac{1}{i} t_{41} = \frac{f'^2}{2x}(\alpha_{13}^2+\alpha_{34}^2)=0 \\
&\text{d) } \frac{1}{i} t_{41} = \frac{f'^2}{4x}\alpha_{22}^2 = \frac{1}{4x}\left(\frac{\partial\gamma'_{22}}{\partial t}\right)^2 \\
&\text{e) } \frac{1}{i} t_{41} = \frac{f'^2}{4x}\alpha_{23}^2 = \frac{1}{4x}\left(\frac{\partial\gamma'_{23}}{\partial t}\right)^2 \\
&\text{f) } \frac{1}{i} t_{41} = \frac{f'^2}{4x}\alpha_{33}^2 = \frac{1}{4x}\left(\frac{\partial\gamma'_{33}}{\partial t}\right)^2 .
\end{aligned} \tag{[10]}$$

Resulta pues que sólo las ondas del último tipo transportan energía, y el transporte de energía de una onda plana cualquiera viene dado por:

$$I_z = \frac{1}{i} t_{41} = \frac{1}{4x}\left[\left(\frac{\partial\gamma'_{22}}{\partial t}\right)^2 + 2\left(\frac{\partial\gamma'_{23}}{\partial t}\right)^2 + \left(\frac{\partial\gamma'_{33}}{\partial t}\right)^2\right] \tag{18}$$

§ 3. Pérdida de energía de los sistemas materiales por emisión de ondas gravitacionales

Supongamos que el sistema cuya radiación se quiere investigar se encuentra constantemente en las proximidades del origen de coordenadas. Consideremos el campo gravitacional generado por el sistema sólo para los puntos receptores cuya distancia R al origen de coordenadas sea grande en comparación con las dimensiones del sistema. Supongamos que el punto receptor se ubica en el eje x positivo, es decir, que sea

$$x_1 = R\,,\; x_2 = x_3 = 0\,.$$

[**p.694**]

La cuestión es entonces si existe una radiación de ondas en el punto receptor dirigida según el eje x positivo que transporta energía. Las consideraciones del § 2 muestran que dicha radiación en el punto receptor sólo puede ser suministrada por las componentes γ'_{22}, γ'_{23}, γ'_{33}. Son únicamente éstas, por tanto, las que tenemos que calcular. De (9) se obtiene

$$\gamma'_{22} = -\frac{\kappa}{2\pi}\int \frac{T_{22}(x_0, y_0, z_0, t-r)}{r} dV_0\,.$$

Si el sistema está poco extendido y sus componentes de energía no cambian demasiado rápido, el argumento $t-r$ puede sustituirse al integrar –sin error apreciable– por la constante $t-R$. Si además se sustituye $\frac{1}{r}$ por $\frac{1}{R}$, se obtiene la ecuación aproximada

$$\gamma'_{22} = -\frac{\kappa}{2\pi R}\int T_{22} dV_0\,, \tag{19}$$

que es suficiente en la mayoría de los casos, por lo que la integración debe realizarse de la forma habitual, es decir, con argumento de tiempo constante. Esta expresión puede ser sustituida mediante (7) por una más cómoda para el cálculo en sistemas materiales. De

$$\frac{\partial T_{21}}{\partial x_1} + \frac{\partial T_{22}}{\partial x_2} + \frac{\partial T_{23}}{\partial x_3} + \frac{\partial T_{44}}{\partial x_4} = 0$$

se sigue, multiplicando por x_2 e integrando sobre todo el sistema después de la integración parcial del segundo término

$$-\int T_{22} dV + \frac{\partial}{\partial x_4}\left(\int T_{24} x_2 dV\right) = 0\,. \tag{20}$$

Además, de

$$\frac{\partial T_{41}}{\partial x_1}+\frac{\partial T_{42}}{\partial x_2}+\frac{\partial T_{43}}{\partial x_3}+\frac{\partial T_{44}}{\partial x_4}=0,$$

multiplicando por $\frac{x_2^2}{2}$, se obtiene, de modo análogo

$$-\int T_{24}x_2dV+\frac{\partial}{\partial x_4}\left(\int T_{44}\frac{x_2^2}{2}dV\right)=0. \tag{21}$$

De (20) y (21) resulta

$$\int T_{22}dV=\frac{\partial^2}{\partial x_4^2}\left(\int T_{44}\frac{x_2^2}{2}dV\right),$$

[p.695]

o, introduciendo coordenadas reales, y permitiéndose la aproximación de igualar la densidad de energía $(-T_{44})$ a la densidad ponderable ρ también para masas que se mueven arbitrariamente

$$\int T_{22}dV=\frac{1}{2}\frac{\partial^2}{\partial t^2}\left(\int \rho y^2dV\right). \tag{22}$$

Por tanto se tiene también

$$\gamma'_{22}=-\frac{\kappa}{4\pi R}\frac{\partial^2}{\partial t^2}\left(\int \rho y^2dV\right). \tag{23}$$

De modo análogo se calcula

$$\gamma'_{33}=-\frac{\kappa}{4\pi R}\frac{\partial^2}{\partial t^2}\left(\int \rho z^2dV\right) \tag{23a}$$

$$\gamma'_{23}=-\frac{\kappa}{4\pi R}\frac{\partial^2}{\partial t^2}\left(\int \rho yzdV\right) \tag{23b}$$

Las integrales que aparecen en (23), (23a) y (23b), que no son otra cosa que momentos de inercia variables con el tiempo, las llamamos en lo sucesivo para abreviar J_{22}, J_{33}, J_{23}. De (18), resulta entonces para la intensidad $\Im_x$ de la radiación de energía

$$\Im_x=\frac{\kappa}{64\pi^2R^2}\left[\left(\frac{\partial^3 J_{22}}{\partial t^3}\right)^2+2\left(\frac{\partial^3 J_{23}}{\partial t^3}\right)^2+\left(\frac{\partial^3 J_{33}}{\partial t^3}\right)^2\right] \tag{20}$$

De esto se deduce además que la radiación de energía media en todas las direcciones viene dada por

$$\frac{\kappa}{64\pi^2 R^2}\cdot\frac{2}{3}\sum_{\alpha\beta}\left(\frac{\partial^3 J_{\alpha\beta}}{\partial t^3}\right)^2,$$

donde hay que sumar sobre las 9 combinaciones de los índices 1-3, pues esta expresión es, por un lado, invariante respecto a las rotaciones espaciales del sistema de coordenadas, como se deduce fácilmente del carácter tensorial (tridimensional) de $J_{\alpha\beta}$; por otro lado, en el caso de simetría radial $(J_{11} = J_{22} = J_{33}; J_{23} = J_{31} = J_{12} = 0)$ coincide con (20). De ahí se obtiene por tanto la radiación A del sistema por unidad de tiempo multiplicando por $4\pi R^2$

$$A = \frac{\kappa}{24\pi}\sum_{\alpha\beta}\left(\frac{\partial^3 J_{\alpha\beta}}{\partial t^3}\right)^2. \tag{21}$$

Si se midiera el tiempo en segundos y la energía en ergios, se añadiría a esta expresión el factor numérico $\frac{1}{c^4}$. Si además se tiene en cuenta que $\kappa = 1.87\times 10^{-27}$, se ve que A debe tener un valor que prácticamente se anula en todos los casos imaginables.

[p.696]

Sin embargo, como resultado del movimiento intraatómico de los electrones, los átomos deberían irradiar no solo energía electromagnética sino también gravitacional, aunque fuera en una cantidad ínfima. Como verdaderamente esto no sucede en la Naturaleza, parece que la teoría cuántica tendrá que modificar no sólo la electrodinámica de Maxwell, sino también la nueva teoría de la gravitación.

Añadido.

El extraño resultado de que existan ondas gravitacionales que no transporten energía (tipos a, b, c), puede explicarse de forma sencilla. No se trata de ondas reales, sino de ondas aparentes, que se basan en que se utiliza como sistema de referencia un sistema de coordenadas que oscila como las ondas. Esto se ve fácilmente de la siguiente manera. Si, desde el principio, se elige el sistema de coordenadas en la forma habitual, de modo que sea $\sqrt{-g}=1$, entonces, en lugar de (2), como ecuaciones de campo en ausencia de materia se obtiene

$$\sum_\alpha \frac{\partial^2\gamma_{\mu\alpha}}{\partial x_\nu \partial x_\alpha} + \sum_\alpha \frac{\partial^2\gamma_{\nu\alpha}}{\partial x_\mu \partial x_\alpha} - \sum_\alpha \frac{\partial^2\gamma_{\mu\nu}}{\partial x_\alpha^2} = 0.$$

Si se hace directamente en estas ecuaciones la inserción

$$\gamma_{\mu\nu} = \alpha_{\mu\nu} f(x_1 + ix_4),$$

se obtienen 10 ecuaciones entre las constantes $\alpha_{\mu\nu}$, de las que se deduce que sólo α_{22}, α_{33} y α_{23}, pueden ser diferentes de cero (donde $\alpha_{22}+\alpha_{33}=0$). Con esta elección del sistema de referencia, sólo existen los tipos de ondas (d, e, f) que transportan energía. Por lo tanto, los otros tipos de ondas pueden ser eliminados por esta elección de coordenadas; no son ondas «reales» en el sentido dado.

Así pues, aunque en esta investigación ha resultado conveniente desde el principio no someter la elección del sistema de coordenadas a ninguna restricción, cuando se trata de calcular la primera aproximación, nuestro último resultado muestra, sin embargo, que la elección de las coordenadas de conformidad con la condición $\sqrt{-g}=1$ tiene una profunda justificación física.

Karl Schwarzschild ha fallecido como consecuencia de una enfermedad de la piel adquirida en el frente de Rusia. La Academia de Ciencias de Berlín celebra, el 29 de junio, una sesión pública de homenaje a su memoria en la que interviene Einstein como orador.

Gedächtnisrede des Hrn. Einstein auf Karl Schwarzschild

Discurso del Sr. Einstein en memoria de Karl Schwarzschild.

Con sólo 42 años, la muerte arrebató a Karl Schwarzschild de nuestro círculo el 11 de mayo de este año. El prematuro fallecimiento de este investigador tan dotado y versátil es una amarga pérdida no sólo para nuestra Corporación, sino también para todos los amigos de la ciencia astronómica y física.

Lo que resulta especialmente sorprendente de los trabajos teóricos de Schwarzschild es el dominio lúdico de los métodos de investigación matemática y la facilidad con la que veía lo esencial de una cuestión astronómica o física. Pocas veces ha habido una capacidad matemática tan importante, con tanto sentido de la realidad y tanta capacidad de adaptación del pensamiento como en su caso. Así fue como realizó un valioso trabajo teórico en varios campos en los que las dificultades matemáticas disuadían a otros. El motor psicológico de su inquieto trabajo teórico parece haber sido menos el anhelo de reconocer las conexiones ocultas en la naturaleza que el gozo artístico de inventar finos sistemas matemáticos de pensamiento. Así, entendemos que sus primeros trabajos teóricos fueron en el campo de la mecánica celeste, una rama del conocimiento cuyos fundamentos parecían estar más definitivamente establecidos que los de todos los demás campos del conocimiento exacto. Entre estos trabajos, menciono aquí el de las soluciones periódicas del problema de los tres cuerpos y el de la teoría de Poincaré sobre el equilibrio de una masa fluida en rotación.

Entre los logros astronómicos más importantes de Schwarzschild destacan sus investigaciones sobre la estadística estelar, es decir, la ciencia que trata de desentrañar la estructura del enorme sistema de cuerpos al que también pertenece nuestro Sol ordenando estadísticamente las observaciones del brillo, la velocidad y los tipos espectrales de las estrellas fijas. En este campo, la astronomía le debe una profundización y un mayor desarrollo de las relaciones descubiertas por Kapteyn.

Puso sus profundos conocimientos teórico-físicos al servicio de la teoría solar. A él le debemos los estudios sobre el equilibrio mecánico en la atmósfera solar y sobre los procesos decisivos en la generación de luz por el sol. También hay que recordar aquí su hermosa investigación teórica sobre la presión de la luz en pequeñas esferas, a través de la cual dio a la teoría de Arrhenius sobre las colas de los cometas su base exacta. Esta investigación teórico-física todavía puede remontarse a una cuestión astronómica, pero parece haber dirigido los intereses de Schwarzschild también a cuestiones puramente físicas.

Le debemos interesantes investigaciones sobre los fundamentos de la electrodinámica. Además, en los últimos años de su vida, promovió la nueva teoría de la gravitación; fue el primero en lograr el cálculo exacto de los campos gravitatorios según esta teoría. En los últimos meses de su vida, cuando su cuerpo ya estaba debilitado por una traicionera enfermedad, aún consiguió llevar a cabo una sutil investigación sobre la teoría cuántica.

Entre los grandes logros teóricos de Schwarzschild destacan también sus investigaciones sobre óptica geométrica, en las que mejoró la teoría de errores de los instrumentos ópticos importantes para la astronomía. Gracias a estos resultados, se dice que obtuvo un mérito duradero por el perfeccionamiento de las herramientas de la astronomía.

Los trabajos teóricos de Schwarzschild iban acompañados de su constante actividad como astrónomo práctico. Desde los 24 años trabajó sin interrupción en observatorios astronómicos, 1896-99 como asistente en Viena, 1901-09 como director del Observatorio de Göttingen, desde 1909 como director del Instituto Astrofísico de Potsdam. Una larga serie de obras atestigua su actividad como observador y como director de observaciones astronómicas. Más aún que con esta actividad, benefició a su ciencia con la invención de nuevos métodos de observación, a los que su animada mente se vio abocada en el proceso. Descubrió la ley de ennegrecimiento de las placas fotográficas, que lleva su nombre, que también es importante para la física experimental, y mediante la cual hizo que el método fotográfico fuera útil para fines fotométricos. También tuvo la ingeniosa idea de utilizar imágenes extrafocales para la medición fotográfica del brillo de las estrellas; gracias a esta idea, la fotometría fotográfica de las estrellas se hizo viable junto al método visual.

Desde 1912, este hombre sencillo perteneció a la Academia, cuyos informes de sesión enriqueció con valiosas aportaciones en el poco tiempo que aún se le concedió. Ahora el destino inexorable se lo ha llevado, pero su obra seguirá teniendo un efecto estimulante y vigorizante en la ciencia a la que dedicó todas sus energías.

[Königlich Preußische Akademie der Wissenschaften (Berlin). Sitzungsberichte (1916): pp. 768-770. (*Real Academia Prusiana de Ciencias. Informes de Sesiones*). Presentado el 29 de junio de 1916. Publicado el 6 de julio de 1916. Recogido también en TCPAE, Vol 6, Doc. 33, pp. 358-361]

JULIO

Carta de Einstein a Willem de Sitter

[Berlín], 15 de julio de 1916

Querido colega:

Muchas gracias por su detallada carta. Estoy de acuerdo con su cálculo. Por supuesto, tiene usted mucha razón en que mi especialización del sistema de coordenadas por la condición $\sqrt{-g}=1$ no es completa, por lo que las condiciones de contorno no serían suficientes para que el problema matemático de determinar las $g_{\mu\nu}$ fuera único. Existen sustituciones con el determinante funcional 1 que dejan la región de contorno sin transformar. Sería muy bonito que el sistema pudiera especializarse aún más de forma natural, aunque sólo fuera en aras de una mejor comparabilidad de las soluciones encontradas. Pero no he podido encontrar nada parecido.

Las condiciones que he añadido en el caso de la masa puntual sobredeterminan la tarea, pero sin contradecirse una a otra. Las tres condiciones $g_{i4}=0$ todavía no son suficientes, porque se puede realizar todavía una transformación puramente espacial con el determinante 1 de sustitución, que destruye la simetría de punto.

No está bien que en mi carta llamara "galileano" al sistema $\sqrt{-g}$. Sólo se debe llamar así a un espacio en el que todas las $g_{\mu\nu}$ son constantes. Sin embargo, "galileano" no es sólo el "espacio", sino el "espacio" junto con el sistema de referencia que hace a las $g_{\mu\nu}$ constantes. Sin embargo, éstas son sólo cuestiones de nomenclatura de palabras, por las que no tiene que preocuparse mucho. Lo que dice usted sobre "verdadero" y "aparente" es correcto en principio. Lo que quiero decir en mi añadido es lo siguiente: Si encuentro un proceso cualquiera, por ejemplo un proceso ondulatorio, como solución de las ecuaciones diferenciales, hay dos posibilidades. O bien existen tales procesos ondulatorios, independientemente de cómo elija el sistema de referencia, o bien no existen tales procesos ondulatorios si elijo el sistema de coordenadas de una determinada manera. Si este último es el caso, entonces puedo describir el proceso en cuestión (porque puede "transformarse") como un proceso "no real" en cierto sentido. "No real" significa entonces "transformable". Sin embargo, es mejor evitar este tipo de palabras que fomentan la ambigüedad. Se puede decir: la elección de coordenadas según la condición $\sqrt{-g}=1$ es sencilla o ventajosa en la medida en que con esta elección sólo se producen ondas del 3er tipo. (Para el cálculo, sin embargo, es preferible su elección de coordenadas).

Con mi mejor saludo, suyo

A. Einstein

[Recogida en *The Collected Papers of Albert Einstein*. Volume 8, Part A: The Berlin Years: Correspondence 1914-1917. Doc. 235. Page 313]

La inesperada y prematura muerte de Karl Schwarzschild ha puesto en marcha la quiniela de idoneidades y conjeturas para sustituirlo al frente del Observatorio de Potsdam. De Sitter, de vacaciones en el pueblo de Loenen, próximo a Ámsterdam, constesta ahora a la solicitud de opinión que le hizo Einstein. De paso, le informa sobre el estudio que prepara, por instigación de Eddington, sobre la teoría de la relatividad, de cuyo pormenor, según parece, no están muy al corriente en Inglaterra.

Carta de Willem de Sitter a Einstein

Loenen, 27 de julio de 1916

Estimado colega:

Su carta me llegó ayer. Estoy aquí en el campo, lejos de mi biblioteca, pero intentaré responder a su pregunta lo mejor que pueda. Para la dirección de un gran observatorio astrofísico se elegirá, por supuesto, a un astrofísico, pero en mi opinión la elección debe guiarse principalmente por la consideración de que el director debe ser un hombre con una visión amplia de todo el dominio de la astronomía, que no sólo sepa trabajar por sí mismo, sino que también, y sobre todo, sea capaz de supervisar y resolver grandes tareas. La situación actual es tal que la astrofísica ha perfeccionado grandemente sus propios métodos y lo primero que se necesita ahora es la cooperación entre los métodos de trabajo astrofísicos y astronómicos clásicos, y la combinación de los resultados. La verdadera comprensión del valor de los métodos tradicionales de precisión astronómica sigue faltando, por desgracia, en muchos astrofísicos, mientras que el género de los astrónomos clásicos, que no son capaces de apreciar la astrofísica, se está extinguiendo o ya se ha extinguido. Por eso es mejor, en general, que un astrónomo sea director de un observatorio astrofísico que convertir a un astrofísico en director de un observatorio astronómico.

En cuanto a la cuestión de las personas: además de Küstner, citaría a Hertz-sprung (que, aunque ahora trabaja en Potsdam, no es alemán), Ludendorf y Hartmann. Este último no fue elegido la última vez, y las mismas consideraciones pueden seguir siendo válidas ahora. Como práctico instrumental quizá sea el más destacado, pero en el dominio general de las ciencias está ciertamente muy por detrás de Küstner.

Hertzsprung es el más original de los mencionados; hizo muchas cosas muy buenas, pero siempre en un ámbito limitado, y dudo que dominara las grandes cuestiones del presente lo suficiente como para dirigir un gran observatorio (que es algo completamente distinto que trabajar en él). Vale decir lo mismo de Ludendorf, cuyos trabajos sobre las estrellas dobles espectroscópicas aprecio mucho. Puede que Küstner no lograra tanto en el campo de la astrofísica como los demás: también se vio obligado a especializarse debido a los limitados recursos del Observatorio de Bonn, pero sus determinaciones de los movimientos en el radio de visión y sus trabajos fotométricos a raíz de su catálogo de 10.000 estrellas son, desde luego, obras de primer orden. El hecho de que haya recurrido a los nuevos métodos con unos recursos tan limitados, además de sus numerosos trabajos puramente astronómicos, demuestra que es un hombre –yo diría que es el único hombre ahora en Alemania– que tiene una visión completa de las grandes cuestiones del presente y que todavía puede lograr mucho, especialmente en el campo de la astrofísica de precisión y la combinación de métodos astrofísicos y astronómicos, donde, en mi opinión, está el futuro.

Como teóricos, por supuesto, ninguno de los mencionados puede compararse con Schwarzschild; como astrónomo general, sólo Küstner está al mismo nivel; como observador, Küstner está sin duda, y probablemente también los otros mencionados, por encima de Schwarzschild. Personalmente, sólo conozco a Herzsprung de los mencionados, por lo que no puedo hacer una comparación de sus cualidades personales.

Estoy ahora ocupado escribiendo para el "Monthly Notices of the Royal Astron. Soc." (Londres) sobre la nueva teoría de la gravitación y sus consecuencias astronómicas. Parece que en Inglaterra su teoría es todavía casi completamente desconocida. Si ha encontrado algo nuevo recientemente, me complacería mucho que me lo hiciera saber lo antes posible, y en general sus consejos serán muy bienvenidos en mi trabajo.

Suyo afectísimo

W. de Sitter

[Recogido en *The Collected Papers of Albert Einstein*. Volume 8, Part A: The Berlin Years: Correspondence 1914-1917. Doc. 243. Page 322]

Y nuevos detalles inmediatos:

Carta de Willem de Sitter a Einstein

Loenen, 27 de julio de 1916

Querido colega:

Su tarjeta llegó unas horas después de haber echado al correo mi carta anterior. El Sr. Müller ha hecho sin duda un trabajo astrofísico muy bueno; en particular, la Fotometría de Potsdam –que probablemente fue realizada principalmente por él– es un trabajo de primera clase. No lo he nombrado porque, francamente, creo que es demasiado viejo. No sé cuántos años tiene, pero en realidad toda su obra pertenece a una época anterior. Mientras que la obra de Küstner se caracteriza por la búsqueda de nuevos caminos, la de Müller se caracteriza mejor por su cuidadosa aplicación de métodos ya probados (en épocas anteriores también por él). Pero incluso si no se presta atención al tipo de método, sino sólo a la aplicación exitosa, la obra de Küstner no es ciertamente peor que la de Müller. Küstner es, en mi opinión, el hombre del que cabe esperar que Potsdam siga avanzando en primera línea. Müller *quizá* podría mantenerla en el nivel en el que se encuentra.

Suyo afectísimo

W. de Sitter.

[Recogido en *The Collected Papers of Albert Einstein*. Volume 8, Part A: The Berlin Years: Correspondence 1914-1917. Doc. 244. Page 323]

OCTUBRE

Es innegable, al menos a estas alturas, que Einstein está al tanto de cuanto se escribe sobre la física que él maneja. A Friedrich Kottler (1886-1965) lo conoce ya de hace tiempo. Y, con cortesía, hace apreciaciones sobre sus colegas o sobre lo que dicen, sobre todo si lo hacen sobre sus propios trabajos. La relatividad general está todavía muy caliente como para degustarla. Y menos para digerirla. No es extraño, pues, que el cocinero explique las bondades de género y receta a los clientes.

La publicación de este artículo es coetánea con la elaboración de su precioso libro de divulgación *Über die spezielle und die allgemeine Relativitätstheorie, Gemeinsveständlich*, publicado a principios de 1917, y la referencia que se hace en él a un dominio espacio-temporal en el que no reina ningún campo gravitacional:

> Supongamos un dominio espacio-temporal limitado en el que no impera ningún campo gravitacional...

es decir, un espacio de Minkowski libre de campo, no es la posición definitiva de Einstein al respecto. En la edición nº 16 (aumentada), de 1954, de esta obra se añade un apéndice (5. *Relativität und Raumproblem*), en el que Einstein acaba coincidiendo con Descartes:

> Según la mecánica clásica y según la teoría de la relatividad especial, el espacio (espacio-tiempo) tiene una existencia independiente de la materia o del campo. Para poder describir aquello que llena el espacio, aquello que depende de las coordenadas, hay que imaginar que el espacio-tiempo, o el sistema inercial con sus propiedades métricas, viene dado desde un principio, porque si no carecería de sentido la descripción de «aquello que llena el espacio»*.
>
> [* Si se suprime mentalmente aquello que llena el espacio (p. ej., el campo), queda todavía el espacio métrico según: $ds^2 = dx_1^{\ 2} + dx_2^{\ 2} + dx_3^{\ 2} + dx_4^{\ 2}$ (1), que también sería determinante para el comportamiento inercial de un cuerpo de prueba introducido en él.]
>
> Por el contrario, según la teoría de la relatividad general, el espacio no tiene existencia peculiar al margen de «aquello que llena el espacio», de aquello que depende de las coordenadas. Sea, por ejemplo, un campo gravitacional puro descrito por las g_{ik} (como funciones de las coordenadas) mediante resolución de las ecuaciones gravitacionales. Si suprimimos mentalmente el campo gravitatorio, es decir, las funciones g_{ik}, lo que queda no es algo así como un espacio del tipo (1), sino que no queda absolutamente nada, ni siquiera un «espacio topológico». Pues las funciones g_{ik} describen no sólo el campo, sino al mismo tiempo también la estructura y propiedades topológicas y métricas de la variedad. Un espacio de tipo (1) es, en el sentido de la teoría de la relatividad general, no un espacio sin campo, sino un caso especial del campo g_{ik} para el cual las g_{ik} (para el sistema de coordenadas empleado, que en sí no tiene ningún sentido objetivo) poseen valores que no dependen de las coordenadas; el espacio vacío, es decir, un espacio sin campo, no existe.

Así pues, Descartes no estaba tan confundido al creerse obligado a excluir la existencia de un espacio vacío. Semejante opinión parece ciertamente absurda mientras uno sólo vea lo físicamente real en los cuerpos ponderables. Es la idea del campo como representante de lo real, en combinación con el principio de relatividad general, la que muestra el verdadero meollo de la idea cartesiana: no existe espacio «libre de campo».

[Según Descartes, como toda *res extensa* está caracterizada por tener extensión, un vacío extenso es una contradicción. Extensión y vacío son incompatibles. (*Res extensa*: todo lo que no es ni Dios ni yo.)]

Respecto a las interpretaciones cinemáticas y dinámicas de la gravitación que cita más abajo en el artículo:

> Por simple transformación de un sistema galileano a otro mediante una transformación de aceleración no podemos obtener información sobre campos *cualesquiera*, sino únicamente sobre algunos de tipo muy especial; pero, por supuesto, también estos tienen que obedecer las mismas leyes que los demás campos gravitacionales.

cabe recordar que a lo largo del desarrollo formal de la relatividad general se ha evidenciado la existencia de campos que pueden interpretarse en términos puramente cinemáticos (en ellos el tensor de Riemann es nulo) y la de otros que no (en éstos no es nulo el tensor de Riemann).

En su respuesta a Kottler, Einstein se expresa así:

> Albert Einstein. «Über Friedrich Kottlers Abhandlung: Einsteins Äquivalenzhypothese und die Gravitation». Annalen der Physik, serie 4. Vol. 51, **1916**. pp. 639-642. Registro de entrada: 19 de octubre de 1916.

Sobre el artículo de Friedrich Kottler: La hipótesis de equivalencia de Einstein y la gravitación

Entre los trabajos que critican la teoría de la relatividad general, los de Kottler son especialmente notables porque este colega ha entendido de verdad el espíritu de la teoría. Discutiré aquí el último de sus artículos.

Sostiene Kottler que, en mis últimos trabajos, habría abandonado yo el *principio de equivalencia* que yo establecí y merced al cual intenté unir en un único concepto los de *masa inerte* y *masa gravitatoria*. Esta opinión descansa, sin duda, en que no designamos los dos lo mismo por *principio de equivalencia*, ya que, en mi concepción, mi teoría se apoya exclusivamente en este principio. Insistiré por ello en los siguientes puntos.

1. El caso límite de la relatividad especial

Supongamos un dominio espacio-temporal limitado en el que no impera ningún campo gravitacional, es decir, un dominio en el que se puede ubicar un sistema de referencia K (sistema galileano) con relación al cual –y para el dominio considerado– sea válido lo siguiente: las coordenadas se pueden medir directamente en el modo ordinario con una regla patrón y el tiempo con un reloj patrón, tal como se supone en la teoría de la relatividad especial. Como supuso Galileo, un punto material aislado tiene que moverse, con relación a este sistema, con movimiento rectilíneo y uniforme.

2. Principio de equivalencia

Partiendo del caso límite de la teoría de la relatividad especial, cabe preguntarse si un observador que, en el dominio considerado, esté uniformemente acelerado respecto a K, debe considerar acelerado su estado o bien si, de acuerdo con las leyes conocidas (aproximadamente) de la Naturaleza, le queda todavía la posibilidad de interpretar su estado como *estado de reposo*. Dicho de modo más preciso: ¿nos permiten las leyes de la Naturaleza, conocidas con cierta aproximación, considerar en reposo a un sistema de referencia K', acelerado uniformemente con relación a K? O, de forma más general: ¿puede extenderse el principio de relatividad a sistemas de referencia uniformemente acelerados uno con relación a otro? La respuesta es: en la medida en que conocemos realmente las leyes de la Naturaleza, nada impide considerar en reposo al sistema K' si suponemos que, respecto a K', existe un campo gravitatorio (homogéneo, en primera aproximación), ya que, con relación a nuestro sistema K', todos los cuerpos caen con la misma aceleración, con independencia de su naturaleza física, como es el caso en un campo gravitatorio uniforme. Llamo principio de equivalencia a la hipótesis según la cual se puede considerar, con todo rigor, a K' en reposo, sin que deje de satisfacerse en K' ninguna de las leyes de la Naturaleza.

3. El campo gravitatorio sólo está determinado por la cinemática

El razonamiento precedente puede invertirse. Tomemos como sistema original el sistema K' provisto del campo gravitatorio considerado antes. Se puede, en tal caso, introducir un nuevo sistema de referencia K, acelerado respecto a K', con relación al cual las masas (aisladas) se mueven (en el dominio considerado) con movimiento rectilíneo uniforme. Pero no se puede ir más lejos y decir: si K' es un sistema de referencia provisto de un campo gravitacional *cualquiera*, siempre es posible encontrar un sistema de referencia K con relación al cual las masas aisladas se muevan con movimiento rectilíneo uniforme, es decir, con relación al cual no exista campo gravitacional. Salta a la vista el carácter absurdo de semejante hipótesis. Por ejemplo, si el campo gravitacional es, con relación a K', el de una masa puntual en reposo, este campo no puede eliminarse, desde luego, en todo el entorno de la masa puntual por una transformación cualquiera, por sutil que sea. No se tiene derecho, por tanto, a decir que el campo gravitacional puede explicarse, hasta cierto punto, de forma puramente cinemática; una *concepción cinemática, no dinámica, de la gravitación* no es posible. Por simple transformación de un sistema galileano a otro mediante una transformación de aceleración no podemos obtener información sobre campos *cualesquiera*, sino únicamente sobre algunos de tipo muy especial; pero, por supuesto, también estos tienen que obedecer las mismas leyes que los demás campos gravitacionales. Esta es otra forma de formular el principio de equivalencia (en el caso particular de su aplicación a la gravitación).

Una teoría de la gravitación sólo viola el principio de equivalencia (en el sentido en que yo lo entiendo) si las ecuaciones de la gravitación no se satisfacen en *ningún* sistema de referencia K' que se mueve con movimiento no uniforme respecto a un sistema de referencia galileano. Es evidente que no se puede dirigir este reproche a mi teoría de ecuaciones covariantes generales, ya que las ecuaciones se satisfacen entonces respecto a cualquier sistema de referencia. *La exigencia de covariancia general de las ecuaciones incluye el principio de equivalencia en cuanto caso completamente particular.*

4. ¿Son reales *las fuerzas del campo gravitacional?*

Kottler me reprocha que interpreto el segundo término de las ecuaciones del movimiento

$$\frac{d^2x_\nu}{ds^2}+\sum_{\alpha\beta}\begin{Bmatrix}\alpha\beta\\ \nu\end{Bmatrix}\frac{dx_\alpha}{ds}\frac{dx_\beta}{ds}=0,$$

como expresión de la influencia del campo gravitatorio sobre la masa puntual y el primer término, en cierto modo, como expresión de la inercia galileana. Se introducirían así *fuerzas reales del campo gravitatorio* que no concordarían con el espíritu del principio de equivalencia. A lo que respondo que esta ecuación es, por entero, covariante general y que, por tanto, es conforme, en cualquier caso, a la hipótesis de equivalencia. La denominación de los distintos términos que yo introduje no tiene significación de principio y no tiene otra finalidad que la de no chocar con nuestros hábitos de pensamiento en física. Esto vale en particular para los conceptos

$$\Gamma^\nu_{\alpha\beta}=-\begin{Bmatrix}\alpha\beta\\ \nu\end{Bmatrix}$$

(componentes del campo gravitacional) y t^ν_σ (componentes de energía del campo gravitacional). La introducción de estas denominaciones no es necesaria, en principio, aunque no me parece que esté del todo exenta de interés, al menos a título provisional, para asegurar una forma de continuidad de pensamiento; por esta razón introduje estas magnitudes, aunque no tengan carácter tensorial. El principio de equivalencia, no obstante, se satisface siempre que las ecuaciones son covariantes.

5. Es cierto que el precio a pagar por la covariancia general de las ecuaciones fue el abandono de la medida habitual del tiempo y de la medida euclídea del espacio. Kottler cree poder librarse de este sacrificio. Pero ya en el caso que él examina de un sistema acelerado respecto a un sistema galileano, en el sentido de Born, se está obligado a renunciar a la medida habitual del tiempo. Desde el punto de vista de la teoría de la relatividad se estaría inclinado a creer que en estas condiciones hay que abandonar igualmente la medida habitual del espacio. El Sr. Kottler se convencerá por sí mismo de esta necesidad si trata de poner en marcha, de forma general, sus todavía vagos planes teóricos.

(Registro de entrada: 19 de Octubre de 1916)

[Recogido en *The Collected Papers of Albert Einstein*. Volume 6: The Berlin Years: Writings, 1914-1917. Doc. 40. Pages 404-407]

NOVIEMBRE

Einstein ha pasado unos días en "*The Nederlands*". Gloriosamente, al parecer, para todos. Hay que continuar con el foco del gozo: la relatividad de la inercia. Para eso están las cartas. Se echa en falta una definición precisa del concepto mismo de inercia. Digamos que de Sitter inicia aquí –por señalar un principio– un debate que se hará infinito en el que, además, naturalmente, de Einstein, irán entrando *todos* los demás.

Carta de Willem de Sitter a Einstein

Leiden 1 de noviembre de 1916

Estimado Sr. Einstein.

Le envío hoy una separata de una pequeña explicación popular de la Teoría de la Relatividad General que he publicado en una revista astronómica inglesa.

He pensado mucho sobre la relatividad de la inercia y las masas lejanas, y cuanto más lo pienso, más desagradable me resulta su hipótesis; me refiero a la hipótesis de que *a.* en el infinito los g_{ij} son tales que los conos de Minkowski se convierten en planos (es decir, en espacios planos tridimensionales), y *b.* que mucho más allá de todos los cuerpos materiales conocidos existen aún masas desconocidas que producen que en las partes del espacio y del tiempo que conocemos en ausencia de masas se aplique la teoría especial de la relatividad, es decir, que los conos de Minkowski tengan una abertura finita. En primer lugar, una pregunta. Según entiendo la hipótesis dice no sólo que para valores infinitos de las variables espaciales x_1 x_2 x_3 los g_{ij} degeneran de la forma dicha, sino también para valores infinitos de las variables temporales x_4. ¿Es esto correcto, o los g_{ij} siguen siendo galileanos –o aproximadamente galileanos– para $x_4 = \infty$ pero x_1, x_2, x_3 finitos? Si estoy en lo cierto, la hipótesis no sólo haría al universo finito en el espacio, sino también en el tiempo. No sabemos nada del pasado infinitamente lejano ni del futuro infinitamente lejano, por lo que ninguna observación puede enseñarnos que siempre ha habido y siempre habrá un universo. No es la limitación principal en espacio y tiempo lo que me lo impide, sino la convicción de que el límite, la "envoltura" seguirá siendo siempre hipotética y nunca será observada. Ahora podemos decir: los pozos de inercia se encuentran fuera de la Vía Láctea, pero si nuestros nietos hacen alguna vez un invento que amplíe el universo conocido en la misma proporción en que se amplió hace 300 años con la invención del telescopio, entonces de nuevo la envoltura simplemente tendrá que desplazarse hacia fuera. De esto concluyo que la envoltura no es una realidad física.

Si se acepta la hipótesis, en primer lugar [¿también?] se querrá tener una idea de dónde se encuentran esas masas lejanas y cómo son, y en segundo lugar de cómo llega la inercia desde allí hasta aquí. Se inventará un mecanismo artificial. Y el sistema de coordenadas con respecto al cual descansan el cascarón y este mecanismo será excelente. El principio de relatividad seguirá siendo formalmente cierto, pero de hecho volveremos a tener el antiguo espacio absoluto con el éter.

No me atrevería a escribirle todo esto si no supiera, por las horas tan agradables que hemos pasado juntos, que no se lo tomaría usted a mal. Usted sabe que es sólo mi profunda admiración por su teoría lo que me obliga a hacerlo.

Con mis saludos, suyo afectísimo

W.dS.

[Recogido en *The Collected Papers of Albert Einstein*. Volume 8, Part A: The Berlin Years: Correspondence 1914-1917. Doc. 272. Page 357.]

Y Einstein, responde:

Carta de Einstein a Willem de Sitter

[Berlin,] 4 de noviembre de 1916

Lieber Herr Kollege!

He leído con gran interés su carta, que me retrotrae a los placenteros días de Leyden, y espero con impaciencia su divulgativo artículo en inglés, que probablemente también llegue pronto. Lamento haber hecho excesivo énfasis con usted en la cuestión de las condiciones en los límites. Es mera cuestión de gustos, cosa que nunca alcanzará relevancia científica. Aunque, dicho esto, tengo desde luego que añadir que nunca he pensado en una expansión del Universo de duración finita ni tampoco que la expansión espacial finita fuese relevante, sino que simplemente mi propensión a generalizar me impulsó a hacer la interpretación que sigue.

Supongamos que fuera posible señalar una envoltura espacial (superficie geométrica sin masa) (un tubo en cuatro dimensiones) fuera de la cual un gramo de peso tuviese tan poca inercia como se quisiese. Puedo entonces decir que, en el interior de la envoltura, la inercia está determinada por las masas allí presentes y sólo por estas. No se supone una particular envoltura generadora de inercia, sino que toda materia generadora de inercia consistirá en estrellas, como en la parte del universo accesible a nuestros telescopios. Sin embargo, esto sólo es compatible con los hechos si imaginamos que la parte del universo visible para nosotros debe considerarse extremadamente pequeña (en términos de masa) en comparación con el universo entero. Psicológicamente, esta interpretación ha jugado en mi caso un importante papel, porque me dio arrojo para seguir trabajando en el problema cuando no conseguía de ningún modo obtener ecuaciones de campo covariantes.

Ahora, tras haberse logrado obtener las ecuaciones de campo covariantes, ya no hay razón para conceder tanto peso a la relatividad de la inercia total. También yo puedo entonces decirlo como lo dice usted. Siempre tengo que describir una cierta porción del Universo. En ella, las $g_{\mu\nu}$ (igual que la inercia) están determinadas por las masas que se encuentran en la parte del espacio considerada y por las $g_{\mu\nu}$ en el límite. Qué procede de la inercia de las masas y qué de las condiciones en el límite depende de la elección del límite.

Así que tengo que darme por satisfecho en la práctica y puedo darme por satisfecho en la teoría y no me incomoda en absoluto que rechace usted cualquier pregunta que vaya más allá. Por otra parte, no debería regañarme usted por seguir teniendo curiosidad por preguntar: ¿puedo imaginar un universo –o el universo– de tal manera que la inercia provenga enteramente de las masas y en absoluto de las condiciones en el límite? Mientras yo sea claramente consciente de que este capricho no afecta al núcleo de la teoría, el capricho es inocente; ¡de ningún modo espero de usted que tenga que compartir esta curiosidad! Eche un vistazo a las pruebas de imprenta que he enviado a Ehrenfest. La conexión entre el postulado de relatividad y el teorema de la energía brota allí con meridiana nitidez.

Saludos cordiales. Suyo,

Einstein

[Recogido en *The Collected Papers of Albert Einstein*. Volume 8, Part A: The Berlin Years: Correspondence 1914-1917 Page 359. Doc. 273.]

1917

FEBRERO

Einstein está peleándose con el «Kosmologische Betrachtungen», a punto ya de aparecer. El asunto de las condiciones en los límites se va a soslayar con la apuesta por un modelo de universo cerrado espacialmente. El tema con el que empieza la nota se refiere al nombramiento de un nuevo director del Observatorio Astronómico de Potsdam tras el fallecimiento de Schwarzschild. Al parecer, el reputado astrónomo Hugo von Seeliger prefería al candidato Gustav Müller frente a Friedrich Küstner, preferido por Einstein.

Tarjeta postal de Einstein a de Sitter

Berlín, 2 de febrero de 1917

Querido colega:

A la vez que esta tarjeta recibirá usted el artículo que desea; me alegra mucho que le interese tanto. El asunto del nombramiento de P. no se mueve, lo que me parece muy sospechoso. Tiene que haber en juego alguna intriga. Naturalmente, no sabré nada al respecto hasta que sea demasiado tarde. Estoy escribiendo ahora un trabajo sobre las condiciones en los límites en la teoría de la gravitación. Me he apartado por completo de mi perspectiva –a la que usted se oponía con razón– sobre la degeneración de las $g_{\mu\nu}$. Tengo curiosidad por saber qué dirá usted sobre la interpretación algo fantástica que he contemplado ahora.

Con mi saludo cordial, suyo

A. Einstein

[Recogido en *The Collected Papers of Albert Einstein*. Volume 8, Part A: The Berlin Years: Correspondence 1914-1917. Doc. 293. Page 385]

Carta de Einstein a Ehrenfest

Berlín, 4 de febrero de 1917

Querido Ehrenfest:

Me ha alegrado mucho el artículo del Sr. Burgers. El método adiabático y el método Schwarzschild-Epstein se apoyan ahora mutuamente. Es un magnífico éxito; el artículo está también muy bien escrito. Yo a mi vez he vuelto a perpetrar algo en la teoría de la gravitación que me pone un poco en peligro de ser internado en una casa de locos. Espero que no haya nadie en Leiden, de modo que pueda visitaros de nuevo sin riesgo. Es una lástima que no vivamos en Marte y observar así la tradicional estupidez humana sólo con el telescopio. Nuestro (Dios) Jehová ya no necesita autorizar que llueva brea y azufre; se ha modernizado y ha puesto en automático este mecanismo. Cordiales saludos de tu

Einstein

[Recogido en *The Collected Papers of Albert Einstein*, Vol. 8, Doc. 294, p. 386 edición original; p. 282 versión inglesa]

—

Antes de que se publique el «Kosmologische», Einstein se lo envía a Ehrenfest, Lorenzt y De Sitter:

Carta de Einstein a Paul Ehrenfest

[Berlin,] 14 de febrero de 1917

Querido Ehrenfest:

Lamentándolo muchísimo, esta vez no puedo ir, por mucho que me gustaría asistir a vuestra celebración[1] y volver a veros a todos. Estoy literalmente *crujido* debido a una dolencia hepática[2] que me obliga a llevar una vida muy tranquila y a seguir una dieta y una cura de lo más estrictas. Este prolongado asunto era el culpable de mi constante mal aspecto[3]. Díselo también a Lorentz y a De Sitter, que no se molesten en escribir en vano. El estado de De Sitter me preocupa; por favor, escríbeme algo más detallado al respecto. Espero que no se trate de infección tuberculosa. Te envío mi nuevo trabajo[4]. Quizás mi salida te parezca aventurera, pero en este momento me parece la más natural. Las densidades estelares medidas dan un radio del universo del orden de 10^7 años luz, muy grande por tanto, por desgracia, comparado con las distancias de las estrellas observables[5]. Lo extraño es que ahora, por fin, vuelve a aparecer un tiempo cuasi-absoluto y un sistema de coordenadas preferente, pero cumpliendo plenamente todos los requisitos de la relatividad. Por favor, enséñales el trabajo también a Lorentz y De Sitter. ¿Ha recibido Lorentz la carta de Waldeyer?

Saludos cordiales también a tu familia,

tuyo,
Einstein

1) Se trata del 16º Congreso de Naturalistas y Médicos holandeses
2) Piedras en la vesícula
3) Durante la visita de Einstein a Holanda del 27 de septiembre al 12 de octubre de 1916
4) Se trata del «Kosmologische Betrachtungen»
5) Véase el «Kosmologische»

[Recogida en TCPAE. Vol. 8. Doc. 298. p. 390]

—

Arranca la cosmología moderna. La Relatividad general, aplicada* al Cosmos:

[* Einstein emplea en el título del artículo el término "zur" en vez del más común "über". Parece que *zur* puede ser una forma algo más arcaica de decir *über*. Sin embargo, considero probable que *sotto voce* Einstein quiere en realidad decir «Consideraciones cosmológicas *sobre la base* de la teoría de la relatividad general», es decir, se trata de consideraciones de nuevo cuño, inviables antes del desarrollo de la *TRG*. El pasado ha quedado atrás, estamos inaugurando una era en la concepción del Cosmos. Los merodeos tienen ahora un soporte teórico del que hasta ahora no disponían.]

Sitzungsberichte der Königlich Preussischen Akademie der Wissenschaften. (Actas de Sesiones de la Real Academia Prusiana de Ciencias). (Págs. 142-152). *Sesión del seminario de física matemática del 8 de Febrero de* ***1917***. [Publicado el 15 de febrero de **1917**]

[p. 142]

Consideraciones cosmológicas sobre la teoría de la relatividad general

Es bien sabido que la ecuación diferencial de POISSON

$$\Delta\phi = 4\pi K\rho \qquad (1)$$

junto con la ecuación del movimiento del punto material no puede sustituir en su totalidad a la teoría newtoniana de la acción a distancia. Hay que añadir además la condición de que, en el infinito espacial, el potencial ϕ tiende hacia un valor límite fijo. Algo análogo sucede con la teoría gravitacional de la relatividad general; también en este caso resulta necesario añadir a las ecuaciones diferenciales condiciones en los límites para el infinito espacial, suponiendo que verdaderamente haya que considerar que el universo se extiende indefinidamente en sentido espacial.

A la hora de tratar el problema planetario he elegido dichas condiciones en los límites de acuerdo con el supuesto siguiente: es posible elegir un sistema de referencia de modo que todos los potenciales gravitacionales $g_{\mu\nu}$ sean constantes en el infinito espacial. Sin embargo no es en absoluto evidente a priori que puedan aplicarse las mismas condiciones en los límites cuando quieran considerarse partes mayores del universo. A continuación referiré las reflexiones que he realizado hasta ahora sobre esta importante cuestión de principio.

§ 1. La teoría de NEWTON.

Es bien sabido que la condición en los límites newtoniana de límite constante para ϕ en el infinito espacial, conduce a la conclusión de que la densidad de materia tiende a cero en el infinito. Supongamos que pueda encontrarse un lugar en el cosmos en torno al cual el campo gravitacional de la materia, considerado a gran escala, posee simetría esférica (centro). De la ecuación de POISSON se deduce en tal caso que la densidad media ρ deberá tender a cero de forma más rápida que $\frac{1}{r^2}$, al ir aumentando la distancia r al centro, con el fin de que ϕ

[p. 143]

tienda hacia un límite en el infinito [1]). En este sentido es pues finito el universo, según Newton, aun cuando pueda tener una masa total infinitamente grande.

De ello se deduce de entrada que la radiación emitida por los astros abandonará en parte, en sentido radial hacia afuera, el sistema cósmico newtoniano para perderse a continuación, sin influencias, en el infinito. ¿No puede ocurrir lo mismo con todos los cuerpos celestes? Resulta casi imposible contestar negativamente a esta pregunta. Así pues, partiendo del supuesto de un límite finito para ϕ en el infinito espacial, se deduce que un cuerpo celeste dotado de una energía cinética finita podrá alcanzar el infinito espacial superando las fuerzas de atracción newtonianas. De acuerdo con la mecánica estadística tendrá que presentarse repetidamente este caso mientras la energía total del sistema estelar sea suficientemente grande para, al transferirla a un solo cuerpo celeste, permitir a éste el viaje hacia el infinito del que no podrá retornar jamás.

Se podría intentar salvar esta particular dificultad partiendo del supuesto de que dicho potencial límite posee un valor muy elevado en el infinito. Se trataría de un camino viable si el curso del potencial gravitacional no estuviese condicionado por los propios cuerpos celestes. En realidad nos vemos obligados a aceptar la interpretación de que la presencia de diferencias significativas de potencial del campo gravitacional está en contradicción con los hechos. Estas diferencias han de ser más bien de un orden de magnitud tan pequeño que las velocidades estelares generadas por ellas no sobrepasen a las realmente observadas.

Si se aplica a las estrellas la ley de distribución de BOLTZMANN para moléculas de gas, comparando el sistema estelar con un gas en movimiento térmico estacionario, se sigue que el sistema estelar newtoniano no puede existir de manera alguna, pues la diferencia de potencial finita entre el centro y el infinito espacial es equivalente a una relación finita de las densidades. La anulación de la densidad en el infinito implica, por tanto, la anulación de la densidad en el centro.

Estas dificultades son difícilmente superables en el ámbito de la teoría newtoniana. Se podría plantear la cuestión de si pueden eliminarse mediante una modificación de la teoría de NEWTON. A este respecto, indicamos de momento un camino

---

1) ρ es la densidad media de materia configurada para un espacio que resulta grande con respecto a la distancia de estrellas fijas colindantes, aunque resulta pequeño con respecto a las dimensiones de todo el sistema estelar.

[p. 144]

que no pretende en modo alguno ser tomado en serio; sirve únicamente para resaltar mejor lo que se expone a continuación. En lugar de la ecuación de POISSON partimos de la ecuación

$$\Delta\phi - \lambda\phi = 4\pi K\rho , \qquad (2)$$

en la que λ representa una constante universal. Si ρ_0 representa la densidad (uniforme) de una distribución de masa, será

$$\phi = -\frac{4\pi K}{\lambda}\rho_0 \qquad (3)$$

una solución de la ecuación (2). Esta solución correspondería al caso en el que la materia de las estrellas fijas estuviera distribuida uniformemente en el espacio, siendo en tal caso ρ_0 la densidad media real de materia del universo. La solución corresponde a una extensión infinita del espacio, relleno uniformemente de materia. Si, sin modificar nada de la densidad media de distribución, imaginamos la materia distribuida localmente de manera no uniforme, se superpondrá, al valor constante de ϕ de la ecuación (3), un valor ϕ adicional que será, en la proximidad de masas más densas, tanto más semejante a un campo newtoniano cuanto menor sea λ_ϕ frente a $4\pi K\rho$.

Un universo configurado de esta forma no tendría centro, respecto al campo gravitacional. No habría que suponer una disminución de la densidad en el infinito espacial, sino que tanto el potencial medio como la densidad media serían constantes hasta el infinito. El conflicto con la mecánica estadística constatado en la teoría de NEWTON no está presente aquí. La materia está, para determinada densidad (sumamente pequeña), en equilibrio, sin que para este equilibrio sean necesarias fuerzas en el seno de la materia (presión).

§ 2. Las condiciones en los límites según la teoría de la relatividad general

A continuación llevo al lector por un camino un tanto indirecto y tortuoso que yo mismo he recorrido, pues sólo así puedo esperar que manifieste interés por el resultado final. He llegado a la convicción de que las ecuaciones de campo gravitacionales que he sostenido hasta ahora necesitan todavía una pequeña modificación con el fin de evitar, sobre la base de la teoría de la relatividad general, todas las dificultades de principio que se han hecho patentes en los párrafos anteriores para la teoría de NEWTON. Esta modificación se corresponde plenamente con el paso de la ecuación de POISSON (1) a la ecuación (2) del párrafo anterior. Se llega así

[p. 145]

finalmente al resultado de que las condiciones en los límites no tienen ninguna razón de ser en el infinito espacial pues el continuo del universo ha de ser considerado, en lo que respecta a su expansión espacial, como un continuo cerrado en sí mismo, con un volumen espacial (tridimensional) finito.

Mi opinión, albergada hasta hace poco, sobre las condiciones en los límites que han de establecerse en el infinito espacial se basaba en las siguientes reflexiones. En una teoría de la relatividad consecuente no puede haber ninguna inercia frente al "espacio", sino únicamente una inercia de las masas entre sí. Si alejo, por tanto, suficientemente en el espacio una de las masas de todas las demás masas del universo, su inercia deberá tender a cero. Intentaremos formular matemáticamente esta condición.

Según la teoría de la relatividad general, el impulso (negativo) viene dado por las tres primeras componentes, y la energía por la última componente del tensor covariante multiplicado por $\sqrt{-g}$

$$m\sqrt{-g}\,g_{\mu\alpha}\frac{dx_\alpha}{ds} \tag{4}$$

estableciéndose como siempre

$$ds^2 = g_{\mu\nu}dx_\mu dx_\nu \tag{5}$$

En el caso, especialmente claro, de que pueda elegirse el sistema de coordenadas de forma que el campo gravitacional sea espacialmente isótropo en cada punto, se tiene sencillamente

$$ds^2 = -A\left(dx_1^2 + dx_2^2 + dx_3^2\right) + Bdx_4^2.$$

Si, además, simultáneamente

$$\sqrt{-g} = 1 = \sqrt{A^3B}\,,$$

se obtiene, para velocidades pequeñas, en primera aproximación, a partir de (4), para las componentes del impulso

$$m\frac{A}{\sqrt{B}}\frac{dx_1}{dx_4} \qquad m\frac{A}{\sqrt{B}}\frac{dx_2}{dx_4} \qquad m\frac{A}{\sqrt{B}}\frac{dx_3}{dx_4}$$

y para la energía (en el caso de reposo)

$$m\sqrt{B}\,.$$

De la expresión del impulso se deduce que $m\frac{A}{\sqrt{B}}$ juega el papel de la masa inerte. Como m es una constante característica del punto material independiente de su posición, esta expresión solamente podrá anularse, sin perjuicio de la condición determinante, en el infinito espacial, si A tiende a cero, mientras B

[p. 146]

aumenta hasta el infinito. Parece pues que semejante degeneración de los coeficientes $g_{\mu\nu}$ venga exigida por el postulado de la relatividad de toda la inercia. Esta exigencia lleva también consigo que la energía potencial $m\sqrt{B}$ del punto llegue a ser infinitamente grande en el infinito. Así pues un punto material no puede abandonar nunca el sistema; un análisis más detallado muestra que esto mismo valdría también para los rayos de luz. Un sistema de universo con un comportamiento tal de los potenciales gravitacionales en el infinito no se vería por tanto sujeto al riesgo de despoblación antes comentado para la teoría de NEWTON.

Hago notar que las hipótesis simplificadoras sobre los potenciales gravitacionales que hemos tomado como base de esta observación se han introducido únicamente por razones de mayor claridad. Se pueden encontrar formulaciones generales para el comportamiento de los $g_{\mu\nu}$ en el infinito que expresan lo fundamental del asunto sin hipótesis limitadoras añadidas.

Exploré pues con la amable ayuda del matemático J. GROMMER campos gravitacionales estáticos con simetría central que degenerasen en el infinito en la forma indicada. Se establecieron los potenciales gravitacionales $g_{\mu\nu}$ y se calculó, basándose en las ecuaciones del campo de la gravedad, el tensor de energía $T_{\mu\nu}$ de la materia. Al hacerlo se comprobó sin embargo que para el sistema de estrellas fijas no pueden tomarse en modo alguno en consideración tales condiciones en los límites, como ha puesto de relieve recientemente con toda razón el astrónomo DE SITTER.

El tensor de energía contravariante $T^{\mu\nu}$ de la materia ponderable viene dado precisamente por

$$T^{\mu\nu} = \rho\frac{dx_\mu}{ds}\frac{dx_\nu}{ds}, \tag{5}$$

donde ρ representa la densidad de materia medida naturalmente. Eligiendo un sistema de coordenadas idóneo, las velocidades de las estrellas resultan muy pequeñas comparadas con la velocidad de la luz. Se puede sustituir por tanto ds por $\sqrt{g_{44}}dx_4$. Se ve así que todas las componentes de $T^{\mu\nu}$ tienen que ser muy pequeñas frente a la última componente T^{44}. Sin embargo, esta condición no resulta conciliable en modo alguno con las condiciones en los límites elegidas. A posteriori este resultado no parece sorprendente. El hecho de las insignificantes velocidades de las estrellas permite sacar la conclusión de que en ningún lugar en el que haya estrellas fijas puede ser el potencial gravitacional (en nuestro caso $\sqrt{B}$) considerablemente mayor que donde estamos; esto es algo que se deduce de consideraciones estadísticas, exactamente igual que en el caso de la teoría de NEWTON. En cualquier caso,

[p. 147]

nuestros cálculos me han llevado al convencimiento de que no pueden postularse tales condiciones de degeneración para las $g_{\mu\nu}$ en el infinito espacial.

Tras el fracaso de este intento se ofrecen por de pronto dos posibilidades.

a) Se exige, como en el problema planetario, que, eligiendo adecuadamente el sistema de referencia, los $g_{\mu\nu}$ se aproximen, en el infinito espacial, a los siguientes valores:

$$\begin{matrix} -1 & 0 & 0 & 0 \\ 0 & -1 & 0 & 0 \\ 0 & 0 & -1 & 0 \\ 0 & 0 & 0 & -1 \end{matrix}$$

b) No se plantean en absoluto condiciones en los límites que requieran validez general para el infinito espacial; hay que dar expresamente los $g_{\mu\nu}$ en el límite espacial del dominio considerado en cada caso particular, tal como hasta ahora era costumbre señalar expresamente las condiciones temporales iniciales.

La posibilidad b) no constituye solución alguna al problema sino la renuncia a la solución del mismo. Es éste un criterio indiscutible adoptado en la actualidad por DE SITTER[1]. He de reconocer, sin embargo, que me resulta duro tener que resignarme hasta ese extremo en esta cuestión de principio. Sólo me decidiría a ello si todos los esfuerzos por avanzar hacia una interpretación satisfactoria resultasen infructuosos.

La posibilidad a) es en muchos aspectos insatisfactoria. En primer lugar estas condiciones en los límites presuponen una elección determinada del sistema de referencia, lo que contraviene el espíritu del principio de relatividad. En segundo lugar se renuncia, al adoptar esta interpretación, a la exigencia de la relatividad de hacer justicia a la inercia. La inercia de un punto material de masa m medida naturalmente depende precisamente de los $g_{\mu\nu}$; éstos, sin embargo, se diferencian muy poco de los referidos valores postulados para el infinito espacial. Así pues la inercia estaría ciertamente influenciada pero no causada por la materia (existente a distancias finitas). De acuerdo con esta interpretación, si solamente existiera un único punto material, éste poseería inercia y casi tan grande como en el caso de estar rodeado por las restantes masas de nuestro universo real. Finalmente, y contra esta interpretación,

[1] DE SITTER, Akad. van Wetensch. Te Amsterdam, 8. November 1916.

[p. 148]

hay que invocar las mismas objeciones estadísticas alegadas más arriba para la teoría de NEWTON.

De lo expuesto hasta el momento se deduce que no he conseguido establecer condiciones en los límites para el infinito espacial. A pesar de ello, existe todavía una posibilidad de arreglárselas sin la renuncia señalada en b). Pues, si fuera posible considerar el universo como un continuo cerrado en cuanto a su extensión espacial, no habría necesidad para nada de semejantes condiciones en los límites. Se mostrará a continuación que tanto la exigencia de relatividad general como el hecho de las insignificantes velocidades de las estrellas son compatibles con la hipótesis del cerramiento espacial del conjunto del universo; sin duda, para la ejecución de esta idea se requiere una modificación generalizadora de las ecuaciones de campo gravita-cionales.

§ 3. El universo espacialmente cerrado con materia repartida uniformemente

Según la teoría de la relatividad general, el carácter métrico (curvatura) del continuo espacio-temporal cuadridimensional está determinado en cada punto por la materia que se encuentra en el mismo y por su estado. A causa de la irregular distribución de materia, la estructura métrica de este continuo tiene que ser por fuerza en extremo compleja. Pero si sólo nos interesamos por la estructura a gran escala, podemos imaginarnos la materia uniformemente distribuida en espacios enormes de modo que su densidad de distribución sea una función que varía con enorme lentitud. Hacemos algo semejante a los geodestas, que aproximan mediante un elipsoide la forma extraordinariamente complicada de la superficie terrestre a pequeña escala.

Lo más importante que sabemos, por experiencia, sobre la distribución de materia, es que las velocidades relativas de las estrellas son muy pequeñas comparadas con la velocidad de la luz. Por eso creo que de momento podemos basar nuestra reflexión en la siguiente hipótesis aproximativa: existe un sistema de coordenadas respecto al cual se puede suponer que la materia está permanentemente en reposo. Con relación a éste, el tensor contravariante de energía de la materia $T^{\mu\nu}$ es pues, según (5), de la forma sencilla:

$$\left.\begin{matrix} 0 & 0 & 0 & 0 \\ 0 & 0 & 0 & 0 \\ 0 & 0 & 0 & 0 \\ 0 & 0 & 0 & \rho \end{matrix}\right\} \qquad (6)$$

[p. 149]

El escalar ρ de la densidad (media) de distribución puede ser a priori función de las coordenadas espaciales. Sin embargo, si suponemos el universo espacialmente cerrado en sí mismo, es obvia la hipótesis de que ρ sea independiente del lugar; nos basaremos en ella en lo sucesivo.

Por lo que al campo gravitacional respecta, se sigue, de la ecuación de movimiento del punto material

$$\frac{d^2 x_\nu}{ds^2} + \begin{Bmatrix} \alpha\beta \\ \nu \end{Bmatrix} \frac{dx_\alpha}{ds}\frac{dx_\beta}{ds} = 0,$$

que un punto material sólo puede permanecer en reposo en un campo gravitacional estático si g_{44} es independiente del lugar. Como además suponemos que todas las magnitudes son independientes de la coordenada temporal x_4, podemos exigir para la solución que buscamos que, para todas las x_ν, sea

$$g_{44} = 1 \tag{7}$$

Como ocurre siempre en problemas estáticos deberá establecerse además que

$$g_{14} = g_{24} = g_{34} = 0 \tag{8}$$

Se trata ahora de fijar aquellas componentes del potencial gravitacional que determinan el comportamiento geométrico puramente espacial de nuestro continuo ($g_{11}, g_{12} \ldots\ldots g_{33}$). De nuestra hipótesis sobre la uniformidad de la distribución de las masas que generan el campo se deduce que la curvatura del espacio métrico que se busca tiene que ser también constante. Para esta distribución de masas, el continuo cerrado buscado de las x_1, x_2, x_3, con x_4 constante, será pues un espacio esférico.

A semejante espacio llegamos por ejemplo de la forma siguiente: partimos de un espacio euclídeo de las ξ_1, ξ_2, ξ_3, ξ_4, de cuatro dimensiones, con el elemento lineal $d\sigma$; por tanto, es

$$d\sigma^2 = d\xi_1^2 + d\xi_2^2 + d\xi_3^2 + d\xi_4^2 . \tag{9}$$

En este espacio consideramos la hipersuperficie

$$R^2 = \xi_1^2 + \xi_2^2 + \xi_3^2 + \xi_4^2 , \tag{10}$$

en donde R es una constante. Los puntos de esta hipersuperficie forman un continuo tridimensional, un espacio esférico de radio de curvatura R.

El espacio euclídeo cuadridimensional del que hemos partido sirve únicamente para definir cómodamente nuestra hipersuperficie. Nos interesan sólo los puntos de esta última cuyas propiedades métricas deben coincidir con las del espacio físico con distribución uniforme de materia. Para la descripción de este

[p. 150]

continuo tridimensional podemos servirnos de las coordenadas ξ_1, ξ_2, ξ_3 (proyección sobre el hiperplano $\xi_4 = 0$) ya que, en virtud de (10), puede expresarse ξ_4 por medio de ξ_1, ξ_2, ξ_3. Si se elimina ξ_4 de (9) se obtiene, para el elemento de línea del espacio esférico, la expresión

$$\left.\begin{aligned} d\sigma^2 &= \gamma_{\mu\nu} d\xi_\mu d\xi_\nu \\ \gamma_{\mu\nu} &= \delta_{\mu\nu} + \frac{\xi_\mu \xi_\nu}{R^2 - \rho^2} \end{aligned}\right\} , \tag{11}$$

siendo $\delta_{\mu\nu} = 1$, si $\mu = \nu$, $\delta_{\mu\nu} = 0$, si $\mu \neq \nu$, y $\rho^2 = \xi_1^2 + \xi_2^2 + \xi_3^2$. Las coordenadas seleccionadas resultan cómodas cuando se trata de investigar el entorno de uno de los dos puntos $\xi_1 = \xi_2 = \xi_3 = 0$.

Se nos da así también el elemento de línea del universo espacio-temporal cuadridimensional buscado. Evidentemente, para los potenciales $g_{\mu\nu}$, cuyos dos índices difieren en 4, deberemos poner

$$g_{\mu\nu} = -\left(\delta_{\mu\nu} + \frac{x_\mu x_\nu}{R^2 - \left(x_1^2 + x_2^2 + x_3^2\right)}\right), \tag{12}$$

ecuación que, junto con (7) y (8), determina por completo el comportamiento de escalas, relojes y rayos de luz en el universo cuadridimensional considerado.

§ 4. Acerca de un término adicional que ha de añadirse a las ecuaciones de campo gravitacionales

Las ecuaciones de campo gravitacionales que he propuesto se escriben, para un sistema de coordenadas elegido arbitrariamente

$$\left.\begin{aligned} G_{\mu\nu} &= -\kappa\left(T_{\mu\nu} - \frac{1}{2} g_{\mu\nu} T\right) \\ G_{\mu\nu} &= -\frac{\partial}{\partial x_\alpha}\begin{Bmatrix}\mu\nu \\ \alpha\end{Bmatrix} + \begin{Bmatrix}\mu\alpha \\ \beta\end{Bmatrix}\begin{Bmatrix}\nu\beta \\ \alpha\end{Bmatrix} + \\ &+ \frac{\partial^2 \lg\sqrt{-g}}{\partial x_\mu \partial x_\nu} - \begin{Bmatrix}\mu\nu \\ \alpha\end{Bmatrix}\frac{\partial \lg\sqrt{-g}}{\partial x_\alpha} \end{aligned}\right\}. \tag{13}$$

El sistema de ecuaciones (13) no se satisface en modo alguno si se sustituyen los $g_{\mu\nu}$ por los valores dados en (7), (8) y (12) y el tensor (contravariante) de energía de la materia por los valores indicados en (6). En el párrafo siguiente mostraremos cómo se realiza este cálculo con comodidad. Si fuera, pues, seguro que las ecuaciones del campo (13) que he utilizado hasta ahora fueran las únicas compatibles con el postulado de la relatividad general

[p. 151]

tendríamos que concluir que la teoría de la relatividad no admite la hipótesis de un universo espacialmente cerrado.

El sistema de ecuaciones (**13**) permite, sin embargo, una extensión obvia, compatible con el postulado de relatividad, que es completamente análoga a la extensión de la ecuación de POISSON dada por la ecuación (2). Podemos por tanto añadir, en el primer miembro de la ecuación de campo (13), el tensor fundamental $g_{\mu\nu}$ multiplicado por una constante universal $-\lambda$, desconocida por el momento, sin destruir por ello la covariancia general; en lugar de la ecuación de campo (13) ponemos

$$G_{\mu\nu} - \lambda g_{\mu\nu} = -\kappa\left(T_{\mu\nu} - \frac{1}{2} g_{\mu\nu} T\right). \tag{13a}$$

Esta ecuación de campo, para λ suficientemente pequeña, es además compatible siempre con los hechos experimentales obtenidos en el sistema solar. Satisface también los principios de conservación del impulso y de la energía pues se llega a (13a) en lugar de a (13) si, en lugar del escalar del tensor de RIEMANN, se introduce este escalar –incrementado en una constante universal– en el principio de HAMILTON, principio que sí garantiza la validez de los principios de conservación. Se mostrará a continuación que la ecuación de campo (13a) es compatible con nuestros planteamientos sobre el campo y la materia.

§ 5. Realización del cálculo. Resultado.

Como todos los puntos de nuestro continuo son equivalentes bastará con realizar el cálculo para uno de los puntos, por ejemplo para uno de los dos puntos con las coordenadas $x_1 = x_2 = x_3 = x_4 = 0$. Hay que sustituir pues en (13a) los $g_{\mu\nu}$ por los valores

$$\begin{matrix} -1 & 0 & 0 & 0 \\ 0 & -1 & 0 & 0 \\ 0 & 0 & -1 & 0 \\ 0 & 0 & 0 & 1 \end{matrix}$$

en todas partes en que aparezcan diferenciados una sola vez o ninguna. Se obtiene pues, de entrada

$$G_{\mu\nu} = \frac{\partial}{\partial x_1}\begin{bmatrix}\mu\nu \\ 1\end{bmatrix} + \frac{\partial}{\partial x_2}\begin{bmatrix}\mu\nu \\ 2\end{bmatrix} + \frac{\partial}{\partial x_3}\begin{bmatrix}\mu\nu \\ 3\end{bmatrix} + \frac{\partial^2 \lg\sqrt{-g}}{\partial x_\mu \partial x_\nu}.$$

De aquí, teniendo en cuenta (7), (8) y (13), se encuentra fácilmente que el conjunto de ecuaciones (13 a) se satisface si se cumplen las dos relaciones

[p. 152]

$$-\frac{2}{R^2} + \lambda = -\frac{\kappa\rho}{2}$$

$$-\lambda = -\frac{\kappa\rho}{2}$$

o

$$\lambda = \frac{\kappa\rho}{2} = \frac{1}{R^2} \tag{14}$$

La nueva constante universal λ introducida determina pues tanto la densidad media de distribución ρ, que puede permanecer en equilibrio, como el radio R del espacio esférico y su volumen $2\pi^2 R^3$. La masa total M del universo será, según nuestra interpretación, finita y, concretamente, igual a

$$M = \rho \cdot 2\pi^2 R^3 = 4\pi^2 \frac{R \cdot}{\kappa \cdot} = \frac{\sqrt{32\pi^2}}{\sqrt{\kappa^3 \rho}}. \tag{15}$$

La interpretación teórica del universo real sería pues, de coincidir con nuestra consideración, la siguiente. El carácter curvo del espacio es, a tenor de la distribución de materia, temporal y localmente variable, si bien puede aproximarse –grosso modo– por un espacio esférico. En cualquier caso, esta interpretación está exenta de contradicciones lógicas y, desde el punto de vista de la teoría de la relatividad general, es la más natural; si es o no consistente, contemplada a la luz de los conocimientos astronómicos actuales, no procede analizarlo aquí. Es cierto que para lograr esta interpretación exenta de contradicciones hemos tenido que introducir una nueva extensión de las ecuaciones de campo gravitacionales, no justificada por nuestro conocimiento real de la gravedad. Hay que señalar, sin embargo, que también resulta una curvatura positiva del espacio por la materia existente en el mismo, aunque no se introduzca ese término adicional; esto último sólo es necesario para posibilitar una distribución cuasi estática de la materia, como corresponde al hecho de las pequeñas velocidades de las estrellas.

—

MARZO

Dar cuenta a Michele Besso de su trabajo es algo habitual en Einstein. En esta ocasión* le avisa de que, en carta a Dällenbach y al propio Besso, les manda el «Kosmologische Betrachtungen», sugiriéndole que lo lean juntos. Aquí el fragmento técnico (la carta se adentra en consideraciones familiares que, esta vez, omito).

Carta de Einstein a Besso

[* Berlín, después del 9 de marzo de 1917]

Vamos ahora al asunto de $\lambda = \frac{1}{R^2}$. Al margen por completo de la cuestión de si es cierto o no, no es un asunto de gran importancia científica; no lo creo. Se trata sólo de lo siguiente. Si en un lugar elijo galileanas las $g_{\mu\nu}$ y desarrollo el sistema de la manera más adecuada posible, ¿cómo se comportarán las $g_{\mu\nu}$ si me alejo enormemente, espacial y temporalmente? ¿Es posible establecer las cosas de tal manera que las $g_{\mu\nu}$ estén realmente determinadas únicamente por la materia, como lo quiere concepción relativista? Las objeciones que haces están casi todas justificadas. Los argumentos que doy no son propiamente imperativos, como suele ocurrir con todo lo que se refiere a las realidades. Pero creo que, en lo esencial, he dado en el clavo, y también que puedo convencerte, si es necesario de tú a tú cuando te vea de nuevo.

De entrada, lo principal. Tomemos como base la teoría de Newton. Sugieres que habría que suponer que una masa que llena el espacio uniformemente hasta el infinito no produciría campo (por razones de simetría). *Pero esto no es cierto.* Supongamos que no haya campo en el punto *P*. Aún así, según el teorema de Gauss, tiene que haber un flujo de gravitación que atraviese la superficie esférica *K*, proveniente de las masas encerradas en *K*. Según el teorema de Gauss, ¡toda masa es punto de convergencia de líneas de fuerza! Así que, por fuera de *K*, el mundo puede estar lleno de masa, incluso hasta el infinito. La materia debe caer pues hacia *P* con tanta mayor aceleración cuanto mayor sea la distancia a *P*. Jehová no construyó el mundo sobre una base tan alocada.

Si el Universo ha de tener existencia duradera, el movimiento debe impedir que colapse (fuerzas centrífugas). Así sucede en el sistema solar. Pero esto sólo funciona si se permite que la densidad media de materia en el infinito se haga cero de forma adecuada, ya que de lo contrario aparecen diferencias de potencial infinitamente grandes.

Una interpretación semejante es ya insatisfactoria según Newton* y más insatisfactoria todavía según la teoría de la relatividad, porque no satisface la relatividad de la inercia. En lo esencial, esta última estaría determinada en el infinito espacial por las $g_{\mu\nu}$ y en muy pequeña medida por interacción con las otras masas. Para mí esta interpretación es insostenible. Sólo encuentro una salida en la hipótesis del cierre espacial, cuya viabilidad he demostrado.

[* En el manuscrito original, Einstein intercala en este punto lo siguiente: „Verarmungschwierigkeiten an Materie und Energie. Zerstreuung ins Unendliche". ("Dificultades de empobrecimiento en materia y energía. Dispersión en el infinito".)]

No creo seriamente que el mundo esté en equilibrio mecánico-estadístico, aun cuando también yo argumente así. Las estrellas tendrían que agruparse todas (si el volumen disponible fuera finito). Pero un examen más detallado muestra que la estadística puede aplicarse con todo derecho a las cuestiones que me ocupan. Por lo demás también se puede actuar sin recurrir a la estadística. Lo que sí es cierto es que diferencias de potencial infinitamente grandes tendrían que dar lugar a velocidades estelares de magnitud muy significativa, que probablemente habrían cesado hace ya mucho. Pequeñas diferencias de potencial en combinación con la expansión infinita del universo exigen el vacío de éste en el infinito (constancia de las $g_{\mu\nu}$ en el infinito con una elección adecuada de coordenadas), en contradicción con una relatividad concebida con sentido pleno. Sólo la clausura del universo nos libra del dilema; así lo sugiere también el hecho de que *la curvatura tiene el mismo signo en todas partes, porque la experiencia demuestra que la densidad de energía no se hace negativa.*

La λ recién introducida no tiene nada que ver con la anterior. Se me escapó en ese momento que añadir $+\lambda g_{\mu\nu}$ en el primer miembro de la ecuación de campo no perturba el carácter tensorial. De entrada tendría que haber puesto $\lambda = 0$, en el sentido de Newton. Pero las nuevas reflexiones abogan por una λ distinta de cero, que tiende a inducir una densidad media de materia ρ_0 diferente de cero. La astronomía de estrellas fijas (recuento de estrellas) lleva al orden de magnitud $\rho_0 = 10^{-22}$ gramos/cm^3, que corresponde a un radio del universo $R = 10^7$ años luz, mientras que las estrellas visibles más lejanas se estiman a una distancia de 10^4 años luz. Lee el trabajo con Dällenbach. Os divertirá. [*Carta de Einstein a Michele Besso*. Berlín, después del 9 de marzo de 1917]

[Recogida en: TCPAE. Vol. 8. Doc. 308, pp. 404-406]

[* Según los *Collected Papers*, la carta está fechada [después del 9 de marzo] suponiendo que fue escrita después del documento anterior (Doc. 307. *Carta de Friedrich Adler a Einstein*). En cambio, la edición de Pierre Speziale de la *Correspondencia Einstein-Besso* da por supuesto que la carta es de diciembre de 1916, cosa alto improbable, ya que el «Kosmologische», como se señala arriba se presenta en la PAW el 8 de febrero de 1917 y se publica el 15 de ese mes.]

—

Con los colegas es forzoso estar en un pienso permanente. De Sitter está tuberculoso, pero, con todos los respetos, eso importa menos. Ya sabemos que somos frágiles. La *infinita* correspondencia con de Sitter a propósito del universo acredita que es un destinatario adecuado de las obsesiones einsteinianas del momento.

Carta de Einstein a Willem de Sitter

Berlín, antes del 12 de marzo de 1917

Querido colega:

Lamento muchísimo que tenga usted que quejarse por tener problemas de salud y estar confinado en cama. Espero que se recupere usted pronto. También mi salud flaquea, pero al menos puedo seguir con mi ocupación habitual. Por otra parte, es penoso que hayan elegido a M. en vez de a K. para Potsdam, a pesar de la sugerencia de la Academia. Todos los que tienen buenas intenciones al respecto están descontentos. No está claro qué poderes han sido responsables de esto. Se rumorea de Seeliger.

Bueno, vayamos a nuestro asunto. Desde el punto de vista de la Astronomía, lo que he construido yo ahí es, por supuesto, un espacioso castillo en el aire. Pero para mí la cuestión candente era si la idea relativista puede hilarse plenamente o si conduce a contradicciones. Estoy contento ahora por haber podido pensar la idea hasta el final sin topar con contradicciones. Ahora el problema ya no me atormenta, mientras que antes no me daba reposo. Si el esquema que he pergeñado se corresponde con la realidad, eso es otra cuestión y probablemente nunca lo sepamos. En cuanto al tamaño de R, mis reflexiones fueron las siguientes.

Los astrónomos han encontrado que la densidad espacial de materia, a partir del recuento de estrellas hasta la enésima clase de magnitud es aproximadamente

$$10^{-22} \text{ gr/cm}^3,$$

hasta cierto punto independiente de la clase hasta la que se cuente. Esto da un resultado de unos

$$R = 10^7 \text{ años luz}$$

mientras que nosotros alcanzamos a ver a 10^4 años luz. Hay algo, no obstante, que me parece extraño. Las estrellas próximas a nuestro antipolo tendrían que enviarnos mucha luz. Es dudoso, sin embargo, que pudieran aparecer como puntos, ya que la velocidad de la luz varía de forma irregular. Si algo así fuera visible en el cielo tendría que delatarse mediante una paralaje negativa. Después de todo habría que estar atento a si hay objetos con paralaje negativa en el cielo. Bueno, ya es suficiente; si no, se va usted a reír de mí.

Por supuesto, la cuestión de la naturaleza del universo tridimensional sólo tiene sentido si es posible una concepción *estática* (aproximada) (independencia de todas las funciones de una x_4 convenientemente elegida). No hay violación del postulado de relatividad.

Se puede ilustrar nuestra cuestión por medio de una bonita comparación. Comparo el espacio con una tela que flota (en reposo) en el aire, de la que podemos percibir una cierta parte, que está ligeramente curvada al modo de un pequeño trozo de superficie esférica. Filosofemos sobre cómo tenemos que continuar la tela para que su tensión tangencial esté equilibrada, bien sea sujeta en los bordes, extendida sin fin, o de tamaño finito y cerrada en sí misma. Heine dio la respuesta en un poema:

"Y un tonto espera una respuesta".

Así que, démonos por satisfechos y no esperemos una respuesta sino que nos volvamos a ver en Leiden lo más pronto posible con aceptable salud.

Le envío mi cordial saludo y mi deseo de una buena recuperación. Suyo,

A. Einstein

[Recogido en *The Collected Papers of Albert Einstein*. Volume 8, Part A: The Berlin Years: Correspondence 1914-1917. Doc. **311**. Page 411]

Naturalmente, de Sitter contesta:

Carta de Willem de Sitter a Einstein

Leyden, 15 de marzo de 1917

Querido colega:

Muchas gracias por su amable carta. Bien, si usted no quiere imponer su concepción sobre la realidad, entonces estamos de acuerdo. No tengo nada contra ella como cadena de razonamientos sin contradicciones, e incluso la admiro. No puedo estar completamente de acuerdo hasta que no haya hecho cálculos con ella, cosa que ahora mismo no me es posible hacer.

Mi artículo en inglés está ya impreso en su totalidad, incluida la segunda parte. Lamentablemente, no puedo enviar una separata, porque no he recibido ninguna; probablemente hayan sido torpedeadas*. De todos modos, no hay nada en el trabajo que no hayamos discutido ya en Leiden. Sólo esto: El mero hecho *de que podamos identificar líneas espectrales* demuestra que en todas las estrellas y nebulosas, por alejadas que puedan estar, el potencial es del mismo orden de magnitud que aquí. Esta prueba es más rigurosa que la de las pequeñas velocidades estelares. Y del hecho de que no haya un corrimiento sistemático hacia el *violeta* en los espectros estelares se sigue que existe un límite superior para la masa total de todas las estrellas a una distancia dada.

Suyo afectísimo,

W. de Sitter.

Lamento mucho las noticias sobre Potsdam, por K. y por Potsdam. deS

[* Hace referencia a la orden dada a los submarinos alemanes de torpedeo sistemático de barcos *enemigos*. Lo que no deja de ser un ramalazo contra Einstein, cuya posición no deja de ser *objetivamente* ambigua.]

[Recogido en *The Collected Papers of Albert Einstein*. Volume 8, Part A: The Berlin Years: Correspondence 1914-1917. Doc. **312**. Page 413]

—

De Sitter señala sus diferencias con Einstein.

Carta de Willem de Sitter a Einstein

Leiden, 20 de marzo de 1917

Querido Sr. Einstein:

He encontrado que las ecuaciones

$$G\mu\nu - \lambda g_{\mu\nu} = 0,$$

es decir, sus ecuaciones (13a) *sin materia*, pueden ser satisfechas por las $g_{\mu\nu}$ que vienen dadas por

(1) $$ds^2 = \frac{-dx^2 - dy^2 - dz^2 + c^2dt^2}{(1-\mu h^2)^2}$$

$\mu = \lambda/12$, $h^2 = c^2t^2 - x^2 - y^2 - z^2$. x, y, z, t pueden hacerse ∞.

En el infinito (bien espacial, temporal, o ambos) las $g_{\mu\nu}$ se convierten en

$$\begin{Bmatrix} 0 & 0 & 0 & 0 \\ 0 & 0 & 0 & 0 \\ 0 & 0 & 0 & 0 \\ 0 & 0 & 0 & 0 \end{Bmatrix}$$

Así que tenemos aquí un sistema de constantes de integración, o valores límite en el infinito, que es invariante frente a *todas* las transformaciones. Para h moderado, es decir, en nuestra vecindad espacial y temporal, tenemos las $g_{\mu\nu}$ de la vieja teoría de la relatividad si $\mu(\lambda)$ es suficientemente pequeño. Esto se consigue *sin* masas sobrenaturales, sólo introduciendo la constante indeterminada e *indeterminable* λ en las ecuaciones de campo.

No sé si se puede decir que "la inercia se explica" de este modo. Yo no me molesto en dar explicaciones. Si existiera un único cuerpo de prueba en el mundo, es decir, si no hubiera sol y estrellas, etc., tendría inercia. En su teoría *también*, en mi opinión, si no existieran las masas *físicas* (sol etc.). Si las masas sobrenaturales no existieran –eso es tan imposible en su teoría como decir "si el mundo no existiera".

También se puede interpretar (1) de forma que el mundo de cuatro dimensiones sea finito, con un radio dado por $\lambda = 3/R^2$. La analogía con su solución surge de la siguiente comparación:

Tridimensional Con masas sobrenaturales. $\lambda = 1/R^2$	*Cuadridimensional* Sin esas masas. $\lambda = 3/R^2$

Sistema de Coordenadas I.

$x_1, x_2, x_3, ct : x_1{}^2 + x_2{}^2 + x_3{}^2 \leq R^2$ $g_{44} = 1 \quad g_{i4} = 0$ $g_{\mu\nu} = -\delta_{\mu\nu} - \dfrac{x_\mu x_\nu}{R^2 - (x_1^2 + x_2^2 + x_3^2)}$	$x_1, x_2, x_3, x_4 = ict' : x_1{}^2 + x_2{}^2 + x_3{}^2 + x_4{}^2 \leq R^2$ $g_{\mu\nu} = -\delta_{\mu\nu} - \dfrac{x_\mu x_\nu}{R^2 - (x_1^2 + x_2^2 + x_3^2 + x_4^2)}$ μ y ν = 1, 2, 3, 4.

Sistema de coordenadas II (coordenadas hiperesféricas)

$ds^2 = c^2dt^2 - R^2[d\chi^2 + \sin^2\chi(d\psi^2 + \sin^2\psi d\vartheta^2)]$ $-\infty < t < \infty \quad 0 \leq \vartheta \leq 2\pi \quad 0 \leq \chi, \quad \psi \leq \pi$	$ds^2 = -R^2[d\omega^2 + \sin^2\omega\{d\chi^2 + \sin^2\chi(d\psi^2 + \sin^2\psi d\vartheta^2)\}]$ $0 \leq \vartheta \leq 2\pi \quad 0 \leq \omega, \quad \psi \leq \pi$

Sistema de coordenadas III (Cartesiano) $\begin{cases} \textit{proviene de II mediante} \\ \textit{"proyección estereográfica"} \end{cases}$

$ds^2 = c^2dt^2 - \dfrac{dx^2 + dy^2 + dz^2}{\left[1 + \dfrac{1}{4R^2}(x^2 + y^2 + z^2\right]^2}$	$ds^2 = \dfrac{-dx^2 - dy^2 - dz^2 + c^2dt^2}{\left[1 + \dfrac{1}{4R^2}(x^2 + y^2 + z^2 - c^2t^2\right]^2}$
En el infinito: $g_{\mu\nu} = \begin{Bmatrix} 0 & 0 & 0 & 0 \\ 0 & 0 & 0 & 0 \\ 0 & 0 & 0 & 0 \\ 0 & 0 & 0 & 1 \end{Bmatrix}$	En el infinito: $g_{\mu\nu} = \begin{Bmatrix} 0 & 0 & 0 & 0 \\ 0 & 0 & 0 & 0 \\ 0 & 0 & 0 & 0 \\ 0 & 0 & 0 & 0 \end{Bmatrix}$
Invariante frente a toda transform. *con* $t' = t$ $G_{44} = 0 \qquad G_{ii} = \dfrac{2}{R^2} g_{ii} \quad i = 1, 2, 3$	Invariante frente a *toda* transform. $G_{ii} = \dfrac{3}{R^2} g_{ii} \qquad i = 1,2,3,4$

Para encontrar las relaciones entre λ y R^2 tengo las ecuaciones de campo

$$G_{ij} - \lambda g_{ij} = -\kappa\left(T_{ij} - \frac{1}{2}g_{ij}T\right)$$

Sólo tengo un cuerpo de prueba y ninguna otra masa *física* (sol, etc), pero tal vez necesite masas sobrenaturales, que supongo estáticas, por lo que $T_{44} = \rho$ y todas las demás $T_{ij} = 0$. Entonces las ecuaciones se convierten en:

(en el sistema de coordenadas III)

$$\left.\begin{array}{ll} G_{ii} - \left(\lambda + \frac{1}{2}\kappa\rho\right) g_{ii} = 0 & i = 1,2,3 \\ G_{44} - \left(\lambda + \frac{1}{2}\kappa\rho\right) g_{44} = -\kappa\rho & \end{array}\right\}$$

Se sigue de ahí: para el (sistema cuadridimensional) los dos casos:

↓

$\lambda + \frac{1}{2}\kappa\rho = \frac{2}{R^2}$, $\lambda = \frac{1}{2}\kappa\rho$ Se necesitan por tanto masas sobrenaturales	$\lambda = \frac{3}{R^2}$, $\rho = 0$ No hay masas sobrenaturales.

Tengo curiosidad por saber si está usted de acuerdo con esta forma de ver las cosas, y si prefiere el sistema tridimensional o el cuadridimensional.

Personalmente, prefiero con mucho el sistema de cuatro dimensiones, y más aún la teoría original sin el indeterminable λ, deseable sólo filosóficamente pero no físicamente, y con $g_{\mu\nu}$ no invariantes en el infinito. Pero si λ es sólo pequeño, no importa, y la elección es pura cuestión de gustos.

Espero que su salud mejore y que pronto vuelva usted a la normalidad. Un cordial saludo, atentamente

W. de Sitter

[Recogida en *TCPAE*. Volume 8, Part A: The Berlin Years: Correspondence 1914-1917. DOC. **313**, Page 414]

Sigue el fuego cruzado:

Carta de Einstein a Willem de Sitter

[Berlín,] 24 de marzo de 1917

Querido Sr. De Sitter :

Sus nuevos resultados me interesan mucho. También me alegro mucho de que esté usted de nuevo en pie y (espero) se haya restablecido por completo. También yo estoy considerablemente mejor. Con respecto a su solución, pienso lo siguiente:

1) Su universo es espacialmente finito. La longitud medida naturalmente del eje x positivo es pues

$$(-i)\int ds = \int_0^\infty \frac{dx}{1+\mu x^2} = \text{(finita)}.$$

Probablemente lo más natural sería representar este universo como espacialmente cerrado y finito.

2) La superficie del hiperboloide

$$1 - \mu h^2 = 0$$

es una singularidad. Al atravesarla, las $g_{\mu\mu}$ saltan de $-\infty$ a $+\infty$ y las g_{44} de $+\infty$ a $-\infty$.

3) Tales singularidades deben excluirse en el finito físico. La intersección del eje t positivo con la superficie de la singul. está en $t = \frac{1}{\sqrt{\mu c}}$. La distancia naturalmente medida (en el tiempo) del punto de intersección desde el origen $x_1 = x_2 = x_3 = t = 0$ (medida en el eje del tiempo es

$$\int ds = \int_0^{\frac{1}{\sqrt{\mu c}}} \frac{c\,dt}{1 - \mu c^2 t^2} = \frac{1}{\sqrt{\mu}} \frac{\pi}{2} \text{ (finita).}$$

La superficie con propiedades singulares (discontinuidades) se encuentra por tanto en el finito físico.

Por eso me parece que su solución no corresponde a ninguna posibilidad física. Las $g_{\mu\nu}$ y $g^{\mu\nu}$ (incluidas sus derivadas primeras) tienen que ser continuas en todas partes.

En mi opinión, sería insatisfactorio que existiera un mundo concebible sin materia. Más bien, el campo $g^{\mu\nu}$ *debe estar condicionado por la materia, sin la cual no puede existir*. Este es el núcleo de lo que entiendo bajo la exigencia de relatividad de la inercia. Se podría hablar igualmente de la "condicionalidad material de la geometría". Mientras no se cumpliera esta exigencia, el objetivo de la relatividad general no se había alcanzado plenamente para mí. Esto sólo se consiguió mediante el término λ.

Saludos cordiales. Suyo,

Einstein.

P. S. El hecho de las bajas velocidades estelares es un argumento cuya fuerza probatoria va más allá de la inexistencia del corrimiento al violeta sólo en la medida en que no nos limitemos aquí al efecto exclusivo de la parte visible de las estrellas. *Suponiendo un comportamiento mecánicamente cuasi estacionario de la materia*, las bajas velocidades estelares prueban que en el universo no se dan en absoluto grandes diferencias potencial gravitacional.

Suponiendo que estuviera garantizada la corrección de la teoría de la relatividad general, el asunto de λ podría decidirse observando las líneas espectrales de estrellas lejanas. Porque si fuera λ = 0, la densidad estelar media sería suficiente para crear una diferencia de potencial entre nosotros y las estrellas lejanas, lo que llevaría consigo un considerable efecto violeta.

[Recogido en *The Collected Papers of Albert Einstein*. Volume 8, Part A: The Berlin Years: Correspondence 1914-1917. Doc. **317**, pages 421-423]

Turno ahora para los (matemáticos) de Göttingen:

Carta de Einstein a Felix Klein

[Berlín,] 26 de marzo de 1917

Estimado colega:

Muchas gracias por sus trabajos y por su amable tarjeta. Es realmente asombroso que puntos de partida tan diferentes como el matemático y el físico den lugar finalmente a las mismas estructuras de pensamiento. Ya he leído con placer las partes subrayadas de su trabajo; el resto seguirá. Como nunca he hecho geometría no euclídea, en mi último trabajo escapó a mi atención la más cercana geometría elíptica. El Sr. Freundlich ya me ha llamado la atención al respecto. En mis consideraciones sólo cambia el hecho de que el espacio es la mitad de grande; la relación entre R (radio de curvatura) y ρ (densidad media de materia) sigue siendo la misma.

La nueva variante de la teoría supone formalmente una complicación de los principios básicos y probablemente será considerada por casi todos los especialistas como una hazaña interesante, aunque voluntariosa y superflua, sobre todo porque difícilmente se podrá obtener apoyo empírico en un futuro previsible. Yo, sin embargo, veo el asunto como un añadido necesario, sin el cual ni la inercia ni la geometría son verdaderamente relativas. Pero quien no encuentre inquietante que la existencia de un campo $g_{\mu\nu}$ sin materia generadora de campo surja de la teoría como posible, y que una única masa (imaginada como existiendo sola en el universo) pueda poseer inercia, no puede convencerse de la necesidad del nuevo paso.

Me alegrará mucho ver a Debye en los próximos días, y le ruego que me avise cuando venga usted de nuevo a Berlín, para poder visitarle. Sería deseable que los trabajos realizados en el campo de la relatividad general se intercambiaran entre Göttingen y Leiden. Se ahorrarían así muchos devaneos mentales. Por ejemplo, un tratamiento preciso del problema del punto, tal como lo da Hilbert en su último trabajo, ya está dado en la disertación del holandés Droste. Además, Lorentz ha trabajado en gran parte de ello.

Saludos cordiales, suyo

A. Einstein

[Recogido en *The Collected Papers of Albert Einstein*. Volume 8, Part A: The Berlin Years: Correspondence 1914-1917. Doc. **319**. Page 425]

Pongamos por fin el trabajo de W. de Sitter (*first paper*):

Huygens Institute - Royal Netherlands Academy of Arts and Sciences (KNAW). W. de Sitter, «On the relativity of inertia. Remarks concerning Einstein's latest hypothesis», in: KNAW, Proceedings, 19 II, 1917, Amsterdam, 1917, pp. 1217-1225.

1217

Mechanics. – "On the Relativity of inertia. Remarks concerning EINSTEIN'S latest hypothesis" [1]) By Prof. W. DE SITTER. [Mecánica.– «Sobre la relatividad de la inercia. Observaciones relativas a la última hipótesis de EINSTEIN» [1]) Por el Prof. W. DE SITTER.] (Comunicado en la reunión del 31 de marzo de 1917).

Si despreciamos la acción gravitatoria de toda la materia ordinaria (sol, estrellas, etc.), y si utilizamos como sistema de referencia tres coordenadas espaciales cartesianas rectangulares y el tiempo multiplicado por c, entonces, en aquella parte del espacio-tiempo cuatri-dimensional que es accesible a nuestras observaciones, las $g_{\mu\nu}$ son muy aproximadamente las de la antigua teoría de la relatividad, a saber:

$$\left.\begin{matrix} -1 & 0 & 0 & 0 \\ 0 & -1 & 0 & 0 \\ 0 & 0 & -1 & 0 \\ 0 & 0 & 0 & +1 \end{matrix}\right\}, \ldots\ldots (1)$$

A la parte del espacio-tiempo donde esto es así, la llamaré «nuestra vecindad». En el espacio se extiende al menos hasta la estrella, nebulosa o cúmulo más lejano en cuyo espectro podamos identificar líneas definidas [2]).

Cómo son las $g_{\mu\nu}$ fuera de nuestra vecindad no lo sabemos, y cualquier suposición respecto a sus valores es una extrapolación, cuya incertidumbre aumenta con la distancia (en el espacio, o en el tiempo, o en ambos) desde el origen. Cómo son las $g_{\mu\nu}$ en el infinito del espacio o del tiempo, nunca lo sabremos. No obstante se ha sentido la necesidad de

[1]) A. EINSTEIN, «Kosmologische Betrachtungen zur allgemeinen Relativitätstheorie», Sitzungsber. Berlin, 8 Febr. 1917, page 142.

[2]) W. DE SITTER, «On EINSTEIN'S theory of gravitation and its astronomical consequences» (second paper), Monthly Notices R.A.S. **Dec. 1916**, Vol. LXXVII, p. 182. This limit refers to g_{44} only. (Este límite se refiere solo a g_{44})

1218

formular hipótesis a este respecto. La extrapolación que se ofrece más naturalmente, y que también se hace tácitamente en la mecánica clásica, es que los valores (1) permanecen inalterados para todo el espacio y el tiempo hasta el infinito. Por otra parte, ha surgido el deseo de tener constantes de integración, o más bien valores límite en el infinito, que sean los mismos en todos los sistemas de referencia. Los valores (1) no satisfacen esta condición. El valor más deseable y más sencillo para las $g_{\mu\nu}$ en el infinito es evidentemente cero. EINSTEIN no ha conseguido encontrar tal conjunto de valores límite [1]) y por ello hace la hipótesis de que el universo no es infinito, sino esférico: entonces no se necesitan condiciones límite, y la dificultad desaparece. Desde el punto de vista de la teoría de la relatividad parece a primera vista incorrecto decir: el mundo *es* esférico, ya que puede, mediante una transformación análoga a una proyección estereográfica, representarse en un espacio euclídeo. Se trata de una transformación perfectamente legítima, que deja inalterados los distintos invariantes ds^2, G, etc. Pero incluso esta invariabilidad muestra que también en el sistema euclídeo de coordenadas el mundo, en medida natural, sigue siendo finito y esférico. Si se aplica esta transformación a las $g_{\mu\nu}$ que EINSTEIN encuentra para su mundo esférico, se transforman en un conjunto de valores que en el infinito degeneran en

$$\left.\begin{matrix} 0 & 0 & 0 & 0 \\ 0 & 0 & 0 & 0 \\ 0 & 0 & 0 & 0 \\ 0 & 0 & 0 & 1 \end{matrix}\right\} \ldots\ldots (2A)$$

Parece, sin embargo, que las $g_{\mu\nu}$ del mundo esférico de EINSTEIN [y por tanto también sus valores transformados en el sistema de referencia euclídeo] no satisfacen las ecuaciones diferenciales adoptadas originalmente por EINSTEIN, a saber:

$$G_{\mu\nu} = -\kappa(T_{\mu\nu} - \tfrac{1}{2} g_{\mu\nu} T) \ldots (3)$$

Así pues EINSTEIN considera necesario añadir otro término a sus ecuaciones, que pasan a ser

$$G_{\mu\nu} - \lambda g_{\mu\nu} = -\kappa(T_{\mu\nu} - \tfrac{1}{2} g_{\mu\nu} T) \ldots (4)$$

Es más, es necesario suponer que todo el espacio tri-dimensional

1) l.c. página 148. Más adelante se verá que la hipótesis de EINSTEIN equivale a un conjunto determinado de valores, en el infinito, a saber: el conjunto (2*A*). Es, en efecto, evidente que, si el universo medido en medida natural es finito, entonces, si se introducen coordenadas euclídeas las $g_{\mu\nu}$ deben ser necesariamente cero en el infinito, e inversamente si las $g_{\mu\nu}$ en el infinito son cero de un orden suficientemente alto, entonces el universo es finito en medida natural.

1219

está lleno de materia, cuya masa total es tan grande que, comparada con ella, toda la materia que conocemos es completamente insignificante. A esta materia hipotética la llamaré «materia-mundo».

EINSTEIN sólo supone que es finito el espacio *tri*-dimensional. Como consecuencia de esta suposición g_{44} sigue siendo 1 en (2*A*), en lugar de hacerse cero con las otras $g_{\mu\nu}$. Esto ha sugerido la idea [1]) de extender la hipótesis de EINSTEIN al espacio-tiempo *cuatri*-dimensional. Encontramos entonces un conjunto de $g_{\mu\nu}$ que en el infinito degeneran en los valores

$$\left.\begin{matrix} 0 & 0 & 0 & 0 \\ 0 & 0 & 0 & 0 \\ 0 & 0 & 0 & 0 \\ 0 & 0 & 0 & 0 \end{matrix}\right\} \ldots\ldots \quad (2B)$$

Es más, encontramos el notable resultado de que ahora no se requiere «materia-mundo».

Para señalar la analogía de los dos casos, doy los dos conjuntos de fórmulas juntos. Las fórmulas *A* se refieren a la hipótesis (*tri*-dimensional) de EINSTEIN y las fórmulas *B* se refieren al supuesto aquí introducido (*cuatri*-dimensional). Utilizaré los índices i y j, sólo cuando tomen los valores 1, 2, 3; μ y ν toman valores de 1 a 4. Además Σ es una suma de 1 a 4 y Σ' de 1 a 3; y $\delta_{\mu\mu} = 1$, $\delta_{\mu\nu} = 0$ si $\mu \neq \nu$.

I first take the system of reference used by EINSTEIN. In case *A* we take $x_4 = ct$, in *B* I take, for the sake of symmetry [2]), $x_4 = ict$. In both cases *R* is the radius of the hypersphere. The $g_{\mu\nu}$ for the two cases are A and B

Tomo en primer lugar el sistema de referencia utilizado por EINSTEIN. En el caso *A* tomamos $x_4 = ct$ y en *B*, en aras de la simetría [2]) tomo $x_4 = ict$. En ambos casos *R* es el radio de la hiperesfera. Las $g_{\mu\nu}$ para los dos casos son

A	B
$g_{ij} = -\delta_{ij} - \dfrac{x_i x_j}{R^2 - \Sigma' x^2_i}$	$g_{\mu\nu} = -\delta_{\mu\nu} - \dfrac{x_\mu x_\nu}{R^2 - \Sigma x^2_\mu}$
$g_{44} = 1$	

Para mostrar mejor el carácter esférico introduzco coordenadas hiperesféricas mediante las transformaciones:

[1]) La idea de hacer que el mundo cuatri-dimensional sea esférico para evitar la necesidad de asignar condiciones de contorno fue sugerida hace varios meses por el profesor EHRENFEST en una conversación con el autor. Sin embargo, en aquel momento no se desarrolló más.

[2]) También podemos tomar $x_4 = ct$. En ese caso, el mundo cuatri-dimensional es hiperbólico, en lugar de esférico, pero los resultados siguen siendo los mismos.

1220

$x_1 = R \sin\chi \sin\psi \sin\vartheta$ $x_2 = R \sin\chi \sin\psi \cos\vartheta$ $x_3 = R \sin\chi \cos\psi$	$x_1 = R \sin\omega \sin\chi \sin\psi \sin\vartheta$ $x_2 = R \sin\omega \sin\chi \sin\psi \cos\vartheta$ $x_3 = R \sin\omega \sin\chi \cos\psi$ $x_3 = R \sin\omega \cos\chi$

La expresión del elemento de línea se convierte entonces en

$$A:\ ds^2 = -R^2\,[d\chi^2 + \sin^2\chi\,(d\psi^2 + \sin^2\psi\,d\vartheta^2)] + c^2dt^2$$

$$B:\ ds^2 = -R^2\,[d\omega^2 + \sin^2\omega\,\{d\chi^2 + \sin^2\chi\,(d\psi^2 + \sin^2\psi\,d\vartheta^2)\}].$$

Finalmente realizo la «proyección estereográfica», y al mismo tiempo introduzco de nuevo coordenadas rectangulares mediante las transformaciones:

A	B
$r = 2R \tan \frac{1}{2}\chi$ $x = r \sin\psi \sin\vartheta$ $y = r \sin\psi \cos\vartheta$ $z = r \cos\psi$ $x^2 + y^2 + z^2 = r^2$	$h = 2R \tan \frac{1}{2}\omega$ $x = h \sin\chi \sin\psi \sin\vartheta$ $y = h \sin\chi \sin\psi \cos\vartheta$ $z = h \sin\chi \cos\psi$ $ict = h \cos\chi$ $x^2 + y^2 + z^2 - c^2t^2 = h^2$

No es necesario señalar que x, y, z, en A, y x, y, z, ict, en B, pueden intercambiarse arbitrariamente. Pongo además

$$\sigma = \frac{1}{4R^2}.$$

Las $g_{\mu\nu}$ para las variables x, y, z, ct se convierten entonces [1])

[1]) En el sistema B todas las $g_{\mu\nu}$ son infinitas en el «hiperboloide»

$$1 + \sigma h^2 = 0 \text{ or } 4R^3 + x^2 + y^2 + z^2 - c^2t^2 = 0 \;\ldots\; (a)$$

Sin embargo, esta discontinuidad es sólo aparente. El mundo tetra-dimensional, que por simetría hemos representado como esférico, es en realidad hiperbólico, y consta de dos hojas, que sólo están conectadas entre sí en el infinito. Las fórmulas abarcan ambas láminas, pero sólo una de ellas representa el universo real. El hiperboloide (a) es el límite entre las dos partes del espacio euclídeo x, y, z, ct correspondiente a estas dos hojas. Es intersecado por el eje de t en los puntos $ct = \pm\, 2R$, cuya distancia al origen es, en medida natural, $\int_0^{2R} \frac{c\,dt}{1-\sigma c^2t^2} = \infty$. La longitud en medida natural del semieje de x es, en ambos sistemas, $\int_0^{\infty} \frac{dx}{1+\sigma x^2} = \pi R$.

1221

A	B	
$g_{ij} = -\dfrac{\delta_{ij}}{(1+\sigma r^2)^2}$	$g_{ij} = -\dfrac{\delta_{ij}}{(1+\sigma h^2)^2}$	... (5)
$g_{44} = 1$	$g_{44} = \dfrac{1}{(1+\sigma h^2)^2}$	

Todas las $g_{\mu\nu}$ fuera de la diagonal son cero. Si σ es muy pequeño las $g_{\mu\nu}$ para valores moderados de r y h tienen muy aproximadamente los valores (1). En el infinito degeneran a los valores (2A) y (2B), que ya se han dado anteriormente.

Para encontrar la relación entre σ y λ debemos sustituir [1]) los valores (5) en las ecuaciones (4). Al hacerlo, debemos tener en cuenta la posibilidad de que sea necesario introducir una «materia-mundo». Despreciaremos toda la materia ordinaria y supondremos que la materia-mundo está distribuida [2]) uniformemente por todo el espacio y en reposo, de modo que $T_{44} = g_{44}\rho$ y todos los demás $T_{\mu\nu} = 0$. Las ecuaciones de campo se convierten entonces en

$$G_{ij} - (\lambda + \tfrac{1}{2}\kappa\rho)\, g_{ij} = 0,$$
$$G_{44} - (\lambda + \tfrac{1}{2}\kappa\rho)\, g_{44} = -\kappa\rho.$$

Para las magnitudes $G_{\mu\nu}$ encontramos en los dos sistemas

A	B
$G_{ij} = 8\sigma g_{ij}$ $G_{44} = 0$, $g_{44} = 1$	$G_{\mu\nu} = 12\sigma g_{\mu\nu}$

De lo que

$\lambda = 4\sigma$	$\lambda = 12\sigma$
$\rho = 8\sigma/\kappa$	…….. (6) $\rho = 0$

El resultado para *A* es el mismo que encontró EINSTEIN. Para *B* tenemos $\rho = 0$: la hipotética materia-mundo no existe.

¿Cuál de los tres sistemas es preferible? *A* con materia-mundo, *B* sin ella, ambos con las ecuaciones de campo (4) y en el infinito las $g_{\mu\nu}$ (2*A*) o (2*B*); o el sistema original sin materia-mundo, con las ecuaciones de campo (3) y las $g_{\mu\nu}$ (1), que conservan los mismos valores en el infinito?

Desde el punto de vista puramente físico, para la descripción

[1]) Por supuesto, también podemos tomar los valores en cualquier otro sistema de referencia.
[2]) El significado es una distribución en la que ρ es constante, siendo ρ la densidad en medida *natural*. Entonces, la densidad en medida de coordenadas no es, por supuesto, constante, sino que (en el sistema x, y, z, ct) se hace cero en el infinito.

1222

de los fenómenos en nuestra vecindad, esta cuestión no tiene importancia. En nuestra vecindad las $g_{\mu\nu}$ tienen en todos los casos dentro de los límites de exactitud de nuestras observaciones los valores (1), y las ecuaciones de campo (4) no son diferentes de (3). Por tanto, la cuestión es: ¿cómo extrapolar fuera de nuestra vecindad? Por tanto, la elección no puede decidirse mediante argumentos físicos, sino que debe depender de consideraciones metafísicas o filosóficas, en las que, por supuesto, también tendrán alguna influencia el juicio o las predilecciones personales.

A la pregunta: Si se supone que no existe toda la materia, a excepción de un punto material que sirve de cuerpo de prueba, ¿tiene o no inercia entonces este cuerpo de prueba? la escuela de MACH exige la respuesta *No*. Nuestra experiencia, sin embargo, da decididamente la respuesta *Sí*, si por «toda la materia» se entiende toda la materia física ordinaria: estrellas, nebulosas, cúmulos, etc. Los adeptos de MACH se ven así obligados a suponer la existencia de más materia todavía: la materia-mundo. Si nos situamos en este punto de vista, debemos adoptar necesariamente el sistema *A*, que es el único que admite una materia-mundo. [1])

Sin embargo, esta materia-mundo sólo sirve para que podamos suponer que no existe. Ahora bien, la fórmula (6) muestra que si no existe ($\rho = 0$), no se satisfacen las ecuaciones de campo: suponer que no existe parece, pues, una imposibilidad lógica; en el sistema *A*, el mundo-materia es el espacio tridimensional, o al menos es inseparable de él.

También podemos abandonar el postulado de MACH, y sustituirlo por el postulado de que en el infinito las $g_{\mu\nu}$ o sólo las g_{ij} del espacio tridimensional, deberán ser cero, o al menos invariantes para todas las transformaciones. Este postulado también puede enunciarse diciendo que debe ser posible que todo el universo realice movimientos arbitrarios, que nunca puedan ser detectados por ninguna observación. El mundo tridimensional debe, para poder realizar «movimientos», es decir, para que su posición pueda ser una función variable del tiempo, pensarse movible en un espacio «absoluto» de tres o más dimensiones (*no* el espacio-tiempo x, y, z, ct). El mundo cuatridimensional requiere para su «movimiento» un espacio absoluto de cuatro (o más) dimensiones, y además un «tiempo» extra-mundano que sirva de variable independiente para este movimiento. Todo esto demuestra que el postulado de la

1) La hipótesis anteriormente sostenida por EINSTEIN, y negada por mí, de que sería posible, con las ecuaciones (3) y por medio de masas muy grandes a distancias muy grandes, obtener valores de $g_{\mu\nu}$ que degenerarían en un conjunto invariante en el infinito, ha demostrado ahora ser insostenible por el propio EINSTEIN (1. c. página 146).

1223

invariancia de las $g_{\mu\nu}$ en el infinito no tiene significado físico real. Es puramente matemático.

El sistema *A*, con los valores (2*A*) de las $g_{\mu\nu}$ en el infinito satisface este postulado, si se aplica sólo al mundo tri-dimensional, y si no exigimos invariancia para todas las transformaciones, sino sólo para las que en el infinito tienen $t' = t$ [1]). Si el postulado se aplica al mundo cuatri-dimensional, y a *todas* las transformaciones, entonces el sistema *B* es el único que lo satisface. Encontramos así que en el sistema *A* el tiempo tiene una posición separada. Que esto debe ser así, es evidente a priori. Pues hablar *del* mundo tri-dimensional, si no equivale a introducir un tiempo absoluto, implica al menos la hipótesis de que en cada punto del espacio tetra-dimensional hay una coordenada definida x_4 que es preferible a todas las demás para ser utilizada como «tiempo», y que en todos los puntos y siempre esta única coordenada es realmente elegida como tiempo. Esta diferencia fundamental entre las coordenadas temporales y espaciales parece contradictoria con la simetría completa de las ecuaciones de campo y las ecuaciones de movimiento (ecuaciones de la línea geodésica) con respecto a las cuatro variables.

Aún pueden señalarse algunas características de los sistemas *A* y *B*. En *A* la velocidad de la luz es variable [2]), en el infinito se hace infinita. En *B* es siempre y en todas partes la misma. De los hechos de que podemos identificar líneas en los espectros de los objetos más distantes que conocemos, como las Nubéculas, y de que las paralajes de estos objetos no son negativas, podemos concluir que a estas distancias todavía tenemos aproximadamente $g_{ij} = -\delta_{ij}$, $g_{44} = 1$ y en consecuencia que para *A* σr^2, y para *B* σh^2 debe ser muy pequeño. En el caso *A* podemos deducir de este modo un límite superior para σ. En *B* en cambio tenemos, como consecuencia de la constancia de la velocidad de la luz, $h^2 = 0$ para todas las observaciones puramente ópticas (si despreciamos la influencia de la materia).

En cuanto al efecto de σ sobre los movimientos planetarios: en ambos casos el

[1]) Así, por ejemplo, toda transformación de LORENTZ ordinaria

$$x' = \frac{x - qct}{\sqrt{(1-q^2)}}, \qquad ct' = \frac{ct - qx}{\sqrt{(1-q^2)}}$$

no está permitida en el sistema A, sino que debe sustituirse por

$$x' = \frac{x - qct}{\sqrt{\left(1 - \frac{q^2}{(1+\sigma r^2)^2}\right)}}, \qquad ct' = \frac{ct - \frac{qx}{1+\sigma r^2}}{\sqrt{\left(1 - \frac{q^2}{(1+\sigma r^2)^2}\right)}}.$$

[2]) En el sistema x, y, z, ct; en el sistema $\chi, \psi, \vartheta, ct$ es constante.

1224

plano orbital no se ve perturbado. En el caso A no hay términos seculares que dependan de σ.

En *B* los términos producidos por σ son de orden inferior, como consecuencia de que todas las $g_{\mu\nu}$ dependen explícitamente del tiempo. El movimiento del perihelio es

$$\delta\omega = \frac{3\sigma a^3}{\lambda_0^2} nt - 2\sigma c^2 t^2,$$

y también los demás elementos tienen términos con c^2t^2; así, por ejemplo, el parámetro de la órbita elíptica es

$$p = p_0 e^{-2\sigma c^2 t^2},$$

donde $\lambda_0^2 = \kappa m/8\pi$, siendo *m* la masa del sol, y *e* = 2,718 ... Siendo estas «perturbaciones» [1]) insensibles según nuestra experiencia, podemos aquí también asignar un límite superior a σ.

No intentaré determinar con exactitud este límite superior. Para ambos casos estaremos seguros si tomamos, por ejemplo, $\sigma < 10^{-24}$ en unidades astronómicas, o $2\sigma < 10^{-50}$ en centímetros [2]). Sin embargo, no podemos hacer más que asignar un límite superior a σ. Para hacer posible una *determinación* del valor de esta constante, sería necesario que tuviera un efecto mensurable sobre algún fenómeno físico o astronómico. Ahora bien, no puede excluirse a priori que en algún momento futuro se realicen observaciones o se descubran fenómenos que puedan explicarse con ayuda de la constante σ, pero hasta ahora no se conoce ningún fenómeno de este tipo, ni hay indicios de nada en ese sentido. La constante σ sólo sirve para satisfacer una necesidad filosófica sentida por muchos, pero no tiene ningún significado físico real, aunque puede interpretarse matemáticamente como una curvatura del espacio.

Finalmente, también podemos rechazar ambos sistemas A y B, y atenernos a las ecuaciones de campo originales (3) y los valores (1) de los $g_{\mu\nu}$, que

[1]) Los términos de menor orden en las «fuerzas perturbadoras» son para los dos casos:

En A: $S = -3\sigma + \frac{2\sigma}{\lambda_0^2} r(r^2 - r^2\vartheta^2)$, $T = \frac{4\sigma}{\lambda_0^2} r^2 \dot{r}\dot{\vartheta}$, $W = 0$

en B: $S = \frac{2\sigma}{\lambda_0^2} r - \frac{2\sigma}{\lambda_0^2} ctr$, $T = -\frac{2\sigma}{\lambda_0^2} ctr\dot{\vartheta}$, $W = 0$

(Para la notación véase, por ejemplo, DE SITTER, «*Sobre* la teoría de la gravitación de EINSTEIN», M.N. Vol. LXXI, páginas 724 y siguientes).

Los términos con c^2t^2 en el caso *B* surgen por el hecho de que las unidades tanto de tiempo como de espacio (en coordenadas-medida) dependen del tiempo.

[2]) La densidad de la materia-mundo en el sistema *A* es entonces $\rho < 3.10^{-17}$ (unidades astronómicas), o $\rho < 2.10^{-23}$ $\rho < 2.10^{-23}$ (unidades C. G. S.). Esto corresponde a una estrella (de la misma masa que el sol) en una esfera de un parsec de radio.

1225

no son invariantes en el infinito. Entonces, por supuesto, la inercia no se explica: debemos en tal caso preferir dejarla sin explicar en lugar de explicarla mediante la constante indeterminada e indeterminable λ. No se puede negar que la introducción de esta constante resta valor a la simetría y elegancia de la teoría original de EINSTEIN, uno de cuyos principales atractivos era que explicaba muchas cosas sin introducir ninguna nueva hipótesis o constante empírica.

Postdata.

El Prof. EINSTEIN, a quien yo había comunicado el contenido principal de este trabajo, escribe (24 de marzo de 1917): «Es wäre nach meiner Meinung unbefriedigend, wenn es eine denkbare Welt ohne Materie gäbe. Das $g_{\mu\nu}$-Feld soll vielmehr *durch die Materie bedingt sein, ohne dieselbe nicht bestehen können*. Das ist der Kern dessen, was ich unter der Forderung von der Relativität der Trägheit verstehe.» Por lo tanto, postula lo que antes he llamado la imposibilidad lógica de suponer que la materia no existe. Podemos llamarlo el «postulado material» de la relatividad de la inercia. Éste sólo puede satisfacerse eligiendo el sistema *A*, con su materia-mundo, es decir, introduciendo la constante λ, y asignando al tiempo una posición separada entre las cuatro coordenadas.

Por otra parte tenemos el «postulado matemático» de la relatividad de la inercia, es decir, el postulado de que las $g_{\mu\nu}$ serán invariantes en el infinito. Este postulado, que, como ya se ha señalado anteriormente, no tiene ningún significado físico real, no menciona la materia. Puede satisfacerse eligiendo el sistema *B*, sin materia-mundo, y con relatividad completa del tiempo. Pero también aquí necesitamos la constante λ. La introducción de esta constante sólo puede evitarse abandonando por completo el postulado de la relatividad de la inercia.

"Es wäre nach meiner Meinung unbefriedigend, wenn es eine denkbare Welt ohne Materie gäbe. Das $g_{\mu\nu}$-Feld soll vielmehr *durch die Materie bedingt sein, ohne dieselbe nicht bestehen können*. Das ist der Kern dessen, was ich unter der Forderung von der Relativität der Trägheit verstehe".

«En mi opinion, seria insatisfactorio que existiera un mundo concebible sin materia. Más bien, el campo $g_{\mu\nu}$ *debería estar condicionado por la materia, sin la cual no podría existir*. Este es el núcleo de lo que entiendo por el requisito de la relatividad de la inercia».

ABRIL

Siguen las cordiales diferencias entre los diseñadores de universos.

Carta de Willem de Sitter a Einstein

Doorn. Sanatorio Dennenoord, 1 de abril de 1917

Querido amigo Einstein:

Me ha alegrado mucho su carta, porque veo que va usted mucho mejor. En cuanto a mí, sigo igual; estoy ahora sentado –o más bien recostado– aquí en este sanatorio, y voy mejorando lentamente. El asunto no es en absoluto grave, sólo aburrido.

Entiendo ahora por completo su punto de vista. El mío era otro. Cuando digo "yo", no tiene que malinterpretarme; yo personalmente opino que toda extrapolación es incierta –a veces puede ser útil para poder visualizar mejor la imagen que nos hacemos del universo desde lejos–, pero suele ser peligrosa, ya que nos lleva a pensar que hemos resuelto un enigma cuando sólo lo hemos disfrazado con otras palabras. Pero al elaborar este universo cuadridimensional, que usted llama mío, yo había adoptado la posición de aquellos (incluido, creo, Ehrenfest) que exigen que los valores límite de los $g_{\mu\nu}$ sean invariantes, es decir, que el mundo como un todo pueda realizar movimientos aleatorios sin que nosotros (en el mundo) podamos observarlos. [Estos "movimientos" no son, por supuesto, fenómenos físicos concebibles, sino sólo un nombre pseudofísico para un concepto puramente matemático]. Desde el punto de vista de esta *exigencia de relatividad matemática*, quizá "mi" mundo cuadridimensional sea mejor que el tridimensional suyo. Su exigencia, la *exigencia de relatividad material*, sólo es satisfecha, naturalmente, por el mundo tridimensional finito. ¿Me permite usted citar esta exigencia de relatividad material de sus cartas en una posdata a la comunicación que estoy haciendo a la Academia de Ámsterdam?

Que "mi" mundo es finito como el suyo es evidente, sólo que lo he forzado en un sistema cartesiano de coordenadas euclídeo para mostrar que la finitud en medida natural es equivalente al requisito de que los $g_{\mu\nu}$ se hagan cero en el infinito euclídeo.

En cuanto a la singularidad, no tengo nada aquí, ni libros, etc, así que tampoco puedo hacer cálculos. Pero para mí que es sólo aparente, y que proviene del hecho de que he representado mi mundo, realmente hiperbólico, como esférico.

La infinitud del hiperboloide es así arrastrada al ámbito finito, donde naturalmente tiene que aparecer como singularidad. Si los $g_{\mu\nu}$ del hiperboloide son finitos en el infinito, entonces si esta parte infinita del hiperboloide se mapea en el finito de un espacio plano, los $g'_{\mu\nu}$ deben necesariamente hacerse allí infinitos.

No puedo estar de acuerdo con la segunda parte de su carta. Tengo que refutar enérgicamente su suposición de que el mundo es mecánicamente cuasi estacionario. Sólo tenemos una fotografía momentánea del mundo, y no podemos ni debemos concluir del hecho de que en la foto no veamos grandes cambios que todo permanecerá siempre como estaba en el momento en que se hizo la foto.

Creo que probablemente es cierto que ni siquiera el sistema de la Vía Láctea sea un sistema estable. ¿Debería entonces ser estable el universo entero? La distribución de materia en el universo es extremadamente *no homogénea* [me refiero a las estrellas, no a la "materia del universo"], y no puede ser sustituida, ni siquiera por aproximación tosca, por una distribución con densidad constante. La suposición que tácitamente hace usted de que la densidad estelar media es la misma en todas partes del universo[12] [por supuesto para vastos espacios de por ejemplo (100000 años luz)^3] no está justificada por nada, y todas nuestras observaciones hablan en su contra. No dispongo aquí de material para hacer otra cosa que expresar mi convicción, que no intentaré demostrar hoy.

Saludos cordiales, suyo

W. de Sitter

[Recogida en *The Collected Papers of Albert Einstein*. Volume 8, Part A: The Berlin Years: Correspondence 1914-1917. Doc. 321. Page 427]

La que sigue va para Göttingen.

Carta de Einstein a Felix Klein

[Berlin,] 4 de abril de 1917

Estimado colega:

Muchas gracias por su amable e interesante carta. No dejaré de leer el original de los artículos suyos que me menciona. Lo que usted, en su posición, llama agnóstico lo sostengo yo también en la siguiente forma: Por mucho que, desde el punto de vista de la simplicidad, queramos extraer un complejo de la Naturaleza, su tratamiento teórico nunca resultará en última instancia (suficientemente) correcto. La teoría de Newton, por ejemplo, caracteriza en apariencia plenamente el campo gravitatorio por medio del potencial φ. Esta descripción resulta insuficiente; las funciones $g_{\mu\nu}$ ocupan su lugar. Pero no me cabe duda de que llegará el día en que también esta concepción tendrá que dar paso a otra fundamentalmente distinta, por razones que hoy aún no podemos prever. Creo que este proceso de profundización de la teoría no tiene límite.

Lamento que tenga que quejarse de su salud; sé lo dependiente del bienestar físico que es la capacidad mental para trabajar. A mí también me atormenta este capítulo. Le envío mi último trabajo junto con estas líneas. Lo interesante de su contenido estriba esencialmente en que el tamaño del universo parece estar ligado a la densidad media de materia. No es en absoluto descartable que la estadística de las estrellas fijas confirme o refute la teoría en un futuro próximo.

Saludos cordiales. Suyo afectísimo

A. Einstein

[Recogido en *TCPAE*. Volume 8, Part A: The Berlin Years: Correspondence 1914-1917. Doc. **323**, page 431]

Con naturalidad *filosófica*, Einstein responde a de Sitter.

Carta de Einstein a Willem de Sitter

[Berlin,] 14 [13] de abril de 1917

Querido De Sitter:

Espero que la quietud de allí le haga bien, para que se recupere usted pronto. Yo estoy considerablemente mejor, gracias a los buenos cuidados. No deberíamos dedicar demasiado tiempo a nuestra diferencia de opinión –que, por así decirlo, es sólo una diferencia de credo– ya que eso no sería productivo. Deberíamos ver las posibilidades sin *desearlas*. Por supuesto, puede citar usted mi formulación, siempre que mi redacción no sea demasiado difusa e imprecisa. Eso júzguelo usted mismo.

Todavía no he captado la observación sobre la variedad

$$ds^2 = \frac{\sum dx_\nu^2}{\sum x_\nu^2}$$

que consideraba usted, según la cual el comportamiento singular en el finito sería sólo aparente, causado por la elección de coordenadas. Pero su nuevo artículo me lo aclarará.

Una cosa queda clara en cualquier caso. El postulado de relatividad general *permite* añadir el elemento $\lambda g_{\mu\nu}$ en las ecuaciones de campo. Algún día nuestro conocimiento factual de la constitución del cielo de las estrellas fijas, de los movimientos aparentes de las estrellas fijas y de la posición de las rayas espectrales en función de la distancia a nosotros probablemente estén tan avanzados que la cuestión de si λ desaparece o no podrá decidirse empíricamente. ¡La convicción es una buena fuerza motriz, pero un mal juez!

Saludos cordiales, suyo

A. Einstein

[Recogido en *TCPAE*. Volume 8, Part A: The Berlin Years: Correspondence 1914-1917. Doc. **325**, page 432]

De Sitter no es tan crédulo.

Carta de Willem de Sitter a Einstein

Doorn, 18 de abril de 1917

Querido Einstein:

Nuestra "diferencia de credo" se reduce a que usted tiene una determinada creencia y yo soy escéptico.

Las observaciones nunca pueden demostrar que λ desaparece, sino sólo que λ es menor que una cantidad dada. Hoy diría que es *seguro* que λ es menor que 10^{-45} cm^{-2} y probablemente menor que 10^{-50}. Quizá algún día estas observaciones den también un valor determinado para λ, pero hasta ahora no conozco nada que lo indique.

En realidad, la cuestión de la discontinuidad en $ds^2 = \dfrac{-dx^2 - dy^2 - dz^2 + dt^2}{\left(1 + \dfrac{x^2 + y^2 + z^2 - t^2}{4R^2}\right)^2}$ no es propiamente interesante, porque el hiperboloide $4R^4 + x^2 + y^2 + z^2 - t^2 = 0$ interseca al eje t en $t = \pm 2R$, y la distancia natural de estos puntos al origen es $\int_0^{2R} \dfrac{dt}{1 - \dfrac{t^2}{4R^2}} = \infty$, y *no* finita, como había pensado usted en un principio. La longitud del eje x es, por el contrario, $\int_0^{\infty} \dfrac{dx}{1 + \dfrac{x^2}{4R^2}} = \pi R$, es decir, finita.

"Mi" mundo cuadridimensional también tiene el término λ , pero no *"materia del mundo"*.

Saludos cordiales

W. de Sitter

[Recogido en *TCPAE*. Volume 8, Part A: The Berlin Years: Correspondence 1914-1917. Doc **327**, page 434]

JUNIO

Carta de Einstein a Willem de Sitter

[Berlín,] 14 de junio de 1917

Querido De Sitter:

Por su tarjeta postal y su prueba de corrección veo que ha malinterpretado usted mi trabajo en un aspecto. En mi opinión, *aparte de las estrellas*, no hay "materia-universo", o al menos no tiene por qué haberla. La densidad ρ, en mi trabajo, es la densidad de materia que surgiría si la materia condensada en las estrellas se distribuyera uniformemente por los espacios interestelares. La "materia-universo", en el sentido que yo le doy, está pues *imperativamente presente* en la realidad*. Como mucho cabe preguntarse si su densidad no se anula en algunas partes del universo. Sólo he considerado el caso *más simple* imaginable, esto es, que ρ sea constante en todas partes (por supuesto, esto sólo tiene validez para el valor medio de ρ en espacios que son grandes en comparación con la distancia media a las estrellas fijas vecinas).

Su estructura cuadridimensional

$$ds^2 = f(h)[-dx^2 - dy^2 - dz^2 + dt^2]$$

no tiene sentido para mí, principalmente por las siguientes razones:

1) Sólo podría existir sin "materia-universo", es decir, si no hubiera estrellas.

2) Su continuo cuadridimensional no tiene la propiedad de que todos sus puntos sean equivalentes, sino que tiene un centro espacio-temporal $x = y = z = t = 0$. Éste es el centro de la sección cónica

$$1 + h^2 = 0$$

(con la elección de coordenadas anterior)

La extensión espacial de su universo (medida naturalmente) depende de t de un modo extraño.

Para t suficientemente negativo se puede colocar en su universo un aro circular rígido que, para $t = 0$, no tiene cabida en su universo.

3) Me parece que una concepción razonable del universo que tenemos ahora ante nosotros exige necesariamente la constancia espacial aproximada de g_{44}, debido al hecho del pequeño movimiento relativo de las estrellas.

También me gustaría hacer especial énfasis en que la identificabilidad de las rayas de las estrellas visibles no prueba la constancia aproximada de $g_{11}...g_{33}$, sino sólo la constancia aproximada de g_{44}.

Con mi cordial saludo y mis mejores deseos para su salud, suyo

A. Einstein

P. S. Viajaré a Suiza en julio y agosto [y septiembre]. Mi salud también sigue tambaleándose.

[* Añadido a mano: "Diese Dichte ergibt etwa 10^7 Lichtjahre Weltradius" (Esta densidad proporciona un radio del universo de unos 10^7 años-luz)]

[Recogido en *TCPAE*. Volume 8, Part A: The Berlin Years: Correspondence 1914-1917. Doc. **351**, page 466]

Carta Willem de Sitter a Einstein

Doom, 20 de junio de 1917

Querido Einstein:

En realidad, también de la pequeñez de las velocidades estelares relativas se pueden sacar conclusiones sobre g_{44} y no sobre las g_{ij} espaciales. De hecho no se puede inferir nada a partir de las *velocidades*, sino que la conclusión es esta: si las aceleraciones no fueran pequeñas, las velocidades no podrían seguir siendo pequeñas, y si las aceleraciones son pequeñas, $g_{44} - 1$ debe ser pequeño. Imaginemos que las velocidades son de orden α; entonces, si $g_{44} - 1$ es de orden γ y $g_{ij} + \delta_{ij}$ es de orden β, las aceleraciones contienen términos de órdenes γ, γ^2, $\beta\gamma$, $\alpha^2\beta$, $\gamma\alpha^2$, etc., pero *no* β *únicamente*. Por tanto, de la pequeñez de α, y de las aceleraciones, sólo se puede inferir la pequeñez de γ, no de β.

Recientemente he estado trabajando en la cuestión de calcular el campo de una pequeña esfera en los tres sistemas. En el sistema *C* esto ya se ha hecho hace tiempo (Schwarzschild, etc.). En el sistema *A* supongo pues que la materia-universo se condensa en un sol sólo en *un* punto ($x = y = z = 0$, o $r = 0$), y en ningún otro sitio. Puedo perfectamente entonces conceptualizar el problema de tal manera que establezco $\rho = \rho_0 + \rho_1$, donde ρ_0 es la densidad de materia-universo, y una constante: $\kappa\rho_0 = 2\lambda$; y ρ_1 es la densidad de "materia ordinaria", por lo que $\rho_1 = 0$ para $r >$ r, si r es un número positivo pequeño. En el sistema *B* es entonces $\rho_0 = 0$ en todas partes. En *A* es $\lambda = 1/R^2$, en *B* $\lambda = 3/R^2$ y en *C* $\lambda = 0$ (y $\rho_0 = 0$). Imagino ahora un estado estacionario, es decir, materia ordinaria y materia-universo en reposo. Si $\overset{0}{g}_{\mu\nu}$ son los $g_{\mu\nu}$ sin materia ordinaria, por lo que

$$A: ds^2 = -dr^2 - R^2 \sin^2 r/R\,(d\psi^2 + \sin^2\psi d\vartheta^2) + dt^2$$

$$B: ds^2 = -dr^2 - R^2 \sin^2 r/R\,(d\psi^2 + \sin^2\psi d\vartheta^2) + \cos^2 r/R\, dt2$$

$$C: ds^2 = -dr^2 - r^2 (d\psi^2 + \sin^2\psi d\vartheta^2) + dt^2$$

entonces los $g_{\mu\nu} - \overset{0}{g}_{\mu\nu}$ ($= \gamma_{\mu\nu}$) tienen que ser pequeños. Los $T_{\mu\nu}$ son: $\overset{0}{T}_{\mu\nu} = 0$, excepto $\overset{0}{T}_{44} = g_{44}\rho$; $T_{\mu\nu} = \overset{0}{T}_{\mu\nu} + T'_{\mu\nu}$ y $T'_{\mu\nu}$ es del orden de $\gamma_{\mu\nu} \times \rho$.

No he tenido en cuenta los $T'_{\mu\nu}$. Sin embargo sólo pueden despreciarse [en una solución aproximada, hasta el *primer* orden en $\gamma_{\mu\nu}$ (o κ)] si $\kappa\rho_0$ es del mismo orden que $\kappa\rho_1$, es decir, si λ es del mismo orden que $\kappa\rho_1$. En los sistemas *B* y *C*, fuera del "sol", es $\rho = 0$, y allí se puede obtener una solución completa con $T_{\mu\nu} = \overset{0}{T}_{\mu\nu}$. En el sistema *A*, sin embargo, no se puede ir más allá de la primera aproximación sin hacer una suposición sobre los $T'_{\mu\nu}$, es decir, sobre los efectos de tracción y presión en la "materia-universo" como resultado de la presencia del "sol". Pero incluso la primera aproximación conduce a resultados interesantes. Esto es, en el sistema *A*, encuentro:

$$g_{44} = 1 - a \cot r/R \qquad a = \int_0^r \kappa R^{(-)} \rho_1 \sin^2 \frac{r}{R} dr$$

Para un universo esférico, en el punto antípoda del sol sería pues ($r = \pi R$) $g_{44} = \infty$ ($r = \pi R$) $g_{44} = \infty$. Y para $r = ½\, \pi R$ será $g_{44} = 1$. *No* cabría por tanto suponer esférico el universo, sino que tendrá que imaginarse "elíptico", es decir, la mayor distancia posible entre dos puntos es $\frac{1}{2}\pi R$, dos líneas (rectas) se cortan sólo en *un* punto, no en dos, etc. Schwarzschild ya había llegado a la misma conclusión en 1900 (*Vierteljahrsch. der*

Astron. Geselsch. S. 337) debido a la improbabilidad de que todos los rayos de luz que emanan del sol se cruzaran de nuevo en el punto opuesto (antípoda).– Sin embargo, en este espacio elíptico no hay paralajes negativas, pues la paralaje es $\pi = a\cot\frac{r}{R}$ (mejor $\tan\pi = \sin\frac{a}{R}\cdot\cot\frac{r}{R}$). En el sistema B habrá que suponer también que $r \leq \frac{1}{2}\pi R$. En este sistema la paralaje tiene un mínimo $\pi_0 = \frac{a}{R}$. Por tanto, la determinación de un límite para R a partir de la inexistencia de paralajes negativas queda también suprimida.

Saludos cordiales, suyo

W. de Sitter

[Recogido en *TCPAE*. Volume 8, Part A: The Berlin Years: Correspondence 1914-1917. Doc. **355**, page 472]

Carta de Einstein a Willem de Sitter

[Berlin,] 22 de junio de 1917

¡Querido de Sitter!

Me ha complacido mucho su detallada carta porque veo lo profundamente que ha considerado usted la cuestión que nos interesa a ambos. Sólo tengo que señalar algunas cosas.

1) Mi opinión no es que el universo deba estar *bien* aproximado por la esfera. En realidad, la estructura también podría tener una curvatura bastante irregular a gran escala, es decir, podría relacionarse con el universo esférico como la superficie de una patata con una superficie esférica. Grandes porciones podrían entonces estar realmente vacías (sin materia). La esfera sólo sirve para mostrar, mediante una idealización, que una estructura cerrada espacialmente (finita) es posible. Así pues, si realmente existen sistemas de la Vía Láctea coordinados (cosa que, que yo sepa, no comparten todos los astrónomos), no tiene por qué haber de ningún modo materia entre ellos. No es necesario suponer que exista materia en una forma distinta a la de las estrellas. Pero sí es necesario suponer que el universo es enormemente más grande que los 10^4 años-luz de la Vía Láctea.

2) No sé muy bien a qué se refiere usted con *finitud* y *delimitación*; yo imagino el asunto como sigue. Entre dos puntos A y B hay conexiones geodésicas de tipo espacial; supongamos que la longitud de la más corta de estas conexiones sea l_{AB}. Ahora bien, si existe un número G tal que, para cualquier elección de A y B, es siempre

$$l_{AB} < G,$$

entonces llamo al universo (espacialmente) finito. Seguramente debería ser siempre posible considerar tal continuo *cerrado* (en el sentido en que hablo). El volumen, medido naturalmente, es entonces finito (aunque sólo puede decirse que esto es exactamente así si el universo es “estático”).

3) Cuando digo que su universo tiene un centro, quiero decir que los puntos, al margen de su ordenación mediante sistemas de coordenadas, no son equivalentes.

Para cada punto existe un cono de luz infinitesimal, así como una "superficie de luz", que está formada por la totalidad de las prolongaciones geodésicas de los generadores del cono de luz.

En su universo está formada la superficie de luz de cada punto (en su más obvia elección de coordenadas, son conos). Además, el hiperboloide

$$h^2 = 0$$

tiene en su universo un significado independiente del sistema de coordenadas. Significa lo infinitamente distante temporalmente (infinitamente distante medido en $\int ds$). La superficie de luz de cualquier punto de su universo corta a esta superficie de lo infinitamente distante geodésico-temporalmente. Sólo la superficie de luz de *un* punto (su punto cero) no interseca a esa superficie, sino que se aproxima asintóticamente a ella. Cada punto es pues, de facto, privilegiado y por tanto su universo *no* homogéneo.

Esto no pretende ser, por supuesto, una refutación, pero esta circunstancia me irrita.

Lo que me complace especialmente es que, después de todo, se haya usted interesado ahora por la cuestión y que sienta también la necesidad de averiguar qué interpretaciones respecto a la construcción del campo $g_{\mu\nu}$ son mentalmente posibles a gran escala.

Me alegra saber por Ehrenfest que su salud está mejorando. Deseándole una pronta y completa recuperación, salúdole cordialmente. Suyo,

A. Einstein

A finales de mes viajaré a Suiza durante 6-8 semanas. Mi dirección allí es:

(En casa de) Sr. P. Winteler. Brambergstr. 16A. Lucerna.

[Recogido en *TCPAE*. Volume 8, Part A: The Berlin Years: Correspondence 1914-1917. DOC. **356**, page 475]

Carta de Einstein a Willem de Sitter

Berlín. 28 de junio de 1917

Querido de Sitter:

Estoy de acuerdo con su primera observación sobre los órdenes de los $g_{\mu\nu}$. Esta era y es también exactamente mi opinión. La experiencia parece señalar sólo la constancia aproximada de g_{44}, por lo que el argumento de las velocidades pequeñas y el de la inexistencia de desplazamientos sistemáticos de líneas que aumentan con la distancia son en principio equivalentes.

La segunda cuestión es si elíptica o esférica en el sentido que sugerí. En el momento en que escribí el artículo no conocía todavía la posibilidad elíptica, ni tampoco había pensado en ella. Surge de la que yo defiendo identificando puntos opuestos (antípodas). Fui advertido de esta posibilidad (elíptica) muy poco después de la publicación de mi ensayo. También a mí esta posibilidad me parece la más obvia.

Sin embargo, no puedo aceptar su argumento a este respecto. Es fundamentalmente incorrecto imponer al universo una nueva masa, que esté en equilibrio con su materia-universo, sin cambiar nada en el volumen del universo. En realidad, el exceso de masa en la masa puntual privilegiada corresponderá a un defecto de masa en la materia-universo distribuida continuamente, de modo que las líneas de fuerza que emanan de la masa puntual privilegiada terminarán gradualmente en el espacio antes de haber cubierto un cuadrante en el caso elíptico y un semicírculo en el caso esférico. Que, en ausencia de masas, las líneas de fuerza terminen en el punto antípoda es, por supuesto, absurdo. En el universo elíptico, esto corresponde a la imposibilidad de que aparezcan líneas de fuerza de longitud $\frac{\pi}{2}R$.

Salgo ahora para Suiza (dirección: Brambergstr. 16A. Lucerna, durante 6 semanas). Saludos cordiales y mis mejores deseos para su salud. Suyo,

A. Einstein

[Recogido en *TCPAE*. Volume 8, Part A: The Berlin Years: Correspondence 1914-1917. Doc. **359**, page 478]

En medio de la correspondencia, de Sitter nos sorprende con un segundo *paper*:

Royal Netherlands Academy of Arts and Sciences (KNAW). **Astronomy**. – "*On the curvature of space*". By Prof. W. de Sitter. (Communicated in the meeting of 1917, June 30). Astronomía. – "*Sobre la curvatura del espacio*". Por el Prof. W. de Sitter. (Comunicado en la reunión del 30 de junio de 1917). Publicado en: Huyghens Institute – Royal Netherlands Academy of Arts and Sciences (KNAW). Proceedings, 20 I, 1918, Amsterdam, 1918, pp. 229-234.

1. Para hacer posible una concepción enteramente relativa de la inercia, EINSTEIN [1]) ha sustituido las ecuaciones de campo originales de su teoría por las ecuaciones

$$G_{\mu\nu} - \tfrac{1}{2} g_{\mu\nu} \lambda = -\kappa T_{\mu\nu} + \tfrac{1}{2} \kappa g_{\mu\nu} T \quad . \ . \ . \ . \ . \qquad (1)$$

En mi último trabajo [2]) he señalado dos sistemas diferentes de $g_{\mu\nu}$ que satisfacen estas ecuaciones. El sistema *A* es el de EINSTEIN, en el que todo el espacio está lleno de materia de densidad media ρ_0. En un estado estacionario, y si toda la materia está en reposo sin ninguna tensión o presión, entonces tenemos $T_{\mu\nu} = 0$ con la excepción de $T_{44} = g_{44}\rho_0$. En el sistema *B* esta "materia-universo" no existe: tenemos $\rho_0 = 0$ y, en consecuencia, todos los $T_{\mu\nu} = 0$. Se encontró que el elemento de línea en los dos sistemas es

$$ds^2 = -R^2 \{d\chi^2 + sin^2 \chi \, [d\psi^2 + sin^2 \psi \, d\vartheta^2]\} + c^2 dt^2, \quad . \ . \ . \qquad (2A)$$
$$ds^2 = -R^2 \{d\omega^2 + sin^2 \omega \, [d\chi^2 + sin^2 \chi \, (d\psi^2 + sin^2 \psi \, d\vartheta^2)]\}. \qquad (2B)$$

En el sistema *A* tenemos

$$\lambda = 1/R^2, \qquad \kappa\rho_0 = 2\lambda, \quad . \ . \ . \ . \ . \qquad (3A)$$

y en B:

$$\lambda = 3/R^2, \qquad \rho_0 = 0. \quad . \quad . \quad . \quad . \quad . \tag{3B}$$

En el sistema A χ, ψ, ϑ son ángulos reales; en B ψ y ϑ también son reales, pero ω y χ son imaginarios. Sin embargo, si ponemos

$$\sin\omega \sin\chi = \sin\zeta, \qquad r = R\zeta,$$
$$\tan\omega \cos\chi = \tan i\eta, \qquad t = R\eta,$$

[1]) A. EINSTEIN, *Kosmologische Betrachtungen zur Allgemeinen Relativitätstheorie*, Sitzungsber., Berlin 1917 Feb. 8, p. 142.

[2]) W. de SITTER, *On the relativity of inertia*, these Proceedings, 1917 March 31, vol. XIX, p. 1217.

En la nota a pie de página de la página 1220 de dicho trabajo se afirma que el universo cuatridimensional del sistema B puede representarse como un hiperboloide de dos hojas en un espacio de cinco dimensiones, que se proyecta sobre un espacio euclídeo de cuatro dimensiones mediante una "proyección estereográfica". Esto es erróneo. El hiperboloide sólo tiene *una* hoja. Su proyección llena sólo parte del espacio euclídeo de cuatro dimensiones; la parte fuera del hiperboloide límite $1 + \sigma h^2 = 0$ (que se llama (a) en la nota citada) es la proyección del hiperboloide conjugado (que es de dos hojas).

230

donde $i = \sqrt{-1}$, entonces ζ y η son reales y (2B) se convierte en:

$$ds^2 = -dr^2 - \{R^2 \sin^2 (r/R)\}[d\psi^2 + \sin^2 \psi\, d\vartheta^2] + \{\cos^2 (r/R)\}\, c^2 dt^2 \quad . \quad . \tag{4B}$$

Si en A tomamos también $r = R\chi$, entonces (2A) se convierte en

$$ds^2 = -dr^2 - \{R^2 \sin^2 (r/R)\}[d\psi^2 + \sin^2 \psi\, d\vartheta^2] + c^2 dt^2 \quad . \quad . \quad . \quad . \tag{4A}$$

Los dos sistemas A y B difieren ahora sólo en g_{44}. Para comparar añadimos el sistema C, con

$$\lambda = 0, \qquad \rho_0 = 0, \quad . \quad . \quad . \quad . \quad . \quad . \tag{3C}$$

en el cual el elemento de línea es

$$ds^2 = -dr^2 - r^2 [d\psi^2 + \sin^2 \psi\, d\vartheta^2] + c^2 dt^2 \quad . \quad . \quad . \quad . \tag{4C}$$

Tanto A como B se hacen idénticos a C para $R = \infty$.

Si en A el origen de coordenadas se desplaza a un punto χ_1, ψ_1, ϑ_1, y en B a un punto espacio-temporal ω_1, χ_1, ψ_1, ϑ_1, entonces el elemento de línea conserva las formas (2A) y (2B) respectivamente. Éstas pueden de nuevo entonces, mediante las mismas transformaciones, modificarse a (4A) y (4B). En A, la variable t, que no interviene en la transformación, sigue siendo por supuesto la misma. En B, en cambio, la nueva variable t después de la transformación no suele ser la misma que antes.

Pondré, para ambos sistemas A y B

$$\chi = r/R.$$

En el sistema B este χ no es el mismo que en (2B), sino que es el ángulo que antes se llamaba ζ. Seguiré utilizando r como variable independiente, y no χ.

2. En la teoría de la relatividad general no hay ninguna diferencia esencial entre inercia y gravitación. Sin embargo, será conveniente seguir estableciendo esta diferencia. Un campo en el que el elemento de línea puede ponerse en una de las formas (4A), (4B) o (4C) con la condición correspondiente (3A), (3B) o (3C), se llamará campo de inercia pura, sin gravitación. Si los $g_{\mu\nu}$ se desvían de estos valores diremos que hay gravitación. Ésta es producida por materia, a la que llamo materia "ordinaria" o "gravitatoria". Su densidad es ρ_1. En los sistemas B y C no hay más materia que esta materia ordinaria. En el sistema A todo el espacio está lleno de materia, la cual, en el caso simple de que el elemento de línea esté representado por (2A) o (4A) no produce "gravitación", sino sólo "inercia". A esta materia la he llamado "materia-universo". Su densidad es ρ_0. Cuando se toma sobre unidades de volumen suficientemente grandes

231

esta ρ_0 es una constante. Sin embargo, localmente puede ser variable, la materia-universo puede estar condensada en cuerpos de mayor densidad, o puede tener una densidad menor que la media, o estar ausente por completo. Según el punto de vista de EINSTEIN debemos suponer que *toda* la materia ordinaria (sol, estrellas, nebulosas, etc.) consiste en materia-universo condensada, y quizás también que toda la materia-universo está así condensada.

3. Para empezar, despreciaremos la gravitación y consideraremos únicamente el campo de inercia. El elemento de línea tridimensional en los dos sistemas A y B es:

$$d\sigma^2 = dr^2 + \{R^2 \sin^2 (r/R)\}[d\psi^2 + \sin^2 \psi \, d\vartheta^2].$$

Si R^2 es positivo y finito, se trata del elemento de línea de un espacio tridimensional con curvatura positiva constante. Existen dos formas de este espacio, a saber: el espacio de RIEMANN [1]), o *espacio esférico*, y el *espacio elíptico*, investigado por NEWCOMB [2]). En el espacio esférico, todas las líneas "rectas" (es decir, geodésicas) que parten de un punto se cortan de nuevo en otro punto: el "punto antípoda", cuya distancia al primer punto, medida a lo largo de cualquiera de estas líneas, es πR. En el espacio elíptico dos rectas cualesquiera sólo tienen un punto en común. En ambos espacios la línea recta es cerrada; en el espacio esférico su longitud total es $2\pi R$, en el espacio elíptico es πR. En el espacio esférico la mayor distancia posible entre dos puntos es πR, en el espacio elíptico ½ πR. Ambos espacios son finitos, aunque ilimitados. El volumen de todo el espacio esférico es $2\pi^2 R^3$, el del espacio elíptico $\pi^2 R^3$. Para valores de r pequeños comparados con R, los dos espacios difieren sólo inapreciablemente del espacio euclídeo.

La existencia del punto antípoda, donde todos los rayos de luz que parten de un punto se cortan de nuevo, y donde también, como se mostrará más adelante, la acción gravitacional de un punto material (por pequeña que sea su masa) se hace infinita, es ciertamente un inconveniente del espacio esférico, y será preferible suponer que el espacio físico verdadero es elíptico.

El espacio elíptico puede proyectarse sobre el espacio euclídeo mediante la transformación

$$r = R \tan \chi. \quad . \; . \; . \; . \; . \qquad (5).$$

El elemento de línea en los sistemas A y B se convierte entonces en

1) *Ueber die Hypothesen welche der Geometrie zu Grunde liegen* (1854)

2) *Elementary theorems relating to geometry of three dimensions and of uniform positive curvature*, CRELLE's Journal Bd. 83, p. 293 (1877).

232

$$ds^2 = -dr^2/(1 + r^2/R^2)^2 - \{r^2 [d\psi^2 + \sin^2 \psi \, d\vartheta^2]/(1 + r^2/R^2)\} + c^2 dt^2 . . \quad (6A)$$
$$ds^2 = -dr^2/(1 + r^2/R^2)^2 - \{r^2 [d\psi^2 + \sin^2 \psi \, d\vartheta^2]/(1 + r^2/R^2)\} + c^2 dt^2/(1 + r^2/R^2). \quad (6B)$$

Para r = ∞ en el sistema A todos los $g_{\mu\nu}$ se hacen cero, a excepción de g_{44}, que sigue siendo 1. En el sistema B g_{44} también se hace cero.

4. Las líneas-universo de las vibraciones de la luz son líneas geodésicas ($ds = 0$) en el espacio-tiempo cuatridimensional. Sus proyecciones en el espacio tridimensional son los rayos de luz. En el sistema A, con las coordenadas r, ψ, ϑ, estos rayos de luz son también líneas geodésicas del espacio tridimensional, y la velocidad de la luz es constante. En el sistema B esto no es así. La velocidad de la luz en ese sistema es, en dirección radial $v = c \cos \chi$. Sin embargo, en B es posible introducir coordenadas espaciales, medida en las cuales la velocidad de la luz sea constante en dirección radial. Si el radio-vector en esta nueva medida se llama h, tenemos

$$\cos \chi \, dh = dr$$

La integral de esta ecuación es

$$\sin h/R = \tan r/R \quad . \ . \ . \ . \ . \ . \ . \quad (7)$$

Por supuesto, en el sistema A también podemos realizar la misma transformación. El elemento de línea se convierte en

$$ds^2 = [\{-dh^2 - (\sinh^2 (h/R)) [d\psi^2 + \sin^2 \psi \, d\vartheta^2]\}/\{\cosh^2 (h/R)\}] + c^2 dt^2 \quad . \ . \ . \quad (8A)$$

$$ds^2 = [\{-dh^2 - (\sinh^2 (h/R)) [d\psi^2 + \sin^2 \psi \, d\vartheta^2]\} + c^2 dt^2]/\{\cosh^2 (h/R)\}] \quad . \ . \ . \quad (8B)$$

El elemento de línea tridimensional

$$d\sigma^2 = dh^2 + \{\sinh^2 (h/R)\}[d\psi^2 + \sin^2 \psi \, d\vartheta^2],$$

es el de un espacio de curvatura constante negativa: el *espacio hiperbólico* o espacio de LOBATSCHEWSKI. Cuando se describen en las coordenadas de este espacio, los rayos de luz en el sistema B son líneas rectas (geodésicas) y la velocidad de la luz es constante en todas las direcciones,

233

aunque el sistema de referencia estuviera determinado por la condición de que fuera constante en dirección radial.

En este sistema de referencia también todos los $g_{\mu\nu}$ son cero en el infinito en el sistema B, y en A todos los $g_{\mu\nu}$ excepto g_{44}, que sigue siendo 1.

A $h = \infty$ corresponde $r = \frac{1}{2} \pi R$. El conjunto del espacio elíptico se proyecta, pues, por la transformación (7) sobre el conjunto del espacio hiperbólico. Para valores de r superiores a ½ πR, h se hace negativo. Ahora un punto $(-h, \psi, \vartheta)$ es el mismo que $(h, \pi - \psi, \pi + \vartheta)$. Por tanto, la proyección del espacio esférico llena dos veces el espacio hiperbólico. Lo mismo ocurre con la proyección, por (5), de los espacios elíptico y esférico sobre el espacio euclídeo.

5. Pongamos al sol en el origen de coordenadas, y supongamos que la distancia del sol a la tierra sea a. Despreciamos aún toda gravitación.

En el sistema A los rayos de luz son líneas rectas, cuando se describen en las coordenadas r, ψ, ϑ, es decir, en el espacio elíptico o esférico.

En el sistema B ocurre lo mismo con las coordenadas h, ψ, ϑ (espacio hiperbólico).

En consecuencia, en el sistema A, a los triángulos formados por rayos de luz les son aplicables las fórmulas ordinarias de la trigonometría esférica. La paralaje p de una estrella cuya distancia al sol es r, viene dada por la fórmula

$$\tan p = \sin (a/R) \cot (r/R).$$

Como el cuadrado de a/R es despreciable, se puede escribir

$$p = (a/R) \cot (r/R) = a/\mathrm{r} \; . \; . \; . \; . \; . \; . \qquad \text{(9A)}$$

En el sistema B tenemos análogamente, en las coordenadas h, ψ, ϑ:

$$\tan p = \sinh a/R \coth h/R,$$

o

$$p = (a/R) \coth h/R = a/(R \sin \chi) = (a/\mathrm{r}) \sqrt{1 + r^2 / R^2} \; . \; . \; . \qquad \text{(9B)}$$

En el sistema A tenemos en consecuencia $p = 0$ para $r = \frac{1}{2} \pi R$, es decir, para la mayor distancia que es posible en el espacio elíptico. Si admitiéramos distancias aún mayores, que sólo son posibles en el espacio esférico, entonces p se haría negativa, y para $r = \pi R$ deberíamos encontrar $p = -90^\circ$.

234

En el sistema B p tiene un valor mínimo

$$p_0 = a/R,$$

que alcanza para $h = \infty$, es decir, $r = \frac{1}{2} \pi R$. Para valores de r superiores a esta distancia p vuelve a aumentar, y para $r = \pi R$ deberíamos encontrar $p = +90^\circ$.

Ya en 1900 SCHWARZSCHILD [1]) promovió una discusión sobre la posible curvatura del espacio, partiendo de las fórmulas (9A) y (9B). Para el sistema B podemos, a partir de las paralajes observadas, [2]) derivar un límite inferior para R. SCHWARZSCHILD encuentra $R > 4 \cdot 10^6$ unidades astronómicas. En el sistema A las paralajes medidas no pueden dar un límite para R.

Por supuesto, en ambos sistemas podemos derivar tal límite a partir de *distancias* que han sido determinadas, o estimadas, de manera distinta que a partir de las paralajes medidas. Estas distancias deben ser, en el espacio elíptico, menores que $\frac{1}{2} \pi R$. Esto conduce indudablemente a un límite mucho mayor, del orden de 10^{10} o más.

6. Al ser la línea cerrada, en el punto del cielo situado a 180° del Sol deberíamos ver una imagen de la cara posterior del Sol. No siendo éste el caso, prácticamente toda la luz debe ser absorbida en el largo "viaje alrededor del universo". SCHWARZSCHILD estima que una absorción de 40 magnitudes sería suficiente [3]). Si adoptamos el resultado hallado por SHAPLEY [4]), a saber, que la absorción en el espacio intergaláctico es inferior a $0^m.01$ en una distancia de 1000 pársecs, entonces para una absorción de 40 mags. necesitamos una distancia de $7 \cdot 10^{11}$ unidades astronómicas. En el espacio elíptico tenemos por tanto $R > \frac{1}{4} \cdot 10^{12}$.

En el sistema *A* podemos suponer que esta absorción es producida

[1]) *Ueber das zulässige Krümmungsmaass des Raumes*, Vierteljahrsschrift der Astron. Gesellschaft, Bd. 35, p. 337.

[2]) El significado es, por supuesto, paralajes medidas realmente, no paralajes derivadas mediante la fórmula $p = a/r$ a partir de una distancia que se determina a partir de otras fuentes (comparación de la velocidad radial y transversal, magnitud absoluta, etc.). SCHWARZSCHILD da por supuesto que existen ciertamente estrellas con una paralaje de 0" 05. Todas las paralajes medidas desde entonces son paralajes *relativas*, por lo que en la actualidad debemos seguir utilizando el mismo límite.

[3]) Se podría argumentar que no veríamos la parte posterior del sol real, sino la del sol tal y como era cuando la luz salió de él. Podríamos así prescindir de la absorción si el tiempo que tarda la luz en recorrer la distancia πR fuera superior a la edad del sol. Cualquier estimación razonable de esta edad nos llevaría a valores de R aún mayores.

[4]) Contribuciones desde el Observatorio Solar de Mount Wilson Nrs. 115 - 117.

235

por la materia-universo. Es aproximadamente 1/50 de la absorción que KING [1]) utilizó en su cálculo de la densidad de materia en el espacio interestelar. La densidad de materia-universo sería, pues, aproximadamente 1/50 de la densidad hallada por KING, o $\rho_0 = (3/2) \cdot 10^{-14}$ en unidades astronómicas. El valor correspondiente de R (véase el art. 8) es $R = 2 \cdot 10^{10}$. La absorción total en la distancia πR sería entonces de sólo 3.6 magnitudes. Para obtener la absorción requerida de 40 magnitudes debemos aumentar ρ_0, y en consecuencia disminuir R. Encontramos entonces $\rho_0 = 2 \cdot 10^{-12}$, $R = 2 \cdot 10^9$. Este valor, por supuesto, no tiene prácticamente ningún peso, ya que es muy dudoso que las consideraciones por las que KING dedujo la densidad del coeficiente de absorción sean aplicables a la materia-universo.

Todo el argumento es inaplicable al sistema *B*, puesto que en este sistema la luz necesita un tiempo infinito para "el viaje alrededor del mundo". La mitad de este tiempo es

$$T = \int_0^{(1/2)\pi R} (1/\upsilon) dr,$$

y, como $\upsilon = c \cos \chi$, encontramos $T = \infty$.

7. En el sistema *A* g_{44} es constante, en *B* g_{44} disminuye con r. Por consiguiente, en *B* las líneas de los espectros de objetos muy distantes deben aparecer desplazadas hacia el rojo. Este desplazamiento por el campo inercial se superpone al desplazamiento producido por el campo gravitacional de las propias estrellas. Es bien sabido que las estrellas de Helio muestran un desplazamiento sistemático correspondiente a una velocidad radial de + 4.3 Km/seg. Si suponemos que aproximadamente 1/3 de este desplazamiento se debe al campo gravitatorio de las propias estrellas [2]), entonces queda para el desplazamiento por el campo inercial unos 3 Km/seg. Así pues, tendríamos a la distancia media de las estrellas de Helio

$$f = 1 - 2 \cdot 10^{-5} = \cos^2 (r/R).$$

Si para esta distancia media tomamos $r = 3 \cdot 10^7$ (correspondiente a una paralaje de 0" 007 por la fórmula $p = a/r$), resulta $R = 2/3 \cdot 10^{10}$. También para las estrellas M, cuya distancia media es probablemente la mayor después de la de las estrellas de Helio, CAMPBELL [3]) encuentra un desplazamiento sistemático del mismo orden. Las otras estrellas, cuyas distancias

1) Nature, Vol. 95, p. 701 (26 de agosto de 1915).
2) Cf. DE SITTER, *On EINSTEIN's theory of gravitation and its astronomical consequences*, Monthly notices, Vol. 76, p. 719.
3) Lick Bulletin, Vol. 6, p. 127.

236

medias son menores, también tienen un desplazamiento sistemático mucho menor hacia el rojo, que puede explicarse muy bien por el campo gravitatorio de las propias estrellas.

Últimamente se han observado algunas velocidades radiales de nebulosas [1]) que son muy grandes; del orden de 1000 Km/seg. Si tomamos 600 Km/seg., y explicamos esto como un desplazamiento hacia el rojo producido por el campo de inercia, deberíamos encontrar, con el valor anterior de R, para la distancia de estas nebulosas $r = 4 \cdot 10^8 = 2000$ pársecs. Es probable que la distancia real sea mucho mayor. [2])

Sobre un desplazamiento *sistemático* hacia el rojo de las líneas espectrales de las nebulosas todavía no podemos decir nada con certeza. Si en el futuro se demostrara que los objetos muy lejanos tienen velocidades radiales aparentes sistemáticamente positivas, esto sería una indicación de que el sistema B, y no el A, correspondería a la verdad. Si se demostrara que no existe tal desplazamiento sistemático de las líneas espectrales, esto podría interpretarse bien como señalando al sistema A con preferencia al B, o bien indicando un valor todavía mayor de R en el sistema B.

8. En el artículo que ya se ha citado repetidamente, SCHWARZSCHILD determinó el valor de R para el espacio elíptico por la condición de que el espacio sea suficientemente grande para contener la totalidad de nuestro sistema galáctico, tomándose constante la densidad de las estrellas e igual al valor cerca del Sol. Este razonamiento no puede aplicarse al sistema A, ya que las ecuaciones de campo dan una relación entre M y ρ, lo que contradice la condición de SCHWARZSCHILD.

Tenemos

$$\kappa\rho_0 = 2/R^2.$$

El volumen del espacio elíptico es π^2R^2. La masa total es por tanto $\pi^2R^3\rho_0$, o

[1]) NG.C. 4594	PEASE	+ 1180	km/seg.
	SLIPHER	+ 1190	"
N.G.C. 1068	SLIPHER	+ 1100	"
	PEASE	+ 765	"
	MOORE	+ 910	"

Sin embargo, la nebulosa de Andrómeda parece tener una velocidad negativa considerable, a saber:

WRIGHT – 304 km/seg.
PEASE – 329 ”
SLIPHER – 300 ”

[2])EDDINGTON (Monthly Notices. Vol. 77, p. 375) estima $r > 100000$ parsecs. Esto, combinado con una velocidad aparente de + 600 km/seg., daría $R > 3 \cdot 10^{11}$.

237

$$M = (2\pi^2/\kappa) \cdot R.$$

Si tomamos por M la masa de nuestro sistema galáctico, que puede estimarse [1]) en $1/3 \cdot 10^{10}$ (sol = 1), entonces la última fórmula da $R = 41$, es decir, sólo unas 1½ veces la distancia de Neptuno al Sol. Por supuesto, esto es absurdo. Si utilizamos la otra fórmula podemos tomar por ρ_0 la densidad estelar en la vecindad inmediata del Sol, que estimamos en 80 estrellas por unidad de volumen de KAPTEYN (cubo de 10 parsecs de lado), o $\rho_0 = 10^{-17}$ en unidades astronómicas. Encontramos entonces $R = 9 \cdot 10^{11}$. La masa total se convierte entonces en $M = 7 \cdot 10^{19}$, y en consecuencia el sistema galáctico sólo representaría una porción totalmente despreciable del total de la materia-universo.

Parece probable por muchas razones diferentes que fuera de nuestro sistema galáctico existan muchos más sistemas similares, cuyas distancias mutuas son grandes en comparación con sus dimensiones. Si tomamos para la distancia mutua media 10^{10} unidades astronómicas, entonces un espacio elíptico con $R = 9 \cdot 10^{11}$ podría contener $7 \cdot 10^5$ sistemas galácticos, de los que, por supuesto, sólo conocemos un pequeño número por observación directa. Sin embargo, si todos ellos existieran realmente, y su masa media fuera la misma que la de nuestra propia galaxia, su masa combinada sería entonces aproximadamente $2 \cdot 10^{16}$, y por consiguiente sólo una tresmilésima parte de la materia-universo estaría condensada en materia “ordinaria”. Es perfectamente posible construir un mundo en el que la totalidad de la materia-universo estuviera, o al menos pudiera estar, condensada de este modo. Entonces, para ρ_0 debemos tomar la densidad no dentro del sistema galáctico, sino la densidad media en una unidad de volumen que sea grande en comparación con las distancias mutuas de los sistemas galácticos. Con los datos numéricos adoptados anteriormente, esto conduce a $R = 5 \cdot 10^{13}$, y entonces habría más de mil millones de sistemas galácticos.

Por supuesto, todo esto es muy vago e hipotético. La observación sólo nos da la certeza de la existencia de nuestro propio sistema galáctico, y la probabilidad de algunos cientos más. Todo lo demás es extrapolación.

9. Llegamos ahora al caso en que existe gravitación, que es producida por la materia “ordinaria”, con la densidad ρ_1. Consideraré el campo producido por una pequeña esfera en el origen del sistema de coordenadas, a la que llamaré “sol”. Su radio es R.

En el sistema A la materia-universo tiene por tanto en todas partes la densidad constante ρ_0, excepto para valores de r que sean menores que R,

[1]) Comunicado por el Prof. KAPTEYN.

238

es decir, dentro del sol. Allí la densidad [1]) es $\rho = \rho_0 + \rho_1$. En el sistema B, tenemos $\rho = \rho_1$, y ésta es cero excepto para $r < R$.

El elemento de línea tiene entonces la forma

$$ds^2 = -adr^2 - b\,[d\psi^2 + sin^2\,\psi\,d\vartheta^2] + fc^2dt^2,$$

y en un estado estacionario a, b, f son funciones de r solamente. Las ecuaciones se simplifican un poco si introducimos

$$l = lg\,a, \qquad m = lg\,b, \qquad n = lg\,f.$$

Si los coeficientes diferenciales con respecto a r se indican con acentos encontramos

$$G_{11} = m'' + \tfrac{1}{2}n'' + \tfrac{1}{2}m'(m' - l') + \tfrac{1}{4}n'(n' - l'),$$

$$(a/b)\,G_{22} = -a/b + \tfrac{1}{2}m'' + \tfrac{1}{4}m'(2m' + n' - l')$$

$$(-a/f)\,G_{44} = \tfrac{1}{2}n'' + \tfrac{1}{4}n'(2m' + n' - l'),$$

$$G_{33} = sin^2\,\psi\,G_{22}.$$

Para poder escribir las ecuaciones (1) debemos conocer los valores de $T_{\mu\nu}$. Si toda la materia está en reposo, y si no hay presión ni tensión en ella, estos son: $T_{44} = g_{44}\rho$, todos los demás $T_{\mu\nu} = 0$. A estos valores los llamo $T_{\mu\nu}{}^0$. Si los adoptamos, entonces las ecuaciones (1) se convierten, tras una simple reducción, en

$$n'' + n'(m' + \tfrac{1}{2}n' - \tfrac{1}{2}l') = a\,(\kappa\rho - 2\,\lambda), \; . \; . \; . \; . \; . \; (10)$$

$$m'' + \tfrac{1}{2}m'(m' - n' - l') = -a\kappa\rho, \; . \; . \; . \; . \; . \; . \; . \; . \; . \; (11)$$

$$(-a/b) + \tfrac{1}{2}m'(n' + \tfrac{1}{2}m') = -a\lambda. \; . \; . \; . \; . \; . \; . \; . \; . \; . \; (12)$$

Se comprueba fácilmente que estas se satisfacen si tomamos $\rho = \rho_0$, y para $g_{\mu\nu}$ tomamos los valores correspondientes a una de las formas (4A), (4B), o (4C) del elemento de línea, con las condiciones (3A), (3B) o (3C) respectivamente. Lo mismo ocurre con (6A), (6B) y (8A), (8B), si los acentos en (10), (11), (12) denotan coeficientes diferenciales con respecto a r, o h respectivamente. Por consiguiente, en el campo de la inercia pura tenemos $T_{\mu\nu} = T_{\mu\nu}{}^0$, es decir, por la sola acción de la inercia no se producen presiones ni tensiones en la materia-universo.

[1]) Esto, por supuesto, no concuerda estrictamente con la hipótesis de EINSTEIN, según la cual la condensación de materia-universo en el sol debería ser compensada por su enrarecimiento, o su ausencia total, en otros lugares. Sin embargo, la masa del sol es extremadamente pequeña comparada con la masa total en una unidad de volumen de una extensión tal como la que debe tomarse para tratar la densidad de la materia-universo como constante. Por lo tanto, si despreciamos la compensación, la masa presente en la unidad de volumen que contiene el Sol sólo excede en *muy* poco a la presente en las demás unidades. En el mundo físico real, estas pequeñas desviaciones de la homogeneidad perfecta deben considerarse siempre posibles y tienen que producir sólo pequeñas diferencias en el campo gravitacional.

Sin embargo, si no se desprecia la masa del sol, no puede existir entonces un estado de equilibrio estacionario, con toda la materia en reposo, sin fuerzas internas dentro de esta materia. Los $T_{\mu\nu}$ son entonces diferentes de $T_{\mu\nu}^0$. Si la materia-universo se considera como un "fluido" continuo, entonces este fluido sólo puede estar en reposo si existe en él una presión o tensión. Si se considera que consiste en puntos materiales separados, entonces éstos no pueden estar en reposo. La diferencia $T_{\mu\nu} - T_{\mu\nu}^0$ se anula con ρ_1, ya que si $\rho = 0$, tanto $T_{\mu\nu}$ como $T_{\mu\nu}^0$ son cero. Esta diferencia, por tanto, es de la forma $\epsilon \cdot \rho$, siendo ϵ del orden de la gravitación producida por el sol. Los miembros derechos de las ecuaciones (1), y por tanto también de (10), (11), (12) requieren correcciones del orden $\kappa \cdot \epsilon \cdot \rho$. Si se desprecian, las ecuaciones dejan de ser exactas.

10. Como la masa del sol es pequeña, los valores de a, b, f no diferirán mucho de los del campo inercial. Podemos entonces, en el sistema A, y para las coordenadas r, ψ, ϑ, poner

$$a = 1 + \alpha, \qquad b = R^2 \sin^2 \chi\,(1 + \beta), \qquad f = 1 + \gamma,$$

y en una primera aproximación podemos despreciar los cuadrados y productos de α, β, γ. Las ecuaciones pasan a ser entonces:

$$\gamma'' + (2/R)\,\gamma' \cot \chi = a\,\kappa\rho_1, \qquad \ldots\ldots \qquad (13)$$

$$\beta'' + \{(\cot \chi)/R\}(2\beta' - \alpha' - \gamma') + 2\alpha/R^2 = -\,a\,\kappa\rho_1 \qquad \ldots\ldots \qquad (14)$$

$$\beta \operatorname{cosec}^2 \chi - \alpha \cot^2 \chi + (\beta' + \gamma')\{(\cot \chi)/R\} = 0 \qquad \ldots\ldots \qquad (15)$$

A partir de (13) encontramos, recordando que los acentos denotan diferenciaciones con respecto a $r = R \cdot \chi$,

$$\gamma' \sin^2 \chi = \int_0^{\chi} a\,\kappa\rho_1 \sin^2 \chi\, dr$$

Fuera del sol tenemos $\rho_1 = 0$. Así, si ponemos

$$\mathbf{a} = R^2 \int_0^{R} a\,\kappa\rho_1 \sin^2 \chi\, dr$$

entonces fuera del sol

$$\gamma' = -\,\mathbf{a}/(R^2 \sin^2 \chi),$$

a partir de la cual

$$\gamma = -\,(\mathbf{a}/R) \cot \chi = -\,\mathbf{a}/r \qquad \ldots\ldots \qquad (16)$$

240

Para $r = \frac{1}{2}\pi R$, es decir, para la mayor distancia posible en el espacio elíptico, tenemos pues $\gamma = 0$. Para distancias aún mayores, que sólo son posibles en el espacio esférico, γ se hace positivo, y finalmente para $r = \pi R$ deberíamos tener $g_{44} = \infty$, por pequeña que sea la masa del sol, como ya se ha señalado anteriormente (art. 3).

Si ahora a partir de (14) y (15) intentamos determinar α y β, nos encontramos con dificultades. Parece que las ecuaciones (13), (14), (15) son contradictorias entre sí. Si hacemos la combinación

$$(13) + (14) - 2 \cdot (15) - R \tan \chi\, \{d(15)/dr\}$$

obtenemos

$$\gamma' \tan\chi = 0, \qquad . \; . \; . \; . \; . \qquad (17)$$

lo que es absurdo. Si las ecuaciones fueran exactas, deberían, como consecuencia de la invariancia, ser dependientes entre sí. Sin embargo no son exactas, ya que en sus segundos miembros se han despreciado términos del orden de $\epsilon \cdot \kappa\rho$, siendo ϵ del orden de α, β, γ. En la materia-universo tenemos [1]) $\kappa\rho = \kappa\rho_0 = 2\lambda$, y estas correcciones sólo pueden despreciarse si λ es también del orden ϵ. Esto no se ha supuesto en las ecuaciones (13), (14), (15). Si deseamos suponerlo, entonces debemos desarrollar también en potencias de λ. Podemos entonces utilizar las coordenadas r, ψ, ϑ. Ponemos así

$$a = 1 + \alpha, \qquad b = \mathrm{r}^2 (1 + \beta), \qquad f = 1 + \gamma.$$

Las ecuaciones, en las que ahora los acentos denotan diferenciaciones con respecto a r, se convierten entonces, para el primer orden

$$\gamma'' + (2/\mathrm{r})\,\gamma' = \kappa\rho_1,$$
$$\beta'' + (2/\mathrm{r})\,\beta' - (1/\mathrm{r})\,(\alpha' + \gamma') = -\,\kappa\rho_1 - 2\lambda,$$
$$\beta - \alpha + \mathrm{r}\,(\beta' + \gamma') = -\,\lambda \mathrm{r}^2,$$

comprobándose fácilmente que son dependientes entre sí.

Podemos así añadir una condición arbitraria. Si tomamos, por ejemplo

$$\alpha = 2\beta,$$

encontramos entonces, para el primer orden, fuera del sol

$$\alpha = -\,2\lambda \mathrm{r}^2 + \mathbf{a}/\mathrm{r}, \qquad \beta = -\,\lambda \mathrm{r}^2 + \tfrac{1}{2}\,(\mathbf{a}/\mathrm{r}), \qquad \gamma = -\,\mathbf{a}/\mathrm{r},$$

[1]) Por supuesto, si además de materia-universo hay también "materia ordinaria", es decir, si la densidad de materia-universo no es constante, esta relación sólo es aproximadamente cierta, y requie-re una corrección del orden $\lambda \cdot \epsilon$. (Véase también el artículo 11).

241

donde $\mathbf{a} = \int_0^R \kappa\rho_1\, \mathrm{r}^2 dr$. Si se desprecia **a** estos son los términos de primer orden en el desarrollo de (6*A*) en potencias de $\lambda = 1/R^2$.

11. Consideremos de nuevo las ecuaciones (10), (11), (12). Si fueran exactas, dependerían unas de otras. Pero no lo son, y, por tanto, son contradictorias. Si hacemos la combinación:

$$2 \cdot d(12)/dr + 2\,[m' - l']\,(12) - [m' + n'] \cdot (11) - m' \cdot (10),$$

encontramos [1])

$$0 = n'\, a\, \kappa\rho. \qquad . \; . \; . \; . \; . \qquad (18)$$

En consecuencia, las ecuaciones son dependientes entre sí, es decir, un equilibrio estacionario, estando toda la materia en reposo sin fuerzas internas, sólo es posible bien si $\rho = 0$ o bien $n' = 0$, es decir, g_{44} = constante. En el sistema *A* ρ nunca es cero, ya que fuera del sol $\rho = \rho_0$. Un equilibrio estacionario sólo es posible entonces si g_{44} es constante, es decir si no existe materia "ordinaria", ya que toda la materia ordinaria, por el mecanismo de la ecuación (10) o (13) producirá un término γ en g_{44} que no es constante. Si existe materia ordinaria o gravitatoria entonces no sólo en aquellas porciones del espacio que están ocupadas por ella, sino en todo el conjunto de la materia-universo $T_{\mu\nu}$ diferirá de $T_{\mu\nu}^0$. Podemos, por ejemplo, considerar la materia-universo como un fluido incompresible adiabático. Si se supone que está en reposo, tenemos

$$T_{u} = -\, g_{u}\, p, \qquad T_{44} = g_{44}\, \rho_0,$$

donde p es, la presión en la materia-universo. Encuentro entonces

$$p = \rho_0 \,\{(1/\sqrt{f}) - 1\}$$

y, para el primer orden, y para las coordenadas r, ψ, ϑ:

$$\alpha = \beta = -\,\gamma = \mathbf{a} \cdot [(cos\ 2\chi / R\ sin\, \chi) + 1/R],$$

$$\kappa\rho_0 = 2\lambda - 3\,(\mathbf{a}/R^3) = 2\lambda\ [1 - (3/2)\,(\mathbf{a}/R)].$$

Para nuestro sol $\mathbf{a}/R$ es del orden de $10^{-20.}$

Para $\chi = ½\,\pi$ tenemos $\gamma = 0$, y para $\chi = \pi$ deberíamos encontrar

[1]) Se comprueba fácilmente que (18) se hace idéntica a (17) si se desprecian todos los términos de órdenes superiores al primero.

242

$\gamma = \infty$, como en la solución aproximada (16), en la que se despreciaba p.

Para el movimiento planetario debemos ir al segundo orden. Encuentro un movimiento del perihelio que asciende a

$$\delta\varpi = -\,(3/2) \cdot \lambda a^2 nt. \;.\;.\;.\;.\;.\;.\;. \qquad (19)$$

que por supuesto es totalmente despreciable debido a la pequeñez de λa^2. En mi último trabajo [1]) se afirmó que no hay movimiento del perihelio. En ese trabajo se utilizaron los valores $T_{\mu\nu}^{0}$, es decir, se despreció la presión p. Por lo tanto, el movimiento (19) puede decirse que es producido por la presión de la materia-universo sobre el planeta. Desaparecerá si suponemos que en la vecindad inmediata del sol la materia-universo está ausente.

12. En el sistema B fuera del sol tenemos $\rho = 0$, y las ecuaciones son dependientes entre sí y pueden ser integradas.

Dentro del sol $n'a\kappa\rho_1$ debe ser de segundo orden, y en consecuencia n' debe ser de primer orden. Si ponemos

$$f = \cos^2\chi\,(1 + \gamma),$$

entonces $n' = -\,(2/R)\ tan\,\chi + \gamma'/(1 + \gamma)$, por lo que $(tan\,\chi)/R$ debe ser de primer orden. Como $\chi = r/R$ encontramos que $1/R^2$ debe ser de primer orden, como en el sistema A.

Desarrollando f en potencias de $1/R$ encontramos, para el primer orden

$$f = 1 - (r^2/R^2) + \gamma.$$

En primera aproximación encontramos para γ el mismo valor que en los sistemas A y C, a saber: $\gamma = -\,\mathbf{a}/r$. Sin embargo, aquí tenemos también el término $-\,r^2/R^2$. Así pues, la mecánica clásica según la ley de NEWTON sólo se puede utilizar como una primera aproximación si este término, y en consecuencia también $\lambda = 3/R^2$ es de *segundo* orden. Al investigar el efecto de este término en el movimiento planetario, encontramos un movimiento del perihelio [2]) que asciende a

$$\delta\varpi = (3a^3/2\mathbf{a}R^2)\ nt.$$

[1]) Estas Actas, Vol. XIX. pág. 1224.

[2]) En mi último trabajo (estas Actas Vol. XIX, pág. 1224) encontré

$$\delta\varpi = (3a^3/4\mathbf{a}R^2)\ nt - cnt^2/2R^2.$$

La diferencia se debe a la utilización de un sistema de referencia diferente, con un tiempo diferente y diferente radio-vector, en los dos casos, dependiendo del tiempo las fórmulas para la transformación de las variables espaciales (especialmente el radio-vector) de un sistema al otro.

243

Partiendo de la condición de que, para la Tierra, esto no exceda de 2" por siglo encontramos

$$R > 10^8.$$

Entonces $1/R^2 < 10^{-16}$ es realmente de segundo orden comparado con $\kappa = 25 \cdot 10^{-8}$. Este límite de R es todavía considerablemente más bajo que el valor que fue encontrado arriba a partir del desplazamiento de las líneas espectrales. Para el movimiento planetario –y en general para todos los problemas mecánicos que no implican valores muy grandes de r– podemos por tanto despreciar por completo el efecto de λ en ambos sistemas A y B.

JULIO

Carta de Einstein a Willem de Sitter

Arosa, sábado [22 de Julio de 1917]

Querido colega:

Su interesante carta me llegó tarde, porque anduve viajando por Suiza antes de poder recibirla remitida desde Lucerna. Su nueva expresión del elemento de línea

$$ds^2 = -dr^2 - R^2 \sin^2 \frac{r}{R}\left[d\psi^2 + \sin^2 \psi d\vartheta^2\right] + \cos^2 \frac{r}{R} dt^2$$

es muy instructiva. *Espacialmente*, todos los puntos de su universo son equivalentes, pero la velocidad de marcha de un reloj-patrón en reposo es igual a

$$\frac{ds}{dt} = \cos\frac{r}{R},$$

y por tanto varía con el lugar y alcanza el valor cero en un "ecuador". Es este un lugar de potencial gravitacional mínimo & de velocidad de la luz que tiende a anularse. En mi opinión, semejante singularidad ($g_{44} = 0$) en un mundo finito hay que descartarla por inadmisible físicamente. Las masas propenderían a acumularse en el "ecuador". ¡La energía total de $g_{44}\frac{dx_4}{ds}$ de una masa puntual se anularía en el "ecuador"!

¿No tiene usted también la sensación de que tales casos no son admisibles en la realidad [física]? Sin embargo, no puedo dar una formulación general precisa de lo que, en mi opinión, debe considerarse excluido aquí.

La estancia en Suiza es física y mentalmente muy reconfortante para mí. Me quedaré hasta mediados de agosto. Si quiere decirme algo (Brambergstr. 16A, Luzern) sobre lo que piensa usted ahora sobre el asunto, me alegrará mucho.

Saludos cordiales, suyo

A. Einstein

[Recogido en *TCPAE*. Volume 8, Part A: The Berlin Years: Correspondence 1914-1917. Doc. **363**, page 485]

Carta de Einstein a Willem de Sitter

Lucerna, [31 de julio de 1917]

Querido de Sitter:

Por más que intento explicármelo, no puedo conceder ninguna posibilidad física a su solución. El problema tiene que ver con el hecho de que en el finito (medido de forma natural), los $g_{\mu\nu}$ asumen valores singulares. Apoyémonos, por ejemplo, en la forma más clara

$$ds^2 = -dr^2 - R^2 \sin^2 \frac{r}{R}\left[d\psi^2 + \sin^2 \psi d\vartheta^2\right] + \cos^2 \frac{r}{R} dt^2 .$$

La energía de una masa puntual es generalmente

$$m\sum g_{4\nu}\frac{dx_\nu}{ds},$$

donde *m* representa su constante de masa (masa medida naturalmente). La energía de un punto en reposo es, por tanto

$$m\sqrt{g_{44}} .$$

Esta se anula para $\frac{r}{R} = \frac{\pi}{2}$. Para $r = \frac{\pi}{2}R$, la masa puntual no tiene energía; ya no existe allí en absoluto, sino que se consume completamente en el camino. Dar cabida a estos casos me parece que no tiene sentido. Por supuesto, esto tiene siempre validez, independientemente de cómo elijamos las variables.

Verá usted sin embargo que, por mi forma más física de reflexionar, no soy capaz de formular exactamente (de forma invariante) la condición que debe satisfacer el universo cuadridimensional para evitar tales singularidades. ¿No le gustaría hacer un esfuerzo en este sentido?

Saludos cordiales. Suyo,

A. Einstein

[Recogida en *TCPAE*. Volume 8, Part A: The Berlin Years: Correspondence 1914-1917. Doc. 366, page 496]

AGOSTO

Carta de Einstein a Willem de Sitter

[Lucerna,] miércoles [8 de agosto de 1917]

Querido colega:

Me complacen mucho sus argumentos detallados y claros, que comprendo perfectamente. Se puede tender un puente entre los casos *A* y *B* así:

B es el campo gμν de un universo en el que toda la materia está concentrada en el "ecuador", mientras que en el caso *A* está distribuida uniformemente [3].

Desde este punto de vista, la disminución de g_{44} (hasta cero) al acercarse a $r = \frac{\pi}{2}R$ debe considerarse causada por la materia, del mismo modo que la disminución de g_{44} al acercarse, por ejemplo, al sol. Desde esta perspectiva, la no equivalencia de los distintos puntos del espacio no es una propiedad "independiente" del espacio. Soy de la opinión de que es razonable exigir que, en el finito (medido naturalmente), no aparezcan valores singulares de $g_{\mu\nu}$ cuando la densidad de energía sea finita en todas partes.

Cordiales saludos. Suyo,

A. Einstein

[Recogido en *TCPAE*. Volume 8, Part A: The Berlin Years: Correspondence 1914-1917. Doc. **370**, page 501]

NOVIEMBRE

De Sitter publica un tercer artículo ya trabado durante el año:

> Willem de Sitter. «*On Einstein's Theory of Gravitation, and its Astronomical Consequences*». Third paper. *M.N.* Assoc. R.A.S., pp. 3-28. (Concluido en julio de 1917. Publicado en noviembre de 1917. «Sobre la teoría de la gravitación de Einstein y sus consecuencias astronómicas.» Tercer artículo.

3

Sobre la teoría de la gravitación de Einstein y sus consecuencias astronómicas

Contenido del tercer trabajo

1. Sobre la relatividad de la inercia. Nueva forma de las ecuaciones de campo. Dos soluciones A y B de estas ecuaciones.
2. Sobre el espacio con curvatura positiva constante. Comparación de los dos sistemas A y B.
3. Rayos de luz y paralaje en los dos sistemas. El espacio hiperbólico.
4. Movimiento de una partícula material en el campo de inercia de los dos sistemas. Comparación ulterior de los dos sistemas.

5. Ecuaciones diferenciales para el campo gravitatorio del sol. Integración aproximada de estas ecuaciones.
6. Estimaciones de R en el sistema A.
7. Estimaciones de R en el sistema B.

1. En la teoría de la relatividad general de Einstein no hay ninguna diferencia esencial entre gravitación e inercia. El efecto combinado de las dos se describe mediante el tensor fundamental $g_{\mu\nu}$, y cuánto de él debe llamarse inercia y cuánto gravitación es totalmente arbitrario. Podríamos suprimir una de las dos palabras y llamar al conjunto por un solo nombre. No obstante, es conveniente seguir diferenciando. Una parte de $g_{\mu\nu}$ puede atribuirse directamente al efecto de los cuerpos materiales conocidos, y el uso común es llamar a esta parte "gravitación", y al resto "inercia". Entonces, si tomamos como sistema de referencia tres coordenadas espaciales cartesianas rectangulares y el tiempo multiplicado por c (la velocidad de la luz en el *vacío*), sabemos que, en esa porción del espacio-tiempo cuatridimensional que es accesible a nuestras observaciones, los $g_{\mu\nu}$ de la inercia pura son, dentro de ciertos límites de incertidumbre,

$$(1) \qquad \left\{\begin{array}{cccc} -1 & 0 & 0 & 0 \\ 0 & -1 & 0 & 0 \\ 0 & 0 & -1 & 0 \\ 0 & 0 & 0 & +1 \end{array}\right.$$

En nuestra vecindad inmediata, dentro del sistema solar, los límites de incertidumbre son muy estrechos: digamos el octavo decimal.

* Véase el primer trabajo, *M.N.*, vol. lxxvi. p. 699; segundo trabajo, *M.N.*, vol. lxxvii. p. 155. El presente trabajo da cuenta de las cuestiones tratadas en las siguientes comunicaciones:–

A. Einstein, „Kosmogische Betrachtungen zur allgemeinen Relativitätstheorie", *Sitzungsber. Berlín*, 1917 Feb. 8, p. 142.

W. de Sitter, "On the Relativity of Inertia, remarks concerning Einstein's latest Hypothesis", Proc. Acad. Amsterdam, 1917 March 31, vol. xix. p. 1217.

W. de Sitter, "On the Curvature of Space", Proc. Akad. Amsterdam, 1917 June 30, vol. xx. (aún no publicado en inglés).

Las notaciones utilizadas son las mismas que en el primer y segundo trabajos. Recordemos que $\delta_{\mu\mu} = 1$, $\delta_{\mu\nu} = 0$ para $\mu \neq \nu$, y que Σ es una suma de 1 a 4, y Σ' de 1 a 3.

4

A medida que nos alejamos en el espacio, o en el tiempo, o en ambos, los límites se amplían: a una distancia de un millón de años-luz quizá sólo podamos garantizar el segundo decimal.* Cómo son los $g_{\mu\nu}$ en aquellas porciones de espacio y tiempo hasta las que nuestras observaciones aún no han penetrado, no lo sabemos, y cómo son en el infinito (de espacio o de tiempo) nunca lo sabremos. Todas las suposiciones relativas a los valores de los $g_{\mu\nu}$ en el infinito son, por tanto, extrapolaciones, que somos libres de elegir de acuerdo con las exigencias teóricas o filosóficas.

La extrapolación que se ofrece más naturalmente, y que también se hace tácitamente en la teoría de la inercia de Newton, es que los $g_{\mu\nu}$ conservan los valores (1) para todas las distancias y tiempos hasta el infinito. Se ha señalado en el segundo trabajo † que en esta teoría la inercia no es relativa. Los valores (1) no son invariantes: los valores límite de los $g_{\mu\nu}$ en el infinito son diferentes en distintos sistemas de coordenadas. Por ello, Einstein y otros han tratado de encontrar otra extrapolación, mediante la cual los $g_{\mu\nu}$, conservando en nuestra vecindad los valores (1) con la aproximación exigida por las observaciones, degenerarían en el infinito en un conjunto de valores que serían los mismos para todos los sistemas de referencia.

Los $g_{\mu\nu}$ están determinados por las ecuaciones de campo, que en la teoría de Einstein de 1915 son

(2) $$G_{\mu\nu} = -\kappa T_{\mu\nu} + \tfrac{1}{2}\kappa g_{\mu\nu} T,$$

o

(2') $$G_{\mu\nu} - \tfrac{1}{2} g_{\mu\nu} G = -\kappa T_{\mu\nu}$$

y

$$G = \kappa T.$$

Una vez elegido el sistema de referencia de variables espaciales y temporales, estas ecuaciones determinan los $g_{\mu\nu}$ aparte de las constantes de integración, o condiciones de contorno en el infinito. Por tanto, sólo las desviaciones de los $g_{\mu\nu}$ reales respecto a estos valores en el infinito se deben al efecto de la materia, a través del mecanismo de las ecuaciones (2) o (2'). Si en el infinito todos los $g_{\mu\nu}$ fueran cero, entonces podríamos decir verdaderamente que toda la inercia, así como la gravitación, se produce de este modo. Este es

* Existen dos criterios por los que podemos juzgar el valor del tensor fundamental a grandes distancias de nosotros. La frecuencia de las vibraciones de la luz es proporcional a $\sqrt{g_{44}}$. En consecuencia, los objetos en cuyos espectros podemos identificar líneas espectrales definidas deben estar situados en una porción del espacio donde g_{44} es todavía del orden de la unidad. El movimiento de las partículas materiales, por otra parte, depende de todos los $g_{\mu\nu}$. Sabemos que las velocidades relativas de las estrellas fijas son pequeñas. De esto concluimos que también las aceleraciones son pequeñas. Sean las velocidades del orden α, y sea g_{44} del orden γ, y $g_{ij} + \delta_{ij}$ del orden β ($i, j = 1, 2, 3$). Entonces las aceleraciones contienen términos del orden γ, γ^2, $\beta \cdot \gamma$, $\alpha^2 \cdot \gamma$, $\alpha^2 \cdot \beta$, etc., pero ninguno del orden β. Así pues, aquí también sólo podemos estar seguros de la pequeñez de γ, y no de β. Dentro del sistema solar el caso es diferente, pues allí no sólo tenemos un conocimiento estadístico de las velocidades, sino que conocemos las aceleraciones mismas; y nuestras observaciones son tan exactas que nos llevan a cantidades de segundo orden. En consecuencia, podemos estar seguros de g_{ij} hasta el primer orden, y de g_{44} hasta el segundo, correspondiendo el primer orden a 10^{-8} aproximadamente.

† *M.N.*, vol. lxxvii. pp. 181-183.

el razonamiento que ha llevado al postulado de que en el infinito todos los $g_{\mu\nu}$ serán cero. He llamado a esto el *postulado matemático de la relatividad de la inercia.*

Si se destruyera toda la materia, con excepción de una partícula material, ¿tendría inercia esta partícula o no? La escuela de Mach exige la respuesta *No.* Sin embargo, si por "toda la materia" se entiende toda la materia que conocemos, estrellas, nebulosas, cúmulos, etc., entonces las observaciones dan decididamente la respuesta *Sí.* Los seguidores de Mach* se ven pues obligados a suponer la existencia de aún más materia. Pero esta materia no cumple otro propósito que permitirnos suponer que no existe y afirmar que en ese caso no habría inercia. Este punto de vista, que niega la posibilidad lógica de la existencia de un mundo sin materia, lo denomino *postulado material de la relatividad de la inercia.* A la materia hipotética introducida de acuerdo con él la llamo *materia-universo.* Einstein supuso en un principio que el efecto deseado podría producirse mediante masas muy grandes a distancias muy grandes. Sin embargo, ahora se ha convencido de que esto no es posible. En la solución que ahora propone, la materia-universo no se acumula en el límite del universo, sino que se distribuye por todo el mundo, que es finito, aunque ilimitado. Su densidad (en medida natural) es constante, cuando se utilizan unidades de espacio suficientemente grandes para medirla. Localmente, su distribución puede ser muy poco homogénea. De hecho, no hay ninguna diferencia esencial entre la naturaleza de la materia gravitatoria ordinaria y la materia-universo. La materia ordinaria, el sol, las estrellas, etc., es sólo materia-universo condensada, y es posible, aunque no necesario, suponer que toda la materia-universo es condensada. En esta teoría, la "inercia" es producida por el conjunto de la materia-universo, y la "gravitación" por sus desviaciones locales de la homogeneidad.

En la nueva solución de Einstein el mundo tridimensional no es infinito, sino esférico. † Por tanto, no se requieren condiciones de contorno en el infinito. Desde el punto de vista de la teoría de la relatividad parece a primera vista incorrecto decir: el mundo *es* finito, ya que mediante una transformación de coordenadas puede hacerse infinito, euclídeo o hiperbólico. Tales transformaciones, sin embargo, dejan inalterado el invariante G y, en consecuencia, también después de la introducción de coordenadas euclidianas o hiperbólicas el mundo sigue siendo finito y esférico en medida natural. La longitud del semieje de x_1 en medida natural es

$$L_1 = \int_0^\infty \sqrt{-g_{11}}\,dx_1 \,.$$

Para que ésta sea finita, es necesario que g_{11} se haga cero para $x_1 = \infty$; e inversamente, si g_{11} se hace cero de orden suficientemente alto para $x_1 = \infty$, entonces L_1 es finita. Es pues evidente que

* El propio Mach seguía pensando que las estrellas fijas serían suficientes. Sin embargo, no es así.

† O elíptico, véase más adelante, art. 2.

6

la condición de que los $g_{\mu\nu}$ sean cero en el infinito es equivalente a la finitud del mundo en medida natural.

Se encuentra, sin embargo, que los $g_{\mu\nu}$ de este mundo finito no satisfacen las ecuaciones (2). Einstein se ve así obligado a añadir un nuevo término a estas ecuaciones, que pasan a ser entonces

(3) $$G_{\mu\nu} - \lambda g_{\mu\nu} = -\kappa T_{\mu\nu} + \tfrac{1}{2} g_{\mu\nu} T,$$

o

(3') $$G_{\mu\nu} - \tfrac{1}{2} g_{\mu\nu} (G - 2\lambda) = -\kappa T_{\mu\nu} ;$$

de donde obtenemos fácilmente

(4) $$G - 4\lambda = \kappa T.$$

Si ponemos

$$G_{\mu\nu}' = G_{\mu\nu} - \lambda g_{\mu\nu}$$

tenemos

$$G' = G - 4\lambda.$$

Por tanto, se obtienen las ecuaciones (3) y (3') si en (2) o (2') sustituimos $G_{\mu\nu}$ y G por $G_{\mu\nu}'$ y G'. En consecuencia, las ecuaciones (3) pueden deducirse del principio de Hamilton generalizado * si tomamos ahora

$$H_3 = \int \sqrt{-g}(G - 4\lambda) d\tau .$$

Así pues, todas las propiedades conservativas que se desprenden del principio de Hamilton siguen siendo ciertas tras la introducción de λ.

La curvatura del espacio-tiempo cuatridimensional es proporcional a G. En la nueva teoría tenemos $G = \kappa T + 4\lambda$: así, si no hubiera materia ($T = 0$), esta curvatura no sería cero.

La solución de Einstein de las ecuaciones (3) implica la existencia de una "materia-universo" que llena todo el universo, como ya se ha mencionado. Sin embargo, también es posible satisfacer las ecuaciones sin esta hipotética materia-universo. Entonces, por supuesto, no se satisface el "postulado material de la relatividad de la inercia", pero sí el "postulado matemático", que no menciona la materia, sino que sólo exige que los $g_{\mu\nu}$ sean cero en el infinito. Esto se produce por la introducción del término con λ, y no por la materia-universo, que, desde este punto de vista, no es esencial.

Si despreciamos todas las presiones y otras fuerzas internas, y si suponemos que toda la materia está en reposo, entonces el tensor $T_{\mu\nu}$ se convierte en

(5) $$T_{44} = g_{44}\rho, \qquad \text{todos los demás } T_{\mu\nu} = 0,$$

siendo ρ la densidad en medida natural. Podemos poner

(6) $$\rho = \rho_0 + \rho_1,$$

donde ρ_0 es la densidad media de la materia-universo. Si ρ_0 es positiva, entonces ρ_1 puede ser positiva o negativa, pero en este último caso el valor numérico no debe superar ρ_0.

* Véase el primer trabajo, *M.N.*, lxxvi. p. 707.

7

Si queremos despreciar la gravitación, debemos despreciar ρ_1, y tomar ρ_0 constante. Las ecuaciones (3) se convierten entonces en

(7) $$\begin{cases} G_{ij} - (\lambda + \frac{1}{2}\kappa\rho_0)g_{ij} = 0. \\ G_{44} - (\lambda + \frac{1}{2}\kappa\rho_0)g_{44} = -\kappa\rho_0)g_{44}. \end{cases}$$

Estas pueden ser satisfechas por los $g_{\mu\nu}$ implicados por el elemento de línea

(8A) $$ds^2 = -dr^2 - R^2 \sin^2 (r/R)\,[d\psi^2 + \sin^2\psi\, d\theta^2] + c^2dt^2,$$

si

(9A) $$\kappa\rho_0 = 2\lambda, \qquad \lambda = 1/R^2.$$

Esta es la nueva solución de Einstein.

Las ecuaciones son también satisfechas por

(8B) $$ds^2 = -dr^2 - R^2 \sin^2 (r/R)\,[d\psi^2 + \sin^2 \psi\, d\theta^2] + \cos^2 (r/R)\, c^2dt^2$$

si

(9B) $$\rho_0 = 0, \qquad \lambda = 3/R^2\,;$$

y, por supuesto, también por

(8C) $$ds^2 = -dr^2 - r^2\,[d\psi^2 + \sin^2 \psi\, d\theta^2\,] + c^2\, dt^2,$$

con

(9C) $$\rho_0 = 0, \qquad \lambda = 0.$$

Esta última solución (C) da los $g_{\mu\nu}$ de la antigua teoría de la relatividad, o de la teoría de la inercia de Newton. En ella el espacio tridimensional es euclídeo, en (A) y (B) tiene una curvatura positiva constante. En (A) hay materia-universo; en (B) y (C) tenemos $\rho_0 = 0$: la hipotética materia-universo no existe.

2. Si en (8A) y (8B) ponemos

$$r = R\chi, \tag{10}$$

el elemento de línea tridimensional se convierte en

$$d\sigma^2 = R^2 \{d\chi^2 + \sin^2 \chi \, [d\psi^2 + \sin^2 \psi \, d\theta^2]\}. \tag{11}$$

Este es el elemento de línea de un espacio tridimensional con curvatura positiva constante, que es

$$\epsilon = 1/R^2.$$

Hay dos formas posibles de espacio con curvatura positiva constante, a saber, el espacio esférico, o espacio de Riemann, † y el espacio elíptico, que ha sido investigado por Newcomb. ‡ En el espacio esférico todas las rectas que parten de un punto intersecan

* Las ecuaciones se desarrollarán en el art. 5, más adelante.

† „Ueber die Hypothesen, welche der Geometrie zu Grunde liegen“, *Werke*, p. 272.

‡ „Elementary theorems relating to the geometry of a space of three dimensions and of uniform positive curvature in the fourth dimension,” *Crelles Journal*, vol. lxxxiii. p. 293.

8

de nuevo en el punto “antípoda”, cuya distancia desde el primer punto medida a lo largo de cualquiera de estas rectas es πR. En el espacio elíptico dos rectas cualesquiera no pueden tener más de un punto en común. En ambas formas de espacio la línea recta es cerrada: su longitud total es 2πR en el espacio esférico, y πR en el espacio elíptico. En el espacio esférico la mayor distancia posible entre dos puntos es πR, y sólo hay un punto, el “punto antípoda”, a esa distancia de un punto dado. En el espacio elíptico, la mayor distancia posible es ½ πR, y todos los puntos a esa distancia de un punto dado se encuentran en una línea recta, la “línea polar” del punto. Ambos espacios son finitos. El volumen total del espacio esférico es $2\pi^2R^3$, y el del elíptico π^2R^3.

Einstein sólo menciona el espacio esférico, que por la analogía bidimensional de la esfera le resulta más fácil de representar a nuestra imaginación. Sin embargo, el espacio elíptico es realmente el caso más sencillo, y es preferible adoptarlo para el mundo físico.* También el espacio esférico daría lugar a dificultades, que se señalarán más adelante.

En lugar de las coordenadas r, ψ, θ, podemos introducir otras coordenadas mediante las cuales el espacio elíptico, o esférico, se proyecta sobre un espacio euclídeo o sobre un espacio hiperbólico. Por la transformación

$$r = R \tan \chi \tag{12}$$

la totalidad del espacio elíptico se proyecta sobre la totalidad del espacio euclídeo. † La proyección del espacio esférico llena

* Esta es también la opinión de Einstein (comunicada al autor por carta).

† Mediante la transformación

$$r_1 = \mathrm{R} \sin \chi$$

el espacio elíptico se hace corresponder con el interior de la esfera $r_1 \leq \mathrm{R}$ en el espacio euclídeo. La representación del espacio esférico llena esta esfera dos veces. Si ponemos

$$x_1 = r_1 \sin \psi \sin \theta,$$
$$y_1 = r_1 \sin \psi \cos \theta,$$
$$z_1 = r_1 \cos \psi,$$

las coordenadas x_1, y_1, z_1 son las utilizadas por Einstein en su artículo de febrero de 1917. En estas coordenadas el elemento lineal tridimensional es

$$d\sigma^2 = \sum_i{}' dx_i^2 + \sum_i{}' \sum_j{}' \frac{x_i x_j dx_i dx_j}{R^2 .. r_1^2}.$$

Si añadimos

$$u_1 = \mathrm{R} \cos \chi,$$

entonces x_1, y_1, z_1, u_1 son las coordenadas utilizadas por Weierstrass.

Riemann utilizó las coordenadas obtenidas mediante la transformación

$$r_2 = 2\mathrm{R} \tan \tfrac{1}{2} \chi.$$

El elemento de línea es entonces

$$d\sigma^2 = \frac{dr_2^2 + r_2^2[d\psi^2 + \sin^2 \psi d\theta^2]}{(1 + r_2^2/4R^2)^2}.$$

Mediante esta transformación (que fue también utilizada por el autor en el artículo de marzo de 1917) la totalidad del espacio esférico corresponde a la totalidad del espacio euclidiano. El espacio elíptico corresponde al interior de la esfera $r_2 \leq 2\mathrm{R}$.

La transformación utilizada en el texto conduce a las coordenadas de Beltrami.

9

dos veces el espacio euclídeo, siendo iguales las proyecciones de los puntos antípodas.

El elemento de línea cuatridimensional en estas coordenadas es, para los dos sistemas,

$$\text{(13A)} \qquad ds^2 = -\frac{dr^2}{(1 + \varepsilon r^2)^2} - \frac{r^2[d\psi^2 + \sin^2 \psi d\theta^2]}{1 + \varepsilon r^2} + c^2 dt^2,$$

$$\text{(13B)} \qquad ds^2 = -\frac{dr^2}{(1 + \varepsilon r^2)^2} - \frac{r^2[d\psi^2 + \sin^2 \psi d\theta^2]}{1 + \varepsilon r^2} + \frac{c^2 dt^2}{1 + \varepsilon r^2}.$$

Si ponemos ahora

$$\begin{aligned} x_1 &= \text{r} \sin \psi \sin \theta \\ x_2 &= \text{r} \sin \psi \cos \theta \\ x_3 &= \text{r} \cos \psi \\ x_4 &= ct \end{aligned}$$

entonces los $g_{\mu\nu}$ para estas coordenadas son

$$g_{ij} = -\frac{\delta_{ij}}{1+\varepsilon r^2} + \frac{\varepsilon x_i x_j}{(1+\varepsilon r^2)^2}, \qquad \begin{cases} A. & g_{44} = 1 \\ B. & g_{44} = \dfrac{1}{1+\varepsilon r^2}, \end{cases}$$

Los $g_{\mu\nu}$ para r = 0 tienen los valores (1) en ambos sistemas A y B. Para r = ∞ degeneran a

(1A)
$$\begin{cases} 0 & 0 & 0 & 0 \\ 0 & 0 & 0 & 0 \\ 0 & 0 & 0 & 0 \\ 0 & 0 & 0 & 1 \end{cases}$$

(1B)
$$\begin{cases} 0 & 0 & 0 & 0 \\ 0 & 0 & 0 & 0 \\ 0 & 0 & 0 & 0 \\ 0 & 0 & 0 & 0 \end{cases}$$

El conjunto (1A) es invariante para todas las transformaciones para las que (en el infinito) $t' = t$; el conjunto (1B) es invariante para *todas* las transformaciones.* Resulta así que el sistema A sólo satisface el postulado matemático de relatividad si éste se aplica únicamente al espacio tridimensional. En otras palabras, si concebimos el espacio tridimensional (x_1, x_2, x_3) con su materia-universo como móvil en un espacio absoluto, sus movimientos nunca podrán ser detectados por las observaciones: todos los movimientos de los cuerpos materiales son relativos al espacio (x_1, x_2, x_3) con la materia-universo, no al espacio absoluto. La materia-universo ocupa así el lugar del espacio absoluto en la teoría de Newton, o del "sistema inercial". No es otra cosa que este sistema de inercia materializado. Hay que señalar que esta

* Con la restricción de que ninguno de los coeficientes $\frac{dx_i}{dx_j'}$ se hace infinito en el infinito.

10

relatividad de la inercia sólo se realiza en el sistema A haciendo que el tiempo sea prácticamente absoluto. Es cierto que las ecuaciones fundamentales de la teoría, las ecuaciones de campo (3) y las ecuaciones del movimiento, es decir, las ecuaciones diferenciales de la línea geodésica, permanecen invariantes para todas las transformaciones. Pero sólo aquellas transformaciones para las que en el infinito $t' = t$ pueden llevarse a cabo sin alterar los valores (1A). En el sistema B, en cambio, hay invariancia completa para todas las transformaciones que afectan a las cuatro variables.

El sistema B es la analogía cuatridimensional del espacio tridimensional del sistema A. Si ponemos

(14) $$ds^2 = -R^2 \{d\omega^2 + \sin^2 \omega\,(d\zeta^2 + \sin^2 \zeta\,[d\psi^2 + \sin^2 \psi\, d\theta^2])\},$$

los $g_{\mu\nu}$ implicados por este elemento de línea satisfacen las ecuaciones (3), con las condiciones (9B). Para evitar ángulos imaginarios, podemos poner

$$\omega = i\omega', \qquad \zeta = i\zeta'.$$

El elemento de línea se convierte entonces en *

(15) $$ds^2 = -R^2 \{d\omega'^2 + \sinh^2 \omega'\,(d\zeta'^2 + \sinh^2 \zeta'\,[d\psi^2 + \sin^2 \psi\, d\theta^2])\}.$$

Si ponemos ahora

$$\rho = R \tanh \omega' \sinh \zeta',$$
$$\tau = R \tanh \omega' \cosh \zeta',$$

tenemos entonces

(16) $$ds^2 = \frac{-(1-\varepsilon\tau^2)d\rho^2 - 2\varepsilon\rho\tau d\rho d\tau + (1+\varepsilon\rho^2)d\tau^2}{[1+\varepsilon(\rho^2-\tau^2)]^2} - \frac{\rho^2[d\psi^2 + \sin^2\psi d\tau^2]}{1+\varepsilon(\rho^2-\tau^2)}.$$

* Si tomamos

$$r = R \sinh \omega' \sinh \zeta', \qquad t = R \sinh \omega' \cosh \zeta',$$
$$x = r \sin \psi \sin \theta,$$
$$y = r \sin \psi \cos \theta, \qquad u = R \cosh \omega',$$
$$z = r \cos \psi$$

tenemos

$$ds^2 = -dx^2 - dy^2 - dz^2 + dt^2 - du^2,$$

y

(*a*) $$R^2 - x^2 - y^2 - z^2 + t^2 - u^2 = 0.$$

Esta última ecuación representa un hiperboloide (de una hoja) en el espacio de cinco dimensiones (x, y, z, t, u). La proyección de un punto x, y, z, t, u de este hiperboloide desde el punto x = y = z = t = u = 0 sobre el espacio cuatridimensional u = R tiene las coordenadas (ξ, η, ζ, τ), donde

$$\xi = \rho \sin \psi \sin \theta,$$
$$\eta = \rho \sin \psi \cos \theta,$$
$$\zeta = \rho \cos \psi.$$

Esta proyección está limitada por la "hipérbola".

(*b*) $$R^2 + \xi^2 + \eta^2 + \zeta^2 - \tau^2 = 0, \quad \text{or} \quad 1 + \epsilon\,(\rho^2 - \tau^2) = 0,$$

que es la proyección de los puntos en el infinito sobre el hiperboloide (a). La parte de u = R que queda fuera de la hipérbola (*b*) es la proyección del hiperboloide (de dos hojas) conjugado de (*a*). Se verá a partir de (16) que en la “hipérbola” límite (*b*) todos los $g_{\mu\nu}$ se hacen infinitos.

11

Finalmente, mediante la transformación

$$R\sin\frac{r}{R} = \frac{\rho}{\sqrt{1+\varepsilon(\rho^2 - r^2)}}, \qquad R\sinh\frac{ct}{R} = \frac{\tau}{\sqrt{1-\varepsilon\tau^2}},$$

encontramos la fórmula (8B).

En el espacio tridimensional, cuyo elemento de línea es (11), podemos trasladar el origen a un punto (χ_1, ψ_1, θ_1), y el elemento de línea expresado en coordenadas referidas a este nuevo origen volverá a tener la misma forma (11). Exactamente de la misma manera podemos trasladar en (14) el origen a un punto (ω_1, ζ_1, ψ_1, θ_1), correspondiente a (χ_1, ψ_1, θ_1, ct_1) en (8B). El elemento de línea en las coordenadas referidas a este nuevo origen tendrá de nuevo la misma forma (14), y ésta puede transformarse de nuevo a nuevas variables χ', ψ', θ', ct', y entonces tendrá de nuevo la forma (8B). Por supuesto, ct' será generalmente diferente de ct.

En ambos sistemas A y B siempre es posible, en cada punto del espacio-tiempo cuatridimensional, encontrar sistemas de referencia en los que los $g_{\mu\nu}$ dependen sólo de una variable espacial (el “radio-vector”), y no del “tiempo”. En el sistema A el “tiempo” de estos sistemas de referencia es el mismo siempre y en todas partes, en B no. En B no hay tiempo universal; no hay diferencia esencial entre el “tiempo” y las otras tres coordenadas. Ninguna de ellas tiene un significado físico real. En A, en cambio, el tiempo es esencialmente diferente de las variables espaciales.

3. Para seguir comparando los dos sistemas, consideraremos el curso de los rayos de luz. En A, si usamos las coordenadas r, ψ, θ, ct, la velocidad de la luz es constante, y los rayos de luz, que son líneas geodésicas en el espacio-tiempo cuatridimensional, son también geodésicas en el espacio tridimensional r, ψ, θ. En los triángulos formados por tales líneas son aplicables las fórmulas ordinarias de la trigonometría esférica. Así, si suponemos que el sol está en reposo en el origen de coordenadas, y si la distancia sol-tierra se llama a, entonces la paralaje * p de una estrella cuya distancia al sol es r, viene dada por

$$\tan p = \sin(a/\mathrm{R}) \cot(r/\mathrm{R});$$

o, puesto que se puede despreciar el cuadrado de a/R

(17) $$p = (a/\mathrm{R}) \cot(r/\mathrm{R}).$$

El mismo resultado se obtiene en el sistema de referencia r, ψ, θ, ct. Por la transformación (12) todas las líneas rectas permanecen rectas en la proyección. Además, podemos comprobar fácilmente que los rayos

* La paralaje es 90º – A, si A es el ángulo en la tierra, siendo el ángulo en el sol 90º. En geometría esférica, por supuesto, 90º – A *no* es igual al ángulo en la estrella, como lo es en geometría euclídea.

12

de luz tienen que ser líneas rectas en el sistema r, ψ, θ, ct. La velocidad de la luz en este sistema es

$$\upsilon = c(1 + \epsilon \mathrm{r}^2)/\sqrt{(1 + \epsilon \mathrm{r}^2 \sin^2 \mathrm{V})},$$

donde V es el ángulo entre el radio-vector y la tangente al rayo de luz. La ecuación del rayo de luz es entonces*

$$\sin \mathrm{V} = k/\mathrm{r},$$

siendo k una constante. Esta es la ecuación de una línea recta. La paralaje queda así determinada por las fórmulas ordinarias de la geometría euclidiana, y tenemos

$$p = a/\mathrm{r} = (a/\mathrm{R}) \cot (r/\mathrm{R}),$$

que coincide con (17).

La paralaje se anula para $r = \frac{1}{2} \pi \mathrm{R}$, es decir, para la mayor distancia que puede darse en el espacio elíptico. Si adoptáramos el espacio esférico, de modo que pudieran darse distancias aún mayores, p se haría negativa, y para $r = \pi\mathrm{R}$ tendríamos $p = -90^\circ$.

En el sistema B los rayos de luz *no* son líneas geodésicas en el espacio tridimensional (r, ψ, θ), ni en (r, ψ, θ). En (r, ψ, θ) la velocidad de la luz es $\upsilon = c \cos \chi$. Si introducimos ahora una nueva variable h por la condición

$$\frac{dr}{dh} = \cos \chi ,$$

cuya integral es

(18) $$\sin h/\mathrm{R} = \tan r/\mathrm{R} = \mathrm{r}/\mathrm{R},$$

entonces la velocidad de la luz en la dirección radial será constante. El elemento de línea se convierte en †

(19B) $$ds^2 = \frac{-dh^2 - R^2 \sinh^2 \frac{h}{R}[d\psi^2 + \sin^2 \psi d\theta^2] + c^2 dt^2}{\cosh^2 \frac{h}{R}}.$$

* Véase el primer trabajo, *M.N.*, lxxvi. p. 717.

† La transformación (18) puede, por supuesto, aplicarse también en el sistema A. Entonces el elemento de línea se convierte en

$$(19A) \qquad ds^2 = \frac{-dh^2 - R^2\sinh^2\frac{h}{R}[d\psi^2 + \sin^2\psi d\theta^2]}{\cosh^2\frac{h}{R}} + c^2dt^2 .$$

En (19A) todos los g_{ij} se hacen cero para $h = \infty$, pero g_{44} sigue siendo 1; en (19B) g_{44} también se hace cero.

13

El espacio tridimensional de este sistema de referencia es el espacio con curvatura negativa constante, o espacio hiperbólico, o espacio de Lobatschewski. De (18) resulta evidente que la totalidad del espacio elíptico corresponde a la totalidad del espacio hiperbólico; la representación del espacio esférico llenaría dos veces el espacio hiperbólico.

En el sistema de referencia h, ψ, θ, ct la velocidad de la luz es constante [en todas las direcciones, aunque la transformación (18) se encontró a partir de la condición de que debía ser constante en la dirección radial], y los rayos de luz son líneas rectas (es decir, geodésicas) en el espacio hiperbólico tridimensional (h, ψ, θ). Este espacio hiperbólico desempeña pues en el sistema B el mismo papel que el espacio elíptico en el sistema A (y el espacio euclídeo en el sistema C) en lo que se refiere a la propagación de la luz. Si se considera también el movimiento de las partículas materiales (mecánica), la analogía se rompe debido al numerador $\cosh^2 h/R$.

Como los rayos luminosos son líneas rectas, podemos utilizar las fórmulas de trigonometría de la geometría hiperbólica para deducir la paralaje. Encontramos así

$$\tan p = \sinh a/R \coth h/R,$$

o

$$(20) \qquad p = a/R \coth h/R.$$

Se deduce que en el sistema B la paralaje de una estrella nunca puede ser cero. Para $h = \infty$ tenemos $p = a/R$. Por la transformación (18) tenemos

$$(20') \qquad p = a/R\sin\chi = (a/r) \cdot \sqrt{(1 + r^2/R^2)}.$$

Así, p alcanza su valor mínimo a/R para $\chi = \frac{1}{2}\pi$. Para valores mayores de χ, que sólo pueden darse en el espacio esférico, p volvería a aumentar, y para $r = \pi R$ tendríamos $p = 90^\circ$. De hecho, si el espacio esférico se proyecta mediante (18) sobre el espacio hiperbólico, las proyecciones de los puntos antípodas coinciden: una estrella en el punto antípoda del sol se proyectaría en el sol.

Puede ser interesante derivar la fórmula (20') del curso de los rayos de luz en el sistema (r, ψ, θ). En este sistema la velocidad de la luz es

$$\upsilon = c \cdot \sqrt{(1 + \epsilon r^2)/(1 + \epsilon r^2 \sin^2 V)}.$$

La ecuación del rayo de luz se convierte en

$$\sin V = a/[r(1 + \epsilon r^2)].$$

14

La paralaje está determinada por la ecuación *

$$dp/\,dr = -\,(\tan V)/r,$$

a partir de la que, si despreciamos a^2/r^2, encontramos

$$p = (a/r) \cdot \sqrt{(1 + \epsilon r^2)},$$

que es la misma que (20 ').

4. Las ecuaciones del movimiento de una partícula material en el campo de la inercia pura son las ecuaciones diferenciales de la línea geodésica, a saber.

$$\text{(21)} \qquad \frac{d^2x_i}{c^2dt^2} = -\sum_p \sum_q \left[\begin{Bmatrix} pq \\ i \end{Bmatrix} - \begin{Bmatrix} pq \\ 4 \end{Bmatrix} \dot{x}_i \right] \dot{x}_p \dot{x}_q \;;$$

o, si nos limitamos a aquellos sistemas de referencia en los que los $g_{\mu\nu}$ no dependen de $x_4 = ct$,

$$\text{(21 ')} \qquad \frac{d^2x_i}{c^2dt^2} = -\begin{Bmatrix} 44 \\ i \end{Bmatrix} - \sum_p{}' \sum_q{}' \begin{Bmatrix} pq \\ i \end{Bmatrix} \dot{x}_p \dot{x}_q + 2\sum_p{}' \begin{Bmatrix} p4 \\ 4 \end{Bmatrix} \dot{x}_i \dot{x}_p \,.$$

En el sistema C, que representa la teoría de la inercia de Newton, si tomamos coordenadas espaciales cartesianas rectangulares, los g_{ij} vienen dados por (1), y todos los paréntesis son cero. En consecuencia

$$\frac{d^2x_i}{c^2dt^2} = 0\,.$$

La órbita de una partícula bajo la influencia de la inercia sin gravitación es, por tanto, una línea recta en el espacio euclídeo, y la velocidad es constante.

En el sistema A tenemos para las coordenadas r, ψ, θ, ct,

$$\begin{Bmatrix}22\\1\end{Bmatrix} = -R\sin\chi\cos\chi, \qquad \begin{Bmatrix}33\\1\end{Bmatrix} = -R\sin\chi\cos\chi\sin^2\psi,$$

$$\begin{Bmatrix}12\\2\end{Bmatrix} = \begin{Bmatrix}13\\3\end{Bmatrix} = \frac{1}{R}\cot\chi, \qquad \begin{Bmatrix}33\\2\end{Bmatrix} = -\sin\psi\cos\psi, \qquad \begin{Bmatrix}23\\3\end{Bmatrix} = \cot\psi.$$

* Estrictamente hablando, r es aquí la distancia de la estrella a la tierra, en lugar del sol. Despreciando el cuadrado de a^2/r^2, estas dos distancias pueden intercambiarse. Tenemos entonces, en la notación del primer trabajo,

$$p = \mathrm{V} - x.$$

Ahora tenemos (véase el primer trabajo, p. 718)

$$dx/d\mathrm{V} = 1 + [(\tan \mathrm{V})/\mathrm{r}] \cdot d\mathrm{r}/d\mathrm{V},$$

o

$$dx/d\mathrm{r} = d\mathrm{V}/d\mathrm{r} + (\tan \mathrm{V})/\mathrm{r},$$

de donde se deduce inmediatamente la ecuación para p.

15

Los demás paréntesis son cero. Encontramos:

$$\frac{d^2r}{c^2dt^2} = R\sin\chi\cos\chi\left[\left(\frac{d\psi}{cdt}\right)^2 + \sin^2\psi\left(\frac{d\theta}{cdt}\right)^2\right],$$
$$\frac{d^2\theta}{c^2dt^2} = -\frac{2}{R}\cot\chi\frac{dr}{cdt}\cdot\frac{d\theta}{cdt} - 2\cot\psi\frac{d\psi}{cdt}\cdot\frac{d\theta}{cdt},$$
$$\frac{d^2\psi}{c^2dt^2} = -\frac{2}{R}\cot\chi\frac{dr}{cdt}\cdot\frac{d\psi}{cdt} + \sin\psi\cos\psi\left(\frac{d\theta}{cdt}\right)^2.$$

Podemos tomar $\psi = 90^\circ$, $d\psi/dt = 0$. Encontramos entonces las integrales de las áreas y de la fuerza viva:

(22) $$\begin{cases} R^2\sin^2\chi\left(\dfrac{d\theta}{dt}\right) = c \\ R^2\sin^2\chi\left(\dfrac{d\theta}{dt}\right)^2 + \left(\dfrac{dr}{dt}\right)^2 = k. \end{cases}$$

Al eliminar dt, encontramos la ecuación diferencial de la órbita

(23) $$\left(\frac{dr}{d\theta}\right)^2 + R^2\sin^2\chi = \frac{k}{c^2}R^4\sin^4\chi.$$

La integral es

(24) $$\tan\chi\cos(\theta-\theta_0)=\frac{c}{kR^2-c}.$$

Esta es la ecuación de una línea recta (es decir, geodésica) en el espacio esférico o elíptico. Por la segunda de (22) la velocidad es constante. Así, en el sistema A una partícula material bajo la sola acción de la inercia describe una línea recta en el espacio elíptico con velocidad constante.

En el caso del sistema B utilizaremos las coordenadas r, ψ, θ, ct. Tenemos entonces:

$$\begin{Bmatrix}11\\1\end{Bmatrix}=-\frac{2\varepsilon r}{1+\varepsilon r^2},\quad \begin{Bmatrix}22\\1\end{Bmatrix}=-r,\quad \begin{Bmatrix}33\\1\end{Bmatrix}=-r\sin^2\psi,\quad \begin{Bmatrix}44\\1\end{Bmatrix}=-\varepsilon r,$$
$$\begin{Bmatrix}12\\2\end{Bmatrix}=\begin{Bmatrix}13\\3\end{Bmatrix}=\frac{1}{r},\quad \begin{Bmatrix}33\\2\end{Bmatrix}=-\sin\psi\cos\psi,\quad \begin{Bmatrix}23\\3\end{Bmatrix}=\cot\psi,\quad \begin{Bmatrix}14\\4\end{Bmatrix}=-\frac{\varepsilon r}{1+\varepsilon r^2}.$$

Los demás son cero. Encontramos ahora:

$$\frac{d^2r}{c^2dt^2}=\varepsilon r+r\left[\left(\frac{d\psi}{cdt}\right)^2+\sin^2\psi\left(\frac{d\theta}{cdt}\right)^2\right],$$
$$\frac{d^2\theta}{c^2dt^2}=-\frac{2}{r}\frac{dr}{cdt}\frac{d\theta}{cdt}-2\cot\psi\frac{d\psi}{cdt}\frac{d\theta}{cdt},$$
$$\frac{d^2\psi}{c^2dt^2}=-\frac{2}{r}\frac{dr}{cdt}\frac{d\psi}{cdt}+\sin\psi\cos\psi\left(\frac{d\theta}{cdt}\right)^2.$$

16

De nuevo podemos tomar $\psi = 90°$, $d\psi/dt = 0$. Las integrales de áreas y fuerza viva son

(25) $$\begin{cases} r^2\dfrac{d\theta}{dt}=c \\ \left(\dfrac{dr}{dt}\right)^2+r^2\left(\dfrac{d\theta}{dt}\right)^2=\varepsilon r^2+k \end{cases}$$

La ecuación diferencial de la órbita es

(26) $$\left(\frac{dr}{d\theta}\right)^2+r^2=\frac{\varepsilon r^2+k}{c^2}\cdot r^4.$$

Se efectúa la integración fácilmente poniendo $y = 1/2r^2$. Encontramos

(27) $$r^2\,[1+e\cos 2(\theta-\theta_0)]=2c^2/k,$$

donde

$$e = \frac{\sqrt{(4\varepsilon c^2 + k^2}}{k}.$$

Ésta se convierte en una recta en el espacio elíptico* sólo si $e = 1$ o $c = 0$, es decir, $d\theta/dt = 0$. Por tanto, la órbita sólo es recta si pasa por el origen.

Podemos completar la integración introduciendo un ángulo auxiliar u. Encontramos las fórmulas

$$(28) \qquad \begin{cases} r^2 = \frac{1}{2} R^2 k(e \cosh 2u - 1), \\ r^2 \cos 2(\theta - \theta_0) = \frac{1}{2} R^2 k(e - \cosh 2u), \\ r^2 \sin 2(\theta - \theta_0) = \frac{1}{2} R^2 k \sqrt{e^2 - 1} \sinh 2u, \\ \tan(\theta - \theta_0) = \sqrt{\frac{e+1}{e-1}} \tanh u, \\ \qquad u = \frac{t}{R} + u_0. \end{cases}$$

Tenemos

$$dr/dt = \cos^2 \chi \, d\mathrm{r}/dt.$$

* En las coordenadas h, ψ, θ (espacio hiperbólico) la ecuación (27) se convierte en

$$\mathrm{R}^2 \tanh^2 (h/\mathrm{R}) \, [\mathrm{k} + 2\varepsilon \mathrm{c}^2 + \mathrm{k}e \cos 2(\theta - \theta_0)] = 2\mathrm{c}^2,$$

que es una línea recta si

$$e = 1 + 2\varepsilon \mathrm{c}^2/\mathrm{k}.$$

17

En consecuencia, las integrales (25) expresadas en las coordenadas r, ψ, θ del espacio elíptico se convierten en *

$$(25') \qquad \begin{cases} R^2 \tan^2 \chi \frac{d\theta}{dt} = c. \\ \left(\frac{dr}{dt}\right)^2 + R^2 \sin^2 \chi \left(\frac{d\theta}{dt}\right)^2 = \sin^2 \chi \cos^2 \chi + (k + \varepsilon c^2) \cos^4 \chi. \end{cases}$$

En el sistema B, por tanto, una partícula material bajo la sola influencia de la inercia *no* describe una línea recta con velocidad constante. La órbita sólo puede ser recta si pasa por el origen, pero incluso entonces la velocidad no es constante. Sin embargo, para valores pequeños de χ las ecuaciones (25') no difieren de (22). Por tanto, las partes de la órbita que están al alcance de nuestras observaciones son sensiblemente rectas si adoptamos un valor de R suficientemente grande.

La velocidad se hace cero para $r = \frac{1}{2}\pi R$. Por lo tanto, una partícula material que se encuentra en la línea polar del origen no puede tener velocidad. Tampoco tiene energía, ya que la energía de una partícula material es

$$m\sum_p g_{p4}\frac{dx_p}{ds},$$

que se anula también para r = ½ πR. También la velocidad de la luz es cero en la línea polar.

Todos estos resultados suenan muy extraños y paradójicos. Por supuesto, todos ellos se deben al hecho de que g_{44} se hace cero para $r = \frac{1}{2}\pi R$. Podemos decir que en la línea polar el espacio-tiempo cuatridimensional se reduce al espacio tridimensional: *no hay tiempo* y, en consecuencia, no hay movimiento.

Se puede señalar que el tiempo que tarda la luz en alcanzar la distancia ½ πR desde el origen (o desde cualquier otro punto) es

$$T = \frac{R}{c}\int_0^{\frac{1}{2}\pi} \sec\chi d\chi = 0 \ .$$

A fortiori, el tiempo que necesita una partícula material para el mismo trayecto es también infinito. Esto se deduce también de las ecuaciones (28), ya que la distancia $r = \frac{1}{2}\pi R$ corresponde a r = ∞, y en consecuencia a $u = \pm\infty$, o $t = \pm\infty$. Por tanto, una partícula que no haya estado siempre en la línea polar sólo puede alcanzarla después de un tiempo infinito, es decir, no puede alcanzarla nunca. Podemos decir, pues, que todos los fenómenos paradójicos (o más bien negaciones de fenómenos) que

* En las coordenadas del espacio hiperbólico tenemos

$$R^2\sinh^2\frac{h}{R}\frac{d\theta}{dt} = c,$$

$$\left(\frac{dh}{dt}\right)^2 + R^2\sinh^2\frac{h}{R}\left(\frac{d\theta}{dt}\right)^2 = \tanh^2\frac{h}{R} + (k + \varepsilon c^2)\mathrm{sec}h^2\frac{h}{R}.$$

Por tanto, la ley de las áreas es cierta en el espacio hiperbólico en el sistema B, como lo es en el espacio elíptico en el sistema A, y en el espacio euclídeo en C.

18

se han enumerado anteriormente sólo puede ocurrir después del final o antes del comienzo de la eternidad. *

Por supuesto, cosas como "velocidad" y "energía" son relativas al sistema de coordenadas. No son tensores y, en consecuencia, son diferentes en distintos sistemas de referencia. Puede ser que el sistema r, ψ, θ, ct no sea el más simple o el más conveniente para describir el fenómeno. Cuando se describen en otras coordenadas, los mismos resultados pueden presentarse de forma diferente. Pero el hecho es que la extrapolación según la hipótesis B es más diferente de lo que estamos acostumbrados en nuestro vecindario que la extrapolación según las hipótesis A o C.

El sistema A satisface el "postulado material de la relatividad de la inercia", pero restringe las transformaciones admisibles a aquellas para las que en el infinito $t' = t$, e introduce así un tiempo cuasi absoluto, como se ha explicado en el art. 2. En B y C el tiempo es totalmente relativo y completamente equivalente a las otras tres coordenadas. En A hay una materia-universo, con la que está lleno todo el mundo, y éste puede estar en estado de equilibrio sin tensiones ni presiones internas, si es enteramente homogéneo y está en reposo. En B puede haber o no materia, pero si hay más de una partícula material, éstas no pueden estar en reposo, y si todo el mundo estuviera lleno homogéneamente de materia, ésta no podría estar en reposo sin presiones o tensiones internas; pues si así fuera, tendríamos el sistema A, con $g_{44} = 1$ para todos los valores de las cuatro coordenadas. El sistema B satisface el "postulado matemático" de la relatividad de la inercia, que no parece admitir una interpretación física simple.

En el sistema C no tenemos relatividad de la inercia en absoluto. No se puede negar que la introducción de la constante λ, que distingue los sistemas A y B del C, es algo artificial, y resta simplicidad y elegancia a la teoría original de 1915, uno de cuyos grandes encantos era que abarcaba tanto sin introducir ninguna constante empírica nueva.

Postscriptum al art. **4** (*añadido en octubre de 1917*).

[La órbita de una partícula material en el sistema B bajo la sola influencia de la inercia viene dada por la ecuación (27). Esta ecuación representa una *hipérbola.* Si por r_0 denotamos el valor mínimo de r, y por v_0 la velocidad (dr/cdt) en este punto, entonces tenemos

$$e = (v_0^2 + \epsilon r_0^2)/(v_0^2 - \epsilon r_0^2), \qquad c = r_0 v_0, \qquad k = v_0^2 - \epsilon\, r_0^2.$$

Además, si ponemos

$$x = r \cos(\theta - \theta_0), \qquad y = r \sin(\theta - \theta_0),$$

* En los sistemas de referencia en los que el radio-vector se mide por r (proyección sobre el espacio euclídeo) y h (proyección sobre el espacio hiperbólico) también quedan relegados al infinito del espacio.

entonces la ecuación (27) se reduce a

$$(x^2/r_0^2) - (y^2/R^2 v_0^2) = 1, \qquad (27')$$

que representa una hipérbola cuyo eje real es r_0 y el eje imaginario Rv_0. Para una velocidad de media milla por día este último eje todavía excede la distancia de Neptuno al sol (suponiendo $R = 10^{12}$), y en consecuencia para todos los fenómenos observables la hipérbola puede ser tratada como una línea recta.

De modo similar, las ecuaciones (28) pueden transformarse en

$$x = r_0 \cosh u, \quad y = Rv_0 \sinh u, \quad u = (t/R) + u_0. \tag{28'}$$

Para $v_0 = 1$ la velocidad es igual a la velocidad de la luz, y la órbita se convierte en un rayo de luz. Los rayos de luz son por tanto (en el sistema de referencia r, ψ, θ, ct) hipérbolas cuyo eje imaginario es R. Se comprueba fácilmente que esto está de acuerdo con el resultado encontrado en el art. **3**.]

5. Desarrollaremos ahora con más detalle las ecuaciones de campo

$$G_{\mu\nu} - \lambda g_{\mu\nu} = - \kappa T_{\mu\nu} + \tfrac{1}{2} \kappa g_{\mu\nu} T. \tag{3}$$

No consideraremos otra fuente de gravitación que una esfera material en el origen de coordenadas, que llamaremos sol. En los sistemas B y C no hay entonces más materia que ésta: dentro del sol tenemos $\rho = \rho_1$, y fuera $\rho = 0$. En el sistema A la densidad media de materia-universo debe permanecer constante. Si parte de ella se condensa para formar el sol, entonces la densidad en la vecindad del sol disminuye, de modo que la masa total en un volumen suficientemente grande que rodea al sol no se ve afectada. Sin embargo, la masa del sol es extremadamente pequeña comparada con la masa total dentro de una unidad de volumen del tamaño que debe utilizarse para medir la densidad media, y difícilmente podemos postular que la masa total dentro de cada unidad de volumen sea *exactamente* la misma. Por lo tanto, despreciaremos la compensación y tomaremos

dentro del sol: $\rho = \rho_0 + \rho_1$,
fuera del sol: $\rho = \rho_0$.

Aunque esto no concuerda estrictamente con la hipótesis de Einstein de densidad media constante, en cualquier caso es un problema legítimo investigar el campo de la gravitación y la inercia para esta distribución de materia.

Podemos tomar

$$ds^2 = - a dy^2 - b[d\psi^2 + \sin^2\psi d\theta^2] + f c^2 dt^2,$$

donde y representa cualquiera de las variables r, h, r, etc., que pueden utilizarse para medir el radio-vector. Las ecuaciones se simplifican un poco si introducimos

$$l = lga, \quad m = lgb, \quad n = lgf.$$

Podemos suponer que a, b, f, son funciones de y y ct solamente. Indicamos los cocientes diferenciales con respecto a y mediante acentos, y con respecto a ct mediante puntos. Encontramos entonces

$$(29)\quad \begin{cases} G_{11} = m''+\frac{1}{2}n''+\frac{1}{2}m'(m'-l')+\frac{1}{4}n'(n'-l')-\frac{a}{f}\{\frac{1}{2}\ddot{l}+\frac{1}{4}\dot{l}(\dot{l}+2\dot{m}-44\dot{n})\}, \\ \frac{a}{b}G_{22} = -\frac{a}{b}+\frac{1}{2}m''+\frac{1}{4}m'(n'+2m'-l')-\frac{a}{f}\{\frac{1}{2}\ddot{m}+\frac{1}{4}\dot{m}(\dot{l}+2\dot{m}-\dot{n})\}, \\ -\frac{a}{f}G_{44} = \frac{1}{2}n''+\frac{1}{4}n'(n'+2m'-l')-\frac{a}{f}\{\ddot{m}+\frac{1}{2}\ddot{l}+\frac{1}{2}\dot{m}(\dot{m}-\dot{n})+\frac{1}{4}\dot{l}(\dot{l}-\dot{n})\}, \\ \qquad G_{33} = \sin^2\psi\cdot G_{22}. \end{cases}$$

Ahora debemos introducir el tensor $T_{\mu\nu}$. Si tomamos los valores (5), sustituyendo ρ por ρ_0, las ecuaciones (3) se convierten en

$$G_{11} = -a(\lambda+\frac{1}{2}\kappa\rho_0)\,,$$
$$\frac{a}{b}G_{22} = -a(\lambda+\frac{1}{2}\kappa\rho_0)\,,$$
$$-\frac{a}{f}G_{44} = -a(\lambda-\frac{1}{2}\kappa\rho_0)\,,$$

que son las ecuaciones (7) ya dadas anteriormente. Se comprueba fácilmente que todos los diferentes conjuntos de $g_{\mu\nu}$ que se han dado antes para el campo inercial satisfacen estas ecuaciones, si se toman los valores adecuados para λ y ρ_0.

Se ha visto antes que siempre podemos introducir un sistema de referencia tal que a, b, f sean funciones de la variable y solamente. Podemos pues omitir las líneas inferiores de las expresiones (29). Al hacer esto, y usando en $T_{\mu\nu}$ de nuevo ρ en lugar de ρ_0, encuentro mediante una ligera transformación*

$$(30)\quad \begin{cases} (a) \qquad n''+n'(m'+\frac{1}{2}n'-\frac{1}{2}l') = a\kappa\rho-2a\lambda, \\ (b) \qquad m''+\frac{1}{2}m'(m'-n'-l') = -a\kappa\rho, \\ (c) \qquad -\frac{a}{b}+\frac{1}{2}m'(n'+\frac{1}{2}m') = -a\lambda. \end{cases}$$

En las ecuaciones (3') los $g_{\mu\nu}$ aparecen no sólo en los miembros de la izquierda, sino que también intervienen en los $T_{\mu\nu}$. En (30) hemos tomado los valores (5) de $T_{\mu\nu}$. Estos corresponden al caso de que toda la materia esté en reposo y no sometida a ninguna presión ni a otras fuerzas internas. El hecho de que los $g_{\mu\nu}$ del campo inercial del sistema A satisfagan estas ecuaciones demuestra pues que por la sola inercia no se produce ninguna tensión

* Tomamos

$$(a) = -2(a/f)G_{44}; \quad (b) = G_{11} + (a/f)G_{44}, \quad (c) = (a/b)G_{22} - \tfrac{1}{2}(b).$$

21

o presión interna en la materia-universo, si ésta está en reposo y si ρ_0 es constante.

Si las ecuaciones (30) son correctas, que sólo lo son en caso de que los valores (5) del $T_{\mu\nu}$ sean admisibles, deben ser dependientes entre sí. * Si formamos la combinación

$$2[d(c)/dy] + [m' - l'] \cdot (c) - [m' + n'] \cdot (b) - m' \cdot (a),$$

entonces encontramos

$$0 = a\kappa\rho n'. \tag{31}$$

Por tanto, las ecuaciones (30) sólo son correctas cuando o bien $\rho = 0$ (como en los sistemas B y C fuera de la materia), o bien $f =$ const. (como en A y C en ausencia de gravitación). Si no se desprecia el efecto gravitatorio del sol, no se pueden utilizar los valores (5) de $T_{\mu\nu}$. Si en el sistema A consideramos la materia-universo como un "fluido" continuo en reposo, debe existir en él una tensión o presión; si se considera que está formado por partículas materiales concretas, éstas no pueden estar en reposo. No es esencial para nuestro propósito cuál sea la manera de tratarlo. Seguimos suponiendo que la materia-universo es un fluido incompresible. Entonces tenemos †

$$T_{ii} = -g_{ip}p, \quad T_{44} = g_{44}\,\rho. \tag{32}$$

Si se introduce esto, encontramos, en lugar de (30),

$$(33) \quad \begin{cases} (a) & n'' + n'(m' + \frac{1}{2}n' - \frac{1}{2}l') = a\kappa(\rho + 3p) - 2a\lambda, \\ (b) & m'' + \frac{1}{2}m'(m' - n' - l') = -a\kappa(\rho + p), \\ (c) & -\frac{a}{b} + \frac{1}{2}m'(n' + \frac{1}{2}m') = a\kappa p - a\lambda. \end{cases}$$

Si se determina p de acuerdo con los principios de la teoría de Einstein, las ecuaciones (33) se vuelven dependientes entre sí. ‡ Por lo tanto, podemos utilizar las ecuaciones (33), con una arbitraria

* Véase el primer documento, art. 8 (*M.N.*, lxxvi. p. 708).

† Véase el primer trabajo, pág. 713, donde ponemos P = 0.

‡ Si para a, b, f tomamos los valores del campo de inercia del sistema A, a saber.

$$a = 1; \quad b = R^2 \sin^2 \chi, \quad f = 1,$$

entonces las tres ecuaciones (33) son dependientes entre sí y se reducen a (α) $\lambda = (3/R^2) - \kappa\rho_0, \quad \kappa(p + \rho_0) = 2/R^2.$

Si tomamos $p = 0$, éstos dan los valores (9A) de ρ_0 y λ. Si, por el contrario, admitimos una presión en la materia-universo, podemos tener otros valores de ρ_0 y λ.

Si tomamos los valores del campo inercial del sistema B, a saber

$$a = 1, \quad b = R^2 \sin^2 \chi, \quad f = \cos^2 \chi,$$

entonces las tres ecuaciones son de nuevo dependientes entre sí, y se reducen a

(β) $\lambda = (3/R^2) - \kappa\rho_0, \qquad p + \rho_0 = 0.$

Para $p = 0$ se obtienen los valores (9B) y, a menos que estemos dispuestos a admitir una presión negativa, ésta es la única solución.

Estas consideraciones tienen su origen en una observación del profesor Lorentz (→)

22

condición adicional para determinar a, b, f, y p. La misma condición que fue usada antes da ahora, en vez de (31),

(34) $$a\kappa[(\rho + p)n' + 2p'] = 0.$$

Sólo necesitamos el campo fuera del sol. Por tanto, podemos tomar $\rho = \rho_0$. Integrando (34), y determinando la constante de integración a partir de la condición de que para $f = 1$ debemos tener $p = 0$, encontramos

(35) $$p = \rho_0\left(\frac{1}{\sqrt{f}} - 1\right).$$

Si se introduce este valor de p, las ecuaciones (33) se hacen dependientes entre sí. Por tanto, podemos utilizar dos de ellas y añadir una condición arbitraria. Si utilizamos las coordenadas del espacio elíptico, es decir, si tomamos $y = r$, podemos poner

$$a = 1 + \alpha, \quad b = R^2\sin^2\chi\,(1 + \beta), \quad f = 1 + \gamma.$$

Además, en lugar de (9A) tomamos ahora

$$\lambda = \epsilon(1 + \zeta), \quad \kappa\rho_0 = 2\lambda + \epsilon \cdot \delta,$$

donde ζ y δ son constantes, que deben ser del mismo orden que α, β, γ. Si despreciamos las cantidades de segundo orden, tenemos a partir de (35)

$$p = -\tfrac{1}{2}\rho_0\gamma.$$

Las ecuaciones (33), de las que utilizamos la primera y la última, pasan a ser entonces de primer orden

$$(36)\quad \begin{cases} (a)\ R^2\gamma'' + 2R\cot\chi\cdot\gamma' + 3\gamma = \delta. \\ (c)\ \beta\operatorname{cosec}^2\chi - \alpha\cot^2\chi + R\cot\chi\,(\beta' + \gamma') + \gamma + \zeta = 0. \end{cases}$$

A partir de (36, *a*) hallamos *

$$\gamma = -\mu\frac{\cos 2\chi}{\sin\chi} + \frac{1}{3}\delta .$$

Para $\chi = \frac{1}{2}\pi$ debemos tener $\gamma = 0$. Esto determina δ. Encontramos $\delta = -3\mu$. La fórmula se convierte en

$$(37)\qquad \gamma = -\mu\frac{\cos 2\chi}{\sin\chi} + 1 ,$$

que, después de desarrollarla en potencias de 1/R, se convierte en

$$\gamma = -\mu R\left(\frac{1}{r} + \frac{1}{R} + \ldots\right).$$

(en carta al autor). Fórmulas equivalentes a (α) aparecen también en un trabajo del profesor T. Levi-Civita, "Realta fisica di alcuni spazi normali di Bianchi" (*Rendiconti d. Acc. dei Lincei*, 1917 mayo, p. 521), que sólo llegó a mi conocimiento después de que el presente trabajo hubiera sido enviado a la imprenta.

* La integral completa tiene cos $(2\chi + \omega)$ en lugar de cos 2χ, siendo ω una constante de integración, para la que tomamos el valor cero.

23

Así pues, parece que μR es la misma cantidad que se ha denominado $2\lambda_0^2$ en el primer trabajo. Si tomamos $R = 2\cdot 10^{12}$ (véase el art. **6**, más abajo), entonces para nuestro sol tenemos $\mu = 10^{-20}$.

La ecuación restante (36) se satisface mediante

$$\alpha = \beta = -\gamma - \zeta.$$

El valor de ζ es arbitrario. Podemos tomar $\zeta = 0$. Tenemos así, en lugar de (9A),

$$\lambda = 1/R^2, \qquad \kappa\rho_0 = 2\lambda - 3\mu/R^2.$$

Para $r = \frac{1}{2}\pi R$ tenemos $\gamma = 0$; para valores mayores de r, que sólo son posibles en el espacio esférico, el valor numérico de γ vuelve a aumentar; y para $r = 2\pi R$ tendríamos $\gamma = -\infty$, por pequeño que sea. En el espacio esférico, por supuesto, no existe esta dificultad, ya que las distancias superiores a $\frac{1}{2}\pi R$ son imposibles.

En el sistema B tenemos, fuera del sol, $\rho = 0$, y en consecuencia también $p = 0$. Las ecuaciones (33) son entonces dependientes entre sí. Ponemos ahora

$$a = 1 + \alpha, \quad b = \mathrm{R}^2 \sin^2 \chi(1 + \beta), \quad f = \cos^2 \chi(1 + \gamma),$$

$$\rho_0 = 0, \quad \lambda = 3\epsilon(1 + \zeta).$$

Las ecuaciones pasan a ser, para el primer orden,

$$(38) \quad \begin{cases} (a) \quad \mathrm{R}^2\gamma'' + 2\mathrm{R}\gamma'(\cot\chi - \tan\chi) + \mathrm{R}\tan\chi\,(\alpha' - 2\beta') + 6(\alpha + \zeta) = 0, \\ (b) \quad (\beta - \alpha)\operatorname{cosec}^2\chi + 3(\alpha + \zeta) + \mathrm{R}\beta'(\cot\chi - \tan\chi) + \mathrm{R}\gamma'\cot\chi = 0 \end{cases}$$

Estas son satisfechas por

$$\alpha = \frac{\mu}{\sin\chi} - \zeta,$$

$$\beta = -\frac{\mu}{\sin\chi} - \zeta,$$

$$\gamma = -\frac{\mu}{\sin\chi} + \zeta.$$

El valor de ζ es irrelevante. Podemos tomar $\zeta = 0$. Si tomásemos $\zeta = \mu$, tendríamos $\alpha = \gamma = 0$ para $r = \frac{1}{2}\pi\mathrm{R}$. Si introducimos entonces

$$r' = r(1 - \tfrac{1}{2}\mu), \quad \mathrm{R}' = \mathrm{R}(1 - \tfrac{1}{2}\mu), \quad t' = t(1 + \tfrac{1}{2}\mu),$$

tenemos, despreciando el cuadrado de μ, para estas nuevas variables

$$\chi = r'/\mathrm{R}', \quad \lambda = 3/\mathrm{R}'^2,$$

$$a' = 1 + \frac{\mu}{\sin\chi}, \quad b' = R^2\sin^2\chi\left(1 - \frac{\mu}{\sin\chi}\right), \quad f' = \cos^2\chi\left(1 - \frac{\mu}{\sin\chi}\right),$$

o las mismas fórmulas que para las letras no acentuadas con $\zeta = 0$.

6. Intentaremos ahora hacer algunas estimaciones del valor de R

24

que deben adoptarse para no contradecir los datos conocidos de las observaciones. Utilizaremos unidades astronómicas: la unidad de tiempo es el día, la de longitud es la distancia media de la Tierra al Sol y la de masa es la masa del Sol. * En estas unidades tenemos

$$c = 173, \quad k = \tfrac{1}{4} \cdot 10^{-6}.$$

Tomaremos primero el sistema A.

En el espacio elíptico el diámetro angular aparente de un objeto cuyo diámetro lineal es d, a la distancia $r = \mathrm{R}\chi$ de la tierra, es

$$\delta = \frac{d}{R \sin \chi}.$$

Es muy probable que al menos algunas de las nebulosas espirales o cúmulos globulares sean sistemas galácticos comparables al nuestro en tamaño. Si tomamos entonces por diámetros, por ejemplo, $d = 10^9$ y $\delta = 5'$, entonces incluso para la distancia máxima $r = \frac{1}{2} \pi R$ tendríamos $R = 6 \cdot 10^{11}$. Por tanto nos vemos abocados a tomar, aproximadamente,

(39) $$R \geq 10^{12}.$$

El volumen total del espacio elíptico es $V_0 = \pi^2 R^3$. Tenemos $\kappa\rho_0 = 2/R^2$, por lo que la masa total de la materia-universo es $M_0 = 2\pi^2 R/\kappa$, o bien

$$M_0 = 8 \cdot 10^7 R, \quad \rho_0 = 8 \cdot 10^6/R^2.$$

Si por M_0 tomásemos la masa de nuestro Sistema galáctico, que puede estimarse † en $1/3 \cdot 10^{10}$, hallaríamos $R = 41$, lo cual, por supuesto, es absurdo. Se encuentra una mejor estimación si partimos de ρ_0 y tomamos para ello la densidad estelar en el centro del sistema galáctico, ‡ que puede estimarse en unas 80 estrellas en una unidad de volumen de Kapteyn (1000 parsecs cúbicos), o $\rho_0 = 10^{-17}$ en nuestras unidades. Encontramos entonces

(40) $$R = 9 \cdot 10^{11}.$$

* Para poder comparar, podemos añadir que 10^6 unidades astronómicas = 5 pársecs = 16 años-luz = $15 \cdot 10^{18}$ centímetros. La masa del sol es de $2 \cdot 10^{33}$ gramos. Por tanto, una densidad 1 en unidades astronómicas equivale a $6 \cdot 10^{-7}$ en unidades C.G.S.

† Comunicado por el profesor Kapteyn. La estimación se basa en la reciente investigación de van Rhyn sobre el número de estrellas (*Gröningen Publications*, 27), suponiendo que la masa media de las estrellas es la misma que la del Sol.

‡ En su artículo de 1900, que se cita a continuación, Schwarzschild considera un universo elíptico lo suficientemente grande como para contener nuestro sistema galáctico (con una densidad constante igual a la densidad estelar cerca del sol). Esta sería una solución muy sencilla del problema de qué impide la desintegración del sistema galáctico por los movimientos propios de las estrellas. El mismo argumento es utilizado por Einstein en el párrafo introductorio de su *Kosmologische Betrachtungen*. Sin embargo, es evidente, a partir de los datos numéricos dados anteriormente, que el espacio elíptico del sistema A *no* cumple este propósito. En él las estrellas pueden escapar del sistema galáctico con la misma facilidad que en el espacio euclídeo clásico (sistema C).

25

La masa total sería entonces $M_0 = 7 \cdot 10^{19}$, y el volumen $V_0 = 7 \cdot 10^{36}$.

Es muy probable que en la parte del espacio que rodea inmediatamente a nuestro sistema galáctico haya muchos sistemas similares cuyas distancias mutuas son grandes en comparación con sus dimensiones. Si para la distancia media más corta entre sistemas vecinos tomamos 10^{10}, y si además suponemos que no sólo nuestro vecindario sino todo el universo está pues lleno de sistemas galácticos, habría espacio para $7 \cdot 10^6$ de tales sistemas. Si cada uno de ellos tuviera una masa de $\frac{1}{3} \cdot 10^{10}$, su masa combinada sería de $2 \cdot 10^{16}$, es decir, sólo 1/3000 de la masa total de materia-universo. Según este punto de vista, sólo una pequeña parte de la materia-universo se condensaría en materia ordinaria. Sin embargo, es perfectamente posible imaginar un mundo en el que toda la materia-universo estuviera condensada de este modo. Debemos entonces, como unidad de volumen con la que medir la densidad media ρ_0, tomar un espacio que sea grande con respecto a las distancias mutuas de los sistemas galácticos. Con los datos numéricos adoptados anteriormente, tendríamos entonces $\rho_0 = \frac{1}{3} \cdot 10^{-20}$, de donde

(41) $$R \leq 5 \cdot 10^{13}.$$

Escribo el signo $\leq$ en lugar de = porque, si tomáramos un valor aún mayor para R, la masa total de materia-universo no sería suficiente para llenar el universo de sistemas galácticos. Así pues, podemos considerar el valor (41) como un límite superior – sujeto, por supuesto, a la incertidumbre (que es considerable) de las hipótesis y de los datos numéricos de los que se derivó.

Como el espacio es finito y la línea recta cerrada, en el punto del cielo opuesto al sol deberíamos ver una imagen del reverso del Sol. Al no ser así, la luz debe ser absorbida en su camino "alrededor del mundo". Schwarzschild * estima que una absorción de 40 magnitudes sería suficiente. Si aceptamos el resultado de Shapley, † que la absorción en el espacio intergaláctico es inferior a 0'0001 mags. en una unidad de distancia de Kapteyn (10 parsecs), entonces para que se produzca una absorción de 40 mags. en una distancia de πR debemos tener, en nuestras unidades,

(42) $$R > \frac{1}{4} \cdot 10^{12}.$$

King ‡ ha derivado la densidad de la materia en el espacio a partir del coeficiente de absorción selectiva. La absorción selectiva hallada por Shapley es aproximadamente una quincuagésima parte del valor utilizado por King. Este último encuentra una densidad de 6300 soles por parsec cúbico. Por tanto, la absorción de Shapley requeriría una quincuagésima parte de ésta, o $3/2 \cdot 10^{-14}$ en nuestras unidades. Esto correspondería a $R = 2 \cdot 10^{10}$. Con este valor de R la absorción total en la distancia πR sólo sería de 3'6 mags, o sea, sólo una onceava parte del valor requerido. Para obtener una

* "Ueber das zulässige Krümmungsmaass des Raumes", *Vierteljahrssch. der Astr. Ges.*, vol. XXXV. (1900), p. 337.

† *Mount Wilson Contributions*, No. 116.

‡ *Nature*, vol. xcv. p. 701.

26

absorción de 40 mags. debemos multiplicar la densidad por 11^2, y en consecuencia dividir R por 11. Esto daría

$$\rho_0 = 2 \cdot 10^{-12}, \qquad R = 2 \cdot 10^{9}.$$

Esta densidad parece ser demasiado grande y R demasiado pequeño para ser admisible. Los dos supuestos en que se basa esta determinación son: 1°, que el coeficiente de absorción general (extinción) es igual al de absorción selectiva por scattering molecular; y 2º, que toda la materia-universo consiste en moléculas de hidrógeno. Ambas suposiciones pueden estar considerablemente equivocadas, y la extinción producida por una densidad dada puede muy bien ser mucho mayor, y en consecuencia la densidad necesaria para una extinción dada mucho menor, de lo que se ha supuesto aquí.

Por supuesto, cada una de las estimaciones (39), (40), (41), (42) está sujeta a una gran incertidumbre. Su concordancia es bastante notable y no cabía esperarla *a priori*.

7. En el sistema B los rayos de luz son líneas rectas en el espacio hiperbólico. La paralaje tiene, según la fórmula (20'), un mínimo $p_0 = 1/R$. Schwarzschild, en el trabajo ya citado, ha deducido un límite inferior para el valor de R del espacio hiperbólico, a partir del hecho de que ciertamente hay estrellas con paralajes iguales a 0",05 o menores. Así, encontró

$$R > 4 \cdot 10^7.$$

Por supuesto, sólo pueden tenerse en cuenta las paralajes absolutas realmente medidas. Todas las paralajes medidas después de 1900 son relativas y, por consiguiente, el límite encontrado por Schwarzschild sigue correspondiendo a nuestros conocimientos actuales.

El razonamiento por el que se obtuvo el valor (39) de R para el sistema A no es aplicable al sistema B, ya que la relación entre diámetro aparente y lineal es aquí

$$\delta = \frac{d}{R \sinh \frac{h}{R}} = \frac{d}{R \tan \chi},$$

lo que demuestra que δ es cero para $r = \frac{1}{2}\pi R$. Si aceptamos la existencia de una serie de sistemas galácticos cuyas distancias mutuas medias son del orden de 10^{10}, todo lo que podemos decir es que πR debe ser varias veces 10^{10}, o aproximadamente

$$R > 10^{11}. \tag{43}$$

Además, la estimación de R, basada en el hecho de que no vemos la parte posterior del Sol, no es aplicable al sistema B, porque la luz requiere un tiempo infinito para la "vuelta al mundo".

En el sistema B tenemos $g_{44} = \cos^2\chi$. En consecuencia, la frecuencia de las vibraciones de la luz disminuye al aumentar la distancia desde el origen de las coordenadas. Las líneas en los espectros de estrellas o nebulosas muy distantes deben, por tanto, desplazarse sistemáticamente hacia el rojo, dando lugar a una velocidad radial positiva espuria.

Es bien sabido que las estrellas de helio muestran efectivamente un desplazamiento sistemático, correspondiente a unos + 4,5 km./seg. Si atribuimos aproximadamente un tercio de este desplazamiento a la masa de las propias estrellas, * el resto, o + 3 km./seg., puede explicarse como un desplazamiento aparente debido a la disminución de g_{44}. Para la distancia media de las estrellas B podemos tomar † $r = R\chi = 3 \cdot 10^7$. Tenemos entonces $1 - \cos\chi = 10^{-5}$, de donde

(44) $$R = \tfrac{2}{3} \cdot 10^{10}.$$

Campbell también ha encontrado un desplazamiento sistemático del mismo signo para las estrellas K, cuya distancia media es probablemente la mayor después de las estrellas de helio. Para estrellas de otros tipos tanto el desplazamiento sistemático como la distancia media son menores.

Para la nube menor de Magallanes Hertzsprung encontró la distancia $r > 6 \cdot 10^9$. La velocidad radial ‡ es de unos + 150 km./seg. Esto da

(45) $$R > 2 \cdot 10^{11}.$$

Las fórmulas (25'), para valores pequeños de r, vienen a ser las mismas que en la mecánica clásica. Para valores grandes de r no hay razón para que el movimiento propio angular $\frac{d\theta}{dt}$ no disminuya de la misma manera que en la mecánica newtoniana. Sin embargo, es de esperar que la velocidad lineal total y, por consiguiente, también la velocidad radial, aumenten por término medio hasta $\chi = \frac{1}{4}\pi$, debido al primer término de la derecha de la segunda fórmula (25'). Así pues, en el sistema B, para las estrellas de nuestro entorno deberíamos esperar velocidades radiales y transversales del mismo orden, pero para los objetos situados a distancias muy grandes deberíamos esperar un mayor número de velocidades radiales grandes o muy grandes. Es muy probable que las nebulosas espirales se encuentren entre los objetos más distantes que conocemos. Recientemente se han determinado varias velocidades radiales de estas nebulosas. Las observaciones son todavía muy inciertas, y las conclusiones que se extraigan de ellas pueden ser prematuras. De las tres nebulosas siguientes, las velocidades han sido determinadas por más de un observador: §

Andrómeda	(3 observadores)	–	311	km./seg.
N.G.C. 1068	(3 ”)	+	925	”
N.G.C. 4594	(2 ”)	+	1185	”

Estas velocidades son ciertamente muy grandes en comparación con las velocidades habituales de las estrellas de nuestro entorno.

Las velocidades debidas a la inercia, según la fórmula (25'), no tienen preferencia de signo. A éstas se superponen, sin embargo, las velocidades radiales aparentes debidas a la disminución de g_{44}, que son positivas. La media de las tres velocidades radiales observadas

* Véase el primer artículo, pág. 719.
† Véase *Astrophysical Journal*, vol. xxxii. p. 90.
‡ Informe al Consejo, 1917 febrero, *M.N.*, lxxvii. p. 376.
§ Informe al Consejo, 1917 febrero, *M.N.*, lxxvii. pp. 375, 383.

28

arriba indicadas es de + 600 km./seg. Si para la distancia media tomamos 10^5 pársecs = $2 \cdot 10^{10}$, entonces encontramos

(46) $$R = 3 \cdot 10^{11}.$$

Por supuesto, este resultado, derivado de sólo tres nebulosas, no tiene prácticamente ningún valor. Sin embargo, si la observación continuada confirmara el hecho de que las nebulosas espirales tienen sistemáticamente velocidades radiales positivas, esto sería ciertamente una indicación para adoptar la hipótesis B con preferencia a la A. Si resultara que no existe tal desplazamiento sistemático de las líneas espectrales hacia el rojo, esto podría interpretarse bien como muestra de que A es preferible a B, o bien como señal de un valor de R aún mayor en el sistema B.

Doorn: 1917 julio.

1918

FEBRERO

Como es su costumbre, Einstein entra a todos los trapos.

Albert Einstein. «***Notiz zu E. Schrödingers Arbeit*** [1]***) "Die Energiekomponenten des Gravitationsfeldes"***». [*Physikalische Zeitschrift*. XIX, pp. 115-116, **1918**]. Registro de entrada: 5 de febrero de 1918. Publicado el 15 de marzo de 1918. (Nota alusiva al trabajo de E. Schrödinger "Las componentes de energía del campo gravitacional".)

[p.115]

Nota alusiva al trabajo [1]) de E. *Schrödinger*
"Las componentes de energía del campo gravitacional"

El señor *Schrödinger* ha demostrado mediante cálculos que, con una elección adecuada del sistema de coordenadas, todas las componentes t_σ^α de energía del campo gravitacional de una esfera (fuera de ella) se anulan [2]). Es comprensible que el Sr. *Schrödinger* se sorprenda de este resultado, que también a mí me pareció muy extraño al principio. En particular, se pregunta si las t_σ^α deben entenderse realmente como las componentes de energía. Al reparo planteado por el Sr. *Schrödinger* añadiré dos más:

1. Mientras que las componentes T_σ^α de energía de la materia forman un tensor, no es este el caso con las magnitudes t_σ^α, que se interpretan como "componentes de energía" del campo gravitacional.
2. Las magnitudes $T_{\sigma\tau} = \sum_\alpha T_\sigma^\alpha g_{\alpha\tau}$ son simétricas con respecto a los índices σ y τ, pero no las análogas $t_{\sigma\tau} = \sum_\alpha t_\sigma^\alpha g_{\alpha\tau}$.

Por la razón mencionada en el punto I, H. A. *Lorentz* y *Levi-Civita* tienen también reservas en reconocer en las t_σ^α las componentes de energía de la gravitación.

Aun cuando empatizo con estas reservas, estoy convencido de que no es posible una fijación más pertinente de las componentes de energía del campo gravitacional que la por mí hallada. En mi opinión, la justificación formal más convincente de esta elección la he dado en el trabajo "El principio de Hamilton y la teoría de la relatividad general" (Berliner Sitz.-Ber. **42**, 1111, 1916).

En lo que concierne al escrúpulo de Schrödinger, su fuerza convincente radica en la analogía con la electrodinámica, en la que las tensiones y la densidad de energía de cada campo son diferentes de cero. Pero no consigo encontrar ninguna razón por la que esto tenga también que ser cierto para los campos gravitatorios. Puede

[1]) Este Zeitschr. 19, 4, 1918.
[2]) Hace unos meses ya me llamó la atención el Sr. G. Nordstrom sobre la anulación de la componente t_4^4 en el caso aquí comentado.

[p.116]

muy bien haber campos gravitacionales sin tensiones y sin densidad de energía. La relevancia de las t_σ^α reside en que, junto con las T_σ^α de la materia, proporcionan las ecuaciones

$$\sum_\alpha \frac{\partial (T_\sigma^\alpha + t_\sigma^\alpha)}{\partial x_\alpha} = 0 \qquad (1)$$

que, integradas sobre un volumen tridimensional V, toman la forma

$$\left.\begin{aligned} &\frac{d}{dx_4}\left\{\int (T_\sigma^4 + t_\sigma^4)\, dV\right\} \\ &= \int \Big[(T_\sigma^1 + t_\sigma^1)\cos nx_1 + (T_\sigma^2 + t_\sigma^2)\cos nx_2 \\ &\qquad + (T_\sigma^3 + t_\sigma^3)\cos nx_3\Big]\, dS \end{aligned}\right| \qquad (1\text{a})$$

de los teoremas de conservación del impulso y de la energía, siendo por cierto las t_μ^α las únicas magnitudes con esta propiedad que contienen *sólo* primeras derivadas de los $g_{\mu\nu}$.

Hay que señalar además que las tensiones t_σ^α no pueden anularse en modo alguno en campos gravitatorios que median interacciones entre varios cuerpos. Esto resulta de la siguiente reflexión: Sean M_1 y M_2 dos cuerpos en reposo permanente unidos entre sí por una varilla rígida V. Sea F una superficie que encierra a M_2 y excluye a M_1 y que por tanto interseca a la varilla V. Esta varilla se encuentra en estado de tensión debido a la atracción gravitatoria de los dos cuerpos entre sí. Si la varilla es rectilínea y paralela al eje X_1

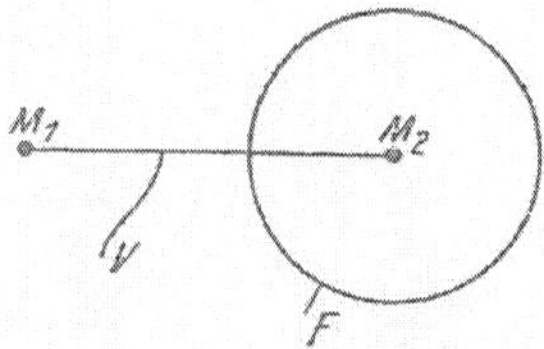

del sistema de coordenadas, la primera de las ecuaciones (Ia) proporciona entonces

$$0 = \int T_1^1 \, dS + \int (t_1^1 \cos(n x_1) + t_1^2 \cos(n x_2) + + t_1^3 \cos(n x_3)) \, dS.$$

Como en nuestro caso la primera de estas integrales no se anula, tampoco puede anularse la segunda. Por lo tanto, t_1^1, t_1^2, t_1^3 no pueden anularse en todas partes en *S*. Esta reflexión puede aplicarse mutatis mutandis en todos los casos en que el campo considerado medie interacciones entre cuerpos. Pero este no es el caso del campo considerado por *Schrödinger*.–

En mi opinión, tampoco los escrúpulos formales pueden llevar a rechazar la versión del teorema del impulso-energía por mí propuesto, pues la ecuación que expresa el teorema rige para cualquier elección del sistema de referencia. Plantear nuevas exigencias formales no parece justificado. Con respecto al reparo I me he pronunciado en un trabajo que aparecerá próximamente en las *Sitzungsberichte** de la Academia de Berlín.

(Registro de entrada: 5 de febrero de 1918)

[* *Sitzungsberichte*: Actas de Sesiones. Revista de la Academia Prusiana de Ciencias – *Preußische Akademie der Wissenschaften*– en la que se publican las intervenciones de los ponentes en la Sesiones Plenarias (en la época de Einstein, todos los jueves).]

[Recogido en *THE COLLECTED PAPERS OF ALBERT EINSTEIN*. Volume 7: The Berlin Years: Writings, 1918-1921. Doc. 2, pp. 29-30-31]

MARZO

En el artículo que sigue, Einstein contesta a las objeciones de E. Kretschmann expresadas en el artículo de éste: «Über den physikalischen Sinn der Relativitäts-postulate»; *Annalen der Physik*, vol. 53, pp. 575-614, 1917 (Sobre el sentido físico del postulado de relatividad). Su presencia aquí se justifica por las alusiones no ya a Mach, sino a lo que Einstein define como *principio de Mach*, que impregna esencialmente la filosofía cosmológica de Einstein, aun con sus titubeos.

Albert Einstein. «**Prinzipielles zur allgemeinen Relativitätstheorie**». Annalen der Physik, Vierte Folge, Band 55, **1918** (Eingegangen 6. März 1918). Pp. 241-244.

P. 241

Cuestiones de principio sobre la teoría de la relatividad general

Una serie de publicaciones de las últimas fechas, en particular el sagaz trabajo de Kretschmann aparecido recientemente en estos Annalen 53, fascículo 16, me dan pie a volver sobre los fundamentos de la teoría de la relatividad general. Mi objetivo es poner de relieve únicamente las ideas básicas, a cuyo efecto supongo conocida la teoría.

La teoría, tal como yo la concibo hoy, se basa en tres puntos de vista principales que, por supuesto, en modo alguno son independientes entre sí. Se mencionan y caracterizan brevemente a continuación y posteriormente se aclaran en unas páginas:

a) Principio de relatividad: Las leyes de la Naturaleza son sólo afirmaciones sobre coincidencias espacio-temporales; encuentran por ello su única expresión natural en ecuaciones covariantes generales.

b) Principio de equivalencia: La inercia y la gravedad son idénticas. De ello y de los resultados de la teoría de la relatividad especial se sigue necesariamente que el "tensor fundamental" simétrico ($g_{\mu\nu}$) determina las propiedades métricas del espacio y el comportamiento de la inercia de los cuerpos en él, así como los efectos gravitacionales. Al estado espacial descrito mediante el tensor fundamental lo llamaremos "campo *G*".

c) Principio de Mach[1]: el campo *G* está *enteramente* determinado por las masas de los cuerpos. Como masa y energía

1) Hasta ahora no he distinguido entre los principios a) y c), lo que ha resultado desconcertante. He elegido el nombre "principio de Mach" porque este principio representa una generalización de la pretensión de Mach: que la inercia debe atribuirse a la interacción de los cuerpos.

P. 242

son lo mismo, según los resultados de la teoría de la relatividad especial, y la energía se describe formalmente mediante el tensor de energía simétrico ($T_{\mu\nu}$), eso significa que el campo *G* está condicionado y determinado por el tensor de energía de la materia.

Sobre a), el Sr. Kretschmann señala que, formulado así, el principio de relatividad no es un enunciado sobre la realidad física, es decir, sobre el *contenido* de las leyes de la naturaleza, sino sólo una exigencia respecto a la *formulación* matemática. Puesto que toda la experiencia física se refiere sólo a coincidencias, tiene que ser siempre posible representar experiencias sobre las legítimas conexiones entre estas coincidencias mediante ecuaciones covariantes generales. Resulta necesario pues asociar otro sentido al principio de relatividad. Tengo por correcto el argumento del Sr. Kretschmann aunque no me parece recomendable la reforma que él propone. Siendo también cierto que toda ley empírica se tiene que poder expresar en forma covariante general, el principio a) posee una notable fuerza heurística que ya ha acreditado brillantemente su eficacia en el problema de la gravitación y que estriba en lo siguiente. De dos sistemas teóricos compatibles con la experiencia habrá que preferir el que sea más sencillo y diáfano desde el punto de vista del cálculo diferencial absoluto. Formulando la mecánica de la gravitación de Newton en forma de ecuaciones (cuadridimensionales) covariantes absolutas, nos convenceremos sin duda de que el principio a) descalifica no ya teóricamente, sino en la práctica esta teoría.

El principio b) constituyó el punto de partida de toda la teoría e implicó ante todo el establecimiento del principio a); mientras se pretendan fijar las ideas básicas del sistema teórico no es posible abandonarlo.

Otra cosa ocurre con el "principio de Mach" c); la necesidad de atenerse a éste en modo alguno es compartida por todos los especialistas pero yo tengo la sensación de que su cumplimiento es imprescindible. De acuerdo con c), según las ecuaciones gravitacionales de campo, sin materia no es posible que exista campo *G*. Evidentemente, el postulado c) está íntimamente ligado a la pregunta sobre la estructura espacio-temporal de todo el universo, puesto que

P. 243

en la generación del campo G participan todas las masas del universo.

Como ecuaciones gravitacionales de campo covariantes generales propuse de entrada

(1)
$$G_{\mu\nu} = -\kappa\left(T_{\mu\nu} - \frac{1}{2}g_{\mu\nu}T\right)$$

que, para abreviar, se pone

$$G_{\mu\nu} = \sum_{\sigma\tau} g^{\sigma\tau}(\mu\sigma,\tau\nu).$$

Sin embargo, estas ecuaciones de campo no satisfacen el postulado c), ya que admiten la solución:

$$g_{\mu\nu} = const. \quad \text{(para todas } \mu \text{ y } \nu\text{)},$$
$$T_{\mu\nu} = 0 \qquad \text{(para todas } \mu \text{ y } \nu\text{)}.$$

Según las ecuaciones (1), sería concebible un campo G sin ninguna masa generadora, en contradicción con el postulado de Mach.

En cambio, el postulado c) es satisfecho -hasta donde mi entendimiento alcanza- por las ecuaciones de campo[1]

(2)
$$G_{\mu\nu} - \lambda g_{\mu\nu} = -\kappa\left(T_{\mu\nu} - \frac{1}{2}g_{\mu\nu}T\right),$$

formadas añadiendo a (1) el "término λ". De acuerdo con (2), no parece que exista un espacio-tiempo continuo libre de singularidades con un tensor de energía de la materia que se anula en todas partes. La solución más sencilla posible, según (2), es un universo estático, elíptico o esférico en las coordenadas espaciales, con materia en reposo repartida de forma uniforme. No sólo se puede *construir mentalmente* un universo que satisfaga el postulado de Mach; más bien es posible imaginar que nuestro universo real está aproximado por dicho universo esférico. En nuestro universo, la materia no está distribuida uniformemente, sino concentrada en cuerpos celestes individuales, ni en reposo, sino en un movimiento relativo (más lento que la velocidad de la luz). Sin embargo es perfectamente posible que la densidad espacial media ("medida de forma natural") de materia,

---

1) Kosmologische Betrachtungen zur allgemeinen Relativitätstheorie. Berl. Ber. 1917, p. 142.

P. 244

tomada para espacios que abarquen muchísimas estrellas fijas, sea una magnitud casi constante en el universo. En este caso, las ecuaciones (1) *se tienen que* completar con un término adicional del carácter del término λ; el universo debe pues ser cerrado en sí mismo y su geometría se desvía sólo mínima y localmente de la de un espacio elíptico o esférico, digamos como se desvía la forma de la superficie terrestre de la de un elipsoide.

(Registro de entrada: 6 de Marzo de 1918)

7 de marzo (1918)

Las discrepancias con de Sitter se revisten ahora de más solemnidad.

Albert Einstein. «**Kritisches zu einer von Hrn. De Sitter gegebenen Lösung der Gravitationsgleichungen**». *Königlich Preußische Akademie der Wissenschaften* (Berlin). *Sitzungsberichte* (**1918**), S. 270–272. Sitzung der physikalisch-mathematischen Klasse vom 7. Marz 1918 Sesión del Departamento de física matemática del 7 de marzo de 1918. Publicado el 21 de marzo de 1918. [«Crítica a una solución de las ecuaciones gravitacionales dada por el Sr. De Sitter»] (Actas de sesiones de la Real Academia Prusiana de Ciencias) [La comunicación fue presentada por Planck, en nombre de Einstein.]

[p.270]

Crítica a una solución de las ecuaciones de la gravitación dada por el Sr. De Sitter.

Por A. Einstein.

El Sr. De Sitter, a quien debemos profundas investigaciones en el campo de la relatividad general, ha dado recientemente una solución de las ecuaciones de la gravitación[1] que, en su opinión, podría posiblemente representar la estructura métrica del universo. Sin embargo, me parece que hay un argumento de peso contra la admisibilidad de esta solución, que se presentará a continuación.

La solución de De Sitter de las ecuaciones de campo

$$G_{\mu\nu} - \lambda g_{\mu\nu} = -\kappa T_{\mu\nu} + \frac{1}{2} g_{\mu\nu}\kappa T \qquad (1)$$

se escribe

$$\left.\begin{aligned} &T_{\mu\nu} = 0, (para \cdot todos \cdot los \cdot índices) \\ &ds^2 = -dr^2 - R^2 \sin^2 \frac{r}{R}\left[d\psi^2 + \sin^2 \psi d\theta^2\right] + \cos^2 \frac{r}{R} c^2 dt^2 \end{aligned}\right\}, \qquad (2)$$

donde r, ψ, θ, t hay que interpretarlas como las coordenadas $(x_1 ... x_4)$. –

Tenemos que indicar, como exigencia de la teoría, que las ecuaciones (1) tienen validez para todos los puntos en el finito. Sólo podrá ser este el caso si tanto las $g_{\mu\nu}$ como las correspondientes $g^{\mu\nu}$ contravariantes (junto con sus primeras derivadas), son continuas y diferenciables: en particular, el determinante $g = |g_{\mu\nu}|$ no debe anularse en ninguna parte del finito. Esta afirmación, sin embargo, requiere todavía una definición más precisa y una restricción. Un punto P se denomina entonces "punto situado en el finito" si puede conectarse mediante una curva con un punto origen P_0 –elegido de una vez para siempre– de modo que la integral de distancia

[1] Proc. Acad. Amsterdam. Vol. XX. 30. Juni **1917**. *Monthly Notices of the Royal Astronomical Society* Vol. LXXVIII. Nr. 1.

[p.271]

$$\int_{P_0}^{P} ds$$

extendida sobre esta curva tiene un valor finito. Además, la condición de continuidad para las $g_{\mu\nu}$ y $g^{\mu\nu}$ no hay que entenderla de forma que haya que hacer una elección de coordenadas en la que esta condición se satisfaga en todo el espacio. Evidentemente, sólo hay que exigir que haya una elección de coordenadas para la vecindad de cada punto, con la que se satisfaga la condición de continuidad para esta vecindad: esta restricción de la exigencia de continuidad resulta naturalmente de la covariancia general de las ecuaciones (1).–

Ahora bien, según (2), para la solución de De Sitter, es

$$g = -R^4 \sin^4 \frac{r}{R} \sin^2 \psi \cos^2 \frac{r}{R}.$$

g se anula por tanto de entrada para $r = 0$ y para $\psi = 0$. Este comportamiento, sin embargo, significa sólo una aparente violación de la condición de continuidad, como puede demostrarse fácilmente mediante un cambio adecuado de la elección de coordenadas. g, sin embargo, también se anula para $r = \frac{\pi}{2} R$, y esto parece ser una discontinuidad que no puede ser eliminada por ninguna elección de coordenadas. Además, está claro que los puntos de la superficie $r = \frac{\pi}{2} R$ deben entenderse como puntos situados en el finito, siempre que elijamos el punto $r = t = 0$ como punto P_0; pues, para ψ y θ constantes y fijado t, la integral

$$\int_0^{\frac{\pi}{2}R} dr$$

es finita. Hasta que se demuestre lo contrario, hay que aceptar por tanto que la solución de De Sitter presenta una verdadera singularidad en la superficie $r = \frac{\pi}{2} R$ situada en el finito, es decir, que no corresponde a las ecuaciones de campo (1) para ninguna elección de coordenadas.

Si la solución de De Sitter fuera correcta en todas partes, se habría acreditado que el propósito que yo pretendía al introducir el «término λ» no se lograría. En mi opinión, la teoría de la relatividad general sólo constituye un sistema satisfactorio si, de acuerdo con ella, las cualidades físicas del espacio están completamente determinadas únicamente por la materia. Por lo tanto, no debe ser posible ningún campo $g_{\mu\nu}$, es decir, ningún continuo espacio-tiempo, sin materia que lo genere. *

[p.272]

En realidad, el sistema de De Sitter (2) resuelve las ecuaciones (1) en todas partes, excepto en la superficie $r = \frac{\pi}{2}R$. Allí –como en el entorno inmediato de una masa puntual que gravita– la componente g_{44} del potencial gravitatorio se hace cero. Por lo tanto, el sistema de De Sitter no debería corresponder en absoluto al caso de un universo sin materia, sino más bien al caso de un universo cuya materia está completamente concentrada en la superficie $r = \frac{\pi}{2}R$: esto podría probarse probablemente mediante un paso al límite de la distribución espacial a la distribución superficial de materia.

[Recogido en: *The Collected Papers of Albert Einstein*. Vol. 7. Doc. 5, pp. 46-48]

[* Einstein reitera su fe en el «principio de Mach», tal como lo ha verbalizado recientemente.]

ABRIL

Carta de Willem de Sitter a Einstein

Leiden, 10 de abril de 1918

Querido Einstein:

Acabo de recibir su artículo "Crítica a una solución dada por de S." En él afirma que "las ecuaciones (1) son válidas para *todos* los puntos en el finito" Formulada así, se trata de una afirmación *filosófica*. Para que sea una afirmación *física* hay que decir "todos *los puntos físicamente alcanzables*". Pero la superficie $r = \frac{1}{2}\pi R$ es físicamente inalcanzable, como he demostrado en M. N. LXXVIII, pp. 17-18, y, por tanto, mi solución satisface la exigencia física, pero no la filosófica. Por supuesto, tiene usted derecho a plantear la exigencia filosófica y, por tanto, a rechazar mi solución. Pero yo también tengo derecho a rechazar la exigencia filosófica, pero no la física. Habría que calcular si mi solución puede entenderse realmente como un mundo en el que toda la materia se concentra en la superficie $r = \frac{1}{2}\pi R$ –no sé si es así o no.

Saludos cordiales, suyo

W. de Sitter

[Recogida en *TCPAE*. Volume 8, Part B: The Berlin Years: Correspondence 1918. Doc. **501**, page 712]

Carta de Einstein a Willem de Sitter

[Berlín, 15 de abril de 1918]

Querido colega:

Comprendo su punto de vista, ya que si bien la distancia métrica a la "superficie ecuatorial" es finita, el tiempo de movimiento de un punto de masa para llegar allí es infinito. Sin embargo, H. Weyl ha demostrado de hecho en un libro de próxima aparición que su continuo puede entenderse como un caso límite de un fluido distribuido alrededor del "ecuador". El cálculo es muy sencillo. Así pues, se trata realmente de una singularidad plana, bastante análoga a la del punto de masa.

Saludos cordiales. Suyo,

A. Einstein

Saludos cordiales a Ehrenfest, a quien responderé en breve.

[Recogido en *TCPAE*. Volume 8, Part B: The Berlin Years: Correspondence 1918. Doc. **506**, page 720]

Carta de Einstein a Hermann Weyl

[Berlín, 18 de abril de 1918]

Estimado colega:

Estudiando con avidez los detalles de su libro, no dejo de maravillarme ante la belleza y elegancia de sus conclusiones. Pero ahora, en el último §, me topo con una conclusión que me parece errónea. Encuentra usted que las soluciones estáticas esféricamente simétricas corresponden al tipo elíptico, ya que todas son simétricas respecto a una "superficie ecuatorial". Sin embargo, según su propia solución, esto último no cuadra, ya que maneja usted el caso de un fluido distribuido ecuatorialmente. Se trata del caso de un fluido distribuido ecuatorialmente. Su cálculo da en cambio inmediatamente el siguiente caso asimétrico, que indico mediante una figura:

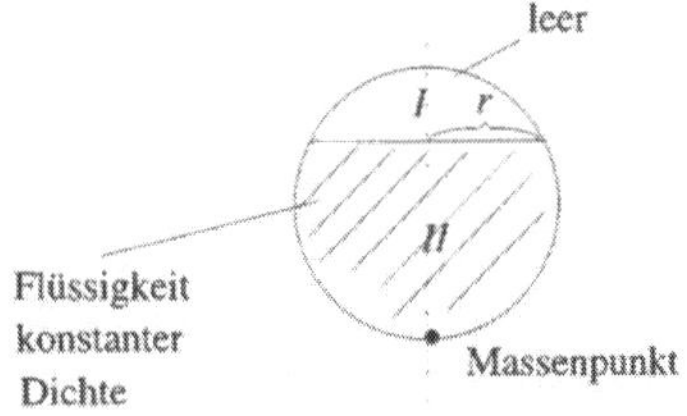

Leer–Flussigkeit konstanter Dichte–Massenpunkt
Vacío–Fluido de densidad constante–Masa puntual

Rigen pues sus fórmulas

para I: $\frac{1}{h^2} = 1 - \frac{\lambda}{6} r^2$

para II: $\frac{1}{h^2} = 1 + \frac{2M}{r} - \frac{2\mu_0 + \lambda}{6} r^2$

La condición en el límite

$$M = \frac{\mu_0}{6} r_0^3$$

es exactamente la misma que la suya, donde M es no obstante la masa de una masa puntual real. Obviamente, también puede sustituirse esta M por un fluido homogéneo extendido.

Así pues, no parece haber ninguna razón para que el espacio posea las propiedades de conectividad de la geometría elíptica.

Con mis más cordiales saludos, suyo afectísimo

A. Einstein.

Espero que haya recibido mi tarjeta, en la que le exponía con más detalle las objeciones que tengo a su nueva teoría. (Significado objetivo del *ds*, no sólo la relación de los diferentes *ds* que parten de un punto).

[Recogido en *The Collected Papers of Albert Einstein*. Volume 8, Part B: The Berlin Years: Correspondence 1918. Doc. **511**. Pages 724-725]

El 11 de abril, Einstein ha presentado un trabajo de Weyl* en la Academia Prusiana de Ciencias, con el que discrepa en algún punto. Al parecer, Einstein no pretendía exhibir su discrepancia en esa sesión, sino limitarse a exponer el texto de Weyl. Pero esa actitud suscitó a su vez cierta controversia en la selecta audiencia. Einstein escribe a Weyl para ponerlo al corriente.

[* Un esbozo de teoría unificada de gravedad y electromagnetismo basada en una generalización de la geometría de Riemann]

Carta de Einstein a Hermann Weyl

[Berlín,] 19 de abril de 1918

¡Querido colega:

¡Otra carta del Einstein! Esta vez debo informarle detalladamente sobre la presentación de su trabajo; pues ha surgido una dificultad que no he podido superar hasta ahora.

Ayer hizo ocho días que presenté el trabajo en la sesión del seminario. Primero esbocé la línea de pensamiento desde un punto de vista puramente geométrico y luego su aplicación a la teoría de la relatividad. Al final, presenté mi objeción al respecto, que ya conoce usted. (En mi opinión, el propio *ds* tiene significado físico) [3].

Se levantó entonces Nernst y protestó contra la aceptación tácita del trabajo; exigió que al menos adjuntara una nota en la que explicara mi punto de vista discrepante. Planck me sugirió que reflexionara sobre el asunto durante una semana y que volviera a presentar el trabajo, con o sin nota, según me pareciera mejor.

Lo hice ayer en la Sesión Plenaria de la Academia. Allí ya no hablé objetivamente de la obra, sino que me limité a caracterizar brevemente la dificultad existente. Como me parecía de mal gusto añadir una especie de "protesta" al trabajo, me sometí explicando que ya expresaría ocasionalmente mi opinión discrepante. Nernst volvió a defender su postura y la respaldó con un "precedente". El secretario (Diels) retomó su punto de vista (el de Nernst). En su opinión, el trabajo puede aceptarse sin problemas si, al final del mismo (por ejemplo en un post-scriptum), se manifiesta usted sobre mi objeción. Esto último puede usted formularlo más o menos así:

Si los rayos de luz fueran el único medio de determinar empíricamente las relaciones métricas en las proximidades de un punto del mundo, quedaría un factor sin determinar en la distancia *ds* (así como en los $g_{\mu\nu}$). Sin embargo, esta indeterminación no existe si para definir *ds* se recurre a resultados de medición que pueden obtenerse con cuerpos rígidos (infinitamente pequeños) (varillas de medir) y relojes. Semejante *ds* puede entonces medirse directamente mediante un reloj patrón cuya línea-universo contenga *ds*.

Tal definición de la distancia elemental *ds* sólo se volvería ilusoria si los términos "varilla patrón de medir" y "reloj patrón" se basaran en una premisa en principio falsa; éste sería el caso si la longitud de una varilla patrón (o la velocidad de marcha de un reloj patrón) dependieran de la prehistoria. Si esto fuera realmente así en la Naturaleza, no podría haber elementos químicos con líneas espectrales de una determinada frecuencia, sino que la frecuencia relativa de dos átomos (espacialmente vecinos) del mismo tipo tendría que ser, por lo general, diferente. Como ese no es el caso, la hipótesis básica de la teoría no me parece, por desgracia, aceptable, pero su profundidad y audacia deben llenar de admiración a todo lector.

Lamento muchísimo que el asunto haya resultado tan difícil. Pero le ruego encarecidamente que no se enfade conmigo por ello. No se me *permitió* ocultar mi opinión discrepante. No esperaba en absoluto toparme con dificultades en la acogida del trabajo. Así que dejaré ahora el trabajo hasta que reciba noticias suyas sobre lo que debo hacer. Tal vez debería haber esperado a que me comunicara usted su opinión sobre la objeción, pero no me parecía justificado retener su manuscrito durante tanto tiempo.

Mi saludo cordial. Suyo,

A. Einstein

[Recogido en *TCPAE*. Volume 8, Part B: The Berlin Years: Correspondence 1918. Doc. **512**, page 726]

Carta de Einstein a Hermann Weyl

[Berlín, 19 de abril de 1918]

Distinguido colega:

¡Mi tercera carta desde ayer! Hay un error en mi carta de ayer. La solución dada carecía de sentido físico, ya que la constante (positiva) M representa una masa negativa. Se obtiene otra solución no simétrica ecuatorialmente, sin masa puntual y sin densidades negativas así:

La solución se divide en tres partes según el siguiente esquema

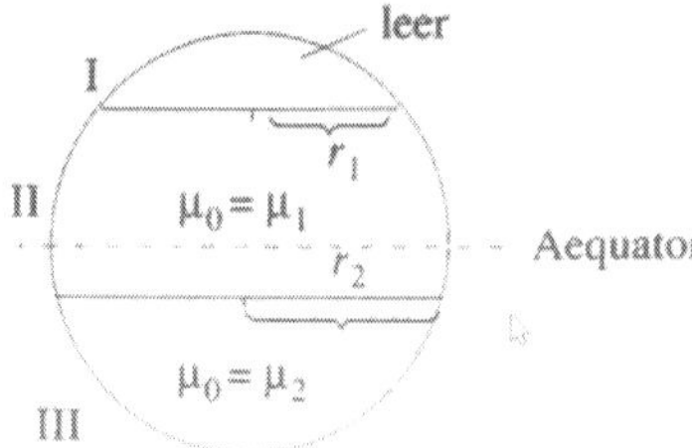

leer (vacío). Aequator (ecuador)

$$\text{I: } \frac{1}{h^2} = 1 - \frac{\lambda}{6} r^2$$

$$\text{II: } \frac{1}{h^2} = 1 + \frac{2M}{r} - \frac{2\mu_1 + \lambda}{6} r^2$$

$$\text{III: } \frac{1}{h^2} = 1 - \frac{2\mu_2 + \lambda}{6} r^2$$

Las dos condiciones de contorno son

$$\frac{M}{r_1^3} = \frac{1}{6}\mu_1$$

$$\frac{M}{r_2^3} = \frac{1}{6}(\mu_1 - \mu_2)$$

Se elige r_1 y μ_1. *M* está así determinada según la primera ecuación. Si se elige ahora $r_2 > r_1$, siempre puede elegirse μ_2 (positivo) para que se cumpla también la segunda condición de contorno. De esta forma se tiene una solución de tipo no "elíptico" que no utiliza masas negativas.

Saludos cordiales. Suyo

A. Einstein

[Recogida en *TCPAE*. Volume 8, Part B: The Berlin Years: Correspondence 1918. Doc. **513**, page 728]

Carta de Felix Klein a Einstein

Göttingen, 25 de abril de 1918

Estimado colega:

Seguro que en los próximos días verá usted a Sommerfeld con motivo del homenaje a Planck; ya le he escrito que lo mejor sería que se comunicara con usted oralmente en relación con mi ponencia. Por cierto, le agradecería que el Dr. Freundlich también tomara nota de ella.

Una observación fáctica (sobre la que recientemente escribí a de Sitter con más detalle): En sus "Consideraciones cosmológicas" de 1917 no se puede sustituir el espacio esférico por el espacio elíptico, dado que el plano "elíptico" es una superficie de una sola cara (o, como dije antes: una superficie doble), en la que el sentido de giro de un indicador → se invierte de nuevo cuando se desplaza sobre la superficie, a las líneas-universo de sus puntos no se les puede asignar una flecha definida, –en otras palabras, no se puede distinguir entre pasado y futuro.

Atentamente

Klein

[Recogido en *TCPAE*. Vol. 8, Part B: The Berlin Years: Correspondence 1918. Doc. **518**, page 733]

Respuesta automática de Einstein. Al margen de las cuestiones científicas, es evidente que el servicio de Correos funcionaba perfectamente.

Carta de Einstein a Felix Klein

[Berlín,] Haberland Strasse, nº 5. 27 de abril de 1918

Honorable colega:

Entregué ya anteayer sus conferencias al señor Sommerfeld. Lo que no entiendo bien es si lo que usted quería es que le pidiera yo a Sommerfeld que se las diese antes al señor Freundlich. Me imagino que el señor Sommerfeld habrá sacado pronto tajada de ellas. Tal vez entonces, si usted lo desea, pueda Sommerfeld mandarle el cuaderno al Sr. Freundlich.

Me parece que a su objeción a la interpretación del universo como cuasi-elíptico, en términos *espaciales*, no cabe hacer ninguna objeción. Tras hacer un examen elemental, su objeción me parece que sólo es aplicable a un número de dimensiones *par* (para lo espacial).

Imaginemos una variedad esférica n-dimensional R_n (en el espacio euclídeo $n + 1$-dimensional R_{n+1})

$$x_1^2 + \ldots + x_{n+1}^2 = 1$$

En un elemento de R_n hay ubicada una "n-pata" ortogonal elemental. Esta se puede mover en R_n.

Llamo al punto $0 = x_1 = x_2 = \ldots x_n$, $x_{n+1} = \pm 1$ respectivamente "polo sur" o "polo norte" de R_n. Supongamos que la n-pata se sitúa inicialmente en el polo sur de tal forma que sus patas

$$b_1 \ldots . b_n$$

según las direcciones positivas de los ejes

$$x_1 \ldots\ldots x_n$$

sean paralelas. Muevo ahora la n-pata en la esfera R_n desde el polo sur al polo norte del siguiente modo:

1) El movimiento se mantiene en el meridiano $x_2 = x_3 \ldots . = x_n = 0$
2) Las patas b_2, b_3 ... b_n b_2 son permanentemente perpendiculares a este meridiano durante el movimiento (juzgado en el espacio R_{n+1}).

Cuando la n-pata llega al polo norte, la orientación, considerada en R_{n+1}, viene dada entonces por el esquema

$$b_1 \qquad b_2 \ldots . b_n$$

– +....+,

es decir, la orientación es la misma que al principio, sólo que la primera pata ha invertido su dirección. –

Ahora bien, si R_n es la imagen de un espacio elíptico, los puntos simétricos respecto al centro son idénticos. Nuestra *n*-pata situada en el polo norte es entonces idéntica a una situada en el polo sur con patas orientadas al revés (juzgado en R_{n+1}). Esto corresponde al esquema

$$\begin{matrix} b_1 & b_2 \ldots b_n \\ + & - \ldots\ldots - \end{matrix}$$

Ahora depende de si, durante este viaje de ida y vuelta en el mundo elíptico, la pata n se transforma en congruente o simétrica (juzgado en R_n). Es fácil ver que girando alrededor de b_1 (en R_n) la *n*-pata puede volver a la posición inicial

$$\begin{matrix} b_1 & b_2 \ldots bn \\ + & + \ldots + \end{matrix}$$

si n es impar, pero no en caso contrario. Esto es cierto tanto en el caso tridimensional como en el caso unidimensional –directamente evidente. Que en el caso bidimensional se llega a la imagen especular es asimismo inmediatamente obvio.– Pero eso es precisamente lo que importa, me parece a mí. ¿No tengo razón en esta reflexión?

Por cierto, en un maravilloso libro sobre relatividad general, que se publicará en breve, Weyl llega a la conclusión de que *habría* que aplicar el tipo elíptico porque las soluciones estáticas de las ecuaciones exhiben esa simetría de centro por sí mismas. Pero creo que se ha equivocado. Parece que la cuestión tiene que quedar abierta.

Con mi más alta consideración, suyo afectísimo

A. Einstein

[Recogido en *The Collected Papers of Albert Einstein*. Volume 8, Part B: The Berlin Years: Correspondence 1918. Doc. **523**, page 738]

Carta de Hermann Weyl a Einstein

Zürich, 27 de abril de 1918

Honorable colega:

Le agradezco sinceramente el pedrisco de sus mensajes; ¡espero que no destruya por completo mi reciente siembra! Indudablemente tiene usted razón en sus objeciones a las últimas páginas de mi libro; en efecto, veo incluso que la solución correspondiente a un punto de masa requiere no sólo un "horizonte de masa", sino un colmatado de masa que abarque toda una cúpula esférica mayor que la mitad del mundo. Estoy enmendándolo ahora lo mejor que puedo; ya lo verá usted en las pruebas de imprenta. Le agradezco enormemente que me haya llamado la atención sobre este error.– Sin embargo no acepto su objeción a mi teoría de la electricidad-gravitación. Estoy formulando mi respuesta al respecto en una comunicación especial para que pueda usted presentarla a la Academia. Si siguen surgiendo objeciones, me gustaría renunciar a su publicación en las Actas de la Academia. Lamento mucho haberle causado tantas molestias con mi trabajo; ¡no me lo tenga en cuenta, por favor! (No he podido contestar durante unos días por enfermedad).

Con mi agradecimiento y mi saludo, siempre suyo

H. Weyl

[Recogido en *TCPAE*. Volume 8, Part B: The Berlin Years: Correspondence 1918. Doc. **525**, page 741]

Carta de Hermann Weyl a Einstein

Zürich, 28 de abril de 1918

Estimado colega:

Sigue aquí mi respuesta a su objeción de que ds^2 tenga *absolutamente* un significado real. Espero que el hecho de que me niegue a aceptar su objeción no se deba únicamente a un encaprichamiento egoísta y matemático con mi teoría. Habría todavía muchas cosas que añadir, pero la respuesta es ya de todos modos algo larga, y lo más esencial ya se ha dicho. Si mi respuesta le convence (cosa que apenas me atrevo a esperar), entonces, por supuesto, si usted cree que es lo mejor y la Academia está de acuerdo, aceptaré también que no se imprima este "anexo". Si la Academia está dispuesta a empezar a trabajar con este anexo, también me daré por satisfecho. Si finalmente considera usted oportuno aclarar más la controvertida cuestión mediante una discusión por escrito antes de su publicación (lo que desgraciadamente se hace bastante difícil por los retrasos de la censura), también estoy perfectamente dispuesto a hacerlo. Sólo en el caso de que usted estuviera totalmente de acuerdo en volver a presentar el trabajo, y éste fuera entonces rechazado de nuevo, le pediría que hiciera saber mi renuncia a su publicación en las Actas de Sesiones. No encuentro justificada la postura de la Academia; pero en esto tengo que darle la razón a Nernst: si la objeción de usted es correcta, si mi teoría no tiene nada que ver con la realidad, entonces, a pesar de toda la "profundidad y audacia" que usted le atribuye, no vale nada. Sigo por ello teniendo fe. Pero estas molestias que está usted teniendo con la presentación del trabajo son para mí realmente fatales. Una vez más, gracias de corazón.

Saludos cordiales, suyo

H. Weyl

(Mis sentimientos hacia usted, ya los conoce; así que creo que puedo ahorrarme revestirlos una y otra vez con el atuendo de las fórmulas convencionales de cortesía como "su más devoto" y cosas por el estilo).

[Recogido en *TCPAE*. Volume 8, Part B: The Berlin Years: Correspondence 1918. Doc. **526**, page 742]

MAYO

Carta de Einstein a Hermann Weyl

[Berlín, 10 de mayo de 1918]

Estimado colega

El 2 de mayo, la Academia aceptó su trabajo, junto con su apéndice, para los *Informes de Sesiones*. También el resumen breve llegó a tiempo para ser publicado. Así que, gracias a Dios, todo salió según lo previsto. Sin embargo, tengo que decirle una vez más que estoy firmemente convencido de que su planteamiento, por interesante que sea, no se corresponde con la verdad; la refutación no me ha convencido, pero largas disputas escritas quizá diesen pocos frutos. Creo que usted mismo descartará de nuevo esta interpretación.

Su tratamiento corregido del problema de zona sigue sin tener sentido para mí. No comprendo en absoluto por qué la distribución ecuatorial de fluidos deba ser imposible. No entiendo en absoluto la razón indicada en la página 226. La posibilidad de un mundo lleno de materia sólo en el ecuador parece incontestable y la condición en el límite $p = 0$ viable en ambas esferas.

Saludos cordiales. Suyo

Einstein

He telefoneado a Springer para que esperaran sus instrucciones al respecto, pero no sé si todavía es posible.

[Recogido en *TCPAE*. Volume 8, Part B: The Berlin Years: Correspondence 1918. Doc. **535**, page 757]

De nuevo Einstein se adentra en sus sargazos dialécticos, que serán de nuevo ampliamente debatidos y contestados por el staff.

Albert Einstein. «*Der Energiesatz in der allgemeinen Relativitätstheorie.*» Publicado en *Königlich Preußische Akademie der Wissenschaften (Berlín). Sitzungsberichte* (1918): 448-459. Presentado el 16 de mayo de 1918, publicado el 30 de mayo de 1918. [Sitzung der physikalisch-mathematischen Klasse vom 16. Mai 1918] [Sesión del seminario de física matemática del 16 de mayo de 1918]

El teorema [de conservación] de la energía en la teoría de la relatividad general

Si bien la teoría de la relatividad general ha encontrado aprobación entre la mayoría de los físicos teóricos y matemáticos, casi todos los especialistas se oponen a mi formulación del teorema del momento-energía ([1]). Como estoy convencido de haber dado en el clavo con esta formulación, explicaré a continuación con el detalle necesario mi postura sobre esta cuestión ([2]).

§ 1. *Formulación del teorema y objeciones que se le oponen.*

Según el teorema de la energía, existe una suma –la energía– definida de cierta manera y que se extiende sobre las partes de cada sistema (aislado), que no cambia de valor en el transcurso del tiempo, sea cual sea la naturaleza de los procesos que experimente el sistema. El teorema es por tanto, originariamente, una ley integral, igual que el teorema del momento formado a partir de tres ecuaciones de conservación similares. La teoría de la relatividad especial ha fusionado las cuatro leyes de conservación en una ley diferencial unificada, que expresa la anulación de la divergencia del «tensor de energía». Esta ley diferencial es equivalente a aquellos teoremas integrales abstraídos de la experiencia; sólo en esto radica su importancia.

La respectiva traslación de esta ley a la teoría de la relatividad general es, desde un punto de vista formal, la ecuación

([1]) Véase, por ejemplo, E. Schrödinger, *Phys. Zeitschr.* 19, 1918, 4-7; H. Bauer, *Phys. Zeitschr.* 19, 1918, p. 163. Por el contrario, G. Nordstrom comparte mi interpretación del teorema de la energía; véase su tratado recientemente publicado «Jets over de massa van een stoffelijkstelsel....». *Amsterdamer Akademie-Ber*. Deel XXVI, 1917, pp. 1093-1108.

([2]) Para no tener que repetir lo conocido, me baso en los resultados de mi exposición de los fundamentos de la teoría, tal como los di en el trabajo «Principio de Ha- Milton y teoría general de la relatividad» (estas *Actas*, XLII, 1916, pp. 1111-1116): Las ecuaciones de ese trabajo están aquí etiquetadas con «l. c.»

[p. 449]

$$\frac{\partial \mathfrak{T}_\sigma^\nu}{\partial x_\nu} + \frac{1}{2} g_\sigma^{\mu\nu} \mathfrak{T}_{\mu\nu} = 0 ,$$

cuyo primer miembro es una divergencia en el sentido del cálculo diferencial absoluto. $\frac{1}{\sqrt{-g}} \mathfrak{T}_\sigma^\nu$ es un tensor, el tensor de energía de la «materia.» Desde el punto de vista físico, esta ecuación no puede considerarse un equivalente completo de las leyes de conservación del momento y la energía, porque no corresponde a ecuaciones integrales que puedan interpretarse como leyes de conservación del momento y la energía. Aplicadas al sistema planetario, por ejemplo, nunca se puede concluir de estas ecuaciones que los planetas no puedan alejarse indefinidamente del sol y que el centro de gravedad de todo el sistema deba permanecer en reposo (o en movimiento de traslación uniforme) con respecto a las estrellas fijas. Obviamente, la experiencia nos obliga a buscar una ley diferencial que sea equivalente a las leyes *integrales* de conservación del momento y de la energía. Esto se consigue, como se mostrará con más detalle a continuación, mediante la ecuación que demostré (21 l. c.)

$$\frac{\partial U_\sigma^\nu}{\partial x_\nu} = 0 , \qquad (1)$$

donde hay que calcular U_σ^ν a partir de la función hamiltoniana total según las fórmulas (19 y 20 l. c.)

$$U_\sigma^\nu = \mathfrak{T}_\sigma^\nu + t_\sigma^\nu = -\left(\frac{\partial H^*}{\partial g_\alpha^{\mu\sigma}} g_\alpha^{\mu\nu} + \frac{\partial H^*}{\partial g^{\mu\sigma}} g^{\mu\nu} \right) . \qquad (2)$$

Esta formulación choca con la resistencia de los expertos porque (U_σ^ν) y (t_σ^ν) no son tensores, mientras que ellos esperan que todas las magnitudes relevantes para la física se tengan que poder interpretar como escalares y componentes tensoriales. Subrayan además ([1]) que en ciertos casos es posible hacer que se anulen todos los U_σ^ν mediante una elección adecuada de coordenadas o dándoles valores distintos de cero. Por ello, en general se duda bastante del significado de la ecuación (1).

Frente a esto, demostraré a continuación que la ecuación (1) define el concepto de energía y momento con precisión tan estricta como la que estamos acostumbrados a exigir en mecánica clásica. La energía y el momento de un sistema cerrado están completamente determinados, independientemente de la elección de coordenadas, con tal de que esté dado el estado de movimiento

([1]) Véase el trabajo de H. Bauer antes citado.

[p.**450**]

del sistema (considerado como un todo) respecto al sistema de coordenadas; así, por ejemplo, la «energía en reposo» de cualquier sistema cerrado es independiente de la elección de coordenadas. La demostración que se hace a continuación se basa esencialmente en que la ecuación (1) es válida para cualquier elección de coordenadas.

§ 2. *¿En qué medida la energía y el momento son independientes de la elección de coordenadas?*

Elegiremos en lo que sigue el sistema de coordenadas de modo que todos los elementos de línea (0, 0, 0, dx_4) sean de tipo temporal, y todos los elementos de línea (dx_1, dx_2, dx_3, 0) sean de tipo espacial; podemos entonces, en cierto sentido, llamar «tiempo» a la cuarta coordenada.

Para que podamos hablar de la energía o del momento de un sistema, las densidades de energía y momento tienen que anularse fuera de un cierto dominio B. Por lo general este será el caso sólo si las $g_{\mu\nu}$ son constantes fuera de B, es decir, si el sistema considerado está inmerso en un «espacio galileano» y utilizamos «coordenadas galileanas» para describir el entorno del sistema. El dominio B se extiende infinitamente en la dirección del tiempo, es decir, corta a cualquier hipersuperficie x_4 = const. Su figura de corte con una hipersuperficie x_4 = const. está siempre limitada por todas partes. Dentro del dominio B no hay ningún «sistema de coordenadas galileano»; la elección de coordenadas dentro de B está más bien sujeta a la única restricción de que éstas tienen que asociarse continuamente con las coordenadas fuera de B. A continuación consideraremos varios sistemas de coordenadas de este tipo, todos los cuales coinciden entre sí fuera de B.

Los teoremas integrales de conservación del momento y de la energía se obtienen a partir de (1) integrando esta ecuación en x_1, x_2, x_3 sobre el dominio B. Como todos los U_σ^ν se anulan en los límites de este dominio, se obtiene

$$\frac{d}{dx_4}\left[\int U_\sigma^4 dx_1 dx_2 dx_3\right] = 0 . \qquad (3)$$

En mi opinión, estas 4 ecuaciones expresan el teorema del momento (σ = 1 a 3) y el teorema de la energía (σ = 4). Llamaremos J_σ a la integral que aparece en (3). Sostengo ahora que las J_σ son independientes de la elección de coordenadas para todos los sistemas de coordenadas que, fuera de B, coinciden con el mismo sistema galileano.

[**p.451**]

Integrando (3) entre $x_4 = t_1$ y $x_4 = t_2$, se obtiene de entrada para un sistema de coordenadas K:

$$(J_\sigma)_1 = (J_\sigma)_2. \qquad (4)$$

Si introducimos además un segundo sistema de coordenadas K' (con apóstrofo), que coincide con K fuera de B, tenemos asimismo para los cortes $x'_4 = t'_1$ y $x'_4 = t'_2$

$$(J'_\sigma)_1 = (J'_\sigma)_2.$$

Construimos ahora un tercer sistema de coordenadas K'' del tipo considerado que, sin violar la continuidad, coincide con K en el entorno de la sección $x_4 = t_1$ y con K' en el entorno de la sección $x'_4 = t'_2$. La integración de (3) entre estos cortes proporciona entonces

$$(J_\sigma)_1 = (J'_\sigma)_2. \tag{5}$$

De las tres relaciones se deduce que J_σ es independiente de la elección de coordenadas dentro de B. Por lo tanto, las J_σ cambian con la elección del sistema de coordenadas galileano exclusivamente fuera de B. Agotamos, pues, todas las posibilidades si procedemos del siguiente modo: de entrada, fijamos un sistema de coordenadas que elegimos sea galileano fuera de B y arbitrario dentro de B, y después utilizamos sólo todos aquellos sistemas de coordenadas que estén ligados a él por transformaciones de Lorentz. Con respecto a este grupo, los U_σ^ν tienen carácter tensorial, y se puede demostrar por los métodos de la relatividad especial que (J_σ) es un tetra-vector. Por lo tanto, como en la teoría especial de la relatividad, se puede poner

$$J_\sigma = E_0 \frac{dx_\sigma}{ds}, \tag{6}$$

donde E_0 designa la «energía en reposo» y $\frac{dx_\sigma}{ds}$ la velocidad (tetra-vector) del sistema (como un todo). E_0 es igual a la componente J_4 si se eligen las coordenadas de modo que $J_1 = J_2 = J_3 = 0$.

A pesar de la libre elección de coordenadas dentro de B, la energía en reposo o la masa del sistema es, por tanto, una magnitud claramente definida que no depende de la elección de coordenadas. Esto es tanto más notable cuanto que, debido a la carencia de carácter tensorial de U_σ^ν, no puede darse una interpretación invariante a las componentes de la densidad de energía.

Si se piensa, por ejemplo, que el interior de B está también vacío, el sistema así definido tiene una energía total que tiende a cero; pero eligiendo a voluntad las coordenadas en el interior de B es posible dar lugar a las más diversas distribuciones de energía,

[p.452]

todas las cuales, sin embargo, proporcionan la integral 0. De este modo, contrariamente a nuestros actuales hábitos de pensamiento, llegamos a atribuir más valor real a una integral que a sus diferenciales.

§ 3. *El teorema integral para el universo cerrado.*

Para poder hablar siquiera de un sistema aislado, tuvimos que suponer en la sección anterior que el continuo métrico se comporta de modo galileano a suficiente distancia del sistema, requisito previo que ciertamente se cumple con gran aproximación para dominios del orden de magnitud del sistema planetario. Sin embargo, en un artículo publicado el año pasado ([1]) pude hacer ver que la opinión de que el universo a gran escala se comporta aproximadamente de forma galileana (o euclídea) está sujeta a considerables reservas desde el punto de vista de la teoría de la relatividad general; en este caso, el universo tendría que estar esencialmente vacío, es decir, cuanto mayores sean las áreas que se consideren, menos podría desviarse de cero la densidad media de la materia ponderable que se encontrase en ellas. Resulta probable que el universo, en cuanto al espacio, sea a gran escala cuasi esférico (o cuasi elíptico). Esta interpretación requiere la adición de un término (el «término λ») a las ecuaciones de campo de la gravitación. Según las ecuaciones así complementadas, una parte del universo que esté libre de materia no puede tener un comportamiento "galileano". Por lo tanto, no será posible elegir las coordenadas tal como exige el § 2, y tanto menos cuanto más extenso sea el sistema considerado ([2]). [10]

En este caso de un universo finito, se plantea no obstante la interesante cuestión de si las leyes de conservación se aplican al universo como un todo, al que forzosamente hay que considerar como «sistema aislado». Podemos limitarnos a interpretar el universo como cuasi-esférico, pues el cuasi-elíptico surge de este añadiendo una condición de simetría.

El teorema de conservación ([1]), ([2]) rige asimismo en el universo cuasi-esférico. Pero no existe ningún sistema de coordenadas que tenga comportamiento regular en todas partes. En un universo exactamente esférico, el cuadrado del elemento de línea invariante tiene, utilizando coordenadas polares, el valor

$$ds^2 = dt^2 - R^2[d\vartheta_1{}^2 + \sin^2\vartheta_1\, d\vartheta_2{}^2 + \sin^2\vartheta_1 \sin^2\vartheta_2\, d\vartheta_3{}^2]. \qquad (7)$$

([1]) Estas *Actas* 1917 VI, página 142

([2]) Para los espacios presentados en astronomía, la interpretación expresada en el § 2 debería ser suficiente, de modo que lo que sigue tiene un interés puramente especulativo.

[p.453]

Resulta así

$$\left.\begin{array}{llll} x_1 = \vartheta & entre & 0 \quad y & \pi \\ x_2 = \vartheta_2 & entre & 0 \quad y & \pi \\ x_3 = \vartheta_3 & entre & 0 \quad y & 2\pi \\ x_4 = t & entre & -\infty \quad y & +\infty \end{array}\right\} \qquad (8)$$

En los límites de ϑ_1 y de ϑ_2, el sistema de coordenadas tiene comportamiento singular, porque en esos puntos se cortan más de 4 (∞ muchas) líneas de coordenadas y el determinante $|g_{\mu\nu}|$ se anula allí. También será posible una elección análoga de coordenadas en el caso del universo cuasi-esférico (con la correspondiente expresión modificada de ds^2); aquí también tendremos que prestar atención a los llamados puntos singulares del sistema de coordenadas. Las ecuaciones (1) tendrán validez en todos los puntos que no sean puntos singulares del sistema de coordenadas. El paso a las leyes integrales (3) también será posible si se anula la integral sobre $\frac{\partial U_\sigma^1}{\partial x_1} + \frac{\partial U_\sigma^2}{\partial x_2} + \frac{\partial U_\sigma^3}{\partial x_3}$ («condición de contorno»). Este sería el caso, por ejemplo, si

$$\left.\begin{array}{l} U_1^1, U_2^1, U_3^1, U_4^1 \quad se \quad anula \quad para \quad \vartheta_1 = 0 \quad y \quad \vartheta_1 = \pi \\ y \quad U_1^2, U_2^2, U_3^2, U_4^2 \quad se \quad anula \quad para \quad \vartheta_2 = 0 \quad y \quad \vartheta_2 = 0 \end{array}\right\}. \qquad (9)$$

se anula ([1]), pues al integrar (1) respecto a x_1, x_2, x_3 sobre todo el espacio cerrado, se anulan en este caso todos los términos del primer miembro, excepto los que proceden del término $\frac{\partial U_\sigma^4}{\partial x_4}$.

Como antes, también aquí se puede demostrar que las J_σ tienen el mismo valor para todos los sistemas de coordenadas que se pueden obtener por deformación continua a partir del utilizado en primer lugar. La demostración es análoga a la hecha antes, salvo que la condición para la elección de coordenadas fuera de B no tiene aquí análoga. Para un universo cerrado del tipo de conexión esférico, las J_σ. son independientes de la elección particular de coordenadas, siempre que se mantenga la «condición de contorno» ([2]).

Se puede demostrar entonces que las «componentes del momento» J_1, J_2, J_3 se anulan necesariamente para semejante universo cerrado.

([1]) Más detalles al respecto en § 4.

(2) La reflexión del § 2 aplicada aquí con precisión arroja el siguiente resultado. Si K y K' son dos sistemas de coordenadas, x_4 = const, y x'_4 = const, dos secciones espaciales correspondientes a éstos y J_σ y J'_σ los valores de J_σ correspondientes, entonces J_σ y J'_σ son siempre iguales entre sí siempre que exista una transición continua entre K y K' que mantenga la condición de contorno.

[**p.454**]

De entrada haremos la demostración para J_1 y J_2. A continuación se demuestra que, mediante cambio continuo, se puede llegar, partiendo del sistema de coordenadas K, a un nuevo sistema K' que está conectado a K por la sustitución

$$\left.\begin{array}{l} \vartheta'_1 = \pi - \vartheta_1 \\ \vartheta'_2 = \pi - \vartheta_2 \\ \vartheta'_3 = \vartheta_3 \\ t' = t \end{array}\right\}. \qquad (10)$$

Es esta una transformación lineal. Como los U_σ^ν de las sustituciones lineales tienen carácter tensorial, se deduce de (10) que en todas partes tiene validez

$$\begin{array}{l} U_1^{4'} = -U_1^4 \\ U_2^{4'} = -U_2^4. \end{array}$$

Se sigue inmediatamente de aquí que también

$$\left.\begin{aligned} J'_1 &= -J_1 \\ J'_2 &= -J_2 \end{aligned}\right\}. \tag{11}$$

Por otra parte, dado que K puede transformarse en K' mediante un cambio continuo, basándonos en nuestro teorema general de invariancia tiene que ser válido para los J_σ

$$\left.\begin{aligned} J'_1 &= J_1 \\ J'_2 &= J_2 \end{aligned}\right\}. \tag{12}$$

De (11) y (12) se sigue que J_1 y J_2 se anulan.

De modo análogo puede demostrarse que J_1 y J_3 se anulan porque, mediante cambio continuo de coordenadas, puede introducirse un sistema K' que esté conectado con K por la sustitución

$$\left.\begin{aligned} \vartheta'_1 &= \pi - \vartheta_1 \\ \vartheta'_2 &= \vartheta_2 \\ \vartheta'_3 &= 2\pi - \vartheta_3 \\ t' &= t \end{aligned}\right\}. \tag{10a}$$

Ahora sólo nos queda proporcionar la prueba de que las sustituciones (10) y (10a) pueden generarse mediante cambio continuo del sistema de coordenadas. A este respecto podemos limitarnos a considerar la esfera tridimensional, dejando de lado la coordenada t.

En un espacio euclídeo cuadridimensional de las u_ν, la esfera considerada satisfará la ecuación

$$u_1^2 + u_2^2 + u_3^2 + u_4^2 = R^2 .$$

Con estas coordenadas cartesianas en el espacio euclídeo cuadridimensional vinculamos coordenadas esféricas según las fórmulas

[p.455]

$$\left.\begin{aligned} u_1 &= R\cos\vartheta_1 \\ u_2 &= R\sin\vartheta_1\cos\vartheta_2 \\ u_3 &= R\sin\vartheta_1\sin\vartheta_2\cos\vartheta_3 \\ u_4 &= R\sin\vartheta_1\sin\vartheta_2\sin\vartheta_3 \end{aligned}\right\} \tag{13}$$

Si giramos el sistema u_ν alrededor del centro de la esfera, el sistema ϑ_ν gira con él, y las relaciones (13) también se aplican a los sistemas en la posición girada.

En un espacio euclídeo, siempre es posible realizar rotaciones del sistema de coordenadas cartesianas en las que sólo se mueven dos de los ejes, mientras que los demás permanecen fijos. Entre estas rotaciones se destacan las que giran el ángulo π, que corresponden a sustituciones del tipo

$$\left.\begin{array}{l} u'_1 = -u_1 \\ u'_2 = -u_2 \\ u'_3 = u_3 \\ u'_4 = u_4 \end{array}\right\} . \qquad (14)$$

Una de estas es también la sustitución

$$\left.\begin{array}{l} u'_1 = -u_1 \\ u'_2 = u_2 \\ u'_3 = u_3 \\ u'_4 = -u_4 \end{array}\right\} . \qquad (15)$$

(14) y (15), teniendo en cuenta (13) y las ecuaciones correspondientes para el sistema con primas, proporcionan directamente las sustituciones (10) y (10a), que pueden generarse, por tanto, mediante cambios continuos del sistema ϑ_ν.

Se aporta así la prueba requerida (salvo la demostración de que se satisface la «condición de contorno»). Para el universo como un todo, cerrado, el momento se anula; el valor de la energía total es independiente del tiempo y de la elección de coordenadas.

§ 4. *La energía del universo esférico.*

Calcularemos ahora las U_σ^ν para un universo esférico con materia incoherente uniformemente distribuida, principalmente para comprobar si al menos en este caso más simple se cumple la condición (9), a la que están ligados los resultados del párrafo anterior. Tenemos que poner

$$U_\sigma^\nu = \mathfrak{T}_\sigma^\nu + (t_\sigma^\nu)_1 + (t_\sigma^\nu)_2 , \qquad (16)$$

donde las $(t_\sigma^\nu)_1$ corresponden al término λ y las $(t_\sigma^\nu)_2$ son funciones de las $g_\sigma^{\mu\nu}$. La fórmula

[**p.456**]

$$\mathfrak{T}_\sigma^\nu = \sqrt{-g}\, g_{\sigma\alpha} \frac{dx_\alpha}{ds} \frac{dx_\nu}{ds} \rho_0$$

proporciona en nuestro caso para los $\mathfrak{T}_\sigma^\nu$ las componentes

$$(\mathfrak{T}_\sigma^\nu =) \quad \left.\begin{array}{cccc} 0 & 0 & 0 & 0 \\ 0 & 0 & 0 & 0 \\ 0 & 0 & 0 & 0 \\ 0 & 0 & 0 & \rho_0\sqrt{-g} \end{array}\right\} . \qquad (17)$$

A partir de las ecuaciones de campo de la gravitación, teniendo en cuenta el término λ, se obtiene además sin dificultad para los $(t_\sigma^\nu)_1$

$$\kappa(t_\sigma^\nu)_1 = \left.\begin{matrix} \lambda\sqrt{-g} & 0 & 0 & 0 \\ 0 & \lambda\sqrt{-g} & 0 & 0 \\ 0 & 0 & \lambda\sqrt{-g} & 0 \\ 0 & 0 & 0 & \lambda\sqrt{-g} \end{matrix}\right\}. \tag{18}$$

El cálculo de los $(t_\sigma^\nu)_2$ es bastante más laborioso. Lo mejor es basarse en la ecuación (20 l. c.). Sin embargo, resulta práctico introducir las magnitudes $g^{\mu\nu}\sqrt{-g} = G^{\mu\nu}$ y $\frac{\partial}{\partial x_\sigma}(g^{\mu\nu}\sqrt{-g}) = G_\sigma^{\mu\nu}$ en lugar de $g^{\mu\nu}$ y $g_\sigma^{\mu\nu}$, como ha hecho ocasionalmente H. A. Lorentz. Rigen entonces las siguientes relaciones

$$t_\sigma^\alpha = \frac{1}{2}\left(\aleph^* \delta_\sigma^\alpha - \frac{\partial \aleph^*}{\partial G_\alpha^{\mu\nu}} G_\sigma^{\mu\nu} \right) \tag{19}$$

$$\frac{\partial \aleph^*}{\partial G_\alpha^{\mu\nu}} = \frac{1}{2\kappa}\left(\begin{Bmatrix} \mu\beta \\ \beta \end{Bmatrix} \delta_\nu^\alpha + \begin{Bmatrix} \nu\beta \\ \beta \end{Bmatrix} \delta_\mu^\alpha \right) - \frac{1}{\kappa} \begin{Bmatrix} \mu\nu \\ \alpha \end{Bmatrix}, \tag{19a}$$

la última de las cuales puede deducirse fácilmente de un cálculo que hace H. Weyl en el § 28 de su libro «*Raum.* [14] *Zeit. Materie*» que publicará pronto J. Springer. De (18), (18a) y (7) se deducen las expresiones para $(t_\sigma^\nu)_2$

$$\frac{\kappa}{R}(t_\sigma^\nu)_2 =$$

$$\left.\begin{matrix} \cos^2\vartheta_1 \sin\vartheta_2 & 0 & 0 & 0 \\ \sin\vartheta_1 \cos\vartheta_1 \cos\vartheta_2 & -\cos^2\vartheta_1 \sin\vartheta_2 & 0 & 0 \\ 0 & 0 & -\cos^2\vartheta_1 \sin\vartheta_2 & 0 \\ 0 & 0 & 0 & -\cos^2\vartheta_1 \sin\vartheta_2 \end{matrix}\right\} \tag{20}$$

donde cada columna corresponde a un valor de ν y cada fila a un valor de σ. De (17), (18) y (20) se deducen, teniendo en cuenta (16), las componentes de energía U_σ^ν.

[**p.457**]

Las condiciones (9) se cumplen para todas las componentes excepto para la componente U_1^1; esta excepción radica en que $(t_1^1)_2$ no se anula para $\vartheta_1 = 0$ y $\vartheta_1 = \pi$. No obstante, como se ve, la integral

$$\int_{\vartheta_1=0}^{\vartheta_1=\pi} \frac{\partial U_1^1}{\partial \vartheta_1} d\vartheta_1 ,$$

se anula porque $\cos^2\vartheta_1\sin\vartheta_2$ tiene el mismo valor para $\vartheta_1 = 0$ y $\vartheta_1 = \pi$. En el caso especial que hemos considerado, la integral

$$\int\left(\frac{\partial U_\sigma^1}{\partial x_1}+\frac{\partial U_\sigma^2}{\partial x_2}+\frac{\partial U_\sigma^3}{\partial x_3}\right)dx_1dx_2dx_3\,,$$

se anula de hecho como hemos supuesto en el párrafo anterior. Es probable que éste sea el caso para cualquier universo cerrado del tipo de conexión esférica cuando se utilizan coordenadas polares del tipo de las aquí empleadas, pero esto requeriría una demostración especial.

La energía total J_4 del universo estático que estamos considerando es

$$J_4=\int\left(\rho_0\sqrt{-g}+\frac{\lambda}{\kappa}\sqrt{-g}-\frac{R}{\kappa}\cos^2\vartheta_1\sin\vartheta_2\right)d\vartheta_1d\vartheta_2d\vartheta_3\,.$$

Aquí, es

$$\sqrt{-g}=R^3\sin^2\vartheta_1\sin\vartheta_2$$

y

$$\frac{\lambda}{\kappa}=\frac{\rho_0}{2}=\frac{1}{R^2\kappa}\,.$$

Como $V = 2\pi^2R^3$ es el volumen del universo esférico, se obtiene por tanto

$$J_4 = \rho_0 V. \qquad (21)$$

En este caso, pues, la gravedad no contribuye a la energía total.

§ 5. *La masa pesada de un sistema cerrado.*

Volvamos ahora a considerar una vez más el caso en el que un sistema está inmerso en un «espacio galileano», por lo que despreciamos de nuevo el ««término λ» en las ecuaciones de campo. Hemos demostrado en § 3 que la integral J_σ de un sistema que flota libremente en un espacio galileano se transforma como un cuadrivector. Esto significa que la magnitud que hemos interpretado como energía desempeña también el papel de masa *inercial*, de acuerdo con la teoría de la relatividad especial.

(1) Véase A. Einstein, estas *Actas de Sesiones*. 1917. VI, p. 142-152. Ecuación (14).

[p.458]

Sin embargo, mostraremos también ahora que la masa pesada del sistema global considerado coincide con la magnitud que hemos interpretado como energía del sistema. Supongamos que en el entorno del origen de coordenadas existe un sistema físico cualquiera que, considerado en su conjunto, está en reposo respecto al sistema de coordenadas. Este sistema genera entonces un campo gravitatorio que, en el infinito espacial, puede sustituirse con precisión arbitraria por el de una masa puntual. En el infinito se tiene por tanto

$$g_{44} = 1 - \frac{\kappa}{4\pi}\frac{M}{r}, \tag{22}$$

donde M es una constante a la que tendremos que llamar masa pesada del sistema. Tenemos que determinar esta constante.

La ecuación de campo

$$\frac{\partial}{\partial x_\alpha}\left(\frac{\partial \aleph^*}{\partial g_\alpha^{\mu 4}} g^{\mu 4}\right) = -U_4^4 \tag{23}$$

tiene validez exacta en todo el espacio.

Si llamamos F_α a la magnitud entre paréntesis del lado izquierdo e integramos sobre el interior de una superficie S que encierra el sistema en el infinito espacial, obtenemos

$$\begin{aligned} &\int (F_1 \cos nx_1 + F_2 \cos nx_2 + F_3 \cos nx_3) dS \\ &+ \frac{d}{dx_4}\int F_4 dx_1 dx_2 dx_3 = \int U_4^4 dx_1 dx_2 dx_3. \end{aligned} \tag{24}$$

Como tanto la primera integral del lado izquierdo como la del lado derecho, que expresan la energía negativa de todo el sistema, no cambian con el tiempo, éste debe ser también el caso para el segundo término del lado izquierdo; por tanto, debe anularse, ya que la integral no puede cambiar continuamente en el mismo sentido. El cálculo de la integral de superficie en el lado izquierdo no presenta ninguna dificultad ya que, en el infinito espacial, cabe limitarse a la primera aproximación; y esta, teniendo en cuenta (22), proporciona el valor $-M$. Por lo tanto es

$$M = \int U_4^4 dx_1 dx_2 dx_3 = J_4 = E_0 . \tag{25}$$

Este resultado respalda pues nuestra interpretación del teorema de la energía, ya que la definición de M dada anteriormente es independiente de nuestra definición de energía. La masa pesada de un sistema es igual a la magnitud a la que hemos llamado anteriormente su energía.

Addendum de corrección. Reflexiones posteriores sobre el tema me han llevado a interpretar que para la formulación del teorema del momento-energía de un universo cuasi esférico

[p.459]

(pero no cuasi elíptico) son preferibles las coordenadas que se obtienen por proyección estereográfica de la esfera sobre un hiperplano (tridimensional). En el caso de distribución uniforme de la materia es entonces

$$ds^2 = dx_4^2 - \frac{dx_1^2 + dx_2^2 + dx_3^2}{\left[1 + \frac{1}{4R^2}(x_1^2 + x_2^2 + x_3^2\right]^2}.$$

La singularidad en apariencia atribuible a la elección de coordenadas se desplaza entonces al infinito espacial ([1]). La formulación parece más natural debido a la simetría en las tres coordenadas espaciales. La demostración de la anulación del momento total es aún más sencilla que la dada en el texto, ya que se ve inmediatamente que las sustituciones espaciales

$$\begin{aligned} x'_1 &= -x_1 \\ x'_2 &= -x_2 \\ x'_3 &= x_3 \end{aligned} \qquad \text{y} \qquad \begin{aligned} x'_1 &= x_1 \\ x'_2 &= -x_2 \\ x'_3 &= -x_3 \end{aligned}$$

pueden obtenerse mediante un cambio continuo de coordenadas (rotación del sistema de coordenadas), a partir del cual, como en el texto, se obtienen las ecuaciones

$$\begin{aligned} J'_1 &= -J_1 \\ J'_2 &= -J_2 \\ J'_3 &= -J_3 \end{aligned}$$

Al calcular las U_σ^ν, me he convencido de que la integral de superficie sobre una esfera “infinitamente distante” ([2]) que encierra el origen de coordenadas, que aparece por integración espacial de los tres primeros miembros de la expresión

$$\frac{\partial U_\sigma^1}{\partial x_1} + \frac{\partial U_\sigma^2}{\partial x_2} + \frac{\partial U_\sigma^3}{\partial x_3} + \frac{\partial U_\sigma^4}{\partial x_4}$$

se anula (al menos en el caso particular de materia uniformemente distribuida). Incluso con esta elección de coordenadas, el campo gravitatorio en este caso no contribuye en nada a la energía del universo.

([1]) El caso del universo cuasiesférico, es decir, materia distribuida desigualmente y en movimiento arbitrario, permitirá una elección análoga de coordenadas en la medida en que la aparente singularidad del campo correspondiente a la elección de coordenadas se desplaza a $x_1 = x_2 = x_3 = \pm \infty$ y adquiere el mismo carácter que en el caso de materia en reposo distribuida uniformemente.

([2]) Es decir, sobre una superficie $x_1^2 + x_2^2 + x_3^2 = R^2$ con R infinitamente grande.

Publicado el 30 de mayo.

[Recogido en *The Collected Papers of Albert Einstein.* Volume 7: The Berlin Years: Writings, 1918-1921. Doc. 9, Pages 64-75]

Carta de Hermann Weyl a Einstein

Zürich, Schmelzbergstr., 20. 19 de mayo de 1918

Estimado colega,

Con mi “mejora” de la hoja 15, he cometido realmente un error. Es cierto que la afirmación de la parte superior de la p. 226 es correcta: *h* es una función impar de $x_4 = z$

en la esfera, igual que en el caso de la cúpula fluida Ec. (66), $h = \frac{b_0}{z}$. Pero lo que incomprensiblemente había pasado por alto es que la condición límite de presión que tiende a cero no requiere el mismo valor de h, sino el mismo valor de f en ambas esferas. Ahora la ecuación para Δ:

$$(*) \qquad \frac{d\Delta}{dr} = \frac{rv}{2} h^3$$

proporciona una solución Δ, que es una función *impar* de z; la correspondiente $f = \Delta/h$ es, por tanto, par. Debido a las constantes aditivas arbitrarias en la solución de (*), f puede seguir sustituyéndose por f + const./h. Sin embargo, si f debe asumir el mismo valor $\left[f_0 = \frac{\nu}{\mu_0} \right]$ en ambas esferas límite $r = r_0$ simétricas respecto al ecuador, entonces debe tomarse esta const. = 0. La ecuación encorchetada proporciona una relación trascendente entre μ_0 y r_0. Se puede formular de la manera más elegante: Si $r = a^*$ es el valor para el que (64) $\frac{1}{h^2}$ se anula y si se pone

$$\gamma = \left(\frac{r_0}{a^*} \right)^3 : \left(1 + \frac{\lambda}{2\mu_0} \right),$$

$$\frac{1}{h^2} = \frac{1-x}{x} \cdot (x^2 + x + \gamma),$$

$$\rho = \frac{3\gamma}{2 + \gamma x^{-3}},$$

entonces $x = \frac{r_0}{a^*}$ satisface la ecuación

$$\rho + \frac{1}{h} \int_x^1 h d\rho = x^3;$$

para una γ dada ($0 < \gamma < 1$), esta ecuación tiene siempre una y sólo una solución x. Para una zona de masa infinitamente delgada se obtiene una densidad de masa infinitamente grande μ_0, de modo que la masa total contenida en la zona asume un cierto valor finito $\neq 0$; si no he calculado mal: $4\sqrt{3} \cdot \frac{1}{\kappa\sqrt{\lambda}}$, mientras que la masa cuando el espacio está uniformemente lleno con densidad λ, es: $\frac{\pi}{\sqrt{2}} \cdot \frac{1}{\kappa\sqrt{\lambda}}$. Este resultado, que la masa contenida en la zona no disminuye a 0, incluso si su espesor converge a 0, debería encontrar su aprobación.

También se puede construir un horizonte de masa *zonal* para la "solución de masa puntual" (65):

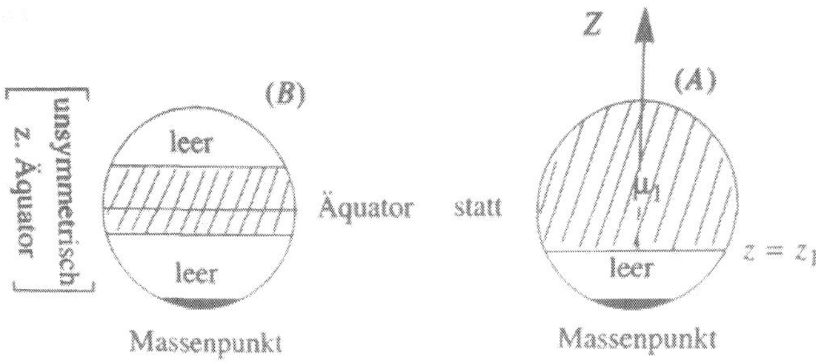

[*unsymmetrisch z. Äquator* : asimétrico respecto al ecuador; *leer*: vacío; *Äquator*: ecuador; *statt*: en vez de; *Massenpunkt*: punto de masa (masa puntual)]

Para la cúpula de masa (*A*), la densidad debe ser $\mu_1 < \lambda$ para que la presión p en su interior sea positiva; a saber, (si se fija el radio = 1:)

$$\left(1+\frac{p}{\mu_0}\right)\cdot\left(1+\frac{\lambda-\mu_1}{\lambda+2\mu_1}\underset{\text{(neg.)}}{\overset{\text{(pos.)}}{\frac{z-z_1}{z_1}}}\right)=1.$$

La transición continua del caso (*A*) al caso (*B*) se produce a través de $\mu_1 = \lambda$: cúpula, en la que la presión = 0 en todas partes.

Por cierto, la suposición de un espacio elíptico (identificación de dos puntos diametrales de la esfera) me parece ahora mucho más natural que la de un espacio esférico.

Gracias una vez más por presentar mi trabajo en la Academia. La corrección le fue enviada hace unos días. Su rechazo de la teoría me pesa; después de todo, sé demasiado bien cuánto más familiarizado está usted con la realidad que yo. Pero mi propio cerebro aún conserva la fe en ella. Y como matemático, tengo que aferrarme a ella: Mi geometría es la verdadera geometría de proximidad; el hecho de que Riemann sólo llegara al caso especial $F_{ik} = 0$ tiene razones meramente históricas (desarrollo a partir de la teoría de superficies), no objetivas. Si tiene usted razón sobre el mundo real, lamento tener que acusar al buen Dios de incoherencia matemática. Espero tener la oportunidad de discutir esto verbalmente con usted con más detalle aquí en Zürich en un futuro próximo.

Con mi más sincero agradecimiento y cordiales saludos, suyo

H. Weyl

[Recogido en *TCPAE*. Volume 8, Part B: The Berlin Years: Correspondence 1918. Doc. **544**, page 765]

Carta de Einstein a Hermann Weyl

[Berlín,] [31 de mayo de 1918]

Querido colega:

Me alegro de que haya usted ya puesto en orden el asunto de las zonas. El resultado de su cálculo corresponde ahora exactamente a lo que cabía esperar. Probablemente haya ya enviado la corrección correspondiente a Springer; le pedí a él que esperara para imprimir hasta que usted decidiera. ¡Ojalá la abominable falta de papel no retrase la publicación de su libro!

Vayamos ahora a la cuestión de si elíptico o esférico. Yo no creo que exista la posibilidad de decidir realmente este asunto por medios especulativos. Pero tengo un oscuro presentimiento que me hace preferir el esférico. Es decir, percibo que las variedades más sencillas son aquellas en las que *cualquier curva cerrada puede contraerse continuamente a un punto*. También otras personas deben tener esta sensación. Porque, si no, en Astronomía se habría tomado en consideración también el caso de que nuestro espacio pudiera ser euclídeo y finito. El espacio euclídeo bidimensional tendría entonces las propiedades de conexión de una superficie circular anular. Se trata de un plano euclídeo en el que cada fenómeno es doblemente periódico, siendo idénticos los puntos situados sobre la misma cuadrícula periódica. En el espacio euclídeo finito, habría tres tipos de curvas cerradas que no son continuamente reducibles a un punto. Del mismo modo, el espacio elíptico, a diferencia del espacio esférico, tiene un tipo de curvas que no son continuamente reducibles a un punto; por eso me gusta menos que el espacio esférico.

¿Es posible demostrar que el espacio elíptico es la única modalidad de espacio esférico que puede obtenerse añadiendo propiedades de periodicidad? Parece que sí.

Volvamos de nuevo a su trabajo para la Academia: ¿Se podría realmente acusar al Señor de inconsistencia si hubiera perdido la oportunidad que encontró usted de armonizar el mundo físico? No lo creo. En el caso de que Él hubiera hecho el mundo según usted, habría venido Weyl II para dirigirse a *Él* reprobatoriamente así:

"Querido Dios, si no entraba en Tu propósito dar un significado objetivo a la congruencia de cuerpos rígidos infinitamente pequeños, de modo que cuando están distantes el uno del otro, no se puede decir que son congruentes o que no lo son: ¿por qué entonces Tú, el Inescrutable, no desdeñaste dejar esta propiedad al ángulo (o a la semejanza)? Si dos cuerpos infinitamente pequeños y originalmente congruentes K, K' ya no pueden hacerse coincidir después de que K' haya completado una vuelta cerrada viajando por el espacio, ¿por qué debería mantenerse la *semejanza* de K y K' durante esta vuelta? Parece más natural que la transformación de K' con respecto a K sea más general que afín". Pero como el Señor ya se dio cuenta antes del desarrollo de la física teórica de que no podía hacer justicia a las opiniones de los hombres, hace sencillamente lo que le place.

Probablemente no nos veamos en Suiza en verano. Dada la sensibilidad de mi "vida interior" y las desagradables condiciones del viaje, tengo aversión a los viajes largos. Seguramente iré al mar Báltico a recuperarme. Quizá venga usted al norte algún día.

Saludos cordiales, suyo

Einstein

[Recogido en *TCPAE*. Volume 8, Part B: The Berlin Years: Correspondence 1918. Doc. **551**, page 776]

Carta de Felix Klein a Einstein

Göttingen, 31 de mayo de 1918

Estimado colega:

Le escribo, como le prometí, antes de interrumpir por unas semanas mi ocupación con sus últimos trabajos. Hoy me ocuparé sólo de sus consideraciones "cosmológicas".

1. Si se define ds^2 como lo hizo usted en 1917, no encuentro, de acuerdo con su concepción, ningún obstáculo para suponer, a voluntad, al "espacio" esférico o elíptico.

2. No es así si se parte de un “mundo” de curvatura constante (como hice yo, sin advertir la diferencia respecto a su suposición, en mi elaboración de Hedemünden y que es la base de la “hipótesis B” de de Sitter).

En cualquier caso, lo más fácil es partir de la estructura “pseudoesférica” con 5 variables: $\xi^2 + \eta^2 + \zeta^2 - \upsilon^2 + \omega^2 = R^2$ y definir ds^2 como $d\xi^2 + d\eta^2 + d\zeta^2 - d\upsilon^2 + d\omega^2$. Las fórmulas “elípticas” se obtienen entonces en la forma conocida, poniendo

$$x = R \cdot \frac{\xi}{\omega}, \quad y = R\frac{\eta}{\omega}, \quad z = R\frac{\zeta}{\omega}, \quad u = R\frac{\upsilon}{\omega};$$

y se obtiene la métrica proyectiva con 4 variables que toma por base

$$x^2 + y^2 + z^2 - u^2 + R^2 = 0$$

como estructura fundamental.– De las variables elípticas se vuelve a las esféricas “adosando” la irracionalidad

$$\Omega = \sqrt{x^2 + y^2 + z^2 - u^2 + R^2}$$

y poniendo

$$\xi = \frac{Rx}{\Omega}, \quad \eta = \frac{Ry}{\Omega}, \quad \zeta = \frac{Rz}{\Omega}, \quad \upsilon = \frac{Ru}{\Omega}, \quad \omega = \frac{R^2}{\omega}.$$

La cuestión ahora es cómo introducir el tiempo t.

a) Encuentro que el ds^2 de Schwarzschild-de Sitter[6] se obtiene poniendo

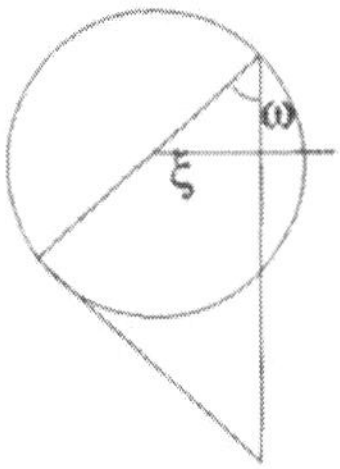

$$\xi = R \sin\vartheta \cos\varphi, \quad \eta = R \sin\vartheta \sin\varphi \cos\psi, \quad \zeta = R \sin\vartheta \sin\varphi \sin\psi,$$

$$\upsilon = R \cos\vartheta \operatorname{Sin}t \quad \omega = R \cos\vartheta \operatorname{Cos}t$$

Sin, Cos = funciones hiperbólicas,

y por tanto

$$t = \arctan\frac{\upsilon}{\omega}.$$

Y aquí surge ahora la contradicción con nuestros supuestos tácitos sobre el concepto de tiempo, que usted subraya en su nota del 7 de marzo, a saber, que t se vuelve indeterminado para aquellos puntos del espacio para los que $\vartheta = 0$, $\omega = 0$. Esta contradicción tampoco se resuelve si pasamos a la concepción elíptica del espacio: t tiene un dominio singular en una M_2 situada en el espacio, que en sí misma no tiene nada de especial.

b) Evitaremos este problema y tendremos un enfoque natural si, en el caso esférico, hacemos t igual a la distancia perpendicular desde cualquier plano diametral de la esfera, por ejemplo desde el plano $\upsilon = 0$:

$$t = R \cdot \text{arcSin}\, \upsilon / R.$$

En el caso elíptico, esta fórmula es:

$$t = R \cdot \text{arcSin} \left(\frac{u}{\sqrt{x^2 + y^2 + z^2 - u^2 + R^2}} \right).$$

Y aquí aparece, si se quiere seguir en el supuesto elíptico, la contradicción que escribí recientemente: que no se puede distinguir entre pasado y futuro. Pues como $+\sqrt{x^2 + y^2 + z^2 - u^2 + R^2}$ y $-\sqrt{x^2 + y^2 + z^2 - u^2 + R^2}$ son convexas en el espacio elíptico, el signo de t queda necesariamente indeterminado.

Por otra parte, la contradicción desaparece en cuanto se "adosa" la raíz cuadrada mencionada, es decir, se vuelve simplemente del caso elíptico al caso esférico. *Por tanto, creo que la hipótesis del enfoque 2b puede perfectamente ser tenida en consideración en la interpretación esférica.*

Y con esto querría terminar hoy. Toda mi carta sólo pretende ser una aclaración de mi comunicación anterior. Si he dado ahora ciertas fórmulas en vez de consideraciones geométricas es porque, con su ayuda, puede uno expresarse más claramente; por supuesto, las consideraciones geométricas siguen siendo la fuente de todo el hilo de pensamiento.

No sé si encontrará usted algo nuevo en todo esto. En particular, todavía no he podido comparar los desarrollos de Weyl.

Mi cordial saludo y mi deseo ferviente de que se recupere usted. Suyo

Klein

[Recogido en *TCPAE*. Volume 8, Part B: The Berlin Years: Correspondence 1918. Doc. **552**, page 778]

JUNIO

Carta de Einstein a Felix Klein

[Berlín, antes del 3 de junio de 1918]

Estimado colega:

Contesto primero a su segunda carta. Si la radiación de un sistema está presente en forma de ondas electromagnéticas, los U_σ^ν no se anulan en el límite, hasta el punto de que la integral de superficie

$$\int (U_\sigma^1 \cos nx + U_\sigma^2 \cos ny + U_\sigma^3 \cos nz) dS$$

extendida sobre una superficie distante, se aproximaría a cero si la superficie se desplazase hacia el infinito. En este caso no se puede decir, a mi entender, que se trate de un sistema aislado. Me limito en el trabajo a aquellos casos en los que

[p.**785**]

(con una adecuada elección de coordenadas) se puede delimitar un sistema aislado. Esto corresponde por completo a la historia del concepto de energía; si no existieran sistemas aproximadamente "aislados", este concepto no podría haber surgido.

El hecho de que J_σ pueda ser un cuadrivector (para transformaciones lineales) a pesar de su formación asimétrica se debe a lo siguiente: si $T_{\mu\nu}$ son componentes de tensor, también lo son las integrales

$$\int T_{\sigma 4} dx_1 dx_2 dx_3 dx_4 = A_{\sigma 4}$$

$$\text{o} \quad \iint T_{\sigma 4} dV dx_4 ,$$

o, si se integra sobre un trozo de "hilo de mundo" de un sistema aislado

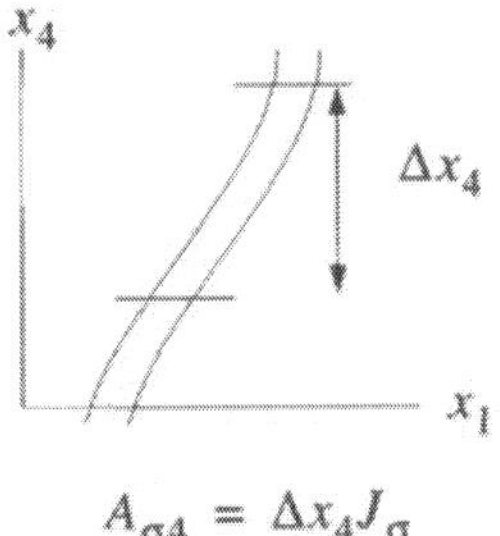

$$A_{\sigma 4} = \Delta x_4 J_\sigma$$

Como esto es una componente tensorial y Δx_4 es una componente vectorial, es lógico que J_σ sea un cuadrivector.

Se entiende pues que esto sea realmente así. Si un sistema cerrado está descrito de forma incompleta, el teorema de la energía para la parte descrita es

$$\sum \frac{\partial T_{\mu\nu}}{\partial x_\nu} = p_\mu ,$$

donde p_μ es el cuadrivector de la densidad de fuerza que actúa sobre el sistema. Si se integra esta ecuación sobre un trozo de hilo de mundo cuadridimensional, se obtiene, a la derecha, la integral de tiempo

$$\int dt \int p_\mu dV ,$$

que es el incremento total de momento y energía del sistema, y a la izquierda las expresiones

$$\left| \int T_{\mu 4} dV \right|_1^2 = \Delta J_\mu$$

Como el resultado de esta integración tiene, como el integrando, carácter vectorial, rige lo mismo con ΔJ_μ, es decir, con el incremento que experimentan el momento y la energía en el trozo de hilo de mundo considerado. En consecuencia, no cabe duda de que los propios J_μ poseen este carácter.

La prueba, por cierto, se puede proporcionar para los propios J_μ a partir del hecho de que las $\Delta x_4 J_\sigma = A_{\sigma 4}$ son componentes de un tensor $A_{\sigma\tau}$ {cuyas componentes

[p.**786**]

A_{11} .... A_{33} se anulan (lo que puede demostrarse fácilmente)}. No entraré sin embargo aquí en esta demostración más formal. Para que el carácter tensorial pueda visualizarse en la forma $J_\sigma = E_0 \dfrac{dx_\sigma}{ds}$, sigue siendo necesario que se anule el momento de un sistema en reposo, lo que no es en sí mismo evidente. Físicamente, esto significa que un sistema en reposo puede ser llevado a una posición diferente rotándolo sin aplicar una cantidad finita de fuerza.

Su primera carta fue muy instructiva para mí; el razonamiento era nuevo para mí. Desde el punto de vista físico, creo que puedo afirmar de forma categórica que esta interpretación del mundo, matemáticamente más elegante, por uniforme y cuadridimensional, no corresponde a la realidad. El mundo parece ser tal que su materia podría permanecer en reposo en una fina distribución si se elige adecuadamente el sistema de coordenadas, lo que requiere que g_{44} = const. Una interpretación física de la solución de De Sitter se obtiene fácilmente a partir de las propias consideraciones de De Sitter. Él encuentra que ds^2, eligiendo las variables de modo que las $g_{\mu\nu}$ sean independientes de t, puede ponerse en la forma:

$$ds^2 = -dr^2 - R^2 \sin^2 \frac{r}{R}(d\psi^2 + \sin^2 \psi d\vartheta^2) + \cos^2 \frac{r}{R} \cdot c^2 dt^2$$

Este mundo se obtiene por la gravitación de un fluido que se concentra alrededor del "ecuador" (en una superficie bidimensional).

En dos dimensiones, la comparación con mi interpretación puede plasmarse fácilmente de forma plástica (omitiendo el tiempo debido a la naturaleza estática del campo) como sigue:

En mi solución, la materia se distribuye uniformemente por toda la superficie esférica; en la de De Sitter, está concentrada en el ecuador $\left(\dfrac{r}{R} = \dfrac{\pi}{2}\right)$.

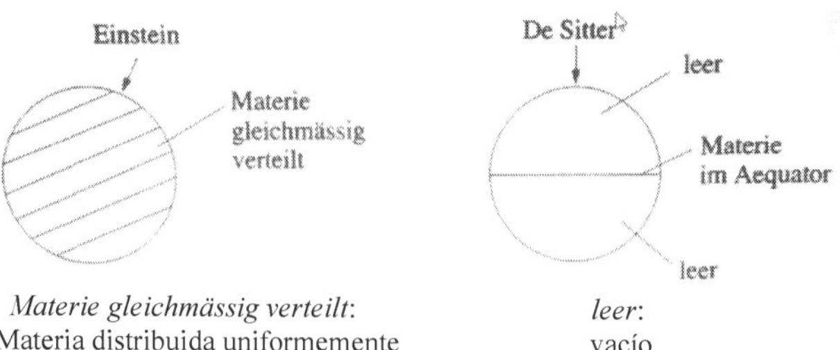

Materie gleichmässig verteilt:
Materia distribuida uniformemente

leer:
vacío

[p.**787**]

De Sitter cree erróneamente que su solución no presupone la existencia de materia. En su libro, de próxima aparición, Weyl ha demostrado que el caso de De Sitter puede considerarse en realidad como un caso límite del más general

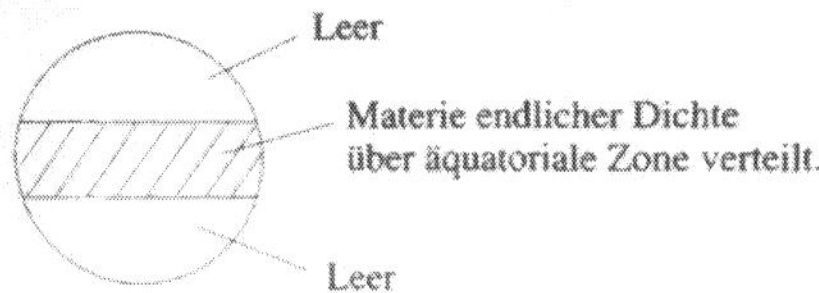

Leer: vacío. *Materie endlicher Dichte über äquatoriale Zone verteilt*: materia de densidad finita distribuida en la zona ecuatorial

como sostuve en mi nota sin demostración.

Si el mundo fuera realmente así, las estrellas fijas tendrían que tener enormes velocidades para que pudiera mantenerse su distribución estadística, debido a las colosales diferencias de potencial gravitatorio que tendrían que existir entre los distintos puntos de semejante mundo. La inexistencia de grandes velocidades estelares nos obliga a creer que la materia a gran escala no está distribuida de forma demasiado desigual por el universo.

Saludos cordiales. Suyo
A. Einstein

[Recogido en *TCPAE*. Volume 8, Part B: The Berlin Years: Correspondence 1918. Doc. **556**, page 784]

Carta de Einstein a Felix Klein

[Berlín, 9 de junio de 1918]

Estimado colega

Me alegro mucho de que vaya usted a conferenciar sobre mi trabajo sobre la energía. Le doy a continuación la demostración completa del carácter tensorial de J_σ (con respecto a transformaciones lineales).

$\frac{1}{\sqrt{-g}} U_\sigma^\nu$ es un tensor con respecto a transformaciones lineales, y por tanto también

$$\int U_\sigma^\nu dx_1 dx_2 dx_3 dx_4 = A_\sigma^\nu ,$$

extendido sobre el dominio de integración

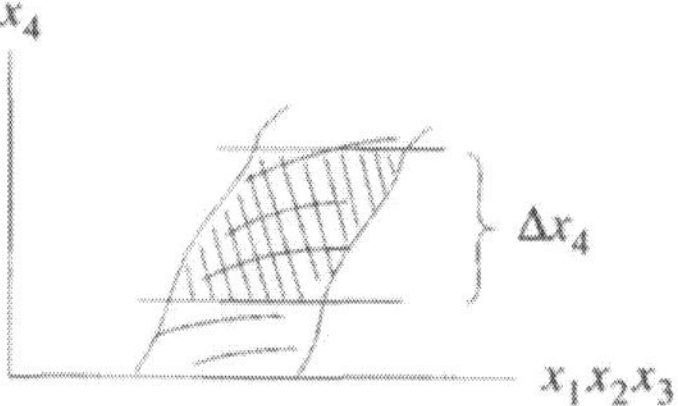

Consideramos en concreto

$$A_\sigma^4 = \int U_\sigma^4 dx_1 dx_2 dx_3 dx_4 = \int J_\sigma dx_4 = J_\sigma \Delta x_4$$

$$\text{porque } \frac{dJ_\sigma}{dx_4} = 0 .$$

Se tiene

$$J_\sigma = \frac{A_\sigma^4}{\Delta x_4}, \qquad \text{... (2)}$$

y se plantea la cuestión de a qué ley de transformación obedece esta magnitud.

Para averiguarlo, asigno las magnitudes Δx_1, Δx_2, Δx_3 a Δx_4 de modo que (Δx_1, Δx_2, Δx_3, Δx_4) formen un cuadrivector. Para ello, tomo Δx_4 grande frente a las dimensiones espaciales del sistema, como puede insinuarse mediante el dibujo:

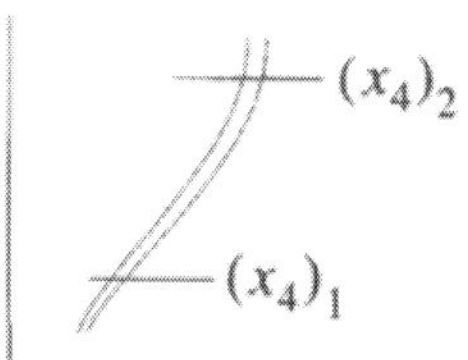

Si $(x_1)_1$, $(x_2)_1$, $(x_3)_1$, $(x_4)_1$ es un punto dentro del sistema en el tiempo $(x_4)_1$, y $(x_1)_2$, $(x_2)_2$, $(x_3)_2$, $(x_4)_2$ un punto dentro del sistema en el tiempo $(x_4)_2$, entonces las diferencias

$$\Delta x_1 = (x_1)_2 - (x_1)_1$$
etc.

se fijan en un valor relativamente infinitesimal, y estas magnitudes forman un cuadrivector.–

Introduzco ahora, mediante transformación lineal, un segundo sistema de referencia K'. Tiene entonces validez, según (2), para la transformación:

$$J'_\sigma = \frac{A'^4_\sigma}{\Delta x'_4} = \frac{\sum \frac{\partial x'_4}{\partial x_\alpha} \frac{\partial x_\beta}{\partial x'_\alpha} A_\beta^\alpha}{\sum \frac{\partial x'_4}{\partial x_\alpha} \Delta x_\alpha} = \frac{\sum \frac{\partial x'_4}{\partial x_\alpha} \frac{\partial x_\beta}{\partial x'_\sigma} J_\beta \Delta x_\alpha}{\sum \frac{\partial x'_4}{\partial x_\alpha} \Delta x_\alpha} .$$

Esta fórmula es entonces también válida si elijo el sistema sin apóstrofo de forma que $\Delta x_1 = \Delta x_2 = \Delta x_3 = 0$. En este caso adopta la forma más sencilla

$$J'_\sigma = \sum \frac{\partial x_\beta}{\partial x'_\sigma} J_\beta \,. \qquad \ldots.(3)$$

Ahora estaría ya completa nuestra demostración si esta fórmula se demostrara también para el paso del sistema de referencia K' a un tercero K''. Esto es fácil de hacer. Según (3) se tiene también

$$J''_\sigma = \sum \frac{\partial x_\beta}{\partial x''_\sigma} J_\beta \,.$$

Por otro lado, invirtiendo (3) tenemos

$$J_\beta = \sum \frac{\partial x'_\tau}{\partial x_\beta} J'_\tau \,.$$

Por tanto

$$J''_\sigma = \sum_{\beta\tau} \frac{\partial x'_\tau}{\partial x_\beta} \frac{\partial x_\beta}{\partial x''_\sigma} J'_\tau = \sum \frac{\partial x'_\tau}{\partial x''_\sigma} J'_\tau \,.$$

Queda así completada la demostración.

Con mi más alta consideración, suyo
A. Einstein

[Recogido en *The Collected Papers of Albert Einstein*. Volume 8, Part B: The Berlin Years: Correspondence 1918. Doc. **561**. Page 791]

En el proceso eterno de construcción de la nueva cosmología, Félix Klein discrepa puntualmente de Einstein y se lo hace saber:

Carta de Felix Klein a Einstein

Göttingen, 16 de junio de 1918.

Estimado colega:

Verá. He discutido en varias ocasiones con Hilbert, y especialmente con Runge, su comunicación de mayo pero, aunque entiendo muy bien el hilo general de su argumentación, no consigo convencerme de su corrección. En particular, no veo cómo en la fórmula

$$A^4_{\sigma'} = \sum \frac{\partial x_4'}{\partial x_\alpha} \cdot \frac{\partial x_\beta}{\partial x_\sigma} A^\alpha_\beta$$

puede usted sustituir A_β^α por $J_\beta \cdot \Delta x_\alpha$. Así que, de momento, es improbable que dé yo una conferencia sobre el tema, sobre todo porque en las próximas semanas podría estar ocupado casi exclusivamente con tareas prácticas relacionadas con el 20º aniversario de la Asociación de Física y Matemática Aplicadas de Göttingen.

El martes pasado pronuncié, sin embargo, una conferencia sobre su nota referente al ds^2 de De Sitter. Llegué a la conclusión de que, de hecho, la singularidad que señaló usted puede sencillamente eliminarse. En realidad, las fórmulas que desarrollé, ya las había escrito recientemente. Pongo

$$(1) \qquad \begin{cases} \xi^2+\eta^2+\zeta^2+\upsilon^2-\omega^2=R^2 \\ d\xi^2+d\eta^2+d\zeta^2+d\upsilon^2-d\omega^2=-ds^2 \end{cases}$$

y obtengo el elemento de arco de de Sitter mediante la sustitución

$$(2) \qquad \begin{cases} \xi = R\sin\frac{r}{R}\cdot\cos\psi, \qquad \eta = R\sin\frac{r}{R}\cdot\sin\psi\cdot\cos\vartheta, \qquad \zeta = R\sin\frac{r}{R}\cdot\sin\psi\sin\vartheta \\ \upsilon = R\cos\frac{r}{R}\cdot Cos\left(\frac{c(t-t_0)}{R}\right), \qquad \omega = R\cos\frac{r}{R}\cdot Sin\left(\frac{c(t-t_0)}{R}\right), \end{cases}$$

donde *Cos.* y *Sin.* representan funciones hiperbólicas y t_0 es arbitrario. No es necesario que apunte la reversión de estas fórmulas, que es obvia; daré sólo el valor de t:

$$(3) \qquad t-t_0=\frac{R}{2c}\log\left(\frac{\upsilon+\omega}{\upsilon-\omega}\right).$$

Sin embargo, mediante esta reversión, el ds^2 de De Sitter se convierte en $-d\xi^2-d\eta^2-d\zeta^2-d\upsilon^2+d\omega^2$, que ciertamente no tiene singularidad en la "cuasiesfera" $\xi^2+\eta^2+\zeta^2-\upsilon^2+\omega^2=R^2$, como queríamos demostrar.

Finalmente, hay ∞^6 formas igualmente legítimas de pasar del sistema de ecuaciones (1) a un ds^2 de De Sitter, pues los "hiperplanos" $(\upsilon+\omega)=0$ y $(\upsilon-\omega)$ son sólo, en última instancia, dos planos tangentes arbitrarios del "cono asintótico" de la cuasiesfera:

$$(4) \qquad \xi^2+\eta^2+\zeta^2+\upsilon^2-\omega^2=0.–$$

Es divertido imaginar cómo polemizarían dos observadores que, viviendo en la cuasiesfera, estuvieran equipados con relojes de De Sitter diferentes. Cada uno de ellos asignaría ordenadas de tiempo finitas a una parte de los acontecimientos que para el otro están en la eternidad o incluso muestran valores de tiempo imaginarios.–

Para dar un giro físico a mi carta, señalo que el ds^2 de de Sitter aparece ya implícito en el trabajo de Schwarzschild del 24 de febrero de 1916. Basta con poner $\chi_\alpha=\frac{\pi}{2}$, $c=2$, $R=\sqrt{\frac{\kappa\rho_0}{3}}$ en la fórmula (35) para tener el ds^2 de de Sitter. La fórmula (35) se refiere por supuesto al *interior* de la esfera en reposo del fluido gravitatorio de densidad constante considerada por Schwarzschild. Es por tanto aplicable la fórmula (30), que da $p = -\rho_0$, es decir, una tracción uniforme.

Saludos cordiales. Suyo afectísimo,

Klein.

PS. Creo que puedo ahora poner en regla su carta del 9 de junio. Las A_β^α son estrictamente nulas para $\sigma \neq 4$ y las correspondientes Δx_α arbitrariamente pequeñas frente a Δx_4.

[Recogido en *The Collected Papers of Albert Einstein*. Volume 8, Part B: The Berlin Years: Correspondence 1918. Doc. 566. Page 805.]

Y Einstein reconoce los argumentos de Klein:

Carta de Einstein a Felix Klein

[Berlín, 20 de junio de 1918]

¡Querido colega!

Tiene usted toda la razón. El universo de De Sitter es un universo sin singularidades y sus puntos-universo son todos equivalentes. Una singularidad sólo se produce mediante la sustitución que proporciona la transición a la forma estática del elemento de línea. Esta sustitución cambia las relaciones análisis-situs. Dos hipersuperficies

$$t = t_1$$
$$\text{y } t = t_2$$

se cruzan pues en la representación original, mientras que *no* se cruzan en la estática. De ahí que, para la interpretación física haya, en la concepción estática, necesidad de masas y no, por el contrario, en la primera. Mi comentario crítico con respecto a la solución de De Sitter necesita ser corregido; de hecho, existe una solución sin singularidades de las ecuaciones gravitatorias sin materia. Pero este universo no debería ser considerado en ningún caso como una posibilidad física. Pues no se puede fijar en él un tiempo t tal que las secciones tridimensionales t = const. no se crucen, y que estas secciones sean iguales entre sí (métricamente).

Muchísimas gracias por su hermosa y esclarecedora carta. Suyo

A. Einstein

[Recogido en *The Collected Papers of Albert Einstein*. Volume 8, Part B: The Berlin Years: Correspondence 1918. Doc. **567**. Page 809.]

1920

ABRIL

En el epistolario Einstein-Solovine se hallan inmersas unas breves pinceladas einsteinianas que parecen responder a aclaraciones solicitadas por Solovine, quizá motivadas por la intención de éste de escribir algo sobre la teoría de la relatividad o por su condición de traductor al francés autorizado y exclusivo de la obra de Einstein. No llevan fecha específica, pero están situadas entre las cartas del 24 de abril de 1920 y del 8 de marzo de 1921. La de la página 22 tiene un marchamo claramente cosmológico.

> Contra la concepción de un mundo espacialmente infinito y a favor de la concepción de un mundo cerrado espacialmente se puede decir lo siguiente:
>
> 1) Desde el punto de vista de la teoría de la relatividad, la condición de cierre espacial es mucho más simple que la condición de límite en el infinito correspondiente a la estructura cuasi-euclídea.
>
> 2) La idea de **Mach** de que la inercia se basa en interacciones entre cuerpos está contenida en primera aproximación en las ecuaciones de la teoría de la relatividad; se sigue de ellas que la inercia se basa, al menos en parte, en interacciones entre masas. Esto hace que la idea de **Mach** sea mucho más probable, ya que la suposición de que la inercia se base en parte en interacciones y en parte en cualidades independientes del espacio es insatisfactoria. Sin embargo, a la idea de **Mach** sólo corresponde un mundo espacialmente cerrado (finito), no uno cuasi-euclídeo, infinito. En general, es epistemológicamente más satisfactorio que las propiedades mecánicas del espacio estén completamente determinadas por la materia, lo que sólo ocurre en el caso de un mundo espacialmente cerrado.
>
> 3) Un mundo infinito sólo es posible si la densidad media de materia en el mundo se hace cero. Aunque tal suposición sea lógicamente posible, es menos probable que la suposición de que existe una densidad media finita de materia en el mundo.

Lettres à Solovine. Reproduites en facsimilé et traduites en français. Paris. Gauthier-Villars, éditeur-imprimeur-libraire. 55, Quai des Grands-Augustins. **1956**. Réimpression autorisée: Éditions Jacques Gabay, **2005**. Page 22.

NOVIEMBRE

El artículo que sigue es respuesta a las objeciones de Ernst Reichenbächer publicadas en el mismo número. Tengo la impresión de que la obsesión einsteiniana, respecto a las objeciones de sus colegas, se cifra más en precisar aspectos que han podido quedar oscuros en sus propios trabajos (por deficiencias expresivas del propio Einstein, por la oscuridad intrínseca a la materia o por insuficiencias perceptivas de los rebatientes) que en un prurito exhibicionista al modo de las justas medievales, sin negar que pueda haber también algo de esto, claro. Por eso digo que se cifra *más*. Para nosotros, al menos, ajenos a la emoción coetánea del rifirrafe, nos resultan útiles para estimar la relevancia que Einstein otorga a los principios en los que fundamenta sus excursus (aquí le toca al principio de Mach) y para seguir la pista a la evolución de su credo epistemológico.

A este respecto, nada más empezar el artículo, hace ya profesión de fe:

> De dos teorías que dan cuenta de la totalidad de la experiencia, de las que estamos seguros en un cierto dominio, se preferirá la que necesite el menor número de hipótesis independientes.

afirmación muy próxima a su idiosincrasia esencial.

En cuanto a la controversia sobre si los campos que aparecen en un sistema de coordenadas en rotación con relación a un sistema inercial son ficticios o reales, si a la propia teoría de la gravitación newtoniana se le da expresión covariante general, desaparece esta distinción. En una carta mucho más tardía, hace Einstein la siguiente precisión a este respecto:

> [El principio de equivalencia no significa que cualquier campo gravitacional (por ejemplo, el que está ligado a la Tierra) tenga que poder engendrarse acelerando el sistema de coordenadas. Significa solamente que las cualidades del espacio físico, tal como se describen desde un sistema de coordenadas acelerado, representan un caso particular del campo gravitacional. Sucede lo mismo en el caso de la rotación del sistema de coordenadas; es decir, no hay ninguna razón *de facto* para referir efectos centrífugos a una rotación "real" cualquiera. (*Carta de A. Einstein a A. Rehtz* del 12 de Julio de 1953.)]

Respecto al credo machiano de Einstein,

> Sobre la cuestión de saber si estos campos se deben atribuir o no indirectamente a la acción de masas, los partidarios de la teoría de la relatividad no están de acuerdo. Por mi parte, soy de la primera opinión; según ésta, todas las masas del universo, por alejadas que estén, participan en la realización del campo gravitacional en cada lugar.

Einstein considera el espacio-tiempo (en el entorno de dos cuerpos o de cualquier conjunto finito de cuerpos) prácticamente plano, interpretándolo como efecto del resto de la materia del universo sobre la métrica del campo tensorial.

En fin, aquí el artículo:

> Albert Einstein. Respuesta al artículo de Ernst Reichenbächer titulado: *Inwiefern lässt sich die moderne Gravitationstheorie ohne die Relativität begründen?* [*Die Naturwissenschaften*, vol. 8, **1920**, pp. 1008-1010. Berlín, Noviembre 1920.]
>
> [La contestación de Einstein figura a continuación, indicándose, simplemente: **Respuesta a la consideración precedente**. La referencia de esta respuesta es pues: *Die Naturwissenschaften*, vol. 8, **1920**, pp. 1010-1011. Berlín, Noviembre 1920.]

¿Hasta qué punto se puede basar la moderna teoría de la gravitación sin la relatividad?

A la cuestión de saber si es posible establecer y basar la teoría de la gravitación sin el principio de relatividad se puede en principio responder afirmativamente, sin la menor duda. ¿Para qué, entonces, el principio de relatividad? Responderé, de entrada, con una comparación. La teoría del calor se puede desarrollar, sin ninguna duda, sin recurrir al segundo principio fundamental; ¿para qué, entonces, hacer intervenir el segundo principio?

La respuesta es evidente. De dos teorías que dan cuenta de la totalidad de la experiencia, de la que estamos seguros en un cierto dominio, se preferirá la que necesite el menor número de hipótesis independientes. Enfocado desde este ángulo, el principio de relatividad tiene el mismo valor, para la electrodinámica y la teoría de la gravitación, que el segundo principio para la teoría del calor, ya que, para llegar a las consecuencias de la teoría de la relatividad sin utilizar el principio de relatividad serían necesarias muchas hipótesis independientes. Eso es lo que indican todas las tentativas realizadas hasta la fecha para eludir el postulado de relatividad.

Independientemente de estas consideraciones, la introducción del principio de relatividad general está justificado igualmente desde el punto de vista epistemológico, ya que el sistema de coordenadas es sólo *un medio de describir* que no tiene nada que ver con *los objetos que hay que describir*. Este estado de cosas no se toma plenamente en cuenta más que por una formulación covariante general de las leyes de la naturaleza, pues, en cualquier otro modo de descripción se mezclan los enunciados relativos al medio utilizado para describir y los relativos a los objetos que hay que describir. La ley de inercia de Galileo me proporciona un buen ejemplo. Su formulación completa es necesariamente la siguiente: puntos materiales suficientemente alejados los unos de los otros se desplazan con movimiento rectilíneo uniforme *a condición de que el movimiento se refiera a un sistema de coordenadas animado de un movimiento conveniente y de que se defina el tiempo de manera conveniente*. ¿Cómo no percatarse de lo que esta definición tiene de embarazoso? Sería, sin embargo, deshonesto, dar de lado a la última parte de la frase.

Voy ahora a las objeciones planteadas contra la teoría relativista del campo gravitatorio. El Sr. Reichenbächer olvida, de entrada, el argumento decisivo, a saber, que la identidad numérica de las masas inercial y gravitatoria debe reducirse a una identidad de naturaleza. Como se sabe, esto es lo que hace el principio de equivalencia. A este principio de equivalencia objeta (igual que el Sr. Kottler) que un campo gravitacional en un dominio finito de espacio-tiempo no puede, por regla general, suprimirse mediante una transformación. Al hacer esto, olvida que el problema no está en absoluto ahí. El punto esencial, el único, es que se tiene derecho a atribuir el comportamiento mecánico de un punto material en cualquier instante bien a la gravedad bien a la inercia (según la elección del sistema de referencia). Con eso basta; para obtener la identidad de naturaleza de la inercia y la gravedad no es necesario que el comportamiento mecánico de *dos o más masas* pueda interpretarse, con la *misma* elección de coordenadas, como un efecto puramente inercial. Nadie pone en duda, por ejemplo, que la teoría de la relatividad especial da cuenta de la naturaleza relativa del movimiento uniforme, aunque no esté en condiciones de transformar, mediante *una elección de coordenadas, la misma para todos*, a todos los cuerpos no acelerados a la vez en cuerpos en reposo.

El caso de los campos gravitacionales que es posible suprimir mediante transformación no es importante salvo en cuanto caso particular bien conocido que debe satisfacer ciertamente las leyes físicas que buscamos.

La segunda objeción consiste en decir que los campos que aparecen en un sistema de coordenadas en rotación con relación a un sistema inercial (campos centrífugos, campos de Coriolis) no son sino campos «ficticios», y no «reales». Es verdad en teoría newtoniana porque estos campos no satisfacen la ley diferencial de Poisson. Pero en la teoría de la relatividad general satisfacen las ecuaciones diferenciales del campo y son por ello tan «reales» respecto al sistema de coordenadas elegido como los campos que imperan en el entorno de un cuerpo ponderable.

Sobre la cuestión de saber si estos campos se deben atribuir o no indirectamente a la acción de masas, los partidarios de la teoría de la relatividad no están de acuerdo. Por mi parte, soy de la primera opinión; según ésta, todas las masas del universo, por alejadas que estén, participan en la realización del campo gravitacional en cada lugar. No necesito ir aquí más lejos en esta cuestión que está estrechamente ligada al problema cosmológico, aunque se trate de una cuestión fundamental. La justificación, la superioridad, digamos, de la teoría de la relatividad se puede juzgar efectivamente sin tener que pronunciarse sobre esta cuestión menos inmediata que, en última instancia, no podrá resolverse más que por la astronomía de las estrellas fijas.

El Sr. Reichenbächer ha entendido mal mis consideraciones sobre los dos cuerpos celestes en rotación uno respecto del otro. Hay que considerar que uno de estos cuerpos está en rotación en el sentido de la mecánica newtoniana, aunque está achatado por efecto de la fuerza centrífuga, mientras que el otro no lo está. Esto podría constatarse por habitantes provistos de reglas rígidas que, tras haberse comunicado entre sí, se preguntasen cuál es la causa real de este comportamiento diferente de los cuerpos celestes. (Estas consideraciones no tienen nada que ver con la contracción de Lorentz) Newton responde a la cuestión planteada invocando la realidad del espacio absoluto respecto al cual uno de los cuerpos no está en rotación mientras que el otro lo está. Por mi parte, comparto la concepción de Mach que, en el lenguaje de la teoría de la relatividad se puede expresar aproximadamente así: todas las masas del universo determinan conjuntamente el campo $g_{\mu\nu}$ y éste no es el mismo según se considere desde el punto de vista de un cuerpo o desde el de otro, porque los movimientos de las masas que engendran el campo $g_{\mu\nu}$ son muy diferentes según estén descritos desde uno u otro de los dos sistemas. En mi opinión, la inercia es asimismo una interacción (que implica una mediación) entre las masas del universo, como lo son los efectos que la teoría de Newton considera como efectos gravitacionales. Lo que el Sr. Reichenbächer dice del problema de dos cuerpos es, desde este punto de vista, completamente inexacto. El hecho de que se pueda describir de forma aproximada el efecto de los cuerpos del universo, distintos de los dos considerados, por un campo $g_{\mu\nu}$ cuasi constante no se debe confundir con el enunciado según el cual estos otros cuerpos del universo no tienen ningún efecto sobre los dos cuerpos considerados.

La forma en que el Sr. Reichenbächer –después de todo lo que se ha dicho– llega a la conclusión, hacia el final de sus consideraciones, en el párrafo que empieza con "Considerando bien las cosas...", de que debe darse una forma covariante general a todas las leyes de la Naturaleza, me resulta completamente incomprensible. En efecto, si la aceleración tiene un significado absoluto, los sistemas de coordenadas no acelerados son, por naturaleza, privilegiados, es decir que las leyes, cuando son referidas a ellos, deben ser diferentes (y más sencillas) que las leyes referidas a sistemas de coordenadas acelerados. Complicar la formulación de las leyes forzándolas a tomar una forma covariante ya no tiene entonces ningún sentido.

A la inversa, si las leyes de la naturaleza se establecen de forma tal que no toman forma privilegiada cuando se elige un sistema de coordenadas en un estado de movimiento particular, no debe entonces renunciarse al medio de investigación que constituye la condición de covariancia general. Si se admite además que, para un sistema de medida infinitesimal (en el infinitamente pequeño), es válida la teoría de la relatividad especial, y que las $g_{\mu\nu}$ que se derivan de esta hipótesis describen el campo gravitacional, se está sobre el terreno de la teoría de la relatividad general. Leyendo las consideraciones del Sr. Reichenbächer, no he llegado a comprender si era este el caso para él.

Berlín, 20 de Noviembre de 1920

1921

FEBRERO

Referencia breve, pero interesante, al problema cosmológico. Y la omnipresencia inevitable del conspicuo y escurridizo concepto de inercia. Y de **Mach**, naturalmente.

> Una cuestión final hace referencia al problema cosmológico. ¿Hay que rastrear la inercia en la acción mutua de masas distantes? Y conectada con esta última: ¿es finita la extensión espacial del universo? En este punto mi opinión diverge de la de Eddington. Con **Mach**, estimo imperativa una respuesta afirmativa pero, por el momento, no se puede probar nada. No hasta que se haya llevado a cabo una investigación dinámica de los grandes sistemas de estrellas fijas desde el punto de vista de los límites de validez de la ley newtoniana de la gravitación pues quizá inmensas regiones de espacio hagan posible obtener eventualmente una base exacta para la solución de esta fascinante cuestión.

[Albert Einstein. «A Brief Outline of the Development of the Theory of Relativity». *Nature*, 17 de Febrero de 1921. Páginas 782-784. (Breve esbozo del desarrollo de la teoría de la relatividad. [Traducido al inglés por el Dr. Robert Lawson)]

MAYO

Tienen lugar en Princeton 4 conferencias de Einstein que se recogerán en el libro: «The Meaning of Relativity».

JUNIO

Einstein, en Londres.

> [Albert Einstein. **«Über Relativitätstheorie».** Eine Londoner Rede *[Conferencia londinense]*. Mein Weltbild, Ullstein Taschenbuchverlag, pp. 146-149, München (2001) [Conferencia pronunciada en el King's College de Londres el 13 de Junio de 1921] Publicada en *The Times*, London, 14 de Junio de 1921, p. 8 y en *Nature*, vol. 107, p. 504.]

> Como ya resaltó Ernst Mach enfáticamente, en la teoría de Newton existe el siguiente punto insatisfactorio: si se considera el movimiento no desde el punto de vista causal sino desde el puramente descriptivo, el movimiento existe sólo como movimiento relativo de unas cosas respecto a otras. Sin embargo, la aceleración que aparece en las ecuaciones del movimiento de Newton es ininteligible si se parte del concepto de movimiento relativo, lo que forzó a Newton a imaginar un espacio físico con relación al cual debía existir una aceleración. Este concepto de espacio absoluto introducido ad hoc es desde luego lógicamente correcto, pero parece insatisfactorio. De ahí que **Ernst Mach** buscase cambiar las ecuaciones de la mecánica de modo que la inercia de los cuerpos se atribuyese a un movimiento relativo de los mismos no respecto al espacio absoluto, sino respecto a la totalidad de los demás cuerpos ponderables. En el estado del conocimiento de aquel tiempo, el intento de **Mach** tenía que fracasar.

El planteamiento del problema parece, sin embargo, por completo razonable. Este proceso de pensamiento se impone, respecto a la teoría de la relatividad general, con notable mayor intensidad, pues, según ella, las propiedades físicas del espacio están influidas por la materia ponderable. Lo expuesto constituye la convicción de que la teoría de la relatividad general puede resolver satisfactoriamente este problema sólo en el caso de que considere el universo cerrado espacialmente. Los resultados matemáticos de la teoría obligan a esta interpretación si se admite que la densidad media de materia ponderable en el universo posee un valor finito, por pequeño que sea.

1922

ENERO

Se edita en alemán el texto de Princeton de mayo de 1921 («The Meaning of Relativity»), con el título: «Vier Vorlesungen über Relativitätstheorie» (*Cuatro lecciones sobre la teoría de la relatividad*). Ocasión, como siempre, para retocar algo. En el prólogo de la 1ª edición dice Einstein:

In der vorliegenden Ausarbeitung von vier Vorträgen, die ich an der Universität Princeton im Mai 1921 gehalten habe, wollte ich die Hauptgedanken und mathematische Methoden der relativitätstheorie zusammenfassen. Dabei habe ich mich bemüht, alles weniger Wesentliche wegzulassen, das Grundsätzliche aber doch so zu behandeln, daß das Ganze als Einführung für alle diejenigen dienen kann, welche die Elemente der höheren Mathematik beherrschen, aber nicht allzuviel Zeit und Mühe auf den Gegenstand verwenden wollen. Auf Vollständigkeit kann diese kurze Darlegung selbstverständlich keinen Anspruch machen, zumal ich die feineren, mehr mathematisch interessanten Entwicklungen, welche sich auf Variationsrechnung ründen, nicht behandelt habe. Mein Hauptziel war es, das Grundsätzliche in dem ganzen Gedankengang der Theorie klar hervortreten zu lassen.

Januar 1922 Albert Einstein

En la presente elaboración de cuatro conferencias que pronuncié en la Universidad de Princeton en mayo de 1921, he intentado resumir las principales ideas y métodos matemáticos de la teoría de la relatividad. Al hacerlo, he procurado omitir todo lo que es menos esencial, pero tratar los fundamentos de tal manera que el conjunto pueda servir de introducción para todos aquellos que dominan los elementos de las matemáticas superiores, pero que no desean dedicar demasiado tiempo y esfuerzo al tema. Por supuesto, esta breve presentación no puede pretender ser completa, sobre todo porque no he tratado los desarrollos más finos y matemáticamente más interesantes basados en el cálculo de variaciones. Mi principal objetivo era hacer emerger con claridad los principios básicos de la teoría.

El final de ambos textos es el siguiente:

Si el Universo ha de ser cuasi-euclídeo, y por tanto su radio de curvatura infinito, entonces σ tiene que anularse. Sin embargo, es poco probable que la densidad media de materia en el mundo sea realmente cero; éste es nuestro tercer argumento contra la suposición de que nuestro universo es cuasi-euclídeo. Tampoco parece posible que se anule la presión que hemos introducido como hipótesis, cuya naturaleza física sólo podría explicarse mediante un mejor conocimiento teórico del campo electromagnético. Según la segunda de las ecuaciones (123), el radio del universo está determinado por la masa total M de la materia, según la ecuación

$$\alpha = \frac{M\kappa}{4\pi^2} \quad (124)$$

relación gracias a la cual se hace especialmente evidente la completa dependencia de lo geométrico respecto a lo físico.

En contra de la concepción de un Universo espacialmente infinito y a favor de la concepción de un Universo espacialmente cerrado, se puede argumentar lo siguiente:

1. Desde el punto de vista de la teoría de la teoría de la relatividad, la condición de cierre espacial es mucho más sencilla que la condición de contorno en el infinito correspondiente a la estructura cuasi-euclídea.

2. La idea de Mach de que la inercia se basa en la interacción de los cuerpos está contenida en primera aproximación en las ecuaciones de la teoría de la relatividad; pues de ellas se deduce que la inercia se basa, al menos en parte, en la interacción de las masas. La idea de Mach gana así mucho en probabilidad, ya que la suposición de que la inercia se basa en parte en la interacción y en parte en cualidades independientes del espacio es insatisfactoria. Sin embargo, a la idea de Mach corresponde sólo a un universo espacialmente cerrado (finito), no a uno cuasi euclídeo e infinito. En general, es epistemológicamente más satisfactorio que las propiedades mecánicas y métricas del espacio estén completamente determinadas por la materia, lo que sólo es el caso para un universo espacialmente cerrado.

3. Un Universo infinito sólo es posible si la densidad media de materia en el mundo se anula. Tal suposición es lógicamente posible, pero menos probable que la suposición de que exista una densidad media finita de materia en el Universo.

ABRIL

Einstein, en París.

Bulletin de la Société française de Philosophie. [T. XVII, 1922, pp. 91- 113]. Comptes Rendus des Séances (Actas de Sesiones). Séance du 6 avril 1922. **«La Théorie de la Relativité»**

Sr. Meyerson.- Se presenta de forma bastante general a la teoría de la relatividad como si fuese la realización, la concreción, en cierto modo, del programa trazado por **Mach**. Eso es exacto, a ciertos respectos pues, en lo concerniente a la perfecta relatividad de los movimientos en el espacio, Mach fue uno de los auténticos precursores de usted. Permítame que recuerde brevemente a mis colegas de la *Sociedad de filosofía* de qué se trata. Todo el mundo conoce la experiencia del vaso giratorio de Newton: al principio, es decir, cuando la pared gira ya con gran velocidad pero todavía no ha comunicado su movimiento al agua, la superficie de ésta permanece plana; pero, a continuación, el líquido, poniéndose a a su vez a girar, se eleva hacia las paredes. Así pues, concluía Newton, el movimiento rotatorio es un movimiento absoluto, es decir que, contrariamente al que está causado por la atracción y que depende de las masas, depende de la esencia íntima del propio espacio. Eso es lo que **Mach** puso en duda. Para él, el movimiento de rotación depende igualmente de las masas presentes en el espacio. Si el movimiento centrífugo del agua es, en apariencia, independiente de la rotación de las paredes, es porque la masa de éstas es relativamente ínfima. «Nadie podría decir lo que sucedería si las paredes se hiciesen cada vez más masivas hasta alcanzar, por ejemplo, un espesor de varios kilómetros.» En este punto es donde la teoría del Sr. Einstein precisó la concepción de **Mach**. En efecto, aquí gravitación y movimiento inercial, en vez de estar completamente separados, como en Newton, se encuentran, por el contrario, íntimamente combinados y se llega a calcular cuáles serían las masas que habría que mover alrededor de un cuerpo para provocar en él manifestaciones de una fuerza centrífuga perceptible a nuestros instrumentos de medida.

Pero este aspecto de la teoría de **Mach**, por muy interesante que sea, no es en absoluto su aspecto principal y si se oye calificar al conjunto de las concepciones de este pensador de relativistas, es que se piensa en algo muy diferente de la relatividad del espacio. **Mach** es, en efecto, ante todo un continuador de Auguste Comte. [110] Para él, como para el fundador del positivismo, la ciencia no es más que un compendio de reglas, de leyes. La ciencia no conoce ni debe pretender precisar más que las relaciones entre las cosas y debe descartar decididamente todo lo que se refiere al conocimiento de las propias cosas, conocimiento que se declara metafísico. Por otra parte, ustedes saben que el positivismo, desde los primeros discípulos de Auguste Comte, se ha esforzado con frecuencia en entablar relaciones estrechas con un idealismo extremo (como en Taine, por ejemplo, con la doctrina de Hegel), ligando la no-búsqueda de la cosa a su no-existencia fuera de la conciencia. No hay que extrañarse pues, en absoluto, al ver que, gracias a la confusión que propicia el empleo del término un poco ambiguo de *relatividad*, los partidarios de esta doctrina traten de apoyarse en las concepciones del Sr. Einstein, proclamando que la relatividad del espacio prueba la de nuestro conocímiento en cualquier orden de ideas y nos muestra, por consiguiente, lo vano que sería querer penetrar en el interior de las cosas, como pretenden hacerlo las teorías atómicas. Ahí reside, en efecto, el verdadero punto crucial de toda la cuestión. Comte, empujado por su potente instinto científico, había declarado al atomismo, con una feliz falta de lógica, una «buena teoría». Pero ya John Stuart Mill se había percatado de que, para seguir los principios del positivismo con más rigor, había que hacer abstracción del objeto y tratar de establecer relaciones directas entre nuestras sensaciones, y **Mach** se mostró resueltamente hostil a las teorías atómicas. Para él, como para la escuela energetista que le siguió, el ideal de una ciencia es la termodinámica, porque parece renunciar a cualquier figuración de la materia de la que se ocupa y se limita a deducir sus enunciados de dos principios abstractos. Esta actitud se puso de manifiesto de forma muy pronunciada en los últimos años del siglo XIX y al principio del actual siglo, a raíz de los descubrimientos que revelaron la discontinuidad de la materia provocando así un regreso hacia las concepciones atomísticas. A los ojos de los energetistas, esta potente evolución, que constituía manifiestamente un progreso inmenso del saber, aparecía como un retroceso funesto. Yo no intentaré demostrarles aquí hasta qué punto estas pretensiones –sobre las cuales, como ustedes saben, la ciencia pasó decididamente a estar de actualidad- eran vanas. Me limitaré a constatar que entre las concepciones de **Mach** en este orden de ideas y la teoría del Sr. Einstein no parece haber ningún lazo verdaderamente íntimo ni necesario. Se puede perfectamente bien ser partidario de la relatividad del espacio y estar, sin embargo, convencido, como lo estableció ya Malebranche, de que ninguna ciencia es posible sin que se plantee, previamente, el objeto que reside fuera de [111] la conciencia y que, por consiguiente, la ciencia no podría eximirse de precisar cómo concibe este objeto a través de las modificaciones que impone a esta imagen el progreso de nuestro saber. Por otra parte, me parece que la propia actitud del Sr. Einstein confirma esta manera de ver. En efecto, a esta evolución hacia el atomismo de la que acabo de hablar y que tanto desagradó a los energetistas convencidos, contribuyó poderosamente el Sr. Einstein. En 1905, casi a la vez que sus primeros trabajos sobre la relatividad, publicó un trabajo en el que, sin conocer los trabajos de Gouy ni, en general, el movimiento browniano, determinó la amplitud del movimiento molecular y sus fórmulas, como es sabido, fueron inmediatamente utilizadas por el Sr. Perrin. Asimismo, con ocasión del *Conseil de physique* de 1911 [Congreso Solvay], habiéndose sugerido expresamente a los asistentes –respecto a los fenómenos de la radiación negra tan extraños y tan embarazosos para la física atómica-una actitud puramente fenomenista, el Sr. Einstein insistió, por el contrario, con mucha claridad y vigor, en la necesidad de representar lo que conocemos de estos fenómenos «en una forma concreta», es decir, mediante una figuración en el espacio y con ayuda de un mecanismo que esté verdaderamente en condiciones de explicar las constataciones; resaltó, además, que esta imagen debía ser tan completa y coherente como fuese posible y señaló las dificultades y las inverosimilitudes con las que se choca en este orden de ideas al adoptar la hipótesis del Sr. Planck. No creo comprometerme en exceso si supongo que el propio Sr. Einstein está lejos de compartir, en este dominio, las opiniones de **Mach**. Pero creo que, ante el interés tan particular que esta cuestión suscita, no sólo desde el punto de vista de la teoría de nuestro saber científico, la epistemología, sino incluso desde el de la filosofía en general, y dada también la posibilidad de confusión de la que he hablado, serían muy útiles las aclaraciones de la boca del propio autor de la teoría de la relatividad.

Sr. Einstein.- En el continuo de cuatro dimensiones, es cierto que todas las direcciones no son equivalentes.

Por otra parte, no parece existir gran relación, desde el punto de vista lógico, entre la teoría de la relatividad y la teoría de **Mach**. Para **Mach** hay que distinguir dos puntos: por una parte, hay cosas que no podemos cambiar; son los datos inmediatos de la experiencia; y por otra parte, los conceptos que, por el contrario, podemos modificar. El sistema de **Mach** estudia las relaciones que existen entre los datos de la experiencia; el conjunto de estas relaciones es, para **Mach**, la ciencia. Ese es un mal punto de vista; [112] en suma, lo que hizo **Mach** es un catálogo y no un sistema. Así como **Mach** fue un buen mecánico, fue un deplorable filósofo. Esta visión miope de la ciencia le llevó a rechazar la existencia de los átomos. Es probable que si **Mach** viviese todavía hoy, cambiase de opinión. No obstante, quiero decir sobre este particular que estoy completamente de acuerdo con **Mach** en que los conceptos pueden cambiar.

—

JUNIO

Desde Rusia, con amor. Aquí llega Friedman, don Alexander, a romper desde San Petersburgo la arraigada fe *occidental* en el universo estático. La Relatividad general da para más. Sus ecuaciones admiten soluciones no estáticas y, por tanto, el universo tiene otras alternativas *existenciales*: puede expandirse, contraerse, colapsar e incluso nacer.

Zeitschrift fü Physik. Bd. X. 1922. **«Über die Krümmung des Raumes».** Von A. **Friedman** in Petersburg. Mit einer Abbildung. (Eingegangen am 29. Juni 1922.) « **Sobre la curvatura del espacio».** Por A. Friedman en Petersburgo. Con una ilustración. (Registro de entrada: 29 de junio de **1922**.)

p.377

§1. 1. En sus conocidos trabajos sobre cuestiones cosmológicas generales, *Einstein* [1]) y *de Sitter* [2]) llegan a dos posibles tipos de universo; *Einstein* obtiene el llamado universo cilíndrico, en el que el espacio [3]) tiene una curvatura constante independiente del tiempo, estando el radio de curvatura relacionado con la masa total de materia presente en el espacio; *de Sitter* obtiene un universo esférico, en el que no sólo el espacio sino también el universo pueden ser abordados en cierto sentido como un universo de curvatura constante [4]). De este modo, tanto por *Einstein* como también por *de Sitter*, se hacen ciertas suposiciones sobre el tensor de la materia, que corresponden a la incoherencia de la materia y a su reposo relativo, es decir, se presupone que la velocidad de la materia es suficientemente pequeña en comparación con la velocidad básica [5]) – la velocidad de la luz.

El objetivo de esta nota es, en primer lugar, deducir los universos cilíndrico y esférico (como casos especiales) a partir de algunos supuestos generales, y en segundo lugar, demostrar la posibilidad de un universo cuya curvatura espacial es constante con relación a tres coordenadas, que rigen como coordenadas espaciales, y dependiente del tiempo, es decir, de la cuarta –la coordenada temporal; este nuevo tipo es, en lo que respecta a sus restantes propiedades, análogo al universo cilíndrico de *Einstein*.

2. Los supuestos en los que basamos nuestras consideraciones se dividen en dos clases. A la primera clase pertenecen supuestos que coinciden con los de *Einstein* y los de *de Sitter*;

[1]) *Einstein*, Kosmologische Betrachtungen zur allgemeinen Relativitätstheorie, Sitzungsberichte Berl. Akad. 1917.

[2]) *de Sitter*, On Einstein's theory of gravitation and its astronomical consequences. Monthly Notices of the R. Astronom. Soc. 1916-1917.

[3]) Por "espacio" entendemos aquí un espacio descrito por una variedad de tres dimensiones; al "universo" le corresponde una variedad de cuatro dimensiones.

[4]) *Klein*, Über die Integralform der Erhaltungssätze und die Theorie der räumlich-geschlossenen Welt. Götting. Nachr. 1918.

[5]) Véase este nombre en el libro de *Eddington*: Espace, Temps et Gravitation, 2 Partie, p. 10. París 1921.

p.378

se refieren a las ecuaciones que satisfacen los potenciales gravitacionales y al estado y movimiento de la materia. A la segunda clase pertenecen supuestos sobre el carácter general, por así decirlo, geométrico del mundo; de nuestra hipótesis se desprende como caso especial el universo cilíndrico de *Einstein* y también el universo esférico de *de Sitter*.

Los supuestos de la primera clase son los siguientes:

1. Los potenciales gravitacionales satisfacen el sistema de ecuaciones de *Einstein* con el término cosmológico, que también puede ser igual a cero:

$$R_{ik} - 1/2 g_{ik} \overline{R} + \lambda g_{ik} = -\kappa T_{ik} \quad (i, k = 1, 2, 3, 4), \tag{A}$$

las g_{ik} son aquí los potenciales gravitacionales, T_{ik} el tensor de la materia, κ – una constante, $\overline{R} = g^{ik} R_{ik}$; R_{ik} está determinado por las ecuaciones

$$R_{ik} = \frac{\partial^2 \lg \sqrt{g}}{\partial x_i \partial x_k} - \frac{\partial \lg \sqrt{g}}{\partial x_\sigma} \begin{Bmatrix} ik \\ \sigma \end{Bmatrix} - \frac{\partial}{\partial x_\sigma} \begin{Bmatrix} ik \\ \sigma \end{Bmatrix} + \begin{Bmatrix} i\alpha \\ \sigma \end{Bmatrix} \begin{Bmatrix} k\sigma \\ \alpha \end{Bmatrix}, \tag{B}$$

donde las x_i (i = 1, 2, 3, 4) son las coordenadas del universo, y $\begin{Bmatrix} ik \\ l \end{Bmatrix}$ los símbolos de *Christoffel* de segundo tipo [1]).

2. La materia es incoherente y se encuentra en reposo relativo; o, expresado de forma menos estricta, las velocidades relativas de la materia son insignificantes en comparación con la velocidad de la luz. Como resultado de estos supuestos, el tensor de la materia viene dado por las ecuaciones

$$T_{ik} = 0 \text{ para } i \text{ y } k \text{ no} = 4,$$
$$T_{44} = c^2 \rho g_{44}, \tag{C}$$

ρ es aquí la densidad de materia y c la velocidad básica; además, las coordenadas del universo se dividen en tres coordenadas espaciales x_1, x_2, x_3 y la coordenada temporal x_4.

3. Los supuestos de segunda clase son los siguientes:

I. Tras el reparto de las tres coordenadas espaciales x_1, x_2, x_3 tenemos un espacio de curvatura constante, que, sin embargo, puede depender de x_4 – la coordenada temporal. El intervalo [2]) ds, determinado por $ds^2 = g_{ik}dx_idx_k$, puede ponerse, introduciendo coordenadas espaciales adecuadas, de la siguiente forma:

$$ds^2 = R^2(dx_1^2 + \sin^2 x_1 dx_2^2 + \sin^2 x_1 \sin^2 x_2 dx_3^2) + 2g_{14}dx_1dx_4 + 2g_{24}dx_2dx_4 + 2g_{34}dx_3dx_4 + g_{44}dx_4^2.$$

[1]) El signo de R_{ik} y de $\overline{R}$ es diferente del habitual para nosotros.
[2]) Véase, por ejemplo, Eddington, Espace, Temps et Gravitation, 2 Partie. Paris 1921.

p.379

R sólo depende aquí de x_4; R es proporcional al radio de curvatura del espacio, que por tanto puede ser variable con el tiempo.

2. En la expresión de ds^2, g_{14}, g_{24}, g_{34} pueden hacerse nulas mediante la elección adecuada de la coordenada temporal o, en resumen, el tiempo es ortogonal al espacio. Para este segundo supuesto, me parece a mí, no pueden darse razones físicas o filosóficas; el supuesto sirve sólo para simplificar los cálculos. Cabe señalar además que el universo de *Einstein* y *de Sitter* está contenido en nuestros supuestos como caso especial.

Según los supuestos 1 y 2, ds^2 puede ponerse en la forma

$$ds^2 = R^2 (dx_1^2 + sin^2 x_1 dx_2^2 + sin^2 x_1 sin^2 x_2 dx_3^2) + M^2 dx_4^2 \qquad \text{(D)}$$

donde R es una función de x_4 y M, en el caso general, depende de las cuatro coordenadas del universo. El universo de *Einstein* está contenido si se sustituye en (D) R^2 por $-R^2/c^2$ y, además, se fija M igual a 1, donde R representa el radio de curvatura constante del espacio (independiente de x_4). El universo de *de Sitter* está contenido si se sustituye en (D) R^2 por $-R^2/c^2$ y M por cos x_1:

$$d\tau^2 = -\frac{R^2}{c^2}(dx_1^2 + \sin^2 x_1 dx_2^2 + \sin^2 x_1 \sin^2 x_2 dx_3^2) + dx_4^2, \qquad (\mathrm{D}_1)$$

$$d\tau^2 = -\frac{R^2}{c^2}(dx_1^2 + \sin^2 x_1 dx_2^2 + \sin^2 x_1 \sin^2 x_2 dx_3^2) + \cos^2 x_1 dx_4^2 \quad ^{1}). \qquad (\mathrm{D}_2)$$

4. Debemos ahora ponernos de acuerdo sobre los límites en los que se encierran las coordenadas del universo, es decir, sobre qué puntos de la variedad tetradimensional consideraremos distintos; sin entrar en una justificación más detallada, supondremos que las coordenadas espaciales están encerradas en los siguientes intervalos; x_1 en el intervalo $(0, \pi)$; x_2 en el intervalo $(0, \pi)$ y x_3 en el intervalo $(0, 2\pi)$; con respecto a la coordenada temporal, no hacemos por el momento ninguna suposición restrictiva, pero consideraremos esta cuestión más adelante.

[1]) El ds, que se supone que tiene dimensión de tiempo, lo denotamos por $d\tau$; la constante κ tiene entonces dimensión de longitud/masa y, en unidades CGS, es igual a $1{,}87 \cdot 10^{-27}$. Véase Laue, Die Relativitätstheorie, vol. II, p. 185. Braunschweig 1921.

380

§ 2. 1. Si en las ecuaciones (A) se pone $i = 1, 2, 3$ y $k = 4$, de las hipótesis (C) y (D) se deduce:

$$R'(x_1)\frac{\partial M}{\partial x_1} = R'(x_4)\frac{\partial M}{\partial x_2} = R'(x_4)\frac{\partial M}{\partial x_3} = 0\,;$$

se obtienen así los dos casos: (1.) $R'(x_4) = 0$, R es independiente de x_4; a este universo lo llamaremos universo *estacionario.* (2.) $R'(x_4)$ no $= 0$, M depende sólo de x_4; a este lo llamaremos universo *no estacionario.*

Si consideramos primero el universo estacionario y escribimos las ecuaciones (A) para $i, k = 1, 2, 3$ y además i no $= k$, obtenemos entonces el siguiente sistema formal:

$$\frac{\partial^2 M}{\partial x_1 \partial x_2} - \cot g x_1 \frac{\partial M}{\partial x_2} = 0\,,$$

$$\frac{\partial^2 M}{\partial x_1 \partial x_3} - \cot g x_1 \frac{\partial M}{\partial x_3} = 0\,.$$

$$\frac{\partial^2 M}{\partial x_2 \partial x_3} - \cot g x_2 \frac{\partial M}{\partial x_3} = 0\,.$$

La integración de estas ecuaciones arroja la siguiente expresión para M:

$$M = A\,(x_3, x_4) \sin x_1 \sin x_2 + B\,(x_2, x_4) \sin x_1 + C\,(x_1, x_4), \qquad (1)$$

donde A, B, C son funciones arbitrarias de sus argumentos. Si resolvemos las ecuaciones (A) en R_{ik} y eliminamos de las ecuaciones aún no utilizadas la densidad desconocida ρ [1]), obtenemos, si introducimos la expresión (1) de M, después de cálculos algo largos pero bastante elementales, las dos posibilidades siguientes para M:

$$M = M_0 = \text{const}, \qquad (2)$$
$$M = (A_0\, x_4 + B_0) \cos x_1 \qquad (3)$$

donde M_0, A_0, B_0 representan constantes.

Si M es constante, el universo estacionario es el universo cilíndrico. Aquí es ventajoso operar con los potenciales gravitacionales de la fórmula (D_1); si fijamos la densidad y la magnitud λ, obtenemos el conocido resultado de *Einstein*:

$$\lambda = \frac{c^2}{R^2}, \qquad \rho = \frac{2}{\kappa R^2}, \qquad \overline{M} = \frac{4\pi^2}{\kappa} R\,,$$

donde $\overline{M}$ representa la masa total del espacio.

[1]) La densidad ρ es para nosotros una función desconocida de las coordenadas x_1, x_2, x_3, x_4 del universo.

p.381

En el segundo caso posible, cuando $\overline{M}$ viene dada por (3), llegamos, mediante una transformación razonable de x_4, al universo esférico de *de Sitter*, en el que es $M = \cos x_1$; con ayuda de (D_2) obtenemos las relaciones de *de Sitter*:

$$\lambda = \frac{3c^2}{R^2}, \qquad \rho = 0, \qquad \overline{M} = 0.$$

Tenemos por tanto el siguiente resultado: *el universo estacionario es bien el universo cilíndrico de Einstein o bien el universo esférico de de Sitter.*

2. Consideremos ahora el universo no estacionario. M es ahora una función de x_4; mediante la correspondiente elección de x_4 se puede conseguir (sin pérdida de generalidad en la reflexión) que $M = 1$; para que se ajuste a nuestras representaciones habituales, damos a ds^2 una forma análoga a (D_1) y (D_2):

$$d\tau^2 = -\frac{R^2(x_4)}{c^2}(dx_1^2 + \sin^2 x_1 dx_2^2 + \sin^2 x_1 \sin^2 x_2 dx_3^2) + dx_4^2. \qquad (D_3)$$

Nuestra tarea es ahora determinar R y ρ a partir de las ecuaciones (A). Está claro que las ecuaciones (A) con diferentes índices no proporcionan nada; las ecuaciones (A) para $i = k = 1, 2, 3$ dan una relación:

$$\frac{R'^2}{R^2} + \frac{2RR''}{R^2} + \frac{c^2}{R^2} - \lambda = 0, \qquad (4)$$

la ecuación (A) con $i = k = 4$ proporciona la relación

$$\frac{3R'^2}{R^2} + \frac{3c^2}{R^2} - \lambda = \kappa c^2 \rho, \qquad (5)$$

con

$$R' = \frac{dR}{dx_4} \text{ und } R'' = \frac{d^2R}{dx_4^2}.$$

Como R' no es $= 0$, la integración de la ecuación (4), si seguimos escribiendo t por x_4, da la siguiente ecuación:

$$\frac{1}{c^2}\left(\frac{dR}{dt}\right)^2 = \frac{A - R + \frac{\lambda}{3c^2}R^3}{R}, \qquad (6)$$

donde A es una constante arbitraria. A partir de esta ecuación obtenemos R por inversión de una integral elíptica, es decir, resolviendo en R la ecuación

$$t = \frac{1}{c}\int_a^R \sqrt{\frac{x}{A - x + \frac{\lambda}{3c^2}x^3}}\,dx + B, \qquad (7)$$

[1]) Esta transformación viene dada por la fórmula $d\overline{x}_4 = \sqrt{A_0 x_4 + B_0}\, dx_4$.

p.382

en la que B y a son constantes, por lo que hay que seguir considerando las condiciones habituales del cambio de signo de la raíz cuadrada. A partir de la ecuación (5), puede determinarse ρ como

$$\rho = \frac{3A}{\kappa R^3}; \tag{8}$$

mediante la masa total $\overline{M}$ del espacio, la constante A se expresa como sigue

$$A = \frac{\kappa \overline{M}}{6\pi^2}. \tag{9}$$

Si $\overline{M}$ es positiva, también A será positiva.

3. Para analizar el universo no estacionario debemos tomar como base las ecuaciones (6) y (7); la magnitud λ no está en ellas determinada; supondremos que puede tener cualquier valor. Determinaremos ahora aquellos valores de la variable x para los que la raíz cuadrada de la fórmula (7) puede cambiar de signo.

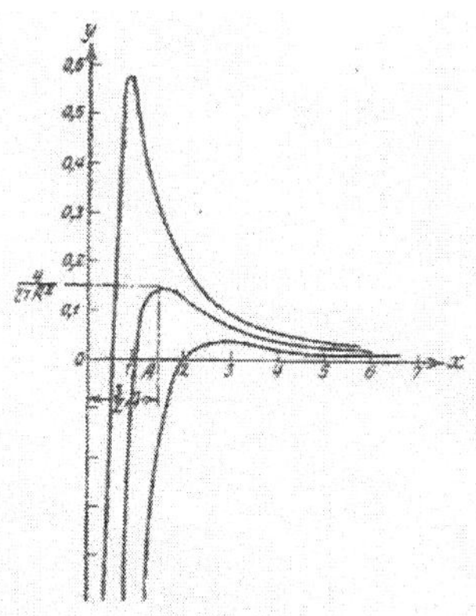

Si restringimos nuestro análisis a los radios de curvatura positivos, basta con considerar el intervalo (0, ∞) para x y, en este intervalo, los valores de x que hacen el radicando igual a 0 o ∞. Un valor de x para el que la raíz cuadrada de (7) se hace cero es $x = 0$; los demás valores de x para los que la raíz cuadrada de (7) cambia de signo vienen dados por las raíces positivas de la ecuación $A - x + \frac{\lambda}{3c^2}x^3 = 0$. Llamamos y a $\frac{\lambda}{3c^2}$ y consideramos en el plano (X, Y) la familia de curvas de tercer grado:

$$yx^3 - x + A = 0. \tag{10}$$

A es aquí el parámetro del grupo, que varía en el intervalo (0, ∞). Las curvas del grupo (véase la Fig.) cortan al eje X en el punto $x = A$, $y = 0$ y tienen un máximo en el punto

$$x = \frac{3A}{2}, \qquad y = \frac{4}{27A^2}.$$

p.383

A partir de la Figura es evidente que, para λ negativa, la ecuación $A - x + \frac{\lambda}{3c^2}x^3 = 0$ posee una raíz positiva x_0 en el intervalo $(0, A)$. Si se considera x_0 como función de λ y A:

$$x_0 = \Theta(\lambda, A),$$

se encuentra que Θ es una función creciente de λ y de A. Si λ se halla en el intervalo $\left(0, \frac{4}{9}\frac{c^2}{A^2}\right)$, la ecuación tiene dos raíces positivas $x_0 = \Theta(\lambda, A)$ y $x'_0 = \vartheta(\lambda, A)$, donde x_0 cae en el intervalo $\left(A, \frac{3A}{2}\right)$ y x'_0 en el intervalo $\left(\frac{3A}{2}, \infty\right)$; $\Theta(\lambda, A)$ es una función creciente de λ, así como también creciente de A, y $\vartheta(\lambda, A)$ una función decreciente de λ y A. Finalmente, si λ es mayor que $\frac{4}{9}\frac{c^2}{A^2}$, la ecuación no tiene raíces positivas.

Revisemos ahora el análisis de la fórmula (7) y hagamos de antemano la siguiente observación al análisis: sea R_0 el radio de curvatura para $t = t_0$; el signo de la raíz cuadrada de (7) es positivo o negativo para $t = t_0$, dependiendo de que el radio de curvatura aumente o disminuya para $t = t_0$; sustituyendo t por $-t$ si es necesario, podemos hacer que la raíz cuadrada sea siempre positiva, es decir, eligiendo el tiempo se puede conseguir siempre que el radio de curvatura para $t = t_0$ aumente con el tiempo creciente.

4. Consideremos primero el caso $\lambda > \frac{4}{9}\frac{c^2}{A^2}$, es decir, el caso en que la ecuación $A - x + \frac{\lambda}{3c^2}x^3 = 0$ no tenga raíces positivas. La ecuación (7) puede escribirse entonces

$$t - t_0 = \frac{1}{c}\int_{R_0}^{R} \sqrt{\frac{x}{A - x + \frac{\lambda}{3c^2}x^3}}\,dx, \tag{11}$$

donde, según nuestra observación, la raíz cuadrada es siempre positiva. De ello se deduce que R es una función creciente de t; el valor inicial positivo R_0 está libre de cualquier restricción.

Como el radio de curvatura no puede ser menor que cero, tiene que alcanzar el valor cero en el instante t', con tiempo t decreciente desde R_0 en adelante. Al tiempo del incremento de R

p.384

desde 0 a R_0 lo llamaremos tiempo desde la creación del mundo [1]); este tiempo t' viene dado por:

$$t' = \frac{1}{c}\int_0^{R_0}\sqrt{\frac{x}{A - x + \frac{\lambda}{3c^2}x^3}}dx \tag{12}$$

Al universo considerado lo llamaremos *universo monótono de primer tipo.*

El tiempo desde la creación del mundo (monótono de primer tipo), considerado como función de R_0, A, λ, tiene las siguientes propiedades: 1. aumenta al crecer R_0; decrece al aumentar A, es decir, se incrementa la masa en el espacio; 3. disminuye al aumentar λ. Si $A > \frac{2}{3}R_0$, entonces para cualquier λ el tiempo transcurrido desde la creación del mundo es finito; si $A \leq \frac{2}{3}R_0$, siempre se puede encontrar un universo de $\lambda = \lambda_1 = \frac{4c^2}{9A^2}$ tal que cuando λ se aproxime a este valor, el tiempo desde la creación del mundo crezca sin límite.

5. Supongamos ahora que λ está en el intervalo $\left(0, \frac{4c^2}{9A^2}\right)$; en tal caso el valor inicial del radio de curvatura puede estar en los intervalos: $(0, x_0)$, (x_0, x'_0), (x'_0, ∞). Si R_0 cae en el intervalo (x_0, x'_0), la raíz cuadrada de la fórmula (7) es imaginaria; un espacio con esta curvatura inicial es imposible.

El siguiente párrafo lo dedicamos al caso en que R_0 esté en el intervalo $(0, x_0)$; consideramos aquí el tercer caso: $R_0 > x'_0$ o $R_0 > \vartheta(\lambda, A)$. Por consideraciones análogas a las precedentes, se puede demostrar que R es una *función creciente del tiempo*, donde R puede partir del valor $x'_0 = \vartheta(\lambda, A)$. El tiempo transcurrido desde el momento en que era $R = x'_0$ hasta el momento que corresponde a $R = R_0$ lo llamamos de nuevo tiempo desde la creación del mundo. Si es t' ese tiempo, es entonces

$$t' = \frac{1}{c}\int_{x'_0}^{R_0}\sqrt{\frac{x}{A - x + \frac{\lambda}{3c^2}x^3}}dx\ . \tag{13}$$

A este mundo lo llamamos *universo monótono de segundo tipo.*

[1]) El tiempo desde la creación del mundo es el tiempo que ha transcurrido desde el momento en que el espacio era un punto ($R = 0$) hasta el estado actual ($R = R_0$); este tiempo puede también ser infinito.

p.385

6. Consideremos ahora el caso en que λ caiga entre los límites $(-\infty, 0)$. Si en este caso es $R_0 > x_0 = \Theta(\lambda, A)$, la raíz cuadrada de (7) se hace imaginaria, el espacio con este R_0 es imposible. Si $R_0 < x_0$, el caso considerado es idéntico al que dejamos de lado

en el apartado anterior. Supongamos pues que λ esté en el intervalo $\left(-\infty, \frac{4c^2}{9A^2}\right)$ y que sea $R_0 < x_0$. Por consideraciones conocidas [1]) se puede demostrar ahora que R se convierte en una función periódica de t, con periodo t_π, al que llamamos periodo del universo; t_π viene dado por la fórmula:

$$t_\pi = \frac{2}{c}\int_0^{x_0} \sqrt{\frac{x}{A - x + \frac{\lambda}{3c^2}x^3}}\,dx, \tag{14}$$

El radio de curvatura varía aquí entre 0 y x_0. A este universo lo llamaremos *universo periódico*. El periodo del universo periódico aumenta a medida que aumentamos λ y tiende a infinito cuando λ se acerca al valor $\lambda_1 = \frac{4c^2}{9A^2}$.

Para λ pequeña, el periodo se representa mediante la fórmula de aproximación

$$t_\pi = \frac{\pi A}{c} \tag{15}$$

Con respecto al universo periódico, son posibles dos puntos de vista: si tomamos por coincidentes dos sucesos cuando sus coordenadas espaciales coinciden y la diferencia de las coordenadas temporales es un múltiplo entero del periodo, entonces el radio de curvatura crece de 0 a x_0 y luego disminuye hasta el valor 0; el tiempo de existencia del universo es finito; por otro lado, si el tiempo varía entre $-\infty$ y $+\infty$ (es decir, sólo consideramos que dos sucesos coinciden si no sólo coinciden sus coordenadas espaciales sino también sus coordenadas universales), entonces llegamos a una periodicidad real de la curvatura del espacio.

7. Nuestros conocimientos son completamente insuficientes para realizar cálculos numéricos y decidir qué mundo es nuestro universo;

[1]) Véase, por ejemplo, *Weierstrass*, Über eine Gattung reell periodischer Funktionen. Monatsber. D. Königl. Akad. D. Wissensch. 1866 y *Horn*, Zur Theorie der kleinen finlichen Schwingungen. ZS. f. Math. und Physik 47, 400, 1902. En nuestro caso, las consideraciones de estos autores deben ser modificadas en consecuencia; sin embargo, en nuestro caso, la periodicidad está determinada por consideraciones elementales.

p. 386

es posible que el problema de la causalidad y el de la fuerza centrífuga arrojen luz sobre estas cuestiones. También hay que señalar que la magnitud "cosmológica" λ permanece indeterminada en nuestras fórmulas, ya que es una constante supernumeraria en la tarea; posiblemente las consideraciones electrodinámicas puedan llevar a su evaluación. Si fijamos $\lambda = 0$ y $M = 5 \,.\, 10^{21}$ masas solares, el periodo del universo pasa a ser del orden de 10.000 millones de años. Sin embargo, estas cifras sólo pueden servir de ilustración para nuestros cálculos.

Petrogrado, 29 de mayo de 1922.

—

SEPTIEMBRE

Franz Selety envía su trabajo* a Einstein.

Carta de Franz Selety a Einstein

Viena I, Zedlitzgasse, 11 de septiembre de 1922

Estimado profesor:

Al mismo tiempo que esta carta le envío, profesor, la separata de mi trabajo sobre la posibilidad de un mundo infinito que acaba de aparecer en los *Annalen der Physik*, del que ya le había escrito en enero. Naturalmente, me interesa mucho conocer su juicio al respecto. Espero tener la oportunidad de conocerlo.

Le estoy siempre muy agradecido por la gran amabilidad y bondad que siempre me ha demostrado.

En la esperanza de que continúe mostrándome su amable benevolencia, le saluda atentamente

Dr. Franz Selety

[Recogido en *TCPAE*. Volume 13: The Berlin Years: Writings & Correspondence January 1922-March 1923. Doc **350**, Page 505]

[* Sobre el artículo de Selety se dice en los Collected (*TCPAE*. Vol. 13. Doc. 371):

En la primera parte argumenta Selety que cinco condiciones: la infinitud espacial del universo, la infinitud de la cantidad de su masa, el estar completamente lleno de materia con densidad local global finita, la anulación de su densidad media y la inexistencia de un punto o región central singular en él pueden conciliarse con una cosmología newtoniana recurriendo a un modelo «jerárquico-molecular» del universo

En la segunda parte, Selety pretende demostrar que una distribución de masas que cumpla las condiciones discutidas en la primera parte puede ser fuente de inercia.]

—

Einstein no está de acuerdo con el trabajo de Friedmann. Si el universo *debe* ser estático, el radio del universo tiene que ser constante. Einstein cree haber demostrado en el «Kosmologische» que el radio del universo es constante, es decir, que sólo son posibles universos estáticos –a los que tanto aprecia–. Pero, tiempo al tiempo.

A. Einstein. Bemerkung zu der Arbeit von A. Friedmann „Über die Krümmung des Raumes". «*Zeitschrift für Physik*», vol. XI, **1922**, p. 326. (Eingegangen am 18. September **1922**.) Observación sobre el trabajo de A. Friedman «Sobre la curvatura del espacio». (Registro de entrada: 18 de septiembre. Publicado el 19 de diciembre)

En el trabajo citado, los resultados referentes a un universo estacionario me parecen cuestionables. De hecho, se puede mostrar que la solución dada no es compatible con las ecuaciones de campo (A). En efecto, se sabe que de estas ecuaciones de campo resulta que la divergencia del tensor de la materia T_{ik} es nula. En el marco de las hipótesis caracterizadas por (C) y (D_3), se llega a la relación:

$$\frac{\partial \rho}{\partial x_4} = 0,$$

que, añadida a (8), implica la constancia del radio del universo R. La importancia del trabajo reside precisamente en el hecho de que demuestra esta constancia.

Berlín, septiembre de **1922**.
[Registro de entrada: 18 de septiembre de 1922]

[Recogido en TCPAE. Vol. 13. Doc. 340. p. 490]

La Universidad Hebrea de Jerusalén nos proporciona la correspondiente imagen autógrafa de la Nota de Einstein:

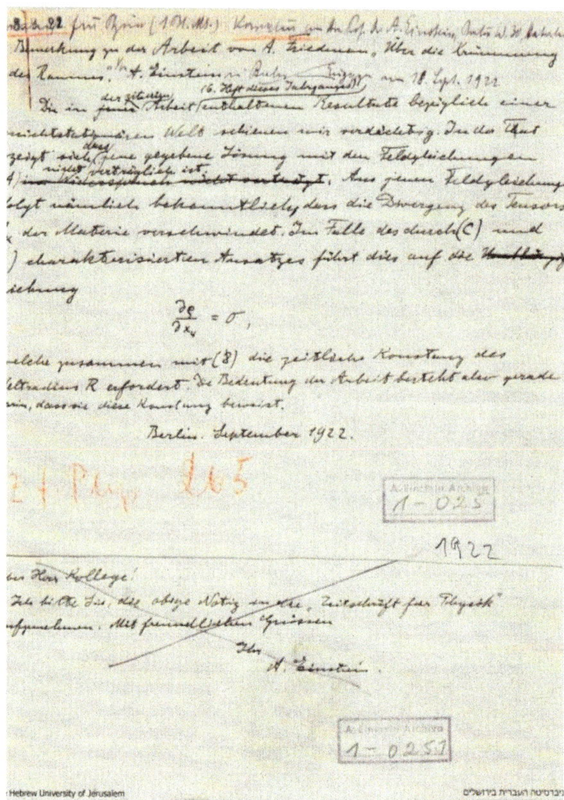

Courtesy of the Hebrew University of Jerusalem

Transcribamos:

Für ? (16 dieses Monats⁺) Korrektür vom Herrn Professor Dr. A. Einstein. Berlin W. 30, Haberlandstrasse

Bemerkung zu der Arbeit von A. Friedmann

„Über die Krümmung des Raumes".
Von A. Einstein in Berlin
(Eingegangen am 18. September 1922.)

Die in der zitierten Arbeit (*6. Heft dieses Jahrganges**) enthaltenen Resultate bezüglich einer nichtstationären Welt schienen mir verdächtig. In der Tat zeigt sich, daß jene gegebene Lösung mit den Feldgleichungen (*A*) nicht verträglich ist. Aus jenen Feldgleichungen folgt nämlich bekanntlich, daß die Divergenz des Tensors T_{ik} der Materie verschwindet. Im Falle des durch (*C*) und (D_3) charakterisierten Ansatzes führt dies auf die Beziehung

$$\frac{\partial \rho}{\partial x_4} = 0,$$

welche zusammen mit (8) die zeitliche Konstanz des Weltradius R erfordert. Die Bedeutung der Arbeit besteht also gerade darin, daß sie diese Konstanz beweist.

Berlin, September 1922

[+ 16 de este mes]
[* *Número 6 del año en curso*]

Parte inferior de la imagen:

Lieber Herr Kollege!

Ich bitte Sie, die obige Notiz in die „Zeitschrift für Physik" aufzunehmen. Mit freundlichen Grüssen

Ihr

A. Einstein

Querido colega

Le ruego incluya la nota anterior en el "Zeitschrift für Physik". Saludos cordiales

Suyo

A. Einstein

Ya habrá tiempo de rectificar esta NOTA.

—

Einstein publica una respuesta al artículo de Franz Selety que este le había enviado previamente.

Albert Einstein. Bemerkung zu der Franz Seletyschen Arbeit „Beiträge zum kosmologischen System" (Ann. d. Phys. 68. S. 281. 1922. («Observación sobre el trabajo de Franz Selety "Contribuciones al sistema cosmológico"».

436

Observación sobre el trabajo de Franz Selety «Beiträge zum kosmologischen System»
(Ann. d. Phys. 68. p. 281. 1922)
por A. Einstein.

Hay que reconocer que la hipótesis del carácter «jerárquico-molecular» de la estructura del universo estelar tiene mucho a su favor desde el punto de vista de la teoría de Newton, aunque la hipótesis de la equivalencia de las nebulosas espirales con la Vía

Láctea deba considerarse refutada por las últimas observaciones. Esta hipótesis explica [2] informalmente la ausencia de brillo del fondo celeste y evita el conflicto de Seeliger con la ley de Newton sin concebir la materia como una isla en el espacio vacío [3].

La hipótesis de la estructura jerárquica molecular del universo también es posible desde el punto de vista de la teoría de la relatividad general. Sin embargo, desde el punto de vista de esta teoría, la hipótesis debe considerarse todavía insatisfactoria. Esto se explica brevemente a continuación. Si las propiedades geométricas e inerciales del espacio están influidas por la materia, o están parcialmente condicionadas por ella, entonces lo sugerente es que esta condicionalidad sea completa, como es el caso según la teoría de la relatividad general, si la densidad media de la materia es finita y el universo es espacialmente cerrado. Intentaré ilustrar esto con un caso ficticio más simple, aunque imperfecto. [5]

Supongamos que la gravedad sólo se conociese mediante el estudio preciso de la mecánica de masas de las que disponemos en experimentos de laboratorio y que la forma esférica de la Tierra nos es desconocida. Entonces se podría plantear la siguiente teoría. Existe primordialmente un campo gravitatorio «cósmico» vertical que se extiende por todas partes hasta el infinito. La Tierra se extiende hacia abajo hasta el infinito. Su efecto gravitatorio puede despreciarse

437

frente al campo gravitatorio cósmico. [1]) El campo gravitatorio cósmico se ve modificado por los efectos gravitatorios de masas accesibles a la experiencia en la superficie de la Tierra.

Aunque el supuesto campo gravitatorio cósmico corresponde a la ecuación de Poisson, al igual que los campos gravitatorios de las masas accesibles a la experimentación en la superficie terrestre, esta interpretación sería insatisfactoria porque se ha supuesto que el propio campo cósmico no tiene una causa material. La idea de que el campo gravitatorio, que determina principalmente la caída de los cuerpos sobre la superficie terrestre, no existe de forma independiente, sino que está causado por el cuerpo de la Tierra, se percibiría sin duda como un gran avance.

El hecho de que hoy en día no se exija con similar intensidad la necesidad de atribuir el campo métrico e inercial del mundo a causas físicas se debe únicamente a que este último campo no se percibe con tanta claridad como la realidad física del «campo gravitatorio cósmico» del ejemplo anterior. A una generación posterior, sin embargo, esta suficiencia le parecerá incomprensible.

Ni el «universo jerárquico-molecular» ni el «universo-isla» satisfacen el postulado de Mach, según el cual el efecto inercial del cuerpo individual debe estar determinado por la totalidad de todos los demás en el mismo sentido que su fuerza gravitatoria. Me resulta difícil comprender cómo el Sr. Selety ha podido eludir este defecto de su sistema. Esta deficiencia es tanto más grave cuanto que en la teoría de la relatividad general puede demostrarse, incluso sin consideraciones cosmológicas, que los cuerpos se comportan en primera aproximación como debe esperarse según la idea de Mach. Me remito aquí a la cuarta de mis «Cuatro conferencias sobre la teoría de la relatividad» publicadas por Vieweg (pronunciada en mayo de 1921 en la Universidad de Princeton).

Por último, cabe mencionar un punto más, que causa confusión no sólo en el artículo de Selety, sino también en gran parte

[1]) Ruego disculpas por el hecho de que esta hipótesis no se ajuste a la ley de Newton.

438

de la bibliografía pertinente. La teoría de la relatividad dice: Las leyes de la Naturaleza deben formularse independientemente de cualquier elección particular de coordenadas, ya que al sistema de coordenadas no corresponde nada real: la simplicidad de una ley hipotética sólo hay que juzgarla por su formulación covariante general. Sin embargo, de esto no se deduce que no se pueda simplificar la descripción mediante una elección adecuada del sistema de referencia sin violar el postulado de relatividad. Si, por ejemplo, aproximo el mundo real por el «mundo cilíndrico» con materia distribuida uniformemente y elijo el eje temporal paralelo al generador del «cilindro», esto no significa la introducción de un «tiempo absoluto». Todavía no existe ningún sistema de coordenadas en el mundo que sea preferido para la formulación de las leyes de la Naturaleza. Con respecto al mundo real, es imposible por lo demás una definición exacta de tal sistema de coordenadas, incluso si el mundo real pudiera aproximarse toscamente *por* ese mundo cilíndrico. El principio de relatividad no afirma que el mundo haya que describirlo en forma igualmente simple o incluso de la misma manera con respecto a todos los sistemas de coordenadas, sino únicamente que las *leyes generales* de la Naturaleza son las mismas con respecto a todos los sistemas (más exactamente: que las leyes de la Naturaleza hipotéticamente posibles sólo hay que ponderarlas entre sí con respecto a su simplicidad en su formulación covariante general.

Septiembre de 1922

(Registro de entrada: 25 de septiembre de 1922)
[Publicado en *Annalen der Physik* 69 (1922): pp. 436–438 el 19 de diciembre de 1922]

Footnotes:

[2] Este modelo presupone que el universo está formado por cúmulos que a su vez están formados por cúmulos y así sucesivamente. Una molécula y la Vía Láctea son cúmulos de este tipo. Un cúmulo se añade a otro cúmulo superior en la jerarquía empaquetándose en una esfera vacía con un radio mayor que el radio del cúmulo. De este modo, la densidad media de los cúmulos disminuirá y, con infinitos escalones en la jerarquía, acabará con una densidad media nula del universo.

Selety no estaba de acuerdo con la apreciación de Einstein de que la hipótesis de equivalencia entre la Vía Láctea y las nebulosas estaba refutada empíricamente. Sostuvo que «está muy extendida la suposición de que nuestra Vía Láctea es uno de muchos sistemas similares y ... que las nebulosas espirales visibles para nosotros son otros sistemas similares». En la disputa entre los astrónomos sobre si el universo consiste sólo en la Vía Láctea con todos los sistemas siderales que le pertenecen o, más bien, en «universos isla» (uno de los cuales es la Vía Láctea) con nebulosas espirales en ellos, los años 1921-1922 mostraron un avance de la primera visión, la Gran Galaxia de Harlow Shapley.

[3] La oscuridad del cielo nocturno no puede conciliarse con un universo infinito y eterno, ya que en tal universo debe haber una distribución uniforme de la luz de las estrellas (paradoja de Olbers). Hugo Seeliger observó que la ley de la gravitación de Newton no puede conciliarse con un universo infinito en el que la materia esté distribuida uniformemente, porque el efecto de la gravitación en cualquier punto del espacio debería ser indeterminado. La teoría de Newton requiere un centro para el universo, donde la densidad de masa es máxima. Con la distancia r desde tal centro, la densidad de las estrellas debería descender más rápido que para llegar a una densidad cero en el infinito: las estrellas forman una isla en el espacio infinito. Al parecer, Einstein utiliza la expresión «universo isla» («Inselwelt») para referirse a la Gran Galaxia de Shapley.

[5] En este punto se hace evidente que la perspectiva de Einstein sobre el principio de Mach ha cambiado desde el debate con De Sitter, Klein y Weyl. Einstein había propuesto sus ecuaciones de campo modificadas (*Kosmologische Betrachtungen*, febrero 1917) con el objetivo explícito de asegurar que, de acuerdo con las ecuaciones de campo de la relatividad general, el tensor métrico que representa el campo gravitatorio-inercial está siempre determinado unívocamente por el tensor de energía-momento. Sin

embargo, De Sitter había demostrado que existen soluciones a las nuevas ecuaciones de campo para las que esto no es cierto, lo que Einstein reconoció en Einstein a Felix Klein, 20 de junio de 1918, aunque señalando al mismo tiempo que no se calificaba como solución física porque no era globalmente estática. En lugar de abandonar el principio de Mach (*Prinzipielles* ..., 1918), en este punto del presente documento Einstein cambió su forma de utilizarlo: argumenta que entre todos los modelos cosmológicos posibles deberíamos elegir uno en el que el principio de Mach se mantenga, en particular, el modelo espacialmente cerrado propuesto en el *Kosmologisches*. Así, el principio de Mach pasa de ser un criterio que se supone que se cumple en el nivel de las ecuaciones de campo a un criterio de selección entre los modelos cosmológicos.

[Recogido en *TCPAE*. Volume 13: The Berlin Years: Writings & Correspondence January 1922-March 1923. Doc 370, Page 522]

Y, a continuación, responde por carta a Selety:

Carta de Einstein a Franz Selety

Berlín, 25 de septiembre de 1922

Estimado doctor:

Muchas gracias por enviarme su trabajo y por su carta. He enviado un comentario sobre el trabajo a los *Annalen* y espero que los editores le envíen una corrección cuando se termine la impresión. No tengo objeciones sustanciales a la primera parte de su trabajo, pero veo que no ha comprendido del todo los argumentos de la teoría de la relatividad general para el espacio cerrado que están relacionados con el pensamiento de **Mach**. Éstos se presentan en un folleto titulado «Vier Vorlesungen über die Relativitäts-Theorie» (Cuatro conferencias sobre la teoría de la relatividad), publicado recientemente por Vieweg en Braunschweig. Pediré a la librería de la editorial que le envíe un ejemplar.

Saludos cordiales

[Recogido en *TCPAE*. Volume 13: The Berlin Years: Writings & Correspondence January 1922-March 1923. Doc **371**, Page 527]

DICIEMBRE

6 de diciembre

Friedman se ha enterado de la NOTA de Einstein, y le escribe:

Carta de Alexander Friedmann a Einstein

Petrogrado, Observatorio Físico Central, Vasily Ostrov, línea 23, 2.
6 de diciembre de 1922.

Estimado profesor:

Por la carta de uno de mis amigos, que se encuentra actualmente en el extranjero, he tenido el honor de saber que usted ha publicado una pequeña nota en el Volumen 11 del "Zeitschrift fur Physik", que señala que de las hipótesis (D_3) y (C) de mi artículo sobre "Die Krummung des Raumes" (La curvatura del espacio) y de las ecuaciones del universo que usted ha establecido, debe seguirse que el radio de curvatura del universo es una magnitud independiente del tiempo. Este resultado lo obtiene usted aprovechando la circunstancia de que a partir de las ecuaciones del universo se obtiene la anulación de la divergencia del tensor T_{ik} como consecuencia necesaria. De la anulación de la divergencia del tensor T_{ik} obtenía usted la relación

$$(*) \qquad \frac{\partial \rho}{\partial x_4} = 0.$$

Sin embargo, tal relación muestra naturalmente la constancia del radio de curvatura R y, en consecuencia, también la incorrección de los cálculos de mi trabajo.

Sin embargo, no he conseguido obtener la relación (*) a partir de la anulación de la divergencia del tensor T_{ik}. El resultado que he obtenido *no contradice* el caso del universo no estacionario. Habida cuenta del interés cierto que lleva consigo la cuestión de la posibilidad de existencia del universo no estacionario, me tomo la libertad de presentarle a usted los cálculos que he realizado de la divergencia del tensor T_{ik} para su valoración y revisión. Sea Q_κ la componente κ-ésima del tensor contragradiente, que representa la divergencia T_{ik}; entonces, según la fórmula de la divergencia, tendremos:

$$Q_\kappa = \frac{1}{\sqrt{g}} \frac{\partial \sqrt{g} g^{\alpha\sigma} T_{\alpha\kappa}}{\partial x_\sigma} - \begin{Bmatrix} \kappa\sigma \\ s \end{Bmatrix} g^{\alpha\sigma} T_{\alpha s},$$

Nos interesa Q_4, ya que Q_1, Q_2, Q_3 se anulan debido a que para el universo no estacionario expresado en mi artículo por la fórmula (D_3) en las condiciones (C) tendremos:

$$\begin{Bmatrix} 41 \\ 4 \end{Bmatrix} = 0, \quad \begin{Bmatrix} 42 \\ 4 \end{Bmatrix} = 0, \quad \begin{Bmatrix} 43 \\ 4 \end{Bmatrix} = 0, \quad \begin{Bmatrix} 44 \\ 4 \end{Bmatrix} = 0.$$

Para Q_4 tendremos:

$$Q_4 = \frac{1}{\sqrt{g}} \frac{\partial \sqrt{g} g^{\alpha\sigma} T_{\alpha 4}}{\partial x_\sigma} - \begin{Bmatrix} 4\sigma \\ s \end{Bmatrix} g^{\alpha\sigma} T_{\alpha s} =$$
$$= \frac{1}{\sqrt{g}} \frac{\partial \sqrt{g} g^{4\sigma} T_{44}}{\partial x_\sigma} - \begin{Bmatrix} 4\sigma \\ 4 \end{Bmatrix} g^{4\sigma} T_{44},$$

donde todos los T_{ik} excepto T_{44} son nulos debido a las condiciones (C) de mi artículo. Pero con las condiciones (D_3), $g^{4\sigma} = 0$ para todo σ excepto $\sigma = 4$, la fórmula anterior se reescribirá de la siguiente manera

$$Q_4 = \frac{1}{\sqrt{g}} \frac{\partial \sqrt{g} g^{44} T_{44}}{\partial x_4},$$

ya que $g^{44} = \frac{1}{g_{44}} = 1$ (en nuestro caso igual al intervalo determinado según la fórmula (D_3)), pero T_{44} es igual a $c^2 \rho g_{44}$, es decir, $T_{44} = c^2 \rho$, por lo que de esta manera Q_4 se escribirá en la forma de la siguiente fórmula:

$$Q_4 = \frac{1}{\sqrt{g}} \frac{\partial \sqrt{g} c^2 \rho}{\partial x_4}.$$

Poniendo Q_4 igual a cero, lo que se deduce de sus ecuaciones del universo, no tendremos la ecuación indicada por usted y que figura en su artículo, sino la siguiente ecuación:

$$(**) \qquad \frac{\partial \sqrt{g} \rho}{\partial x_4} = 0,$$

de esta manera se obtiene que $\sqrt{g}\rho$ debe ser independiente de x_4, pero

$$g = -\frac{1}{c^6} R(x_\nu)^6 \sin^4 x_1 \sin^2 x_2, \qquad \sqrt{g} = \frac{1}{c^3} \sqrt{-1} R(x_\nu)^3 \sin^2 x_1 \sin x_2,$$

y ρ se expresa, basándose en la fórmula (8) de mi trabajo, como sigue:

$$\rho = \frac{3A}{\frac{1}{2} R(x_4)^3},$$

por lo que

$$\sqrt{g}\rho = \frac{3A}{c^3 \kappa} \sqrt{-1} \sin^2 x_1 \sin x_2,$$

y es realmente independiente de x_4, que también se requiere.

Querido profesor, no rehúse usted darme cuenta de si los cálculos que he hecho en esta carta son correctos. Últimamente he estado investigando el caso de un universo de curvatura negativa constante y que cambia (en el sentido temporal). Al hacer esto, fue necesario, por supuesto, (para obtener el único universo real interesante y material desde el punto de vista de la física y la geometría) utilizar otra expresión para el intervalo, tomándolo (según Bianchi, *Lezioni di geometria differenziale*, vol. 1) de la siguiente forma:

$$d\tau^2 = -\frac{R(x_4)^2}{x_3^2}(dx_1^2 + dx_2^2 + dx_3^2) + M^2 dx_4^2.$$

El resultado de los cálculos mostró que en este caso puede existir tanto un universo de curvatura constante (ya negativa) como un universo de curvatura variable (en el sentido temporal). La existencia de la posibilidad de obtener un universo de curvatura negativa constante a partir de sus ecuaciones del universo es de muy especial interés para mí, por lo que le pido encarecidamente que no me prive de su respuesta a mi presente carta, aunque sé lo muy ocupado que presumiblemente esté usted.

Caso de que encuentre usted correctos los cálculos expuestos en mi presente carta, le ruego que no se oponga a que yo informe del tema a los editores de "Zeitschrift fur Physik"; en ese caso quizá podría usted publicar una rectificación o autorizar que se imprima un extracto de esta carta.

Su sincero admirador
A. Friedman

[Recogida en TCPAE. Vol. 13. Doc. 390. pp. 601-604]

—

Einstein está en Japón y, según parece, hay que esperar a que la revista *Physics Today* publique en 1982 una de sus conferencias. Es posible que apareciese en medios *locales* en cierto modo inaccesibles para *Occidente* en las fechas. Su referencia a **Mach** y al problema cosmológico exige situarla en el momento concreto en que se produce.

Yo no tenía dudas de que la nueva teoría era razonable desde un punto de vista filosófico. Observé también que la nueva teoría estaba de acuerdo con el argumento de **Mach**. Contrariamente al caso de la teoría de la relatividad general, en la que le argumento de **Mach** se incorporó a la teoría, el análisis de **Mach** sólo tuvo una implicación indirecta en la teoría de la relatividad especial.

...

Ernst **Mach** fue una persona que insistió en la idea de que los sistemas que tienen aceleración, uno respecto a otro, son equivalentes. Esta idea contradice la geometría euclídea, pues en el sistema de referencia con aceleración, la geometría euclídea no puede aplicarse. Describir las leyes físicas sin referencia a la geometría es similar a describir nuestro pensamiento sin palabras. Necesitamos palabras para expresarnos. ¿Qué buscaríamos para describir nuestro problema? Este problema estuvo irresuelto hasta 1912, en que se me ocurrió la idea de que la teoría de superficies de Karl Friedrich Gauss pudiera ser la clave de este misterio. Descubrí que las coordenadas de superficie de Gauss eran muy adecuadas para entender este problema. Hasta entonces no sabía que Bernhard Riemann [que fue alumno de Gauss] había analizado profundamente el fundamento de la geometría.

...

En cuanto a mi trabajo posterior a 1915, sólo me gustaría mencionar el problema de la cosmología. Este problema tiene que ver con la geometría del universo y con el tiempo. La base de este problema proviene de las condiciones límite de la teoría de la relatividad general y la discusión del problema de la inercia por **Mach**. Aunque no entendí exactamente la idea de **Mach** sobre la inercia, su influencia en mi pensamiento fue enorme.

Resolví el problema de la cosmología imponiendo invariancia en la condición límite de las ecuaciones gravitacionales. Eliminé finalmente el límite considerando que el Universo era un sistema cerrado. Como resultado de ello, la inercia surge como una propiedad de la interacción material que se anularía de no existir otra materia con la que interactuar. Creo que, con este resultado, la teoría de la relatividad general puede entenderse satisfactoriamente desde el punto de vista epistemológico.

[Albert Einstein. «How I created the theory of relativity». *Physics Today*. August **1982**, pp. 45-47. Traducción de una conferencia dada en Kyoto el 14 de Diciembre de **1922**.]

1923

ABRIL

Imposible adentrarse en el universo de las motivaciones. En cualquier caso, Weyl nos deja aquí una muestra de su paleta.

Hermann Weyl. «Zur allgemeinen Relativitätstheorie». *Physik. Zeitschr.* XXIV, 1923, pp. 230-232. Registro de entrada, 17. April 1923.

Sobre la teoría de la relatividad general

1. Según el principio de equivalencia de Einstein, del efecto Doppler se deduce que la luz, cuando nos llega desde un lugar de potencial gravitacional inferior, oscila a un ritmo más lento que el generado en el lugar del observador por el mismo proceso atómico; las rayas espectrales aparecen desplazadas hacia el extremo rojo. Los efectos Doppler y Einstein están inseparablemente unidos. El sencillo principio según el cual [ese desplazamiento] puede calcularse en cualquier campo gravitatorio y con cualquier movimiento de la fuente luminosa y del observador lo formulé en la 5ª edición del libro "Raum, Zeit, Materie" (Julius Springer 1923), Apéndice III, como sigue.

En la línea universo L de la fuente de luz Q, supuesta puntual, s representa el tiempo propio y, en la línea universo A del observador, el tiempo propio se representa por σ. Los conos cero K_s provenientes de los distintos puntos s de L y que se abren hacia el futuro son las superficies (tridimensionales) de fase constante para la luz emitida. K_s cortará a la línea A en un punto determinado $\sigma = \sigma(s)$.

El cambio de fase percibido por el observador se obtiene a partir del ritmo del cambio de fase en L observando cómo A interseca las sucesivas superficies de fase.

Si el proceso desencadenado por la fuente de luz en el sitio de la fuente es puramente periódico, es decir, de período infinitamente pequeño, entonces el cambio de fase que hace el barrido sobre el observador es también periódico; pero el período aumenta en la relación $\rho = d\sigma/ds$ (si se fija en L de acuerdo con la función $\sigma(s)$ recién introducida).

Si el observador lleva consigo una fuente de luz Q_0 con las mismas propiedades físicas que la observada, la frecuencia de Q_0 medida en σ será igual a la frecuencia de Q medida en s. De aquí se deduce que la longitud de onda $\lambda + \Delta\lambda$ de la luz que el observador recibe de Q está en la relación ρ con la longitud de onda λ de la fuente Q_0 que lleva consigo:

$$\Delta\lambda/\lambda = \rho - 1. \qquad (1)$$

2. Ibídem he considerado, una junto a otra, tres ideas sobre conexión y estructura métrica del universo en general, distinguiéndolas como cosmología elemental, cosmología einsteiniana y cosmología de de Sitter. De ellas, la última me parece con mucho la más satisfactoria. Según esta, para dos estrellas A y B que desde el origen pertenecen al mismo universo conexo de efectos, se obtiene un desplazamiento recíproco de rayas espectrales:

El espectro de la estrella A que obtiene un observador en B muestra las líneas desplazadas hacia el extremo rojo según la fórmula

$$\Delta\lambda/\lambda = \text{tg}\, r/\alpha, \qquad (2)$$

en la que α es el radio de curvatura constante del universo y r es la distancia de la estrella A al observador B. Me gustaría realizar aquí el pequeño cálculo; lo particularmente notable en el resultado es que el desplazamiento, con r creciente, aumenta como la primera potencia de r/α.

En un espacio "euclídeo" de cinco dimensiones con la forma métrica fundamental

$$ds^2 = -\,\Omega(dx),\ \Omega(x) = x_1^2 + x_2^2 + x_3^2 + x_4^2 - x_5^2$$

se define, mediante la ecuación

$$\Omega(x) = \alpha^2,$$

un hiperboloide de cuatro dimensiones cuyo campo métrico es homogéneo y de índice de inercia 3.

Según la cosmología de De Sitter, este hiperboloide con el doble borde del pasado infinitamente lejano y del futuro infinitamente lejano proporciona una imagen métricamente fiel del universo. Las líneas geodésicas se recortan de los planos (bidimensionales) que atraviesan el punto cero del espacio de cinco dimensiones. El cono cero abierto hacia el futuro, partiendo del punto universo P, barre el rango de acción de g cuando P atraviesa dicha línea geodésica g con dirección de tipo temporal.

El hecho de que las dos estrellas A y B pertenezcan a un sistema común y estén conectadas causalmente una con otra desde el origen significa que sus líneas universo tienen el mismo dominio de influencia Σ ([1]). Las líneas universo de todas las estrellas del sistema Σ están cortadas por planos que pasan por un eje común, una generatriz del cono de asíntota. Dos planos de este haz pertenecen a una variedad lineal tridimensional común, por lo que podemos suprimir dos dimensiones del universo al analizar la interacción de las dos estrellas A y B.

Con una elección y nomenclatura ligeramente diferentes de las coordenadas, tenemos entonces que lidiar con el hiperboloide

$$x_1x_2 + x_3^2 = 1,$$

en el espacio con la forma métrica fundamental

$$-\,ds^2 = dx_1dx_2 + dx_3^2.$$

El eje x_2 es asíntota y al mismo tiempo "eje" del sistema Σ. La línea universo del "observador" B en el hiperboloide está cortada por el plano $x_3 = 0$ y la línea universo de la estrella A por el plano $x_3 = \alpha x_1$. No representa ninguna restricción suponer que la constante α sea positiva. Para la diferenciación, las coordenadas actuales de A se designan con $x_1x_2x_3$ y las de B con $\xi_1\xi_2\xi_3$.

Si se pone para B

$$\xi_3 = 0;\ \ \xi_1 = e^{\sigma},\ \ \xi_2 = e^{-\sigma},$$

entonces obviamente σ es el correspondiente tiempo propio; σ creciente corresponde al sentido de progresión pasado → futuro. Para la estrella se obtiene, de $x_3 = \alpha x_1$ y de la ecuación del hiperboloide, la relación

$$x_1 (x_2 + \alpha x_3) = 1$$

y al mismo tiempo, en su línea universo es

$$- ds^2 = dx_1 (dx_2 + \alpha dx_3).$$

En las ecuaciones

$$x_1 = e^s, x_2 + \alpha x_3 = e^{-s} (x_3 = \alpha \cdot e^s)$$

es entonces s el tiempo propio de la estrella. Si ξ_1, ξ_2 son dos números cualesquiera cuyo producto es = 1, el par de ecuaciones

$$\xi_1 x_2 = 1 + x_3$$
$$\xi_2 x_1 = 1 - x_3$$

e igualmente

$$\xi_1 x_2 = 1 - x_3$$
$$\xi_2 x_1 = 1 + x_3$$

representa cada uno una generatriz rectilínea del hiperboloide.

([1]) Tanto en de Sitter (Monthly Notices of the Roy. Astronom. Soc., nov. 1917) como en Eddigton (Math. Theory of Relativity, Cambridge 1923, p. 161 y ss.) sigue faltando esta suposición sobre el "estado de marcha" de las estrellas – la única posible, por cierto, que es compatible con la homogeneidad del espacio y del tiempo. Sin tal suposición, por supuesto, no se puede decir nada sobre el corrimiento al rojo.

Ambas rectas pasan evidentemente por el punto (ξ_1, ξ_2, 0); forman el cono cero que emana de este lugar del universo del observador. Para determinar el punto de intersección de la mitad del cono cero abierta hacia el pasado con la línea universo de la estrella A, debemos elegir (dado que $\alpha > 0$, $x_3 > 0$) el primer par de ecuaciones, como se ve inmediatamente. Por tanto, el momento de observación $\sigma = \sigma(s)$ de una señal luminosa emitida por la estrella en el instante s se determina a partir de la ecuación

$$e^{s-\sigma} = 1 - \alpha e^s \text{ o } e^{\sigma-s} = 1 + \alpha e^\sigma.$$

(La segunda ecuación proviene de la primera al multiplicar por $e^{\sigma-s}$.)

La diferenciación proporciona

$$ae^\sigma d\sigma = e^{\sigma-s} (d\sigma - ds) = (1 + \alpha e^\sigma) (d\sigma - ds)$$

o

$$\rho = d\sigma/ds = 1 + \alpha e^\sigma. \qquad (3)$$

La parte del sistema Σ que, en resumidas cuentas, ve el observador B en el curso de su historia infinita, es una sección en forma de cuña del universo entero, que puede referirse a coordenadas estáticas de tal manera que el propio observador aparece como el centro en reposo de su universo.

La distancia a la estrella medida en el espacio estático del observador en el instante σ puede hallarse haciendo pasar el plano ortogonal a A por el punto $\sigma = (\xi_1\xi_2 0)$ de la línea universo A del observador

$$x_1 d\xi_2 + x_2 d\xi_1 = 0 \tag{4}$$

y determinando la distancia r en el círculo de intersección.

La ecuación (4) se escribe:

$$-x_1 e^{-\alpha} + x_2 e^{\sigma} = 0 \text{ o } x_1\xi_2 - x_2\xi_1 = 0.$$

En consecuencia

$$x_1 = \xi_1 \cos r, \quad x_2 = \xi_2 \cos r, \quad x_3 = \sin r \tag{5}$$

es la representación paramétrica del círculo de corte, y como $-ds^2 = dr^2$, el parámetro r es la distancia "natural" de sus puntos al punto de observación. El círculo interseca la línea universo de la estrella allí donde sea $x_3 = \alpha x_1$; $\sin r = \alpha\xi_1 \cos r$,

$$\operatorname{tg} r = \alpha\, e^{\sigma}. \tag{6}$$

La combinación de esta fórmula con (3) proporciona el resultado pretendido

$$\Delta\lambda/\lambda = \rho - 1 = \operatorname{tg} r. \tag{7}$$

Será útil comparar la magnitud del desplazamiento con la velocidad radial de la estrella $dr/d\sigma$. Todas las estrellas de nuestro sistema Σ huyen en dirección radial de una estrella de observación elegida arbitrariamente; existe una tendencia universal a huir inherente a la materia, que encuentra expresión en el "término cosmológico" de la ley de la gravitación de Einstein (y que en la cosmología de Einstein se compensa por el efecto gravitacional de la masa del universo que llena homogéneamente el espacio). De (6) se obtiene

$$1/\cos^2 r \cdot dr/d\sigma = \alpha e^{\sigma} \text{ y por tanto } dr/d\sigma = \sin r \cdot \cos r.$$

Por lo tanto, el desplazamiento (7) es mayor en la relación $1 : \cos^2 r$ que lo que corresponde a la velocidad radial.

En cuanto a la relación de nuestro resultado con la experiencia, con los fuertes corrimientos al rojo de las rayas espectrales de las nebulosas espirales encontrados por los astrónomos, me remito a la tabla dada por Eddington en la p. 162 de su reciente libro, citado arriba; compárense también las observaciones hechas en mi libro (op. cit.) sobre el orden de magnitud del radio del universo, que resultaría de la interpretación cosmológica de ese corrimiento al rojo en nuestro sentido y de las hipotéticas determinaciones de paralaje en las nebulosas espirales.

(Registro de entrada: 17 de abril de 1923)

MAYO

Recién vuelto de su viaje por Japón, Palestina y España, Einstein escribe a Weyl, profesor a la sazón en la ETH de Zürich, institución de tanto peso en la vida de Einstein.

La perspectiva cosmológica de Einstein está cambiando. La propia carta de Friedmann ha tenido que influirle. Y si el Universo no es estático (en contra de lo que había supuesto siempre), en un arranque muy einsteiniano: ¡fuera con el término cosmológico!

Tarjeta postal de Einstein a Weyl

ETH-Bibliothek, Zürich – Archive und Nachlässe
Biblioteca de la ETH (Escuela Técnica Confederal Superior) – Archivos y Legados

[Imagen: Cortesía de la Universidad Hebrea de Jerusalén]

[Berlin,] Dienstag n. Pfingsten [23 May] 1923

Lieber Herr Weyl!

Sie haben Recht inbezug auf das Vorzeichen des kosmologischen Gliedes. Dies würde zunächst nichts schaden, weil man die Theorie ganz zwanglos verallgemeinern kann, wie ich unterdessen gefunden habe. Man gelangt dann genau zu den Feldgleichungen, welche Sie aus Ihrem speziellen Wirkungsprinzip abgeleitet haben –wenn man nicht aus dem hohlen Bauch höhere Potenzen der elektromagnetischen Invariante einführen will. Ich sende Ihnen dann die Korrektur meiner Arbeit, die ich unbedingt publizieren muss, weil der Eddingtonsche Gedanke notwendig zu Ende gedacht werden muss. Ich glaube jetzt auch, dass alle diese Versuche auf rein formaler Basis die physikalische Erkenntnis nicht weiter bringen werden. Vielleicht hat die Feldtheorie schon alles hergegeben, was in ihren Möglichkeiten liegt. Inbezug auf das kosmologische Problem bin ich nicht Ihrer Meinung. Nach De Sitter laufen zwei genügend voneinander entfernte materielle Punkte beschleunigt auseinander. Wenn schon keine quasi-statische Welt, dann fort mit dem kosmologischen Glied.

Seien sie herzlich gegrüsst von Ihrem

A. Einstein.

[Berlín,] martes de Pentecostés [23 de mayo] de 1923

Querido Sr. Weyl:

Tiene usted razón en lo que respecta al signo del término cosmológico. Esto, de entrada, no haría ningún daño, porque se puede generalizar la teoría con bastante facilidad, como he comprobado entretanto. Se llega entonces exactamente a las ecuaciones de campo que ha deducido usted de su principio de acción especial –si no se quiere introducir instintivamente potencias superiores del invariante electromagnético. Le envío a continuación la corrección de mi trabajo, que tengo que publicar forzosamente, porque la idea de Eddington hay que pensarla necesariamente hasta el fondo. Creo también ahora que todos estos intentos sobre una base puramente formal no harán avanzar el conocimiento físico. Tal vez la teoría de campo haya ya dado todo lo que está dentro de sus posibilidades. Con relación al problema cosmológico, no soy de su opinión. Según De Sitter, dos puntos materiales –suficientemente distantes entre sí– se separan uno de otro a ritmo acelerado. En tal caso, si el Universo no es cuasi-estático, fuera con el término cosmológico.

Saludos cordiales

A. Einstein.

[Recogido asimismo en: TCPAE. Vol 14. Doc. 40. p. 73/74]

—

31 de mayo

Einstein hace una somera rectificación a su NOTA de septiembre pasado sobre el artículo de Friedmann:

A. Einstein. *«Notiz zu der Arbeit von A. Friedmann „Über die Krümmung des Raumes"». Zeitschrift für Physik*, vol. XVI, **1922**, p. 228. Nota sobre el trabajo de A. Friedman «Sobre la curvatura del espacio»

En una nota anterior, he criticado el trabajo aquí citado. Pero mi objeción, como me he convencido por instigación de M. Krutkoff y gracias a una carta de M. Friedman, estaba basada en un error de cálculo. Tengo los resultados de M. Friedman por justos y esclarecedores. Ponen de manifiesto que las ecuaciones de campo admiten para la estructura del espacio de simetría central, además de soluciones estáticas, soluciones dinámicas (es decir, que varían con la coordenada de tiempo).

[Registro de entrada: 31 de mayo de **1923**]

[Recogida en TCPAE. Vol. 14. Doc. 51. p. 82]

—

JULIO

Einstein ha ido a Suecia para soslayar el *feo* de no haber asistido en Estocolmo a la entrega de los premios Nobel en diciembre de 1922. **Mach**, la inercia y el problema cosmológico salen de nuevo a escena.

[Albert Einstein. «Grundgedanken und Probleme der Relativitätstheorie». Vortrag gehalten an der Nordischen Naturforscherversammlung in Gotenburg den 11 Juli 1923. (Ideas básicas y problemas de la teoría de la relatividad) (Conferencia pronunciada en Gotemburgo, ante la Asamblea Nórdica de Naturalistas, el 11 de Julio de 1923. Edición de la propia *Academia Sueca de Ciencias*. Estocolmo.]

Las consecuencias inmediatas del principio de relatividad están así agotadas. Me referiré ahora a aquellos problemas vinculados al desarrollo esbozado. Newton ya reconoció que el principio de inercia, en un aspecto hasta ahora no mencionado en esta exposición, era insatisfactorio. A saber, no señala ninguna causa real para la posición privilegiada de los estados de movimiento de los sistemas inerciales frente a todos los demás estados de movimiento. Hace responsable del comportamiento gravitacional de un punto material a los cuerpos materiales observables, pero no indica ninguna causa material para el comportamiento inercial del punto material, sino que finge la causa (espacio absoluto o éter inercial), lo que no es lógicamente inadmisible, sino insatisfactorio. Con este fundamento, E. **Mach** exigió una modificación de la ley de inercia en el sentido de que la inercia debería interpretarse como una resistencia a la aceleración de los cuerpos *entre sí* y no respecto al «espacio». Esta interpretación presupone la esperanza de que los cuerpos acelerados produzcan aceleración en el mismo sentido sobre otros cuerpos (inducción de aceleración).

Según la teoría de la relatividad general, que elimina la separación entre efectos gravitacionales e inerciales, la interpretación esbozada parece todavía más lógica. Desemboca en la exigencia de que el campo $g_{\mu\nu}$, prescindiendo de la arbitrariedad que implica la libre elección de coordenadas, debe estar completamente determinado por la materia. A favor de la exigencia de **Mach** va todavía, en la teoría de la relatividad general, la circunstancia de que, según las ecuaciones gravitacionales de campo, la inducción de aceleración existe realmente, aunque con intensidad tan exigua que hay que excluir probarlo directamente mediante experimentos mecánicos.

En la teoría de la relatividad general se puede satisfacer la exigencia de **Mach** dado que se considera el Universo, en sentido espacial, finito y cerrado en sí mismo. Mediante esta hipótesis se hace también factible la posibilidad de suponer *finita* la densidad media de materia del Universo, mientras que esta densidad tendría que anularse en un universo ilimitado espacialmente (cuasi-euclídeo). No se puede ocultar, sin embargo, que para satisfacer en la forma indicada el postulado de **Mach** hay que introducir en las ecuaciones de campo un término que no está basado en ninguna experiencia y que de ningún modo está lógicamente motivado por los demás términos de las ecuaciones. Por esa razón, la solución indicada del "problema cosmológico" no satisface por completo de momento.

1924

OCTUBRE-DICIEMBRE

A. Einstein (Berlin). **«Über den Äther»**. SCHWEIZERISCHE NATURFORSCHENDE GESELLSCHAFT. VORHANDLUNGEN. Vol. 105, pt. 2; Pág. 85-93. **1924**

Vemos que para Newton el "espacio" era algo físicamente real, a pesar del modo extrañamente indirecto en el que este ente real llegó a nuestro conocimiento. Ernst **Mach**, que fue el primero, después de Newton, en someter el fundamento de la mecánica a un profundo análisis, percibió esto con claridad. Trataba de escapar de la hipótesis del "éter de la mecánica" de modo que pretendía atribuir la inercia a interacciones directas entre las masas consideradas y todas las demás masas del universo. Esta interpretación es desde luego posible, desde el punto de vista lógico, pero como teoría de acción a distancia ya no la tomamos hoy seriamente en consideración.

1927

ABRIL

El cura Lemaître viene a enmendarle la plana a Einstein. Hay poderosas razones para sospechar que el universo no tiene por qué ser forzosamente estático. A pesar de nuestras limitaciones *técnicas*, la expansión del universo puede fundamentarse.

Note de M. l'Abbé G. Lemaître. «***Un univers homogène de masse constante et de rayon croissant, rendant compte de la vitesse radiale des nébuleuses extra-galactiques***». Extrait des Annales de la Societé scientifique de Bruxelles. Tome XLVII, série A, première partie. Comptes rendus des séances, p. 49. Session du 25 avril **1927**. Première section.

UN UNIVERSO HOMOGÉNEO DE MASA CONSTANTE Y RADIO CRECIENTE, QUE DA CUENTA DE LA VELOCIDAD RADIAL DE LAS NEBULOSAS EXTRAGALÁCTICAS

Nota del sacerdote Sr. G. Lemaître

1. GENERALIDADES.

La teoría de la relatividad predice la existencia de un universo homogéneo donde no sólo la distribución de la materia es uniforme, sino que todas las posiciones en el espacio son equivalentes, no hay centro de gravedad. El radio R del espacio es constante, el espacio es elíptico con una curvatura positiva uniforme $1/R^2$, las rectas que salen de un mismo punto vuelven a su punto de partida tras un recorrido igual a πR, el volumen total del espacio es finito e igual a $\pi^2 R^3$, las rectas son líneas cerradas que recorren todo el espacio sin encontrar frontera ([1]).

Se han propuesto dos soluciones. La de DE SITTER ignora la presencia de la materia y supone nula su densidad, lo que conduce a ciertas dificultades de interpretación sobre las que tendremos ocasión de volver, pero su gran interés consiste en explicar el hecho de que las nebulosas extra-galácticas parecen huir de nosotros con una velocidad enorme, como simple consecuencia de las propiedades del campo gravitacional, sin suponer que nos encontremos en un punto del universo dotado de propiedades especiales.

La otra solución es la de EINSTEIN. Ésta tiene en cuenta el hecho evidente de que la densidad de materia no es nula, lo que lleva a una relación entre esta densidad y el radio del universo. Esta relación hizo prever la existencia de masas enormemente superiores a todo lo que era conocido cuando la teoría se comparó por primera vez con los hechos. Estas masas se descubrieron luego, cuando pudieron establecerse las distancias y las dimensiones de las nebulosas extragalácticas. El radio del universo calculado por la fórmula de Einstein es, según datos recientes, unos

([1]) Consideramos el espacio simplemente elíptico, es decir, sin antípodas.

[p.50]

cientos de veces más grande que la distancia de los objetos más alejados fotografiados con nuestros telescopios ([1]).

Las dos soluciones tienen pues sus ventajas. Una concuerda con la observación de las velocidades radiales de las nebulosas, la otra rinde cuenta de la presencia de la materia y da una relación satisfactoria entre el radio del universo y la masa que contiene. Parece deseable obtener una solución intermedia que pudiera combinar las ventajas de cada una de ellas.

A primera vista, semejante solución intermedia no existe. Un campo gravitacional estático y de simetría esférica no admite más que dos soluciones, la de Einstein y la de de Sitter, si la materia está repartida uniformemente y no está sometida a ninguna presión o tensión interior. El universo de de Sitter está vacío, el de Einstein podría describirse como un universo que contiene tanta materia como puede contener; es sorprendente que la teoría no pueda proporcionar un justo medio entre estos dos extremos.

La paradoja se aclara cuando nos percatamos de que la solución de de Sitter no satisface todas las necesidades del problema ([2]). El espacio es efectivamente homogéneo, de curvatura positiva constante; el espacio-tiempo es también homogéneo, todos los puntos del universo son perfectamente equivalentes; pero la división del espacio-tiempo en espacio y tiempo ya no respeta la homogeneidad. Las coordenadas elegidas introducen un centro al que no corresponde nada en la realidad; un punto inmóvil en el centro del espacio describe una geodésica del universo; un punto inmóvil en cualquier lugar

([1]) Véase Hubble E. Extra-galactic nebulae, *Ap. J.*, vol. 64. p. 321, 1926. *Mt Wilson Contr.* Nº 324.

([2]) Véase K. LANCZOS.– Bemerkung zur de Sitterschen Welt. *Phys. Zeitschr.*, vol 23, p. 539, 1922, y H. WEYL. Zur allgemeinen Relativitätstheorie. Id, vol. 24, p. 230, 1923. Seguimos aquí el punto de vista de Lanczos. Las líneas de universo de las nebulosas forman un haz de centro ideal e hiperplano axial real; el espacio normal a estas líneas de universo está formado por las hiperesferas equidistantes del plano axial. Este espacio es elíptico, siendo su radio variable mínimo en el instante correspondiente del plano axial. En la hipótesis de Weyl, las líneas de universo son paralelas en el pasado; las hipersuperficies normales que representan el espacio son horosferas y, por tanto, la geometría del espacio es euclídea. La distancia espacial entre las nebulosas aumenta a medida que las geodésicas paralelas que describen se alejan una de otra, proporcionalmente a $e^{t/R}$, siendo t el tiempo propio y R el radio del universo. El efecto Doppler es igual a r/R, donde r es la distancia de la fuente en el instante de la observación. Véase G. LEMAÎTRE. Note on de Sitter's universe. *Journal of mathematics and physics*, vol 4, nº 3, May 1925, on *Publications du Laboratoire d'Astronomie et de Géodésie de l'Université de Louvain*, vol. 2, p. 37, 1925. Para la discusión de la división de de Sitter, véase P. DU VAL: Geometrical note on de Sitter's World. Phil. Mag. (6), vol. 47, p. 930, 1924. El espacio está formado por hiperplanos normales a una recta temporal descrita por el centro introducido, las trayectorias de las nebulosas son las trayectorias ortogonales a estos planos y por lo general no son ya geodésicas y tienden convertirse en líneas de longitud nula cuando nos acercamos al horizonte del centro, es decir, al hiperplano polar del eje central con relación al absoluto.

[p.51]

que no sea el centro no describe una geodésica del universo. La elección de coordenadas rompe pues la homogeneidad que existía en los datos del problema y de ahí provienen los resultados paradójicos que aparecen en el "horizonte" del centro. Cuando se introducen las coordenadas y la correspondiente división del espacio y del tiempo respetando la homogeneidad del universo, nos encontramos con que el campo ya no es estático y obtenemos un universo de la misma forma que el de Einstein, pero en el que el radio del espacio en lugar de permanecer invariante varía con el tiempo según una ley particular ([1]).

Para encontrar una solución que tenga a la vez las ventajas de la de Einstein y de la de Sitter, nos vemos así abocados a estudiar un universo de Einstein en el que el radio del espacio (o del universo) varía de alguna manera.

2. UNIVERSO DE EINSTEIN DE RADIO VARIABLE. ECUACIONES DEL CAMPO GRAVITACIONAL. CONSERVACIÓN DE LA ENERGÍA.

Igual que hace Einstein con su solución, equiparamos el universo con un gas muy enrarecido del que las nebulosas extragalácticas forman las moléculas; las suponemos lo suficientemente numerosas como para que un volumen pequeño con relación al conjunto del universo contenga suficientes nebulosas para que podamos hablar de la densidad de la materia. Ignoramos la posible influencia de condensaciones locales. Suponemos además que el reparto de las nebulosas es uniforme y, por tanto, que la densidad es independiente de la posición.

Para una variación arbitraria del radio del universo, la densidad, uniforme en el espacio, varía con el tiempo. Además la materia, en general, está sometida a tensiones que, a causa de la homogeneidad, se reducen a una simple presión uniforme en el espacio y variable con el tiempo. La presión es igual a los dos tercios de la energía cinética de las moléculas y es despreciable frente a la energía condensada en la materia, y lo mismo ocurre con las presiones interiores de las nebulosas o de las estrellas que contienen; nos vemos pues abocados a poner $p = 0$. Quizá

([1]) Si nos limitamos a dos dimensiones, una de espacio y una de tiempo, la división de espacio y tiempo utilizada por de Sitter puede representarse en una esfera: las líneas de espacio vienen dadas por un sistema de grandes círculos que se cruzan en un mismo diámetro y las líneas temporales son los paralelos que cortan perpendicularmente a las líneas espaciales. Uno de estos paralelos es un gran círculo y, por tanto, una geodésica y corresponde al centro del espacio; el polo de este gran círculo es un punto singular que corresponde al horizonte del centro. Naturalmente, la representación debe extenderse a cuatro dimensiones y la coordenada temporal y la coordenada temporal debe suponerse imaginaria, pero el defecto de homogeneidad resultante de la elección de coordenadas subsiste. Las coordenadas referentes a la homogeneidad vuelven a tomar por líneas temporales un sistema de meridianos y por líneas espaciales los paralelos correspondientes, mientras que el radio del espacio varía con el tiempo.

[p.52]

habría que tener en cuenta la presión de radiación de la energía radiante que circula en el espacio; esta energía es muy débil, pero está repartida en todo el espacio y proporciona sin duda una contribución importante a la energía media. Mantendremos el término p en las ecuaciones generales interpretándolo como la presión de radiación media de la luz, aunque pondremos $p = 0$ cuando lo apliquemos a los fenómenos astronómicos.

Designamos por ρ la densidad de energía total, la densidad de energía radiante será $3p$ y la densidad de la energía concentrada en la materia es $\delta = \rho - 3p$.

Hay que identificar ρ y $-p$ con las componentes T_4^4 y $T_1^1 = T_2^2 = T_3^3$ del tensor de energía material y δ con T. Calculamos las componentes del tensor de Riemann contraído para un universo de intervalo

$$ds^2 = -R^2 d\sigma^2 + dt^2 \qquad (1)$$

$d\sigma$ es el elemento de longitud de un espacio de radio igual a uno; el radio R del espacio es una función del tiempo. Las ecuaciones del campo de gravitación se escriben

$$3\frac{R'^2}{R^2}+\frac{3}{R^2}=\lambda+\kappa\rho \tag{2}$$

y

$$2\frac{R''}{R}+\frac{R'^2}{R^2}+\frac{1}{R^2}=\lambda-\kappa p \tag{3}$$

Las "primas" designan derivadas con relación a t; λ es la constante cosmológica y κ la constante de Einstein igual a $1,87 \times 10^{-27}$ en unidades C.G.S. (8π en unidades naturales).

Las cuatro identidades que expresan la conservación de la cantidad de movimiento y de la energía se reducen aquí a

$$\frac{d\rho}{dt}+\frac{3R'}{R}(\rho+p)=0 \tag{4}$$

que expresa la conservación de la energía. Esta ecuación puede pues reemplazar a (3). Es susceptible de una interpretación interesante. Introduciendo el volumen del espacio $V = \pi^2 R^3$, puede escribirse

$$d(V\rho)+p\,dV=0 \tag{5}$$

y expresa que *la variación de la energía total más el trabajo efectuado por la presión de radiación es igual a cero.*

[p.53]

3. CASO EN QUE LA MASA TOTAL DEL UNIVERSO PERMANECE CONSTANTE

Buscamos una solución para la cual la masa total $M = V\delta$ permanece constante. Podremos poner entonces

$$\kappa\delta=\frac{\alpha}{R} \tag{6}$$

donde α es una constante. Teniendo en cuenta la relación

$$\rho=\delta+3p$$

que existe entre los diversos tipos de energía, el principio de conservación de la energía se convierte en

$$3d(pR^3)+3pR^2dR=0 \tag{7}$$

cuya integración es inmediata; si β representa una constante de integración, tenemos

$$\kappa p=\frac{\beta}{R^4} \tag{8}$$

y por tanto

$$\kappa\rho = \frac{\alpha}{R^3} + \frac{3\beta}{R^4}. \tag{9}$$

Sustituyendo en (2), tenemos que integrar

$$\frac{R'^2}{R^2} = \frac{\lambda}{3} - \frac{1}{R^2} + \frac{\kappa\rho}{3} = \frac{\lambda}{3} - \frac{1}{R^2} + \frac{\alpha}{3R^3} + \frac{\beta}{R^4} \tag{10}$$

o

$$t = \int \frac{dR}{\sqrt{\frac{\lambda R^2}{3} - 1 + \frac{\alpha}{3R} + \frac{\beta}{R^2}}}. \tag{11}$$

Para α y β igual a cero, encontramos la solución de de Sitter ([1])

$$R = \sqrt{\frac{3}{\lambda}} \cosh \sqrt{\frac{\lambda}{3}}(t - t_0). \tag{12}$$

La solución de Einstein se obtiene haciendo β = 0 y R constante. Haciendo R' = R'' = 0 en (2) y (3), resulta

$$\frac{1}{R^2} = \lambda \qquad \frac{3}{R^2} = \lambda + \kappa\rho \qquad \rho =$$

pues

$$R = \frac{1}{\sqrt{\lambda}} \qquad \kappa\delta = \frac{2}{R^2} \tag{13}$$

y según (6)

$$\alpha = \kappa\delta R^3 = \frac{2}{\sqrt{\lambda}}. \tag{14}$$

([1]) Véase LANCZOS, *l. c.*

[p.54]

La solución de Einstein no resulta sólo de la relación (14), se necesita además que el valor inicial de R' sea nulo. En efecto, escribiendo para simplificar

$$\lambda = \frac{1}{R_0^2} \tag{15}$$

y haciendo, en (11), β = 0 y α = 2R_0, resulta

$$t = R_0\sqrt{3}\int \frac{dR}{R - R_0}\sqrt{\frac{R}{R + 2R_0}}\,. \tag{16}$$

Para esta solución, ambas ecuaciones (13) dejarán naturalmente de ser válidas. Si escribimos

$$\kappa\delta = \frac{2}{R_E^2} \tag{17}$$

tendremos, según (14) y (15)

$$R^3 = R_E^2 R_0 \tag{18}$$

El valor de R_E, radio del universo deducido de la densidad media por la fórmula de Einstein (17), ha sido estimado por Hubble en

$$R_E = 8{,}5 \times 10^{28} \text{ cm.} = 2{,}7 \times 10^{10} \text{ parsecs.} \tag{19}$$

Vamos a ver que el valor de R_0 puede deducirse de la velocidad radial de las nebulosas; R podrá entonces calcularse por la fórmula (18). Veremos a continuación que una solución que introduzca una relación significativamente diferente de (14) llevaría a consecuencias difícilmente admisibles.

4. EFECTO DOPPLER DEBIDO A LA VARIACIÓN DEL RADIO DEL UNIVERSO

Según la forma (1) del intervalo del universo, la ecuación de un rayo luminoso es

$$\sigma_2 - \sigma_1 = \int_{t_1}^{t_2} \frac{dt}{R} \tag{20}$$

en donde σ_1 y σ_2 son los valores de una coordenada que caracteriza la posición en el espacio. Podemos hablar del punto σ_2 en el que supondremos localizado al observador y del punto σ_1 en donde se encuentra la fuente luminosa.

Un rayo emitido un poco más tarde saldrá de σ_1 en el instante $t_1 + \delta t_1$ y llegará a σ_2 en el instante $t_2 + \delta t_2$. Tendremos pues

$$\frac{\delta t_2}{R_2} - \frac{\delta t_1}{R_1} = 0\,, \quad \frac{\delta t_2}{\delta t_1} - 1 = \frac{R_2}{R_1} - 1 \tag{21}$$

donde R_1 y R_2 designan respectivamente los valores de R en los instantes t_1 y t_2. t es el tiempo propio; si δt_1 es el periodo de la luz emitida, δt_2 es

[p.55]

el periodo de la luz recibida y δt_1 puede considerarse incluso como el periodo de una luz emitida en las mismas condiciones en el entorno del observador. En efecto, el periodo de la luz emitida en condiciones físicas similares debe ser en todas partes el mismo cuando se expresa en tiempo propio. La relación

$$\frac{v}{c} = \frac{\delta t_2}{\delta t_1} - 1 = \frac{R_2}{R_1} - 1 \qquad (22)$$

mide pues el efecto Doppler aparente debido a la variación del radio del universo. *Es igual al exceso sobre la unidad de la relación de los radios del universo en el instante en que se recibe la luz y en el instante en que se emite*. Y v es la velocidad del observador que produciría el mismo efecto. Cuando la fuente está lo suficientemente cerca podemos escribir aproximadamente

$$\frac{v}{c} = \frac{R_2 - R_1}{R_1} = \frac{dR}{R} = \frac{R'}{R} dt = \frac{R'}{R} r$$

siendo r la distancia a la fuente. Tenemos, por tanto

$$\frac{R'}{R} = \frac{v}{cr}. \qquad (23)$$

Las velocidades radiales de 43 nebulosas han sido dadas por Strömberg ([1]).

La magnitud aparente m de estas nebulosas se encuentra en el trabajo de Hubble. A partir de ahí es posible deducir su distancia, pues Hubble ha probado que las nebulosas extragalácticas son de magnitudes absolutas sensiblemente iguales (magnitud – 15,2 a 10 parsecs, pudiendo alcanzar las desviaciones individuales dos magnitudes en más o en menos), y la distancia r expresada en parsecs viene entonces dada por la fórmula $\log r = 0{,}2m + 4{,}04$.

Se encuentra una distancia del orden de 10^6 parsecs, que varía desde unas décimas a 3,3 millones de parsecs. El error probable que resulta de la dispersión en magnitud absoluta es por otra parte considerable. Para una diferencia de magnitud absoluta de dos magnitudes en más o en menos, la distancia pasa de 0,4 a 2,5 veces la distancia calculada. Además, el error que hay que temer es proporcional a la distancia. Se puede admitir que para una distancia de un millón de parsecs, el error resultante de la dispersión en magnitud es del mismo orden que el que resulta de la dispersión en velocidad. En efecto, una diferencia de brillo de una magnitud corresponde a una velocidad propia de 300 km., igual a la velocidad propia del Sol con respecto a las nebulosas. Cabe esperar evitar un error sistemático dando a las observaciones un peso proporcional a $\frac{1}{\sqrt{1+r^2}}$, donde r es la distancia en millones de parsecs.

([1]) Analysis of radial velocities of globular clusters and non galactic nebulae. *Ap. J.* Vol. 61, p. 353, 1925. *Mt Wilson Contr.* Nº 292.

[p.56]

Utilizando las 42 nebulosas que figuran en las listas de Hubble y de Strömberg ([1]) y teniendo en cuenta la velocidad propia del Sol (300 km. en la dirección $\alpha = 315°$, $\delta = 62°$) se encuentra una distancia media de 0,95 millones de parsecs y una velocidad radial de 600 km/seg, es decir 625 km/seg a 10^6 parsecs ([2]).

Adoptaremos por tanto

$$\frac{R'}{R} = \frac{v}{rc} = \frac{625 \times 10^5}{10^6 \times 3{,}08 \times 10^{18} \times 3 \times 10^{10}} = 0{,}68 \times 10^{-27} cm^{-1}. \qquad (24)$$

Esta relación nos permite calcular R_0. En efecto, por (16) tenemos

$$\frac{R'}{R} = \frac{1}{R_0\sqrt{3}}\sqrt{1-3y^2+2y^3} \qquad (25)$$

donde hemos hecho

$$y = \frac{R_0}{R}. \qquad (26)$$

Por otra parte, según (18) y (26),

$$R_0^2 = R_E^2 y^3 \qquad (27)$$

y, por tanto,

$$3\left(\frac{R'}{R}\right)^2 R_E^2 = \frac{1-3y^2+2y^3}{y^3}. \qquad (28)$$

Introduciendo los valores numéricos de $\frac{R'}{R}$ (24) y de R_E (19), resulta:

$$y = 0{,}0465.$$

Se tiene entonces

$$R = R_E\sqrt{y} = 0{,}215\, R_E = 1{,}83\times 10^{28}\,cm = 6\times 10^9 \text{ parsecs}$$

$$R_0 = Ry = R_E y^{\frac{3}{2}} = 8{,}5\times 10^{26}\,cm = 2{,}7\times 10^8 \text{ parsecs} = 9\times 10^8 \text{ años luz.}$$

([1]) No se ha tenido en cuenta a N. G. C. 5194 que está asociada a N. G. C. 5195. La introducción de las nubes de Magallanes no tendría influencia en el resultado.

([2]) Sin dar importancia a las observaciones, se encontraría 670 km/seg a 1,16 × 10^6 parsecs y 575 km/seg a 10^6 parsecs. Algunos autores han intentado mostrar la relación entre υ y r y han obtenido sólo una correlación muy débil entre estas dos magnitudes. El error en la determinación de las distancias individuales es del mismo orden de magnitud que el intervalo que cubren las observaciones y la velocidad propia de las nebulosas (en todas las direcciones) es grande (300 km/seg, según Strömberg); parece pues que estos resultados negativos no están ni a favor ni en contra de la interpretación relativista del efecto Doppler. Todo lo que la imprecisión de las observaciones permite hacer es suponer υ proporcional a r e intentar evitar un error sistemático en la determinación de la relación υ/r. Véase LUNDMARK. The determination of the curvature of space time in de Sitter's World M. N., vol. 84, p. 747, 1924, y STRÖMBERG, *l. c.*

[p.57]

La integral (16) se calcula fácilmente. Poniendo

$$x^2 = \frac{R}{R + 2R_0}, \tag{29}$$

se escribe

$$t = R_0\sqrt{3}\int \frac{4x^2dx}{(1-x^2)(3x^2-1)} = R_0\sqrt{3}\log\frac{1+x}{1-x} + R_0\log\frac{\sqrt{3}x-1}{\sqrt{3}x+1} + C. \tag{30}$$

Si designamos por σ la fracción del radio del universo recorrida por la luz en el tiempo *t*, tenemos asimismo por (20)

$$\sigma = \int\frac{dt}{R} = \sqrt{3}\int\frac{2dx}{3x^2-1} = \log\frac{\sqrt{3}x-1}{\sqrt{3}x+1} + C'. \tag{31}$$

Damos aquí abajo una tabla de σ y de *t* en función de R/R_0.

$\frac{R}{R_0}$	$\frac{t}{R_0}$	σ RADIANS	σ DEGRÉS	$\frac{v}{c}$
1	— ∞	— ∞	— ∞	19
2	— 4,31	— 0,889	— 51°	9
3	— 3,42	— 0,521	— 30°	5 1/2
4	— 2,86	— 0,359	— 21°	4
5	— 2,45	— 0,266	— 15°	3
10	— 1,21	— 0,087	— 5°	1
15	— 0,50	— 0,029	— 1°7	1/3
20	0	0	0	0
25	0,39	0,017	1°	
∞	∞	0,087	5°	

Las constantes de integración están elegidas de tal modo que σ y *t* sean nulos para $R/R_0 = 20$, en vez de 21,5. La última columna da el efecto Doppler calculado por la fórmula (22). Según la fórmula aproximada (23), υ/c sería proporcional a *r* y, por tanto, a σ. El error cometido al adoptar esta ecuación no es más que de cinco milésimas para υ/c = 1. Por tanto, la ecuación puede utilizarse mientras el espectro siga siendo visible.

[p.58]

5. SIGNIFICADO DE LA RELACIÓN (14)

Hemos introducido la relación (14) entre las constantes α y λ según la solución de Einstein. Esta relación es la condición para que la expresión bajo el radical en el denominador de la integral (11) admita una raíz doble R_0 dando por integración un término logarítmico. Para raíces simples, se obtendría por integración una raíz cuadrada y el valor de R correspondiente sería un mínimo, como en la solución (12) de de Sitter. Este mínimo se produciría por lo general en una época del orden de R_0, o sea 10^9 años, es decir en un momento reciente en la escala de la evolución estelar. Parece pues que la relación entre las constantes σ y λ debe ser próxima a (14), para la que este mínimo se retrotrae a la época menos infinito ([1]).

6. CONCLUSIÓN

Hemos obtenido una solución que cumple las condiciones siguientes:

1. La masa del universo es constante y está ligada a la constante cosmológica por la relación de Einstein

$$\sqrt{\lambda} = \frac{2\pi^2}{\kappa M} = \frac{1}{R_0}.$$

2. El radio del universo crece sin cesar desde un valor asintótico R_0 para $t = -\infty$.

3. El alejamiento de las nebulosas extragalácticas es un efecto cósmico debido a la expansión del espacio y que permite calcular el radio R_0 por las fórmulas (24) y (25) o, aproximadamente, por $R_0 = \frac{rc}{v\sqrt{3}}$.

4. El radio del universo es del mismo orden de magnitud que el radio R_E deducido de la densidad por la fórmula de Einstein. Se tiene

$$R = R_E = \sqrt[3]{\frac{R_0}{R_E}} = \frac{1}{5} R_E.$$

Esta solución concilia las ventajas de las de de Sitter y de Einstein.

Reparemos en que la mayor parte del universo está siempre fuera de nuestro alcance. Hubble estima el alcance del gran telescopio Mount Wilson en 5×10^7 parsecs o $\frac{1}{120} R$, siendo ya el efecto Doppler correspondiente de 3000 km/seg. Para una distancia de 0.087 R, el efecto es igual a uno y toda la luz visible se desplaza al infrarrojo. Es imposible

([1]) Si las raíces positivas se volviesen imaginarias, el radio variaría a partir de cero, y la variación se ralentizaría en el entorno del módulo de las raíces imaginarias. Para una relación significativamente diferente de (14), esta ralentización sería débil y la duración de la evolución desde R = 0 seguiría siendo del orden de R_0.

[p.59]

que se formen imágenes fantasma de nebulosas o soles porque, incluso si no se produjera absorción, estas imágenes se correrían varias octavas al infrarrojo y no podrían observarse.

Queda por ver cuál es la causa de la expansión del universo. Hemos visto que la presión de radiación actúa durante la expansión, lo que parece sugerir que la expansión ha sido producida por la propia radiación. En un universo estático la luz emitida por la materia recorre el espacio cerrado, vuelve a su punto de partida y se acumula incesablemente. Parece que es ahí donde hay que buscar el origen de la velocidad de expansión R'/R que Einstein supuso nula y que en nuestra interpretación se contempla como velocidad radial de las nebulosas extragalácticas.

1929

ENERO

El empirismo como piedra de toque. El universo se expande. Digamos que, *objetivamente*. Eppure si muove.

E. Hubble. «*A RELATION BETWEEN DISTANCE AND RADIAL VELOCITY AMONG EXTRA-GALACTIC NEBULAE*». PROC. N. A. S. *ASTRONOMY*, Vol. 15, **1929**, pp. 168-173. MOUNT WILSON OBSERVATORY. CARNEGIE INSTITUTION OF WASHINGTON. Communicated January 17, **1929**.

[**p.168**]

RELACIÓN ENTRE DISTANCIA Y VELOCIDAD RADIAL ENTRE NEBULOSAS EXTRAGALÁCTICAS

Las determinaciones del movimiento del Sol con respecto a las nebulosas extragalácticas han implicado un término *K* de varios cientos de kilómetros que parece ser variable. Se han buscado explicaciones a esta paradoja en una correlación entre velocidades radiales aparentes y distancias, pero hasta ahora los resultados no han sido convincentes. El presente trabajo es un nuevo examen de la cuestión, basado únicamente en aquellas distancias nebulares que se consideran bastante fiables.

Las distancias a las nebulosas extragalácticas dependen en última instancia de la aplicación de criterios de luminosidad absoluta a las estrellas involucradas cuyos tipos pueden reconocerse. Estos incluyen, entre otros, variables cefeidas, novas y estrellas azules implicadas en nebulosidad de emisión. Los valores numéricos dependen del punto cero de la relación periodo-luminosidad entre las Cefeidas y los demás criterios se limitan a comprobar el orden de las distancias. Este método se limita a las pocas nebulosas que están bien resueltas por los instrumentos existentes. Un estudio de estas nebulosas, junto con aquellas en las que puede reconocerse alguna estrella, indica la probabilidad de un límite superior aproximadamente uniforme para la luminosidad absoluta de las estrellas, al menos en las espirales de tipo tardío y en las nebulosas irregulares, del orden de *M* (fotográfico) = – 6,3. ([1]) Las luminosidades aparentes de las estrellas más brillantes en tales nebulosas son, por tanto, criterios que, aunque aproximados y que deben aplicarse con precaución,

[**p.169**]

proporcionan estimaciones razonables de las distancias a todos los sistemas extragalácticos en los que pueden detectarse incluso algunas estrellas.

TABLA 1

NEBULOSAS CUYAS DISTANCIAS SE HAN ESTIMADO A PARTIR DE ESTRELLAS INVOLUCRADAS O A PARTIR DE LUMINOSIDADES MEDIAS EN UN CÚMULO.

TABLE 1

NEBULAE WHOSE DISTANCES HAVE BEEN ESTIMATED FROM STARS INVOLVED OR FROM MEAN LUMINOSITIES IN A CLUSTER

OBJECT	m_s	r	v	m_t	M_t
S. Mag.	..	0.032	+ 170	1.5	−16.0
L. Mag.	..	0.034	+ 290	0.5	17.2
N. G. C. 6822	..	0.214	− 130	9.0	12.7
598	..	0.263	− 70	7.0	15.1
221	..	0.275	− 185	8.8	13.4
224	..	0.275	− 220	5.0	17.2
5457	17.0	0.45	+ 200	9.9	13.3
4736	17.3	0.5	+ 290	8.4	15.1
5194	17.3	0.5	+ 270	7.4	16.1
4449	17.8	0.63	+ 200	9.5	14.5
4214	18.3	0.8	+ 300	11.3	13.2
3031	18.5	0.9	− 30	8.3	16.4
3627	18.5	0.9	+ 650	9.1	15.7
4826	18.5	0.9	+ 150	9.0	15.7
5236	18.5	0.9	+ 500	10.4	14.4
1068	18.7	1.0	+ 920	9.1	15.9
5055	19.0	1.1	+ 450	9.6	15.6
7331	19.0	1.1	+ 500	10.4	14.8
4258	19.5	1.4	+ 500	8.7	17.0
4151	20.0	1.7	+ 960	12.0	14.2
4382	..	2.0	+ 500	10.0	16.5
4472	..	2.0	+ 850	8.8	17.7
4486	..	2.0	+ 800	9.7	16.8
4649	..	2.0	+1090	9.5	17.0
Mean					−15.5

m_s = magnitud fotográfica de las estrellas más brillantes involucradas.
r = distancia en unidades de 10^6 pársecs. Los dos primeros son valores de Shapley.
v = velocidades medidas en km./seg. N. G. C. 6822, 221, 224 y 5457 son determinaciones recientes de Humason.
m_t = magnitud visual de Holetschek corregida por Hopmann. Los tres primeros objetos no fueron medidos por Holetschek, y los valores de m_t representan estimaciones del autor basadas en los datos disponibles.
M_t = magnitud absoluta visual total calculada a partir de m_t y r.

Por último, las propias nebulosas parecen tener un orden definido de luminosidad absoluta, mostrando un rango de cuatro o cinco magnitudes en torno a un valor medio M (visual) = – 15,2. ([1]) La aplicación de este promedio estadístico a casos individuales rara vez puede utilizarse con provecho, pero cuando se trata de números considerables de nebulosas, y especialmente en los diversos cúmulos de nebulosas, las luminosidades aparentes medias de las propias nebulosas ofrecen estimaciones fiables de las distancias medias.

Ya se dispone en este momento de velocidades radiales de 46 nebulosas extragalácticas, pero

[p.170]

sólo se han estimado las distancias individuales de 24 de ellas. Para otra, N. G. C. 3521, probablemente podría hacerse una estimación, pero no hay fotografías disponibles en Mount Wilson. Los datos figuran en la Tabla 1. Las siete primeras distancias son las más fiables, ya que dependen, excepto en el caso de M 32, la compañera de M 31, de investigaciones exhaustivas de muchas estrellas implicadas. Las trece distancias siguientes, que dependen del criterio de un límite superior uniforme de luminosidad estelar, están sujetas a considerables errores probables, pero se cree que son los valores más razonables actualmente disponibles. Los cuatro últimos objetos parecen encontrarse en el cúmulo de Virgo. La distancia asignada al cúmulo, 2×10^6 pársecs, se deriva de la distribución de las luminosidades nebulares, junto con las luminosidades de las estrellas en algunas de las espirales de tipo más tardío, y difiere algo de la estimación de Harvard de diez millones de años luz. ([2])

Los datos de la tabla indican una correlación lineal entre distancias y velocidades, tanto si estas últimas se utilizan directamente como si se corrigen en función del movimiento solar, según las soluciones más antiguas. Esto sugiere una nueva solución para el movimiento solar en la que las distancias se introducen como coeficientes del término *K*, es decir, se supone que las velocidades varían directamente con las distancias y, por tanto, *K* representa la velocidad a la unidad de distancia debido a este efecto. Las ecuaciones de condición adoptan entonces la forma

$$rK + X \cos \alpha \cos \delta + Y \sin \alpha \cos \delta + Z \sin \delta = v.$$

Se han realizado dos soluciones, una utilizando las 24 nebulosas individualmente, la otra combinándolas en 9 grupos según la proximidad en dirección y en distancia. Los resultados son

	24 OBJECTS	9 GROUPS
X	-65 ± 50	$+3 \pm 70$
Y	$+226 \pm 95$	$+230 \pm 120$
Z	-195 ± 40	-133 ± 70
K	$+465 \pm 50$	$+513 \pm 60$ km./sec. per 10^6 parsecs.
A	286°	269°
D	+ 40°	+ 33°
V_0	306 km./sec.	247 km./sec.

Para ser un material tan escaso y tan mal distribuido, los resultados son bastante claros. Las diferencias entre las dos soluciones se deben en gran medida a las cuatro nebulosas de Virgo, que, al ser los objetos más distantes y compartir todos ellos los movimientos peculiares del cúmulo, influyen indebidamente en el valor de *K* y, por tanto, de V_0. Se necesitarán nuevos datos sobre objetos más distantes para reducir el efecto de dicho movimiento peculiar. Mientras tanto, los números redondos, intermedios entre las dos soluciones, representarán el orden probable de los valores. Por ejemplo, sean $A = 277$ °, $D = +36$ ° (Gal. long. = 32°, lat. = + 18°), $V_0 = 280$ km./seg., $K = +500$ km./seg. por millón de pársecs.

[p.171]

El Sr. Strömberg ha comprobado muy amablemente el orden general de estos valores mediante soluciones independientes para diferentes agrupaciones de los datos.

Un término constante, introducido en las ecuaciones, resultó ser pequeño y negativo. Esto parece eliminar la necesidad del antiguo término constante *K*. Soluciones de este tipo han sido publicadas por Lundmark, ([3]) quien reemplazó el antiguo K por $k + lr + mr^2$ Su solución preferida dio $k = 513$ frente al valor anterior del orden de 700 y, por tanto, ofrecía poca ventaja.

TABLA 2

NEBULOSAS CUYAS DISTANCIAS SE HAN ESTIMADO
A PARTIR DE VELOCIDADES RADIALES

TABLE 2

NEBULAE WHOSE DISTANCES ARE ESTIMATED FROM RADIAL VELOCITIES

OBJECT		v	v_s	r	m_t	M_t
N. G. C.	278	+ 650	−110	1.52	12.0	−13.
	404	− 25	− 65	..	11.1	..
	584	+1800	+ 75	3.45	10.9	16.
	936	+1300	+115	2.37	11.1	15.
	1023	+ 300	− 10	0.62	10.2	13.
	1700	+ 800	+220	1.16	12.5	12.
	2681	+ 700	− 10	1.42	10.7	15.
	2683	+ 400	+ 65	0.67	9.9	14.
	2841	+ 600	− 20	1.24	9.4	16.
	3034	+ 290	−105	0.79	9.0	15.
	3115	+ 600	+105	1.00	9.5	15.
	3368	+ 940	+ 70	1.74	10.0	16.
	3379	+ 810	+ 65	1.49	9.4	16.
	3489	+ 600	+ 50	1.10	11.2	14.
	3521	+ 730	+ 95	1.27	10.1	15.
	3623	+ 800	+ 35	1.53	9.9	16.
	4111	+ 800	− 95	1.79	10.1	16.
	4526	+ 580	− 20	1.20	11.1	14.
	4565	+1100	− 75	2.35	11.0	15.
	4594	+1140	+ 25	2.23	9.1	17.
	5005	+ 900	−130	2.06	11.1	15.
	5866	+ 650	−215	1.73	11.7	−14
Mean					10.5	−15

Los residuos para las dos soluciones dadas antes promedian 150 y 11 km./seg. y deberían representar los movimientos peculiares promedio de las nebulosas individuales y de los grupos, respectivamente. Para mostrar los resultados de forma gráfica, se ha eliminado el movimiento solar de las velocidades observadas y los restos, los términos de distancia más los residuos, se han representado en función de la distancia. El recorrido de los residuos es tan suave como cabe esperar y, en general, la forma de las soluciones parece adecuada.

Las 22 nebulosas para las que no se dispone de distancias pueden tratarse de dos maneras. En primer lugar, la distancia media del grupo derivada de las magnitudes aparentes medias puede compararse con la media de las velocidades

[p.172]

corregida por el movimiento solar. El resultado, 745 km./seg. para una distancia de 1,4 × 10^6 pársecs, se sitúa entre las dos soluciones anteriores e indica un valor para K de 530 frente al valor propuesto, 500 km./seg.

En segundo lugar, se puede examinar la dispersión de las nebulosas individuales suponiendo determinada previamente la relación entre distancias y velocidades. Las distancias pueden entonces calcularse a partir de las velocidades corregidas por el movimiento solar, y las magnitudes absolutas pueden derivarse de las magnitudes aparentes. Los resultados se presentan en la tabla 2 y pueden compararse con la distribución de magnitudes absolutas entre las nebulosas de la tabla 1, cuyas distancias se derivan de otros criterios.

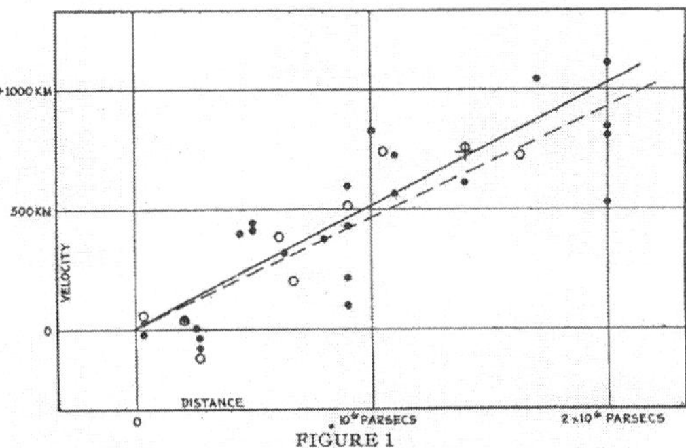

FIGURE 1
Velocity-Distance Relation among Extra-Galactic Nebulae.

Relación Velocidad-Distancia entre nebulosas Extragalácticas

Las velocidades radiales, corregidas por el movimiento solar, se representan frente a las distancias estimadas a partir de las estrellas implicadas y las luminosidades medias de las nebulosas de un cúmulo. Los discos negros y la línea completa representan la solución para el movimiento solar utilizando las nebulosas individualmente; los círculos y las líneas discontinuas representan las soluciones que combinan las nebulosas en grupos; la cruz representa la velocidad media correspondiente a la distancia media de 22 nebulosas cuyas distancias no pudieron estimarse individualmente.

N. G. C. 404 puede excluirse, ya que la velocidad observada es tan pequeña que el movimiento peculiar debe ser grande en comparación con el efecto de la distancia. Sin embargo, el objeto no es necesariamente una excepción, ya que se puede asignar una distancia para la que tanto el movimiento peculiar como la magnitud absoluta se encuentran dentro del rango determinado previamente. Las dos magnitudes medias, – 15,5, los rangos, 4,9 y 5,0 mag., y las distribuciones de frecuencia son muy similares para estos dos conjuntos de datos totalmente independientes; e incluso la ligera diferencia en las magnitudes medias puede atribuirse a las nebulosas seleccionadas, muy brillantes, del Cúmulo de Virgo. Esta concordancia totalmente no forzada respalda la validez de la relación velocidad-distancia en una forma muy

[p.173]

evidente. Por último, merece la pena dejar constancia de que la distribución de frecuencias de las magnitudes absolutas en las dos tablas combinadas es comparable con las encontradas en los diversos cúmulos de nebulosas.

Los resultados establecen una relación aproximadamente lineal entre velocidades y distancias entre nebulosas para las que las velocidades se han publicado previamente y la relación parece dominar la distribución de velocidades. Con el fin de investigar el asunto a escalas mucho mayores, el Sr. Humason, en Mount Wilson, ha iniciado un programa para determinar las velocidades de las nebulosas más distantes que pueden observarse con confianza. Se trata, naturalmente, de las nebulosas más brillantes de los cúmulos de nebulosas. El primer resultado definitivo, ([4]) $v = + 3779$

km./seg. para N. G. C. 7619, es completamente consistente con las presentes conclusiones. Corregida para el movimiento solar, esta velocidad es de + 3910, lo que, con K = 500, corresponde a una distancia de 7,8 × 10^6 pársecs. Dado que la magnitud aparente es 11,8, la magnitud absoluta a tal distancia es – 17,65, que es del orden correcto para las nebulosas más brillantes de un cúmulo. Una distancia preliminar derivada independientemente del cúmulo del que esta nebulosa parece ser miembro, es del orden de 7 × 10^6 pársecs.

Los nuevos datos que se esperan en un futuro próximo pueden modificar la importancia de la presente investigación o, si son confirmatorios, conducirán a una solución que tendrá un peso mucho mayor. Por esta razón se considera prematuro discutir en detalle las consecuencias obvias de los presentes resultados. Por ejemplo, si el movimiento solar con respecto a los cúmulos representa la rotación del sistema galáctico, este movimiento podría restarse de los resultados para las nebulosas y el resto representaría el movimiento del sistema galáctico con respecto a las nebulosas extragalácticas.

El rasgo más destacable, no obstante, es la posibilidad de que la relación velocidad-distancia pueda representar el efecto de Sitter y, por tanto, que puedan introducirse datos numéricos en los debates sobre la curvatura general del espacio. En la cosmología de de Sitter, los desplazamientos de los espectros tienen dos orígenes: una aparente ralentización de las vibraciones atómicas y una tendencia general de las partículas materiales a dispersarse. Esto último implica una aceleración y, por tanto, introduce el elemento tiempo. La importancia relativa de estos dos efectos debería determinar la forma de la relación entre distancias y velocidades observadas; y a este respecto cabe hacer énfasis en que la relación lineal encontrada en la presente discusión es una primera aproximación que representa un rango restringido de distancias.

(1) *Mt. Wilson Contr.*, No, 324; *Astroph. J., Chicago, Ill.*, **64**, 1926 (321).
(2) *Harvard Coll. Obs. Circ.*, 294. 1926.
(3) *Mon. Not. R.* Astr. Soc., **85**, 1925 (865-894)
(4) These PROCEEDINGS, **15**, 1929 (167).

OCTUBRE

El profesor Robertson lanza su sonda algebraica y de geometría *conforme* al cosmos relativista.

H. P. Robertson. «*ON THE FOUNDATIONS OF RELATIVISTIC COSMOLOGY*». Department of Physics, Princeton University. Communicated October 11, **1929**. Proc. N. A. S. Vol 15, **1929**, pp. 822-829.

SOBRE LOS FUNDAMENTOS DE LA COSMOLOGÍA RELATIVISTA

[**p.822**]

La teoría de la relatividad general atribuye directamente las propiedades métricas particulares del universo espacio-temporal, considerado como una variedad riemanniana de 4 dimensiones, a la distribución de la materia en su interior, y ha conducido de modo natural a especulaciones sobre la estructura del universo como un todo, haciendo caso omiso de las irregularidades locales causadas por la aglomeración de la materia en estrellas y sistemas estelares. Entre las cosmologías relativistas resultantes destacan las basadas en el mundo cilíndrico de Einstein ([1]) y en el mundo esférico de De Sitter; ([2]) sin embargo, los elementos de línea en los que se basan estas interpretaciones no se han derivado de las propiedades intrínsecas de homogeneidad e isotropía atribuibles *a priori* a un universo idealizado de este tipo, sino que se presentan más bien como variedades definitorias que poseen la uniformidad deseada. El propósito de la presente nota es formular explícitamente una hipótesis que incorpore la uniformidad exigida por dicha cosmología y deducir todos los elementos lineales que la satisfagan. ([3]) Veremos que las únicas cosmologías *estacionarias* posibles –es decir, cuyas propiedades intrínsecas son independientes del tiempo– son de hecho las de Einstein y de Sitter, y que surgen de casos particulares de una clase de soluciones cuyo miembro general define una cosmología no estacionaria.

Introducimos primero las coordenadas x_α (índices griegos = 0, 1, 2, 3; escribimos $x^0 = t$) en las que el elemento de línea adopta la forma

[p.823]

$$ds^2 = dt^2 + g_{ij}\, dx^i\, dx^j \text{ (índices latinos = 1, 2, 3)}, \qquad (1)$$

donde las g_{ij} (t, x^1, x^2, x^3) definen una forma negativa, de tal manera que la materia en el universo tiene *en conjunto* las geodésicas temporales x^i = const. como líneas de mundo. ([4]) La coordenada t puede interpretarse entonces como un tiempo medio que sirve para definir el tiempo propio y la simultaneidad para todo el universo; en cualquier fragmento t será un tiempo propio medio para toda la materia contenida en él y el espacio-3 t = const. se interpretará como el espacio físico tridimensional en el tiempo t.

Habiendo descrito el universo real en función de estas coordenadas y habiendo obtenido con ello una separación natural y significativa del espacio-tiempo en espacio y tiempo, estamos ahora en condiciones de establecer nuestra única hipótesis, hipótesis que tiene que reflejar la uniformidad intrínseca del universo cuando no se tienen en cuenta las irregularidades locales. Exigimos que para cualquier observador estacionario ("cuerpo de prueba") en este universo idealizado todas las direcciones (espaciales) a su alrededor sean totalmente equivalentes, en el sentido de que dicho observador no sea capaz de distinguir una de otra por ninguna propiedad intrínseca del espacio-tiempo, y de que tampoco pueda detectar ninguna diferencia entre sus observaciones y las de cualquier observador contemporáneo; en ausencia de irregularidades el mundo no ofrece puntos de referencia que nos permitan distinguir entre sucesos simultáneos o direcciones espaciales. Nuestra hipótesis puede formularse matemáticamente así:

I. *El espacio-tiempo será espacialmente homogéneo e isótropo en el sentido de que admitirá una transformación que, en cualquiera de los espacios-3 t = const., envíe una configuración arbitraria, consistente en (a) un punto arbitrario, (b) una dirección (espacial) arbitraria a través del punto elegido y (c) un plano-2 arbitrario de direcciones (espaciales) a través del punto y dirección elegidos, a cualquier otra configuración semejante en el mismo espacio-3 de tal manera que todas las propiedades intrínsecas del espacio-tiempo permanezcan inalteradas por la transformación. Es decir, cualquier configuración de este tipo será totalmente equivalente a cualquier otra en el mismo espacio-3 en el sentido de que será imposible distinguir una de otra por cualquier propiedad intrínseca del espacio-tiempo.* ([5])

Las variedades que satisfagan esta condición por sí solas serán adecuadas para una cosmología que represente el fondo ideal del universo real –siempre que, por supuesto, satisfagan las ecuaciones de campo de Einstein para alguna elección adecuada del tensor de materia-energía– pero no son necesariamente estacionarias. Si además queremos exigir que sus propiedades intrínsecas sean independientes del tiempo t, podemos modificar el supuesto anterior para establecer que *cualquier configuración*, tal como se ha descrito allí, *en uno de los espacios-3 t = const., es totalmente equivalente a cualquiera de ellas en cualquier espacio-3 de la familia*. Que las transformaciones implicadas envíen direcciones espaciales a direcciones espaciales implica, como se comprueba fácilmente, que los espacios-3 $t = const.$ se transforman entre sí; teniendo esto en cuenta podemos caracterizar alternativamente –y lo haremos en lo que sigue–

[**p.824**]

los espacio-tiempos estacionarios como aquellos que satisfacen además de I el supuesto:

II. *Existirá una transformación del espacio-tiempo que transforme los espacios-3 t = const. entre sí y que envíe un miembro arbitrario de la familia a cualquier otro sin afectar a las propiedades intrínsecas del espacio-tiempo. Es decir, cualesquiera dos de los espacios-3 t = const. serán totalmente equivalentes en el sentido de que será imposible distinguir uno de otro por cualquier propiedad intrínseca del espacio-tiempo.* ([6])

Para determinar todas las variedades que satisfacen I o I y II, expresamos primero estos supuestos en el lenguaje de la teoría de grupos continuos. Observamos que I se satisface si, y sólo si, es posible encontrar una transformación que envíe una configuración arbitraria a alguna configuración estándar, por lo que las transformaciones contempladas en I deben, en consecuencia, constituir un grupo de transformaciones de 6 parámetros –correspondientes a los 3, 2, 1 parámetros necesarios para especificar los elementos (a), (b), (c), respectivamente, de la configuración– que es intransitivo y tiene como variedades invariantes mínimas los espacios-3 $t = const.$ Que dos configuraciones sean equivalentes bajo una de estas transformaciones implica que éstas, junto con los ejes temporales únicos en los puntos de las configuraciones, pueden tomarse como definidores del origen y la dirección de los ejes de dos sistemas de coordenadas con referencia a los cuales el elemento de línea del espacio-tiempo adopta idénticamente la misma forma. *Este grupo de transformaciones de 6 parámetros es, por consiguiente, un grupo G_6 de movimientos del espacio-tiempo en sí mismo*, ([7]) y el supuesto I puede ahora establecerse así:

I'. *El espacio-tiempo admitirá un grupo intransitivo G_6 de movimientos que tiene como variedades invariantes mínimas los espacios-3 t = const.* De modo similar, II puede puede enunciarse:

II'. *Para que el espacio-tiempo sea estacionario deberá poseer un grupo G_1 de movimientos en el que ξ^0 no se anule y dependa como máximo del tiempo t*, donde ξ^0 es la componente temporal de la transformación infinitesimal del grupo.

Ahora bien, Fubini ha demostrado que un espacio cuadridimensional que admita un grupo intransitivo de movimientos G_6 tiene como variedades mínimas invariantes una familia de espacios tridimensionales geodésicamente paralelos de curvatura constante que son mapeados conformes unos con otros, por sus trayectorias ortogonales." ([8]) En virtud del supuesto I nuestro elemento de línea (1) debe adoptar en consecuencia la forma

$$ds^2 = dt^2 - e^{2f}\, h_{ij}\, dx^i\, dx^j \qquad (2)$$

donde f es una función real arbitraria del tiempo t y los coeficientes h_{ij} son funciones de las variables espaciales x^1, x^2, x^3 solo, de modo que la forma diferencial

$$ds^{*2} = h_{ij}\, dx^i\, dx^j \qquad (3)$$

es definida positiva y define un espacio-3 de curvatura constante, digamos κ.

Para que este elemento de línea (2), que se ha derivado del

[**p.825**]

único supuesto I de uniformidad espacial, sea adecuado para la cosmología relativista debe satisfacer las ecuaciones de campo de Einstein

$$R_{\alpha\beta} - \tfrac{1}{2}\, g_{\alpha\beta}\, (R - 2\lambda) = -\, 8\pi\, T_{\alpha\beta}$$

para alguna elección apropiada del tensor de energía de la materia $T_{\alpha\beta}$. Pero, al insertar en (4) los valores del tensor $R_{\alpha\beta}$ de Ricci calculados para (2), encontramos que

$$T_{\alpha\beta} = (\rho + p)\, \delta_0^{\alpha}\, \delta_0^{\beta} - g^{\alpha\beta}\, p, \tag{5}$$

donde

$$\begin{aligned} 8\pi\, \rho(t) &= \lambda + 3\, f'^2 + 3\kappa\, e^{-2f} \\ 8\pi\, \rho(t) &= \lambda - 2\, f'' - 3\, f'^2 - \kappa\, e^{-2f}, \end{aligned} \tag{6}$$

y esto nos permite considerar que (2) define un universo ideal que contiene una distribución uniforme de materia de densidad propia ρ y presión propia p en reposo con respecto a las coordenadas espaciales x^i. ([9])

Antes de proceder al análisis del elemento de línea general (2) aplicamos la hipótesis II' para determinar qué casos de la misma conducen a cosmologías estacionarias. Las componentes ξ^{α} del movimiento G_1 deben satisfacer las ecuaciones de Killing

$$\xi_{\alpha,\beta} + \xi_{\beta,\alpha} = 0, \tag{7}$$

donde $\xi_{\alpha\beta}$ es la derivada covariante de ξ_{α} con respecto a x^{β}; en el caso contemplado en II' son

$$\frac{\partial \xi^0}{\partial t} = 0, \qquad h_{ij}\frac{\partial \xi^i}{\partial t} = 0 \tag{8a}$$

$$2\xi^0 f' h_{ij} + \xi^h \frac{\partial h_{ij}}{\partial x^k} + h_{kj}\frac{\partial \xi^k}{\partial x^i} + h_{ik}\frac{\partial \xi^k}{\partial x^j} = 0 \tag{8b}$$

En consecuencia ξ^0, que puede depender como máximo de t, es una constante, digamos la unidad, y las ξ^k son independientes de t. Como $f'(t)$ es entonces la única función en (8b) que podría depender de t, debe ser una constante, digamos $1/a$, y podemos tomar $f = t/a$ sin pérdida de generalidad. Además, las condiciones de integrabilidad de (8b) son ([10])

$$\kappa f' h_{ij} = 0, \text{ i.e. } \kappa f' = 0 \tag{9}$$

de donde se deduce que o bien $f' = 0$, en cuyo caso podemos tomar $f = 0$ y (2) define la cosmología de Einstein, o bien $\kappa = 0$ y $f = t/a$, de lo cual el cálculo directo muestra que (2) tiene curvatura constante $-\ 1/a^2$ y define la cosmología de de Sitter. ([11]) *Las únicas cosmologías estacionarias que satisfacen nuestros requisitos son las de Einstein y de Sitter.*

Renunciamos ahora al supuesto II y volvemos a la cosmología definida por el elemento de línea general (2). Este espacio-tiempo (minkowskiano-conforme) es de clase uno, es decir, puede sumergirse en un plano-5; ([12]) de hecho lo expresaremos de esta forma, que será valiosa al analizar las propiedades macrosópicas

[p.826]

del universo. Tomamos $\kappa > 0$ y escribimos $\kappa = 1/R^2$; nuestras coordenadas espaciales pueden elegirse de tal manera que (2) adopte la forma

$$ds^2 = dt^2 - e^{2f(t)}\left(\frac{dr^2}{1-r^2/R^2} + r^2 d\theta^2 + r^2 \sin^2\theta d\varphi^2\right). \tag{10}$$

Definiendo

$$\begin{aligned} z_0 &= \int (1 + R^2 f'^2 e^{2f})^{1/2} dt \\ z_1 &= e^f r \sin\theta \cos\varphi \\ z_2 &= e^f r \sin\theta \sin\varphi \\ z_3 &= e^f r \cos\theta \\ z_4 &= R \cdot e^f (1 - r^2/R^2)^{1/2} \end{aligned} \tag{11}$$

(10) puede escribirse

$$ds^2 = dz_0^2 - (dx_1^2 + dz_2^2 + dz_3^2 + dz_4^2) \tag{12}$$

y el universo se representa por la hipersuperficie general de revolución alrededor del eje z_0 o eje temporal

$$z_1^2 + z_2^2 + z_3^2 + z_4^2 = R^2 e^{2f} \tag{13}$$

donde $f(t)$ se expresa como una función $f[t(z_0)]$ de z_0 invirtiendo $z_0(t)$ como se define en (11).

El universo de Einstein, para el que f es constante, se representa como un cilindro con eje a lo largo de la dirección z_0 o del tiempo, y el de de Sitter (en la forma dada en la nota 11 para $\kappa = 0$) por una pseudoesfera. Desgraciadamente, la forma estacionaria del universo de de Sitter se representa aquí como una pseudoesfera que se encuentra, como todas las variedades (2) para las que $\kappa = 0$, en las regiones infinitas de las variables z_0, z_4. Para obtener una representación de éstas en el dominio finito podemos tomar z_1, z_2, z_3 como antes y definir

$$z_0 = \frac{e^f}{2a}(a^2 + r^2 + \alpha(t)), \qquad z_4 = \frac{e^f}{2a}(a^2 - r^2 - \alpha(t)), \tag{14}$$

donde

$$\alpha(t) = e^{-f} \int \frac{e^{-f}}{f'} dt .$$

El universo viene entonces representado por

$$- z_0^2 + z_1^2 + z_2^2 + z_3^2 + z_4^2 = - e^{2f} \alpha \tag{15}$$

donde la función de t de la derecha se expresa como función de $z_0 + z_4$ por la inversión de $z_0 + z_4 = a\, e^{f(t)}$. La forma estacionaria del universo de de Sitter se representa, como es sabido, como una pseudoesfera. La discusión del caso restante, aquel en el que $\kappa < 0$, puede obtenerse a partir de lo anterior para $\kappa > 0$ sustituyendo R, z_4 por iR, iz_4.

Por último, consideraremos brevemente la cuestión del efecto Doppler en la luz procedente de objetos lejanos. Hemos hallado que el contenido material de nuestro universo idealizado está en reposo, por lo que el efecto Doppler se obtendrá calculando

[p.827]

la diferencia de tiempo de llegada al observador entre dos destellos de luz emitidos en los tiempos t_0, $t_0 + \Delta t_0$ desde una fuente puntual en $P_0(x_0^i)$ en reposo con respecto a las coordenadas espaciales x^i. La proyección espacial de las geodésicas en el espacio-tiempo con elemento de línea ds^2 (2) son geodésicas en el espacio-3 con elemento ds^{*2} (3), por lo que la luz que sale de P_0 en el tiempo t_0 llega al observador en el tiempo t definido implícitamente por

$$\int_{t_0}^{t} e^{-f(t)}dt = \int_{P_0}^{0} ds^* \qquad (16)$$

donde la integral de la derecha es la distancia geodésica entre P_0 y el observador, medida en el espacio-3 (3) –y $R \cdot \sin^{-1} r_0/R$ en las coordenadas empleadas en (10). La luz que sale de P_0 en el intervalo t_0, $t_0 + \Delta t_0$ llegará en consecuencia al observador en el intervalo t, $t + \Delta t$ donde $\Delta t = \Delta t_0$ $e^{f(t) - f(t0)}$; el desplazamiento Doppler resultante $\Delta\lambda/\lambda = \Delta t/\Delta t_0 - 1$ se atribuirá a una velocidad de recesión

$$\upsilon = c \tanh [f(t) - f(t_0)], \qquad (17)$$

donde t viene definido por (16) y c es la velocidad de la luz. Nuestra elección de coordenadas en el universo real ha sido tal que las consideraciones anteriores se aplican al efecto Doppler residual, después de promediar para eliminar el efecto debido a movimientos "propios" accidentales. De las dos cosmologías estacionarias, sólo la de de Sitter mostrará tal efecto residual, como en la constante f de Einstein.

Para resumir brevemente nuestra conclusión, hemos descrito el mundo real en términos de coordenadas que efectúan una separación natural del mismo en espacio y tiempo y hemos determinado su fondo ideal mediante una única hipótesis (I) que no es sino la expresión concreta de una uniformidad sugerida por el concepto mismo de sistema de cosmología relativista. Al exigir que este fondo ideal pueda encajar en el universo real de la manera descrita hemos expresado de otra forma la suposición hecha por otros escritores sobre el tema, sobre todo por H. Weyl, ([13]) de que las líneas de mundo de toda la materia del universo forman un lápiz coherente de geodésicas. Hemos demostrado que nuestro espacio-tiempo idealizado puede representarse como una hipersuperficie de revolución en un espacio plano de 5 dimensiones, y que el requisito adicional (II) de que sea estacionario conduce al mundo cilíndrico de Einstein y al mundo esférico de De Sitter como únicas posibilidades. El contenido material de este fondo idealizado del universo real, al estar en reposo con respecto a las coordenadas espaciales, conduce a un desplazamiento Doppler único que aparecerá en el universo real como efecto residual.

FOOTNOTES

([1]). A. Einstein, *Sitzungsber. Berl. Akad.*, **1917**, p. 142.

([2]) W. de Sitter, *Monthly Notices R. A. S.*, **78**, 3 (1917)

([3]) A. Friedman, *Z. Physik*, 10, 377 (1922); 21, 326 (1924) y, más recientemente, R. C. Tolman, estos *PROCEEDINGS*, **15**, 297 (1929) también han abordado el problema de derivar el elemento de línea más general adecuado para la cosmología relativista. Pero la reducción de Friedman

[p.828]

a una forma normal por medio de sus "supuestos de segunda clase" es insatisfactoria y al presente autor le parece que no es posible basándose sólo en sus supuestos. Tolman, por su parte, ha restringido *a priori* la forma del elemento de línea y sin aprovechar plenamente la isotropía que menciona, y no puede abordar posibilidades no estacionarias (véase loc. cit., p. 304). Ambos introducen supuestos insostenibles sobre el tensor de materia-energía (véase abajo la nota 9) y exigen que se satisfagan las ecuaciones de campo de Einstein en lugar de aprovechar plenamente la uniformidad intrínseca de dicho espacio, como hacemos aquí. La solución no estacionaria encontrada por Friedman está contenida en (2), abajo, como caso en el que la presión propia p se anula.

([4]) D. Hilbert, *Math. Ann.*, 92, 15 (1924). Véase también L. P. Eisenhart, *Riemannian Geometry*, pág. 57 (Princeton, 1926). El profesor Eisenhart ha señalado en una conversación con el autor que para los fines del presente trabajo no necesitamos ser tan específicos al introducir un sistema de coordenadas; sólo necesitamos que la coordenada temporal x^0 se elija de tal manera que la diferencia de x^0 entre dos cualesquiera puntos del mundo en la línea de mundo (geodésica) de cualquiera de las partículas de las que se compone el contenido material del universo mida el intervalo de tiempo propio entre los dos sucesos en cuestión -o más bien que x^0 mida el tiempo propio a lo largo de una línea de mundo *media* en cada porción del universo en el sentido de nuestro tratamiento anterior. Aunque en este tratamiento más elegante el resto de la red de coordenadas se puede completar a voluntad, el supuesto I conducirá exactamente al mismo resultado de antes, es decir, el elemento de línea (2) de abajo, y la forma del [tensor] de materia-energía resultante (5) nos dirá que la materia en este universo idealizado está en reposo con respecto a las coordenadas espaciales x^i.

([5]) De hecho, podríamos imponer simplemente el requisito de isotropía espacial, es decir, que cualquier configuración de este tipo sea transformable en cualquier otra *que contenga el mismo punto* (elemento α) sin alterar los resultados, ya que en cualquier caso el espacio-tiempo admite un grupo G_6 de movimientos (véase abajo). Así pues, aquí, de forma análoga al teorema de Schur, la isotropía espacial implica la homogeneidad espacial. Además, como se deduce de lo que sigue, sólo es necesario exigir que I sea verdadero para un determinado espacio-3, digamos $t = 0$.

([6]) Hay que señalar que este uso de la palabra “estacionario” difiere del de Friedman, quien define (loc. cit., p. 380) que una variedad estacionaria es aquella en la que los coeficientes del elemento de línea son independientes de t. Si queremos reservar el término “estático” para describir esta circunstancia, es evidente que una variedad estática es estacionaria, pero lo contrario no es necesariamente cierto; esto también parecería estar en desacuerdo con el uso que Tolman hace del término “estático” (Véase loc. cit., p. 304).

([7]) Para una exposición de la teoría de los grupos de movimientos, véase Eisenhart, loc. cit., cap. VI, en particular pp. 233 y ss.

([8]) G. Fubini, *Annali di Matematica*, (iii) 9, 64 (1904); cf. L. Bianchi, *Teoria dei Gruppi Continuii*. P. 544 (Pisa, 1918).

([9]) Véase Tolman, loc. p. 298. Cabe señalar, no obstante, que mientras que en nuestras coordenadas las líneas de mundo x^i = const. son en realidad geodésicas, de modo que el reposo es un estado posible para el contenido material del universo, no es este el caso en las coordenadas de Tolman o de Friedman. La condición para que esto sea admisible en coordenadas en las que g_{0i} se anula es que g_{00} dependa como máximo de t, y no se cumple en su análisis del universo de Sitter.

([10]) Eisenhart, loc. cit., p. 237; o, más fácilmente, de la ec. (69.8), p. 232, al observar que (8b) define una transformación conforme infinitesimal del espacio-3 con el elemento de línea ds^* definido por (3).

([11]) Para una discusión del universo de Sitter en términos de estas coordenadas, véase H. P. Robertson, *Phil. Mag.*, 5, Suppl., mayo, 1928, p. 385, y también un próximo artículo de H. Weyl en la misma revista. (Desde entonces he descubierto que estas coordenadas también han sido empleadas por G. Lemaître. *Jour. of Math. and Phys.*, **4**, 188 (1925), y

[**p.829**]

deseo aprovechar esta oportunidad para corregir la omisión de referencia a este trabajo en mi artículo anterior). Hay que señalar, sin embargo, que ésta no es la única forma de (2) que describe el universo de de Sitter, pues el elemento de línea para el cual $e^f = a\sqrt{\kappa}\cosh(t/a)$ es también de curvatura constante $-1/a^2$; aunque tanto ρ como p son constantes en este caso eso no representa una cosmología estacionaria en la que t se interpreta como tiempo. La forma estacionaria puede obtenerse a partir de esta forma sustituyendo t por $t + a \log(2R/a)$ y permitiendo que $R \rightarrow \infty$.

([12]) Estos resultados se deducen, tras algunos cálculos, de las condiciones generales; para ello consúltese Eisenhart, loc. cit., pp. 92, 197-198.

([13]) Véase H. Weyl, *Phys. Zeitschr.*, **29**, 230 (1923), y los trabajos citados arriba en la nota 11.

1931

ENERO

Anda Einstein, como sabemos, en California. La prensa neoyorkina se hace eco:

The New York Times
New York, sábado 3 de enero de 1931

El profesor Einstein empieza a trabajar en Monte Wilson. Espera resolver problemas concernientes a la relatividad.

The Associated Press

PASADENA, California, 2 de enero.– El Dr. Einstein desveló hoy por qué ha venido a California.

Espera la ayuda de los científicos de Monte Wilson y del Instituto de Tecnología de California para resolver el principal problema que le ocupa, esto es, si la gravitación, la luz, la electricidad y el electromagnetismo no son formas diferentes de lo mismo.

"Este asunto es el principal problema de la actual teoría de la relatividad," dijo. "Se han encontrado posibilidades interesantes para resolver la cuestión, pero sigue siendo incierto que las vías que se han intentado tengan éxito.

Nuevas observaciones llevadas a cabo por Hubble y Humason (astrónomos de Monte Wilson) relativas al corrimiento al rojo de la luz proveniente de nebulosas distantes permiten suponer que la estructura general del Universo no es estática.

Investigaciones teóricas realizadas por Lemaître y Tolman (matemáticos del Instituto Tecnológico de California) señalan una perspectiva que es conforme con la teoría de la relatividad."

El profesor de Berlín parece feliz entre tantos hombres que trabajan en pruebas físicas de su principio de relatividad. Varios de ellos han completado pruebas que apoyan su principio y se esperan nuevas revelaciones.

El profesor Einstein reveló otro problema que trae de cabeza a los investigadores. Se trata de si la luz se ajusta a una teoría ondulatoria o a una teoría corpuscular. Dijo que la física moderna ha revelado que no sólo la luz, sino la materia también, muestran características de ambas teorías. Espera que ambas se unan en una misma ley que se aplique a la luz y que la construcción de esta ley la haga también aplicable a la materia.

Se le preguntó si la civilización estaba en peligro de ruptura.

"Creo, efectivamente, que la falta de entendimiento y organización internacional puede ser un grave peligro", dijo.

"A este respecto, las investigaciones científicas no pueden influir directamente en la solución de este problema. Sólo la propia determinación del hombre puede resolverlo."

ABRIL

El *problema cosmológico*, en la Academia.

Preußische Akademie der Wissenschaften. Gesamtsitzung vom 16. April **1931**. «***Zum kosmologischen Problem der allgemeinen Relativitätstheorie***». Vom A. Einstein.

Sitzungsberichte. pp. 235-237. («Sobre el problema cosmológico en teoría de la relatividad general». Por A. Einstein. Academia Prusiana de Ciencias. Sesión plenaria del 16 de abril de **1931**. *Actas de Sesiones*.)

[**p.235**]

Sobre el problema cosmológico en teoría de la relatividad general

Por problema cosmológico se entiende la cuestión, a gran escala, de la naturaleza del espacio y de la forma de distribución de la materia. Para facilitar la visión de conjunto, se supondrá que la materia de las estrellas y sistemas estelares se sustituye por una distribución continua de materia. Desde que abordé este problema, poco después de la configuración de la teoría de la relatividad general, no sólo han aparecido numerosos trabajos sobre este tema, sino que, gracias a las investigaciones de Hubble sobre el efecto Doppler y la distribución de las nebulosas extragalácticas, han salido a la luz hechos que abren nuevas vías a la teoría.

En mi investigación original partí de los siguientes supuestos:

1. Todos los lugares del universo son equivalentes; en particular, la densidad local media de materia estelar debería ser también la misma en todas partes.

2. La estructura espacial y la densidad deben ser constantes con relación al tiempo.

Demostré entonces que ambos supuestos pueden satisfacerse con una densidad media ρ distinta de cero si se introduce el llamado término cosmológico en las ecuaciones de campo de la relatividad general, de modo que estas se escriben:

$$(R_{ik} - \frac{1}{2} g_{ik} R) + \lambda g_{ik} = -\kappa T_{ik}. \tag{I}$$

Estas ecuaciones son satisfechas por un universo estático, espacialmente esférico, de radio $P = \sqrt{\frac{2}{\kappa\rho}}$, donde ρ representa la densidad media de materia (sin presión). Ahora, sin embargo, que, tras los descubrimientos de Hubble, y gracias a ellos, ha quedado claro que las nebulosas extragalácticas están repartidas uniformemente en el espacio y están inmersas en un movimiento de dilatación (al menos en la medida en que haya que interpretar sus sistemáticos corrimientos al rojo como efectos Doppler), la hipótesis de la naturaleza estadística del espacio (2) no tiene ya justificación y surge la cuestión de si la teoría general de la relatividad es capaz de dar cuenta de estos hallazgos.

[**p.236**]

Diferentes investigadores han intentado ajustarse a los nuevos hechos por medio un espacio esférico cuyo radio P varía con el tiempo. A. FRIEDMAN (1) fue el primero en tomar este camino, no influenciado por los hechos observacionales, y en sus resultados de cálculo voy a basar yo las observaciones que siguen. Parte Friedman a este respecto de un elemento de línea de la forma

$$ds^2 = -P^2(dx_1^2 + \sin^2 x_1 dx_2^2 + \sin^2 x_1 \sin^2 x_2 dx_3^2) + c^2 dx_4^2, \tag{2}$$

donde P se concibe únicamente como función de la variable real de tiempo x_4. Para la determinación de P y la conexión de esta magnitud con la densidad (variable) ρ, obtiene de (I) las dos ecuaciones diferenciales

$$\frac{P'^2}{P^2} + \frac{2P''}{P} + \frac{c^2}{P^2} - \lambda = 0, \tag{2'}$$

$$\frac{3P'^2}{P^2}+\frac{3c^2}{P^2}-\lambda=\kappa c^2\rho. \tag{3}$$

A partir de estas ecuaciones se obtiene mi primitiva solución suponiendo que P es constante en el tiempo. Sin embargo, con la ayuda de estas ecuaciones también se puede demostrar que esta solución no es estable, es decir, que una solución que sólo difiere ligeramente de la solución estática en un momento determinado se desvía cada vez más de esa solución en el transcurso del tiempo. Sólo por esta razón, ya no me siento inclinado a atribuir ningún significado físico a mi solución de entonces, incluso al margen de los resultados observacionales de HUBBEL.

En estas circunstancias, hay que preguntarse si se puede hacer justicia a los hechos sin introducir del término λ, insatisfactorio en todo caso desde el punto de vista teórico. Aquí estudiaremos en qué medida es así, dejando de lado, como FRIEDMAN, el efecto de la radiación. Como ha demostrado FRIEDMAN, se deduce de (2) por integración (para $\lambda = 0$)

$$\left(\frac{dP}{dt}\right)^2=c^2\frac{P_0-P}{P}, \ldots, \tag{2a}$$

donde P_0 indica una constante de integración, que para el radio del universo significa un límite superior que no puede ser superado en el transcurso del tiempo. Aquí debe producirse[2] un cambio de signo de $\frac{dP}{dt}$. De (3) se deduce que ρ (para $\lambda = 0$) se vuelve positivo en cualquier caso, como debe ser.

De los resultados de HUBBLE se sigue que el efecto Doppler dividido por la distancia es una magnitud independiente de la distancia que puede expresarse con suficiente precisión

(1) Zeitschr. f. Physik. 10. S. 377. 1922.
(2) Según (2a), P no puede crecer más allá de P_0, y según (2), P no puede permanecer en el valor P_0.

[p.237]

por la magnitud $D=\frac{1}{P}\frac{dP}{dt}\cdot\frac{1}{c}$. En vez de (2a) se puede poner

$$D^2=\frac{1}{P^2}\frac{P_0-P}{P}. \tag{2a}$$

y en vez de (3)

$$D^2=\frac{1}{3}\kappa\rho\frac{P_0-P}{P_0}. \tag{3a}$$

El proceso descrito por (2a) es el siguiente. Si P es pequeño (nuestra idealización falla para el caso límite estricto $P = 0$), P crece muy rápidamente. En este caso, a medida que P aumenta, la tasa de cambio $\frac{dP}{dt}$ disminuye cada vez más y se anula cuando se alcanza el valor límite $P = P_0$, con lo que todo el proceso se desarrolla en sentido contrario (es decir, con P disminuyendo cada vez más rápidamente).

Si queremos comparar nuestras fórmulas con los hechos, debemos suponer que estamos en alguna fase de aumento de ρ. Para una orientación burda, es entonces razonable suponer que

$P - P_0$ es del mismo orden de magnitud que P_0, por lo que el puro orden de magnitud lo obtenemos por la ecuación

$$D^2 \propto \kappa\rho,$$

que da para ρ el orden de magnitud 10^{-26}, que parece ajustarse razonablemente bien a las estimaciones de los astrónomos. Del mismo modo, el orden de magnitud del actual radio del universo está determinado según (2b) por

$$P \propto \frac{1}{D}$$

que, sin embargo, asciende sólo a unos 10^8 años luz.

No obstante, la mayor dificultad de toda la concepción reside, como es bien sabido, en que el instante del pasado para el que según (2a) resulta ser $P = 0$, fue sólo hace unos 10^{10} años. Se puede aquí intentar evitar la dificultad señalando que la inhomogeneidad de la distribución de la materia estelar hace que nuestro tratamiento aproximado sea ilusorio. Además, hay que señalar que difícilmente ninguna teoría que interprete los enormes desplazamientos de las líneas espectrales de HUBBEL como efectos Doppler podrá evitar esta dificultad de forma conveniente.

En cualquier caso, esta teoría es suficientemente sencilla como para poder ser cotejada con los hechos astronómicos. Pone de manifiesto, además, cuán cauteloso hay que ser en Astronomía con extrapolaciones temporales grandes. Cabe destacar ante todo que la teoría de la relatividad general parece poder dar cuenta de forma más natural (es decir, sin término λ) de los recientes hechos de Hubble que el postulado de la naturaleza cuasi-estática del espacio, relegado ahora por razones empíricas.

OCTUBRE

Einstein, en Viena. Breve mención a Mach.

Conferencia pronunciada el 14 de Octubre de **1931** en el Instituto de Física de la Universidad de Viena. Albert Einstein. **«Der gegenwärtige Stand der Relativitätstheorie».** Von Universitätsprofessor Dr. Albert EINSTEIN, Berlin. DER MERKER. Schriftleiter: Dr. Eduard BURGER. pp. 440-442. (**1932**). *Paedagogischer Führer* (llamada entonces *Die Quelle*), vol. 82, pp. 440-442.

Surgieron así la teoría de la relatividad especial y la teoría de la relatividad general. La tarea de esta última es describir inequívocamente, en tiempo y espacio, el movimiento de un punto sin servirse del recurso de una fuerza desviadora. Tenía que encontrarse un sistema de coordenadas por cuya elección el movimiento del punto se revelase rectilíneo y uniforme. Esto parece algo ilógico, pero **Mach** lo percibió con claridad y buscó una formulación que describe el movimiento sin referencia a un sistema de coordenadas. La teoría de la relatividad no eliminaba el sistema de coordenadas, sino que elegía uno que corresponde a las condiciones y trata de descubrir las leyes del movimiento que son independientes de la elección del sistema de coordenadas.

1932

MARZO

El ritmo alucinatorio de la Historia hace que a Einstein y a de Sitter les queden pocos días de colaboración. Aquí nos dejan, no obstante, su huella cosmológica.

Actas de la Academia Nacional de Ciencias
Volumen 18. 15 de marzo de 1932. Número 3

SOBRE LA RELACIÓN ENTRE LA EXPANSIÓN Y LA DENSIDAD MEDIA DEL UNIVERSO

POR A. EINSTEIN Y W. DE SITTER

Comunicado por el Observatorio del Monte Wilson, 25 de enero de **1932**

En una nota reciente en el *Göttinger Nachrichten*, el Dr. O. Heckmann ha señalado que las soluciones no estáticas de las ecuaciones de campo de la teoría general de la relatividad con densidad constante no implican necesariamente una curvatura positiva del espacio tridimensional, sino que esta curvatura puede ser también negativa o nula.

No existe ninguna prueba observacional directa de la curvatura, ya que los únicos datos observados directamente son la densidad media y la expansión, que demuestra que el universo real corresponde al caso no estático. Por tanto, está claro que de los datos directos de la observación no podemos deducir ni el signo ni el valor de la curvatura, y se plantea la cuestión de si es posible representar los hechos observados sin introducir una curvatura en absoluto.

Históricamente, el término que contiene la "constante cosmológica" λ se introdujo en las ecuaciones de campo para poder dar cuenta teóricamente de la existencia de una densidad media finita en un universo estático. Ahora parece que en el caso dinámico este fin puede alcanzarse sin la introducción de λ.

Si suponemos que la curvatura es cero, el elemento de línea es

$$ds^2 = -R^2(dx^2 + dy^2 + dz^2) - c^2dt^2, \tag{1}$$

donde R es una función de t solamente, y c es la velocidad de la luz. Si, en aras de la simplicidad, despreciamos la presión p,[1] las ecuaciones de campo sin λ conducen a dos ecuaciones diferenciales, de las cuales sólo necesitamos una, que en el caso de curvatura cero se reduce a:

$$\frac{1}{R^2}\left(\frac{dR}{cdt}\right)^2 = \frac{1}{3}\kappa\rho \tag{2}$$

Las observaciones dan el coeficiente de expansión y la densidad media:

$$\frac{1}{R}\frac{dR}{cdt} = h = \frac{1}{R_B}, \qquad \rho = \frac{2}{\kappa R_A^2}.$$

[p.214]

Por lo tanto tenemos, a partir de (2), la relación teórica

$$h^2 = \frac{1}{3}\kappa\rho \tag{3}$$

o

$$\frac{R_A^2}{R_B^2} = \frac{2}{3} \tag{3'}$$

Tomando para el coeficiente de expansión

$$h = 500 \text{ km/sec. per } 10^6 \text{ parsecs} \tag{4}$$

or

$$R_B = 2 \times 10^{27} \text{ cm.,}$$

encontramos

$$R_A = 1.63 \times 10^{27} \text{ cm.,}$$

o

$$\rho = 4 \times 10^{-28} \text{ gr. cm.}^{-3}, \tag{5}$$

que resulta coincidir exactamente con el límite superior de la densidad adoptado por uno de nosotros.[2]

La determinación del coeficiente de expansión h depende de los corrimientos al rojo que se midan, que no introducen ninguna incertidumbre apreciable, y de las distancias de las nebulosas extragalácticas, que todavía son muy inciertas. La densidad depende de las masas supuestas de estas nebulosas y de la escala de distancia, e implica, además, la suposición de que toda la masa material del universo se concentra en las nebulosas. No parece probable que esta última suposición introduzca un factor de incertidumbre apreciable. Admitiéndola, la relación h^2/ρ, o R_A^2/R_B^2 como se deriva de la observación, se vuelve proporcional a Δ/M, siendo Δ el lado de un cubo que contiene en promedio una nebulosa, y M la masa promedio de las nebulosas. Los valores adoptados anteriormente corresponderían a $\Delta = 10^6$ años luz, $M = 2.10^{11}$ Θ, que es aproximadamente la estimación del Dr. Oort de la masa de nuestro propio sistema galáctico. Por tanto, aunque la densidad (5) correspondiente al supuesto de curvatura cero y al coeficiente de expansión (4) pueda estar en el lado alto, ciertamente es del orden de magnitud correcto, y debemos concluir que en la actualidad es posible representar los hechos sin suponer una curvatura del espacio tridimensional. Sin embargo, la curvatura es esencialmente determinable, y un aumento en la precisión de los datos derivados de las observaciones nos permitirá en el futuro fijar su signo y determinar su valor.

[1] Parece cierto que la presión p en el universo real es despreciable en comparación con la densidad material ρ_0. El mismo razonamiento, sin embargo, es válido si no se desprecia la presión.
[2] *Bull. Astronom. Inst. Netherlands, Haarlem*, 6, 142 (**1931**)

JULIO - OCTUBRE

El artículo «Über das sogenannte Kosmologische Problem» («Sobre el llamado problema cosmológico») tiene, naturalmente su historia. Maurice Solovine, amigo y traductor de Einstein ("no sólo eres mi mejor traductor, sino que eres el único que me lee con atención", le dirá Einstein en carta posterior), sabe que Einstein anda a vueltas con el tema cosmológico y que pretende escribir algo de naturaleza concisa. Solovine se lo reclama y hay unos prolegómenos y una conclusión que, en su brevedad, relatan el pormenor del transcurso, breve, entre la idea y su plasmación. Disponemos de ***tres cartas de Einstein a Solovine***, que no necesitan intérprete:

JULIO

Caputh bei Potsdam, den 6. Juli 1932

Lieber Solovine:

Die kurze Darlegung über das kosmologische Problem hoffe ich bald zu schreiben.

Caputh (Potsdam), 6 de julio de 1932

Querido Solovine:

Espero escribir pronto la breve exposición sobre el problema cosmológico.

SEPTIEMBRE

Caputh bei Potsdam, den 29. IX 32.

Lieber Solovine:

Sie Schurke, Sie ungeduldiger! Ich hab das Ding doch erst zusammen schwitzen müssen, neben vieler sonstiger Plackerei und auch wirklicher Arbeit. Nun aber ist es hübsch klar herausgekommen. Hoffentlich gefällt es Ihnen. Ich behalte nur aber vor, das Ding später auch einer englischen Publikation einzuverleiben, die ich schuldig bin seit zwei Jahren.

Senden Sie mir das Manuskript bitte nach Übersetzung zurück.

Caputh (Potsdam), 29 de septiembre de 1932

Querido Solovine:

¡Canalla, impaciente! De entrada me he tenido que sudar la cosa, aparte de otros muchos trajines y también de verdadero trabajo. Pero ahora ha quedado bien pulido. Espero que te guste. Me reservo, no obstante, el derecho a incluirlo más tarde en una publicación inglesa de la que soy deudor desde hace dos años.

Devuélveme, por favor, el manuscrito cuando lo hayas traducido.

OCTUBRE

Caput bei Potsdam, den 6. Oktober 1932

Lieber Solovine

Das Wörtchen „sogenannt“ im Titel habe ich deswegen gesetzt, weil der Ausdruck „Kosmologisches Problem“ keine gute Bezeichnung des behandelnden Gegenstandes ist. Ich glaube, wir ändern den Titel um in „Ueber die Struktur des Raumes im Grossen“.

Caputh (Potsdam), 6 de octubre de 1932

Querido Solovine:

He puesto en el título la palabreja "llamado" porque la expresión "problema cosmológico" no caracteriza bien el tema que se discute. Creo que deberíamos cambiar el título por "Sobre la estructura del espacio en líneas generales".

[Albert Einstein. *LETTRES À MAURICE SOLOVINE*. Reproduites en facsimilé et traduites en français. Avec une Introduction et trois photographies. Paris. Gauthier-Villars, Éditeur-Imprimeur-Libraire. 1956]

Solovine traduce, pues, con el nuevo título que Einstein le sugiere: "*Sobre la estructura cosmológica del espacio*" [incluido en el libro: A. Einstein, "Les Fondements de la théorie de la relativité général", Paris, Hermann, 1933, páginas 99 – 109.] del siguiente modo:

Sur la structure cosmologique de l'espace ([1])

[99]

Si llamamos «absolutos» al espacio y al tiempo de la física pre-relativista, hay que ver en ello el significado siguiente. De entrada, el espacio y el tiempo y, por tanto, el sistema de referencia, figuran ahí, como realidad, en el mismo sentido que, por ejemplo, la masa. Las coordenadas del sistema de referencia elegido corresponden de forma inmediata a resultados de medida ([2]). Las proposiciones de la geometría y la cinemática significan, por esta razón, relaciones entre medidas que tienen el valor de afirmaciones físicas, que pueden ser verdaderas o falsas. El sistema de inercia posee una realidad física porque su elección entra en la ley de la inercia. En segundo lugar, esta realidad física que se designa con los términos espacio + tiempo es, en cuanto a sus leyes, independiente de otras realidades físicas, como los cuerpos, por ejemplo. El conjunto de relaciones entre los resultados de medidas, que pueden obtenerse únicamente con ayuda de reglas y relojes, es, según la teoría clásica, independiente de la distribución y del movimiento de los cuerpos, así como el sistema de inercia. El espacio actúa en cierto modo físicamente, pero no sufre ninguna influencia física.

Algunos partidarios de la teoría de la relatividad han sostenido erróneamente,

(1) Traducido directamente del manuscrito redactado por Einstein en el mes de Septiembre de 1932. M. S.

(2) Esto es al menos correcto si se considera que reglas y relojes ideales son, en principio, realizables.

[100]

a causa de estos hechos, que la Mecánica clásica es lógicamente insostenible. Semejante teoría no es, de ningún modo, insostenible lógicamente, aunque sí poco satisfactoria desde el punto de vista epistemológico. El espacio y el tiempo juegan allí, en cierto modo, el papel de una realidad *a priori*, a diferencia de la realidad de los cuerpos (y de los campos), que aparece, por decirlo así, como realidad secundaria. Esta separación de la realidad física en dos partes distintas crea precisamente el malestar que la teoría de la relatividad general logró evitar. Desde el punto de vista sistemático es su principal mérito. Ha permitido asimismo agrupar en una misma noción la gravedad y la inercia. El empleo de las coordenadas generales de Gauss, que ha hecho posible una simple numeración continua de los puntos del espacio-tiempo, sin ninguna significación métrica, no es, junto con lo que se acaba de decir, más que un medio (ciertamente indispensable) que permite coordinar las propiedades métricas del continuum con sus otras propiedades (campo gravitacional, campo electromagnético, ley del movimiento) ([1]).

Ahora bien, dado que, según la teoría de la relatividad general, las propiedades métricas del espacio-tiempo no son causalmente independientes de su contenido, sino determinadas por este último, que imprime al continuum un carácter métrico no euclídeo, surgió en esta teoría un problema extraño a la teoría clásica. En efecto, como podemos suponer que, en todo el universo, las estrellás están distribuidas con una densidad media finita, es decir, una densidad media de la materia, en general diferente de cero, se plantea la cuestión de saber cuál es la influencia ejercida por esta densidad

(1) Se ve esto claramente si se trata la Mecánica clásica empleando las coordenadas generales. Hay que postular entonces el tensor de Riemann de cuarto orden R_{iklm} igual a 0. Eso significa una determinación completa del campo métrico de las $g_{\mu\nu}$, es decir, una determinación en la que no figuran las demás variables físicas. Es ahí donde, desde el punto de vista de la descripción relativista, el carácter absoluto del tiempo y del espacio de la teoría clásica encuentra su expresión.

[**101**]

media sobre la estructura (métrica) del espacio en general. Ese es el llamado problema cosmológico del que vamos a ocuparnos en esta breve exposición. Por razones de simplicidad, haremos abstracción del hecho de que la materia está concentrada en estrellas y sistemas estelares, separados en apariencia unas y otros por espacios vacíos, y afrontaremos el tema como si la materia estuviese distribuida de forma continua en grandes espacios astronómicos.

La suposición de una densidad media finita de la materia, diferente de cero, conduce por otra parte –como saben ya los astrónomos desde hace tiempo– incluso desde el punto de vista de la teoría newtoniana a dificultades. En efecto, según el teorema de Gauss, el número de líneas de fuerza gravitacionales que atraviesan una superficie cerrada del exterior hacia el interior es, salvo un factor constante, igual a la masa gravitante interior a la superficie. Si esta materia posee la densidad constante ρ, el número de líneas de fuerza, para una esfera de radio $\mathbf{P}_n$, es proporcional a $\mathbf{P}^3$. Para la unidad de superficie de la esfera, este flujo de fuerza es pues proporcional a su radio $\mathbf{P}_n$, y por tanto, tanto mayor cuanto mayor sea el radio de la esfera en cuestión. Una distribución de materia libre con una densidad media constante no puede pues, según la teoría newtoniana, estar en equilibrio en todas partes. Para escapar de la dificultad que resulta de ello, el astrónomo Seeliger ha propuesto una modificación de la ley de atracción newtoniana cuando se trata de grandes distancias. Pero, naturalmente, esta cuestión no tenía nada que ver con el problema del espacio.

El problema correspondiente de la teoría de la relatividad general conduce a la siguiente cuestión: ¿cómo es posible un espacio con una materia de densidad espacial constante y en reposo con relación a él? Un espacio semejante debe ser considerado como una idealización muy grosera para abordar teóricamente el verdadero continuum espacio-tiempo.

Conforme a la teoría de la relatividad general, el campo métrico, o campo gravitatorio, descrito por

[**102**]

las $g_{\mu\nu}$ está ligado al tensor $\mathbf{T}_{\mu\nu}$ de la energía o, lo que viene a ser lo mismo, de la densidad de masa, por las ecuaciones

(1) $$R_{\mu\nu} - \tfrac{1}{2} g_{\mu\nu} R = - \kappa T_{\mu\nu}.$$

$R_{\mu\nu}$ es aquí el tensor de Riemann contraído una sola vez:

(1a) $$\begin{cases} R_{\mu\nu} = -\Gamma^{\alpha}_{\mu\nu,\alpha} + \Gamma^{\alpha}_{\mu\nu,\alpha} + \Gamma^{\alpha}_{\mu\beta}\Gamma^{\beta}_{\nu\alpha} - \Gamma^{\alpha}_{\mu\nu}\Gamma^{\beta}_{\alpha\beta} \\ \Gamma^{\alpha}_{\mu\nu} = \begin{Bmatrix} \alpha \\ \mu\nu \end{Bmatrix} = g^{\alpha\beta}\begin{bmatrix} \mu\nu \\ \beta \end{bmatrix} = \dfrac{1}{2} g^{\alpha\beta}(g_{\mu\nu,\alpha} + g_{\nu\alpha,\mu} - g_{\mu\nu,\alpha}), \end{cases}$$

donde la diferenciación ordinaria se indica por una coma.

En el caso en que pueda considerarse que la «materia» no está sometida a presión alguna y que sea posible despreciar la influencia ejercida por fuerzas distintas de la gravitación, hay que poner

(2) $$T^{\mu\nu} = \rho\, u^{\mu} u^{\nu},$$

donde u^{μ} representa el cuadrivector contravariante $\dfrac{dx_{\mu}}{d\tau}$ de la velocidad (1) y ρ el escalar de la densidad de la materia. Naturalmente, se supone que la densidad de energía de la materia ponderable es tan superior a la de la radiación que ésta puede despreciarse. Esta suposición no es ciertamente por completo exacta, pero la aproximación así introducida no cambia nada de esencial en las consideraciones y resultados que siguen.

Se ve de entrada que un universo que posea una densidad de masa media diferente de cero no puede ser euclídeo, porque este último caso está caracterizado, en el sentido de la teoría de la relatividad restringida, por un invariante fundamental

(3) $$g_{\mu\nu}\, dx^{\mu}\, dx^{\nu} = ds^2 = dx_1^2 + dx_2^2 + dx_3^2 - c^2\, dt^2,$$

(1) $d\tau$ es el elemento del tiempo propio y, por tanto, si delante de los ds^2 espaciales se coloca el signo positivo, $d\tau^2 = - ds^2$.

[**103**]

es decir por valores constantes de las $g_{\mu\nu}$. Así pues, $R_{\mu\nu}$ y R se anulan y, por tanto, el primer miembro de (1). El segundo miembro de (1) debe pues anularse también y, por tanto, ρ, lo que está en contradicción con nuestra suposición.

La estructura más simple posible del espacio, después de la de Euclides, parece ser la estática (todas las $g_{\mu\nu}$ independientes de t) y de curvatura uniforme en sus secciones «espaciales» (t = constante).

Un espacio tridimensional de curvatura positiva constante (particularmente un espacio «esférico») está caracterizado, como es sabido, por el elemento de línea $d\sigma^2$ de la forma (1)

$$d\sigma^2 = \frac{dx_1^2 + dx_2^2 + dx_3^2}{\left(1 + \frac{r^2}{(2P)^2}\right)^2} \qquad (r^2 = x_1{}^2 + x_2{}^2 + x_3{}^2)$$

(1) Se reconoce más fácilmente situando una esfera tridimensional en un espacio euclídeo de cuatro dimensiones con coordenadas cartesianas ξ_1, ξ_2, ξ_3, ξ_4 y centro 0, 0, 0, –P; la expresión:

$$\xi_1{}^2 + \xi_2{}^2 + \xi_3{}^2 + (\xi_4 + \mathrm{P})^2 = \mathrm{P}^2$$

es entonces la ecuación de la esfera y el elemento de línea sobre ella se mide por:

$$d\xi_1{}^2 + d\xi_2{}^2 + d\xi_3{}^2 + d\xi_4 = d\sigma^2$$

Una de las cuatro coordenadas o de las diferenciales de las coordenadas puede eliminarse con ayuda de la ecuación de la esfera. (Introducción de tres coordenadas sobre la esfera en lugar de las cuatro coordenadas $\xi_1 \ldots. \xi_4$.)

Se llega ahí más fácilmente (si se quieren evitar las raíces cuadradas) por la «proyección estereográfica» de los puntos de la esfera sobre la hipersuperficie $\xi_4 = -2\mathrm{P}$, como muestra la figura adjunta.

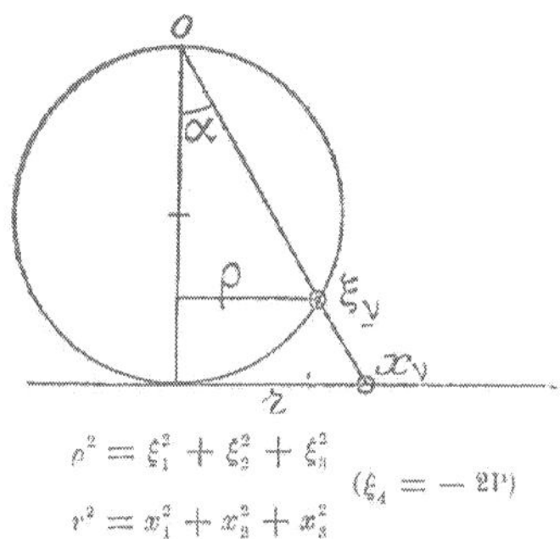

En lugar de las ξ_ν se introducen las x_ν, con arreglo a la relación

$$\frac{x_\nu}{\xi_\nu} = \frac{r}{\rho} = \frac{1}{\cos^2\alpha} = 1 + tg^2\alpha = 1 + \frac{r^2}{(2P)^2} \qquad (\nu = 1, \ldots, 4).$$

Esto proporciona ξ_1, ξ_2, ξ_3, ξ_4 ($\xi_4 = -\,2\mathrm{P}$) como función de las x_ν ($\nu = 1, 3$), de donde se obtienen inmediatamente, por diferenciación, las $d\xi$ y, por lo tanto, $d\sigma^2$ en función de las x_ν y dx_ν, según la fórmula indicada en el texto.

[**104**]

donde el punto $x_1 = x_2 = x_3 = 0$ sólo en apariencia es peculiar.

Un universo estático y esférico desde el punto de vista espacial está descrito, en consecuencia, por el elemento de línea

(3a) $$ds^2 = \frac{dx_1^2 + dx_2^2 + dx_3^2}{\left(1 + \frac{r^2}{(2P)^2}\right)^2} - c^2 dt^2.$$

Parece *a priori* verosímil (habida cuenta de las propiedades de simetría) que en un universo semejante sea posible una materia en reposo ($u^1 = u^2 = u^3 = 0$) de densidad constante en el espacio y en el tiempo. Se tiene, además

$$u^4 = \frac{dt}{d\tau} = \frac{1}{c};$$

y por tanto: $u_4 = g_{44}\, u^4 = c$.

En consecuencia, en el segundo miembro de (1) hay que poner 0 para $T_{\mu\nu}$ hasta T_{44}. Solamente $T_{44} = \rho u_4 u_4 = \rho c^2$ es diferente de 0.

De (3a) se calculan para $R_{\mu\nu}$ ($x_1 = x_2 = x_3 = 0$), de acuerdo con (1a), los valores

$$\begin{matrix} -\frac{2}{P^2} & 0 & 0 & 0 \\ 0 & -\frac{2}{P^2} & 0 & 0 \\ 0 & 0 & -\frac{2}{P^2} & 0 \\ 0 & 0 & 0 & 0, \end{matrix}$$

y para $R_{\mu\nu} - \frac{1}{2} g_{\mu\nu} R$ los valores

$$\begin{matrix} \frac{1}{P^2} & 0 & 0 & 0 \\ 0 & \frac{1}{P^2} & 0 & 0 \\ 0 & 0 & \frac{1}{P^2} & 0 \\ 0 & 0 & 0 & -\frac{3c^2}{P^2}; \end{matrix}$$

[**105**]

mientras que para $-\kappa T$ se obtienen los valores

$$\begin{matrix} 0 & 0 & 0 & 0 \\ 0 & 0 & 0 & 0 \\ 0 & 0 & 0 & 0 \\ 0 & 0 & 0 & -\kappa\rho c^2. \end{matrix}$$

De (1) resultan de este modo dos ecuaciones contradictorias

(4)
$$\begin{cases} \dfrac{1}{P^2} = 0 \\ \dfrac{3c^2}{P^2} = \kappa \rho c^2. \end{cases}$$

Las ecuaciones (1) excluyen por tanto la posibilidad de una materia de densidad uniforme diferente de cero. Esto representa una verdadera dificultad para la teoría de la relatividad general, dado que no son concebibles otras estructuras espaciales independientes del tiempo que las dadas por (3a) (para P^2 positivos o negativos).

Para salir de esta dificultad encontré de entrada el siguiente medio. El postulado de relatividad permite añadir al primer miembro de (1) un término de la forma $\lambda g_{\mu\nu}$, donde λ representa una constante universal (constante cosmológica), que debe ser tan pequeña que el término añadido es prácticamente irrelevante en el cálculo del campo solar y de los movimientos de los planetas. Las ecuaciones completadas así son

(1b)
$$\left(R_{\mu\nu} - \frac{1}{2} g_{\mu\nu} R \right) + \lambda g_{\mu\nu} = \kappa T_{\mu\nu}.$$

En lugar de las ecuaciones (4) se obtiene entonces

(4a)
$$\begin{cases} \dfrac{1}{P^2} = \lambda \\ \dfrac{3c^2}{P^2} = -\lambda c^2 + \kappa \rho \tau^2. \end{cases}$$

[**106**]

Estas ecuaciones son compatibles una con otra y proporcionan para el radio del universo el valor

(5)
$$P = \frac{2}{\sqrt{\kappa \rho}} = \frac{c}{\sqrt{2\pi K \rho}},$$

donde *K* representa la constante de la gravitación en el sistema de medida habitual.

Sin embargo, las investigaciones de Friedman y Lemaître demostraron después que esta solución de la dificultad no es satisfactoria por el siguiente motivo.

Estos autores tomaron igualmente por base las ecuaciones (1b), pero generalizaron la relación (3a) de forma que introdujeron el radio cósmico P (y la densidad ρ) no como constante, sino como función del tiempo. Las ecuaciones (1b) muestran entonces que la solución (4 a), (5) tiene carácter inestable. Eso significa que en soluciones que, en cierto momento, difieren muy poco de (4a) P no oscila alrededor del valor dado en (5) sino que se desvía de él cada vez más para valores más o menos grandes del tiempo. Al pasar a estas soluciones «dinámicas» del problema, queda además indeterminada tanto la magnitud como el signo de λ, e incluso el signo de $1/P^2$, de modo que curvaturas espaciales negativas parecen igualmente posibles ([1]); de ahí que la concepción de un Universo espacialmente cerrado esté de nuevo privado por completo de base.

Si la teoría nos conduce así a pasar, en lo que concierne a la estructura espacial, a soluciones dinámicas, desaparece por el contrario la necesidad de introducir la constante universal λ, dado que existen soluciones dinámicas de (1) del tipo (3 a) para las que λ = 0.

En estos últimos tiempos, la solución del problema ha recibido un fuerte impulso en razón de los resultados experimentales de la Astrofísica. Mediciones del efecto Doppler (especialmente las de Hubble) llevadas a cabo en nebulosas

(1) Heckmann ha sido el primero en llamar la atención sobre este punto.

[**107**]

extragalácticas, reconocidas como formas coordinadas con la Vía Láctea, han demostrado que cuanto mayor es la distancia que las separa de nosotros, mayor es su velocidad de alejamiento. Las investigaciones de Hubble han demostrado además que estos objetos están distribuidos en el espacio de un modo estadísticamente uniforme, por lo que la suposición esquemática de la teoría de una densidad media uniforme de la materia recibe una confirmación experimental. El descubrimiento de la expansión de las nebulosas extragalácticas justifica el paso de la teoría a soluciones dinámicas de la estructura del espacio, cosa que con anterioridad debía parecer únicamente un recurso motivado por la insuficiencia de la teoría.

La teoría puede así, sin introducir un término λ, satisfacer, sobre la base de las ecuaciones (1), la existencia de una densidad finita (media) ρ de la materia, por medio de la relación (3 a) con P (y ρ) variables con el tiempo. Hay que observar, no obstante, que no son las coordenadas x_1, x_2, x_3 de una partícula las que permanecen constantes con el tiempo, sino las magnitudes

$$\frac{x_1}{P}, \quad \frac{x_2}{P}, \quad \frac{x_3}{P},$$

como puede verse por una simple reflexión geométrica. No son estas, sin embargo, las propias magnitudes que introduciremos como nuevas coordenadas, sino las magnitudes

$$P_0\frac{x_1}{P}, \quad P_0\frac{x_2}{P}, \quad P_0\frac{x_3}{P},$$

donde P_0 representa una longitud del orden de magnitud del «radio cósmico». Procedemos así con el propósito de que las diferencias de coordenadas sean del mismo orden de magnitud que las longitudes medidas con la regla ([1]). Llamando

(1) Las investigaciones sobre el problema general, así como sobre los diversos casos particulares, han sido efectuadas por Tolman basándose en esta elección de coordenadas de una forma muy completa. De Sitter ha proporcionado asimismo una discusión exhaustiva y clara de todos los casos posibles.

[**108**]

ahora a estas nuevas coordenadas x_1, x_2, x_3 y poniendo en este nuevo sistema $r = \sqrt{x_1^2 + x_2^2 + x_3^2}$, la relación (3a) toma la forma

(3 b) $$ds^2 = \left(\frac{P}{P_0}\right)^2 \frac{dx_1^2 + dx_2^2 + dx_3^2}{\left(1 + \frac{r^2}{(2P_0)^2}\right)^2} - c^2 dt^2.$$

Podemos considerar P_0 como el radio cósmico P en un cierto instante t_0. Sólo queda entonces variable don el tiempo el «factor de expansión» $\frac{P}{P_0}$ (= A).

Ya hemos señalado que no podemos conciliar una densidad uniforme ρ de la materia con la única suposición de una curvatura del espacio, considerando A constante en el tiempo, es decir, sin «expansión del espacio». Se verá, por el contrario, que la existencia de una densidad finita ρ no exige en modo alguno la existencia de una curvatura de espacio (tridimensional). Esto vuelve a decir que sustituimos la relación (3b) por

(3c) $$ds^2 = A^2 (dx_1^2 + dx_2^2 + dx_3^2) - c^2 dt^2,$$

donde A es una función únicamente de t (= x_4). En efecto, llevando esta relación a (1), se obtiene como resultado

(6) $$2A\frac{d^2A}{dt^2} + \left(\frac{dA}{dt}\right)^2 = 0$$

(7) $$\left(\frac{\frac{dA}{dt}}{A}\right)^2 = \kappa\rho c^2.$$

La ecuación (6) proporciona

(6 a) $$A = c(t - t_0)^{\frac{2}{3}}.$$

Si l es la distancia $\sqrt{\Delta x_1^2 + \Delta x_2^2 + \Delta x_3^2}$ entre dos masas, medida por la medida de las coordenadas e independiente del tiempo, entonces Al es, de acuerdo con (3 c), la distancia D entre esos puntos materiales medida con la regla.

[**109**]

(6a) expresa, por tanto, una expansión que empieza en un momento determinado t_0. Resulta de (7) que, para este instante, la densidad es infinita. Las mediciones efectuadas por Hubble sobre las nebulosas extragalácticas han demostrado que

$$\frac{1}{D}\frac{dD}{dt}\left(= \frac{1}{A}\frac{dA}{dt}\right)$$

es para el presente una constante h. Si t es el presente, se tiene entonces, de acuerdo con (6a),

(8) $$t - t_0 = \frac{2}{3h}.$$

Este tiempo se eleva a unos 10^{10} años. Naturalmente, en ese momento la densidad no debía ser realmente infinitamente grande. Laue ha señalado con razón que, para ese instante, sólo falla nuestra burda aproximación, según la cual se supone que la densidad ρ es independiente del lugar. La aplicación de (7) al presente proporciona

(9) $$3h^2 = \kappa\rho c^2 \ (= 8\pi \mathrm{K}\rho).$$

Esto es una relación entre la constante h de Hubble, deducida del efecto Doppler, y la densidad media ρ. Numéricamente, esta ecuación proporciona para ρ un valor del orden de 10^{-28}, lo que se aviene bien con la estimación de los astrónomos.

De estas consideraciones resulta que, en el estado actual de nuestros conocimientos, el hecho de una densidad de la materia diferente de cero no debe ligarse teóricamente con una curvatura espacial. Naturalmente, no queremos decir con ello que semejante curvatura (positiva o negativa) no exista. Pero, por el momento, no tenemos ningún indicio de su existencia. En todo caso, debería ser sensiblemente menor de lo que hacía prever la teoría primitiva (véase ecuación 5).

1933

JUNIO

Einstein, en Reino Unido. Una breve mención a Mach.

> *Albert Einstein. GLASGOW. The George A. Gibson Foundation Lecture.* Conferencia pronunciada el 20 de junio de 1933. **«Einiges über die Entstehung der allgemeinen Relativitätstheorie».** *Mein Weltbild.* Ullstein Taschenbuchverlag, 27. Auflage, pp.150-154. (Algunas observaciones sobre la génesis de la teoría de la relatividad general)

> Es cierto que yo había tenido conocimiento de la concepción de **Mach**, según la cual parecía concebible que la resistencia inercial se opusiera no a una aceleración en sí, sino a una aceleración con relación a las masas de los demás cuerpos del universo. Esta idea tenía para mí algo de fascinante, pero no se la podía utilizar para basar en ella una nueva teoría.
>
> Me aproximé por primera vez a la solución del problema el día en que intenté tratar la ley de la gravitación en el marco de la teoría de la relatividad restringida. Como la mayor parte de los autores de la época, intenté establecer una ley del campo para la gravitación; efectivamente, en razón de la supresión del concepto de simultaneidad absoluta, ya no era posible (o al menos ya no era posible de forma natural) introducir una acción a distancia e inmediata.

1934

No es infrecuente en Einstein reseñar libros de otros que versan sobre materias por él trilladas. Este es uno de esos casos. Einstein suele aprovechar la ocasión para introducir pequeñas cuñas en las que fija su posición sobre aspectos que siguen en el candelero de dudas no resueltas enturbiando situaciones que, para otros, están ya más claras. El cosmos surgido tras el amanecer relativista está acreditando ya a estas alturas mucha más complejidad de la supuesta en su arranque (1917). Pero esa ingenuidad de origen tenía su razón de ser. ¿Cabía pensar que el globo (universo) pudiera *hincharse*? Sigue, pues, el rescoldo de la expansión del universo y, por tanto, la discusión sobre la viabilidad del *término cosmológico* (λ-Glied, o Λ-Glied). En 1917 él había tenido buenas razones, en razón de su fe en el Universo *cuasi*-estático, para introducirlo.

Hubble ha detectado la expansión, por lo que Einstein considera sutilmente que de no encontrarse de nuevo en la experiencia razones de peso, es *coyunturalmente* procedente prescindir de él.

SCIENCE. VOL. 80, No. 2077, p. 358. Scientific Books. «*Relativity, Thermodynamics and Cosmology*.» By RICHARD TOLMAN, Oxford at the Clarendon Press, 497 pp, 1934. Besprechung nach Albert Einstein. (Reseña a cargo de Albert Einstein)

Libros científicos

RELATIVIDAD, TERMODINÁMICA Y COSMOLOGÍA

El libro de TOLMAN es una exposición fidedigna, detallada y clara de todo el contenido de la teoría de la relatividad especial y general. El autor se ha limitado, con agudo sentido crítico, a una presentación fenomenológica y ha ignorado los numerosos intentos por arrojar luz sobre la conexión entre gravitación y campo electromagnético, así como sobre la estructura de la materia por los métodos de la teoría de la relatividad. Esto parece bastante justificado, ya que ninguno de estos intentos fundamentalmente diferentes ha conducido hasta ahora a ningún resultado convincente. Los intentos de un tratamiento relativista de la teoría cuántica, que, como es sabido, hasta ahora sólo han conducido a éxitos parciales, tampoco se consideran en el libro. El autor ha conseguido, en mi opinión, dar un tratamiento sistemático de aquellos métodos y resultados de la teoría de la relatividad que parecen destinados a ser incorporados en cualquier teoría posterior que penetre más profundamente en el mecanismo de los acontecimientos.

Se tratan con especial detalle aquellos temas en cuyo desarrollo metodológico el propio autor contribuyó extraordinariamente: la versión relativista de la termodinámica y el llamado problema cosmológico, es decir, el estudio de la estructura del continuo espacio-tiempo a gran escala, que hace abstracción de la no uniformidad espacial de la distribución (astronómica) de la materia en el cosmos. Con respecto al problema cosmológico, una observación que afecta no sólo a este libro, sino a todas las publicaciones recientes sobre este tema. La introducción de la constante cosmológica en las ecuaciones de "campo" fue inicialmente una necesidad aparente en tanto que se creía que había que aferrarse a que la densidad media de materia (o energía) en el universo fuera independiente del tiempo. Sin embargo, la introducción de una constante semejante es puramente arbitraria desde un punto de vista teórico formal. Desde que se conoció empíricamente el movimiento de expansión de los sistemas estelares, no existe por el momento ninguna razón lógica ni física para la introducción de este término. Por lo tanto, parece natural abstenerse de introducir el término Λ en el tratamiento del problema cosmológico en tanto no se hayan encontrado en la experiencia razones de peso para su introducción.

Encuentro particularmente valioso en el libro de Tolman el tratamiento exhaustivo de las leyes que, según la teoría, cabe esperar para las nebulosas, pues ante todo parecen adecuadas para completar nuestro conocimiento de la estructura del continuo espacio-tiempo.

ALBERT EINSTEIN

1935

MAYO

Ya en América, Einstein continua con sus breves glosas fúnebres de científicos a los que conoció y trató. Esta vez es el turno de Emmy Noether, *refugiada* como él y con la misma antigüedad en la diáspora americana. Hagámosle sitio.

THE NEW YORK TIMES. Saturday, May 4, 1935

LA DIFUNTA EMMY NOETHER

El profesor Einstein elogia la figura de una colega matemática

Al editor de The New York Times:

Los esfuerzos de la mayoría de los seres humanos se consumen en la lucha por el pan de cada día, pero la mayor parte de los que, por fortuna o por algún especial don, son relevados de esta lucha, andan en gran medida absortos en mejorar más aún su mundana suerte. Bajo el esfuerzo dirigido a la acumulación de bienes terrenales subyace con demasiada frecuencia la ilusión de que éste es el fin más sustancial y deseable que hay que alcanzar. Pero, afortunadamente, hay una minoría constituida por aquellos que reconocen tempranamente en sus vidas que las experiencias más hermosas y satisfactorias que se abren a la humanidad no provienen del exterior, sino que están ligadas al desarrollo del propio sentir, pensar y actuar individual. Los artistas, investigadores y pensadores genuinos han sido siempre personas de este tipo. Por discreto que sea el transcurso de la vida de estos individuos, los frutos de sus esfuerzos son las contribuciones más valiosas que una generación puede hacer a sus sucesoras.

Hace unos días ha fallecido a los 53 años una distinguida matemática, la profesora Emmy Noether, vinculada con anterioridad a la Universidad de Göttingen y durante los dos últimos años al Bryn Mawr College. A juicio de los matemáticos vivos más competentes, Fräulein Noether era el genio matemático creativo más relevante surgido hasta la fecha desde que empezó la educación superior de las mujeres. En el dominio del Álgebra, en el que los matemáticos más dotados han estado ocupados durante siglos, descubrió métodos que han acreditado enorme importancia en el desarrollo de la actual generación de matemáticos más jóvenes. La matemática pura es, a su modo, la poesía de las ideas lógicas. Se buscan las ideas operacionales más generales que reúnan en forma simple, lógica y unificada el círculo más amplio posible de relaciones formales. En este esfuerzo hacia la belleza lógica se descubren fórmulas inmateriales* necesarias para penetrar con más profundidad en las leyes de la naturaleza.

Nacida en el seno de una familia judía, distinguida por su fervor por el aprendizaje, Emmy Noether, que a pesar de los esfuerzos de Hilbert –el gran matemático de Göttingen– no alcanzó nunca en su propio país el status académico que merecía, se rodeó sin embargo de un grupo de universitarios e investigadores de Göttingen que han conseguido convertirse ya en profesores e investigadores eminentes. Su desinteresada y relevante labor durante muchos años fue recompensada por los nuevos gobernantes de Alemania con un despido, lo que le costó la pérdida de los medios de mantenimiento de su vida sencilla y la oportunidad de continuar con sus estudios matemáticos. Previsores amigos de la ciencia de este país fueron capaces, por fortuna, de hacer los adecuados arreglos con el Bryn Mawr College y con Princeton de modo que, hasta el día de su muerte, encontró en América no sólo colegas que valoraron su amistad, sino alumnos agradecidos cuyo entusiasmo hizo de sus últimos años los más felices y quizá los más fructíferos de toda su carrera.

ALBERT EINSTEIN
Princeton University.
1 de mayo de 1935.

[* El periódico dice textualmente: "spiritual formulae". Sería interesante saber cuál fue la expresión alemana usada por Einstein en su manuscrito original –previo a la versión en inglés que con seguridad no hizo él. En todo caso, entiendo que Einstein se refiere a fórmulas que no tienen conexión con la realidad física, porque no ligan magnitudes de esta naturaleza. En ese sentido, esas fórmulas son inmateriales, o meramente abstractas. Lo que no obsta para que la física, a posteriori, explote esas menas.]

1936

MARZO

Einstein, Princeton. Nueva mención a Mach.

Albert Einstein. **«Physik und Realität»**. The Journal of the Franklin Institute. Vol. 221, número 3 (Marzo de 1936); pp. 313-347. [Recogido en *Aus meinen späten Jahren*, Deutsche Verlags-Anstalt. Suttgart, 1984; Doc. Nº 12, pp. 63-106] [Versión francesa: *Einstein. Conceptions scientifiques*. Traducción de Maurice Solovine. Flammarion 1990. ISBN 2-08-081214-9; pp. 20-76.]

Aparte del gran significado práctico de estas disciplinas, han generado, gracias al ensanchamiento del mundo conceptual matemático, aquellos instrumentos auxiliares formales (ecuaciones en derivadas parciales) que eran necesarios para las posteriores tentativas de dar a toda la física un fundamento de nuevo cuño respecto al de Newton.

Estos dos modos de aplicación de la mecánica pertenecen a la llamada física «fenomenológica». Es característico de ella que se sirve en la medida de lo posible de conceptos muy próximos a la experiencia pero que, por ello, debe renunciar en gran parte a la unidad de los fundamentos. El calor, la electricidad, la luz son descritos por variables de estado específicas y constantes materiales, además del estado mecánico, y la determinación de la dependencia mutua y temporal de todas estas variables era un problema resoluble esencialmente sólo por vía empírica. Muchos de los contemporáneos de Maxwell veían en este tipo de representación el fin último de la física que, debido a la relativa proximidad de los conceptos utilizados con la experiencia, consideraban deducible de ésta por procedimientos puramente inductivos. St. Mill y E. **Mach** adoptaron aproximadamente este punto de vista epistemológico.

SEPTIEMBRE-DICIEMBRE

Devaneos teóricos sin aparente carga emocional: parece que no existen, después de todo, ondas gravitacionales.

Carta de Einstein a Born (sin fecha)

He llegado, con un joven colaborador, a un resultado interesante: no hay ondas gravitacionales, por más que en primera aproximación se haya tenido por cierto. Lo que prueba que las ecuaciones no lineales de campo de la relatividad general proporcionan más precisiones, o restricciones, de lo que hasta ahora se creía. ¡Ojalá no fuese tan penoso encontrar soluciones rigurosas!

[El joven colaborador es Nathan Rosen, con quien escribirá al poco, ratificando la existencia de ondas que ahora niega, el artículo: «On gravitacional waves», *Franklin Institute, Journal*, vol. 223, pp. 43-54, **1937**.][Javier Turrión Berges. «Albert Einstein – Max Born Cartas (1916-1955) (Y algunos aledaños)». *STI Ediciones*. Zaragoza, 2015.]

Falsa alarma, pues.

1939

MAYO

Para completar lo dicho en la exposición inicial (p.9), conviene traer aquí el artículo de Einstein. Traducido a lenguaje actual, según su autor (y ad láteres) los agujeros negros no pueden tener realidad física.

Albert Einstein. «On a Stationary System with Spherical Symmetry consisting of Many Gravitating Masses» *Annals of Mathematics*, vol. XL, 1939, pp. 922-936.] (Received MAY 10, 1939) [pp. 922-936]

Sistema estacionario con simetría esférica constituido por muchas masas gravitantes

Si se considera la solución de Schwarzschild para un campo gravitatorio estático con simetría esférica:

$$ds^2 = -\left(1+\frac{\mu}{2r}\right)^4 (dx_1^2 + dx_2^2 + dx_3^2) + \left(\frac{1-\frac{\mu}{2r}}{1+\frac{\mu}{2r}}\right)^2 dt^2 \tag{1}$$

se observa que

$$g_{44} = \left(\frac{1-\frac{\mu}{2r}}{1+\frac{\mu}{2r}}\right)^2$$

se anula para $r = \mu/2$. Eso significa que el ritmo de oscilación de un reloj mantenido en ese lugar sería cero. Además, es fácil demostrar que tanto la luz como las partículas de materia procedentes de un punto $r > \mu/2$ tardan una cantidad infinita de tiempo (medido en «tiempo de coordenadas») antes de llegar al punto $r = \mu/2$. En este sentido, la esfera $r = \mu/2$ constituye un lugar de puntos donde el campo es singular. (μ representa la masa gravitatoria).

Esto plantea la cuestión de si es posible construir un campo con tales singularidades utilizando masas gravitatorias reales, o si estas regiones en las que g_{44} se anula no existen en situaciones que tengan realidad física. El propio Schwarzschild estudió el caso del campo gravitatorio producido por un líquido incompresible. Comprobó que, también en este caso, aparece una región en la que g_{44} es cero, siempre que, para una densidad dada del líquido, el radio de la esfera que produce el campo sea suficientemente grande.

Sin embargo, este argumento no es convincente; el concepto de líquido incompresible no es compatible con la teoría de la relatividad en la medida en que las ondas elásticas tendrían que tener una velocidad de propagación infinita. Por tanto, sería necesario introducir un líquido compresible cuya ecuación de estado excluyera la posibilidad de que las señales sonoras tuvieran una velocidad superior a la de la luz. Pero el tratamiento de cualquier problema de este tipo sería bastante complicado; además, la elección de esa ecuación de estado sería en gran medida arbitraria y nunca podríamos estar seguros de no estar haciendo suposiciones que contienen imposibilidades físicas.

Así pues, nos preguntamos si no es posible introducir la materia de tal manera que se excluyan de entrada las hipótesis dudosas. De hecho, esto es posible siempre que elijamos, como masa productora del campo, un gran número de

923

pequeñas partículas gravitatorias libres de moverse bajo el efecto del campo producido por todas ellas juntas. Se trata de un sistema comparable a un cúmulo esférico de estrellas. Podemos así proceder como si el campo en el que se mueven las partículas fuese producido por una distribución continua de masa con simetría esférica, correspondiente al conjunto de todas las partículas.

También podemos simplificar el razonamiento haciendo la suposición especial de que todas las partículas describen trayectorias circulares alrededor del centro de simetría del cúmulo. Incluso en este caso, la distribución radial de la densidad de masa puede elegirse arbitrariamente. El razonamiento que sigue nos llevará al resultado de que g_{44} no puede hacerse cero en ningún punto y que la masa gravitatoria total obtenida distribuyendo las partículas dentro de un radio determinado permanece siempre por debajo de un cierto límite.

1. *Trayectorias de las partículas y su distribución espacial*

Mediante una elección adecuada de la coordenada radial, es posible obtener el campo gravitatorio del cúmulo de simetría esférica en la forma:

(2) $$ds^2 = -a(dx_1^2 + dx_2^2 + dx_3^2) + b\,dt^2$$

donde a y b son funciones de $r = (x_1^2 + x_2^2 + x_3^2)^{1/2}$. Comenzaremos estudiando el movimiento circular de una partícula alrededor del centro de simetría. Supongamos, por ejemplo, que este movimiento se sitúa en el plano $x_3 = 0$. Introduciendo coordenadas polares

$$x_3 = r\cos\vartheta$$
$$x_1 = r\sin\vartheta\cos\varphi$$
$$x_2 = r\sin\vartheta\sin\varphi,$$

(2) toma la forma:

(2a) $$ds^2 = -a\,[dr^2 + r^2\,(d\vartheta^2 + \sin^2\vartheta\,d\varphi^2)] + b\,dt^2.$$

Este campo se caracteriza por:

$$g_{11} = -a, \qquad g_{33} = -a\,r^2\sin^2\vartheta,$$
$$g_{22} = -ar^2, \qquad g_{44} = b,$$

siendo nulos todos los demás $g_{\mu\nu}$. La partícula considerada satisface la ecuación:

(3) $$\frac{d^2x_\nu}{ds^2}+\Gamma^\nu_{\alpha\beta}\frac{dx_\alpha}{ds}\frac{dx_\beta}{ds}=0\,.$$

Su movimiento está determinado además por las condiciones:

$$\frac{dx_1}{ds}=\frac{dr}{ds}=0\,,\qquad \frac{d^2x_3}{ds^2}=\frac{d^2\varphi}{ds^2}=0\,,$$

$$x_2=\vartheta=\frac{\pi}{2}\,,\qquad \frac{d^2x_4}{ds^2}=\frac{d^2t}{ds^2}=0\,.$$

924

Resulta que la ecuación (3) se satisface cuando:

$$\Gamma^1_{33}\frac{dx_3}{ds}\frac{dx_3}{ds}+\Gamma^1_{44}\frac{dx_4}{ds}\frac{dx_4}{ds}=0\,,$$

o cuando :

(4) $$-(ar^2)'\,(d\varphi/dt)^2+b=0.$$

Debido a (2a), tenemos :

(5) $$(ds/dt)^2=-\,ar^2\,(d\varphi/dt)^2+b.$$

Por tanto, $d\varphi/dt$ y ds/dt están determinadas cuando está dado el campo.

Debido a que ds^2 tiene que ser positivo para la línea-universo de una partícula en movimiento, tenemos:

$$(ds/dt)^2=b-ar^2\,(d\varphi/dt)^2=b-ar^2\,b'/(ar^2)'>0,$$

o :

(6) $$1-(b'/b)/[(ar^2)'/ar^2]>0.$$

Aplicando esta condición al campo de Schwarzschild (1), obtenemos:

(6a) $$r>(\mu/2)\,(2+\sqrt{3}).$$

De ello se deduce que, en el caso de un campo de Schwarzschild, una partícula está obligada a seguir una trayectoria con un radio mayor que $(2+\sqrt{3})$ veces el radio de la singularidad de Schwarzschild. Este hecho es de suma importancia para la investigación que sigue: en la capa exterior de nuestro cúmulo de partículas (y más allá), el campo gravitatorio viene dado por (1). Se sigue de ahí que la masa gravitatoria total del cúmulo determina un límite inferior para el radio del cúmulo; este radio es (medido en coordenadas) más de $(2+\sqrt{3})$ veces mayor que el radio de la singularidad de Schwarzschild definido por el campo en el espacio vacío fuera del cúmulo.

La normal al plano en el que se mueve la partícula considerada tiene la dirección de x_3. Se supone que las normales a un número infinito de planos de este tipo están distribuidas de forma aleatoria y también que los ángulos de fase de las trayectorias están sujetos a una distribución aleatoria. Obtenemos entonces un cúmulo esféricamente simétrico de partículas cuyas trayectorias tienen radio r. El cúmulo más general que consideraremos está formado por un número infinito de cúmulos de este tipo particular correspondientes a todos los valores de r. (Para decirlo con más precisión, todo el cúmulo consta, por supuesto, de un número finito de partículas, por lo que el campo creado tiene una simetría sólo aproximadamente esférica).

925

Para formular las condiciones de equilibrio dinámico del cúmulo bajo la influencia de su propio campo gravitatorio, necesitamos calcular primero el tensor de energía correspondiente a tal cúmulo. Con este propósito, y en aras de la simplicidad, supondremos que todas las partículas tienen la misma masa m.

2. *El tensor materia-energía del cúmulo*

Consideremos el movimiento de las partículas contenidas en un elemento de volumen situado en el eje x_3. Todos los vectores velocidad tienen el mismo módulo, son perpendiculares a la dirección x_3 y están distribuidos por igual a lo largo de las direcciones del plano x_1, x_2. Sabemos además que el tensor materia-energía depende también de la densidad de partículas y de los potenciales gravitacionales, pero no de las derivadas de estos últimos. Es pues posible determinar este tensor mediante un sencillo cálculo.

Empecemos considerando partículas de masa m, cuya densidad por unidad de volumen es n_0, y que están en reposo respecto a un sistema de coordenadas de la teoría de la relatividad especial. En este caso, el tensor de energía no tiene más componente que (44):

$$T^{44} = mn_0\,(dx_4/ds)\,(dx_4/ds).$$

Con respecto a los sistemas de coordenadas en movimiento relativo en la dirección x_1, las componentes del tensor de energía son:

$$T^{11} = mn_0\,(dx_1/ds)\,(dx_1/ds), \qquad T^{44} = mn_0\,(dx_4/ds)\,(dx_4/ds),$$

$$T^{14} = mn_0\,(dx_1/ds)\,(dx_4/ds).$$

La densidad de partículas n con respecto a tal sistema viene determinada por las ecuaciones

$$n_0\,V_0 = nV, \qquad V_0\,ds = V\,dt,$$

donde V_0 y V denotan el volumen en reposo y el volumen de coordenadas respectivamente. Por lo tanto tenemos:

$$n_0 = n\,(ds/dx_4).$$

Consideremos ahora el caso en que el vector velocidad de las partículas forma un ángulo α con el eje x_1 y es perpendicular al eje x_3. Utilizando las relaciones obtenidas anteriormente e introduciendo $dl^2 = dx_1^2 + dx_2^2$, obtenemos:

$$T^{11} = mn\,(ds/dx_4)\,(dl/ds)^2 \cos^2\alpha, \qquad T^{12} = mn\,(ds/dx_4)\,(dl/ds)^2 \cos\alpha \sin\alpha,$$

$$T^{22} = mn\,(ds/dx_4)\,(dl/ds)^2 \sin^2\alpha, \qquad T^{14} = mn\,(ds/dx_4)\,(dl/ds)\,(dx_4/ds) \cos\alpha,$$

$$T^{44} = mn\,(ds/dx_4)\,(dx_4/ds)^2, \qquad T^{24} = mn\,(ds/dx_4)\,(dl/ds)\,(dx_4/ds) \sin\alpha,$$

926

siendo cero las demás componentes del tensor de energía. En el caso en que los vectores velocidad estén uniformemente distribuidos sobre todos los valores de α, obtenemos:

$$T^{11} = T^{22} = \tfrac{1}{2}\, mn\, (ds/dx_4)\, (dl/ds)^2 = T_{11} = T_{22},$$

$$T^{44} = mn\, (dx_4/ds) = T_{44}.$$

Vayamos ahora al caso en que las componentes del tensor métrico son $g_{11} = g_{22} = g_{33} = -a$ y $g_{44} = b$. Las componentes del tensor de energía se obtienen aplicando las leyes de transformación tensorial y transformando las coordenadas de acuerdo con:

$$dx_a = a^{1/2} d\bar{x}_a\,,$$
$$dx_4 = b^{1/2} d\bar{x}_4\,.$$

Obtenemos así:

$$\bar{T}_{11} = \left(\frac{dx_a}{d\bar{x}_a}\right)^2 T_{11} = aT_{11},$$

$$\bar{T}_{44} = \left(\frac{dx_4}{d\bar{x}_4}\right)^2 T_{44} = bT_{44}\,.$$

dl y dx_4, contenidos en T_{11} y T_{44}, deben sustituirse dl por $a^{1/2}\, dl$ y dx_4 por $b^{1/2} d\bar{x}_4$. Además, hay que introducir la densidad de partículas con respecto a las nuevas coordenadas, $\bar{n}$, con arreglo a:

$$n dx_1 dx_2 dx_3 = \bar{n}\, d\bar{x}_1 d\bar{x}_2 d\bar{x}_3\,,$$

o:

$$n = \bar{n} a^{-1/2}$$

Una vez realizadas todas estas transformaciones y sustituciones, y omitiendo las barras que denotan el nuevo sistema de coordenadas, obtenemos:

$$\text{(7)} \qquad \begin{cases} T_{11} = T_{22} = \dfrac{1}{2} mna^{1/2} b^{-1/2} \dfrac{ds}{dx_4}\left(\dfrac{dl}{ds}\right)^2, \\[2ex] T_{44} = mna^{-1/2} b^{1/2} \dfrac{dx_4}{ds}. \end{cases}$$

En estas ecuaciones, ds/dx_4 y dl/ds deben sustituirse por las expresiones dadas por (4) y (5) que fueron deducidas de las ecuaciones de las líneas geodésicas. Escribimos además dt en vez de dx_4 y $rd\varphi$ en vez de dl. El resultado final es:

(7a)
$$\begin{cases} T_{11} = T_{22} = \dfrac{1}{2} mna^{-1/2} \dfrac{\beta'}{\alpha'} \left(\dfrac{\alpha'}{\alpha' - \beta'} \right)^{1/2}, \\ \dfrac{a}{b} T_{44} = mna^{-1/2} \left(\dfrac{\alpha'}{\alpha' - \beta'} \right)^{1/2}, \end{cases}$$

927

donde α y β denotan las expresiones:

(7b)
$$\begin{cases} \alpha = \ln(r^2 a), \\ \beta = \ln b. \end{cases}$$

3. *Las ecuaciones diferenciales del campo gravitatorio*

Las ecuaciones diferenciales de un campo gravitatorio debido a un tensor materia-energía son:

(8) $$G_{\mu\nu} = R_{\mu\nu} - \tfrac{1}{2} g_{\mu\nu} R + \kappa T_{\mu\nu} = 0.$$

Estas ecuaciones deben especializarse para un campo estático del tipo (2). Tras un simple cálculo, se obtienen las siguientes ecuaciones para un punto en el eje x_3:

(9) $$- G_{33} = a'/ra + b'/rb + \tfrac{1}{4} (a'/a)^2 + \tfrac{1}{2} (a'/a) (b'/b) = 0,$$

(10) $$G_{11} = - \tfrac{1}{2} (a'/a)' - \tfrac{1}{2} (b'/b)' - \tfrac{1}{2} (a'/ra) - \tfrac{1}{2} (b'/rb) - \tfrac{1}{4} (b'/b)^2 + \kappa T_{11} = 0,$$

(11) $$(a/b)\, G_{44} = (a'/a)' + 2\, (a'/ra) + \tfrac{1}{4} (a'/a)^2 + \kappa T_{44}\, (a/b) = 0.$$

T_{11} y T_{44} deben sustituirse por sus expresiones dadas por (7a) y (7b). Dado que m hay que considerarla como una constante dada, las únicas funciones de las coordenadas en estas ecuaciones son n, a y b. En primer lugar cabe esperar que n, es decir, la distribución radial de la materia, permanezca indeterminada por las ecuaciones. Esto hace necesario que exista una identidad entre las ecuaciones (9), (10) y (11). De hecho, tal identidad existe. Es de la forma:

(12) $$0 \equiv G'_{33} + (2/r + \tfrac{1}{2}\, b'/b)\, G_{33} - (2/r + a'/a)\, G_{11} + \tfrac{1}{2} (b'/b)\, G_{44},$$

y se puede obtener de la siguiente manera. Hemos construido $T_{\mu\nu}$ considerando partículas que satisfacen las ecuaciones de movimiento en el campo. Por lo tanto, la divergencia covariante de este tensor debe ser idénticamente nula. Por otra parte, la divergencia de $R_{\mu\nu} - \tfrac{1}{2}\, g_{\mu\nu}R$ es idénticamente nula debido a las identidades de Bianchi. De estas cuatro ecuaciones que tienen la forma de divergencias, sólo la relativa al índice 3 da algo que no se anule ya idénticamente con respecto a $G_{\mu\nu}$, y es la ecuación (12). De la relación (12) se sigue que (10) es consecuencia de (9) y (11). Por tanto, el problema se reduce a (9) y (11) y la densidad de partículas permanece indeterminada, como era de esperar.

Este resultado hace posible una simplificación adicional del problema. Si introducimos en (9) las cantidades $\alpha = \ln (r^2 a)$ y $\beta = \ln b$, obtenemos la ecuación

(13) $$- (2/r^2) + \tfrac{1}{2}\, \alpha'^2 + \alpha'\beta' = 0.$$

928

Teniendo en cuenta (13) y (7a), de (11) se obtiene:

(14) $\alpha'' + \alpha'/r + \frac{1}{4}\alpha'^2 - 1/r^2 + \kappa mna^{-1/2} (\alpha'^2/[\{3/2\}\alpha'^2 - 2/r^2])^{1/2} = 0.$

Ecuación diferencial relativa sólo a a. Una vez conocida a, b se obtiene por simple integración de:

(13a) $$\beta' = \frac{1}{\alpha'}\left(\frac{2}{r^2} - \frac{1}{2}\alpha'^2\right).$$

4. *Localización de partículas dentro de una cáscara esférica delgada*

Fuera del cúmulo, el campo gravitacional está representado por la solución de Schwarzschild que, con nuestra elección de coordenadas, viene dada por (1). Dentro del cúmulo, el campo está determinado por (14). Por tanto, la función n hay que considerarla dada. Sin embargo, n no es completamente arbitraria, ya que el radio total del cúmulo está restringido por el límite inferior dado por (6a).

La ecuación (14) representa una relación compleja entre la densidad de partículas n y la función a que representa el campo gravitatorio. El caso límite en el que las partículas gravitatorias están concentradas en el interior de una envoltura esférica infinitamente delgada, entre $r = r_0 - \Delta$ y $r = r_0$, es, en cambio, comparativamente simple. Esto, por supuesto, sólo podría lograrse si las partículas individuales tuvieran un volumen en reposo igual a cero, lo que no puede ser el caso. Sin embargo, esta idealización tiene cierto interés como caso límite de la distribución radial de las partículas.

Dividimos el espacio en tres zonas que consideraremos por separado: una parte O, fuera de la envoltura, $r \geq r_0$; una parte I, tal que $r \leq r_0 - \Delta$, dentro de la envoltura; y una parte S, en la propia envoltura, tal que $r_0 - \Delta \leq r \leq r_0$. En la zona O, el campo gravitatorio está representado por (1); en I, está representado por (2), tomando a y b valores constantes. De ello se deduce que a' (y por tanto α') debe cambiar en el interior de S, tanto más rápido cuanto menor sea Δ. Sin embargo, como a' permanece finito dentro de S, la propia a sólo varía en S infinitamente poco. Por tanto, en S es posible despreciar α' frente a α''. Sustituimos, por tanto, (14), dentro de S, por:

(14 a) $$\alpha'' + \kappa mna^{-1/2}\left(\frac{\alpha'^2}{\frac{3}{2}\alpha'^2 - \frac{2}{r^2}}\right)^{1/2} = 0,$$

donde a y r deben considerarse constantes a efectos de integración. Introduzcamos la nueva variable:

$$z^2 = \tfrac{3}{4}\, r^2\, \alpha'^2 - 1,$$

y la "constante":

$$C = \kappa mna^{-1/2}\, r/\sqrt{2}.$$

929

Obtenemos entonces la ecuación:

(14b) $$\left(1-\frac{1}{1+z^2}\right)dz = Cndr\,.$$

z queda así determinada en función de r dentro de S si n viene dada en función de r. Tras la integración entre $r_0 - \Delta$ y r_0, obtenemos:

(15) $$\left|z - arctgz\right|_{r_0}^{r_0-\Delta} = \frac{C}{4\pi r_0^2}N = \frac{\kappa}{8\pi}\sqrt{2}a^{-1/2}\frac{mN}{r_0},$$

donde N designa el número de partículas contenidas en S. De (1) se deduce que para $r = r_0$:

(15a) $$z_{r_0} = \sqrt{2}\,\frac{(1-4\sigma+\sigma^2)^{1/2}}{1+\sigma}, \quad \sigma = \frac{\mu}{2r_0},$$

y de (2), debido a ser a y b constantes en I, que:

(15b) $$z_{r_0} - \Delta = \sqrt{2}\,.$$

De (6a) se sigue que:

$$\sigma < \frac{1}{2+\sqrt{3}} = 2-\sqrt{3}\,.$$

Resulta que ésta es precisamente la condición para que el numerador de la expresión de z_{r_0} sea real. (15) da, para cada posible r_0, la relación entre la suma de las masas de las partículas, mN, y la masa gravitatoria total μ del cúmulo. Para valores grandes de r_0, con un valor fijo de μ, se obtiene, en el límite:

(16) $$\mu = \frac{\kappa}{8\pi}mN\,.$$

El factor $\kappa/8\pi$ proviene del hecho de que m se mide en gramos mientras que μ se mide en unidades gravitatorias. (16) indica simplemente que en este caso límite la masa gravitatoria del cúmulo es igual a la suma de las masas de las partículas.

La forma más nítida de expresar este resultado es la siguiente:

Fuera de la envoltura ($r \geq r_0$), el campo gravitatorio viene dado por:

$$ds^2 = -\left(1+\frac{\mu}{2r}\right)^4(dx_1^2+dx_2^2+dx_3^2) + \frac{1-\frac{\mu}{2r}}{1+\frac{\mu}{2r}}dt^2\,.$$

En el interior de la envoltura ($r \leq r0 - \Delta$), viene dado por la misma expresión, salvo que r debe sustituirse por la constante r_0, por lo que debe satisfacerse la desigualdad:

$$r_0 > \frac{\mu}{2}(2+\sqrt{3})\,.$$

930

El número N de partículas de masa m que conforman la envoltura viene dado por la consideración siguiente. Comenzamos introduciendo las siguientes abreviaturas:

$$\Sigma = \frac{\kappa}{8\pi}\frac{mN}{2r_0} = \frac{M}{2r_0}, \quad \sigma = \frac{\mu}{2r_0}\,.$$

Se obtiene así:

$$\Sigma = \phi(\sigma) = \frac{[(\sqrt{2} - arctg\sqrt{2}) - (z_{r_0} - arctgz_{r_0})](1+\sigma)^2}{\sqrt{8}},$$

donde:

$$z_{r_0} = \sqrt{2}\frac{(1-4\sigma+\sigma^2)^{1/2}}{1+\sigma}\,.$$

σ puede tomar valores comprendidos entre 0 y $2 - \sqrt{3}$ ($\approx$ 0,27). La cantidad:

$$\frac{\Sigma - \sigma}{\sigma}$$

difiere muy poco de cero en toda esta zona. En la tabla siguiente se indican algunos valores típicos:

σ	$\frac{\Sigma - \sigma}{\sigma}$
.05	.042
.14	.06
.2	.055
.23	.013
.27	−0.022

Esto lleva a una consecuencia muy interesante. En primer lugar, está claro que $(\Sigma - \sigma)/\sigma$ puede sustituirse por $(\Sigma - \sigma)/\Sigma$ con muy buena aproximación, y esta a su vez por $(M - \mu)/M$, que representa la disminución relativa de la energía del cúmulo cuando se contrae desde un radio infinito al radio r_0. La tabla anterior muestra que esta energía de contracción pasa por un máximo en las proximidades de $\sigma = 0.15$ y que para valores mayores de σ, es decir, valores más pequeños de r_0, vuelve a disminuir. La causa física de este efecto es que, a medida que r_0 disminuye, la energía potencial del cúmulo disminuye, pero la energía cinética aumenta. Para valores suficientemente pequeños de r_0, este último efecto supera al anterior.

Es pues evidente que la disminución del radio al disminuir la energía debería cesar para un valor de σ aproximadamente igual a 0.15, es decir, para un radio aproximadamente igual a 6.7 $(\mu/2r_0)$, mientras que el límite inferior asignado al radio para la velocidad de la luz es $(2 + \sqrt{3})(\mu/2r_0)$. El valor de r correspondiente al mínimo energético implica un límite superior para la velocidad de la partícula en la dirección tangencial aproximadamente igual a 0.65 veces la velocidad de la luz.

5. *Discusión cualitativa del caso de una distribución radial arbitraria de masa*

Consideremos el caso de una masa dada μ y una envoltura de radio r_0 que satisface la desigualdad (6a). Cuando se introduce un número N de partículas en la región de la envoltura

931

dada por (15), el campo gravitatorio externo queda completamente aislado del interior *I*, de modo que allí el campo será euclídeo. Eso significa que el elemento de línea está en *I* caracterizado por valores constantes de a y b, donde b no puede alcanzar su límite inferior $1/\sqrt{3}$.

Pero, si el número de partículas en *S* es menor que el indicado por (15), el campo no está entonces totalmente aislado (se supone pues que μ se mantiene fijo). Es posible satisfacer en tal caso la teoría formalmente sustituyendo el elemento de línea euclídeo en *I* por un elemento de línea de Schwarzschild de la forma:

$$a = A\left(1+\frac{\mu_1}{2r}\right)^4, \qquad b = B\left(\frac{1-\frac{\mu_1}{2r}}{1+\frac{\mu_1}{2r}}\right)^2,$$

donde A, B y μ_1 son constantes. μ_1 será menor que μ, que caracteriza el campo fuera de la cáscara. El campo interior presenta una singularidad de tipo Schwarzschild ($b = 0$) en $r = \frac{\mu_1}{2}$.

Sin embargo, esta singularidad puede eliminarse introduciendo una segunda envoltura S_1 dentro de *S*, construida de forma que el campo gravitatorio en su interior sea euclídeo. El cúmulo en su conjunto se compone entonces de dos cáscaras, *S* y S_1, y no habrá ninguna singularidad de Schwarzschild.

Este sistema puede de nuevo modificarse reduciendo el número de partículas en S_1 de modo que *su* campo exterior (entre *S* y S_1) no esté completamente aislado; puede entonces introducirse una tercera envoltura S_2, de radio todavía más pequeño, de modo que *su* campo exterior esté exactamente aislado desde su interior.

Este método puede reiterarse hasta alcanzar el centro del cúmulo. De este modo se obtienen cúmulos con las más variadas distribuciones radiales de masa. También habrá varias distribuciones estables. Sin embargo, es imposible que b sea cero en ninguna parte. El radio del cúmulo siempre será mayor que el valor límite $\frac{1}{2}\mu\,(2+\sqrt{3})$ y no será posible concentrar la materia del cúmulo de forma arbitrariamente densa en las proximidades de su centro.

6. *El caso de una densidad de partículas continua*

La reflexión llevada a cabo en el apartado 5 nos conduce hacia la solución para distribuciones continuas de la densidad de partículas. Dividamos el intervalo $0 \leq r \leq r_0$ en un número infinito de partes iguales dr. Imaginemos que en el centro de cada intervalo dr hay una envoltura esférica de carácter bidimensional del tipo comentado en el apartado 4. Estas envolturas pueden elegirse de forma que sean equivalentes a una distribución continua de masa. Entre dos conchas sucesivas, tendremos un campo gravitatorio del tipo de Schwarzschild:

$$(17) \qquad ds^2 = -A\left(1+\frac{\tau}{2r}\right)^4 (dx_1^2 + dx_2^2 + dx_3^2) + B\left(\frac{1-\frac{\tau}{2r}}{1+\frac{\tau}{2r}}\right)^2 dt^2,$$

donde A, B y τ son constantes que difieren sólo infinitesimalmente para dos regiones contiguas. La suma de todas estas soluciones parciales constituye

932

el campo gravitacional en el interior del cúmulo. Nuestra tarea es determinar A, B y τ como funciones de r.

Consideremos dos soluciones de Schwarzschild próximas pertenecientes a los intervalos de radio de $r - ½\, dr$ a $r + ½\, dr$, y de $r + ½\, dr$ a $r + 3/2\, dr$. En la primera región, los valores de A, B y τ son los correspondientes al valor r del radio, y en la segunda al valor $r + dr$. Si utilizamos las cantidades introducidas en (2), las dos soluciones locales vienen dadas por:

$$a(r; A, \tau) \qquad a(r; A + dA, \tau + d\tau)$$

y

$$b(r; B, \tau) \qquad b(r; B + dB, \tau + d\tau),$$

donde a, b son funciones de r de acuerdo con (17). Para estas dos soluciones, a y b deben tomar los mismos valores en el punto $r + ½\, dr$ porque estas cantidades no deben variar al atravesar una envoltura ocupada por partículas. Se sigue que, hasta magnitudes de primer orden:

$$\frac{\partial a}{\partial A} dA + \frac{\partial a}{\partial \tau} d\tau = 0,$$
$$\frac{\partial b}{\partial B} dB + \frac{\partial b}{\partial \tau} d\tau = 0,$$

o, teniendo en cuenta (17) :

$$(18) \qquad \begin{cases} \dfrac{dA}{A} + \dfrac{4}{r}\dfrac{rd\sigma + \sigma dr}{1+\sigma} = 0, \\ \dfrac{dB}{B} - \dfrac{4}{r}\dfrac{rd\sigma + \sigma dr}{(1+\sigma)(1-\sigma)} = 0, \end{cases}$$

donde σ es la cantidad $\tau/2r$.

Estas ecuaciones determinan A y B como funciones de r cuando se da τ, o σ, como función de r. Resulta que α y β, calculadas a partir de las soluciones A y B de (18), son soluciones de la ecuación (13), representadas con ayuda del "parámetro" función σ. τ es arbitraria dentro de ciertos límites porque está estrechamente relacionada con la distribución de masa. Por otra parte, A, B y τ tienen que satisfacer la condición de que (17) haga posibles trayectorias circulares de las partículas para todos los valores de r; es decir, a y b deben satisfacer la desigualdad (6). Considerando (17), obtenemos la desigualdad:

(19) $$1-\frac{\frac{B'}{B}-4\frac{\sigma'}{(1+\sigma)(1-\sigma)}}{\frac{A'}{A}+\frac{2}{r}+4\frac{\sigma'}{1+\sigma}}>0\ .$$

(18) y (19) juntas determinan completamente el problema dentro del cúmulo; σ es arbitrario con la única restricción de que, junto con los valores de A y B, calculados a partir de (18), tiene que satisfacer (19).

933

Para $r \geq r_0$, obviamente tenemos $A = B = 1$ y $\tau = \text{const.} = \mu$. Usando (18), podemos reescribir (19) como:

$$1-\frac{4\frac{\sigma}{(1+\sigma)(1-\sigma)}}{2-4\frac{\sigma}{1+\sigma}}>0,$$

o, con algunas transformaciones:

(19a) $$\frac{(\sigma-2+\sqrt{3})(\sigma-2-\sqrt{3})}{(1-\sigma)^2}>0\ .$$

Esta desigualdad debe cumplirse tanto dentro como fuera del cúmulo. Para valores infinitos de r, σ es cero. Además, σ debe ser positiva en la medida en que se excluyan las masas negativas. Debido al denominador, σ no puede ser en ningún sitio mayor que 1. Por tanto el numerador del primer miembro tiene que ser positivo. Como el segundo factor de este numerador es siempre negativo, el primer factor tiene que ser también negativo. Por tanto, obtenemos:

(19b) $$\sigma < 2-\sqrt{3}\ .$$

Esto es una generalización de (6a), dado que la validez de (6a) sólo ha sido constatada en el límite externo del cúmulo.

τ representa la masa encerrada por la superficie esférica de radio r. Para que las masas negativas queden excluidas, es necesario que en todas partes:

(20) $$\frac{d\tau}{dr}\geq 0\ .$$

Es necesario además que τ se anule para $r = 0$. Aparte de esta condición, τ puede elegirse arbitrariamente sólo con que σ satisfaga (19b). Una vez conocida τ y, por tanto, σ, el problema de determinar el campo gravitatorio de la forma (17) se reduce a llevar a cabo dos integraciones, según (18).

Las ecuaciones (18) dan la integración de (13) para una distribución arbitraria de densidad de masa, expresándose ésta como τ o σ. (14) da la densidad de partículas correspondiente, n. Expresando n en función de σ se obtiene:

$$0 = \frac{2}{r}\left(\frac{1-\sigma}{1+\sigma}\right)' - \frac{4}{r^2}\frac{\sigma}{(1+\sigma)^2} + \kappa m n a^{-1/2}\frac{1-\sigma}{\sqrt{1-4\sigma+\sigma^2}}, \tag{21}$$

junto con las relaciones:

$$a = A(1+\sigma)^4, \qquad \frac{A'}{A} = -\frac{4}{r}\frac{r\sigma'+\sigma}{1+\sigma}. \tag{22}$$

Así, si se da σ en función de r, obtenemos n mediante una sola integración.

σ es positiva y se mantiene por debajo del límite $2 - \sqrt{3}$. Por tanto, la raíz cuadrada del denominador del tercer término de (21) es siempre positiva. Además,

934

tenemos $\tau/2r$, donde τ es la masa gravitatoria contenida en una esfera de radio r. Por tanto, τ aumenta continuamente con r. Si la densidad de masa debe ser finita en la región alrededor de $r = 0$, r debe decrecer en esta región al menos tan rápido como r^3 y σ al menos tan rápido como r^2. En estas condiciones, los dos primeros términos de (21) son finitos en todas partes, al igual que A'/A, A y a. Por tanto, (21) nos da un valor finito para n. Además es posible demostrar, partiendo de las propiedades de τ, que la suma de los dos primeros términos de (21) es negativa en todas partes.

De todo ello se deduce que a y b son finitos y distintos de cero en todo el espacio.

Combinando (2), (4), (17) y (18), se puede demostrar que la ratio V entre la velocidad de la partícula y la de la luz en la misma dirección viene dada por:

$$V^2 = \frac{\beta'}{\alpha'} = \frac{2\sigma}{(1-\sigma)^2}. \tag{23}$$

Si σ se mantiene por debajo de un cierto límite, V se mantiene también por debajo de un cierto límite.

7. *Un caso especial de distribución continua de masa*

No es carente de interés investigar el caso en el que σ, dentro del cúmulo, tiene un valor constante σ_0. En sentido estricto, este caso cae fuera de nuestras condiciones en la medida en que σ debe decrecer al acercarse al punto $r = 0$ al menos tan rápido como r^2 para que la densidad en el entorno del centro siga siendo finita. Esta condición puede cumplirse eligiendo, por ejemplo, para σ la función:

$$\sigma = \sigma_0(1 - e^{-c\tau^2}), \tag{24}$$

donde c es una constante arbitraria. Desde el principio consideraremos pues el caso límite $c = \infty$. La discusión de este caso complementa la del apartado 4. La masa total estaba allí distribuida lo más lejos posible hacia el exterior (dentro del radio total r_0), mientras que aquí tenemos una fuerte concentración de masa hacia el centro del cúmulo.

Dado que τ es la masa gravitatoria encerrada por una superficie esférica de radio r, $d\tau/(4\pi r^2 dr)$ es la densidad media de la masa gravitatoria en el punto r. Como $\tau = 2\sigma_0 r$, obtenemos para esta densidad media $\sigma_0 / 2\pi r^2$, es decir, un decrecimiento radial de la densidad como $1/r^2$ hasta el límite del cúmulo $r = r_0$.

De (18), de acuerdo con (24) (en el caso límite de término exponencial nulo), obtenemos:

(18a)
$$\begin{cases} \dfrac{dA}{A} = -\dfrac{4\sigma_0}{1+\sigma_0}\dfrac{dr}{r}, \\ \dfrac{dB}{B} = \dfrac{4\sigma_0}{1-\sigma_0^2}\dfrac{dr}{r}, \end{cases}$$

935

o, como para $r = r_0$, A y B deben valer 1:

(18b)
$$\begin{cases} A = \left(\dfrac{r}{r_0}\right)^{-4\sigma_0/(1+\sigma_0)}, \\ B = \left(\dfrac{r}{r_0}\right)^{-4\sigma_0/(1-\sigma_0^2)}. \end{cases}$$

Para $r = 0$, obtenemos $a = \infty$ y $b = 0$. Sin embargo, este tipo de singularidad no debe tomarse demasiado en serio, ya que se habría evitado si hubiéramos tenido en cuenta el término exponencial en (24). Nótese que, con una elección adecuada de la distribución de masas, es posible aproximarse a esta singularidad, pero no alcanzarla.

Utilizaremos (21) para determinar la relación existente entre la suma de las masas en reposo de las partículas, M

$$M = \frac{\kappa}{8\pi} m \int_0^{r_0} n \cdot 4\pi r^2 dr,$$

y la masa gravitatoria total del cúmulo, μ. Se puede demostrar que el primer término de (21) da sólo una contribución nula para valores infinitamente grandes de c. Esto se debe a que $\left(\frac{1-\sigma}{1+\sigma}\right)'$ es cero en todas partes donde la influencia del término exponencial en (24) es imperceptible. Calculamos la contribución del segundo término de (21) despreciando el término exponencial desde el principio y obtenemos, tras un breve cálculo, como resultado final, con $\mu = 2r_0\sigma_0$:

(25)
$$M = \mu(1 - 4\sigma_0 + \sigma_0^2)^{1/2} \frac{1+\sigma_0}{(1-\sigma_0)^2},$$

La comparación de esta ecuación con la relación:

(26)
$$\mu = 2\sigma_0 r_0$$

nos permite discutir sencillamente las propiedades esenciales de cúmulos de este tipo.

En primer lugar, es fácil ver que tenemos relaciones extraordinariamente simples si cambiamos M, manteniendo fija σ_0 $(0 < \sigma_0 < 2 - \sqrt{3})$, y por tanto la velocidad tangencial de las partículas medida en unidades de velocidad de la luz. Si M se multiplica por z, la masa gravitatoria será $z\mu$ y el diámetro del cúmulo $z \cdot 2r$. La densidad media se multiplicará por $1/z^2$.

Para tener una perspectiva de todas las posibilidades, basta pues con mantener fijo el número de partículas constituyentes (y por tanto M) y variar σ_0, junto con el diámetro $2r_0$ y la masa gravitatoria μ. Para $M = 1$, obtenemos:

$$\mu = \frac{(1-\sigma_0)^2}{1+\sigma_0}(1-4\sigma_0+\sigma_0^2)^{-1/2}.$$

936

La tabla siguiente da μ y $2r_0$ para $M = 1$ como funciones de σ_0, (en valores aproximados).

σ_0	μ	$2r_0$
0.	1.	∞
.05	.988	19.76
.1	.948	9.48
.15	.97	6.56
.2	1.13	5.65
.23	1.32	5.63
.25	1.82	7.40
.26	2.63	10.1
.268	∞	∞

Cuando el cúmulo se contrae desde un diámetro infinito, su masa disminuye como máximo un 5%. Esta masa mínima se alcanzará cuando el diámetro $2r_0$ sea aproximadamente 9. El diámetro puede además reducirse hasta alrededor de 5.6, pero sólo añadiendo enormes cantidades de energía. No es posible comprimir más el cúmulo conservando la distribución de masas elegida. Si seguimos añadiendo energía, el diámetro crece de nuevo. De este modo, el contenido energético del cúmulo, es decir, su masa gravitatoria, puede incrementarse arbitrariamente sin destruir el cúmulo. A cada posible diámetro corresponden dos cúmulos (si está dado el número de partículas) que difieren con respecto a la velocidad de las partículas.

Huelga decir que estos resultados paradójicos no están representados por nada en el mundo físico. Sólo la rama correspondiente a los valores más pequeños de $\sigma 0$ contiene casos que guardan cierta semejanza con estrellas reales, y esta rama sólo para valores de diámetro comprendidos entre ∞ y $9M$.

El caso de cúmulo de tipo concha, discutido antes en este artículo, se comporta de forma muy similar a éste, a pesar de la diferente distribución de masas. Sin embargo, el cúmulo de tipo concha no contiene un caso con μ infinito, dado un M finito.

El resultado esencial de esta investigación es haber aclarado nuestra comprensión de por qué las «singularidades de Schwarzschild» no existen en la realidad física. Aunque la teoría expuesta aquí no trate más que de cúmulos cuyas partículas se desplazan a lo largo de trayectorias circulares, no parece que quepa la duda razonable de que situaciones más generales conduzcan a resultados análogos. Si no aparece la "singularidad de Schwarzschild" es porque la materia no puede concentrarse de forma arbitraria. Y esto se debe al hecho de que, en caso contrario, las partículas constituyentes alcanzarían la velocidad de la luz.

La investigación ha surgido de las discusiones que ha mantenido el autor con el profesor H. P. Robertson y con los doctores V. Bargmann y P. Bergmann respecto al significado físico y matemático de la singularidad de Schwarzschild. El problema lleva de forma natural a la cuestión, a la que aquí se ha respondido que NO, de saber si existen modelos físicos capaces de representar singularidades de este tipo.

SEPTIEMBRE

Démosle paso al Oppenheimer anunciado en la introducción (*Una visión sucinta*). Habrá que esperar a que John Archibald Wheeler introduzca el concepto (el nombre, en realidad) en 1967. Pero los que a partir de entonces se llamarán agujeros negros, existen (eso parecen demostrar los autores, contraviniendo el criterio de Einstein).

455

SEPTEMBER 1, 1939 PHYSICAL REVIEW VOLUME 56, pp. 455-459. «***On Continued Gravitational Contraction***». J. R. OPPENHEIMER AND H. SNYDER. University of California, Berkeley, California. (Received July 10, 1939)

Sobre la continua contracción gravitacional

Cuando se agoten todas las fuentes termonucleares de energía, una estrella suficientemente pesada colapsará. A menos que la fisión debida a la rotación, la radiación de masa o la expulsión de masa por radiación reduzcan la masa de la estrella al orden de la del sol, esta contracción continuará indefinidamente. En el presente trabajo estudiamos las soluciones de las ecuaciones gravitacionales de campo que describen este proceso. En I, se dan argumentos generales y cualitativos sobre el comportamiento del tensor métrico a medida que progresa la contracción: el radio de la estrella se aproxima asintóticamente a su radio gravitacional; la luz de la superficie de la estrella se enrojece progresivamente, y puede escapar en un rango de ángulos progresivamente más estrecho. En II, se obtiene una solución analítica de las ecuaciones de campo que confirma estos argumentos generales para el caso de que pueda despreciarse la presión dentro de la estrella. El tiempo total de colapso para un observador comoviente con la materia estelar es finito y, para este caso idealizado y masas estelares típicas, del orden de un día; un observador externo ve cómo la estrella se encoge asintóticamente hasta su radio gravitacional.

RECIENTEMENTE se ha demostrado[1] que las ecuaciones de campo relativistas generales no poseen ninguna solución estática para una distribución esférica de neutrones fríos si la masa total de los neutrones es mayor que ~ 0,7 ʘ. Parece de interés investigar el comportamiento de las soluciones no estáticas de las ecuaciones de campo.

En este trabajo nos ocuparemos de las estrellas que tienen grandes masas, > 0.7 ʘ, y que han agotado sus fuentes nucleares de energía. Una estrella en estas circunstancias colapsaría bajo la influencia de su campo gravitatorio y liberaría energía. Esta energía podría dividirse en cuatro partes: (1) energía cinética del movimiento de las partículas de la estrella, (2) radiación, (3) energía potencial y cinética de las capas exteriores de la estrella que podrían ser arrastradas por la radiación, (4) energía de rotación que podría dividir la estrella en dos o más partes. Si la masa de la estrella original fuera lo suficientemente pequeña, o si una parte suficiente de la estrella pudiera ser expulsada de la superficie por radiación, o se perdiera directamente en radiación, o si el momento angular de la estrella fuera lo suficientemente grande como para dividirla en pequeños fragmentos, entonces la materia restante podría formar una distribución estática estable, una estrella enana blanca. Consideramos el caso en el que esto no puede ocurrir.

Entonces, si para las últimas etapas de la contracción podemos despreciar el efecto gravitacional de cualquier radiación o materia que escape, y podemos incluso despreciar las desviaciones de la simetría esférica

[1] J. R. Oppenheimer y G. M. Volkoff, Phys. Rev. SS, 374 (1939).

456

producidas por rotación, el elemento de línea fuera del límite r_b de la materia estelar tiene que tomar la forma

$$ds^2 = e^{\nu}dt^2 - e^{\lambda}dr^2 - r^2(d\theta^2 + \sin^2\theta\, d\varphi^2) \qquad (1)$$

con $e^{\nu} = (1 - r_0/r)$

y $e^{\lambda} = (1 - r_0/r)^{-1}$.

r_0 es aquí el radio gravitacional, relacionado con la masa gravitacioanl m de la estrella por $r_0=2mg/c^2$, y es constante. Deberíamos esperar ahora que, puesto que la presión de la materia estelar es insuficiente para mantenerla contra su propia atracción gravitacional, la estrella se contraerá, y su límite r_b se aproximará necesariamente al radio gravitacional r_0. Cerca de la superficie de la estrella, donde la presión tiene que ser en cualquier caso baja, deberíamos esperar que un observador local vea la materia cayendo hacia el interior con una velocidad muy cercana a la de la luz; para un observador lejano este movimiento se verá frenado por un factor $(1 - r_0/r_b)$. Toda la energía emitida hacia el exterior desde la superficie de la estrella se verá muy reducida al escapar, por el efecto Doppler de la fuente que se aleja, por el gran corrimiento al rojo gravitacional, $(1 - r_0/r_b)^{1/2}$, y por la desviación gravitacional de la luz que impedirá el escape de la radiación salvo a través de un cono alrededor de la normal hacia el exterior de apertura progresivamente decreciente a medida que la estrella se contrae. La estrella tiende así a cerrarse a toda comunicación con un observador lejano; sólo persiste su campo gravitacional. Veremos más adelante que, aunque desde el punto de vista de un observador lejano se necesita un tiempo infinito para que se establezca este aislamiento asintótico, para un observador comoviente con la materia estelar este tiempo es finito y puede ser bastante corto.

En el interior de la estrella seguiremos suponiendo que la materia está distribuida esféricamente. Podemos entonces tomar el elemento de línea en la forma (1). Para este elemento de línea las ecuaciones de campo

$$-8\pi\, T_1^{\,1} = e^{-\lambda}(\nu'/r + 1/r^2) - 1/r^2, \qquad (2)$$

$$8\pi\, T_4^{\,4} = e^{-\lambda}(\lambda'/r - 1/r^2) + 1/r^2, \qquad (3)$$

$$-8\pi T_2^2 = -8\pi T_3^3 = e^{-\lambda}\left(\frac{\nu''}{2} + \frac{\nu'^2}{4} - \frac{\nu'\lambda'}{4} + \frac{\nu' - \lambda'}{2r}\right) - e^{-\nu}(\ddot{\lambda}/2 + \dot{\lambda}^2/4 - \dot{\lambda}\dot{\nu}/4), \qquad (4)$$

$$8\pi T_4^1 = -8\pi e^{\nu-\lambda} T_1^4 = -e^{-\lambda}\dot{\lambda}/r \qquad (5)$$

en las que las primas representan la diferenciación con respecto a r y los puntos la diferenciación con respecto a t.

El tensor energía-momento T_ν^μ se compone de dos partes: (1) una parte material debida a los electrones, protones, neutrones y otros núcleos, (2) la radiación. La parte material puede considerarse como la de un fluido que se mueve en dirección radial, y que en coordenadas comovientes tendría una relación definida entre la presión, la densidad y la temperatura. La radiación puede considerarse en equilibrio con la materia a esta temperatura, salvo un flujo de radiación debido a un gradiente de temperatura.

No hemos sido capaces de integrar estas ecuaciones excepto cuando hacemos la presión igual a cero. Sin embargo, se puede obtener alguna información sobre las soluciones a partir de las desigualdades implícitas en las ecuaciones diferenciales y de las condiciones de regularidad de las soluciones. A partir de las Ecs. (2) y (3) se puede ver que a menos que λ tienda a cero al menos tan rápidamente como r^2 cuando $r \rightarrow 0$, T_4^4 se volverá singular y que uno o ambos T_1^1 y ν' se volverán singulares. Físicamente, tal singularidad significaría que la expresión utilizada para el tensor energía-momento no tiene en cuenta algún hecho físico esencial que suavizase realmente la singularidad. Además, una estrella en su fase inicial de desarrollo no poseería una densidad o presión singulares; es imposible que se desarrolle una singularidad en un tiempo finito.

Por tanto, si $\lambda(r = 0) = 0$, podemos expresar λ en términos de T_4^4, ya que, integrando la Ec. (3)

$$\lambda = -\ln\left\{1 - \frac{8\pi}{r}\int_0^r T_4^4 r^2 dr\right\} \tag{6}$$

Por tanto $\lambda \geq 0$ para todo r ya que $T_4^4 \geq 0$.

Ahora que sabemos que $\lambda \geq 0$, es fácil obtener alguna información sobre ν' a partir de la Ec. (2);

$$\nu' \geq 0, \tag{7}$$

ya que λ y $-T_1^1$ son iguales o mayores que cero.

Si utilizamos el tiempo del reloj en $r = \infty$, podemos tomar $\nu(r = \infty) = 0$. De esta condición de contorno y de la Ec. (7) deducimos

$$\nu \leq 0. \tag{8}$$

La condición de que el espacio sea plano para r grande es

457

$\lambda(r = \infty) = 0$. Sumando las Ecs. (2) y (3) obtenemos:

$$8\pi(T_4^4 - T_1^1) = e^{\lambda}(\lambda' + \nu')/r. \tag{9}$$

Como T_4^4 es mayor que cero y T_1^1 es menor que cero concluimos

$$\lambda' + \nu' \geq 0. \tag{10}$$

Debido a las condiciones de contorno en λ y ν tenemos

$$\lambda + \nu \leq 0. \tag{11}$$

Para aquellas partes de la estrella que están colapsando, es decir, todas las partes de la estrella excepto las que están siendo arrastradas por la radiación, la Ec. (5) nos dice que $\dot{\lambda}$ es mayor que cero. Dado que λ aumenta con el tiempo, puede (a) aproximarse a un valor asintótico uniformemente como función de r; o (b) aumentar indefinidamente, aunque ciertamente no uniformemente como función de r, ya que $\lambda(r = 0) = 0$. Si λ se aproximara a un valor límite la estrella se estaría aproximando a un estado estacionario. Sin embargo, estamos suponiendo que las relaciones entre los T_ν^μ no admiten soluciones estacionarias y, por tanto, excluimos esta posibilidad. En el caso (b) podríamos esperar que para cualquier valor de r mayor que cero, λ llegará a ser mayor que cualquier valor asignado previamente si t es suficientemente grande. Si esto fuera así el volumen de la estrella

$$V = 4\pi \int_0^{r_b} e^{\lambda/2} r^2 dr \tag{12}$$

aumentaría indefinidamente con el tiempo; como la masa es constante, la densidad media en la estrella tendería a cero. Veremos, sin embargo, que para todos los valores de r excepto r_0, λ se aproxima a un valor límite finito; sólo para $r = r_0$ aumenta indefinidamente.

II

Para investigar esta cuestión resolveremos las ecuaciones de campo con la forma límite del tensor energía-momento en la que la presión es cero. Cuando desaparece la presión no hay soluciones estáticas para las ecuaciones de campo excepto cuando todas las componentes de T_ν^μ se anulan. Con $p = 0$ tenemos el libre colapso gravitacional de la materia. Creemos que las características generales de la solución así obtenida dan una indicación válida incluso para el caso de que la presión no sea nula, siempre que la masa sea lo suficientemente grande como para provocar el colapso.

Para la solución de este problema, nos ha parecido conveniente seguir el trabajo previo de Tolman[2] y utilizar otro sistema de coordenadas, que son comovientes con la materia. Después de encontrar una solución, introduciremos una transformación de coordenadas para poner el elemento de línea en la forma (1).

Tomamos un elemento de línea de la formaέϖ

$$ds^2 = d\tau^2 - e^{\varpi} dR^2 - e^{\omega} (d\theta^2 + \sin^2\theta\, d\varphi^2). \tag{13}$$

Como las coordenadas son comovientes con la materia y la presión es cero,

$$T_4{}^4 = \rho \tag{14}$$

y todas las demás componentes del tensor momento-energía se anulan.

Las ecuaciones de campo son:

$$8\pi T_1^1 = 0 = e^{-\omega} - e^{-\varpi'^2}\frac{\omega'^2}{4} + \ddot{\omega} + \frac{3}{4}\dot{\omega}^2 = 0, \tag{15}$$

$$8\pi T_2^2 = 8\pi T_3^3 = 0 = -e^{-\varpi}\left(\frac{\omega''}{2} + \frac{\omega'^2}{4} - \frac{\varpi'\omega}{4}\right) + \frac{\ddot{\varpi}}{2} + \frac{\dot{\varpi}^2}{4} + \frac{\ddot{\omega}}{2} + \frac{\dot{\omega}^2}{4} + \frac{\dot{\varpi}\dot{\omega}}{4}, \tag{16}$$

$$8\pi T_4^4 = 8\pi\rho = e^{-\omega} - e^{-\varpi}\left(\omega'' + \frac{3}{4}\omega'^2 - \frac{\varpi'\omega'}{2}\right) + \frac{\dot{\omega}^2}{4} + \frac{\dot{\varpi}\dot{\omega}}{2}, \tag{17}$$

$$8\pi e^{\varpi} T_4^1 = 0 = \frac{\omega'\dot{\omega}}{2} - \frac{\dot{\varpi}\omega'}{2} + \dot{\omega}' \tag{18}$$

donde primas y puntos, aquí y en lo que sigue, representan la diferenciación con respecto a R y τ, respectivamente. La integral de la Ec. (18) viene dada por Tolman:[3]

$$e^{\varpi} = e^{\omega}\omega'^{2}/4f^{2}(\mathrm{R}) \tag{19}$$

siendo $f^2(R)$ una función positiva pero arbitraria de R. Encontramos una clase de soluciones suficientemente amplia si ponemos $f^2(R) = 1$.

Sustituyendo (19) en (15) con $f^2(R) = 1$ obtenemos

$$\ddot{\omega} + \frac{3}{4}\dot{\omega}^2 = 0\,. \tag{20}$$

[2] R. C. Tolman, Proc. Nat. Acad. Sci. **20**, 3 (1934).
[3] Queremos dar las gracias al profesor R. C. Tolman y al Sr. G. Omer por habernos facilitado esta parte del desarrollo y por las útiles discusiones.

458

La solución de esta ecuación es:

$$e^{\omega} = (F\tau + G)^{4/3}, \tag{21}$$

en la que F y G son funciones arbitrarias de R.

La sustitución de (19) en (16) da un resultado equivalente a (20). Por lo tanto, (21) es la solución de las ecuaciones de campo.

Para la densidad obtenemos, a partir de (17), (19) y (21):

$$8\pi\rho = 4/3\ (\tau + G/F)^{-1}(\tau + G'/F')^{-1}. \tag{22}$$

En (21) hay menos libertad real de la que parece desprenderse partiendo de las dos funciones arbitrarias F y G; al tomar R como función de una nueva variable R^*, las ecuaciones diferenciales (15), (17) y (18) seguirán teniendo la misma forma. Por tanto, podemos elegir

$$G = R^{3/2}. \tag{23}$$

En un momento determinado, digamos τ igual a cero, podemos señalar a la densidad como función de R. La ec. (22) se convierte entonces en una ecuación diferencial de primer orden para F.

$$FF' = 9\pi R^2\rho_0(R). \tag{24}$$

La solución de esta ecuación contiene sólo una constante arbitraria. Vemos así que el efecto de establecer $f^2(R)$ igual a uno nos permite asignar sólo una familia de funciones de un parámetro para los valores iniciales de $\dot{\rho}_0$, mientras que en general se debería ser capaz de asignar los valores iniciales de $\dot{\rho}_0$ arbitrariamente.

Tomamos ahora, como caso particular de (24):

$$FF' = \begin{cases} \text{const.} \times R^2; & \text{const.} > 0;\quad R < R_b \\ 0 & ;\quad R > R_b \end{cases} \tag{25}$$

Una solución particular de esta ecuación es:

$$F = \begin{cases} -3/2\, r_0^{1/2}\,(R/R_b)^{3/2}\,; & R < R_b \\ -3/2\, r_0^{1/2}\,; & R > R_b \end{cases} \tag{26}$$

en la que la constante r_0 se introduce por conveniencia, y es el radio gravitatorio de la estrella.

Deseamos encontrar una transformación de coordenadas que cambie el elemento de línea a la forma (1). Está claro, al comparar (1) y (13), que debemos tomar

$$e^{\omega/2} = (F\tau + G)^{2/3} = r. \tag{27}$$

Hay que introducir una nueva variable t que sea función de τ y R para que los $g_{\mu\nu}$ tengan la misma forma que los de la Ec. (1). Utilizando la forma contravariante del tensor métrico, encontramos que

$$g^{44} = e^{-\nu} = \dot{t}^2 - t'^2/r'^2 = \dot{t}^2(1-\dot{r}^2)\,, \tag{28}$$

$$g^{11} = -e^{-\lambda} = -(1-\dot{r}^2)\,, \tag{29}$$

$$g^{14} = 0 = \dot{t}\dot{r} - t'/r'\,. \tag{30}$$

Aquí (30) es una ecuación diferencial parcial de primer orden para t. Usando los valores de r dados por (27), y los valores de F y G dados por (26) y (23) encontramos:

$$t'/\dot{t} = \dot{r}r' = \begin{cases} -(r_0R)^{1/2}\,[R^{3/2} - 3/2\, r_0^{1/2}\tau]^{-2/3}; & R > R_b \\ -r_0^{1/2}\, RR_b^{-3/2}\,[1 - 3/2\, r_0^{1/2}\tau R_b^{-3/2}]^{1/3}; & R < R_b. \end{cases} \tag{31}$$

La solución general de (31) es:

$t = L(x)$ para $R > R_b$, con

$$x = (2/3r_0^{1/2})\,(R^{3/2} - r^{3/2}) - 2(rr_0)^{1/2} + r_0 \ln\,(r^{1/2} + r_0^{1/2})/(r^{1/2} - r_0^{1/2})$$

$$t = M(y) \text{ para } R < R_b, \text{ con } y = (1/2)\,[(R/R_b)^2 - 1] + R_b r/r_0 R, \tag{32}$$

donde L y M son funciones completamente arbitrarias de sus argumentos.

Fuera de la estrella, donde R es mayor que R_b, deseamos que el elemento de línea sea de la forma de Schwarzschild, ya que de nuevo estamos despreciando el efecto gravitacional de cualquier radiación que escape; por lo tanto

$$e^{\lambda} = (1 - r_0/r)^{-1} \tag{33}$$

$$e^{\nu} = (1 - r_0/r). \tag{34}$$

Este requisito fija la forma de L; a partir de (28) podemos demostrar que debemos tomar $L(x) = x$, o bien

$$t = x. \tag{35}$$

En la superficie de la estrella, R igual a R_b, debemos tener L igual a M para todo τ. La forma de M, determinada por esta condición, tiene que ser:

$$t = M(y) = \frac{2}{3} r_0^{-1/2} (R_b^{3/2} - r_0^{3/2} y^{3/2}) - 2r_0 y^{1/2} + r_0 \ln \frac{y^{1/2}+1}{y^{1/2}-1}. \quad (36)$$

La Ec. (36), junto con (27), define la transformación de R, τ a r y t, e implícitamente, a partir de (28) y (29), el tensor métrico.

459

Deseamos ahora encontrar el comportamiento asintótico de e^{λ}, e^{ν} y τ para valores grandes de t. Cuando t es grande obtenemos, a partir de las ecs. (36) y (27), la relación aproximada:

$$t \sim - r_0 \ln \{½ [(R/R_b)^2 - 3] + R_b/r_0(1 - 3r_0^{1/2}\tau/2R_b^2)^{2/3}\}. \quad (37)$$

A partir de esta relación vemos que para un valor fijo de R a medida que t tiende hacia el infinito, τ tiende a un límite finito, que aumenta con R. Después de este tiempo τ_0 un observador comoviente con la materia no sería capaz de enviar una señal de luz desde la estrella; el cono dentro del cual una señal puede escapar se ha cerrado por completo. Para una estrella con una densidad inicial de un gramo por centímetro cúbico y una masa de 10^{33} gramos, este tiempo τ_0 es de aproximadamente un día.

Sustituyendo (27) y (37) en (28) y (29) obtenemos

$$e^{-\lambda} \sim 1 - (R/R_b)^2 \{e^{-t/r0} + ½ [3 - (R/R_b)^2]\}^{-1} \quad (38)$$

$$e^{\nu} \sim e^{\lambda - 2t/r0} \{e^{-t/r0} + ½ [3 - (R/R_b)^2]\}. \quad (39)$$

Para R menor que R_b, e^{λ} tiende a un límite finito a medida que t tiende a infinito como $e^{t/r0}$ a medida que t se aproxima a infinito. Cuando R es menor que R_b, e^{ν} tiende a cero como $e^{-2t/r0}$ y cuando R es igual a R_b, e^{ν} tiende a cero como $e^{-t/r0}$.

Esta explicación cuantitativa del comportamiento de e^{λ} y e^{ν} puede complementar la discusión cualitativa dada en I. Pues λ tiende a un límite finito para $r < r_0$ a medida que t se aproxima a infinito, y para $r = r_0$ tiende a infinito. También para $r \leq r_0$, ν tiende a menos infinito. Esperamos que este comportamiento se dé en todas las estrellas en colapso que no puedan terminar en un estado estacionario estable. Por supuesto, las estrellas reales colapsarían más lentamente que el ejemplo que hemos estudiado analíticamente debido al efecto de la presión de la materia, de la radiación y de la rotación.

1940

MAYO

Einstein, Princeton. Nueva referencia a Mach.

> Albert Einstein. **«Das Fundament der Physik»**. *Science*, 24 de Mayo de 1940. pp. 487-492. [Considerations concerning the Fundaments of Theoretical Physics]. *Aus meinen späten Jahren* (Doc. 13, pp. 106-121).

Desde la época de Newton, la teoría de la acción a distancia se fue encontrando permanentemente artificial. No faltaron esfuerzos para explicar la gravitación mediante una teoría cinética, es decir, sobre la base de fuerzas de colisión de hipotéticas partículas materiales. Pero los intentos eran superficiales y no produjeron fruto. El extraño papel jugado por el espacio (o sistema inercial) en el fundamento mecánico se reconoció también con claridad y fue criticado con especial nitidez por Ernst **Mach**.

1945

En este año se añade, tanto al «The Meaning of Relativity» (1921) como al «Vier Vorlesungen über Relativitätstheorie» (1922) un ANEXO I. Señalo, de entrada, algunos puntos relevantes:

ANHANG I (**1945**)

Zum „kosmogischen problem"

Desde la primera publicación de este librito, se han producido algunos avances en la teoría de la relatividad. Mencionaremos de entrada brevemente algunos de ellos.

El primer avance se refiere a la convincente prueba de la existencia del desplazamiento al rojo de las líneas espectrales debido al potencial gravitatorio (negativo) del punto de generación. Esta prueba fue posible gracias al descubrimiento de las llamadas "estrellas enanas" cuya densidad media supera la del agua en un factor del orden de 10^4. Para una estrella de este tipo (por ejemplo, la compañera de Sirio –de débil luminosidad), cuya masa y radio pueden determinarse (*), el desplazamiento al rojo que cabe esperar según la teoría es unas 20 veces mayor que el del Sol y se ha detectado realmente en la cantidad esperada.

> [(*) La masa se deduce del efecto retroactivo en Sirio por medios espectroscópicos con ayuda de la ley de Newton; el radio, de la luminosidad absoluta y de la intensidad de la radiación por unidad de superficie deducible de la temperatura de su radiación.]

Un segundo avance que debe mencionarse brevemente aquí se refiere a la ley del movimiento de un cuerpo que gravita. En la formulación original de la teoría, la ley del movimiento de una partícula que gravita se introdujo junto a la ley de campo de la gravitación como un supuesto básico independiente de la teoría. Véase la ecuación (90)*; en ella se afirma que una partícula que gravita se mueve en una geodésica. Se trata de una transferencia hipotética de la ley de inercia de Galileo al caso de la existencia de campos gravitatorios "reales". Se ha demostrado que esta ley de movimiento –generalizada al caso de masas gravitatorias arbitrariamente grandes– puede derivarse de las ecuaciones de campo del espacio vacío. Según esta derivación, la ley del movimiento se cumple con la condición de que el campo no se vuelva singular en ningún lugar fuera de los puntos materiales que lo generan**.

[* La ecuación (90) corresponde a la tercera conferencia de Princeton (mayo de **1921**).
** El argumento corresponde al artículo «The Gravitational Equations and the Problem of Motion», A. Einstein, Leopold Infeld y Banesh Hoffmann. **1938**]

En un tercer avance, que se refiere al llamado "problema cosmológico", se tratará aquí con más detalle, en parte por su importancia de principio y en parte porque la discusión de estas cuestiones no ha concluido en absoluto. También me siento impulsado a discutirlo con más detalle porque los aspectos de principio más importantes no emergen suficientemente en el tratamiento actual de este problema.

Este problema puede formularse aproximadamente como sigue. Sobre la base de las observaciones de las estrellas fijas en el cielo, estamos suficientemente convencidos de que el sistema de estrellas fijas no es esencialmente como una isla que flota en un espacio vacío infinito, y de que, por tanto, no existe algo así como un centro de gravedad de toda la masa de sustancia material en el mundo. Más bien nos sentimos impulsados a la convicción de que, aparte de las condensaciones locales en estrellas y sistemas estelares individuales, existe una densidad media de materia en el espacio que es en todas partes mayor que cero. Surge pues la pregunta: ¿se puede conciliar esta hipótesis sugerida por la experiencia con las ecuaciones de la teoría de la relatividad general?

En primera instancia tenemos que formular el problema de forma más precisa. Consideremos un subespacio del Universo lo suficientemente grande como para que la densidad media de la materia estelar contenida en él pueda considerarse una función continua de $x_1,..., x_4$. En dicho subespacio, se puede encontrar un sistema aproximadamente inercial (espacio de Minkowski) al que referir los movimientos estelares. Se puede disponer de tal manera que la velocidad media de la materia con respecto a este sistema se anule en todas las direcciones de coordenadas. Lo que queda entonces son velocidades (casi desordenadas) de estrellas similares al movimiento de las moléculas de un gas. Es esencial advertir ya de entrada que, conforme a la experiencia, estas velocidades son muy pequeñas comparadas con la velocidad de la luz. Por lo tanto, es razonable prescindir completamente de la existencia de estos movimientos relativos y pensar que las estrellas son sustituidas por un polvo material sin movimiento relativo (desordenado) de las partículas entre sí.

Sin embargo, las exigencias anteriores no son en absoluto suficientes para que el problema esté suficientemente definido. La especialización más sencilla y radical sería el planteamiento: la densidad ρ (medida naturalmente) de la materia es la misma en todas partes del espacio (cuatridimensional), la métrica es independiente de x_4 y homogénea e isótropa con respecto a x_1, x_2, x_3 si las coordenadas se eligen adecuadamente. Este es el caso que consideré inicialmente como la representación idealizada más natural para el espacio físico a gran escala; se trata en las páginas 102-107 de este librito. El problema de esta solución es que hay que introducir una presión negativa para la que no hay justificación física. Originalmente, para hacer posible esta solución, introduje un nuevo elemento en las ecuaciones en lugar de la presión mencionada, lo cual está permitido desde el punto de vista del principio de relatividad. Las ecuaciones gravitacionales así ampliadas son

$$\left(R_{ik} - \frac{1}{2} g_{ik} R\right) + \Lambda g_{ik} + \kappa T_{ik} = 0, \quad (1)$$

donde Λ es una constante universal (“constante cosmológica”). La introducción de este segundo miembro es una complicación de la teoría que disminuye su simplicidad lógica de forma alarmante. Su introducción sólo puede justificarse por la emergencia que supone la introducción difícilmente evitable de una densidad media finita de materia. Hay que señalar de paso que la misma dificultad existe en la teoría de Newton.

El matemático Friedmann encontró una salida a este dilema (*). Su resultado fue entonces sorprendentemente confirmado por el descubrimiento de Hubble de la expansión del sistema de las estrellas fijas (desplazamiento al rojo de las líneas espectrales que aumenta uniformemente con la distancia). Lo que sigue no es más que una exposición de la idea de Friedmann: un espacio de cuatro dimensiones que es isótropo con respecto a tres dimensiones.

[(*) Demostró que según las ecuaciones de campo es posible tener una densidad finita en todo el espacio (concebido en tres dimensiones) sin extender *ad hoc* las ecuaciones de campo. *Zeitschr. f. Physik* 10 (**1922**)]

Percibimos que los sistemas estelares, vistos desde nosotros, están distribuidos con una densidad aproximadamente igual en todas las direcciones. Por tanto, nos vemos obligados a suponer que esta isotropía *espacial* del sistema sería cierta para todos los observadores, para cada lugar y cada momento de un observador en reposo respecto a la materia que le circunda. Por otra parte, ya no hacemos la suposición de que la densidad media de materia sea constante *con relación al tiempo* para un observador en reposo respecto a la materia vecina. Esto también elimina la suposición de que la expresión del campo métrico no contiene al tiempo.

Tenemos que encontrar ahora una forma matemática para el supuesto de que el mundo es isótropo en sentido *espacial* en todas partes. Por cada punto P del espacio (cuatridimensional) pasa una trayectoria de partículas (en lo sucesivo denominada “geodésica” para abreviar). Sean P y Q dos puntos infinitesimalmente próximos de dicha geodésica. Tendremos que exigir entonces que con respecto a cada “rotación” del sistema de coordenadas alrededor de P y Q la expresión del campo sea invariante. Esto debe ser cierto para cada elemento de cada geodésica.

Este requisito no sólo restringe la métrica, sino también la elección de las coordenadas, de cuya última restricción podemos liberarnos de nuevo tras encontrar la métrica de carácter simétrico requerida.

El requisito de tal invariancia exige que la geodésica pertenezca al eje de rotación en todo su recorrido y que todos sus puntos permanezcan fijos durante la rotación del sistema de coordenadas. Por lo tanto, la solución debe ser invariante con respecto a todas las rotaciones del sistema de coordenadas alrededor de todas las triplemente infinitas geodésicas.

En aras de la brevedad, no entraré aquí en la derivación deductiva de la solución de este problema. Para un espacio tridimensional, sin embargo, parece intuitivamente evidente que una métrica invariante a la rotación con respecto a un número doblemente infinito de líneas debe ser esencialmente del tipo de una solución de simetría central (para una elección adecuada de coordenadas), por lo que los ejes de rotación son las líneas rectas radiales, que son geodésicas por razones de simetría. Las superficies de radio constante son entonces superficies de curvatura constante (positiva), que son perpendiculares a las geodésicas (radiales) en todas partes. Expresado en forma invariante, el resultado es por tanto:

Existe un conjunto de superficies ortogonales a las geodésicas. Cada una de estas superficies es una superficie de curvatura constante. Dos superficies cualesquiera de este conjunto recortan segmentos de igual longitud de estas geodésicas.

Observación. El caso así obtenido intuitivamente no es el general, en la medida en que las superficies del conjunto pueden ser también superficies de curvatura constante negativa o euclídeas (curvatura nula).

En el caso de cuatro dimensiones que nos interesa, ocurre exactamente lo mismo. Además, no hay ninguna diferencia esencial si el espacio métrico es de índice de inercia 1; sólo hay que elegir las direcciones radiales de tipo temporal y, en consecuencia, las direcciones situadas en las superficies del conjunto de tipo espacial. Los ejes de los conos de luz locales de todos los puntos se encuentran en las líneas radiales.

El artículo continúa metiéndose en complejidades formales que, momentáneamente, soslayo.

[A partir de 1956 se seguirán editando los textos inglés y alemán de las conferencias de Princeton de 1921 y aparecerá una nueva edición de la editorial Vieweg con el siguiente título:

«Grundzüge der Relativitätstheorie»
[*Rasgos básicos de la teoría de la Relatividad*]

cuya 6ª edición, equivalente a la 8ª edición extendida de «Vier Vorlesungen über Relativitätstheorie» consulto.]

Vayamos ahora al resumen final del artículo:

Zusammenfassende und sonstige Bemerkungen
(*Resumen y otras observaciones*)

[(1) La introducción del "término cosmológico" en las ecuaciones gravitacionales es, con perspectiva relativista, posible, pero reprobable desde el punto de vista de la economía lógica. Como demostró Friedman por primera vez, se puede reconciliar una densidad finita de materia por todas partes con la forma original de las ecuaciones gravitacionales si se permite la variabilidad temporal de la distancia métrica de puntos de masa distantes (*).

(*) Si la expansión de Hubble ya se hubiera descubierto cuando se estableció la teoría general de la relatividad, el término cosmológico nunca se habría introducido. Ahora parece aún más injustificado a posteriori introducir tal término en las ecuaciones de campo, ya que su introducción pierde su única razón de ser original: conducir a una solución natural del problema cosmológico].]

(2) Ya el requisito de la *isotropía* espacial del universo conduce al enfoque de Friedman. Por lo tanto, es incuestionable que es el enfoque más general que cabe considerar para el problema cosmológico].

[(3) Si se desprecia la influencia de la curvatura espacial, se obtiene, en lo tocante al orden de magnitud, una relación empíricamente confirmada entre la densidad media y la expansión de Hubble.

Se obtiene además un valor del orden de 10^9 años para el tiempo transcurrido desde el inicio de la expansión hasta el presente. La brevedad de este tiempo no es coherente con las teorías sobre la evolución de las estrellas fijas].

[(4) La introducción de una curvatura espacial no cambia este último resultado, ni tampoco la consideración del movimiento relativo desordenado de las estrellas y los sistemas estelares entre sí.]

[(5) Para explicar el corrimiento de las rayas de Hubble, algunos tienen en cuenta otros medios distintos del efecto Doppler. Pero los hechos físicos conocidos no apoyan esta interpretación. Según esta hipótesis, sería posible conectar permanentemente dos estrellas S_1 y S_2 mediante una varilla rígida. La luz monocromática enviada de S_1 a S_2 y reflejada de nuevo sólo llegaría a S_1 con una frecuencia diferente (medida con un reloj situado en S_1) si el número de longitudes de onda de la luz que se propaga a lo largo de la varilla cambiara con el tiempo. Esto significaría que la velocidad de la luz medida localmente dependería del tiempo. Esto ya estaría en contradicción con la teoría de la relatividad especial. También hay que tener en cuenta que un impulso luminoso que va y viene entre S_1 y S_2 representaría un "reloj", que no estaría en una relación de ritmo constante con un reloj (por ejemplo, atómico) situado en S_1. Esto significaría que no habría "métrica" en el sentido de la teoría de la relatividad. Esto no sólo supone una renuncia a la comprensión de todas las relaciones que ha proporcionado la teoría de la relatividad, sino que además no encaja con el hecho de que ciertas entidades atómicas no se comporten de forma "similar" sino "congruente" entre sí (existencia de líneas espectrales nítidas, volúmenes atómicos, etc.)].]

[Esta reflexión, sin embargo, se basa en la teoría ondulatoria, y puede ser que algunos defensores de tal hipótesis imaginen que el proceso de propagación de la luz no tiene lugar en absoluto según la teoría ondulatoria, sino de forma análoga al efecto Compton. Sin embargo, desde el punto de vista de nuestros conocimientos actuales, la suposición de este proceso sin dispersión significa una hipótesis que no está justificada por nada, que tampoco aporta ninguna justificación de la independencia del desplazamiento de la frecuencia relativa con respecto a la frecuencia de la luz. Por tanto, no se puede evitar interpretar el descubrimiento de Hubble como una expansión del sistema estelar].

[(6) El escrúpulo ante la suposición de un "comienzo del universo" (inicio del proceso de expansión) de sólo unos 10^9 años tiene una raíz empírica y otra teórica. Los astrónomos se inclinan por considerar las estrellas de diferentes tipos espectrales como etapas de edad de un proceso de desarrollo uniforme, proceso que requeriría tiempos mucho más largos que 10^9 años. Por lo tanto, tal teoría está en realidad en contradicción con las patentes consecuencias de las ecuaciones relativistas. Sin embargo, me parece que esta "teoría de la evolución" de las estrellas se basa en fundamentos más frágiles que las ecuaciones de campo].

El escrúpulo teórico se basa en el hecho de que en el momento del inicio de la expansión la métrica se vuelve singular y la densidad ρ infinita. Aquí hay que destacar lo siguiente. La actual teoría de la relatividad se basa en una división de la realidad física en campo métrico (gravitación) por un lado y campo electromagnético y materia por otro. En realidad, es probable que el relleno del espacio sea de carácter unitario y la presente teoría sea sólo un caso límite. En el caso de grandes densidades de campo y de materia, no hay que atribuir ningún significado real a las ecuaciones de campo ni a las variables de campo que entran en ellas. Por lo tanto, no hay que suponer la validez de las ecuaciones en zonas de muy alta densidad de campo y de materia y no hay que concluir que el "comienzo de la expansión" deba significar una singularidad en sentido matemático. Sólo debemos ser conscientes de que las ecuaciones no deben continuar en esos dominios.

Esta consideración, no obstante, no altera en nada el hecho de que el "comienzo del universo" lo sea desde el punto de vista del desarrollo de las estrellas y sistemas estelares ahora existentes que no existían aún como entidades individuales.

[(7) Pero también hay argumentos empíricos que hablan *a favor* de la interpretación dinámica del espacio que la teoría exige. ¿Por qué sigue habiendo uranio a pesar de la desintegración relativamente rápida y, sin embargo, no se aprecia ninguna posibilidad de formación de nuevo uranio? ¿Por qué el espacio no se llena de radiación de tal manera que el cielo nocturno parezca una superficie brillante (una vieja pregunta que aún no ha encontrado una respuesta satisfactoria)? Pero nos llevaría demasiado lejos entrar en estas y otras cuestiones similares].

[Alusión a la paradoja de Olbers.]

[(8) Por las razones expuestas, parece que tenemos que tomar en serio el resultado del universo en expansión, a pesar de su corta "edad". Si hacemos esto, la cuestión principal es si el universo está curvado positiva o negativamente en términos espaciales. Un comentario al respecto].

Desde un punto de vista empírico, la decisión se reduce a la cuestión de si la expresión $\frac{1}{3}\kappa\rho - h^2$ es positiva (caso esférico) o negativa (caso pseudoesférico). Esta me parece la cuestión más importante. Una decisión empírica no me parece imposible en el estado actual de la astronomía. Dado que h (la expansión de Hubble) se conoce con relativa precisión, todo depende de que se determine la densidad ρ con la mayor exactitud posible.

Es concebible que se pudiese aportar la prueba de que el mundo real es esférico (pero es difícilmente concebible que se pueda demostrar que es pseudoesférico). Esto se debe a que sólo se puede dar un límite inferior, pero no superior, para ρ. Esto es así porque difícilmente podemos hacer un juicio sobre la magnitud de la fracción de ρ que aportan las masas astronómicamente imperceptibles (no radiantes). Voy a entrar en esto con un poco más de detalle.

[Clara alusión a la materia oscura]

Se puede determinar un límite inferior para $\rho(\rho_s)$ considerando sólo las masas proporcionadas por las estrellas radiantes para la determinación de ρ_s. Esto proporciona un límite inferior para ρ. Si resulta que $\rho_s \rangle \frac{3h^2}{\kappa}$, entonces se decidiría a favor del espacio esférico. Si resulta $\rho_s \langle \frac{3h^2}{\kappa}$, hay que intentar determinar la proporción ρ_d de las masas no radiantes. Veremos ahora que también podemos llegar a un límite inferior para ${}^{\rho_d}/_{\rho_s}$.

Consideremos un objeto astronómico que contiene muchas estrellas individuales y que puede considerarse con suficiente aproximación como un sistema estacionario, por ejemplo, un cúmulo de estrellas esféricamente simétrico (de distancia conocida). A partir de las velocidades observables espectroscópicamente, se puede determinar el campo gravitatorio (bajo supuestos plausibles), y por tanto las masas que generan este campo. Las masas así calculadas pueden compararse con las de las estrellas visibles del cúmulo y así averiguar, al menos en una aproximación, hasta qué punto las masas generadoras de campo son mayores que las estrellas visibles en el cúmulo; se obtendría así una estimación de ${}^{\rho_d}/_{\rho_s}$ para el cúmulo estelar en cuestión. Dado que las estrellas no radiantes serán, en promedio, más pequeñas que las radiantes, sus interacciones con las estrellas del cúmulo tenderán hacia velocidades mayores, en promedio, que las estrellas más grandes, es decir, se "evaporarán" del cúmulo más rápidamente que las estrellas más grandes. Por tanto, es de esperar que la frecuencia relativa de los cuerpos celestes más pequeños dentro del cúmulo sea menor que fuera de él. De este modo, se puede obtener en $\left({}^{\rho_d}/_{\rho_s}\right)_h$ (el cociente de las densidades en el cúmulo) un límite inferior para la relación ${}^{\rho_d}/_{\rho_s}$ en todo el espacio. Se obtiene así como límite inferior para toda la densidad de masa media en el espacio

$$\rho_s\left[1+\left(\frac{\rho_d}{\rho_s}\right)_h\right].$$

Si esta cantidad es mayor que $\frac{3h^2}{\kappa}$, se puede concluir que tiene carácter esférico. Por otro lado, no se me ocurre una determinación razonablemente fiable de un límite superior para ρ.

[(9) Por último, pero no por ello menos importante: la edad del universo, tal y como se entiende aquí, debe superar sin duda la de la corteza terrestre sólida determinada a partir de minerales radiactivos. En la medida en que la determinación de la edad mediante estos minerales es absolutamente fiable, la teoría cosmológica aquí presentada quedaría refutada si se encontrara que contradice alguno de estos resultados. En ese caso, no veo ninguna solución razonable.]

Vayamos ahora con el artículo entero: «*Sobre el problema cosmológico*».

En 1945 se publica una nueva edición del libro «*Vier Vorlesungen über Relativitätstheorie*» (1922), título que se dio en alemán al libro «*The Meaning of Relativity*» que recoge las cuatro conferencias dadas por Einstein en mayo de 1921 en la Universidad de Princeton, New Jersey (Stafford Little Lectures) [Princeton University Press, 1921]. Con ocasión de esta reedición, Einstein añade un "apéndice" en el que aborda el llamado problema cosmológico desde su perspectiva del momento. A partir de 1956 se producen distintas reediciones con el título «*Grundzüge der Relativitätstheo-rie*». La edición consultada corresponde a la 6ª (1990) y está editada por Vieweg Ver-lag, Braunschweig (El *Anhang I* corresponde a las páginas 107-131). De este *Anhang* existe asimismo versión francesa (*Oeuvres Choisies*, R-II, p. 113 y ss.), basada en la edición americana.

[Albert Einstein. «*The Meaning of Relativity*». Princeton, Apéndice I correspondiente a la reedición de 1945. Edición alemana: «Grundzüge der Relativitätstheorie» (Idéntica a la 3ª edición ampliada de "*Vier Vorlesungen über Relativitätstheorie*" de 1956. Anhang I: «Zum kosmologischen Problem». (Apéndice I: „Sobre el problema cosmológico") Vieweg Verlag, Braunschweig. Edición de 1990.]

ANHANG I (Apéndice I)

Zum kosmologischen Problem

Sobre el problema cosmológico

[**107**]

Desde la primera edición de este librito se han realizado ciertos progresos en teoría de la relatividad. Mencionaremos de entrada brevemente alguno de ellos.

El primer avance es la prueba decisiva del corrimiento al rojo de las rayas espectrales por el potencial gravitacional (negativo) en el lugar de origen. Esta prueba ha sido posible por el descubrimiento de las llamadas "enanas blancas", cuya densidad media excede a la del agua en un factor del orden de 10^4. Para una estrella de este tipo (por ejemplo para el compañero de Sirio, de luminosidad débil), cuya masa y radio pueden determinarse*, la teoría preveía un desplazamiento al rojo veinte veces mayor que para el Sol y se comprobó que era de semejante orden de magnitud.

* La masa se deduce del efecto retroactivo en Sirio por medios espectroscópicos con ayuda de la ley de Newton; el radio, del brillo absoluto y de la intensidad de la radiación por unidad de superficie –deducible de la temperatura de su radiación.

[**p.108**]

El segundo paso adelante, que mencionaré brevemente, concierne a la ley del movimiento de un cuerpo que gravita. En la formulación inicial de la teoría, la ley del movimiento para una partícula que gravita se introducía como una hipótesis fundamental independiente añadida a la ley del campo gravitacional, ley según la cual una partícula que gravita sigue una línea geodésica. Eso constituye una transferencia hipotética de la ley de inercia de Galileo al caso en que exista un "verdadero" campo gravitacional. Se ha demostrado que esta ley del movimiento –generalizada al caso de masas gravitantes arbitrariamente grandes– puede deducirse de las ecuaciones de campo del espacio vacío él solo. Según esta demostración, la ley del movimiento se deduce de la condición según la cual el campo no deberá ser singular en ninguna parte fuera de los puntos materiales que lo engendran.

Un tercer avance en lo que se llama el "problema cosmológico" se considerará aquí en detalle, en parte debido a su importancia fundamental, pero también porque la discusión de estas cuestiones está lejos de haber llegado a una conclusión. Yo he sentido igualmente la necesidad de una discusión más precisa porque no puedo dejar de pensar que, en el tratamiento actual del problema, los puntos de vista fundamentales más importantes no se han valorado suficientemente.

[**p.109**]

El problema puede formularse de forma sumaria así: sobre la base de nuestras observaciones relativas a las estrellas fijas, estamos sobradamente convencidos de que el sistema de las estrellas fijas no se parece, en lo esencial, a una isla que flota en el espacio vacío infinito, y que no existe una especie de centro de gravedad de todo el conjunto de la materia existente. Hemos adquirido más bien la convicción de que existe una densidad media de materia que difiere de cero. Se plantea entonces una cuestión: esta hipótesis, sugerida por la experiencia, ¿puede hacerse compatible con las ecuaciones de la teoría de la relatividad general?

De entrada es necesario formular el problema de forma más precisa. Consideremos una parte finita del universo que sea lo bastante grande para que la densidad media de materia que contiene sea aproximadamente una función continua de (x_1, x_2, x_3, x_4). Semejante subespacio puede considerarse aproximadamente cono un sistema inercial (espacio minkowskiano) con relación al cual se refiere el movimiento de las estrellas. Cabe arreglárselas para que el movimiento medio de la materia con relación a este sistema sea nulo en todas las direcciones. No quedan entonces más que los movimientos (casi aleatorios) de las estrellas individuales, análogos a los movimientos de las moléculas de un gas. La experiencia enseña –lo que constituye un punto esencial– que las velocidades de las estrellas son muy pequeñas comparadas con la velocidad de la luz. Por el momento es pues posible prescindir por completo de este movimiento relativo y suponer que las estrellas se reemplazan por polvo material sin movimiento (aleatorio) de partículas entre sí.

Las exigencias anteriores no bastan en absoluto para definir el problema que podría especificarse de forma al tiempo simple y radical imponiendo la siguiente condición: la densidad de materia, ρ, (medida naturalmente)

[**p.110**]

es la misma en todas partes en el espacio (cuatridimensional) y la métrica es, para una elección apropiada de las coordenadas, independiente de x_4, homogénea e isótropa con relación a x_1, x_2, x_3. Este es el caso que consideraré de entrada como la descripción idealizada más natural del espacio físico a gran escala. A esta solución se objetará que necesita introducir una presión negativa, para la que no existe justificación física. Con el fin de hacer posible esta solución, introduje inicialmente en la ecuación, en lugar de la mencionada presión, un nuevo término, admisible desde el punto de vista de la relatividad. Las ecuaciones de la gravitación así extendidas eran

$$\left(R_{ik} - \frac{1}{2} g_{ik} R\right) + \Lambda g_{ik} + \kappa T_{ik} = 0 \qquad (1)$$

donde Λ es una constante universal (la "constante cosmológica"). La introducción de este segundo término constituye una complicación de la teoría que atenúa sensiblemente la simplicidad lógica. Su existencia sólo puede justificarse por las dificultades que plantea la introducción poco menos que inevitable de una densidad media finita de la materia. Señalemos, de paso, que existe la misma dificultad en la teoría de Newton.

El matemático Friedman encontró una solución para salir de este dilema **. Su resultado ha sido confirmado de forma sorprendente por el descubrimiento por Hubble de la expansión del sistema estelar (un corrimiento al rojo de las rayas espectrales que aumenta uniformemente con la distancia). Lo que sigue no es en esencia más que la expresión de las ideas de Friedman: espacio cuatridimensional que es isótropo con relación a tres dimensiones.

** Friedman demostró que, según las ecuaciones campo, es posible tener una densidad finita en todo el espacio (de tres dimensiones) sin extender de forma *ad hoc* estas ecuaciones de campo. *Zeitschr. f. Physik* 10 (1922).

[**p.111**]

1. *Espacio de cuatro dimensiones isótropo con relación a tres dimensiones*

Se observa que los cúmulos estelares, vistos desde aquí, están distribuidos aproximadamente con la misma densidad en todas las direcciones. Nos vemos así constreñidos a hacer la hipótesis de que la *isotropía* espacial del sistema valdría para todos los observadores, para todos los lugares y para todos los instantes para un observador que estuviera en reposo con relación a la materia del entorno. En cambio ya no hacemos la hipótesis de que la densidad media de materia, para un observador en reposo con relación a la materia circundante, es constante con relación al tiempo. Abandonamos pues así la hipótesis según la cual la expresión del campo métrico es independiente del tiempo.

Debemos encontrar ahora una formulación matemática que exprese la condición de que el universo, *espacialmente hablando*, es más bien isótropo en todas partes. Para todo punto P del espacio (de cuatro dimensiones) pasa una trayectoria de partícula (que en adelante llamaremos "geodésica" para abreviar). Sean P y Q dos puntos infinitamente próximos de tal geodésica. Deberemos exigir entonces que la expresión del campo sea invariante con relación a cualquier rotación del sistema de coordenadas que deje P y Q fijos. Esto deberá ser cierto para cada elemento de cada geodésica*.

* Esta condición no hace más que limitar la métrica; requiere que para cualquier geodésica exista un sistema de coordenadas tal que, con relación a este sistema, la invariancia por rotación alrededor de esta geodésica sea cierta. [Esta *Footnote* figura en la edición francesa, pero no en la alemana]

Este requisito restringe no sólo la métrica, sino también la elección de coordenadas. Restricción esta última de la que podemos liberarnos de nuevo encontrando métricas del carácter de simetría requerido.**

[** Las ediciones anglo/americana/francesa no incluyen este ↑ breve párrafo.]

Semejante condición de invariancia implica que toda la geodésica se encuentra sobre el eje de rotación y que sus puntos permanezcan invariantes en una rotación del sistema de coordenadas. Eso significa que la solución debe ser invariante con relación a todas las rotaciones del sistema de coordenadas alrededor de la triple infinidad de las geodésicas.

En aras de la brevedad, dejaré de lado la cuestión de la deducción de la solución de este problema.

[**p.112**]

Sin embargo parece intuitivamente evidente que, para el espacio de tres dimensiones, una métrica que es invariante con relación a las rotaciones alrededor de una doble infinitud de líneas es esencialmente del tipo de simetría esférica (gracias a una elección conveniente de coordenadas), siendo los ejes de rotación las líneas rectas radiales, que son, por razón de simetría, geodésicas. Las superficies de radio constante son entonces las superficies de curvatura constante (positiva) y son en todas partes perpendiculares a las geodésicas (radiales). De ahí la siguiente conclusión enunciada en el lenguaje de invariantes.

Existe una familia de superficies ortogonales a las geodésicas. Cada una de estas superficies es una superficie de curvatura constante. Los segmentos de estas geodésicas contenidos entre dos superficies cualesquiera de la familia son iguales.

Observación. El caso que se ha obtenido así de forma intuitiva no es el más general en la medida en que las superficies de la familia podrían ser de curvatura constante negativa o superficies euclídeas (de curvatura nula).

El caso cuatridimensional que nos interesa aquí es completamente análogo. Además, el caso de una métrica de espacio de índice de inercia 1 no introduce ninguna diferencia esencial; sólo hace falta elegir las direcciones radiales del género tiempo y, por tanto, que las direcciones situadas sobre las superficies de la familia sean del género espacio. Los ejes del cono de luz local de todos los puntos son líneas radiales.

2. *Elección de coordenadas*

En lugar de las cuatro coordenadas para las que la isotropía espacial del universo es la más claramente aparente, elegimos ahora coordenadas diferentes que son más cómodas desde el punto de vista de la interpretación física.

Como líneas del género tiempo sobre las que x_1, x_2, x_3 son constantes, siendo variable solamente x_4, elegimos las geodésicas de partículas

[**p.113**]

que en la forma de simetría central son líneas reales que pasan por el centro. Suponemos además que x_4 es igual a la distancia métrica a partir del centro. Para esas coordenadas, la métrica es de la forma

$$\text{(2)} \qquad \begin{cases} ds^2 = dx_4^2 - d\sigma^2 \\ d\sigma^2 = \gamma_{ik} dx_i dx_k \end{cases} \qquad (i, k = 1, 2, 3) \quad .$$

$d\sigma^2$ es la métrica sobre una de las hipersuperficies esféricas. Las γ_{ik} que pertenecen a diferentes hipersuperficies tienen pues (debido al hecho de la simetría central) la misma forma sobre todas las hipersuperficies con un factor positivo que depende sólo de x_4 según:

$$\text{(2a)} \qquad \gamma_{ik} = \underset{0}{\gamma_{ik}}\, G^2 ,$$

donde las $\underset{0}{\gamma}$ no dependen más que de x_1, x_2, x_3 y donde G es una función sólo de x_4. Tenemos entonces:

$$\text{(2b)} \qquad d\underset{0}{\sigma}^2 = \underset{0}{\gamma_{ik}}\, dx_i dx_k \qquad (i, k = 1, 2, 3).$$

es una métrica definida de curvatura constante de tres dimensiones, la misma para cada G.

Tal métrica viene caracterizada por la ecuación:

$$\text{(2c)} \qquad \underset{0}{R_{iklm}} - B(\underset{0}{\gamma_{il}}\, \underset{0}{\gamma_{km}} - \underset{0}{\gamma_{im}}\, \underset{0}{\gamma_{kl}}) = 0 .$$

Podemos elegir el sistema de coordenadas (x_1, x_2, x_3) de manera que el elemento lineal se haga euclídeo:

$$\text{(2d)} \qquad d\underset{0}{\sigma}^2 = A^2 (dx_1^2 + dx_2^2 + dx_3^2)$$

es decir: $\underset{0}{\gamma_{ik}} = A^2\delta_{ik}$,

siendo A una función positiva sólo de r ($r^2 = x_1^2 + x_2^2 + x_3^2$). Por sustitución en las ecuaciones (2c), obtenemos para A las dos ecuaciones:

$$(3) \qquad \begin{cases} -\dfrac{1}{r}\left(\dfrac{A'}{Ar}\right)+\left(\dfrac{A'}{Ar}\right)^2 = 0, \\ -\dfrac{2A'}{Ar}-\left(\dfrac{A'}{A}\right)-BA^2 = 0. \end{cases}$$

[**p.114**]

La primera ecuación es satisfecha por:

$$(3a) \qquad A = \frac{c_1}{c_2 + c_3 r^2},$$

donde las constantes son por el momento arbitrarias. La segunda ecuación da entonces:

$$(3b) \qquad B = 4\frac{c_2 c_3}{c_1^2}.$$

Al tratarse de las constantes c, obtenemos las condiciones siguientes: si para $r = 0$, A es positivo, entonces c_1 y c_2 deben tener el mismo signo. Como un cambio de signo de cada una de las tres constantes no cambia A, podemos elegir c_1 y c_2 ambas positivas. Podemos también elegir c_2 igual a 1. Además, como siempre puede integrarse un factor positivo en G^2, podemos también elegir c_1 igual a 1 sin ninguna perdida de generalidad. Podemos entonces poner:

$$(3c) \qquad A = \frac{1}{1+cr^2}; \qquad B = 4c.$$

Son entonces posibles tres casos:

$c > 0$ (espacio esférico)
$c < 0$ (espacio hiperbólico)
$c = 0$ (espacio euclídeo)

Gracias a una transformación homotética de las coordenadas ($x'_i = ax_i$, donde a es una constante), se puede conseguir además que $c = ¼$ en el primer caso y $c = –¼$ en el segundo caso. Para los tres casos, tenemos, respectivamente:

$$(3d)\quad \begin{cases} A = \dfrac{1}{1+\dfrac{r^2}{4}}; & B = +1 \\ A = \dfrac{1}{1-\dfrac{r^2}{4}}; & B = -1 \\ A = 1; & B = 0 \end{cases}$$

[**p.115**]

En el caso esférico, la «circunferencia» del espacio unidad ($G = 1$) es $\int_{-\infty}^{+\infty} \frac{dr^2}{1+\frac{r^2}{4}} = 2\pi$, y el «radio» del espacio unidad es 1. En los tres casos, la función G del tiempo mide la variación en función del tiempo de la distancia entre dos puntos de la materia (medida sobre una sección espacial). En el caso esférico, G es el radio del espacio en el instante x_4.

Resumen. La hipótesis de isotropía *espacial* de nuestro universo idealizado conduce a la métrica:

$$(2)\qquad ds^2 = dx_4^2 - G^2 A^2 (dx_1^2 + dx_2^2 + dx_3^2)$$

donde G depende sólo de x_4, A sólo de r ($= x_1^2 + x_2^2 + x_3^2$), y donde

$$(3)\qquad A = \frac{1}{1+\frac{z}{4}r^2}$$

estando caracterizados los tres casos considerados por $z = 1$, $z = -1$ y $z = 0$, respectivamente.

3. *Las ecuaciones de campo*

Debemos ahora satisfacer además las ecuaciones del campo gravitacional, es decir, las ecuaciones del campo sin el "término cosmológico", que había sido antes introducido de manera *ad hoc*:

$$(4)\qquad \left(R_{ik} - \frac{1}{2} g_{ik} R\right) + \kappa T_{ik} = 0$$

Por sustitución de la expresión de la métrica, que se basaba en la hipótesis de la isotropía espacial, obtenemos por cálculo:

[**p.116**]

$$R_{ik} - \frac{1}{2} g_{ik} R = \left(\frac{z}{G^2} + \frac{G'^2}{G^2} + 2\frac{G''}{G}\right) G A \delta_{ik} \quad (i, k = 1, 2, 3)$$

(4a)
$$R_{44} - \frac{1}{2} g_{44} R = -3\left(\frac{z}{G^2} + \frac{G'^2}{G^2} \right)$$
$$R_{i4} - \frac{1}{2} g_{i4} R = 0 \qquad (i = 1, 2, 3).$$

Además, T_{ik}, el tensor de materia–energía para el “polvo”, se escribe:

(4b)
$$T^{ik} = \rho \frac{dx_i}{ds} \frac{dx_k}{ds}.$$

Las geodésicas en las que, en nuestro caso, se desplaza la materia, son las líneas a lo largo de las cuales sólo varía x_4, de modo que $dx_4 = ds$. Por tanto:

(4c)
$$T^{44} = \rho$$

es la única componente distinta de cero. Reduciendo los índices, obtenemos la única componente no nula de T_{ik}:

(4d)
$$T_{44} = \rho.$$

Teniendo esto en cuenta, las ecuaciones de campo son:

(5)
$$\begin{cases} \frac{z}{G^2} + \frac{G'^2}{G^2} + 2\frac{G''}{G} = 0 \\ \frac{z}{G^2} + \frac{G'^2}{G^2} - \frac{1}{3}\kappa\rho = 0, \end{cases}$$

donde z/G^2 es la curvatura de la sección espacial x_4 = constante. Como G es en todos los casos una medida relativa de la distancia métrica de dos partículas materiales en función del tiempo, G'/G expresa la expansión de Hubble.

[**p.117**]

A desaparece de las ecuaciones, como es necesario para que existan soluciones de las ecuaciones de la gravitación que tengan la simetría requerida. Por sustracción de las dos ecuaciones, obtenemos:

(5a)
$$\frac{G''}{G} + \frac{1}{6}\kappa\rho = 0.$$

Como G y ρ deben ser positivas en todas partes, G'' es negativa en todas partes cuando ρ no es nula. $G(x_4)$ no puede por tanto presentar ni mínimo ni punto de inflexión; además, no existe solución para la cual sea G constante.

4. *El caso particular de la curvatura espacial nula* ($z = 0$)

El caso particular más sencillo para una densidad ρ no nula es el caso $z = 0$, en el que las secciones x_4 = constante no están curvadas. Si ponemos $G'/G = h$, las ecuaciones de campo son en este caso:

(5b) $$\begin{cases} 2h'+3h^2 = 0 \\ 3h^2 = \kappa\rho. \end{cases}$$

La relación entre la expansión de Hubble h y la densidad media propia ρ, dada por la segunda de estas ecuaciones, es hasta cierto punto susceptible de ser comparada con la experiencia, al menos en lo que concierne al orden de magnitud. La expansión se estima en 432 km/seg a la distancia de 10^6 parsecs, es decir, en el sistema de unidades utilizado aquí (en el que la unidad de longitud es el cm y la unidad de tiempo el tiempo que le lleva a la luz recorrer un cm):

$$h = \frac{432 \cdot 10^5}{3{,}25 \cdot 365 \cdot 24 \cdot 60 \cdot 60} \cdot \left(\frac{1}{3 \cdot 10^{10}}\right)^2 = 4{,}71 \cdot 10^{-28}.$$

[**p.118**]

Como, además (véase 105a),

$$\kappa = 1{,}86 \cdot 10^{-27},$$

la segunda ecuación de (5b) implica:

$$\rho = 3h^2/\kappa = 3{,}5 \cdot 10^{-28} \text{ g/cm}^3.$$

Este valor corresponde bastante bien, en orden de magnitud, a la estimación de ρ dada por los astrónomos (sobre la base de las masas y paralajes de las estrellas visibles y de los sistemas de estrellas). Cito aquí, por ejemplo, un apunte dado por G. C. McVittie (*Proceedings of the Physical Society of London*, vol. 51, **1939**, p. 537): "La densidad media no es ciertamente mayor que 10^{-27} y es más probablemente del orden de 10^{-29} g/cm^3."

Dado que esta magnitud es muy difícil de medir, considero, por el momento, que el acuerdo es satisfactorio. Como la magnitud h está determinada con una exactitud mayor que ρ, probablemente no es exagerado decir que la determinación de la estructura del espacio observable está unida a una determinación más precisa de ρ. En efecto, según la segunda ecuación (5), la curvatura espacial viene dada en el caso general por:

(5c) $$z\, G^{-2} = \tfrac{1}{3}\, \kappa\rho - h^2.$$

De aquí resulta que, si el segundo miembro de la ecuación es positivo, el espacio es de curvatura constante positiva y, por tanto, finito; su tamaño vendrá determinado con la misma precisión que la diferencia que figura en el segundo miembro. Si este es negativo, el espacio es infinito. Por ahora, ρ no es conocida lo suficientemente bien como para permitirnos deducir de esta relación una curvatura media de espacio (sección x_4 = constante) que sea no nula.

[**p.119**]

En el caso en que sea posible despreciar la curvatura espacial, la primera de las ecuaciones (5b), mediante una elección conveniente del punto origen para x_4, se convierte en:

(6) $$h = \frac{2}{3}\frac{1}{x_4}$$

Esta ecuación presenta una singularidad en $x_4 = 0$, de modo que el espacio está en una expansión negativa y el tiempo está limitado por el valor superior $x_4 = 0$, o bien en una expansión positiva y empieza a existir para $x_4 = 0$. Este último caso* corresponde a lo que vemos realizado en la Naturaleza.

[* Einstein parece aquí referirse –y aceptar como realidad *empírica*– al llamado "big-bang", principio del universo del que en otras ocasiones, con fina ironía, duda: «Am Anfang (wenn es einen solchen gab), schuf Gott Newtons Bewegungsgesetze» ("En el principio –si es que hubo tal cosa– hizo Dios las leyes de Newton".) (*Autobiographisches*. Texto redactado en 1946.) Paradójicamente, el Apéndice "Zum kosmologischen Problem" aquí considerado es de 1945.]

A partir de los valores medidos de h, obtenemos para el tiempo de existencia del universo hasta ahora $1{,}5 \cdot 10^9$ años. Esta edad es aproximadamente la misma que la obtenida a partir de la desintegración del uranio para la corteza terrestre sólida. Es este un resultado paradójico que, por más de una razón, ha suscitado dudas en cuanto a la validez de la teoría.

Se plantea la cuestión de saber si la dificultad actual, que sobrevive en el marco de la hipótesis de una curvatura espacial prácticamente despreciable, puede eliminarse mediante la introducción de una curvatura espacial conveniente. A este respecto, la primera de las ecuaciones (5), que determina la dependencia temporal de G, va a resultarnos útil.

5. *Solución de las ecuaciones en el caso de una curvatura espacial no nula*

Si se considera la curvatura espacial de la sección espacial (x_4 = constante), se tienen las ecuaciones

(5)
$$zG^{-2} + \left(2\frac{G''}{G} + \left(\frac{G'}{G}\right)^2 \right) = 0,$$
$$zG^{-2} + \left(\frac{G'}{G}\right)^2 - \frac{1}{3}\kappa\rho = 0.$$

[**p.120**]

La curvatura espacial es positiva para $z = +1$ y negativa para $z = -1$. La primera de estas ecuaciones es integrable. Empecemos por ponerla en la forma:

(5d) $$z + 2GG'' + G'^2 = 0$$

Considerando x_4 ($= t$) como una función de G, resulta de entrada:

$$G' = \frac{1}{t'}, \quad G'' = \left(\frac{1}{t'}\right)' \frac{1}{t'}.$$

Y si se pone además $u(G) = \dfrac{1}{t'}$, se obtiene:

(5e) $$z + 2Guu' + u^2 = 0,$$

es decir:

(5f) $$z + (Gu^2)' = 0.$$

De ahí, por simple integración, obtenemos:

(5g) $$zG + Gu^2 = G_0,$$

O bien, como hemos puesto $u = \frac{1}{\frac{dt}{dG}} = \frac{dG}{dt}$:

(5h) $$\left(\frac{dG}{dt}\right)^2 = \frac{G_0 - zG}{G},$$

donde G_0 es una constante. Esta constante no puede ser negativa, lo que puede verse diferenciando (5h) con relación a t y advirtiendo que G'', según (5a), es una magnitud negativa.

[**p.121**]

(a) Espacio de curvatura positiva

G se mantiene en el dominio $0 \leq G \leq G_0$, y su recorrido viene dado cualitativamente por el esquema:

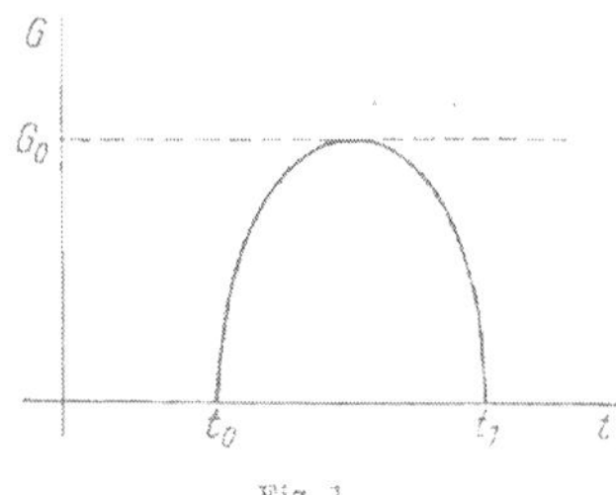

Fig. 1

El radio *G* crece de 0 a G_0, para decrecer a continuación de forma continua hasta 0. La sección espacial es finita (esférica):

(5c) $$\tfrac{1}{3}\kappa\rho - h^2 > 0.$$

(b) Espacio de curvatura negativa

$$\left(\frac{dG}{dt}\right)^2 = \frac{G_0 + G}{G}.$$

G va, con *t* creciente, de $G = 0$ a $G = +\infty$ (o viceversa) y $\frac{dG}{dt}$ decrece de forma monótona de $+\infty$ a 1, según el esquema:

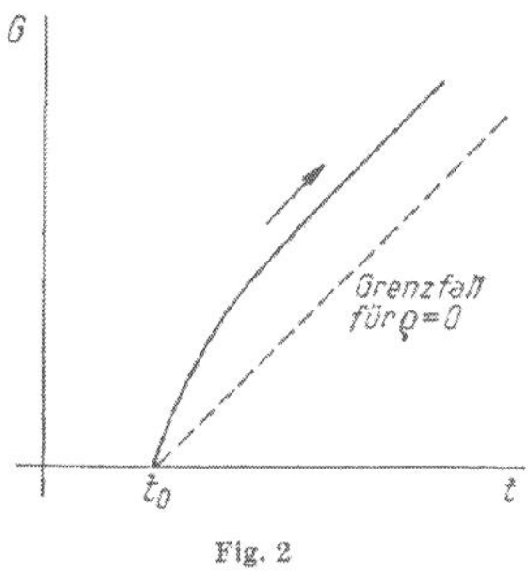

Fig. 2

Caso límite para $\rho = 0$

Se trata pues de un caso de expansión continua sin contracción. La sección espacial es infinita y tenemos:

(5c)
$$\tfrac{1}{3}\kappa\rho - h^2 < 0.$$

[**p.122**]

El caso de una sección espacial plana, que hemos tratado en el párrafo precedente, se sitúa entre estos dos casos y corresponde a la ecuación:

(5h)
$$\left(\frac{dG}{dt}\right)^2 = \frac{G_0}{G}.$$

Observación. El caso de curvatura negativa contiene como caso límite aquel en el que ρ es nula. En este caso, $\left(\frac{dG}{dt}\right)^2 = 1$ (véase el esquema 2). Se trata de un caso de continuum-espacio-tiempo sin curvatura, es decir, que puede transformarse en uno con g_{ik} constante, ya que el cálculo muestra que el tensor de curvatura cuatridimensional se anula.

El caso de curvatura negativa con ρ no nula se aproxima cada vez más a este caso límite, de modo que, a medida que transcurre el tiempo, la estructura del espacio está cada vez menos determinada por la materia que contiene. Por esta razón, el caso de curvatura negativa me parece menos satisfactorio como posibilidad física que el caso de curvatura positiva. No obstante, la decisión entre los dos casos concebibles se deja, por supuesto, a la experiencia.

El examen del caso de curvatura no nula conduce a los resultados siguientes. Para todo estado de curvatura ("espacial") no nula, existe, como en el caso de curvatura nula, un estado inicial [Anfangs-Zustand], en el que $G = 0$, con el que se inicia la expansión. Se trata pues de una sección para la que la densidad ρ es infinita y el campo singular. La introducción de esta nueva singularidad parece en sí misma problemática.*

* Sin embargo, hay que observar que la actual teoría relativista de la gravitación se basa en una separación entre los conceptos de campo gravitacional y de "materia". No está excluido que por esta razón la teoría no convenga para una densidad de materia muy grande. Podría perfectamente suceder que en una teoría unificada no aparezca ninguna singularidad.

[**p.123**]

Parece además que la influencia de la introducción de una curvatura espacial en el intervalo de tiempo que separa el comienzo de la expansión del decrecimiento hasta un valor fijado $h = G'/G$ es de un orden de magnitud despreciable. Este intervalo de tiempo se obtiene fácilmente a partir de (5h); el cálculo es elemental y no lo damos aquí. Nos restringiremos a la consideración de un universo en expansión con ρ nula. Se trata, como ya se ha señalado, de un caso particular de curvatura espacial negativa. La segunda ecuación de (5) (habida cuenta del cambio de signo en el primer miembro ($z = -1$)) da:

$$G' = 1.$$

Así pues (para una elección conveniente del origen para x_4) :

(6a)
$$G = x_4$$
$$h = \frac{G'}{G} = \frac{1}{x_4} \ldots$$

Este caso extremo da pues el mismo resultado, en lo que se refiere a la duración de la expansión, que el caso de curvatura espacial nula (véase la ecuación (6)), salvo un factor de orden de magnitud 1. Las dudas expresadas a propósito de la ecuación (6), esto es, el hecho de que se obtenga, para la evolución de las estrellas y de los sistemas de estrellas observables en la actualidad, una duración notablemente breve, no pueden solventarse por tanto mediante la introducción de una curvatura espacial.

6. *Extensión de las reflexiones precedentes por generalización del planteamiento relativo a la materia ponderable.*

Para todas las soluciones obtenidas hasta el momento, existe un estado del sistema para el cual la métrica se hace singular

El término «densidad de materia» es inadecuado. Podría perfectamente suceder que, en una teoría unificada, no aparezca ninguna singularidad. [*Footnote* sin referencia a ningún pasaje de la página]

[p.124]

($G = 0$) y la densidad ρ infinita. Surge la siguiente pregunta: ¿La aparición de tales singularidades no podría deberse al hecho de que hemos introducido la materia como una especie de polvo que no presenta resistencia a la condensación? ¿No hemos descuidado así injustificadamente la influencia de los movimientos [estelares] desordenados [aleatorios]?

Por ejemplo, se podría sustituir el polvo cuyas partículas están en reposo unas con relación a otras por un polvo cuyas partículas estén en movimiento aleatorio unas respecto a otras como las moléculas de un gas. Una materia de este tipo ofrecería una resistencia a la condensación adiabática que crecería con esta condensación. ¿No sería eso adecuado para prevenir el riesgo de una condensación infinita? Veremos a continuación que semejante modificación de la descripción de la materia no cambiaría nada en el carácter fundamental de las soluciones precedentes.

7. *"Gas de partículas" tratado en el marco de la relatividad restringida*

Imaginemos un enjambre de partículas de masa m en movimiento paralelo. Por medio de una apropiada transformación, este enjambre puede considerarse inmóvil. La densidad espacial de partículas, σ, es pues invariante en el sentido de Lorentz. Con relación a un sistema arbitrario de Lorentz:

$$T^{\mu\nu} = m\sigma \frac{dx^{\mu}}{ds}\frac{dx^{\nu}}{ds}$$

posee un significado invariante (tensor de energía del enjambre). Si existen numerosos enjambres de este tipo, obtenemos, mediante suma, para el conjunto:

$$T^{\mu\nu} = m\sum_{p} \sigma_{p} \left(\frac{dx^{\mu}}{ds}\right)_{p} \left(\frac{dx^{\nu}}{ds}\right)_{p} . \tag{7a}$$

Con respecto a esta estructura, podemos elegir el eje temporal del sistema de Lorentz de modo que: $T^{14} = T^{24} = T^{34} = 0$.

[p.125]

Se puede conseguir también, por giro espacial del sistema, que: $T^{12} = T^{23} = T^{31} = 0$. Supongamos además que el gas de partículas es isótropo. Eso significa que $T^{11} = T^{22} = T^{33} = p$, que es un invariante, como lo es $T^{44} = u$. El invariante:

$$I = T^{\mu\nu} g_{\mu\nu} = T^{44} - (T^{11} + T^{22} + T^{33}) = u - 3p, \tag{7b}$$

viene así expresado en función de u y de p.

De la expresión de $T^{\mu\nu}$ se sigue además que T^{11}, T^{22}, T^{33} y T^{44} son todos positivos, y por tanto también T_{11}, T_{22}, T_{33}, T_{44}.

Las ecuaciones de la gravitación son ahora:

$$\begin{aligned} &1 + 2GG'' + G'^{2} + \kappa\, T_{11} = 0, \\ &-3\, G^{-2} (1 + G'^{2}) + \kappa\, T_{44} = 0. \end{aligned} \tag{8}$$

De la primera de estas ecuaciones se deduce que también aquí (puesto que $T_{11} > 0$) G'' es siempre negativo, por lo que el término T_{11}, para G y G' dados, sólo puede reducir el valor de G'', pero nunca aumentarlo.

Parece pues que la consideración de un movimiento relativo aleatorio de puntos materiales no modifica esencialmente nada en nuestros resultados.

8. *Resumen y otras observaciones*

1) La introducción del "término cosmológico" en las ecuaciones de la gravitación, es desde luego posible desde el punto de vista relativista, pero rechazable desde el punto de vista de la economía lógica. Tal como Friedman fue el primero en hacer ver, puede conciliarse una densidad de materia finita en todas partes con la forma original de las ecuaciones de la gravitación si se admite la variación con el tiempo de la distancia métrica entre puntos materiales distantes*.

* Si la expansión de Hubble se hubiera descubierto en el momento de la creación de la teoría de la relatividad general, el término cosmológico no se habría introducido nunca. Ahora, a posteriori, parece tanto más injustificado introducir semejante término en las ecuaciones de campo, por cuanto su introducción pierde su única justificación inicial –la de conducir a una solución natural del problema cosmológico.

[p.**126**]

2) La exigencia de la isotropía *espacial* del universo conduce por sí misma al enfoque de Friedman. Es pues indudable de que se trata del planteamiento más general que conviene al problema cosmológico.

3) Despreciando la influencia de la curvatura espacial, se obtiene una relación entre la densidad media y la expansión de Hubble que, en lo que atañe al orden de magnitud, está confirmada empíricamente.

Además, para el tiempo transcurrido desde el principio de la expansión hasta hoy se obtiene un valor del orden de magnitud de 10^9 años. La brevedad de este tiempo no concuerda con las teorías sobre la evolución de las estrellas fijas.

(4) La introducción de una curvatura espacial no cambia nada en el último resultado, ni tampoco que se considere el movimiento aleatorio relativo de estrellas y sistemas estelares entre sí.

(5) Se ha tratado de explicar por algunos el corrimiento de líneas de Hubble por medios distintos al efecto Doppler, pero en los hechos físicos conocidos no hay nada que respalde semejante idea.

Según esta hipótesis, sería posible unir permanentemente dos estrellas rígidas, S_1 y S_2, mediante una regla rígida. Luz monocromática emitida de S_1 hacia S_2 y reflejada de nuevo podría llegar a S_1 con una frecuencia diferente (medida por un reloj en S_1) si el número de longitudes de onda de la luz a lo largo de la regla cambiase con el tiempo a lo largo del trayecto. Eso significaría que la velocidad de la luz medida localmente dependería del tiempo, lo que estaría en contradicción con la propia teoría de la relatividad restringida. Hay que señalar además, que una señal luminosa que vaya y venga entre S_1 y S_2 constituiría un "reloj" que no estaría en una relación constante con un reloj (por ejemplo un reloj atómico) en S_1. [p.**127**] Eso significaría que no existiría "métrica" en el sentido de la teoría de la relatividad. Eso no significaría sólo que el conjunto de las relaciones proporcionadas por la relatividad se haría incomprensible, sino que además no concordaría con el hecho de que algunas formas atómicas están en relaciones no de "similitud" sino de "congruencia" (existencia de líneas espectrales distintas, volumen de los átomos, etc.).

Las consideraciones precedentes están sin embargo basadas en la teoría ondulatoria y puede suceder que algún partidario de esta hipótesis se imagine que el proceso de propagación de la luz no se efectúe conforme a la teoría ondulatoria, sino más bien de manera análoga a lo que ocurre en el efecto Compton. El supuesto de que este proceso pueda existir sin dispersión constituye, no obstante, desde el punto de vista de nuestros actuales conocimientos, una hipótesis que no está justificada por nada y que tampoco proporciona ningún fundamento para la independencia del corrimiento relativo de frecuencias de la frecuencia de la luz. El descubrimiento de Hubble no cabe pues ser interpretado de otro modo que como la expansión del sistema estelar.

(6) Las dudas relativas a la hipótesis de un "principio del universo" (comienzo del proceso de expansión), que se situaría hace sólo alrededor de 10^9 años tienen raíz empírica y teórica. Los astrónomos se inclinan por considerar a las estrellas de diferentes tipos espectrales como etapas de edad de un proceso evolutivo uniforme, proceso que exigiría mucho más tiempo

que 10^9 años. Semejante teoría está pues de hecho en contradicción con las expuestas consecuencias de las ecuaciones relativistas. Me parece, sin embargo, que esta "teoría de la evolución" de las estrellas descansa en fundamentos más frágiles que las ecuaciones de campo.

[**p.128**]

Las dudas teóricas se basan en el hecho de que en el instante del comienzo de la expansión la métrica se hace singular y la densidad ρ infinita. Hay que señalar aquí lo siguiente. La actual teoría de la relatividad está basada en una división de la realidad física en campo métrico (gravitación) por un lado y en campo electromagnético y materia por otro. En realidad, el contenido del espacio debería ser de carácter unitario y la teoría actual sólo es válida como caso límite. Para grandes densidades de campo y de materia, las ecuaciones de campo e incluso las variables de campo que entran en ellas no tienen significación medible real. No puede por tanto suponerse la validez de las ecuaciones para densidades muy grandes de campo y de materia y no puede concluirse de ahí que el "comienzo de la expansión" deba significar una singularidad en el sentido matemático del término. Todo lo que hay que entender es que las ecuaciones no pueden prolongarse en estos dominios.

Sin embargo, estas consideraciones no cambian el hecho de que el "comienzo del universo" constituye realmente un comienzo desde el punto de vista del desarrollo de las estrellas y de los sistemas estelares que existen hoy, comienzo en el sentido de que estas estrellas y sistemas de estrellas no existían todavía como entes individuales.

(7) Algunos argumentos empíricos abogan no obstante *a favor* de una concepción dinámica del espacio tal como lo exige la teoría. ¿Por qué sigue existiendo todavía uranio, a pesar de su comparativamente rápida desintegración y aunque sea imposible, como es sabido, crear uranio? ¿Por qué no está el espacio lleno de radiación dando al cielo nocturno el aspecto de una superficie radiante? Es esa una vieja cuestión que, hasta el momento, no ha recibido una respuesta satisfactoria. Pero entrar en cuestiones de este género nos llevaría muy lejos.

[**p.129**]

(8) Por las razones expuestas, parece que tenemos que tomarnos en serio el resultado del universo en expansión, a pesar de su corta "edad". Si se hace esto, la cuestión principal es si el universo está, en sentido espacial, curvado positiva o negativamente. Un comentario al respecto.

Desde un punto de vista empírico, el problema se reduce a la cuestión de saber si la expresión $\frac{1}{3}\kappa\rho - h^2$ es positiva (caso esférico) o negativa (caso pseudo-esférico). Ese es, a mi parecer, el asunto más importante. Que esta cuestión pueda ser zanjada por la observación no me parece imposible en el actual estado de la astronomía. Como h (expansión de Hubble) es relativamente bien conocida, todo depende de la precisión con que se sea capaz de determinar ρ.

Es imaginable que se aporte la prueba de que el mundo es esférico (pero apenas cabe pensar que pueda probarse que es pseudoesférico). Esto deriva del hecho de que siempre puede darse un límite inferior para ρ, pero no un límite superior. En efecto, difícilmente puede estimarse qué fracción de ρ está ligada a las masas inobservables astronómicamente (que no radian)*. Deseo discutir esto de una forma un poco más detallada.

[* Hay ahí una clara alusión a lo que ha venido en llamarse desde entonces materia oscura.]

Puede darse un límite inferior para ρ (ρ_s) teniendo en cuenta únicamente masas de estrellas radiantes en la determinación de ρ_s. Si sucediera que $\rho_s > 3h^2/\kappa$, habría que optar por un espacio esférico. Si sucediera que $\rho_s < 3h^2/\kappa$, habría que intentar determinar qué parte juegan las masas no radiantes ρ_d. Vamos a probar que es posible determinar un límite inferior para la cantidad ρ_d/ρ_s.

[**p.130**]

Consideremos un objeto astronómico que contenga muchas estrellas aisladas y que pueda asemejarse con suficiente precisión a un sistema estacionario, por ejemplo a un cúmulo globular (de paralaje conocida). A partir de las velocidades, que son observables por espectroscopía, se puede determinar el campo gravitacional (bajo hipótesis plausibles) y, por tanto, las masas que engendran el campo. Se pueden comparar las masas así calculadas con las de las estrellas visibles del cúmulo y estimar al menos de forma grosera lo que exceden las masas que crean el campo a las de las estrellas visibles del cúmulo. Se obtiene así una estimación de ρ_d/ρ_s para este cúmulo particular. Como las estrellas que radian son, en promedio, más pequeñas que las que radian, tienen de media velocidades más grandes que las estrellas más grandes debido a su interacción con las estrellas del cúmulo; por tanto van a "evaporarse" más rápidamente del cúmulo que las estrellas más grandes. Cabe así esperar que la frecuencia relativa de los cuerpos celestes más pequeños en el interior del cúmulo sea más pequeña que fuera de él. Puede también considerarse $(\rho_d/\rho_s)_k$ (cociente de densidades en el cúmulo considerado) como un límite inferior de la fracción ρ_d/ρ_s en todo el espacio. Se puede obtener pues un límite inferior para el conjunto de la densidad media de masas en el espacio, esto es:

$$\rho_s\left[1+\left(\frac{\rho_d}{\rho_s}\right)_k\right].$$

Si esta magnitud es mayor que $3h^2/\kappa$, puede concluirse que el espacio es de carácter esférico. Por otra parte, no puedo imaginar ninguna determinación razonablemente fiable de un límite superior para ρ.

[En la edición inglesa/francesa se añade el siguiente punto: ↓]

(9) Finalmente y sobre todo: la edad del universo, en el sentido en que se entiende aquí, debe sobrepasar con certidumbre la de la corteza terrestre sólida determinada a partir de materiales radiactivos. En la medida en que la determinación de la edad por estos minerales es absolutamente fiable, la teoría cosmológica presentada aquí sería refutada si se percibiese que contradice uno de estos resultados. En este caso, no vislumbro ninguna solución razonable.

FIN

1946

Einstein, Princeton. Einstein ya lleva carrera detrás y le piden que haga un cierto balance. No podía faltar en su «*Autobiographisches*» (1946) su posición del momento –crítica– sobre Mach:

> No debe extrañarnos que prácticamente todos los físicos del siglo pasado vieran en la mecánica clásica una base firme y definitiva de la física entera e inclusive de toda la ciencia natural, ni tampoco que intentaran una y otra vez basar también en la mecánica la teoría de Maxwell del electromagnetismo, que poco a poco iba imponiéndose. Incluso Maxwell y H. Hertz, que en retrospectiva son justamente reconocidos como aquellos que quebrantaron la fe en la mecánica como base definitiva de todo el pensamiento físico, se atuvieron en el plano del pensamiento consciente a la mecánica como funda-

mento seguro de la física. Fue Ernst **Mach** quien, en su *Historia de la Mecánica*, conmovió esta fe dogmática; y precisamente en este contexto ejerció sobre mí honda influencia este libro durante mi época de estudiante. La verdadera grandeza de **Mach** la veo yo en su incorruptible escepticismo e independencia; pero de joven también me impresionó mucho su postura epistemológica, que hoy me parece esencialmente insostenible. Pues **Mach** no colocó en su justa perspectiva la naturaleza esencialmente constructiva y especulativa de todo pensamiento y, en especial, del pensamiento científico, condenando en consecuencia la teoría precisamente en aquellos lugares donde aflora inconfundiblemente el carácter constructivo-especulativo, *verbi gracia*, en la teoría cinética de los átomos.

[Albert Einstein. «Autobiographisches». *Albert Einstein: Philosopher-Scientist.* Edited by Paul Arthur Schilpp. Northwestern University & Southern Illinois University. Open Court. & Cambridge University Press. The Library of Living Philosophers, Inc. **1949**. Versión española: A. Einstein. «Notas Autobiográficas». *Alianza Editorial.* Madrid, 1984]

1948

ENERO

Einstein, Princeton. Mach, de nuevo.

Carta de Einstein a Michele Besso. Princeton, 6 de enero de 1948.

En lo que se refiere a Mach, debo hacer la distinción entre su influencia en general y el efecto que produjo sobre *mí*. Mach realizó importantes trabajos especializados (por ejemplo, el descubrimiento de las ondas de choque, que se basa en un método óptico verdaderamente genial). Sin embargo, no queremos hablar de esto, sino de su influencia sobre la actitud general en relación con los fenómenos de la física. Su gran mérito es haber flexibilizado el dogmatismo que reinaba en los siglos XVIII y XIX sobre los fundamentos de la física. Trató de mostrar, sobre todo en la mecánica y en la teoría del calor, cómo los conceptos han nacido de la experiencia. Defendió con convicción el punto de vista según el cual estos conceptos, incluso los más fundamentales, no extraen su justificación sino de la experiencia, y no son, en manera alguna, necesarios desde el punto de vista *lógico*. Su acción fue particularmente bienhechora cuando mostró claramente que los problemas más importantes de la física no son de naturaleza matemático-deductiva; los más importantes son los que se refieren a los principios básicos. Yo veo su punto débil en el hecho de que creía poco más o menos que la ciencia consistía en poner orden en el material experimental, es decir, que ignoró el elemento constructivo libre en la elaboración de un concepto. Pensaba de alguna manera que las teorías son el resultado de un *descubrimiento* y no de una *invención*. Iba incluso tan lejos, que consideraba las «sensaciones» no solamente como un material concebible sino también, en cierta medida, como los materiales de construcción del mundo real; creía poder llenar así el abismo que hay entre la psicología y la física. Si hubiese sido completamente consecuente, no solamente habría debido rechazar el atomismo, sino también la idea de una realidad física.

En cuanto a la influencia de Mach sobre la evolución de mi pensamiento, ha sido ciertamente muy grande. Recuerdo muy bien que tú me habías hecho prestar atención a su tratado de mecánica y a su teoría del calor en los tiempos de mis primeros años de estudios, y que estas obras me habían causado una gran impresión. Hasta qué punto han influido sobre mi propio trabajo, hablando francamente, no lo veo con claridad. Por lo que recuerdo, D. Hume ha ejercido sobre mí una influencia directa más grande. Lo leí en Berna en compañía de Conrad Habicht y Solovine. Pero, como acabo de decir, no estoy en condiciones de analizar aquello que quedó anclado en mi subconsciente. Por lo demás es interesante observar que Mach rechazó con encarnizamiento la teoría de la relatividad restringida (Ya no vivía en la época de la teoría de la relatividad general). La teoría le parecía sobrepasar en especulación todo cuanto está permitido. No sabía que este carácter especulativo pertenece también a la mecánica de Newton y, en general, a toda teoría imaginable. No hay más que una diferencia de grado entre las teorías, en la medida en que los caminos de pensamiento desde los principios básicos hasta las consecuencias comprobables por la experiencia son de longitud y complicación diferentes.

1949

Como es sabido, en 1949, haciéndolo coincidir con el 70º cumpleaños de Einstein, se edita un volumen de colaboraciones de distintos y relevantes científicos. Uno de los ensayos es el de Leopold Infeld, del que Einstein comenta (p.686): «El ensayo de Leopold Infeld es una excelente introducción al llamado "problema cosmológico" de la teoría de la relatividad que examina críticamente todos los puntos esenciales.» Es interesante y didáctico incluirlo aquí.

Leopold INFELD: «*ON THE STRUCTURE OF OUR UNIVERSE*». Colaboración nº 18. pp. 477-499. THE LIBRARY OF LIVING PHILOSOPHERS. VOLUME VII. ALBERT EINSTEIN: PHILOSOPHER-SCIENTIST. EDITED BY PAUL ARTHUR SCHILPP. NORTHWESTERN UNIVERSITY & SOUTHERN ILLINOIS UNIVERSITY. OPEN COURT. LA SALLE, ILLINOIS. CAMBRIDGE UNIVERSITY PRESS. LONDON. **1949**. Printed in the United States of America.

[**p.477**]

Sobre la estructura de nuestro universo

Las especulaciones sobre el universo en el que viven los hombres son tan antiguas como el pensamiento humano y como el arte; tan viejas como la contemplación de estrellas brillantes en una noche clara (ciel sans nuages). Sin embargo, fue la teoría de la relatividad general la que, hace sólo treinta años, desplazó los problemas cosmológicos desde la poesía o la filosofía especulativa a la física. Podemos fijar incluso el año en el que nació la moderna cosmología. Fue en 1917 cuando apareció el artículo de Einstein en la Academia Prusiana de Ciencias bajo el título "Consideraciones cosmológicas en la Teoría de la Relatividad General." ([1])

Aunque es difícil exagerar la importancia de este artículo, y aunque generó una oleada de otros artículos y especulaciones, las ideas originales de Einstein, contempladas desde la perspectiva actual, están anticuadas, si no equivocadas. Creo que Einstein sería el primero en admitirlo.

Sin embargo, la aparición de este artículo es de gran importancia en la historia de la física teórica. De hecho, es un ejemplo más de cómo una solución errónea de un problema fundamental puede ser incomparablemente más importante que una solución correcta de un problema trivial y sin interés.

¿Por qué es tan importante el artículo de Einstein? Porque formula un problema por completo nuevo, el de la estructura de nuestro Universo; porque revela que la teoría de la relatividad general puede arrojar nueva luz sobre este problema.

Los físicos clásicos concebían nuestro espacio físico como un continuo euclídeo tridimensional, y nuestro tiempo como un continuo unidimensional común a todo observador,

([1]) A. Einstein, "Kosmologische Betrachtungen zur allgemeinen Relativitätstheorie", *S. B. Akad. Wiss.* (1917), 142-152.

[**p.478**]

se moviesen estos o no uno con relación a otro. Estos conceptos cambiaron por completo cuando Einstein, en 1905, formuló la teoría de la relatividad especial. El físico aprendió que, al ordenar los sucesos físicos, es mucho más conveniente y sencillo considerar un espacio-tiempo continuo pseudo-euclídeo tetradimensional como escenario de estos sucesos. Después, en 1914, tuvo que aprender de nuevo que, para entender los fenómenos de la gravitación, tiene que generalizar sus conceptos una vez más. En la teoría de la relatividad general, el universo está representado por una variedad tetradimensional y su métrica determinada por masas, el movimiento de estas y la radiación; lejos de masas y fuentes de energía, este continuo espacio-tiempo riemanniano se aproxima cada vez más al continuo espacio-tiempo pseudo-euclídeo de la teoría de la relatividad especial.

En física teórica han nacido nuevas ideas gracias al genio y la imaginación de hombres que pueden contemplar un problema viejo desde un punto de vista nuevo e inesperado. Así es como nacieron las teorías de la relatividad especial y general; así es como la teoría cuántica entró en la física. En el artículo de Einstein sobre cosmología vemos la misma capacidad para afrontar un problema viejo de un modo nuevo. Sin embargo, como hoy sabemos, hay una diferencia esencial. Mientras las teorías de la relatividad especial y general continúan hoy casi tan frescas y completas como cuando se formularon, mientras en los últimos treinta años no se ha añadido nada de fundamental importancia a la estructura de Einstein, el problema de la cosmología parece hoy muy diferente del aspecto que tenía cuando Einstein escribió su celebrado artículo.

Considerar nuestro universo como un todo significa hacer algo similar a lo que hace un niño cuando contempla el globo terráqueo. Se familiariza con el aspecto general de nuestra Tierra, ignorando montañas y valles, casas y ciudades, considerando la Tierra como una superficie lisa, formando una imagen altamente idealizada, inútil si quiere encontrar el camino a través de su rastro, pero útil si desea entender la trayectoria del viaje de un avión alrededor del mundo. De modo similar, en los problemas cosmológicos, si consideramos el universo como un todo, tenemos que conformar una imagen muy idealizada, ignorando pequeñas perturbaciones

[**p.479**]

y concentraciones locales de masas, suavizando irregularidades y considerando la geometría de nuestro universo tomado como un todo. Así, según Einstein, en semejante imagen simplificada de nuestro universo, la materia estaría en reposo en un sistema de coordenadas convenientemente elegido y las distancias mismas de las nebulosas al observador no cambiarían con el tiempo.

Experimentos posteriores demostraron que semejante postulado contradice la ley del corrimiento al rojo, que se descubrió algunos años después de aparecer el trabajo de Einstein. Es irónico que Einstein desease formar una imagen general de nuestro universo en el que la materia no huye; sin embargo, el famoso experimento sobre el corrimiento al rojo de nebulosas nos convence de que la materia se comporta como si estuviese huyendo. Así pues, el supuesto de Einstein parece ser demasiado estrecho para ajustarse a los hechos como fueron observados más tarde.

Los siguientes supuestos que hizo Einstein fueron los de *isotropía* y *homogeneidad*. A diferencia del primer supuesto, estos dos (formulados más bien implícitamente) han sobrevivido hasta ahora, aunque no es en absoluto seguro si futuras observaciones hechas con nuevos telescopios, más potentes, no nos forzarán a cambiarlos. Sin embargo, sobre todo por su simplicidad, estos dos supuestos constituyen la base de todas las modernas cosmologías.

¿Cuál es el significado de estos supuestos?

Isotropía significa simplemente que, en un sistema de coordenadas adecuado, un observador que mire en diferentes direcciones nunca notará que alguna de ellas sea la preferida. En un sistema de coordenadas elegido adecuadamente, el universo idealizado y liso aparece igual en todas las direcciones o, como decimos, es *isótropo*.

El supuesto de homogeneidad significa que observadores situados en diferentes puntos del universo que describen su historia en sistemas de coordenadas diferentes pero elegidos adecuadamente, encontrarán estas historias idénticas en su contenido; que es imposible, en este sentido, distinguir en el universo un lugar de otro. De modo similar, los habitantes bidimensionales de una esfera o un plano perfectos no pueden distinguir un punto de su superficie de otro.

Así pues, los dos postulados, el de isotropía y el de homogeneidad están implícitamente contenidos en la obra de Einstein.

Estos dos supuestos sobrevivieron a la primera tentativa de Einstein

[**p.480**]

de formular una teoría cosmológica y están presentes (explícita o implícitamente) en todas las modernas cosmologías.

Podríamos preguntar: ¿Es realmente isótropo nuestro universo? ¿Es realmente homogéneo? Estas preguntas significan: ¿Podemos formular una teoría consistente con los hechos observados suponiendo homogeneidad e isotropía? En el momento presente, nuestras observaciones sólo pueden penetrar en una pequeña esquina del universo. Es posible que futuras observaciones puedan forzar un repliegue de estos supuestos simples. Sin embargo, estos supuestos son los más obvios y sólo los cambiaremos bajo el impacto de nuevos descubrimientos.

Además de isotropía y homogeneidad, Einstein supuso, como decíamos antes, que en un sistema de coordenadas adecuado las masas en general que forman el universo están en reposo y que la densidad media de materia ρ_0 es constante.

¿Son consistentes estas suposiciones? Recordemos que en la teoría de la relatividad general Einstein formuló nuevas ecuaciones gravitacionales que deben ser satisfechas por cualquier campo gravitacional. ¿Es posible, preguntamos, satisfacer los postulados de isotropía, homogeneidad y el de la densidad constante de masas en reposo? Una sencilla investigación proporciona la respuesta: ¡No! Estos tres postulados juntos contradicen las ecuaciones gravitacionales originales. Algo, por tanto, debe cambiarse para hacer consistente la teoría de la relatividad general con las consideraciones cosmológicas de Einstein. En su artículo, Einstein propuso hacer consistente el esquema cambiando las ecuaciones gravitacionales de la teoría de la relatividad general. El cambio es pequeño, caracterizado por la aparición de un pequeño término cosmológico adicional. Siempre que en el pasado la teoría de la relatividad general haya sido confirmada por la experimentación, lo será de nuevo, si añadimos este pequeño término cosmológico. Su presencia importa poco, si consideramos los fenómenos en nuestro sistema solar o incluso en nuestra galaxia. Pero este término cosmológico se vuelve importante si consideramos nuestro universo como un todo. Es este término el que hace posible satisfacer los postulados cosmológicos de Einstein en el actual marco generalizado de la teoría de la relatividad. Es este término el que hace posible satisfacer los postulados cosmológicos de Einstein en el marco ahora generalizado de la teoría de la relatividad.

Cabría argüir que la introducción adicional de un nuevo término, al que llamaremos *término cosmológico*, es artificial;

[**p.481**]

que una teoría satisfactoria no debe introducir nuevas constantes, dejando su determinación numérica a la experimentación. No hay duda de que tales objeciones son válidas; que la introducción de una constante cosmológica –sin especificación teórica de su valor numérico– tiene el carácter de hipótesis *"ad hoc"*. Sin embargo, a pesar de todo, el artículo de Einstein, debido a la originalidad de sus ideas, debido a su imaginativa formulación de un problema nuevo, desde un punto de vista nuevo, jugó un papel fundamental en el desarrollo de nuestro conocimiento sobre la estructura del universo.

Añadamos a nuestra discusión un esbozo de su formulación matemática. El llamado universo de Einstein se caracteriza por la siguiente forma métrica:

$$ds^2 = R^2\,[d\tau^2 - d\rho^2\, sin^2\rho\,(d\theta^2 + sin^2\theta\, d\varphi^2)] \qquad \text{(I, 1)}$$

Aquí, τ es la coordenada de tiempo, y ρ, φ, y θ son las coordenadas espaciales; c es la velocidad de la luz, cuyo valor se toma como 1. R es una constante llamada "radio del universo Einstein". Si ρ es muy pequeña, introduciendo

$$\rho = r/R$$
$$\tau = ct/R;\ (c = \text{ velocidad de la luz})$$

podemos escribir la ecuación anterior en la siguiente forma:

$$ds^2 = c^2\, dt^2 - dr^2 - r^2\,(d\theta^2 + sin^2\theta\, d\varphi^2) \qquad \text{(I, 2)}$$

Esta es la forma ordinaria del continuum espacio-tiempo de Minkowski, o espacio-tiempo pseudo-euclídeo, donde la parte espacial se escribe en un sistema de coordenadas polares.

La parte espacial en (I, 1) representa una variedad tridimensional isótropa y homogénea, cuya geometría es una generalización de la geometría de una esfera bidimensional. De la forma cuadrática (I, 1) pueden deducirse muchas cosas sin recurrir a las ecuaciones dinámicas de la teoría de la relatividad general. Discutiremos ahora las posibles *topologías* de una variedad representada por (I, 1), un punto al que se prestó poca atención cuando Einstein formuló su teoría cosmológica y punto que creo es de gran importancia para comprender los problemas cosmológicos.

Los ángulos φ y θ, que tienen el mismo significado que en un

[**p.482**]

sistema de coordenadas polares, tienen también el mismo rango:

$$0 \leq \varphi < 2\pi$$
$$0 \leq \theta \leq \pi$$

¿Qué ocurre con el ángulo ρ? Tómese cualquier punto caracterizado por $\rho = 0$, φ, θ, y después, cualquier punto caracterizado por $\rho = \pi$, φ, θ. El elemento de línea ds^2 tendrá entonces la misma forma y el mismo valor en esos dos puntos para sucesos próximos con los mismos $d\tau$, $d\rho$, $d\varphi$, $d\theta$. ¿Cómo distinguirá el observador los dos pares de sucesos próximos? La forma métrica es la misma. Si resolvemos un problema físico en un contexto geométrico de este tipo, normalmente veremos que los sucesos físicos también son idénticos en dos puntos de este tipo. Nos enfrentamos así a dos posibilidades:

I. El universo es un universo *espejo*. A cualquier suceso O le corresponde un suceso idéntico O' en su punto antípoda. En semejante universo, ρ oscila entre 0 y π, pero los sucesos en $\rho = \pi$ reflejan los de $\rho = 0$. Es fácil hacer chistes sobre un universo así, en el que alguien como usted está leyendo un ensayo sobre cosmología en este momento. Pero en nuestro universo cosmológico, idealizado y liso, los individuos e incluso las estrellas tienen poca importancia.

A un universo *espejo* semejante se le llama universo *esférico*.

2. Otra interpretación menos paradójica supone: O y O' son puntos *idénticos* y los sucesos en ellos son sucesos *idénticos*. Los puntos con las coordenadas $\rho = 0$ y $\rho = \pi$ son los mismos puntos. A tal universo se le llama universo *elíptico*.

Ambos universos, esférico y elíptico, tienen la misma métrica, pero una topología, o conectividad, diferente. Si se recorta un trozo de papel y se forma con él un cilindro, se obtiene una superficie con la misma métrica que en el plano pero con una topología diferente. Los bordes del papel considerados como puntos diferentes se identifican ahora en el caso de un cilindro.

Es casi obvio que, enfrentados a una elección entre estas dos interpretaciones, elegiríamos más bien la segunda que llenar nuestro universo de sucesos fantasma.

Volvamos a nuestra forma cuadrática (I, 1) y extraigamos de ella algunas conclusiones sencillas:

[**p.483**]

1. En cualquier punto del espacio, en un sistema de coordenadas caracterizado por (I, 1), podemos imaginar una partícula en reposo, que no cambia su posición con el tiempo. El reposo de una partícula libre *es* consistente con el universo de Einstein y con la ley relativista del movimiento, según la cual toda partícula libre se desplaza a lo largo de una línea geodésica.

2. Un rayo de luz enviado desde un punto vuelve a él tras un intervalo de tiempo 2π o π, según consideremos esférico o elíptico el universo de Einstein. El pequeño y sencillo número 2π o π no es sorprendente. Se debe a nuestra elección de la unidad de tiempo dada por (I, 1). En efecto, podríamos decir que nuestra unidad de tiempo tal como se utiliza en (I, 1) es tremendamente grande. En unidades ordinarias el periodo tras el cual vuelve la luz sería:

$T = 2\pi\, R/c$ en un universo esférico
$T = \pi\, R/c$ en un universo elíptico.

Como R es del orden de 10^{28} cm (por razones que se explicarán luego), vemos que el tiempo que tarda la luz en viajar alrededor de nuestro universo es del orden de 10^{18} segundos, ¡o 10^{11} años!

Se pueden extraer otras conclusiones si asumimos, además de la forma métrica (I, 1), las ecuaciones dinámicas de Einstein generalizadas por la aparición de la constante cosmológica. Estas ecuaciones son:

$$G_{kl} + \Lambda\, g_{kl} = -\,k\, T_{kl} \qquad (I, 3)$$

Analicemos brevemente estas ecuaciones sin entrar en detalles de su estructura matemática.

Son 10 ecuaciones, o una ecuación tensorial. Los índices k, l toman cualquiera de los valores 0, 1, 2, 3, y todas las expresiones tensoriales con índices son simétricas, esto es: $g_{kl} = g_{lk}$; $G_{kl} = G_{lk}$; $T_{kl} = T_{lk}$. El tensor simétrico g_{kl} es el tensor métrico. Es completamente conocido en nuestro caso, porque la forma métrica (I, 1) está dada. El tensor simétrico de Einstein G_{kl}, que depende de g_{kl}, y sus derivadas pueden calcularse explícitamente si se conoce g_{kl}, es decir, cuando está dada la forma métrica (I, 1). Y la expresión $\Lambda\, g_{kl}$ es *la* expresión cosmológica adicional que apareció por vez primera en el artículo de Einstein de 1917. Si se hace $\Lambda = 0$, se obtienen las viejas ecuaciones gravitacionales.

[**p.484**]

La constante k que aparece en el segundo miembro de (I, 3) es conocida y depende de forma sencilla de la constante gravitacional de la teoría de Newton y de la velocidad de la luz. Así pues, nuestra ecuación determina T_{kl} si está dada la forma métrica y si se conoce Λ. T_{kl} son las componentes del llamado tensor de energía-momento que caracteriza las masas, su movimiento y la energía de radiación. Si se conoce la geometría de nuestro universo (es decir, el tensor g_{kl}), si se conoce Λ, entonces también se conoce la física de nuestro universo (es decir, el tensor de energía-momento).

En el universo de Einstein, como vimos antes, las masas en su conjunto están en reposo. Esto, trasladado al lenguaje de tensores, significa que la única componente del tensor T_{kl} que sobrevive será la componente T_{00}. Es esta componente la que representa la densidad de materia ρ_0. Solo si introducimos una constante cosmológica adecuada podemos lograr que se anulen todas las componentes de T_{kl}, con excepción de T_{00}. La componente T_{00} será entonces constante y representa la densidad de materia en el universo.

De las ecuaciones dinámicas de Einstein podemos extraer dos nuevas conclusiones:

1. El radio R se conoce si se conoce ρ_0. La ecuación OO (I, 3) nos proporciona una conexión sencilla entre ρ_0 y R. A partir del recuento de nebulosas de Hubble podemos al menos estimar grosso modo la densidad media de materia. Su orden de magnitud parece ser 10^{-30} gramos por centímetro cúbico. De ahí podemos deducir el orden de magnitud de R. Es así como se obtuvo el valor $R \sim 10^{28}\ cm$ antes citado. Por tanto, la constante cosmológica puede calcularse si conocemos R. Tenemos $\Lambda = 1/R^2 \sim 10^{-57}\ cm^{-2}$. Ciertamente, ¡el término cosmológico adicional es muy pequeño!

2. La masa total del universo es finita. Esto es así debido a que la densidad de masa es finita y el volumen del universo es finito. Conociendo (o, mejor, suponiendo que conocemos) la densidad media de materia en nuestro universo, y habiendo deducido a partir de ahí el radio del universo, podemos calcular ahora su masa total. Sin embargo, tenemos que distinguir de nuevo entre espacio esférico y elíptico. La masa total en un universo esférico es el doble de la de uno elíptico.

Así pues, el trabajo de Einstein nos presenta por vez primera un modelo matemático de nuestro universo. Las partes tridimensionales

[**p.485**]

de nuestra forma métrica (I, 1) (si hacemos $d\tau = 0$) es una generalización a tres dimensiones de la esfera bidimensional ordinaria o el círculo unidimensional. El universo (I, 1) es llamado a veces "universo cilíndrico de Einstein". Se puede decir que el círculo del cilindro bidimensional ordinario corresponde en esta imagen a nuestra esfera tridimensional y la altura a la dimensión temporal. En semejante universo, las partículas libres pueden conservar sus distancias propias en el espacio y la luz circunvala dicho universo en un tiempo finito.

Tendremos que abandonar esta imagen porque es inconsistente con la observación. Sin embargo, fue esta imagen la que constituyó la base de todo trabajo posterior sobre cosmología.

II

Bosquejaremos ahora brevemente la historia de quince años de desarrollo, que abarca el periodo 1917-1931, que finaliza con la aparición de los dos artículos de Einstein sobre cosmología.

Cuando Einstein escribió su artículo de 1917 se habían conseguido grandes avances en la observación. El ojo humano había penetrado mucho más allá de la Vía Láctea, mucho más allá de nuestra galaxia.

Hasta donde alcanzan nuestros telescopios más potentes, encontramos materia aglomerada en un gran número de agregados separados, las *nebulosas*.

La observación de estas nebulosas nos ha revelado los siguientes aspectos característicos de nuestro universo:

A enorme escala, grande en comparación con las distancias entre nebulosas, la distribución de las nebulosas es *isótropa* y *homogénea*. Este importante resultado se deduce de dos hechos. Primero: Una comparación de los recuentos nebulares a grandes profundidades en diferentes porciones del cielo muestra que las nebulosas tienen una distribución isótropa. Segundo: El número N de nebulosas dentro de una cierta distancia d (en cm.), viene dado, para d suficientemente grande, por

$$N = 4 \times 10^{-71}\, d^3.$$

Dado que las masas nebulares son del mismo orden de magnitud (10^{41} gramos por nebulosa), se puede calcular una densidad media de materia luminosa:

[**p.486**]

$$\rho_0 = 10^{-30}\, gr\; cm^{-3}.$$

Hubble estima que la densidad media de la materia puede ser en realidad mil veces mayor debido al polvo, el gas o las partículas móviles inobservables del espacio intergaláctico.

Otro resultado muy importante de la cosmología observacional fue el descubrimiento del *desplazamiento hacia el rojo*. Los espectros de las nebulosas, cuando se comparan con los espectros terrestres correspondientes, están desplazados hacia el rojo en una abrumadora mayoría de casos. Para cualquier nebulosa individual, el desplazamiento $\Delta\lambda$ de la longitud de onda λ de cualquier línea del espectro de la nebulosa es proporcional a λ. Así pues, podemos medir el desplazamiento al rojo de las nebulosas por $(\Delta\lambda)/\lambda$. La interpretación obvia es imaginar que estas nebulosas huyen de nosotros y que el corrimiento al rojo se debe al efecto Doppler. Sin embargo, las velocidades calculadas de este modo son tan tremendas que podemos temer que una interpretación tan obvia sea demasiado obvia para ser la correcta. Y, además, ¿cuál es la razón de un movimiento tan rápido?

Este corrimiento al rojo, tal y como se desprende de la observación, parece depender de la lejanía de las nebulosas. Cuanto más alejadas están las nebulosas, mayor es el corrimiento al rojo, mayor parece su velocidad. Hasta donde llegan nuestros telescopios, la relación entre el desplazamiento al rojo y la distancia es aproximadamente lineal. Tenemos

$$(\Delta\lambda)/\lambda = kd + \text{partida de orden superior y}$$
$$k = 5{,}68 \times 10^{-28}\ cm^{-1}.$$

Así pues, si volvemos la vista al universo de Einstein, vemos que la idea de isotropía y homogeneidad parece confirmarse. ¡Pero no hay lugar para el corrimiento al rojo en el universo de Einstein! El modelo de Einstein parece impedir que las nebulosas huyan. Irónicamente, se inventó precisamente para eso. Pero las nebulosas parecen huir. Así pues, el modelo de Einstein no sirve y debe ser sustituido por otro. Sin embargo, una vez planteado el problema por Einstein, fue comparativamente fácil buscar modelos diferentes para conservar algunas de las ideas de Einstein y rechazar otras. Fue de nuevo el genio de Einstein el que abrió un nuevo camino hacia lo desconocido.

Antes de hablar de otras generalizaciones, volvamos una vez más a los principios de isotropía y homogeneidad. Obviamente,

[**p.487**]

en nuestra búsqueda de una generalización de nuestro modelo cosmológico, nos gustaría atenernos a estos supuestos. Aunque sólo sea porque estas hipótesis *son* las más simples posibles y no se contradicen con los experimentos. Pero, ¿acaso el fenómeno del corrimiento al rojo no contradice estos supuestos? ¿Cómo es posible que en un universo homogéneo las nebulosas parezcan alejarse de *nuestra* galaxia? La respuesta a esta pregunta es evidente. Si queremos salvar el principio de homogeneidad no debemos suponer que nuestra galaxia se distingue de alguna manera; que las nebulosas muestran su aversión huyendo de nuestra galaxia; que esta aversión aumenta con la distancia de las nebulosas. Al contrario. Debemos formar un modelo en el que el desplazamiento al rojo pueda observarse desde *cualquier* nebulosa. La historia de nuestro universo y sus descripciones deben ser tales que no importe desde qué punto del espacio describamos nuestro universo. Dicho de un modo más matemático: las leyes de nuestro universo visto en su conjunto deben ser invariantes en forma y contenido con respecto a una transformación adecuada que conecte los puntos arbitrarios del espacio.

Formemos ahora una imagen muy simplificada y altamente idealizada de nuestro universo. En ella, se desprecian todas las irregularidades locales debidas a la aglomeración de materia en nebulosas o incluso en cúmulos nebulares, así como todos los movimientos aleatorios. En este modelo idealizado y liso suponemos una distribución muy densa y uniforme de las partículas. Una de estas partículas en nuestro modelo corresponde a una nebulosa. Podemos imaginar su presencia siempre que queramos y llamaremos a esta densa colección de partículas *–partículas fundamentales*. Con cada una de estas partículas imaginamos un observador, al que llamaremos *observador fundamental*. La ley del corrimiento al rojo parece indicar que las nebulosas se mueven a gran velocidad. Por lo tanto, en nuestro modelo supondremos un campo vectorial, cuyo vector en cada punto del espacio indica la velocidad de la partícula fundamental y, por lo tanto, representa el movimiento de una nebulosa.

Así pues, tenemos una imagen similar a la que utilizamos en hidromecánica: un fluido compuesto de partículas fundamentales, cuyo movimiento está prescrito por el campo vectorial.

La ley del corrimiento al rojo amplió nuestra visión del universo. No puede ser el universo estático de Einstein.

¿Podemos conciliar los postulados de homogeneidad e isotropía

[p.488]

con el corrimiento al rojo observado y seguir basándonos en la teoría de la relatividad general?

Poco después de la publicación del artículo de Einstein, de Sitter ([2]) propuso un nuevo modelo de nuestro universo que concilia los principios de isotropía y homogeneidad, por un lado, con los hechos observados del corrimiento al rojo, por otro. De hecho, de Sitter formuló su artículo antes de que se descubriera la ley del corrimiento al rojo. Constituye un ejemplo muy hermoso de cómo la teoría predice los resultados experimentales.

El universo de Sitter es matemáticamente más atractivo que el universo de Einstein. Mientras que el universo dè Einstein es –vagamente hablando– como una esfera tridimensional, el universo de Sitter es –también vagamente hablando– como una esfera tetradimensional inmersa en un espacio de cinco dimensiones. Sin embargo, ya sólo porque pueda representarse como una esfera, se cumplen automáticamente las exigencias de isotropía y homogeneidad.

Ya hemos mencionado la importancia de las partículas fundamentales y de su movimiento. Podríamos preguntarnos ahora: ¿cuál es el movimiento de dichas partículas fundamentales en el universo de de Sitter? Desgraciadamente, no es fácil responder a esta pregunta por dos razones. Primero: la descripción dependerá de la elección de nuestro sistema de coordenadas. Segundo: no hay uno, sino tres posibles universos de Sitter con diferentes tipos de movimientos. Lo que haremos ahora es elegir *uno* de estos universos, ignorando los otros dos. Lo analizaremos en un sistema de coordenadas que, desgraciadamente, no revela la simetría cuadridimensional de este universo, pero que tiene otras características redentoras que simplificarán nuestra discusión.

Un universo con la forma cuadrática

$$ds^2 = \frac{\tau_0^2}{\tau^2}(d\tau^2 - dx^2 - dy^2 - dz^2) \qquad \text{(II, 1)}$$

es el universo de de Sitter. τ_0 es aquí una constante, τ es el tiempo y x, y, z las coordenadas espaciales.

Vemos que, en nuestro sistema de coordenadas, en el que el universo de de Sitter

([2]) W. de Sitter, "On the Relativity of Inertia." Remarks concerning Einstein's latest Hypothesis. *Proc. Acad. Wetensch*, Amsterdam (Vol. 19, 1917), 1217-1225. "On Einstein's Theory of Gravitation, and Its Astronomical Consequences: III." *Monthly Not. Roy. Astron. Soc.* (Vol. 78, 1917), 3-28.

[p.489]

está representado por (II, 1), las leyes de la geometría de la luz serán las mismas que en un universo de Minkowski (o pseudo-euclídeo). En efecto, la única diferencia entre el universo de de Sitter, representado por (II, 1), y el universo de Minkowski es la presencia del factor τ_0^2/τ^2 en (II, 1). Pero la presencia de este factor no significa nada para los rayos-luz, que son líneas geodésicas cero. Para ellas siempre tenemos $ds^2 = 0$.

La siguiente observación se refiere a las partículas fundamentales. Para el tipo de universo de Sitter que *hemos* elegido, para el tipo de sistema de coordenadas que hemos elegido, las partículas fundamentales están en reposo. (Hay otros dos universos de Sitter posibles, con la misma forma cuadrática y con las partículas fundamentales moviéndose de una manera bien definida, prescrita por las condiciones de isotropía y homogeneidad).

Podríamos preguntarnos: ¿cómo es posible un corrimiento al rojo si las partículas están en reposo? El desplazamiento al rojo se debe en parte al movimiento de las partículas fundamentales, pero también al campo gravitatorio. La forma de dividir el efecto total en estos dos componentes (gravitatorio y efecto Doppler) dependerá del sistema de coordenadas. Por supuesto, el efecto total será independiente de la elección del sistema de coordenadas. En el universo de Sitter, que es el que consideramos, el efecto total se debe únicamente al campo gravitatorio.

Derivemos ahora la importante ley del corrimiento al rojo a partir de nuestra forma cuadrática y de nuestros conocimientos de la teoría de la relatividad.

Imaginemos que una nebulosa situada a una distancia r nos envía una radiación recibida *aquí* ($r = 0$) y *ahora* ($\tau = \tau_0$). La radiación se envió en el tiempo $\tau_0 - r$, (donde $r^2 = x^2 + y^2 + z^2$), porque las leyes de propagación de la luz son las mismas que en el espacio de Minkowski y porque se supuso que la velocidad de la luz era igual a "uno". Ahora bien, según la teoría de la relatividad, un átomo mantiene su ritmo en el tiempo *propio*. Así, si ${}_{(s)}\nu$ es la frecuencia propia y δ_s es el periodo de una oscilación, si ${}_{(\tau)}\nu$ es el período en el tiempo τ, y δ_τ la frecuencia en el tiempo τ, tenemos, por la forma (II, 1):

$$\delta_s = \frac{1}{{}_{(s)}\nu} = \frac{\tau_0 \delta_\tau}{\tau_0 - r} = \frac{\tau_0}{(\tau_0 - r)_{(\tau)}\nu} \qquad \text{(II, 2)}$$

A través de su viaje en el espacio la radiación conserva su ritmo

[**p.490**]

en el tiempo τ porque las leyes de la radiación no tienen nada que ver con el factor $(\tau_0/\tau)^2$ en (II, 1) y son las mismas en el mundo de Minkowski que en el mundo de de Sitter. Así, en nuestra Tierra podemos comparar el ritmo invariable de nuestro reloj atómico *aquí*, es decir, su ${}_{(s)}\nu$ con la frecuencia ${}_{(\tau)}\nu$ que se nos envía desde una nebulosa lejana. Partiendo de (II, 2), encontramos:

$$\frac{{}_{(\tau)}\nu}{{}_{(s)}\nu} = \frac{\tau_0}{(\tau_0 - r)} = \frac{1}{1 - \dfrac{r}{\tau_0}}.$$

Aquí y *ahora* en nuestra Tierra, donde $r = 0$, τ y la frecuencia s coinciden. Introduciendo dos longitudes de onda ${}_{(s)}\lambda = 1/{}_{(s)}\nu$ y ${}_{(\tau)}\lambda = 1/{}_{(\tau)}\nu$ tenemos:

$$\frac{{}_{(s)}\lambda}{{}_{(\tau)}\lambda} = 1 - \frac{r}{\tau_0}$$

y por tanto

$$\frac{{}_{(\tau)}\lambda - {}_{(s)}\lambda}{{}_{(\tau)}\lambda} = \frac{\Delta\lambda}{\lambda} = \frac{\tau}{\tau_0},$$

lo que da la famosa ley del corrimiento al rojo. Así pues, el corrimiento al rojo es proporcional a la "distancia" de la fuente de luz. (Las comillas alrededor de la palabra "distancia" indican que es una cuestión abierta si r, tal como se ha definido anteriormente, merece llamarse "distancia"). Vemos que el universo de Sitter tal como se considera aquí nos da la ley del corrimiento al rojo y a partir de su determinación experimental podemos hallar la actual τ_0 cosmológica. Vemos también que una consideración similar repetida para el universo estático de Einstein no nos daría la ley del corrimiento al rojo.

Sin embargo, a pesar de la belleza matemática del universo de de Sitter, a pesar del hecho de que nos da la ley del corrimiento al rojo, se pueden plantear dos serias objeciones contra este modelo matemático.

La primera objeción es común tanto al universo de de Sitter como al de Einstein. Ambos requieren el cambio de las ecuaciones dinámicas de la teoría de la relatividad, ambos satisfacen las ecuaciones gravitacionales para el campo gravitacional sólo si introducimos en ellos la constante cosmológica Λ. Pero también nos enfrentamos a otra dificultad peculiar del universo de de Sitter.

[**p.491**]

Si introducimos la forma métrica (II, 1), en las ecuaciones gravitacionales (I, 3), podemos entonces calcular la densidad media de materia. Es cierto que las partículas fundamentales están en reposo, pero cabría esperar que tuvieran cierta densidad como en el caso del universo de Einstein. ¡Pero aquí la densidad resulta ser cero! ¡El universo de Sitter está vacío! Así pues, la presencia de partículas elementales con las que debemos poblar nuestro universo para representar las nebulosas y su movimiento, contradice las ecuaciones dinámicas de la teoría de la relatividad general. Por supuesto, es una cuestión abierta si debemos atenernos a las ecuaciones de la dinámica en nuestro planteamiento cosmológico. En cualquier caso, las hemos violado al añadir la expresión cosmológica. Podríamos violarlas aún más cambiando las ecuaciones dinámicas, de modo que la densidad de materia definida de una nueva manera resultara diferente de cero. Pero tal procedimiento sería feo, y es dudoso que se pudiera construir una teoría lógicamente consistente de esta manera. La obra de Einstein se caracteriza por una rara búsqueda de la simplicidad lógica, la belleza y la claridad. En el marco de la teoría de la relatividad no hay lugar para suposiciones *ad hoc* e hipótesis artificiales. Éstas estropearían no sólo la belleza sino también la autoconsistencia de la teoría de la relatividad general.

El primer reconocimiento teórico de que la ley del corrimiento al rojo se desprende del modelo de De Sitter de nuestro universo se debe a Weyl. Nos encontramos ante uno de los casos en los que la teoría predijo sucesos confirmados posteriormente por la experimentación. De hecho, el artículo teórico de Weyl apareció en 1923, ([3]) mientras que las pruebas experimentales del corrimiento al rojo no se conocieron hasta 1929, ([4]) cuando Hubble publicó sus resultados sobre las mediciones del corrimiento al rojo de 46 nebulosas y estableció experimentalmente la relación lineal entre $(\Delta\lambda)/\lambda$ y la distancia.

El desarrollo posterior de la cosmología teórica está relacionado principalmente con tres nombres: Friedmann (1922), ([5]) Lemaître

([3]) Hermann Weyl, "Zur allgemeinen Relativitätstheory", *Phys. Zeitschr.* (Vol. 24, 1923), 230-232.

([4]) E. P. Hubble, „A relation between Distance and Radial Velocity among Extra-Galactic Nebulae," *Proc. Nat. Acad. Sci.* (Vol. 15, 1929), 168-173.

([5]) A. Friedmann, "Über die Krümmung des Raumes," *Zeitschr. f. Physik* (Vol. 10, 1922), 377-386.

[**p.492**]

(1927), ([6]) y Robertson (1929). ([7]) Cada uno de ellos se ocupó del mismo problema: encontrar un modelo más general de nuestro universo, ir más allá del de Einstein y de Sitter. En efecto, resultó que tanto el universo de Einstein como el de de Sitter forman, por así decirlo, dos casos límite de un universo lleno de materia o de un universo vacío de materia. Entre estos dos casos límite existe una variedad infinita de universos posibles.

Desde el punto de vista filosófico, la discusión más satisfactoria del problema cosmológico fue la de Robertson. Es general, se basa en muy pocos supuestos y tiene carácter cinemático, es decir, ignora por completo las ecuaciones dinámicas de la teoría de la relatividad general.

En su esencia, el problema de Robertson puede enunciarse como sigue. Nuestro universo, tomado en su conjunto, se caracteriza por una forma métrica de cuatro dimensiones. Preguntamos cuál es la forma cuadrática más general que describiría un universo isótropo y homogéneo en un sistema de coordenadas en el que las partículas fundamentales están en reposo. He aquí la respuesta de Robertson a esta pregunta: Imaginemos un espacio tridimensional con curvatura constante. Sin pérdida de generalidad podemos suponer que la curvatura riemanniana k tiene los valores

$$+1, 0, -1.$$

(En efecto, la curvatura puede ser positiva, nula o negativa; por tanto, puede hacerse 1, 0, -1, mediante un cambio adecuado de unidades). Este espacio tridimensional con curvatura constante es isótropo y homogéneo. Matemáticamente, las tres formas métricas pueden escribirse de las siguientes maneras:

$$\begin{aligned} &(A)\ d\sigma^2 = d\rho^2 + sin^2\,\rho\,(d\theta^2 + sin^2\,\theta\,d\varphi^2) \text{ para } k = +1. \\ &(B)\ d\sigma^2 = d\rho^2 + \rho^2\,(d\theta^2 + sin^2\,\theta\,d\varphi^2) \text{ para } k = 0. \qquad (II, 3) \\ &(C)\ d\sigma^2 = d\rho^2 + sinh^2\,\rho\,(d\theta^2 + sin^2\,\theta\,d\varphi^2) \text{ para } k = -1 \end{aligned}$$

En la teoría de la relatividad, nuestro universo se representa como una variedad espaciotemporal cuadridimensional. La exigencia de isotropía y

([6]) G. Lemaître, "Un Universe Homogène de Masse Constante et de Rayon Croissant, Rendant Compte de la Vitesse Radiale de Nébuleuses Extra-galactiques. (11) *Ann. Soc. Sci.* (Bruxelles, Vol. 47 A, 1927), 49-59.

([7]) H. P. Robertson, "On the Foundations of Relativistic Cosmology," *Proc. Nat. Acad. Sci.*, (Vol. 15, 1929), 822-829.

[**p.493**]

homogeneidad se conservará, es decir, todos los observadores fundamentales describirán nuestro universo de la misma manera, si su forma métrica es

$$ds^2 = R^2\,(\tau)\,(d\tau^2 - d\sigma^2),$$

donde $d\sigma^2$, es una de las tres formas escritas antes en (II, 3). Tenemos ahora por tanto la forma más general para todos los universos que satisfacen las condiciones de isotropía y homogeneidad.

Efectivamente, tomemos $R = R_0$ = constante y $d\sigma^2$ de la forma (A) y tendremos el universo de Einstein. Tomemos $R(\tau) = \tau_0/\tau$ y $d\sigma^2$ de la forma (B) y tendremos el universo de de Sitter.

Vemos pues que nos enfrentamos a un número tremendo de modelos cosmológicos posibles. Es cierto que sólo hay *tres* posibilidades para $d\sigma^2$, pero un número infinito de posibilidades para $R^2(\tau)$, y por tanto para ds^2. Muchos de estos modelos nos darán el corrimiento al rojo. Algunos de ellos nos darán un desplazamiento al violeta y, por lo tanto, tendrán que ser rechazados. Algunos de ellos pueden darnos una masa o densidad negativas, o violar algunos otros requisitos dinámicos razonables. Sin embargo, quedan muchas posibilidades. Esta situación no es alentadora. Esperamos que una buena teoría nos lleve a conclusiones definitivas, a un modelo que pueda ser aceptado o rechazado por la experimentación. En este caso no es así. Hay demasiadas posibilidades.

III

En 1931 Einstein ([8]) indicó una forma de restringir las múltiples posibilidades cosmológicas. Sugirió la supresión de la constante cosmológica que había introducido en 1917. Recordemos cómo la introducción de Λ generalizó las ecuaciones dinámicas de Einstein, de modo que pudieran ser satisfechas por la métrica del universo de Einstein. Sin embargo, desde entonces hemos aprendido que el universo de Einstein es sólo *uno* de los muchos posibles; que, además, es inconsistente con la ley del corrimiento al rojo. Por lo tanto,

([8]) A. Einstein, "Zum kosmologischen Problem der allgemeinen Relativitätstheorie," *S. B. Preuss. Akad. Wiss.* (1931), 235-237.
A. Einstein and W. De Sitter, „On the Relation between the Expansion and the Mean Density of the Universe," *Proc. Nat. Acad. Sci.* (Vol. 18, 1932), 213 f.

[**p.494**]

parecería apropiado volver a la antigua posición mantenida por la teoría de la relatividad antes de 1917 y abandonar la constante cosmológica Λ. De este modo, las posibilidades serán más limitadas. Los dos universos que hemos considerado aquí con más detalle, los universos de Einstein y de de Sitter, no estarán entre los admitidos, porque ambos satisfacen sólo las ecuaciones dinámicas *generalizadas*.

En su primer trabajo sobre este tema, Einstein investigó un modelo cosmológico con $k = 1$ y $R(\tau)$ elegido de tal modo que la forma métrica era coherente con las ecuaciones dinámicas originales, es decir, aquellas con $\Lambda = 0$. Así pues, el modelo que Einstein propuso era una generalización del universo anterior de Einstein. Pero, el hecho de que $R(\tau)$ ya no fuera constante hizo posible el desplazamiento al rojo.

Al año siguiente, Einstein y de Sitter investigaron conjuntamente un universo especialmente sencillo. De hecho, en algunos aspectos es el universo más sencillo investigado hasta la fecha (por supuesto, con la excepción del universo de Minkowski).

La forma métrica de este universo de Einstein-de Sitter, como lo llamaremos, es:

$$ds^2 = \left(\frac{\tau}{\tau_0}\right)^4 (d\tau^2 - d\sigma^2) \qquad \text{(III, 1)}$$

donde $d\sigma^2$ es de la forma (B), es decir, el espacio tridimensional euclídeo. Un cálculo sencillo muestra que la forma métrica de tal universo es consistente con las ecuaciones dinámicas originales de la teoría de la relatividad. Hay una conclusión importante que se desprende de la ausencia de la constante Λ y que trataremos de explicar ahora.

Antes, podríamos haber argumentado grosso modo de la siguiente manera: La forma métrica introducía una constante, como la constante R_0 en el universo de Einstein, o la constante τ_0 en el universo de de Sitter. Las ecuaciones dinámicas introducen otra constante Λ. Ahora bien, por lo general, constantes como τ_0 pueden determinarse a partir de los datos observacionales sobre el corrimiento al rojo. Constantes como Λ pueden determinarse a partir de los datos de Hubble sobre el recuento de nebulosas, es decir, a partir de la densidad media de materia. Ciertamente no es una situación satisfactoria: dos constantes determinadas ambas por mediciones.

[**p.495**]

Desde el punto de vista filosófico, el universo de Einstein-de Sitter parece más satisfactorio. Aquí tenemos sólo una constante arbitraria, que es τ_0. Su valor puede determinarse a partir de la observación del corrimiento al rojo. Pero si se determina τ_0, entonces el valor de la densidad de materia puede *calcularse* a partir de dicha constante. Así pues, la teoría pasa la prueba si nos proporciona datos razonables sobre la densidad. En el caso del universo de Einstein-de Sitter, estos datos son bastante razonables.

La densidad es de 6×10^{-28} cm^{-3}, lo que coincide con el límite superior de la estimación de Hubble.

¿Es nuestro universo de un tipo tan simple?

De nuevo podemos plantear objeciones tanto de carácter práctico como filosófico.

En primera aproximación, el desplazamiento al rojo depende linealmente de la distancia. Esta dependencia puede explicarse en muchos modelos mediante la elección adecuada de una constante (como τ_0) en la forma métrica. Pero un examen experimental más exhaustivo muestra que el corrimiento al rojo depende también de expresiones de orden *superior*. A medida que se acumulen las pruebas experimentales, a medida que podamos adentrarnos más y más en nuestro universo, las exigencias para una teoría de nuestro universo serán cada vez más estrictas. Una buena teoría tendrá que explicar el corrimiento al rojo total y no sólo el corrimiento al rojo aproximado representado por el término lineal. Pero incluso ahora, con nuestro conocimiento imperfecto de los efectos de corrimiento al rojo de orden superior, sabemos que el universo de Einstein-de Sitter no concuerda con los resultados experimentales.

La siguiente dificultad la comparten tanto el universo de Einstein-de Sitter como muchos otros modelos. Hemos visto que el efecto de corrimiento al rojo nos permite encontrar τ_0, el "*ahora*" de nuestro universo. Así podemos calcular fácilmente cuánto tiempo –en tiempo propio– ha existido el universo hasta el momento presente. El resultado es de 10^9 años, un periodo que parece demasiado pequeño para exprimir en él la complicada historia de nuestro universo. Parece casi demasiado corto incluso para la historia geológica de un miembro insignificante de nuestro universo, la Tierra.

Hay un argumento más en contra del universo Einstein-de Sitter aunque mucho más difícil de explicar, porque es de carácter más bien filosófico y matemático.

[**p.496**]

Nuestro universo puede ser *abierto* o *cerrado*. Llamamos cerrado a nuestro universo si un rayo de luz enviado desde un punto O regresa finalmente a él; el universo es abierto si un rayo de luz no regresa a su punto de partida. Si un sistema de coordenadas es tal que todas las partículas fundamentales están en reposo en él, entonces, en un universo isótropo homogéneo, la forma cuadrática debe ser de la forma (II, 3). El universo es abierto si la forma cuadrática en tal sistema de coordenadas es (B) o (C). El universo es cerrado si es de la forma (A).

Así, entre los universos que hemos considerado hasta ahora, el universo de Einstein es cerrado, pero el universo de de Sitter y los universos de Einstein-de Sitter son abiertos. (Podemos observar de paso que uno de los tres posibles universos de de Sitter –no considerado aquí– es cerrado).

Antes de decidir cuál es la forma cuadrática particular de nuestro universo, nos gustaría decidir una cuestión más fundamental: ¿es nuestro universo *abierto* o *cerrado*? Esta pregunta es más general y más importante que la pregunta especializada sobre la métrica de nuestro universo, es decir, la elección de la función $R(\tau)$. No conocemos la respuesta a esta pregunta. Sin embargo, todo matemático, si pudiera elegir, preferiría ver nuestro universo cerrado antes que abierto. Hay una belleza matemática en un universo así, que se revela cuando consideramos cualquier problema matemático en un contexto cosmológico así. En un universo cerrado, las condiciones de contorno son sencillas y no hay que preocuparse por los infinitos en el tiempo y el espacio. Comparado con el universo cerrado, el abierto de Einstein-de Sitter parece aburrido y poco inspirado.

El universo de Einstein puede considerarse un prototipo de universo cerrado. Sin embargo, recordemos que hay dos universos de Einstein posibles. Un universo de Einstein puede ser *esférico* o *elíptico*. En la forma cuadrática (I, 1) identificamos los puntos $\rho = 0$ y $\rho = \pi$, si el universo es elíptico. Tenemos sucesos espejo en un universo esférico. Se convierten en sucesos idénticos en un universo elíptico.

Esta diferencia entre universo esférico y elíptico aparece en todos los universos *cerrados*. No existe tal distinción en

[**p.497**]

el caso de un universo abierto. Por lo tanto, si nuestro universo es cerrado tendríamos que responder a una pregunta adicional. ¿Es esférico con sucesos espejo, o es elíptico? Se ha prestado poca atención a esta cuestión, porque tiene poca importancia si sólo exploramos la vecindad de nuestra galaxia. Pero la descripción de algunos fenómenos puede ser muy diferente en dos de esos contextos. En efecto, la solución de la ecuación de la mecánica cuántica de Dirac, por ejemplo, depende muy esencialmente del carácter esférico o elíptico de nuestro universo. ([9])

IV

En los últimos treinta años, el centro de la investigación se ha desplazado de la teoría de la relatividad a la teoría cuántica. Sin embargo, esta afirmación puede inducir a error, porque está demasiado simplificada. Ignora el papel tremendamente importante que ha desempeñado la teoría de la relatividad en el desarrollo de la mecánica cuántica. Me gustaría indicar sólo un ejemplo: el gran progreso logrado por las ecuaciones de Dirac se debe a su éxito en conciliar la teoría de la relatividad y la mecánica cuántica. Pero incluso el problema de la cosmología se relacionó con el problema del átomo. Nos preguntamos: ¿las leyes que rigen nuestro universo son independientes de las leyes de la mecánica cuántica que rigen el átomo? Diferentes físicos teóricos responden a esta pregunta de forma diferente. Algunos de ellos creen que existe una conexión entre la estructura del universo y la estructura del átomo. El representante más destacado de esta corriente de pensamiento es sir Arthur Eddington, que dedicó muchos años a la difícil tarea de construir un puente conceptual entre la teoría cuántica y la teoría de la relatividad. Su trabajo, sin duda muy audaz e imaginativo, es admirado por algunos físicos, pero considerado demasiado especulativo y formal por otros. Algunos físicos (Dirac, Schrödinger) creían que Eddington estaba al menos en el buen camino. Otros rechazan la idea de que exista conexión alguna entre la constante de estructura fina, la relación entre la masa del protón y la del electrón, por un lado, y las constantes que caracterizan nuestro universo, por otro.

([9]) L. Infeld and A. Schild, "A New Approach to Kinematic Cosmology," *Phys. Rev.* (Vol. 68, 1945), 250-272, and (Vol. 70, 1946), 410-425.

[**p.498**]

No me corresponde a mí decir cuál es la opinión de Einstein sobre esta cuestión. Su reciente artículo ([10]) indicaría que en la actualidad no cree en la conexión entre la estructura del universo y el átomo. En él ha demostrado que los problemas locales como el de una partícula o el de nuestro sistema solar no se ven afectados por la estructura de nuestro universo considerado como un todo.

Sin embargo, creo que puede haber alguna conexión entre la descripción de los fenómenos locales y la estructura de nuestro universo, aunque puede ser menos espectacular que la buscada por Eddington, y estar en una dirección totalmente diferente. Tomemos como ejemplo las ecuaciones de Maxwell e intentemos encontrar su solución en un contexto cosmológico. Si suponemos que nuestro universo es un universo *abierto*, entonces no hay diferencia entre una solución en tal universo y la solución en un mundo de Minkowski. En otras palabras, la estructura de nuestro universo no se revela en las ecuaciones de Maxwell si el universo es abierto. Pero la situación cambia radicalmente si resolvemos las mismas ecuaciones de Maxwell en un universo *cerrado*. No cambia por la métrica, sino por la identificación de puntos $\rho = 0$ y $\rho = \pi$. Tal identificación cambia nuestro problema en un problema de valor límite, y obtenemos valores característicos para las frecuencias. En un universo cerrado la frecuencia de radiación tiene su valor *más bajo*; el espectro, en su lado rojo, no puede alcanzar la frecuencia cero. No importa si el problema se resuelve en un espacio de Einstein o en cualquier otro espacio cerrado; la solución es siempre la misma. Así pues, no es la *métrica* sino la *topología* del universo lo que influye en el carácter de las soluciones de Maxwell.

Impera una situación similar si consideramos la ecuación de Dirac en un contexto cosmológico. De nuevo, las soluciones en un universo abierto son las del espacio de Minkowski, mientras que las soluciones en un universo cerrado son diferentes, no debido a la métrica, sino a la topología de nuestro universo.

Hemos intentado esbozar brevemente los esfuerzos de los científicos por comprender la arquitectura de nuestro universo. Estos esfuerzos, aunque vinculados a la observación, son esencialmente de carácter especulativo.

([10]) A. Einstein and E. G. Straus, „Influence of the Expansion of Space on the Gravitation Fields Surrounding the individual Stars," *Rev. of Mod. Physics* (Vol. 17, 1945), 120-125.

[p.499]

En los últimos treinta años hemos logrado formular un nuevo problema y ver algunas de las posibles soluciones; pero nuestras respuestas no son ni decisivas ni definitivas. De hecho, *en ciencia no hay respuestas definitivas y decisivas*. Sin embargo, todas nuestras especulaciones cosmológicas, aunque se hayan alejado mucho del artículo original de Einstein, surgieron de las ideas de la teoría de la relatividad. En la historia del pensamiento humano representan uno de los muchos caminos que emanan de una fuente común: la teoría de la relatividad, creación de un hombre genial. ([11])

LEOPOLD INFELD

University of Toronto
Toronto, Canada

([11]) Para una cita más completa de la literatura y para una exposición más técnica del problema cosmológico, se remite al lector a las siguientes fuentes: H. P. Robertson, "Relativistic Cosmology", en *Review of Modern Physics* (1935), 62-90. R. C. Tolman, *Relativity, Thermodynamics and Cosmology* (Oxford, en Clarendon Press, 1934). A. Schild, "A New Approach to Kinematic Cosmology" (Tesis de la Universidad de Toronto, 1946).

OCTUBRE

Sigamos con el término cosmológico.

En el libro "homenaje" a Einstein de 1949 (P. A. Schilpp, «Albert Einstein: Philosopher-Scientist»), contesta Einstein, en *Reply to Criticism* al artículo de Lemaître [Lemaître, Georges Edward. «The Cosmological Constant»] (que sigue defendiendo con firmeza la constante cosmológica) en el propio libro:

> «As concerns Lemaître's arguments in favour of the so-called "cosmological constant" in the equations of gravitation, I must admit that these arguments do not appear to me as sufficiently convincing in view of the present state of our knowledge.
>
> The introduction of such a constant implies a considerable renunciation of the logical simplicity of the theory, a renunciation which appeared to me unavoidable only so long as one had no reason to doubt the essentially static nature of space. After Hubble's discovery of the "expansion" of the stellar system, und since Friedmann's discovery that the unsupplemented equations involve the possibility of the existence of an average (positive) density of matter in an expanding universe, the introduction of such a constant appears to me, from the theoretical standpoint, at present unjustified.»

> «En cuanto a los argumentos de Lemaître en favor de la llamada "constante cosmológica" en las ecuaciones de la gravitación, debo admitir que estos argumentos no me parecen suficientemente convincentes en vista del estado actual de nuestros conocimientos.
>
> La introducción de dicha constante implica una renuncia considerable a la simplicidad lógica de la teoría, una renuncia que me parecía inevitable sólo mientras no se tuviera ninguna razón para dudar de la naturaleza esencialmente estática del espacio. Tras el descubrimiento de Hubble de la "expansión" del sistema estelar, y desde el descubrimiento de Friedmann de que las ecuaciones no suplementadas [con el término cosmológico] implican la posibilidad de existencia de una densidad media (positiva) de materia en un universo en expansión, la introducción de tal constante me parece, desde el punto de vista teórico, actualmente injustificada.»

Renueva pues Einstein el pilar de su fe en la economía lógica.

1954

Einstein. Princeton. (Prólogo escrito en 1953 y publicado en 1954)

Max Jammer (Moshe Jammer, Viena 1915 – Jerusalén 2010) rastrea la historia del concepto de espacio desde la antigüedad. Es más que probable que no necesitase empujar mucho a Einstein para que le escribiera el prólogo.

M. Jammer. «Concepts of Space». Cambridge, Harvard University Press, **1954**.

Prólogo

Albert Einstein

Para valorar la importancia de estudios como los de M. Jammer en la presente obra es necesario hacer las siguientes consideraciones. La mirada del físico se fija en los fenómenos accesibles a la observación, en su percepción y en su formulación conceptual. En su esfuerzo por llegar a una formulación conceptual del corpus, inmenso y confuso, de los datos de observación, el físico utiliza todo un arsenal de conceptos que prácticamente succionó ya con el biberón, a menudo sin percatarse incluso del carácter eternamente problemático de esos conceptos. Utiliza este material conceptual o, con más precisión, estas herramientas conceptuales de pensamiento como si se tratase de algo dado de forma evidente e inmediata, algo cuyo valor objetivo de verdad no debe casi nunca ponerse en duda o, en todo caso, no de forma seria. Por otra parte, ¿qué otra cosa podría hacer? ¿Cómo podría alcanzarse una cima si el uso de las manos, de las piernas y del instrumental tuviera que ser sancionado a cada paso por la ciencia de la mecánica? Sin embargo, en interés de la propia ciencia, es necesario entregarse a una crítica perpetua de estos conceptos fundamentales con objeto de no dejarse dirigir inconscientemente por ellos. Esto es especialmente evidente en las situaciones en las que uno se ve abocado a desarrollar ideas para las que el uso coherente de los conceptos fundamentales tradicionales conduce a paradojas difíciles de resolver.

Aparte de la duda que arroja sobre la justificación del uso que hacemos de los conceptos, es decir, incluso cuando esta duda no está en el primer plano de nuestras preocupaciones, el estudio del origen o los antecedentes de nuestros conceptos fundamentales tiene un interés puramente histórico. Las investigaciones de este tipo, aunque se desarrollen únicamente en el ámbito de la historia del pensamiento, no son en principio independientes de los intentos de análisis lógico y psicológico de los conceptos básicos. Pero al ser limitadas las capacidades de trabajo y las competencias de un individuo, es raro encontrar a alguien que tenga la formación filológica e histórica que requiere la interpretación y la comparación crítica de fuentes dispersas a lo largo de varios siglos y que, al mismo tiempo, pueda evaluar el significado de los conceptos en cuestión desde el punto de vista de la ciencia en su conjunto. Me parece que el trabajo de M. Jammer demuestra que estas condiciones se cumplen ampliamente en su caso.

En su mayor parte, M. Jammer se ha limitado, sabiamente en mi opinión, al estudio histórico del concepto de espacio. Si dos autores utilizan las palabras "rojo", "duro" o "decepcionado", nadie duda de que quieren decir más o menos lo mismo, porque estas palabras se asocian a experiencias básicas de una manera que es difícil de malinterpretar. Pero cuando se trata de palabras como "lugar" o "espacio", que están menos directamente relacionadas con la experiencia psicológica, existe una gran incertidumbre sobre su interpretación. El historiador intenta superar esta incertidumbre comparando los textos entre sí y teniendo en cuenta la imagen que estos dan de la cultura de la época en cuestión. Pero el científico actual, cuya formación y orientación no son principalmente las del historiador, no puede, o no quiere, formarse una imagen del origen de los conceptos fundamentales de esta manera. Tenderá a formarse una idea intuitiva de cómo pueden haberse formado conceptos importantes, basándose en su conocimiento rudimentario de los logros de la ciencia en diversas épocas. Esto no le impedirá estar agradecido al historiador siempre que éste consiga convencerle de que corrija sus ideas de origen puramente intuitivo.

En cuanto al concepto de espacio, parece que todo esto fue precedido por el concepto psicológicamente más simple de lugar. El lugar es principalmente una (pequeña) porción de la superficie terrestre identificada por un nombre. La cosa cuyo "lugar" se especifica es un "objeto material", o un cuerpo. Un simple análisis muestra que un "lugar" también se refiere a un grupo de objetos materiales. ¿Tiene la palabra "lugar" un significado independiente de éste, o se le puede dar tal significado? Si la respuesta a esta pregunta tiene que ser negativa, entonces uno se ve abocado a creer que el espacio (o el lugar) es una especie de orden de objetos materiales y nada más. Si el concepto de espacio se construye y limita de este modo, hablar de espacio vacío carece de sentido. Y, puesto que la formación de conceptos siempre se ha regido por la búsqueda instintiva de la mayor economía, uno se ve llevado naturalmente a rechazar el concepto de espacio vacío.

Pero también es posible pensar de otra manera. En una caja podemos poner un número determinado de granos de arroz o de cerezas, etc. Esta es una propiedad del objeto material "caja", y esta propiedad debe ser considerada como "real", al igual que la propia caja. Esta propiedad puede llamarse el "espacio" de la caja. Puede haber otras cajas que, en este sentido, tengan un "espacio" del mismo tamaño. Este concepto de "espacio" adquiere así un significado libre de cualquier conexión con un objeto material concreto. Por una extensión natural del "espacio" de una caja, se llega así al concepto de espacio independiente (absoluto), de extensión ilimitada, en el que están contenidos todos los objetos materiales. Un objeto que no esté situado en el espacio es sencillamente inconcebible; en cambio, en el marco de esta formación conceptual, es bastante concebible que exista un espacio vacío.

Estos dos conceptos de espacio pueden oponerse de la siguiente manera: (a) el espacio es una cualidad posicional del mundo de los objetos materiales; (b) el espacio es el contenedor de todos los objetos materiales. En el caso (a), el espacio es inconcebible sin un objeto material. En el caso (b), un objeto material sólo puede concebirse como existente en el espacio; el espacio aparece entonces como una realidad que es en cierto sentido superior al mundo material. Estos conceptos de espacio son ambos creaciones libres de la imaginación humana, medios para facilitar la aprehensión de nuestras experiencias sensibles.

Estas consideraciones esquemáticas se refieren a la naturaleza del espacio desde el punto de vista geométrico y cinemático, respectivamente. En cierto modo, estos puntos de vista se reconcilian en Descartes mediante la introducción del concepto de sistema de coordenadas, aunque esta introducción presupone el concepto lógicamente más atrevido de espacio (b).

El concepto de espacio fue enriquecido y hecho más complejo por Galileo y Newton, en el sentido de que, para dar un sentido exacto al principio clásico de inercia (y, por tanto, a la ley clásica del movimiento), hay que introducir el espacio como causa independiente del comportamiento inercial de los cuerpos. Haber comprendido esto de forma clara y completa es, en mi opinión, el mayor logro de Newton. A diferencia de Leibniz y Huyghens, Newton vio claramente que el concepto de espacio (a) no era suficiente para fundamentar el principio de inercia y la ley del movimiento. Aunque compartía sinceramente el malestar subyacente a la oposición de los otros dos, Newton tomó la decisión no sólo de introducir el espacio como algo independiente, distinto de los objetos materiales, sino también de asignarle un papel absoluto en la estructura causal global de la teoría. Este papel es absoluto en el sentido de que el espacio (como sistema inercial) actúa sobre todos los objetos materiales, mientras que éstos, a su vez, no ejercen ninguna reacción sobre el espacio.

La fecundidad del sistema de Newton hizo que estos escrúpulos quedaran ocultos durante varios siglos. El espacio del tipo (b) fue muy generalmente aceptado por los físicos precisamente en la forma del sistema inercial, incluyendo también el tiempo. Hoy se puede decir de esta memorable discusión que la decisión tomada por Newton fue, dado el estado de la ciencia en ese momento, la única posible y, en particular, la única fructífera. Pero la evolución posterior de la cuestión, con un retorno que nadie podía prever en su momento, ha demostrado que la reticencia de Leibniz y Huyghens, intuitivamente bien fundada pero apoyada en argumentos inadecuados, estaba de hecho justificada.

Fue necesario un duro combate para llegar al concepto de espacio independiente y absoluto, indispensable para el desarrollo de la teoría. Posteriormente, hubo que hacer esfuerzos no menos denodados para superar este concepto, y probablemente este proceso esté hoy lejos de haber concluido.

El libro de M. Jammer se ocupa en gran medida del estatuto del concepto de espacio en la Antigüedad y la Edad Media. Basándose en sus investigaciones, se inclina por concluir que el concepto moderno de espacio del tipo (b), es decir, el espacio como contenedor de todos los objetos materiales, sólo se desarrolló después del Renacimiento. Por mi parte, me parece que la antigua teoría atómica, con sus átomos que existen por separado unos de otros, presupone necesariamente un espacio de tipo (b), mientras que la escuela aristotélica, más influyente, intentó prescindir del concepto de espacio independiente (absoluto). Las ideas de M. Jammer sobre las influencias teológicas en el desarrollo del concepto de espacio, que escapan a mi competencia, serán sin duda del mayor interés para quienes estudian el problema del espacio principalmente desde una perspectiva histórica.

La victoria sobre el concepto de espacio absoluto, o sistema inercial, sólo fue posible porque el concepto de objeto material había sido sustituido gradualmente como concepto fundamental de la física por el de campo. Bajo la influencia de las ideas de Faraday y Maxwell, se desarrolló una concepción según la cual el conjunto de la realidad física podía ser representado por un campo cuyos componentes dependen de cuatro parámetros espacio-temporales. Si las leyes del campo son covariantes generales, es decir, no dependen de una elección particular del sistema de coordenadas, la introducción de un espacio independiente (absoluto) ya no es necesaria. Es simplemente la tetradimensionalidad del campo lo que constituye el carácter espacial de la realidad. No hay espacio "vacío", es decir, no hay espacio sin campo. La presentación de Jammer también muestra cómo, siguiendo un camino sinuoso y memorable, se han superado, al menos en gran medida, las dificultades asociadas a este problema. Hasta ahora, nadie ha encontrado una manera de evitar el sistema inercial que no sea por medio de la teoría de campos.

Princeton, New Jersey, 1953

FEBRERO (1954)

La gentileza de la Universidad Hebrea de Jerusalén (HUJ) nos permite conocer en su integridad la carta de Einstein a F. Pirani, que dice más cosas de las que el último y conocido párrafo permitía presagiar.

Carta de Einstein a Felix Pirani. [Princeton], 2 de febrero de 1954.

[Princeton] den 2. Februar 1954

Herrn Felix Pirani
Trinity College
Cambridge, England

Sehr geehrter Herr Pirani:

Es ist viel die Rede von Machs Prinzip. Es ist aber nicht leicht, einen klaren Sinn damit zu verbinden. Machs Triebfeder war dies: Es ist unerträglich, dass der Raum (bezw. das Inertialsystem) durch Bestimmung des Trägheits-Verhalten auf alle ponderablen Dinge wirkt, ohne das letztere auf den Raum bestimmend zurückwirken. Mach hat wieder neu entdeckt, was Leibnitz und Huyghens an Newtons Theorie mit Recht tadelten. Er sucht diesem Uebel abzuhelfen, indem er den Raum abzuschaffen und durch die relative Trägheit der ponderablen Körper gegen einander zu ersetzen suchte. Der Raum sollte durch paarweise Abstände der Körper voneinander (als selbständige Begriffe) ersetzt werden. Dies ging freilich nicht, ganz abgesehen davon, dass die Zeit mit ihrem absoluten Charakter übrig blieb.

Was den Menschen vorschwebt, wenn sie heute von Machs Prinzip reden, so wollen sie nicht das Kontinuum abschaffen, sondern das Feld beibehalten. Aber sie denken, dass das Feld *völlig* bestimmt sein soll durch die Materie. Dies ist aber eine heikle Sache, da die T_{ik}, welche die „Materie" darstellen

p.2

sollen, immer schon das g_{ik} Feld voraussetzen.

Man hat es eben mit einer Feld-Theorie zu tun, die die Setzung von (an sich willkürlichen) Grenzbedingungen mit sich bringt, wenn man diese nicht völlig durch die Bedingung der (vierdimensionalen?) Geschlossenheit ersetzen zu können glaubt. T_{ik} ist nämlich der Teil des Gesamtfeldes, von dem man weiss, dass man seine Struktur einstweilen nur oberflächlich (phänomenologisch) zu berücksichtigen imstande ist.

Wenn man dies bedenkt, könnte man meinen, dass das ganze kosmologische Problem nichts sei als eine Modekrankheit. Dies ist aber doch nicht ganz so, weil man schwer davon los kommt, dass die Welt (roh gesprochen) wenigstens „räumlich" homogen sollte gedacht werden können. Andere gesagt: man kann nicht glauben, dass die Körperwelt eine Insel in einem unendlichen g_{ik}-Feld sei.

Dies Dilemma war (sowohl nach Newtons Theorie als auch nach der allgemeinen Relativität wohl nur durch Friedmanns Expandierendes Universum zu lössen.

Da mir diese Möglichkeit nicht in den Sinn kam, glaubte ich (irrtümlich), dass eine quasi-homogene Welt *nur* durch Einführung des („kosmologischen Terms") zu erzielen sei. Diese Setzung war aber weder physikalisch noch von Standpunkt der logischen Einfachheit gerechtfertigt. Sie hat dann dazu beigetragen, dass man in kosmologischen Betrachtungen dem „wishful thinking" eine Rolle zugebilligt hat, über welche spätere

p.3

Generationen gewiss lächeln werden. Ich glaube nicht, dass derartige willkürliche Setzungen eine einigermassen beträchtliche Aussicht haben, uns der Wahrheit näher zu bringen.

Von dem Mach'schen Prinzip aber sollte man nach meiner Meinung überhaupt nicht mehr sprechen. Es stammt aus der Zeit, in der man dachte, dass die „ponderabeln Körper" das einzige physikalisch Reale seien, und dass alle nicht durch sie völlig bestimmten Elemente in der Theorie wohl bewusst vermieden werden sollten. (Ich bin mir der Tatsache wohl bewusst, dass auch lange Zeit durch diese fixe Idee beeinflusst war).

Freundlich grüsst Sie
Ihr
Albert Einstein.

[Princeton], 2 de febrero de 1954

Al Sr. Felix Pirani
Trinity College
Cambridge, England

Estimado Sr. Pirani:

Se habla mucho del principio de Mach. No es fácil, sin embargo, asociarle un significado diáfano. El móvil de Mach era este: es insoportable que el espacio (o el sistema inercial) actúe sobre todas las cosas ponderables, determinando su comportamiento inercial, sin que este último reaccione con un efecto determinante sobre el espacio. Mach redescubrió lo que Leibnitz y Huyghens criticaban con razón en la teoría de Newton. Trató de remediar este mal aboliendo el espacio y sustituyéndolo por la inercia relativa de los cuerpos ponderables entre sí. El espacio debía ser sustituido por las distancias entre pares de cuerpos (como conceptos independientes). Por supuesto, esto no fue posible, aparte de que el tiempo mantuvo su carácter absoluto.

Lo que la gente tiene hoy in mente cuando habla del principio de Mach no es abolir el continuo, sino mantener el campo. Pero piensan que el campo debe estar *completamente* determinado por la materia. Esta es, sin embargo, una cuestión delicada, ya que los T_{ik}, que se supone que representan la «materia»,

p.2

presuponen siempre el campo g_{ik}.

Nos encontramos precisamente ante una teoría de campos que conlleva el establecimiento de condiciones de contorno (de por sí arbitrarias), si no se cree que éstas puedan sustituirse completamente por la condición de cierre (¿cuatridimensional?). T_{ik} es pues la parte del campo total de la que sabemos que, por el momento, sólo somos capaces de considerar su estructura superficialmente (fenomenológicamente).

Si se tiene esto en cuenta, podría pensarse que todo el problema cosmológico no es más que una enfermedad de moda. Pero no es del todo así, porque es difícil sacudirse de encima la idea de que el mundo (a grandes rasgos) debe poder considerarse al menos "espacialmente" homogéneo. En otras palabras: no se puede creer que el mundo físico sea una isla en un campo g_{ik} infinito.

Este dilema (tanto según la teoría de Newton como según la relatividad general) quizá sólo pueda resolverse mediante el Universo en Expansión de Friedmann.

Como no se me ocurrió esta posibilidad, creí (erróneamente) que *sólo* se podría lograr un mundo cuasi homogéneo introduciendo el ("término cosmológico"). Sin embargo, esta suposición no estaba justificada ni físicamente ni desde el punto de vista de la simplicidad lógica. Contribuyó entonces así a que se haya otorgado al "wishful thinking" un papel en las *Consideraciones cosmológicas* del que seguramente se rían las posteriores generaciones.

p.3

No creo que semejantes suposiciones arbitrarias tengan ninguna perspectiva significativa de acercarnos a la verdad.

En mi opinión, ya no deberíamos hablar más del principio de Mach. Proviene de la época en que se pensaba que los "cuerpos ponderables" eran lo único físicamente real, y que todos los elementos que no estuvieran completamente determinados por ellos debían evitarse deliberadamente en la teoría. (Soy muy consciente del hecho de que también yo fui influido por esta idea fija durante mucho tiempo).

Mi cordial saludo.

Suyo,

Albert Einstein

Einstein sigue impertérrito generalizando la teoría de la gravitación. Su ayudante, la joven Bruria Kaufman, fue la última de sus colaboradores.

En **1954** se incorpora al "Vier Vorlesungen" un segundo Anexo, del que dice Einstein:

Vorbemerkung zum Anhang II

Für diese Auflage habe ich die "Verallgemeinerung der Gravitationstheorie" unter dem Titel "Relativistische Theorie des nichtsymmetrischen Feldes" völlig neu bearbeitet. Es ist mir nämlich gelungen –zum Teil unter Mitarbeit meiner Assistentin B. Kaufman– die Ableitungen sowie die Form der Feldgleichungen zu vereinfachen. Die ganze Theorie gewinnt dadurch an Durchsichtigkeit, ohne daß ihr Inhalt eine Änderung erfährt.

Dezember 1954 Albert Einstein

Observación preliminar sobre el Apéndice II

Para esta edición, he reelaborado completamente la "Generalización de la teoría de la gravitación" bajo el título "Teoría relativista del campo no simétrico". En concreto, he conseguido –en parte con la colaboración de mi ayudante Bruria Kaufman– simplificar las derivaciones y la forma de las ecuaciones de campo. De este modo, toda la teoría gana en transparencia sin que su contenido experimente ningún cambio.

Diciembre de 1954 Albert Einstein

La historia debe acabar aquí.

ÍNDICE

SITUÉMONOS *5*

Una visión sucinta ***7***

Los peldaños del tiempo ***13***

1881 ***15***

La experiencia de Michelson. La invariancia de la velocidad de la luz.

AMERICAN JOURNAL OF SCIENCE. ART. XXI.- «The relative motion of the Earth and the Luminiferous ether». pp. 120-129. (1881). By ALBERT MICHELSON. Master, U. S. Navy

1883

Primera edición del libro de E. **Mach** «*Die Mechanik in ihrer Entwicklung historisch-kritisch dargestellt*»

1886 ***16***

OCTUBRE.

Inicio de las experiencias que conducen al descubrimiento de las ondas eléctricas por Heinrich Hertz en la Politécnica de Karlsruhe.

1887 ***17***

Michelson y Morley repiten este año el experimento del primero:

THE AMERICAN JOURNAL OF SCIENCE. [THIRD SERIES]. ART. XXXVI.- «*On the Relative Motion of the Earth and the Luminiferous Ether*». By ALBERT A. MICHELSON and EDWARD W. MORLEY. [pp.333-345] (*El movimiento relativo de la Tierra y el éter luminífero*)

1902 ***17***

La «**Academia Olimpia**» ***18***

1905 ***19***

JUNIO

Las "*ondes gravifiques*" de Poincaré.

La relatividad especial sale, en parte, a escena. ***21***

Albert Einstein. «**Zur Elektrodynamik bewegter Körper**». ANNALEN DER PHYSIK. IV. Folge. 17. Band. Páginas: 891-921. Registro de entrada: 30 de Junio de 1905.

SEPTIEMBRE ***46***

Einstein da cuenta somera a su amigo Habicht del resultado final de su artículo:

> Albert Einstein. *«Ist die Trägheit eines Körpers von seinem Energieinhalt abhängig?»*. ANNALEN DER PHYSIK. Bd. 322. 1905. Registro de entrada: 27 de Septiembre de 1905. Páginas: 639-641. (¿Depende la inercia de un cuerpo de su contenido en energía?)

que constituye lo que en toda la nomenclatura posterior va a llamarse inercia de la energía:

1907 ***49***

DICIEMBRE

Johannes Stark encarga a Einstein una profundización sobre su artículo de 1905 "Zur Elektrodynamik bewegter Körper". El nuevo artículo

> Albert Einstein. «Über das Relativitätsprinzip und die aus demselben gezogenen Folgerungen». *JAHRBUCH DER RADIOAKTIVITÄT UND ELEKTRONIK*, 4, 1907. Páginas: 411-462. (Principio de relatividad y consecuencias que se deducen del mismo.) Registro de entrada: 4 de Diciembre de 1907.

va a significar el arranque de la relatividad general. (Fragmento)

1908 ***50***

SEPTIEMBRE

Minkowski ***51***

> Hermann Minkowski. **«Raum und Zeit»**. Conferencia pronunciada ante la Asamblea de Naturistas y Médicos alemanes en Colonia, el 21 de septiembre de 1908.
>
> [Recogida en el libro de monografías: FORTSCHRITTE DER MATHEMATISCHEN WISSENSCHAFTEN, recopiladas por Otto Blumenthal. Cuaderno 2 (Título genérico: *Das Relativitätsprinzip*). Editorial e imprenta de B. G. Teubner. Leipzig. Berlín. 1920; Páginas: 54-66 y 67-71]

1908 – 1911 ***63***

Sobre las cavilaciones de estos años, habla Einstein más tarde:

> Albert Einstein. «Einiges über die Entstehung der allgemeinen Relativitätstheorie». [*Mein Weltbild*. Ullstein Taschenbuchverlag, 27. Auflage, pp.150-154.] *GLASGOW. The George A. Gibson Foundation Lecture*. (Conferencia pronunciada el 20 de junio de **1933**.) (Algunas observaciones sobre la génesis de la teoría de la relatividad general) (FRAGMENTO)

JUNIO (1911) ***64***

Einstein en Praga. Se consolida la hipótesis de equivalencia de 1907.

> Albert Einstein. «Über den Einfluß der Schwerkraft auf die Ausbreitung des Lichtes». ANNALEN DER PHYSIK. Vierte Folge. Band 35. Heft 1. Páginas: 898-908. Registro de entrada: 21 de junio de 1911. Leipzig. (FRAGMENTO)

1912 *66*

Einstein está en Praga, pero tiene próximo el horizonte del regreso a Zurich, esta vez a la ETH. Está embalado en la generalización relativista.

JULIO *67*

Gravitación y electromagnetismo, la obsesión unitaria. Einstein está convencido de la posibilidad del tránsito del caso de un campo estático a uno dinámico, al modo del electromagnetismo, considerando efectos de inducción.

VIERTELJAHRSSCHRIFT FÜR GERICHTLICHE MEDIZIN. Vol. XLIV (**1912**), pp. 37-40. «*Gibt es eine Gravitationswirkung, die der elektrodynamischen Induktionswirkung analog ist?*» Albert Einstein (Prag) [REVISTA TRIMESTRAL DE MEDICINA FORENSE. «¿Existe un efecto gravitacional similar al de la inducción electrodinámica?»]

1913 *72*

Esbozo redactado por Einstein, muy poco antes de 1956, fecha de la edición, muerto ya Einstein.

Extracto de: Albert Einstein. «*Autobiographische Skizze*». Helle Zeit – Dunkle Zeit. In Memoriam Albert Einstein. Herausgegeben von Carl Seelig. Europa Verlag, Zürich **1956**. Páginas 9-17. [Esbozo autobiográfico. Tiempo luminoso – Tiempo oscuro. Editado por Carl Seelig.]

MAYO *74*

El obsesivo tema de la inercia en Einstein. Einstein, en Zurich, y **Mach**, en el «Entwurf»:

Albert Einstein und Marcel Grossmann. «*Entwurf einer verallgemeinerten Relativitätstheorie und einer Theorie der Gravitation*». ZEITSCHRIFT FÜR MATHEMATIK UND PHYSIK. 62. Band. 1913. Heft. 3. Páginas: 225-244 [Physikalischer Teil (Einstein)] y 244-261 [Mathematischer Teil (Grossmann)] («Esbozo de una teoría de la relatividad generalizada y de una teoría de la gravitación») [Parte física: Einstein; parte matemática, Grossmann] (Presentado el 28 de mayo y publicado en junio) (FRAGMENTO)

JUNIO *76*

Mach, una referencia ineludible. ***Carta de Einstein a Ernst Mach.*** Zürich, 25 de junio de 1913

AGOSTO *76*

SEPTIEMBRE *77*

La evolución relativista.

Albert Einstein. **«Gravitationstheorie».** Schweizerische Naturforschende Gesellschaft. Verhandlungen. 96, parte 2 (1913), pp. 137-138. 9 de septiembre de 1913

Albert Einstein. «**Physikalische Grundlagen einer Gravitationstheorie**». Naturforschende Gesellschaft in Zürich. Vierteljahrsschrift 58, (1913); pp. 284-290. [Conferencia pronunciada el 9 de Septiembre de 1913 ante la Asamblea anual de la Sociedad *78* suiza de Naturalistas en Frauenfeld.] (Fundamentos físicos de una teoría de la gravitación)

DICIEMBRE

Einstein, en Viena. ***79***

Albert Einstein (Zürich). *«Zum gegenwärtigen Stande des Gravitationsproblems»*. Physikalische Zeitschrift. No. 25; 14. Jahrgang. 15. Dezember 1913. Páginas: 1249-1266. Vorträge und Diskussionen von der Naturforscher Versammlung zu Wien. [Conferencias y Debates de la Asamblea de Investigadores de la Naturaleza. Viena.]. Aus der gemeinsamen der Abteilungen für Physik, Mathematik und Astronomie. [Sesión conjunta de las secciones de Física, Matemáticas y Astronomía] (Estado actual del problema de la gravitación) (FRAGMENTO)

Los últimos esfuerzos desde 1912 hasta 1915 los resumirá Einstein mucho más tarde así:

Albert Einstein. «Einiges über die Entstehung der allgemeinen Relativitätstheorie». [*Mein Weltbild.* Ullstein Taschenbuchverlag, 27. Auflage, pp.150-154.] *GLASGOW. The George A. Gibson Foundation Lecture*. (Conferencia pronunciada el 20 de junio de **1933**.) (Algunas observaciones sobre la génesis de la teoría de la relatividad general) (FRAGMENTO)

1915 ***81***

Puntos principales de la construcción relativista.

Albert Einstein. «**Die Relativitätstheorie».** Enciclopedia: Kultur der Gegenwand. Volumen 1 de la tercera parte («Physik»). Ed. E. Lechner, Leipzig, Teubner, 1915, pp. 703-713. (FRAGMENTO)

NOVIEMBRE

La *TRG* a escena. Las conferencias de noviembre. ***82***

DICIEMBRE ***103***

Carta de Karl Schwarzschild a Einstein, [en el frente ruso,] 22 de diciembre de 1915.

Respuesta de Einstein a Schwarzschild ***105***

Carta de Einstein a Karl Schwarzschild. [Berlín,] 29 de diciembre de 1915.

1916 ***106***

ENERO

Carta de Einstein a Michele Besso. Berlín, 3 de enero de 1916.

Carta de Einstein a Karl Schwarzschild. Berlín, 9 de enero de 1916. ***107***

El trabajo de Schwarzschild ***108***

«Über das Gravitationsfeld eines Massenpunktes nach der EINSTEINschen Theorie». Von K. Schwarzschild. (Vorgelegt am 13. Januar 1916. Preussische Akademie der

Wissenschaften, Sitzungsberichte, 1916, p. 189-196.) «Sobre el campo gravitacional de una masa puntual según la teoría de Einstein». Por K. Schwarzschild. (Presentado por Einstein en la Academia de Ciencias el 13 de enero de 1916)

FEBRERO *114*

Carta de Karl Schwarzschild a Einstein [en el frente ruso,] 6 de febrero de 1916.

Carta de Einstein a Karl Schwarzschild. [Berlín, 19 de febrero de 1916] ***116***

El «radio de Schwarzschild», a escena ***117***

Karl Schwarzschild. «***Über das Gravitationsfeld einer Kugel aus inkompressibler Flüssigkeit nach der Einsteinschen Theorie***». *Preussische Akademie der Wissenschaften. Sitzungsberichte* (Februar 1916), pp. 424-434. (Vorgelegt am 24. Februar 1916, von A. Einstein). (Presentado por A. Einstein el 24 de febrero de 1916) [Sitzung der phys.-math. Klasse v. 23. März 1916.] [Sesión de la Sección de Física matemática del 23 de marzo de 1916] («*Campo gravitacional de una esfera de fluido incompresible según la teoría de Einstein*»)

MARZO *127*

El influjo de Mach. Evitar la introducción de un espacio absoluto, exige suponer que las masas distantes juegan un papel relevante en la determinación del campo métrico. Fragmento [*Die Grundlage der allgemeinen Relativitätstheorie* (p. 772).].

MAYO *128*

La extensión del universo. ***Carta de Einstein a Michele Besso***. Berlín, 14 de mayo de 1916

JUNIO

Referencia soterrada al «*Näherungsweise Integration der Feldgleichungen der Gravitation*».
Carta de Einstein a Willem de Sitter .[Berlin,] 22 de junio de 1916 ***129***

Las ondas gravitacionales, a escena.

Albert Einstein. «Näherungsweise Integration der Feldgleichungen der Gravitation». *Königlich Preußische Akademie der Wissenschaften* (Berlin). *Sitzungsberichte* (1916), Seiten 688-696. Sitzung der physikalisch-mathematischen Klasse vom 22. Juni 1916.

29 de junio. Funeral de Schwarzschild. ***Gedächtnisrede des Hrn. Einstein auf Karl Schwarzschild.*** ***139***

JULIO *140*

Carta de Einstein a Willem de Sitter. [Berlín], 15 de julio de 1916

141

Conjeturas para sustituir a Karl Schwarzschild al frente del Observatorio de Potsdam. Y otros asuntos.

Carta de Willem de Sitter a Einstein. Loenen, 27 de julio de 1916 ***142***

OCTUBRE ***143***

En torno al artículo de A Friedrich Kottler «Einsteins Äquivalenzhypothese und die Gravitation». ***144***

Albert Einstein. «Über Friedrich Kottlers Abhandlung: Einsteins Äquivalenzhypothese und die Gravitation». Annalen der Physik, serie 4. Vol. 51, 1916. pp. 639-642. Registro de entrada: 19 de octubre de 1916.

NOVIEMBRE ***146***

Einstein ha pasado unos días en "*The Netherlands*". Hay que continuar con el foco del gozo: la relatividad de la inercia.

Carta de Willem de Sitter a Einstein. Leiden 1 de noviembre de 1916.

Carta de Einstein a Willem de Sitter. [Berlín,] 4 de noviembre de 1916. ***147***

1917 ***148***

FEBRERO

A punto de aparecer el «Kosmologische Betrachtungen». Pero hay asuntos administrativos.

Tarjeta postal de Einstein a de Sitter. Berlín, 2 de febrero de 1917. ***149***

Carta de Einstein a Ehrenfest. *Berlín, 4 de febrero de 1917.*

Carta de Einstein a Paul Ehrenfest. [Berlín,] 14 de febrero de 1917.

Arranca la cosmología moderna. ***150***

Albert Einstein. «**Kosmologische Betrachtungen zur allgemeinen Relativitätstheorie**».

MARZO ***160***

Carta de Einstein a Besso. [* Berlín, después del 9 de marzo de 1917]

Carta de Einstein a Willem de Sitter. Berlín, antes del 12 de marzo de 1917. ***162***

Carta de Willem de Sitter a Einstein. Leyden, 15 de marzo de 1917. ***163***

Carta de Willem de Sitter a Einstein. Leiden, 20 de marzo de 1917. ***164***

Carta de Einstein a Willem de Sitter. [Berlín,] 24 de marzo de 1917. ***166***

Carta de Einstein a Felix Klein. [Berlín,] 26 de marzo de 1917. ***167***

El primer *paper* de de Sitter: ***168***

Huygens Institute - Royal Netherlands Academy of Arts and Sciences (KNAW). W. de Sitter, «On the relativity of inertia. Remarks concerning Einstein's latest hypothesis», in: KNAW, Proceedings, 19 II, 1917, Amsterdam, 1917, pp. 1217-1225.

ABRIL *176*

Siguen las cordiales diferencias entre los diseñadores de universos.

Carta de Willem de Sitter a Einstein. Doorn. Sanatorio Dennenoord, 1 de abril de 1917.

Carta de Einstein a Felix Klein. [Berlín,] 4 de abril de 1917. *178*

Carta de Einstein a Willem de Sitter. [Berlín,] 14 [13] de abril de 1917.

Carta de Willem de Sitter a Einstein. Doorn, 18 de abril de 1917. *179*

JUNIO

Carta de Einstein a Willem de Sitter. [Berlín,] 14 de junio de 1917.

Carta Willem de Sitter a Einstein. Doom, 20 de junio de 1917. *181*

Carta de Einstein a Willem de Sitter. [Berlín,] 22 de junio de 1917. *182*

Carta de Einstein a Willem de Sitter. Berlín. 28 de junio de 1917. *183*

Segundo *paper* de de Sitter: *184*

> Royal Netherlands Academy of Arts and Sciences (KNAW). **Astronomy**. – "*On the curvature of space*". By Prof. W. de Sitter. (Communicated in the meeting of 1917, June 30). Astronomía. – "*Sobre la curvatura del espacio*". Por el Prof. W. de Sitter. (Comunicado en la reunión del 30 de junio de 1917). Publicado en: Huyghens Institute – Royal Netherlands Academy of Arts and Sciences (KNAW). Proceedings, 20 I, 1918, Amsterdam, 1918, pp. 229-234.

JULIO *196*

Carta de Einstein a Willem de Sitter. Arosa, sábado [22 de Julio de 1917]

Carta de Einstein a Willem de Sitter. Lucerna, [31 de julio de 1917] *197*

AGOSTO *198*

Carta de Einstein a Willem de Sitter. [Lucerna,] miércoles [8 de agosto de 1917]

NOVIEMBRE

Tercer *paper* de de Sitter:

> Willem de Sitter. «*On Einstein's Theory of Gravitation, and its Astronomical Consequences*». Third paper. *M.N.* Assoc. R.A.S., pp. 3-28. (Concluido en julio de 1917. Publicado en noviembre de 1917. «Sobre la teoría de la gravitación de Einstein y sus consecuencias astronómicas.» Tercer artículo.

1918 ***227***

FEBRERO

Einstein, sobre Schrödinger.

Albert Einstein. «***Notiz zu E. Schrödingers Arbeit*** [1]***) "Die Energiekomponenten des Gravitationsfeldes"***». [*Physikalische Zeitschrift*. XIX, pp. 115-116, **1918**]. Registro de entrada: 5 de febrero de 1918. Publicado el 15 de marzo de 1918. (Nota alusiva al trabajo de E. Schrödinger "Las componentes de energía del campo gravitacional".)

MARZO ***229***

Einstein contesta a las objeciones de E. Kretschmann expresadas en el artículo de éste: «Über den physikalischen Sinn der Relativitätspostulate»; *Annalen der Physik*, vol. 53, pp. 575-614, 1917. Define aquí con mejor precisión el, por él llamado, *principio de Mach*, que impregna esencialmente la filosofía cosmológica de Einstein.

Albert Einstein. «**Prinzipielles zur allgemeinen Relativitätstheorie**». Annalen der Physik, Vierte Folge, Band 55, **1918** (Eingegangen 6. März 1918). Pp. 241-244.

7 de marzo (1918) ***232***

Albert Einstein. «**Kritisches zu einer von Hrn. De Sitter gegebenen Lösung der Gravitationsgleichungen**». *Königlich Preußische Akademie der Wissenschaften* (Berlin). *Sitzungsberichte* (**1918**), S. 270–272. Sitzung der physikalisch-mathematischen Klasse vom 7. März 1918 Sesión del Departamento de física matemática del 7 de marzo de 1918. Publicado el 21 de marzo de 1918. [«Crítica a una solución de las ecuaciones gravitacionales dada por el Sr. De Sitter»] (Actas de sesiones de la Real Academia Prusiana de Ciencias) [La comunicación fue presentada por Planck, en nombre de Einstein.]

ABRIL ***234***

Carta de Willem de Sitter a Einstein. Leiden, 10 de abril de 1918.

Carta de Einstein a Willem de Sitter [Berlín, 15 de abril de 1918] ***235***

Carta de Einstein a Hermann Weyl. [Berlín, 18 de abril de 1918]

Carta de Einstein a Hermann Weyl. [Berlín,] 19 de abril de 1918. ***236***

Carta de Einstein a Hermann Weyl. [Berlín, 19 de abril de 1918] ***237***

Carta de Felix Klein a Einstein. Göttingen, 25 de abril de 1918 ***238***

Carta de Einstein a Felix Klein. [Berlín,] Haberland Strasse, nº 5. 27 de abril de 1918. ***239***

Carta de Hermann Weyl a Einstein. Zurich, 27 de abril de 1918. ***240***

Carta de Hermann Weyl a Einstein. Zurich, 28 de abril de 1918 ***241***

MAYO

Carta de Einstein a Hermann Weyl. [Berlín, 10 de mayo de 1918]

Nuevas lucubraciones. ***242***

Albert Einstein. «*Der Energiesatz in der allgemeinen Relativitätstheorie.*» Publicado en *Königlich Preußische Akademie der Wissenschaften (Berlín). Sitzungsberichte* (1918): 448- 459. Presentado el 16 de mayo de 1918, publicado el 30 de mayo de 1918. [Sitzung der physikalisch-mathematischen Klasse vom 16. Mai 1918] [Sesión del seminario de física matemática del 16 de mayo de 1918]

Carta de Hermann Weyl a Einstein. Zurich, Schmelzbergstr., 20. 19 de mayo de 1918. ***253***
Carta de Einstein a Hermann Weyl. [Berlín,] [31 de mayo de 1918] ***255***

Carta de Felix Klein a Einstein. Göttingen, 31 de mayo de 1918. ***256***

JUNIO ***258***

Carta de Einstein a Felix Klein. [Berlín, antes del 3 de junio de 1918]

Carta de Einstein a Felix Klein. [Berlín, 9 de junio de 1918] ***261***

Carta de Felix Klein a Einstein. Göttingen, 16 de junio de 1918 ***263***

Carta de Einstein a Felix Klein. [Berlín, 20 de junio de 1918] ***265***

1920

ABRIL

Epistolario Einstein-Solovine. Cartas situadas entre el 24 de abril de 1920 y el 8 de marzo de 1921. La de la página 22 tiene un marchamo claramente cosmológico.

Lettres à Solovine. Reproduites en facsimilé et traduites en français. Paris. Gauthier-Villars, éditeur-imprimeur-libraire. 55, Quai des Grands-Augustins. 1956. Réimpression autorisée: Éditions Jacques Gabay, 2005. Page 22.

NOVIEMBRE ***266***

Respuesta de Einstein a las objeciones de Ernst Reichenbächer publicadas en el mismo número. ***267***

Albert Einstein. Respuesta al artículo de Ernst Reichenbächer titulado: *Inwiefern lässt sich die moderne Gravitationstheorie ohne die Relativität begründen? [Die Naturwissenschaften*, vol. 8, **1920**, pp. 1008-1010. Berlín, Noviembre 1920.]

1921 ***270***

FEBRERO

Breve referencia a Mach

[Albert Einstein. «A Brief Outline of the Development of the Theory of Relativity». *Nature*, 17 de Febrero de 1921. Páginas 782-784. (Breve esbozo del desarrollo de la teoría de la relatividad. [Traducido al inglés por el Dr. Robert Lawson)]

MAYO

Tienen lugar en Princeton 4 conferencias de Einstein que se recogerán en el libro: «The Meaning of Relativity».

JUNIO

Einstein, en Londres.

> [Albert Einstein. **«Über Relativitätstheorie».** Eine Londoner Rede *[Conferencia londinense].* Mein Weltbild, Ullstein Taschenbuchverlag, pp. 146-149, München (2001) [Conferencia pronunciada en el King's College de Londres el 13 de Junio de 1921] Publicada en *The Times*, London, 14 de Junio de 1921, p. 8 y en *Nature*, vol. 107, p. 504.]

1922 271

ENERO

Se edita en alemán el texto de Princeton de mayo de 1921 («The Meaning of Relativity»), con el título: «Vier Vorlesungen über Relativitätstheorie» (*Cuatro lecciones sobre la teoría de la relatividad*). Ocasión, como siempre, para retocar algo.

ABRIL 272

Einstein, en París.

> Bulletin de la Société française de Philosophie. [T. XVII, 1922, pp. 91- 113]. Comptes Rendus des Séances (Actas de Sesiones). Séance du 6 avril 1922. **«La Théorie de la Relativité»**

JUNIO 274

Alexander Friedman viene a romper la arraigada fe *occidental* en el universo estático. Las ecuaciones relativistas admiten soluciones no estáticas y, por tanto, el universo tiene otras alternativas *existenciales*: puede expandirse, contraerse, colapsar e incluso nacer.

> Zeitschrift fü Physik. Bd. X. 1922. **«Über die Krümmung des Raumes».** Von A. **Friedman** in Petersburg. Mit einer Abbildung. (Eingegangen am 29. Juni 1922.) « **Sobre la curvatura del espacio».** Por A. Friedman en Petersburgo. Con una ilustración. (Registro de entrada: 29 de junio de **1922.**)

SEPTIEMBRE 283

Franz Selety envía su trabajo a Einstein.

Carta de Franz Selety a Einstein. Viena I, Zedlitzgasse, 11 de septiembre de 1922.

Einstein no está de acuerdo con el trabajo de Friedman y lo cuenta en *Zeitschrift für Physik*. Si el universo *debe* ser estático, el radio del universo tiene que ser constante. Einstein cree haber demostrado en el «Kosmologische» que el radio del universo es constante, es decir, que sólo son posibles universos estáticos.

A. Einstein. Bemerkung zu der Arbeit von A. Friedmann „Über die Krümmung des Raumes". «*Zeitschrift für Physik*», vol. XI, **1922**, p. 326. (Eingegangen am 18. September **1922**.) Observación sobre el trabajo de A. Friedman «Sobre la curvatura del espacio». (Registro de entrada: 18 de septiembre. Publicado el 19 de diciembre)

284

La Universidad Hebrea de Jerusalén nos proporciona la correspondiente imagen autógrafa de la Nota de Einstein (pidiendo además a la revista *Zeitschrift für Physik* su próxima inclusión).

285

Einstein publica una respuesta al artículo de Franz Selety que este le había enviado previamente.

Albert Einstein. Bemerkung zu der Franz Seletyschen Arbeit „Beiträge zum kosmologischen System" (Ann. d. Phys. 68. S. 281. 1922. («Observación sobre el trabajo de Franz Selety "Contribuciones al sistema cosmológico"».

Carta de Einstein a Franz Selety. Berlín, 25 de septiembre de 1922. ***288***

DICIEMBRE

6 de diciembre

Friedman se ha enterado de la NOTA de Einstein, y le escribe. ***Carta de Alexander Friedmann a Einstein.*** Petrogrado, Observatorio Físico Central, Vasily Ostrov, línea 23, 2.

Einstein en Japón. Referencia a Mach. ***291***

1923 ***292***

ABRIL

Weyl, sobre la relatividad general.

Hermann Weyl. «Zur allgemeinen Relativitätstheorie». *Physik. Zeitschr*. XXIV, 1923, pp. 230-232. Registro de entrada, 17 de abril de 1923.

MAYO ***295***

Recién vuelto de su viaje por Japón, Palestina y España, Einstein escribe a Weyl: si el Universo no es estático, ¡fuera con el término cosmológico!
Tarjeta postal de Einstein a Weyl (23 de mayo. Martes de Pentecostés)

31 de mayo ***297***

Einstein rectifica su NOTA de septiembre pasado sobre el artículo de Friedmann:

A. Einstein. *«Notiz zu der Arbeit von A. Friedmann „Über die Krümmung des Raumes"». Zeitschrift für Physik*, vol. XVI, **1922**, p. 228. Nota sobre el trabajo de A. Friedman «Sobre la curvatura del espacio»

JULIO

Einstein en Götteborg. **Mach**, la inercia y el problema cosmológico salen de nuevo a escena.

[Albert Einstein. «Grundgedanken und Probleme der Relativitätstheorie». Vortrag gehalten an der Nordischen Naturforscherversammlung in Gotenburg den 11 Juli 1923.]

1924 **298**

OCTUBRE-DICIEMBRE

Nueva referencia a Mach.

A. Einstein (Berlin). **«Über den Äther».** SCHWEIZERISCHE NATURFORSCHENDE GESELLSCHAFT. VERHANDLUNGEN. Vol. 105, pt. 2; Pág. 85-93. **1924.** (FRAGMENTO)

1927 **299**

ABRIL

El cura Lemaître le enmienda la plana a Einstein. Hay poderosas razones para sospechar que el universo no tiene por qué ser forzosamente estático.

Note de M. l'Abbé G. Lemaître. «***Un univers homogène de masse constante et de rayon croissant, rendant compte de la vitesse radiale des nébuleuses extragalactiques***». Extrait des Annales de la Société scientifique de Bruxelles. Tome XLVII, série A, première partie. Comptes rendus des séances, p. 49. Session du 25 avril **1927**. Première section.

1929 **309**

ENERO

El universo se expande.

E. Hubble. *«A RELATION BETWEEN DISTANCE AND RADIAL VELOCITY AMONG EXTRA-GALACTIC NEBULAE»*. PROC. N. A. S. *ASTRONOMY*, Vol. 15, **1929**, pp. 168-173. MOUNT WILSON OBSERVATORY. CARNEGIE INSTITUTION OF WASHINGTON. Communicated January 17, **1929**.

OCTUBRE **314**

El profesor Robertson lanza su sonda algebraica y de geometría *conforme* al cosmos relativista.

H. P. Robertson. «*ON THE FOUNDATIONS OF RELATIVISTIC COSMOLOGY*». Department of Physics, Princeton University. Communicated October 11, **1929**. Proc. N. A. S. Vol 15, **1929**, pp. 822-829.

1931 **321**

ENERO

Anda Einstein, en California. La prensa neoyorkina se hace eco:

> ***The New York Times***
> New York, sábado 3 de enero de 1931
>
> *El profesor Einstein empieza a trabajar en Monte Wilson. Espera resolver problemas concernientes a la relatividad.*

ABRIL

Hay que llevar el Cosmos a la Academia.

> Preußische Akademie der Wissenschaften. Gesamtsitzung vom 16. April **1931**. «***Zum kosmologischen Problem der allgemeinen Relativitätstheorie***». Vom A. Einstein. *Sitzungsberichte*. pp. 235-237. («Sobre el problema cosmológico en teoría de la relatividad general». Por A. Einstein. Academia Prusiana de Ciencias. Sesión plenaria del 16 de abril de **1931**. *Actas de Sesiones*.)

OCTUBRE *324*

Einstein, en Viena. Breve mención a Mach.

> Conferencia pronunciada el 14 de Octubre de **1931** en el Instituto de Física de la Universidad de Viena. Albert Einstein. **«Der gegenwärtige Stand der Relativitätstheorie».** Von Universitätsprofessor Dr. Albert EINSTEIN, Berlin. DER MERKER. Schriftleiter: Dr. Eduard BURGER. pp. 440-442. (**1932**). *Paedagogischer Führer* (llamada entonces *Die Quelle*), vol. 82, pp. 440-442.

1932

MARZO

Einstein-de Sitter.

> **Actas de la Academia Nacional de Ciencias.** Volumen 18. 15 de marzo de 1932. Número 3. *SOBRE LA RELACIÓN ENTRE LA EXPANSIÓN Y LA DENSIDAD MEDIA DEL UNIVERSO*. POR A. EINSTEIN Y W. DE SITTER. Comunicado por el Observatorio del Monte Wilson, 25 de enero de **1932**

JULIO – OCTUBRE *326*

De alguna manera, Solovine arranca a Einstein este artículo "Über das sogenannte Kosmologische Problem" («Sobre el llamado problema cosmológico»). Median, claro, unas cartas.

El artículo, aparece en francés don el título ***Sur la structure cosmologique de l'espace***.

1933 *336*

JUNIO

Einstein, en Reino Unido. Fragmento.

Albert Einstein. GLASGOW. The George A. Gibson Foundation Lecture. Conferencia pronunciada el 20 de junio de 1933. **«Einiges über die Entstehung der allgemeinen Relativitätstheorie».** *Mein Weltbild.* Ullstein Taschenbuchverlag, 27. Auflage, pp. 150-154. (Algunas observaciones sobre la génesis de la teoría de la relatividad general)

1934

Reseña de Einstein sobre Tolman.

SCIENCE. VOL. 80, No. 2077, p. 358. Scientific Books. «*Relativity, Thermodynamics and Cosmology*.» By RICHARD TOLMAN, Oxford at the Clarendon Press, 497 pp, 1934. Besprechung nach Albert Einstein. (Reseña a cargo de Albert Einstein)

1935 ***338***

MAYO

Reseña fúnebre de Einstein de Emmy Noether.

THE NEW YORK TIMES. Saturday, May 4, 1935

LA DIFUNTA EMMY NOETHER

1936 ***339***

MARZO

Einstein, Princeton. Fragmento.

Albert Einstein. **«Physik und Realität»**. The Journal of the Franklin Institute. Vol. 221, número 3 (Marzo de 1936); pp. 313-347. [Recogido en *Aus meinen späten Jahren*, Deutsche Verlags-Anstalt. Suttgart, 1984; Doc. Nº 12, pp. 63-106] [Versión francesa: *Einstein. Conceptions scientifiques*. Traducción de Maurice Solovine. Flammarion 1990. ISBN 2-08-081214-9; pp. 20-76.]

SEPTIEMBRE-DICIEMBRE

Devaneos teóricos sin aparente carga emocional: parece que no existen, después de todo, ondas gravitacionales.

Carta de Einstein a Born (sin fecha)

1939 ***340***

JUNIO

Según los autores, determinados constructos teóricos no tienen realidad física.

Albert Einstein. «On a Stationary System with Spherical Symmetry consisting of Many Gravitating Masses.» *Annals of Mathematics*, vol. XL, 1939, pp. 922-936.] (Received MAY 10, 1939) [pp. 922-936]

SEPTIEMBRE *355*

Aquí viene Oppenheimer a desmentir, sin nombrarlo, a Einstein. Los agujeros negros existen (tienen realidad física).

SEPTEMBER 1, 1939 PHYSICAL REVIEW VOLUME 56, pp. 455-459. «***On Continued Gravitational Contraction***». J. R. OPPENHEIMER AND H. SNYDER. University of California, Berkeley, California. (Received July 10, 1939)

1940 *361*

MAYO

Einstein, Princeton. Nueva referencia a Mach.

Albert Einstein. **«Das Fundament der Physik»**. *Science*, 24 de Mayo de 1940. pp. 487-492. [Considerations concerning the Fundaments of Theoretical Physics]. *Aus meinen späten Jahren* (Doc. 13, pp. 106-121). (Breve fragmento)

1945 *362*

En este año se añade, tanto al «The Meaning of Relativity» (1921) como al «Vier Vorlesungen über Relativitätstheorie» (1922) un ANEXO I.

ANHANG I (**1945**). ***Zum „kosmogischen problem“***

El artículo entero *367*

[Albert Einstein. «*The Meaning of Relativity*». Princeton, Apéndice I correspondiente a la reedición de 1945. Edición alemana: «Grundzüge der Relativitätstheorie» (Idéntica a la 3ª edición ampliada de “*Vier Vorlesungen über Relativitätstheorie*” de 1956. Anhang I: «Zum kosmologischen Problem». (Apéndice I: „Sobre el problema cosmológico“) Vieweg Verlag, Braunschweig. Edición de 1990.]

1946 *382*

Einstein, Princeton. Einstein ya lleva carrera detrás y le piden que haga un cierto balance. No podía faltar en su «*Autobiographisches*» (1946) su posición del momento –crítica– sobre Mach:

1948 *383*

ENERO

Einstein, Princeton.
Carta de Einstein a Michele Besso. Princeton, 6 de enero de 1948.

1949 *384*

Haciéndolo coincidir con el 70º cumpleaños de Einstein, se edita este año un volumen de colaboraciones de distintos y relevantes científicos. Uno de los ensayos es el de Leopold Infeld, del que Einstein comenta (p.686): «El ensayo de Leopold Infeld es una excelente introducción al llamado "problema cosmológico" de la teoría de la relatividad que examina críticamente todos los puntos esenciales.»

Leopold INFELD: «*ON THE STRUCTURE OF OUR UNIVERSE*». Colaboración nº 18. pp. 477-499. THE LIBRARY OF LIVING PHILOSOPHERS. VOLUME VII. ALBERT EINSTEIN: PHILOSOPHER-SCIENTIST. EDITED BY PAUL ARTHUR SCHILPP. NORTHWESTERN UNIVERSITY & SOUTHERN ILLINOIS UNIVERSITY. OPEN COURT. LA SALLE, ILLINOIS. CAMBRIDGE UNIVERSITY PRESS. LONDON. **1949**. Printed in the United States of America.

OCTUBRE ***400***

Sigamos con el término cosmológico.

Contestación de Einstein, en el libro "homenaje" a Einstein de 1949 (P. A. Schilpp, «Albert Einstein: Philosopher-Scientist»), al artículo de Lemaître [Lemaître, Georges Edward. «The Cosmological Constant»] (que sigue defendiendo con firmeza la constante cosmológica).

1954

Einstein. Princeton.

Max Jammer (Moshe Jammer, Viena 1915 – Jerusalén 2010) rastrea la historia del concepto de espacio desde la antigüedad. Einstein le escribe el prólogo.

M. Jammer. «Concepts of Space». Cambridge, Harvard University Press, **1954**.

FEBRERO ***403***

Carta de Einstein a Felix Pirani. [Princeton], 2 de febrero de 1954.

DICIEMBRE

En **1954** se incorpora al "Vier Vorlesungen" un segundo Anexo, del que dice Einstein: ***406***

Observación preliminar sobre el Apéndice II

Para esta edición, he reelaborado completamente la "Generalización de la teoría de la gravitación" bajo el título "Teoría relativista del campo no simétrico". En concreto, he conseguido –en parte con la colaboración de mi ayudante Bruria Kaufman– simplificar las derivaciones y la forma de las ecuaciones de campo. De este modo, toda la teoría gana en transparencia sin que su contenido experimente ningún cambio.

Diciembre de 1954 Albert Einstein